D1691341

Tabellenbuch Metallberufe

von
Petra Boehm
Hilmar Engelmann
Claus Günther
Renate Herhold
Dieter Kähnert
Werner Kulke

 1997
Verlag Dr. Max Gehlen · Bad Homburg vor der Höhe
Gehlenbuch 91339

... weil aus Papier mit bis zu 50 % Altpapieranteil, Rest aus chlorfrei gebleichten (TCF) Primärfasern.

 Dieses Werk folgt der reformierten Rechtschreibung und Zeichensetzung. Ausnahmen bilden Texte, bei denen künstlerische, philologische oder lizenzrechtliche Gründe einer Änderung entgegenstehen.

Dem Tabellenbuch wurde der aktuelle Stand der Normblätter und sonstigen Regelwerke zugrunde gelegt. Verbindlich sind jedoch nur die neuesten Ausgaben der Normblätter des DIN. Sie sind beim Beuth Verlag GmbH, Burggrafenstraße 6, 10787 Berlin zu beziehen.

Umschlaggestaltung: Ulrich Dietzel, Frankfurt am Main

Zeichnungen: Peter Kohlöffel, Nonnenhorn; new VISION, Bernhard A. Peter, Pattensen

ISBN 3-441-**91339**-6

© 1997 Verlag Dr. Max Gehlen · Bad Homburg vor der Höhe
Satz: Satz-Zentrum West GmbH & Co. · Dortmund
Druck: Druckerei Taunusbote · Bad Homburg vor der Höhe

Grundlagen

Allgemeine Grundlagen 7
SI-Basisgrößen und Basiseinheiten 7
Abgeleitete SI-Einheiten 7
Griechisches Alphabet 10

Mathematische Grundlagen 11
Mathematische Zeichen 11
Allgemeine Formelzeichen 11
Grundrechnungsarten 12
Klammerrechnen, Bruchrechnen 13
Potenzrechnen, Wurzelrechnen (Radizieren) 14
Logarithmenrechnen, Gleichungsrechnen 15
Rechnen mit Reihen, Schlussrechnen 16
Prozentrechnen, Promillerechnen, Zinsrechnen 17
Flächen berechnen 17
Lehrsatz des Pythagoras, Lehrsatz des Euklid 20
Winkelfunktionen 21
Körper berechnen 22

Physikalische Grundlagen 26
Masse, Dichte 26
Linien- und Flächenschwerpunkte 27
Kräfte, Reibungszahlen 28
Bewegungen, Geschwindigkeiten 29
Drehmoment, Hebel und Kraftwandler 29
Arbeit, Energie, Leistung, Wirkungsgrad 31
Belastungsfälle, Festigkeitsbegriffe 32
Festigkeitskennwerte, Zulässige Spannung 33
Beanspruchungsarten 34
Richtwerte für zulässige Flächenpressung 34
Biegebelastungsfälle bei Tragbauteilen 35
Axiale Flächen- und Widerstandsmomente 36
Polare Flächen- und Widerstandsmomente 37
Kerbwirkung 38
Druck in Flüssigkeiten und Gasen 39
Temperatur und Wärme 41

Chemische Grundlagen 43
Periodensystem der Elemente 43
Stoffwerte chemischer Elemente 44
Stoffwerte von Feststoffen 45
Stoffwerte von Flüssigkeiten und Gasen 46

Elektrotechnische Grundlagen 47
Symbole und Schaltzeichen 47
Grundgrößen und Erscheinungen 50
Stromquellen, Leitungen, Verbrauchsmittel 51
Unverzweigter Stromkreis – Reihenschaltung von Stromquellen und Widerständen 52
Verzweigter Stromkreis – Parallelschaltung von Stromquellen und Widerständen 52
Ein- und Mehrphasenwechselspannungen 53
Transformator 53
Schutz gegen den elektrischen Schlag 54
Gefährliche Körperströme, Erste Hilfe 55
Schutzklassen 55
Schutzmaßnahmen 56
Schutzartenkennzeichnung 58

Informationstechnik 59
Begriffe der Computertechnik 59
Zahlensysteme, Codes 61
Programmablaufpläne, Datenflusspläne 63
Struktogramme 64
Betriebssystem DOS 65
BASIC 66
PASCAL 67
Computerintegrierte Fertigung CIM 68

Werkstofftechnik

Eisenwerkstoffe 69
Einteilung der Stähle, Hauptgüteklasen 69
Bezeichnungen für Stähle 70
Nummernsystem für Stähle 73
Legierungselemente für Stähle 73
Werkstoffnummern 74
Stahlbezeichnung 74
Unlegierte, warmgewalzte Baustähle 75
Automatenstähle 76
Einsatzstähle 76
Vergütungsstähle 77
Nitrierstähle 78
Federstähle 78
Feinkornstähle 79
Druckbehälterstähle 80
Stähle für Rohre 80
Stähle für Flacherzeugnisse, Bleche, Bänder 81
Werkzeugstähle 82
Nichtrostende Stähle 83
Eigenschaften von lamellarem Grauguss 83
Bezeichnung von Gusseisenwerkstoffen 84
Grauguss 85
Temperguss 86
Austenitisches Gusseisen mit Kugelgraphit 86
Legiertes Gusseisen 87
Stahlguss 87
Eisen-Kohlenstoff-Diagramm 88
Wärmebehandlungsverfahren des Stahles 88
Wärmebehandlung der Einsatzstähle 89
Wärmebehandlung der Nitrierstähle 89
Stähle zum Flamm- und Induktionshärten 89
Wärmebehandlung der Vergütungsstähle 90
Wärmebehandlung der Automatenstähle 90
Wärmebehandlung nichtrostender Stähle 91
Wärmebehandlung von Stahlguss 91
Wärmebehandlung der Werkzeugstähle 92
Glüh- und Anlassfarben für Stähle, Funkenprobe 93

Sonstige Werkstoffe 94
Aluminium 95
Magnesium 98
Kupfer 99
Titan, Nickel 103
Blei, Zinn, Zink 104
Gleitlagerwerkstoffe 105
Sintermetalle 107
Schneidstoffe 108

© Verlag Gehlen

4 Inhaltsverzeichnis

Hartmetalle, Zerspanungshauptgruppen	109
Schneidkeramik	110
Schleifmittel, Bindemittel	110
Kunststoffe	111
Verstärkte Kunststoffe, Schichtpressstoffe	114
Kunststoff-Formmassen	115
Kühlschmierstoffe	116
Festschmierstoffe, Schmierfette	117
Schmierstoffe, Viskositätsklassifikationen	118
Werkstoffprüfung	119
Werkstoffprüfungen in der Werkstatt	119
Zugversuch	120
Druck-, Scher-, Biege-, Tiefziehversuch	121
Kerbschlagversuch nach Charpy	122
Härteprüfung	123
Zerstörungsfreie Werkstoffprüfung	125
Korrosion der Metalle	126

Halbzeuge

Halbzeuge aus Stahl — 128
Bleche	128
Stabstahl	129
Draht	131
U-Profile	131
I-Träger	132
Z-Träger	133
T-Profile	136
Winkelstahl	137
Rohre	139
Hohlprofile	141

Halbzeuge aus Al und Al-Knetlegierungen — 143
Stangen	143
Bleche, Bänder, Ronden, Folien	144
Vierkant-, Rechteckrohre, Werkstoffzuordnung	145
U-Profile, L-Profile	146
T-Profile, Rohre	147

Halbzeuge aus Cu und Cu-Knetlegierungen — 148
Bleche, Stangen, Werkstoffzuordnung	148
Rechteckstangen, Halbzeugbezeichnung	149
Rohre	149

Halbzeuge aus Kunststoffen — 151
Rohre	151
Stäbe, Platten, Schläuche	152

Mechanische Bauelemente

Gewinde — 153
Gewindeübersicht	153
Gewindebezeichnung, Toleranzsystem	154
Metrisches ISO-Gewinde	155
Rundgewinde, Sägengewinde, Trapezgewinde	157
Kegeliges Außengewinde	158
Whitworth-Gewinde, Whitworth-Rohrgewinde	159

Schrauben, Muttern und Zubehör — 160
Schraubendurchmesserabschätzung	160
Angaben zum Schraubeneinsatz	161
Vorspannkräfte, Anziehdrehmomente	163
Durchgangslöcher, Splintlöcher	164
Kennzeichnung und Bezeichnung von Schrauben und Muttern	164
Schlüsselweiten, Werkzeugvierkante	165
Schrauben-Übersicht	166
Muttern-Übersicht	167
Sechskantschrauben	168
Sechskant-Passschrauben	169
Zylinderschrauben	170
Senkschrauben	171
Blechschrauben, Gewinde-Schneidschrauben	172
Gewindefurchende Schrauben, Stiftschrauben	173
Gewindestifte	174
Senkschrauben mit Nase	174
Flachrundschrauben mit Vierkantansatz	174
Muttern	175
Senkungen für Schrauben	178
Gewindefreistiche, Gewindeausläufe	179
Freistiche	179
Einbaumaße für Wälzlager	179
Scheiben, Federringe, Federscheiben	181

Niete, Stifte, Bolzen, Wellen und Zubehör — 183
Halbrundniete, Senkniete	183
Halbhohlniete, Blindniete	184
Stifte-Übersicht, Bolzen-Übersicht	185
Zylinderstifte	185
Kegelstifte	186
Kerbstifte, Kerbnägel, Spannstifte	187
Bolzen	188
Wellenenden, Passscheiben, Stützscheiben	189
Zentrierbohrungen	190
Stellringe, Splinte	191
Sicherungsringe für Wellen, Sicherungsscheiben	192
Sicherungsringe für Bohrungen, Sprengringe	193

Mitnehmerverbindungen — 194
Passfedern, Scheibenfedern	194
Keile	195
Keilwellen, Keilnaben	196
Kerbverzahnungen, Polygonprofile	197

Elastische Federn — 198
Schraubendruckfedern	198
Tellerfedern	199

Lager und Zubehör — 200
Wälzlagerbezeichnungen, Übersicht	200
Rillenkugellager, Schrägkugellager	201
Pendelkugellager, Zylinderrollenlager	202
Axial-Rillenkugellager	202
Pendelrollenlager, Kegelrollenlager, Nadellager	203
Buchsen für Gleitlager	204
Radial-Wellendichtringe, Filzringe, Filzstreifen	206
Kegel- und Flachschmiernippel, Öler	207
Stauferbüchsen	207

© Verlag Gehlen

Inhaltsverzeichnis

Antriebselemente	**208**
Scheibenkupplungen, Schalenkupplungen	208
Normal-, Schmalkeilriemen, Keilriemenscheiben	209
Berechnung von Riementrieben	210
Synchronriemen, Synchronriemenscheiben	211
Kettenräder, Rollenketten	212
Stirnräder mit Geradverzahnung, Modulreihen	213
Stirnräder mit Schrägverzahnung	214
Kegelräder mit Geradverzahnung	214
Schneckentrieb, Modulreihe	215
Normteile für Vorrichtungen und Werkzeuge	**216**
Morsekegel, Metrische Kegel, Kegelschäfte	216
Bohrbuchsen, Bund- und Steckbohrbuchsen	217
Flachkopfschrauben, Muttern für T-Nuten, T-Nuten, Lose Nutensteine	218
Schrauben für T-Nuten, Kugelscheiben, Vorsteckscheiben, Füße	219
Druckstücke, Gewindestifte mit Druckzapfen, Rändelmuttern	220
Kegelgriffe, Kugelgriffe, Kugelknöpfe	221
Kreuzgriffe, Sterngriffe	222
Schnapper, Spannriegel, Flachkopfschrauben, Aufnahme- und Auflagebolzen	223
Säulengestelle	224
Einspannzapfen, Runde Schneidstempel	225

Prüftechnik

Messfehler, Toleranzen	226
Grundtoleranzen	227
Grenzabmaße für Innenmaße (Bohrungen)	228
Grenzabmaße für Außenmaße (Wellen)	229
Allgemeintoleranzen für Gussrohteile	230
Toleranzen für Kunststoff-Formteile	232
Allgemeintoleranzen	233
Passungen	234
Grenzabmaße im System Einheitsbohrung	235
Grenzabmaße im System Einheitswelle	237
Passungsauswahl	239
Richwerte für Rautiefen von Oberflächen	240
Grafische Symbole in der Längenprüftechnik	241
Messstäbe, Parallelendmaße	243
Lehren	244
Winkelendmaße	247
Messschieber, Messschrauben	247
Messuhren, Feinzeiger	247
Prüfmittelüberwachung, Messräume	248
Arten von Prüfbescheinigungen	249
Qualitätsmanagement (QM) nach ISO 9000	250
Qualitätssicherung und Qualitätsmanagement	251
Qualitätssicherung und Statistik	252

Fertigungstechnik

Urformen	**253**
Bearbeitungszugaben für Gussrohteil	253
Mindestwerte für Innenrundungen	253
Schwindrichtmaße	253
Modelle	253
Kräfte beim Gießen	255
Umformtechnik	**256**
Zuschnittdurchmesser beim Tiefziehen	256
Abmessungen am Tiefziehwerkzeug	257
Kräfte beim Tiefziehen	257
Ziehverhältnisse und Niederhalterdruck	258
Zuschnittlänge, Biegeradius, Biegekräfte	258
Trennen – Zerteilen	**261**
Keilwinkel beim Keilschneiden	261
Werstoffausnutzung beim Scherschneiden	261
Steg-, Rand-, Seitenschneiderbreite	261
Schneidwerkzeugmaße	262
Schneidspalt, Scherfestigkeit	262
Lage des Einspannzapfens	263
Schneidkraft, Schneidarbeit	263
Spanungstechnik	**264**
Schnittkraft, spezifische Schnittkraft	264
Kräfte und Leistungen beim Spanen	265
Bezeichnung von Wendeschneidplatten	267
Klemmwerkzeuge zum Drehen	268
Drehmeißel	268
Oberflächenrauheit beim Drehen	269
Schnittwerte beim Drehen	270
Werkzeugwinkel am Drehmeißel	272
Kegeldrehen	272
Werkzeuganwendungsgruppen	273
Schneidengeometrie am Spiralbohrer	274
Schnittwerte beim Bohren	274
Schnittwerte beim Reiben	276
Schnittwerte beim Gewindebohren	276
Fräserarten und Werkzeugwinkel am Fräser	277
Schnittwerte beim Fräsen	277
Teilen mit Teilkopf, Drallnutfräsen	279
Schnittwerte beim Sägen	280
Schnittwerte beim Hobeln und Stoßen	280
Schnittwerte beim Schleifen	281
Schleifkörper, Auswahl der Schleifkörper	282
Honen, Schnittwerte und Oberflächenrauheit	284
Richwerte für Senk- und Drahterodieren	285
Kunststoffbearbeitung	286
Drehzahlermittlung an Werkzeugmaschinen	288
Lastdrehzahlen an Werkzeugmaschinen	289
Fügetechnik	**290**
Schweißverfahren und Schweißpositionen	290
Toleranzen beim Schweißen	291
Druckgasflaschen, Gasverbrauch	292
Nahtvorbereitung beim Schweißen	293
Schweißnähte, Lötnähte	294
Schweißstäbe und Schutzgase	295
Schutzgasschweißen, Zusätze für Stahl	296
Richwerte beim Gaschmelzschweißen	297
Schutzgasschweißen, Zusätze für NE-Metalle	298
Richwerte beim Schutzgasschweißen	299
Richwerte beim thermischen Schneiden	300

© Verlag Gehlen

Inhaltsverzeichnis

Stabelektroden für das Lichtbogenschweißen	301
Richtwerte beim Lichtbogenschweißen	304
Elektrodenbedarf beim Lichtbogenschweißen	305
Weichlöten, Hartlöten	306
Kleben	309

Arbeitsvorbereitung 311
Struktur der Arbeitsvorbereitung	311
Fertigungsplanung und Fertigungssteuerung	311
Vorgabezeiten für Arbeitsabläufe	312
Betriebsmittelhauptnutzungszeit	314
Grundlagen betriebliches Rechnungswesen	318
Kostenrechnung und Kalkulation	319

Steuerungs- und Regelungstechnik
Grundbegriffe	321
Allgemeine Bildzeichen für EMSR-Technik	322
Unterscheidungsmerkmale für Steuerungen	325
Entwickeln und Entwerfen von Steuerungen	326
Vergleich von Steuerungsarten	326
Elektrotechnische Schaltzeichen für Kontakte, Schalter, Elektromechanische Antriebe	327
Grafische Symbole der Fluidtechnik	328
Schaltalgebraische Grundlagen	334
Logische Verknüpfungen	335
Funktionsplan	336
Speicherprogrammierte Steuerungen (SPS)	338
Regelungstechnik	346

CNC-Technik
Bildzeichen für Werkzeugmaschinen	347
Bildzeichen für NC-Werkzeugmaschinen	350
Lagebestimmung an CNC-Maschinen	352
Bezugspunkte im Koordinatensystem	353
Programmierung von CNC-Maschinen	354
Adressbuchstaben von CNC-Steuerungen	360
Wegbedingungen (G) von CNC-Steuerungen	361
Zusatzfunktionen (M) von CNC-Steuerungen	365

Technische Kommunikation

Geometrische Grundkonstruktionen 368
Strecken, Winkel, Kreise, Vielecke	368
Kreisanschlusskonstruktionen	371
Ellipse, Parabel, Hyperbel, Spirale, Evolvente, Zykloide, Schraubenlinie	372

Grundlegende Zeichnungsnormen 374
Formate, Beschriftung	374
Schriftfeld, Stückliste	375
Zeichnungsbegriffe, Positionsnummern	376
Linien	377

Darstellungsarten 378
Diagramm, Nomogramm	378
Axonometrische Darstellungen	379
Orthografische Darstellungen	380
Besondere Darstellungen in Ansichten	381
Schnittdarstellungen	384
Durchdringungen	386

Maßeintragung 387
Elemente der Maßeintragung	387
Normzahlen und Normzahlreihen	388
Zeichen bzw. Symbole zur Maßzahl	388
Rundungshalbmesser	390
Vereinfachte Angabe von Maßen	392
Kennzeichnung spezieller Maße	393
Grundregeln zum Eintragen von Maßen	394
Arten der Maßeintragung	395
Fasen, Werkstückkanten	396

Vereinfachte Darstellungen 397
Gewinde, Schraubenverbindungen	397
Gewindeauslauf, Gewindefreistich	398
Senkungen für Schrauben	398
Zentrierungen, Freistiche	399
Zahnräder, Zahnradpaare, Getriebe	400
Keil-, Passfeder-, Stift-, Nietverbindungen	402
Elastische Federn	403
Schweiß- und Lötverbindungen	404
Metallbaukonstruktionen	405
Stahlkonstruktionen	407

Toleranzangaben 408
Allgemeintoleranzen, Abmaße, Passungen	408
Längenmaße, Grenzmaße, Winkelmaße, Baugruppen, Überzüge	409
Toleranzen für Kegel	410
Form- und Lagetoleranzen	411

Oberflächenbeschaffenheit 414
Symbole zur Kennzeichnung	414
Rautiefe, Mittenrauwert, Rauheitsklasse	415
Wärmebehandlungsangaben	416

Arbeits- und Umweltschutz
Umweltschutz	417
Arbeitsschutz	418
Gefährliche Stoffe am Arbeitsplatz	419
MAK-Werte	420
S-Sätze, Sicherheitsratschläge	422
E-Sätze, Beseitigungsratschläge	422
Gefahrensymbole für gefährliche Stoffe	423
R-Sätze, Bezeichnung besonderer Gefahren	423
Sicherheitszeichen	424
Durchflussstoffe, Kennzeichnung	424
Abfallentsorgung	425
Erste Hilfe	426

Verzeichnis Technischer Regeln 427

Stichwortverzeichnis 431

© Verlag Gehlen

Größen und Einheiten **7**

Basisgrößen und Basiseinheiten SI — DIN 1301

SI (**S**ysteme **I**nternational) ist das Internationale Einheitensystem im Messwesen. Für sieben Basisgrößen sind Basiseinheiten festgelegt. Weitere Einheiten werden von den Basiseinheiten abgeleitet.

Basisgröße	Länge	Masse	Zeit	Thermodyn. Temperatur	Elektrische Stromstärke	Stoffmenge	Lichtstärke
Formelzeichen	l, s	m	t	T	I	n	I
Basiseinheit	Meter	Kilogramm	Sekunde	Kelvin	Ampere	Mol	Candela
Einheitenzeichen	m	kg	s	K	A	mol	cd

Dezimale Teile und Vielfache — DIN 1301

Vorsatz	Vorsatzzeichen	Faktor	Beispiel
Piko	p	10^{-12}	1 Pikoampere = 1 pA = 0,000 000 000 001 A
Nano	n	10^{-9}	1 Nanometer = 1 nm = 0,000 000 001 m
Mikro	µ	10^{-6}	1 Mikrometer = 1 µm = 0,000 001 m
Milli	m	10^{-3}	1 Millimeter = 1 mm = 0,001 m
Zenti	c	10^{-2}	1 Zentimeter = 1 cm = 0,01 m
Dezi	d	10^{-1}	1 Dezimeter = 1 dm = 0,1 m
Deka	da	10^{1}	1 Dekameter = 1 dam = 10 m
Hekto	h	10^{2}	1 Hektometer = 1 hm = 100 m
Kilo	k	10^{3}	1 Kilometer = 1 km = 1 000 m
Mega	M	10^{6}	1 Megaampere = 1 MA = 1 000 000 A
Giga	G	10^{9}	1 Gigaampere = 1 GA = 1 000 000 000 A
Tera	T	10^{12}	1 Teraampere = 1 TA = 1 000 000 000 000 A

Abgeleitete SI-Einheiten (Auswahl)

Größe	Formelzeichen	Abgeleitete SI-Einheit	Einheitenzeichen	Beziehungen	Bemerkungen
Länge Breite Höhe	l b h	Meter	m	1 m = 10 dm = 100 cm 1 m = 1000 mm 1 mm = 1000 µm 1 km = 1000 m	In angelsächs. Ländern: Inch und Zoll (″) 1 inch = 1″ = 25,4 mm, int. Seemeile = 1852 m
Fläche	$A; S$	Quadratmeter Ar Hektar	m^2 a ha	$1\,m^2 = 10\,000\,cm^2$ $1\,m^2 = 1\,000\,000\,mm^2$ $1\,a = 100\,m^2$ $1\,ha = 100\,a = 10000\,m^2$ $100\,ha = 1\,km^2$	S für Querschnitt a und ha für Boden-, Wald- und Wasserflächen
Volumen	V	Kubikmeter Liter	m^3 l, L	$1\,m^3 = 1000\,dm^3$ $1\,m^3 = 1\,000\,000\,cm^3$ $1\,l = 1\,L = 1\,dm^3 = 10\,dl$ $1\,l = 0,001\,m^3$ $1 ml = 1\,cm^3$	Liter vorwiegend für Flüssigkeiten
Ebener Winkel	α, β, γ	Radiant Grad Minute Sekunde	rad ° ′ ″	1 rad = 1 m/m = 180°/π 1° = π /180 rad = 60′ 1′ = 1°/60 = 60″ 1″ = 1°/3600 = 1′/60	Grad, Minute, Sekunde in technischen Berechnungen nur in Dezimaldarstellung verwenden, z. B. 15,672°
Raumwinkel	Ω	Steradiant	sr	$1\,sr = 1\,m^2/m^2$	

© Verlag Gehlen

Abgeleitete SI-Einheiten (Auswahl) – Fortsetzung

Größe	Formelzeichen	Abgeleitete SI-Einheit	Einheitenzeichen	Beziehungen	Bemerkungen
Zeit	t	**Sekunde** Minute Stunde Tag Jahr	s min h d a	1 min = 60 s 1 h = 60 min = 3600 s 1 d = 24 h 1 a = 8765,8 h	min, h, d, und a erhalten keine Vorsätze
Frequenz	f, υ	Hertz	Hz	1 Hz = 1/s	
Drehzahl	n		1/s 1/min	1/s = 60/min = 60 min^{-1} 1/min = 1 min^{-1} = 1/60 s	
Geschwindigkeit	v		m/s m/min km/h	1 m/s = 60 m/min 1 m/s = 3,6 km/h 1 m/min = 1 m/60 s 1 km/h = 1 m/3,6 s	Schnittgeschwindigkeit bei spanenden Verfahren in m/min bzw. in m/s
Winkelgeschwindigkeit	ω		1/s rad/s		
Beschleunigung	a, g		m/s^2	1 m/s^2 = 1 m/s : 1 s	g nur für örtliche Fallbeschleunigung, g = 9,81 m/s^2
Masse	m	**Kilogramm** Tonne Karat	kg t Kt	1 kg = 1000 g 1 t = 1 Mg = 1000 kg 1 Kt = 0,2 g	Kt für Masse von Edelsteinen
Längenbezogene Masse	m'		kg/m	1 kg/m = 1 g/mm	m' für die Berechnung der Masse von Halbzeugprofilen
Flächenbezogene Masse	m''		kg/m^2	1 kg/m^2 = 0,1 g/cm^2	m'' für die Berechnung der Masse von Blechen
Dichte	ϱ		kg/m^3	1000 kg/m^3 = 1 t/m^3 = 1 kg/dm^3 = 1 g/cm^3 = 1 g/ml = 1 mg/mm^3	ortsunabhängige Größe
Trägheitsmoment	J		kg · m^2		alte Bezeichnung: Massenträgheitsmoment
Kraft, Gewichtskraft	F G, F_G	Newton	N	1 N = 1 kg · m/s^2 = 1 J/m 1 MN = 10^3 kN = 10^6 N	Einheit kp nicht mehr zulässig, 1 kp = 9,81 N
Dreh-, Biege-, Torsionsmoment	M M_b T		N · m		
Druck	p	Pascal	Pa	1 Pa = 1 N/m^2 = 0,01 mbar 1 bar = 100 000 N/m^2 1 bar = 10 N/cm^2 1 bar = 10^5 Pa 1 mbar = 1 hPa	Einheit at = kp/cm^2 nicht zulässig, 1 at = 9,81 · 10^4 Pa

© Verlag Gehlen

Größen und Einheiten

Abgeleitete SI-Einheiten (Auswahl) – Fortsetzung					
Größe	Formel-zeichen	abgeleitete SI-Einheit	Einheiten-zeichen	Beziehungen	Bemerkungen
Mechanische Spannung	σ, τ		N/m^2	$1\ N/mm^2 = 1\ MN/m^2$ $= 1\ MPa = 10\ bar$ $1\ N/cm^2 = 0{,}01\ N/mm^2$	früher kp/mm^2 $1\ kp/mm^2 =$ $9{,}80665\ MPa$
Impuls	P		$kg \cdot m/s$	$1\ kg \cdot m/s = 1\ N \cdot s$	
Flächen-moment	I		m^4 cm^4	$1\ m^4 = 10\,000\ cm^4$	früher: Flächen-trägheitsmoment
Arbeit, Energie	W, A E, W	Joule	J	$1\ J = 1\ N \cdot m = 1\ W \cdot s$ $1\ J = 1\ kg \cdot m^2/s^2$	für elektrische Energie kWh
Leistung	P	Watt	W	$1\ W = 1\ J/s = 1\ N \cdot m/s$ $1\ W = 1\ V \cdot A = 1 m \cdot kg/s^3$	früher: PS $1\ PS = 735\ W$
Elektrische Stromstärke	I	**Ampere**	**A**		
Elektrische Spannung	V	Volt	V	$1\ V = 1\ W/1\ A = 1\ J/C$	
Elektrischer Widerstand	R	Ohm	Ω	$1\ \Omega = 1\ V/1\ A$	
Elektrischer Leitwert	G	Siemens	S	$1\ S = 1\ A/1\ V = 1/\Omega$	
Elektrische Leitfähigkeit	γ, κ		S/m	$1\ S/m = 1\ S \cdot m/m^2$	
Spezifischer el. Widerstand	ϱ		$\Omega \cdot m$	$10^{-6}\ \Omega \cdot m = 1\ \Omega \cdot mm^2/m$	
Frequenz	f	Hertz	Hz	$1\ Hz = 1/s$ $1000\ Hz = 1\ kHz$	
Elektrische Arbeit	W	Joule	J	$1\ J = 1\ W \cdot s = 1\ N \cdot m$ $1\ kW \cdot h = 3{,}6 \cdot 10^6\ W \cdot s$	
Elektrische Feldstärke	E		V/m		
Elektrische Ladung	Q	Coulomb	C	$1\ C = 1\ A \cdot s$ $1\ A \cdot h = 3{,}6\ kC$	
Elektrische Kapazität	C	Farad	F	$1\ F = 1\ C/V$	
Induktivität	L	Henry	H	$1\ H = 1\ V \cdot s/A$	
Elektrische Leistung	P	Watt	W	$1\ W = 1\ J/s = 1\ N \cdot m/s$ $1\ W = 1\ V \cdot A$	elektrische Schein-leistung $V \cdot A$
Phasenver-schiebungs-winkel	φ		rad		bei induktiver oder kapazitiver Belastg. Winkel zw. I und U
Magnetischer Fluss	Φ	Weber	Wb	$1\ Wb = 1\ V \cdot s$ $1\ Wb = 1\ m^2 \cdot kg/s^2 \cdot A$	
Magnetische Flussdichte	B	Tesla	T	$1\ T = 1\ Wb/A$ $1\ T = 1\ m^2 \cdot kg/s^2 \cdot A^2$	

© Verlag Gehlen

Abgeleitete SI-Einheiten (Auswahl) – Fortsetzung

Größe	Formelzeichen	abgeleitete SI-Einheit	Einheitenzeichen	Beziehungen	Bemerkungen
Thermodynamische Temperatur	T, Θ	Kelvin	K	0 K = – 273 °C	
Celsius-Temperatur	t, ϑ	Grad Celsius	°C	0 °C = 273 K	
Wärmemenge	Q	Joule	J	1 J = 1 N · m = 1 W · s	früher Kalorie (cal), 1 kcal = 4186,8 J
Wärmestrom	$\Phi_{th}, \Phi, \dot{Q}$	Watt	W	1 W = 1 J/s	
Spezifischer Heizwert	H			1 MJ/kg = 1 000 000 J/kg	Entalpie
Stoffmenge	n	**Mol**	mol	1 mol ≈ 6 · 10^{23} Teilchen	
Lichtstärke	I_v	**Candela**	cd	$I_v = 6{,}83 \cdot 10^{-2} \frac{W}{sr}$	
Lichtstrom	Φ_v	Lumen	lm	1 lm = 1 cd · sr	
Leuchtdichte	L_v		cd/m^2		
Beleuchtungsstärke	E, E_v	Lux	lx	1 lx = 1 lm/m^2 = 1 cd sr/m^2	
Lichtgeschwindigkeit	c		m/s		
Aktivität radioaktiver Substanz		**Bequerel**	**Bq**	1 Bq = 1/s	

Griechisches Alphabet   DIN ISO 3098

Buchstabe		Benennung	Anwendungsbeispiele	Buchstabe		Benennung	Anwendungsbeispiele
A	α	Alpha	Winkel, Längenausdehnungskoeffizent	N	ν	Ny	kinematische Zähigkeit
B	β	Beta	Winkel, Flächenausdehnungszahl	Ξ	ξ	Xi	
Γ	γ	Gamma	Winkel, Volumenausdehnungszahl	O	o	Omikron	
Δ	δ	Delta	Differenz, z. B. Δt	Π	π	Pi	Kreiszahl = 3,141592...
E	ε	Epsilon	Dehnung	P	ϱ	Rho	Dichte
Z	ζ	Zeta	Widerstandsbeiwert	Σ	σ	Sigma	Summe; Spannung
H	η	Eta	Wirkungsgrad	T	τ	Tau	Schubspannung
Θ	ϑ	Theta	absolute bzw. Celsius-Temperatur	Y	υ	Ypsilon	
I	ι	Iota		Φ	ϕ	Phi	Wärmestrom; Winkel
K	κ	Kappa	elektrische Leitfähigkeit	X	χ	Chi	
Λ	λ	Lambda	Wärmeleitfähigkeit	Ψ	ψ	Psi	
M	μ	My	Permeabilität	Ω	ω	Omega	elektrischer Widerstand; Winkelgeschwindigkeit

© Verlag Gehlen

Mathematische Zeichen · Allgemeine Formelzeichen

Mathematische Zeichen (Auswahl) — DIN 1302

Mathem. Zeichen	Bedeutung	Mathem. Zeichen	Bedeutung	Mathem. Zeichen	Bedeutung
$=$; $\neq$	gleich; nicht gleich	$\times$; $\cdot$	mal, multipliziert mit...	ln	natürl. Logarithmus
$=_{def}$	definitionsgemäß gl.	$-$; $/$; $:$	durch, dividiert durch...	log	allgem. Logarithmus
$\equiv$	identisch gleich	∞ ; Σ	unendlich; Summe	lg	dekad. Logarithmus
$\not\equiv$	nicht identisch gleich	a^n	a hoch n	sin; cos	Sinus; Cosinus
$\sim$	ähnlich, proportional	$\sqrt{\ }$; $\sqrt[n]{\ }$	Quadrat-; n-te Wurzel	tan; cot	Tangens; Cotangens
$\approx$	nahezu gleich, etwa	$\|x\|$	Betrag von x	π	Kreiszahl = 3,14159...
$<$; $>$	kleiner; größer als	Δx	Delta x (Differenz)	arc z	Arcus (Bogenmaß) z
$\leq$	kleiner oder gleich	$\perp$	senkrecht auf	%; ‰	Prozent; Promille
$\geq$	größer oder gleich	$\|$; $\not\|$	parallel; nicht parallel	$\{[(\ ;\ )]\}$	Klammern auf; zu
$\hat{=}$	entspricht	$\uparrow\uparrow$; $\uparrow\downarrow$	gleich-; gegensinnig	$\overline{AB}$; $\overset{\frown}{AB}$	Strecke; Bogen AB
...	und so weiter bis	$\cong$; O	kongruent zu; Kreis	a′ ; a″	a Strich; a zwei Strich
$+$; $-$	plus; minus	$\angle$; $\triangle$	Winkel; Dreieck	a_1 ; a_2	a eins; a zwei
$\wedge$; $\vee$	und; oder	$\int$	Integral	$\oint$	Kreisintegral

Allgemeine Formelzeichen (Auswahl) — DIN 1304

Zeichen	Bedeutung	Zeichen	Bedeutung	Zeichen	Bedeutung
l	**Länge**	A	Bruchdehnung	ε	Dielektrizitätskonstante
b	Breite	E	Elastizitätsmodul	L	Induktivität
h	Höhe	G	Schub-, Gleitmodul	μ	Permeabilität
r, R	Radius, Halbmesser	μ, f	Reibungszahl	R	Widerstand
d, D	Durchmesser	W	Widerstandsmoment	ϱ	spezifischer Widerstand
s	Weg-, Kurvenlänge	I	Flächenmoment	γ, κ	elektrische Leitfähigkeit
α, β, γ	ebene Winkel	W, E	Arbeit, Energie	X	Blindwiderstand
Ω	Raumwinkel	P / η	Leistg./Wirkungsgrad	Z	Scheinwiderstand
A, S	Fläche, Querschnitt	t	**Zeit, -spanne, Dauer**	φ	Phasenverschiebungs∡
V	Volumen	T	Periodendauer	N, w	Windungszahl
m	**Masse**	f, ν	Frequenz	T, Θ	**thermodyn. Temperatur**
m'	längenbez. Masse	λ	Wellenlänge	t, ϑ	Celsius-Temperatur
m''	flächenbez. Masse	n	Drehzahl	$\Delta T, \Delta t$	Temperaturdifferenz
ϱ	Dichte	v, u	Geschwindigkeit	α	Längenausd.-Koeffizient
J	Trägheitsmoment	ω	Winkelgeschwindigk.	γ	Volumenausd.-Koeffizient
F, G, F_G	Kraft, Gewichtskraft	a	Beschleunigung	Q	Wärmemenge
M	Drehmoment	g	Fallbeschleunigung	λ	Wärmeleitfähigkeit
T	Torsionsmoment	α	Winkelbeschleunigg.	α	Wärmeübergangskoeff.
M_b	Biegemoment	Q	Volumenstrom	k	Wärmedurchgangskoeff.
p	Druck	I	**Elektr. Stromstärke**	C	Wärmekapazität
σ	Normalspannung	U	Spannung	H	spezifischer Heizwert
τ	Schubspannung	Q	Elektrische Ladung	I	**Lichtstärke**
ε	Dehnung	C	Kapazität	E	Beleuchtungsstärke

© Verlag Gehlen

Grundrechenarten

Grundrechnen

Art	Erläuterung	Beispiele
Addition und Subtraktion (Sie werden als Strichrechnungen bezeichnet.)		
Addition (Zusammenzählen) Summand + Summand = Summe $a\ +\ b\ =\ c$	Nur gleichartige Zahlen können addiert werden, wenn man ihre Beizahlen (Vorzahlen) addiert. Summanden sind vertauschbar.	$15mm + 12mm = 25mm$ $10a + 15a = 25a$ $a + b = b + a$
Subtraktion (Abziehen) Minuend − Subtrahend = Differenz $a\ -\ b\ =\ c$	Nur gleichartige Zahlen können subtrahiert werden, wenn man ihre Beizahlen (Vorzahlen) subtrahiert. Minuend und Subtrahend sind **nicht** vertauschbar.	$15mm - 12mm = 3mm$ $15a - 12a = 3a$ $a - b \neq b - a$
Multiplikation und Division (Sie werden als Punktrechnungen bezeichnet.)		
Multiplikation (Vervielfachen) Faktor · Faktor = Produkt $a\ \cdot\ b\ =\ c$	Gleichartige und ungleichartige Zahlen können miteinander multipliziert werden. Faktoren sind vertauschbar.	$3 \cdot 5mm = 15mm$ $10N \cdot 4m = 40Nm$ $a \cdot b = b \cdot a$
Division (Teilen) Dividend : Divisor = Quotient $a\ :\ b\ =\ c$	Gleichartige und ungleichartige Zahlen können dividiert werden. Das Divisionszeichen kann durch einen Bruchstrich bzw. einen Querstrich ersetzt werden. Division durch Null ist unzulässig! Dividend und Divisor sind **nicht** vertauschbar!	$100km : 2h = 50km/h$ $600m : 30s = 20m/s$ $a : b \neq b : a$
Kombiniertes Grundrechnen		
Produkt o. Quotient + Summanden Produkt o. Quotient − Subtrahend	Die Punktrechnung muss vor der Strichrechnung vollzogen werden.	$3 \cdot 2a + 6a = 12a$ $16a : 4a - 2a = 4 - 2a$
Faktor · Summe oder Differenz Dividend : Summe oder Differenz	Die Strichrechnung hat dann Vorrang, wenn die Summe bzw. Differenz in Klammern gesetzt ist.	$3 \cdot (2a + 6a) = 24a$ $16a : (4a - 2a) = 8$
Vorzeichen		
+(+Summand) = +Summe −(−Subtrahend) = +Differenz +(−Summand) = −Summe −(+Subtrahend) = −Differenz	Zahlen können positive (+) und negative (−) Vorzeichen aufweisen. Zahlen ohne Vorzeichen sind immer positiv. Die Summe bzw. Differenz ist positiv, wenn Rechen- und Vorzeichen des Summanden bzw. Subtrahenden gleich sind. Die Summe bzw. Differenz ist negativ, wenn Rechen- und Vorzeichen des Summanden bzw. Subtrahenden verschieden sind.	$+(+a) = +a$ $-(-a) = +a$ $+(-a) = -a$ $-(+a) = -a$
(+Faktor) · (+Faktor) = +(Produkt) (−Faktor) · (−Faktor) = +(Produkt) (+Faktor) · (−Faktor) = −(Produkt) (−Faktor) · (+Faktor) = −(Produkt)	Das Produkt zweier Zahlen (Faktoren) ist positiv, wenn die Vorzeichen gleich sind. Das Produkt zweier Zahlen ist negativ, wenn die Vorzeichen ungleich sind.	$(+a) \cdot (+b) = +(ab)$ $(-a) \cdot (-b) = +(ab)$ $(+a) \cdot (-b) = -(ab)$ $(-a) \cdot (+b) = -(ab)$
(+Dividend) : (+Divisor) = +(Quotient) (−Dividend) : (−Divisor) = +(Quotient) (+Dividend) : (−Divisor) = −(Quotient) (−Dividend) : (+Divisor) = −(Quotient)	Der Quotient zweier Zahlen (Dividend, Divisor) ist positiv, wenn die Vorzeichen gleich sind. Der Quotient zweier Zahlen ist negativ, wenn die Vorzeichen ungleich sind.	$(+a) : (+b) = +(a : b)$ $(-a) : (-b) = +(a : b)$ $(+a) : (-b) = -(a : b)$ $(-a) : (+b) = -(a : b)$

© Verlag Gehlen

Klammerrechnen (Auflösen von Klammern)

Art	Erläuterung	Beispiele
Addieren von Klammern	Steht vor der Klammer ein Additionszeichen, dann werden beim Klammerauflösen alle Vorzeichen beibehalten.	$a + (b + c) = a + b + c$ $a + (b - c) = a + b - c$
Subtrahieren von Klammern	Steht vor der Klammer ein Subtraktionszeichen, dann werden beim Klammerauflösen alle Vorzeichen in der Klammer verändert.	$a - (b + c) = a - b - c$ $a - (b - c) = a - b + c$
Multiplizieren von Klammern	Summen oder Differenzen als Klammerausdruck werden mit einem Faktor multipliziert, indem jedes Glied der Klammer mit dem Faktor multipliziert wird.	$a \cdot (b + c) = a \cdot b + a \cdot c$ $\qquad\qquad = ab + ac$ $a \cdot (b - c) = ab - ac$
	Summen oder Differenzen als Klammerausdrücke werden miteinander multipliziert, indem jedes Glied der einen Klammer mit jedem Glied der anderen Klammer multipliziert wird.	$(a + b) \cdot (c + d) =$ $\quad ac + ad + bc + bd$ $(a - b) \cdot (c - d) =$ $\quad ac - ad - bc + bd$
Dividieren von Klammern	Summen oder Differenzen als Klammerausdruck (= Dividend) werden durch einen Divisor dividiert, indem jedes Glied der Klammer durch den Divisor dividiert wird.	$(a + b) : c = \dfrac{a}{c} + \dfrac{b}{c}$
	Summen oder Differenzen als Klammerausdruck (= Dividend) werden durch Summen oder Differenzen dividiert, indem jedes Glied des Dividenden durch die Summe bzw. durch die Differenz dividiert wird.	$(a + b) : (c + d) =$ $\dfrac{a}{(c + d)} + \dfrac{b}{(c + d)}$
Ausklammern	Gemeinsame Faktoren oder Divisoren in Summen oder in Differenzen werden vor die Klammer gesetzt (ausgeklammert).	$ac + ab = a \cdot (c + b)$ $\dfrac{a}{c} + \dfrac{b}{c} = \dfrac{1}{c} \cdot (a + b)$

Bruchrechnen

Art	Erläuterung	Beispiele
Erweitern	Zähler und Nenner werden mit der gleichen Zahl multipliziert.	$\dfrac{a}{c} = \dfrac{a \cdot b}{c \cdot b}$ $\quad = \dfrac{ab}{cb}$
Kürzen	Zähler und Nenner werden durch die gleiche Zahl dividiert.	$\dfrac{ac}{ab} = \dfrac{ac : a}{ab : a}$ $\quad = \dfrac{c}{b}$
Addieren und Subtrahieren	Gleichnamige Brüche (Brüche mit gleichen Nennern) werden addiert bzw. subtrahiert, indem ihre Zähler addiert bzw. subtrahiert werden und der gemeinsame Nenner beibehalten wird.	$\dfrac{a}{c} + \dfrac{b}{c} = \dfrac{a + b}{c}$
	Ungleichnamige Brüche (Brüche mit ungleichen Nennern) müssen vor dem Addieren bzw. Subtrahieren gleichnamig gemacht werden, d. h., es muss der kleinste gemeinsame Nenner gefunden werden.	$\dfrac{a}{c} + \dfrac{b}{c} = \dfrac{a}{c} \cdot \dfrac{1}{d} + \dfrac{b}{d} \cdot \dfrac{1}{c}$ $\quad = \dfrac{a + b}{cd}$
Multiplizieren	Brüche werden miteinander multipliziert, indem jeweils die Zähler und Nenner miteinander multipliziert werden.	$\dfrac{a}{c} \cdot \dfrac{b}{d} = \dfrac{ab}{cd}$
	Ein Bruch und eine ganze Zahl werden miteinander multipliziert, indem die ganze Zahl mit dem Zähler multipliziert wird.	$\dfrac{a}{c} \cdot b = \dfrac{ab}{c}$

© Verlag Gehlen

Bruchrechnen · Potenzrechnen · Wurzelrechnen

Bruchrechnen (Fortsetzung)

Art	Erläuterung	Beispiele
Dividieren	Ein Bruch wird durch einen Bruch dividiert, indem der erste Bruch mit dem Kehrwert des zweiten Bruches multipliziert wird. Ein Bruch wird durch eine ganze Zahl dividiert, indem der Nenner mit dieser Zahl multipliziert wird. Eine ganze Zahl wird durch einen Bruch dividiert, indem diese mit dem Kehrwert des Bruches multipliziert wird.	$\frac{a}{b} : \frac{d}{c} = \frac{a}{b} \cdot \frac{c}{d} = \frac{ac}{bd}$ $\frac{a}{b} : 2 = \frac{a}{2b}$ $2 : \frac{a}{b} = 2 \cdot \frac{b}{a} = \frac{2b}{a}$
Umwandeln	Ein Bruch wird in eine Dezimalzahl umgewandelt, indem der Zähler durch den Nenner dividiert wird. Eine Dezimalzahl wird in einen Bruch umgewandelt, indem diese mit dem Nenner 1 versehen und mit einem Vielfachen von 10 erweitert wird.	$\frac{5}{6} = 5 : 6 = 0{,}8333$ $0{,}75 = \frac{0{,}75}{1} = \frac{0{,}75 \cdot 100}{1 \cdot 100}$ $= \frac{75}{100} = \frac{3}{4}$

Potenzrechnen (Potenzieren)

Art	Erläuterung	Beispiele
Addieren und Subtrahieren	Potenzen können nur addiert bzw. subtrahiert werden, wenn sie gleiche Basen und gleiche Exponenten besitzen.	$a^2 + 2a^2 = 3a^2$ $4a^3 + 2b^2 - 2a^3 = 2(a^3 + b^2)$
Multiplizieren und Dividieren	Potenzen können nur mit gleicher Basis multipliziert/dividiert werden, indem die Exponenten addiert/subtrahiert werden.	$a^3 \cdot a^2 = a^{3+2} = a^5$ $b^4 : b^2 = b^{4-2} = b^2$
Potenzieren	Potenzen werden potenziert, indem die Basis mit dem Produkt der Exponenten potenziert wird.	$(a^2)^3 = a^{2 \cdot 3} = a^6$
Potenzen mit gebrochenen Exponenten	Potenzen mit gebrochenen Exponenten können als Wurzeln dargestellt werden.	$a^{\frac{3}{2}} = \sqrt[2]{a^3}$; $b^{\frac{m}{n}} = \sqrt[n]{a^m}$
Potenzen mit negativen Exponenten	Potenzen mit negativen Exponenten können als Kehrwert mit positiven Exponenten geschrieben werden.	$a^{-4} = \frac{1}{a^4}$; $b^{-n} = \frac{1}{b^n}$
Potenzen mit Exponenten 0	Potenzen mit beliebigen Basen und den Exponenten Null ergeben immer den Potenzwert 1.	$a^0 = 1$; $b^0 = 1$
Potenzen mit der Basis 10	Zahlen können als ein Vielfaches von Potenzen mit der Basis 10 (Zehnerpotenzen) geschrieben werden.	$453 = 4{,}53 \cdot 100 = 4{,}53 \cdot 10^2$ $0{,}003 = 3 : 1000 = 3 \cdot 10^{-3}$

Wurzelrechnen (Radizieren)

Art	Erläuterung	Beispiele
Addieren und Subtrahieren	Es können nur Wurzeln mit gleichen Radikanten und Wurzelexponenten addiert bzw. subtrahiert werden.	$\sqrt[n]{a} + 3 \cdot \sqrt[n]{a} + 2 \cdot \sqrt[n]{a} = 6 \cdot \sqrt[n]{a}$
Multiplizieren und Dividieren	Wurzeln mit gleichen Exponenten werden multipliziert bzw. dividiert, indem das Produkt bzw. der Quotient radiziert wird.	$\sqrt[n]{a} \cdot \sqrt[n]{b} = \sqrt[n]{a \cdot b}$ $\sqrt[n]{a} : \sqrt[n]{b} = \sqrt[n]{a : b}$
Potenzieren	Wurzeln werden potenziert, indem der Radikant potenziert und diese Potenz radiziert wird.	$\left(\sqrt[n]{a}\right)^m = \sqrt[n]{a^m}$
Radizieren	Wurzeln werden radiziert, indem die Radikanten mit dem Produkt des Wurzelexponenten radiziert werden.	$\sqrt[n]{\sqrt[m]{a}} = \sqrt[nm]{a}$

© Verlag Gehlen

Logarithmenrechnen

Art	Erläuterung	Beispiele
Multiplizieren	Produkte werden logarithmiert, indem die Logarithmen der Faktoren addiert werden.	$\lg(a \cdot b) = \lg a + \lg b$
Dividieren	Quotienten werden logarithmiert, indem der Logarithmus des Nenners vom Logarithmus des Zählers subtrahiert wird.	$\lg \dfrac{a}{b} = \lg a - \lg b$
Potenzieren	Potenzen werden logarithmiert, indem der Logarithmus der Basis mit dem Exponenten multipliziert wird.	$\lg a^n = n \cdot \lg a$
Radizieren	Wurzeln werden logarithmiert, indem der Logarithmus der Basis durch den Wurzelexponenten dividiert wird.	$\lg \sqrt[n]{a} = \dfrac{\lg a}{n}$

Gleichungsrechnen

Art	Erläuterung	Beispiele
Seiten vertauschen	Die Seiten einer Gleichung können vertauscht werden.	$a + b = c + d$ oder $c + d = a + b$
Seiten verändern	Eine Gleichung kann nur auf beiden Seiten gleichzeitig und mit gleichem Wert verändert werden.	$a + c = b + c$ $a - c = b - c$
Kehrwert bilden	Auf beiden Seiten werden Zähler und Nenner vertauscht, und somit wird der Kehrwert gebildet.	$\dfrac{a}{x} = \dfrac{b+c}{d}$ $\dfrac{x}{a} = \dfrac{d}{b+c}$
Umstellen Summen- bzw. Differenzgleichung	Auf beiden Seiten wird mit gleichem Wert subtrahiert bzw. addiert.	$x + b = a \quad \vert -b$ $x = a - b$ $x - b = a \quad \vert +b$ $x = a + b$
Umstellen Produkt- bzw. Quotientengleichung	Auf beiden Seiten wird mit gleichem Wert dividiert bzw. multipliziert.	$x \cdot b = a \quad \vert : b$ $x = a : b$ $x : b = a \quad \vert \cdot b$ $x = a \cdot b$
Umstellen Potenz- bzw. Wurzelgleichung	Auf beiden Seiten wird mit gleichem Wert radiziert bzw. potenziert.	$x^n = a \quad \vert \sqrt[n]{}$ $x = \sqrt[n]{a}$ $\sqrt[n]{x^m - y^m} = z \quad \vert (\;)^n$ $x^m - y^m = z^n$
Proportionen	Proportionen sind Gleichungen zwischen zwei Verhältnissen mit gleichen Werten. Sie können wie Gleichungen mit Brüchen angesehen werden. Innerhalb der Proportion dürfen vertauscht werden: • die Außenglieder, • die Innenglieder, • die Innenglieder mit den Außengliedern. Das Produkt der Außenglieder ist gleich dem Produkt der Innenglieder.	$a : b = c : d$ $\dfrac{a}{b} = \dfrac{c}{d}$ $d : b = c : a$ $a : c = b : d$ $b : a = d : c$ $a \cdot d = b \cdot c$

© Verlag Gehlen

Rechnen mit Reihen

Art	Erläuterung	Beispiele
Arithmetische Reihe	Die Differenz d von zwei aufeinander folgenden Gliedern ist immer gleich groß.	$a_1 + a_2 + a_3 + ... + a_n$ $a_2 - a_1 = a_3 - a_2 = ... = a_n - a_{n-1} = d$ $a_n = a_1 + (n-1) \cdot d$
Geometrische Reihe	Der Quotient q von zwei aufeinander folgenden Gliedern ist immer gleich groß.	$b_1 + b_2 + b_3 + ... + b_n$ $\dfrac{b_2}{b_1} = \dfrac{b_3}{b_2} = ... = \dfrac{b_n}{b_{n-1}} = q$ $b_n = b_1 \cdot q^{n-1}$

Schlussrechnen (Dreisatzrechnen)

Art	Erläuterung	Beispiele
Gleiches Verhältnis		60 Schrauben kosten 24 DM. Wie viel kosten 25 Schrauben?
	• **Behauptungssatz**	60 Schrauben kosten 24 DM
	• **Zwischensatz:** Schließen von der Mehrheit auf die Einheit (Dividieren)	1 Schraube kostet $\dfrac{24 \text{ DM}}{60} = 0{,}40$ DM
	• **Schlusssatz:** Schließen von der Einheit auf die neue Mehrheit (Multiplizieren)	25 Schrauben kosten $\dfrac{24 \text{ DM}}{60} \cdot 25 = 10$ DM
Umgekehrtes Verhältnis		2 Schlosser benötigen für einen Montageauftrag 160 Stunden. Wie viel Stunden benötigen 8 Schlosser für den Montageauftrag?
	• **Behauptungssatz**	2 Schlosser benötigen 160 Stunden
	• **Zwischensatz:** Schließen von der Mehrheit auf die Einheit (Multiplizieren)	1 Schlosser benötigt $2 \cdot 160$ Stunden
	• **Schlusssatz:** Schließen von der Einheit auf neue Mehrheit (Dividieren)	8 Schlosser benötigen $\dfrac{2 \cdot 160 \text{ Stunden}}{8} = 40$ Stunden
Mehrgliedriges Verhältnis		6 Maschinen werden durch 3 Schlosser in 24 Tagen montiert. Wie viel Zeit benötigen 9 Schlosser um 10 Maschinen zu montieren?
	1. Dreisatz: Umgekehrtes Verhältnis	3 Schlosser montieren 6 Maschinen in 24 Tagen 1 Schlosser montiert 6 Maschinen in $24 \cdot 3 = 72$ Tagen 9 Schlosser montieren 6 Maschinen in $\dfrac{24 \cdot 3}{9} = 8$ Tagen
	2. Dreisatz: Gleiches Verhältnis	9 Schlosser montieren 6 Maschinen in $\dfrac{24 \cdot 3}{9} = 8$ Tagen 9 Schlosser montieren 1 Maschine $\dfrac{24 \cdot 3}{9 \cdot 6}$ Tagen 9 Schlosser mont. 10 Masch. $\dfrac{24 \cdot 3}{9 \cdot 6} \cdot 10 = 13{,}3$ Tagen

© Verlag Gehlen

Prozentrechnen

$P_W = \dfrac{G_W \cdot P_S}{100\%}$

G_W Grundwert (Wert, von dem Anteile in % zu rechnen sind)
P_S Prozentsatz (Teile des Grundwertes in %, entspricht 1 : 100)
P_W Prozentwert (Teile des Grundwertes)

Promillerechnen

$P_{MW} = \dfrac{G_W \cdot P_{MS}}{1000‰}$

G_W Grundwert (Wert, von dem Anteile in ‰ zu rechnen sind)
P_{MS} Promillesatz (Teile des Grundwertes in ‰, entspricht 1 : 1000)
P_{MW} Promillewert (Teile des Grundwertes)

Zinsrechnen

$z = \dfrac{k \cdot p \cdot t}{100\%}$

z Zinswert   k Kapital
p Zinssatz pro Jahr   t Zeit in Jahren

Flächen berechnen

Quadrat

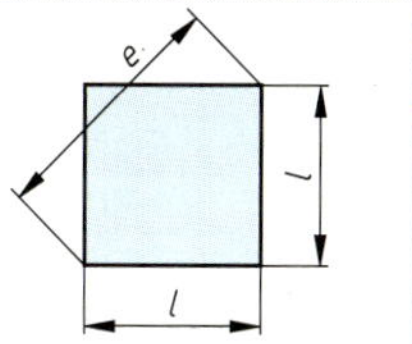

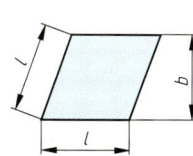

$U = 4 \cdot l$ $A = l^2$
$e = \sqrt{2} \cdot l$ $l = \sqrt{A}$

l Seitenlänge
U Umfang
A Fläche
e Diagonale

Parallelogramm

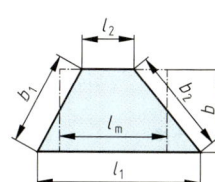

$U = 2 \cdot (l + b_1)$ $A = l \cdot b$

l Länge
b Breite
b_1 schräge Breite
U Umfang
A Fläche

Rhombus (Raute)

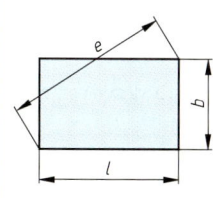

$U = 4 \cdot l$ $A = l \cdot b$

l Seitenlänge
b Breite
U Umfang
A Fläche

Trapez

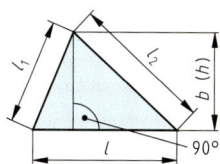

$l_m = \dfrac{l_1 + l_2}{2}$ $A = l_m \cdot b$

$U = l_1 + l_2 + b_1 + b_2$

l_1, l_2 Seitenlängen
l_m mittlere Seitenlänge
b Breite
b_1, b_2 schräge Breiten
U Umfang
A Fläche

Rechteck

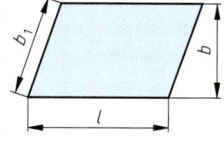

$U = 2 \cdot (l + b)$ $A = l \cdot b$
$e = \sqrt{l^2 + b^2}$

l Länge
b Breite
e Diagonale
U Umfang
A Fläche

Dreieck

$U = l + l_1 + l_2$
$A = \dfrac{l \cdot b}{2}$

l Länge
l_1, l_2 Seitenlängen
b, h Breite, Höhe
U Umfang
A Fläche

Dreieck im Koordinatensystem

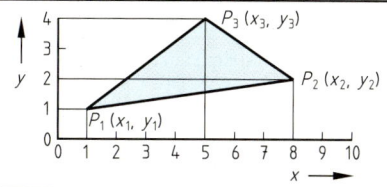

$A = \dfrac{1}{2} \cdot [x_1 \cdot (y_2 - y_3) + x_2 \cdot (y_3 - y_1) + x_3 \cdot (y_1 - y_2)]$

A Fläche
Koordinatenpunkte
- $P_1 (x_1, y_1)$
- $P_2 (x_2, y_2)$
- $P_3 (x_3, y_3)$

© Verlag Gehlen

Flächen berechnen (Fortsetzung)

Regelmäßiges Vieleck

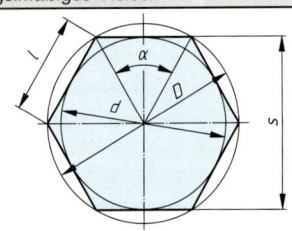

$l = D \cdot \sin\left(\dfrac{180°}{n}\right)$ $\quad d = \sqrt{D^2 - l^2}$ $\quad U = n \cdot l$ $\quad A = \dfrac{n \cdot l \cdot d}{4}$

- l Seitenlänge
- D Umkreisdurchmesser
- d Inkreisdurchmesser
- s Schlüsselweite
- n Eckenzahl
- U Umfang
- A Fläche

Berechnen ausgewählter regelmäßiger Vielecke

Eckenzahl n	Seitenlänge l	Schlüsselweite s	Eckenmaß e	Fläche mit D	Fläche mit d	Fläche mit l
3	$0{,}876 \cdot D$	–	–	$0{,}325 \cdot D^2$	$1{,}299 \cdot d^2$	$0{,}433 \cdot l^2$
4	$0{,}707 \cdot D$	$0{,}707 \cdot e$	$1{,}414 \cdot s$	$0{,}500 \cdot D^2$	$1{,}000 \cdot d^2$	$1{,}000 \cdot l^2$
5	$0{,}588 \cdot D$	–	–	$0{,}596 \cdot D^2$	$0{,}908 \cdot d^2$	$1{,}721 \cdot l^2$
6	$0{,}500 \cdot D$	$0{,}866 \cdot e$	$1{,}155 \cdot s$	$0{,}649 \cdot D^2$	$0{,}866 \cdot d^2$	$2{,}598 \cdot l^2$
8	$0{,}383 \cdot D$	$0{,}924 \cdot e$	$1{,}082 \cdot s$	$0{,}707 \cdot D^2$	$0{,}829 \cdot d^2$	$4{,}828 \cdot l^2$
10	$0{,}309 \cdot D$	$0{,}951 \cdot e$	$1{,}052 \cdot s$	$0{,}735 \cdot D^2$	$0{,}812 \cdot d^2$	$7{,}694 \cdot l^2$
12	$0{,}259 \cdot D$	$0{,}966 \cdot e$	$1{,}035 \cdot s$	$0{,}750 \cdot D^2$	$0{,}804 \cdot d^2$	$11{,}196 \cdot l^2$

Unregelmäßiges Vieleck

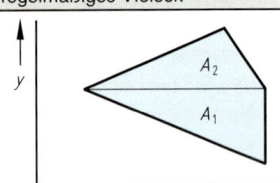

Teilflächenberechnung

$A = A_1 + A_2 + A_3 + \ldots + A_n$

A Fläche $\qquad A_1, A_2 \ldots A_n$ Teilflächen

Koordinatenberechnung

$A = \dfrac{1}{2} \cdot [\,(x_1 y_2 - x_2 y_1) + (x_2 y_3 - x_3 y_2) + \ldots + (x_n y_1 - x_1 y_n)\,]$

A Fläche $\qquad x, y$ Koordinaten

Kreis

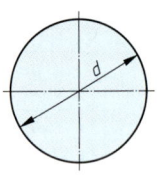

$U = d \cdot \pi \qquad\qquad A = \dfrac{d^2 \cdot \pi}{4}$

- d Durchmesser
- U Umfang
- A Kreisfläche

Kreisausschnitt

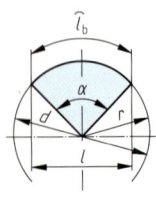

$U = 2 \cdot r + l_b \qquad \text{oder} \qquad U = d + l_b$

$\widehat{l}_b = \dfrac{d \cdot \pi \cdot \alpha}{360°} = \dfrac{\pi \cdot r \cdot \alpha}{180°} \qquad A = \dfrac{\pi \cdot d^2}{4} \cdot \dfrac{\alpha}{360°}$

- d Durchmesser
- l_b Bogenlänge
- A Kreisausschnittsfläche
- r Radius
- α Mittelpunktswinkel
- U Umfang

© Verlag Gehlen

Flächen berechnen (Fortsetzung)

Kreisabschnitt

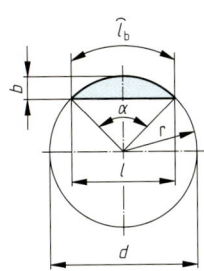

$l = 2 \cdot r \cdot \sin \frac{\alpha}{2} = 2 \cdot \sqrt{b \cdot (2 \cdot r - b)}$ $b = \frac{l}{2} \cdot \tan \frac{\alpha}{4} = r - \sqrt{r^2 - \frac{l^2}{4}}$

$l_b = \frac{\pi \cdot r \cdot \alpha}{180°}$ $l_b = r \cdot \text{arc}\,\alpha$ $U = l + l_b$

$A = \frac{\pi \cdot d^2}{4} \cdot \frac{\alpha}{360°} - \frac{l \cdot (r - b)}{2}$ $A = \frac{1}{2} \cdot r^2 \cdot (\text{arc}\,\alpha - \sin \alpha)$

- *d* Durchmesser
- *r* Radius
- *l* Sehnenlänge
- l_b Bogenlänge
- *b* Breite
- *α* Mittelpunktswinkel
- *U* Umfang
- *A* Kreisabschnittsfläche

Kreisring

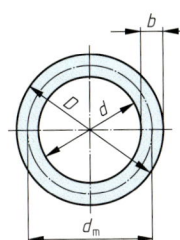

$b = \frac{D - d}{2}$ $d_m = D - b$ $A = \pi \cdot d_m \cdot b$ $A = \frac{\pi}{4} \cdot (D^2 - d^2)$

- *D* Außendurchmesser
- *d* Innenduchmesser
- *b* Kreisringbreite
- d_m mittlerer Durchmesser
- *A* Kreisringfläche

Kreisringausschnitt

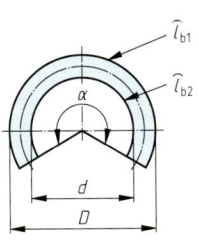

$l_{b1} = \frac{\pi \cdot D \cdot \alpha}{360°}$ $U = l_{b1} + l_{b2} + 2 \cdot b$

$l_{b2} = \frac{\pi \cdot d \cdot \alpha}{360°}$ $A = (D^2 - d^2) \cdot \frac{\pi}{4} \cdot \frac{\alpha}{360°}$

- *D* Außendurchmesser
- *d* Innendurchmesser
- *b* Kreisringbreite
- l_{b1}, l_{b2} Bogenlängen
- *α* Bogenwinkel
- *U* Umfang
- *A* Kreisringausschnittsfläche

Ellipse

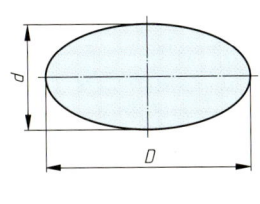

$U \approx \pi \cdot \sqrt{\frac{D^2 + d^2}{2}} \approx \frac{\pi}{2} \cdot (D + d)$ $A = \frac{\pi \cdot d \cdot D}{4}$

- *d* Innenkreis (kleine Achse)
- *D* Außenkreis (große Achse)
- *U* Umfang
- *A* Fläche

© Verlag Gehlen

Dreieck berechnen

Lehrsatz des Pythagoras

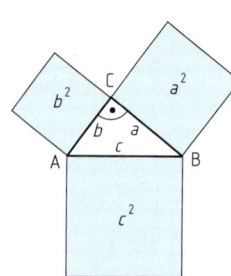

Anwendung auf ein rechtwinkliges Dreieck

Das Hypotenusenquadrat ist flächengleich der Summe der beiden Kathetenquadrate.

$c^2 = a^2 + b^2$	$c = \sqrt{a^2 + b^2}$

- a Kathete
- b Kathete
- c Hypotenuse

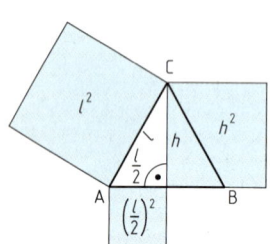

Anwendung auf ein gleichseitiges Dreieck

$h = \dfrac{1}{2} \cdot \sqrt{3} \cdot l$	$A = \dfrac{1}{4} \cdot \sqrt{3} \cdot l^2$

- h Höhe
- l Seitenlänge
- A Fläche

Lehrsätze des Euklid

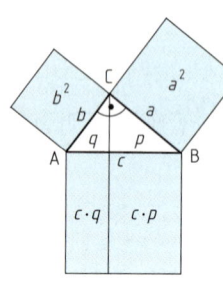

Kathetensatz

Das Kathetenquadrat ist flächengleich dem Rechteck aus der Hypotenuse und dem anliegenden Hypotenusenabschnitt.

$a^2 = c \cdot p$	$a = \sqrt{c \cdot p}$
$b^2 = c \cdot q$	$b = \sqrt{c \cdot q}$

- a Kathete
- b Kathete
- c Hypotenuse
- p anliegender Hypotenusenabschnitt zu a
- q anliegender Hypotenusenabschnitt zu b

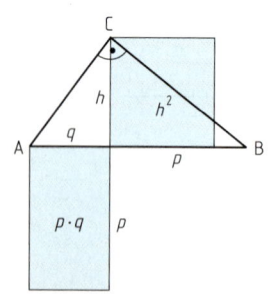

Höhensatz

Das Höhenquadrat ist flächengleich dem Rechteck aus den Hypotenusenabschnitten.

$h^2 = p \cdot q$	$h = \sqrt{p \cdot q}$

- h Höhe
- p anliegender Hypotenusenabschnitt zu a
- q anliegender Hypotenusenabschnitt zu b

Winkelfunktionen

Winkelfunktionen im rechtwinkligen Dreieck

Bezeichnungen	Benennung Seitenverhältnis	für Winkel α	für Winkel β
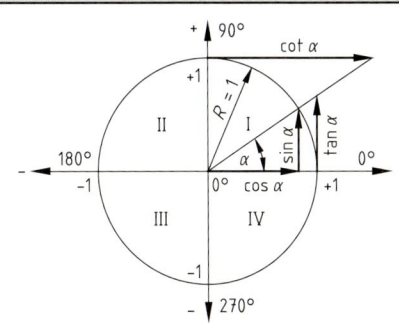	Sinus = $\dfrac{\text{Gegenkathete}}{\text{Hypotenuse}}$	$\sin\alpha = \dfrac{a}{c}$	$\sin\beta = \dfrac{b}{c}$
	Cosinus = $\dfrac{\text{Ankathete}}{\text{Hypotenuse}}$	$\cos\alpha = \dfrac{b}{c}$	$\cos\beta = \dfrac{a}{c}$
	Tangens = $\dfrac{\text{Gegenkathete}}{\text{Ankethete}}$	$\tan\alpha = \dfrac{a}{b}$	$\tan\beta = \dfrac{b}{a}$
	Cotangens = $\dfrac{\text{Ankathete}}{\text{Gegenkathete}}$	$\cot\alpha = \dfrac{b}{a}$	$\cot\beta = \dfrac{a}{b}$
	Winkelwerte können über einen Taschenrechner ermittelt werden.		

Winkelfunktionen am Einheitskreis | Verlauf in vier Quadranten

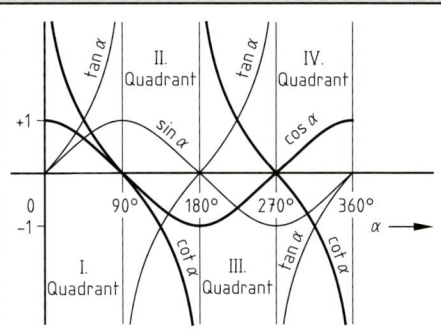

Ausgewählte Werte von Winkelfunktionen

Winkel-Funktion	Winkel							
	0°	30°	45°	60°	90°	80°	270°	360°
sin	0	$\dfrac{1}{2}$	$\dfrac{1}{2}\cdot\sqrt{2}$	$\dfrac{1}{2}\cdot\sqrt{3}$	1	0	−1	0
cos	1	$\dfrac{1}{2}\cdot\sqrt{3}$	$\dfrac{1}{2}\cdot\sqrt{2}$	$\dfrac{1}{2}$	0	−1	0	1
tan	0	$\dfrac{1}{3}\cdot\sqrt{3}$	1	$\sqrt{3}$	∞	0	∞	0
cot	∞	$\sqrt{3}$	1	$\dfrac{1}{3}\cdot\sqrt{3}$	0	∞	0	∞

Beziehungen zwischen den Winkelfunktionen

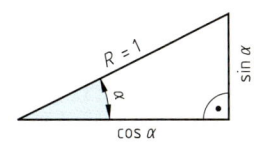

$\sin^2\alpha + \cos^2\alpha = 1$	$\tan\alpha \cdot \cot\alpha = 1$
$\cot\alpha = \dfrac{\cos\alpha}{\sin\alpha}$	$\tan\alpha = \dfrac{\sin\alpha}{\cos\alpha}$
$\tan\alpha = \dfrac{1}{\cot\alpha}$	$\cot\alpha = \dfrac{1}{\tan\alpha}$

© Verlag Gehlen

Winkelfunktionen (Fortsetzung)

Winkelfunktionen im schiefwinkligen Dreieck

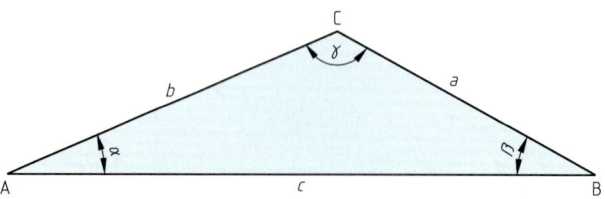

Sinussatz

$\dfrac{a}{\sin\alpha} = \dfrac{b}{\sin\beta} = \dfrac{c}{\sin\gamma}$	$a : b : c = \sin\alpha : \sin\beta : \sin\gamma$	$\dfrac{a}{b} = \dfrac{\sin\alpha}{\sin\beta}$; $\dfrac{b}{c} = \dfrac{\sin\beta}{\sin\gamma}$

Cosinussatz

$a^2 = b^2 + c^2 - 2 \cdot b \cdot c \cdot \cos\alpha$	$b^2 = a^2 + c^2 - 2 \cdot b \cdot c \cdot \cos\beta$	$c^2 = a^2 + b^2 - 2 \cdot b \cdot c \cdot \cos\gamma$
$\cos\alpha = \dfrac{b^2 + c^2 - a^2}{2 \cdot b \cdot c}$	$\cos\beta = \dfrac{a^2 + c^2 - b^2}{2 \cdot a \cdot c}$	$\cos\gamma = \dfrac{a^2 + b^2 - c^2}{2 \cdot a \cdot b}$

Tangenssatz

$\dfrac{a+b}{a-b} = \dfrac{\tan\dfrac{\alpha+\beta}{2}}{\tan\dfrac{\alpha-\beta}{2}}$	$\dfrac{b+c}{b-c} = \dfrac{\tan\dfrac{\beta+\gamma}{2}}{\tan\dfrac{\beta-\gamma}{2}}$	$\dfrac{c+a}{c-a} = \dfrac{\tan\dfrac{\gamma+\alpha}{2}}{\tan\dfrac{\gamma-\alpha}{2}}$

Körper berechnen

Würfel

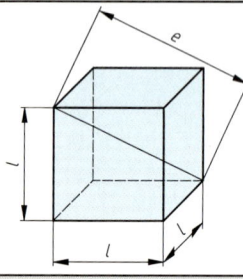

$e = l \cdot \sqrt{3}$	$l = \sqrt[3]{V}$
$A_O = 6 \cdot l^2$	$V = l^3$

l Seitenlänge
e Raumdiagonale
A_O Oberfläche
V Volumen

Vierkantprisma

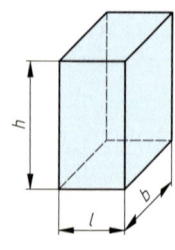

$A_O = 2 \cdot l \cdot (b + h) + 2 \cdot b \cdot h$	$V = l \cdot b \cdot h$

l Seitenlänge
b Breite
h Höhe
A_O Oberfläche
V Volumen

Körper berechnen (Fortsetzung)

Pyramide

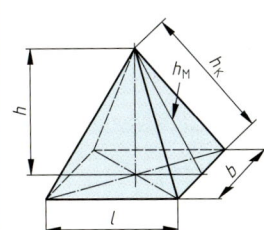

$h_M = \sqrt{h^2 + \dfrac{l^2}{4}}$ $\quad h_K = \sqrt{h_M^2 + \dfrac{b^2}{4}}$ $\quad A_O = A_G + A_M$

$A_O = h_M \cdot (l + b) + l \cdot b$ $\quad V = \dfrac{l \cdot b \cdot h}{3}$

l	Länge	b	Breite
h	Höhe	h_M	Mantelhöhe (gleichbleibend betrachtet)
h_K	Kantenhöhe	A_G	Grundfläche
A_M	Mantelfläche	A_O	Oberfläche
V	Volumen		

Pyramidenstumpf

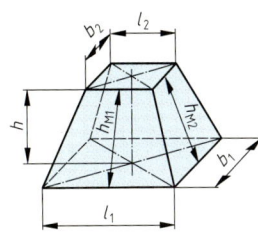

$h_{M1} = \sqrt{h^2 + \dfrac{(l_1 - l_2)^2}{4}}$ $\quad h_{M2} = \sqrt{h^2 + \dfrac{(b_1 - b_2)^2}{4}}$ $\quad A_O = A_G + A_D + A_M$

$A_O = l_1 \cdot b_1 + l_2 \cdot b_2 \cdot (l_1 + l_2) \cdot h_{M1} + (b_1 + b_2) \cdot h_{M2}$

$V = \dfrac{h}{3} \cdot \left(l_1 \cdot b_1 + l_2 \cdot b_2 + \sqrt{l_1 \cdot b_1 \cdot l_2 \cdot b_2}\right)$

l_1, l_2	Längen	b_1, b_2	Breiten
h	Höhe	h_{M1}, h_{M2}	Mantelhöhen
A_G	Grundfläche	A_D	Deckfläche
A_M	Mantelfläche	A_O	Oberfäche
V	Volumen		

Kegel

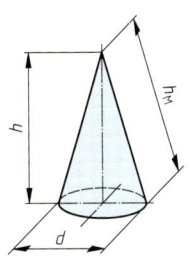

$A_O = A_G + A_M$ $\quad A_G = \dfrac{\pi \cdot d^2}{4}$ $\quad A_M = \dfrac{\pi \cdot d}{2} \cdot h_M$ $\quad h_M = \sqrt{h^2 + \dfrac{d^2}{4}}$

$A_O = \dfrac{\pi \cdot d^2}{4} + \dfrac{\pi \cdot d}{2} \cdot h_M = \dfrac{\pi \cdot d^2}{4} \cdot \left(1 + \dfrac{2 \cdot h_M}{d}\right)$ $\quad V = \dfrac{h}{3} \cdot \dfrac{\pi \cdot d^2}{4}$

d	Durchmesser	h	Höhe
h_M	Mantelhöhe	A_G	Grundfläche
A_M	Mantelfläche	A_O	Oberfläche
V	Volumen		

Kegelstumpf

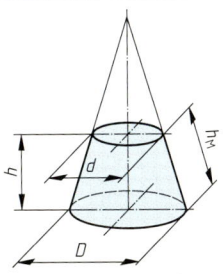

$h_M = \sqrt{h^2 + \left(\dfrac{D-d}{2}\right)^2}$ $\quad A_M = \dfrac{\pi \cdot h_M}{2} \cdot (D + d)$

$A_O = \dfrac{(D^2 + d^2) \cdot \pi}{4} + \dfrac{(D + d)}{2} \cdot \pi \cdot h_M$ $\quad V = \dfrac{\pi \cdot h}{12} \cdot (D^2 + d^2 + D \cdot d)$

d	kleiner Durchmesser	D	großer Durchmesser
h	Höhe	h_M	Mantelhöhe
A_G	Grundfläche	A_D	Deckfläche
A_M	Mantelfläche	A_O	Oberfläche
V	Volumen		

© Verlag Gehlen

Körper berechnen (Fortsetzung)

Zylinder

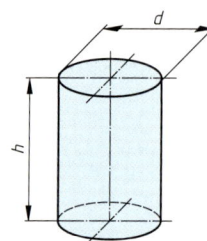

$A_O = A_G + A_M + A_D$ $A_G = A_D = \dfrac{\pi \cdot d^2}{4}$ $A_M = \pi \cdot d \cdot h$

$A_O = \pi \cdot d \cdot \left(h + \dfrac{d}{2}\right)$ $V = \dfrac{\pi \cdot d^2}{4} \cdot h$

d	Durchmesser	h	Höhe
A_G	Grundfläche	A_D	Deckfläche
A_M	Mantelfläche	A_O	Oberfläche
V	Volumen		

Hohlzylinder

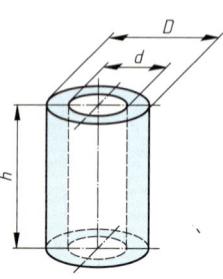

$A_O = 2 \cdot A_R + A_{AM} + A_{IM}$ $A_R = \dfrac{\pi}{4} \cdot (D^2 - d^2)$

$A_{AM} = \pi \cdot D \cdot h$ $A_{IM} = \pi \cdot d \cdot h$

$A_O = \dfrac{\pi}{2} \cdot [D^2 - d^2 + 2 \cdot h \cdot (D + d)]$ $V = \dfrac{\pi \cdot h}{4} \cdot (D^2 - d^2)$

D	Außendurchmesser	d	Innendurchmesser
h	Höhe	A_R	Ringfläche
A_{AM}	Außenmantelfläche	A_O	Oberfläche
A_{IM}	Innenmantelfläche	V	Volumen

Kugel

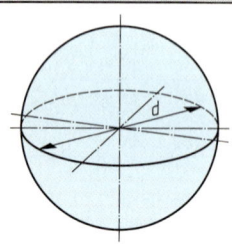

$A_O = \pi \cdot d^2$ $V = \dfrac{\pi \cdot d^3}{6}$

d	Kugeldurchmesser
A_O	Oberfläche
V	Volumen

Kugelabschnitt

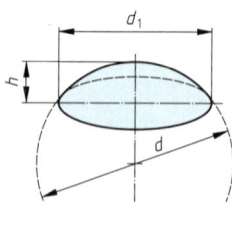

$A_M = \pi \cdot d \cdot h$ $d_1 = 2 \cdot \sqrt{h \cdot (d - h)}$

$A_O = \pi \cdot d \cdot h + \dfrac{\pi \cdot d_1^2}{4}$ $V = \pi \cdot h^2 \cdot \left(\dfrac{d}{2} - \dfrac{h}{3}\right)$

d	Kugeldurchmesser
d_1	Kalottendurchmesser
h	Kalottenhöhe
A_M	Mantelfläche
A_O	Oberfläche
V	Volumen

Körper berechnen (Fortsetzung)

Kugelausschnitt

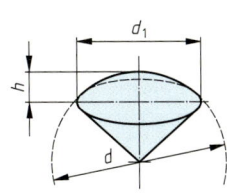

$A_{MK} = \pi \cdot d \cdot h$	$A_{MC} = \dfrac{\pi \cdot d \cdot d_1}{4}$
$A_O = \dfrac{\pi \cdot d}{4} \cdot (4 \cdot h + d_1)$	$V = \dfrac{\pi \cdot d^2 \cdot h}{6}$

d Kugeldurchmesser d_1 Kalottendurchmesser
h Kalottenhöhe A_{MK} Mantelfläche Kalotte
A_{MC} Mantelfläche Kegel A_O Oberfläche
V Volumen

Kugelschicht

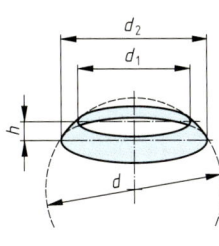

$A_O = A_M + A_{K1} + A_{K2}$	$A_M = \pi \cdot d \cdot h$
$A_{K1} = \dfrac{\pi \cdot d_1^2}{4}$	$A_{K2} = \dfrac{\pi \cdot d_2^2}{4}$
$A_O = \pi \cdot \left(d \cdot h + \dfrac{d_1^2 \cdot d_2^2}{4} \right)$	$V = \dfrac{\pi}{8} \cdot h \cdot (3 \cdot d_1^2 + 3 \cdot d_2^2 + 4 \cdot h^2)$

d Kugeldurchmesser h Kugelschichthöhe
d_1 Kugelschichtdurchmesser (Grundfläche) A_O Oberfläche
d_2 Kugelschichtdurchmesser (Deckfläche) A_M Mantelfläche
A_{K1} Grundfläche A_{K2} Deckfläche
V Volumen

Kugeldurchdringung (Zylinder)

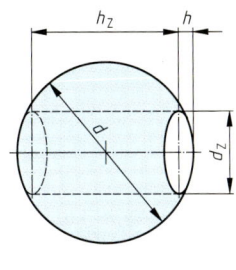

$A_O = A_K - 2 \cdot A_{OK} + A_{MZ}$	$A_K = \pi \cdot d^2$	$A_{MZ} = \pi \cdot d_Z \cdot h_Z$
$A_{OK} = 2 \cdot \pi \cdot d \cdot h + \dfrac{\pi \cdot d_Z^2}{2}$	$d_Z = 2 \cdot \sqrt{h \cdot (d - h)}$	

$A_O = \pi \cdot d \cdot (d - 2 \cdot h) - \pi \cdot d_Z \cdot (d - h_Z)$

$V = \pi \cdot d \cdot \left(\dfrac{d^2}{6} - h^2 \right) - 2 \cdot \pi \cdot \left(\dfrac{h^3}{3} - \dfrac{d_Z^3}{4} \right) \cdot h_Z$

A_O Oberfläche d Kugeldurchmesser
A_K Kugeloberfläche h Kalottenhöhe
A_{OK} Kalottenoberfläche d_Z Zylinderduchmesser
A_{MZ} Zylindermantelfläche h_Z Zylinderhöhe
V Volumen

Zusammengesetzte Körper

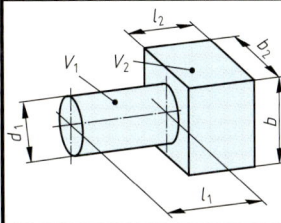

$A_O = A_G + A_D \pm A_{M1} \pm A_{M2} \pm \ldots \pm A_{Mn}$	$V = V_1 \pm V_2 \pm \ldots \pm V_n$

A_O Oberfläche V Volumen
A_G Grundfläche V_1 Volumen Körper 1
A_D Deckfläche V_2 Volumen Körper 2
A_{M1} Mantelfläche Körper 1 V_n Volumen Körper n
A_{M2} Mantelfläche Körper 2 l_1 Länge Körper 1
A_{Mn} Mantelfläche Körper n l_2 Länge Körper 2

© Verlag Gehlen

Masse

Masse (körperbezogen)	Masse (längenbezogen)	Masse (flächenbezogen)
$m = V \cdot \varrho$ $V = V_1 \pm V_2 \pm ... \pm V_n$	$m = m' \cdot l$	$m = m'' \cdot A$
m Masse ϱ Dichte V Volumen $V_1 ... V_n$ Teilvolumina	m Masse l Länge m' längenbezogene Masse	m Masse A Fläche m'' flächenbezogene Masse

Dichte ϱ fester Stoffe in g/cm³ (Auswahl)

Aluminium	2,7	Gips	2,3	Kupfer/Al-Leg.	7,55	Selen	4,8
Aluminiumoxid	4,0	Glas (Quarz)	2,5	Magnesium	1,74	Silber	10,5
AlCuMg-Leg.	2,8	Gold	19,3	Magnesium-Leg.	1,8	Silicium	2,35
AlMgSi-Leg.	2,7	Granit	2,8	Mangan	7,43	Siliciumcarbid	2,4
Antimon	6,69	Graphit	2,24	Marmor	2,8	Stahl, unlegiert	7,85
Asbest	2,45	Gusseisen	7,25	Molybdän	10,22	Stahl, legiert	7,85
Beryllium	1,85	Gummi	1,45	Natrium	0,97	Stahl, hochlegiert	7,9
Beton	2,0	Hartmetall	14,80	Nickel	8,91	Stahlbeton	2,4
Bismut	9,8	Holz, trocken	0,45	Niob	8,55	Steinkohle	1,35
Blei	11,35	Iridium	22,4	Palladium	12,0	Tantal	16,6
Bronze (CuSn)	8,1	Kies, nass	2,0	Papier	0,95	Titan	4,5
Cadmium	8,65	Kies, trocken	1,8	Platin	21,5	Ton, nass	2,1
Chrom	7,19	Kochsalz	2,15	Polystyrol	1,05	Ton, trocken	1,8
Cobalt	8,90	Kohlenstoff	3,51	Polyvinylchlorid	1,35	Uran	18,7
Diamant	3,5	Koks	1,75	Porzellan	2,4	Vanadium	6,12
Eis bei 0°	0,92	Konstantan	8,89	Schamotte	2,0	Wolfram	19,27
Eisen, rein	7,87	Kork	0,25	Schiefer	2,8	Zementmörtel	1,55
Eisen, oxidiert	5,1	Korund	3,95	Schnee, nass	0,85	Zink	7,13
Fette	0,93	Kupfer	8,96	Schwefel	2,07	Zinn	7,29

Dichte ϱ flüssiger Stoffe in g/cm³ (Auswahl)

Aceton	0,79	Heizöl	0,83
Äther	0,71	Kochsalzlösung	1,19
Alkohol	0,79	Maschinenöl	0,91
Benzin	0,73	Petroleum	0,81
Benzol	0,88	Quecksilber	13,53
Dieselkraftstoff	0,83	Wasser	0,99
Glyzerin	1,26	Wasser, destilliert	1,00

Dichte ϱ gasförmiger Stoffe in kg/m³ (Auswahl)

Acetylen	1,17	Luft	1,293
Ammoniak	0,77	Methan	0,717
Argon	1,78	Propan	2,019
Butan	2,70	Sauerstoff	1,429
Helium	0,19	Stickstoff	1,250
Kohlenst.monoxid	1,25	Wasserstoff	0,089
Kohlenstoffdioxid	1,98	Wasserdampf	0,804

© Verlag Gehlen

Linienschwerpunkte · Flächenschwerpunkte

Lage von Linienschwerpunkten

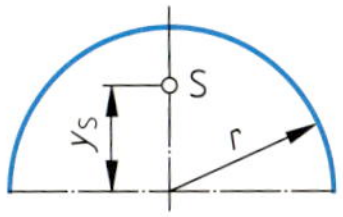

Strecke	Halbkreisbogen	Viertelkreisbogen	Sechstelkreisbogen
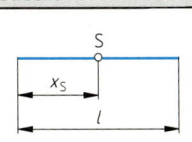	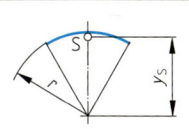		
$x_S = \dfrac{l}{2}$	$y_S = \dfrac{2 \cdot r}{\pi} = 0{,}6366 \cdot r$	$y_S = \dfrac{\sqrt{2} \cdot 2 \cdot r}{\pi} = 0{,}9003 \cdot r$	$y_S = \dfrac{3 \cdot r}{\pi} = 0{,}9549 \cdot r$

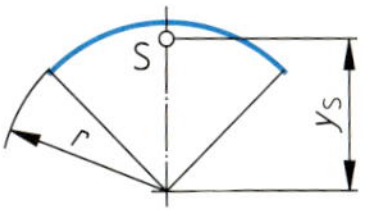

Kreisbogen		Zusammengesetzter Linienzug	
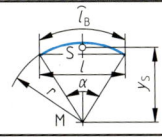	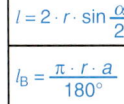 $l = 2 \cdot r \cdot \sin\dfrac{\alpha}{2}$ $l_B = \dfrac{\pi \cdot r \cdot \alpha}{180°}$	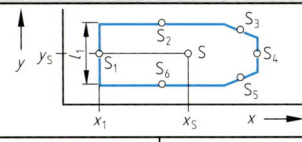	
$y_S = \dfrac{r \cdot l}{l_B}$ oder $y_S = \dfrac{l \cdot 180°}{\pi \cdot \alpha}$		$x_S = \dfrac{l_1 \cdot x_1 + l_2 \cdot x_2 + ... l_n \cdot x_n}{l_1 + l_2 + ... l_n}$	$y_S = \dfrac{l_1 \cdot y_1 + l_2 \cdot y_2 + ... l_n \cdot y_n}{l_1 + l_2 + ... l_n}$

Lage von Flächenschwerpunkten

Quadrat/Rechteck	Parallelogramm	Trapez	Dreieck
	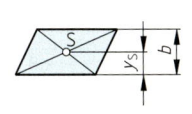	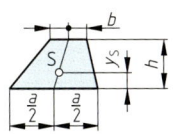	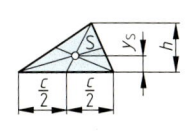
$y_S = \dfrac{a}{2}$ bzw. $\dfrac{b}{2}$	$y_S = \dfrac{b}{2}$	$y_S = \dfrac{b}{3} \cdot \dfrac{a + 2 \cdot b}{a + b}$	$y_S = \dfrac{h}{3}$

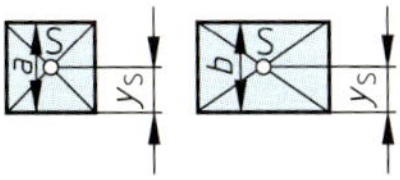

Kreis	Halbkreis	Kreisausschnitt	Kreisabschnitt
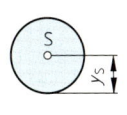	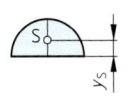	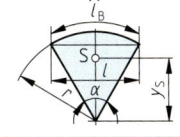	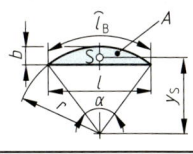
$y_S = r$	$y_S = \dfrac{4 \cdot r}{3 \cdot \pi}$	$y_S = \dfrac{2 \cdot r \cdot l}{3 \cdot l_b}$	$y_S = \dfrac{l^3}{12 \cdot A}$

Kreisringausschnitt	Zusammengesetzte Fläche	
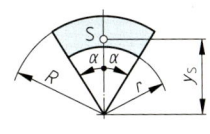	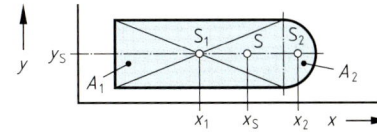	
$y_S = 38{,}2° \cdot \dfrac{(R^3 - r^3) \cdot \sin\alpha}{(R^2 - r^2) \cdot \alpha}$	$x_S = \dfrac{A_1 \cdot x_1 + A_2 \cdot x_2 + ... A_n \cdot x_n}{A_1 + A_2 + ... A_n}$	$y_S = \dfrac{A_1 \cdot y_1 + A_2 \cdot y_2 + ... A_n \cdot y_n}{A_1 + A_2 + ... A_n}$

© Verlag Gehlen

Kräfte

Darstellen, Addieren und Subtrahieren von Kräften mit gleicher Wirkungslinie

$l = \dfrac{F}{M_K}$

$F_R = F_1 + F_2 + \ldots F_n$

$F_R = F_n - F_{n-1} - \ldots F_1$

l Länge von F in mm
F_R Resultante

Zusammensetzen zur Resultante

F Kraft in N
$F_1, F_2 \ldots F_n$ Teilkräfte

Zerlegen in Teilkräfte

Kräfteparallelogramm   Krafteck

M_K Kräftemaßstab

Beschleunigungskraft

$F = m \cdot a$

F Beschleunigungskraft
m Masse
a Beschleunigung

Gewichtskraft

$F_G = m \cdot g$

F_G Gewichtskraft
m Masse
g Fallbeschleunigung

Federkraft

$F = R \cdot s$

F Federkraft
R Federrate
s Federweg

Reibungskraft, Haft- und Gleitreibung

$F_H = \mu_H \cdot F_N$

$F_G = \mu_G \cdot F_N$

F_H Haftreibung
F_G Gleitreibung
μ_H Haftreibungszahl
μ_G Gleitreibungszahl
F_N Normalkraft

Reibungskraft, Rollreibung

$F_R = \dfrac{f \cdot F_N}{r}$

F_R Rollreibung
f Rollreibungszahl
r Radius

Auftriebskraft

$F_A = g \cdot \rho \cdot V$

F_A Auftriebskraft
ρ Dichte (Flüssigkeit)
g Fallbeschleunigung
V Eintauchvolumen

Reibungszahlen (Auswahl)

Werkstoffpaarung	Haftreibungszahl μ_H		Gleitreibungsszahl μ_G		Werkstoffpaarung	Rollreibungszahl f in mm
	trocken	geschmiert	trocken	geschmiert		
Stahl – Stahl	0,15	0,10	0,15	0,10...0,05	Stahl – Stahl weich	0,05
Stahl – Grauguss	0,18	0,15	0,18	0,10...0,08		
Stahl – Bronze	0,20	0,10	0,10	0,06...0,03	Stahl – Stahl gehärtet	0,001
Stahl – Blei/Zinn	0,15	0,10	0,10	0,05...0,03		
Stahl – Polyamid	0,30	0,15	0,30	0,12...0,05	Gummi – Asphalt	0,015
Stahl – Reibbelag	0,60	0,30	0,50	0,40...0,20		
Wälzkörper – Stahl	–	–	–	0,003...0,001		
Gummi – Asphalt	0,70	0,45	0,50	0,30		
Holz – Holz	0,50	0,50	0,30	0,08		

© Verlag Gehlen

Bewegung · Geschwindigkeit · Drehmoment · Hebelgesetz · Auflagekraft · Fliehkraft · Mechanik

Bewegungen, Geschwindigkeiten

Geradlinige Bewegung

Gleichförmige Bewegung	Gleichförmig beschleunigte/verzögerte Bewegung
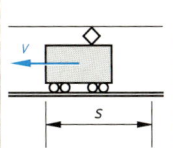 $v = \dfrac{s}{t}$ v Geschwindigkeit s Weg t Zeit $t = t_2 - t_1$	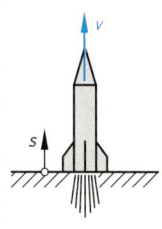 $s = \dfrac{v \cdot t}{2} = \dfrac{a \cdot t^2}{2}$ $v = a \cdot t = \sqrt{2 \cdot a \cdot s}$ v Endgeschwindigkeit/Anfangsgeschwindigkeit a Beschleunigung/Verzögerung g Fallbeschleunigung t Zeit s Weg

Kreisförmige Bewegung

Gleichförmige Bewegung	Gleichförmig beschleunigte/verzögerte Bewegung
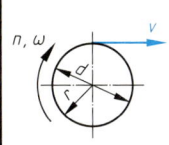 $v = d \cdot \pi \cdot n = r \cdot \omega$ $\omega = 2 \cdot \pi \cdot n$ v Umfangsgeschwindigkeit/Schnittgeschwindigkeit ω Winkelgeschwindigkeit d Durchmesser n Drehzahl r Radius	$\omega = \alpha \cdot t;\ v = r \cdot \omega = r \cdot \alpha \cdot t$ $\varphi = \dfrac{\omega \cdot t}{2} = \dfrac{\alpha \cdot t^2}{2}$ α Winkelbeschleunigung/Winkelverzögerung ω Winkelgeschwindigkeit t Beschleunigungszeit/Verzögerungszeit φ Drehwinkel

Drehmoment, Hebel und Kraftwandler

Drehmoment, Hebelgesetz

| $M = F \cdot l$ | $\Sigma M_L = \Sigma M_R$ | $F_{L1} \cdot l_{L1} + F_{L2} \cdot l_{L2} + \ldots + F_{Ln} \cdot l_{Ln} = F_{R1} \cdot l_{R1} + F_{R2} \cdot l_{R2} + \ldots + F_{Rn} \cdot l_{Rn}$ |

M Drehmoment
$\Sigma M_L, \Sigma M_R$ Summe aller links- bzw. rechtsdrehenden Momente
F Kraft
l wirksame Hebellänge

einseitiger Hebel	zweiseitiger Hebel	mehrfacher Hebel	winkliger Hebel
$F_1 \cdot l_1 = F_2 \cdot l_2$	$F_1 \cdot l_1 = F_2 \cdot l_2$	$F_1 \cdot l_1 + F_2 \cdot l_2 = F_3 \cdot l_3 + F_4 \cdot l_4$	$F_1 \cdot l_1 = F_2 \cdot l_2$
	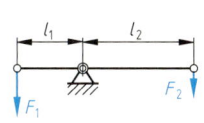	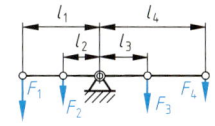	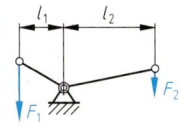

Auflagekraft | Fliehkraft

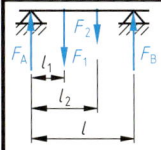

$F_A = \dfrac{F_1 \cdot l_1 + F_2 \cdot l_2 + \ldots + F_n \cdot l_n}{l}$

$F_B = \dfrac{F_1 \cdot (l - l_1) + \ldots + F_n \cdot (l - l_n)}{l}$

$F_A + F_B = F_1 + F_2 + \ldots + F_n$

F_A, F_B Auflagekräfte
$F_1, F_2, \ldots F_n$ Kräfte
$l, l_1, l_2, \ldots l_n$ wirksame Hebellängen

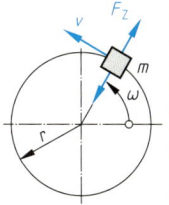

$F_z = m \cdot r \cdot \omega^2 = \dfrac{m \cdot v^2}{r}$

F_z Fliehkraft
m Masse
r Radius
ω Winkelgeschwindigkeit
v Umfangsgeschwindigkeit

© Verlag Gehlen

Kraftwandler und Übersetzungen

Drehmomente bei Zahnradtrieben

1 Treibendes Rad   2 Getriebenes Rad

$$M_1 = F_1 \cdot \frac{d_1}{2} \quad M_2 = F_2 \cdot \frac{d_2}{2} \quad i = \frac{M_2}{M_1} = \frac{z_2}{z_1} = \frac{n_1}{n_2}$$

M_1 Drehmoment 1 M_2 Drehmoment 2
F_1 Zahnkraft 1 F_2 Zahnkraft 2
d_1 Teilkreisdurchmesser 1 d_2 Teilkreisdurchmesser 2
n_1 Drehzahl 1 n_2 Drehzahl 2
i Übersetzungsverhältnis

Seilwinde

$$F \cdot l = F_G \cdot \frac{d}{2} \qquad h = \pi \cdot d \cdot n$$

F Kurbelkraft ; h Hubweg
l Kurbellänge
F_G Gewichtskraft
d Trommeldurchmesser
n Zahl der Kurbelumdrehungen

Räderwinde

$$F \cdot l \cdot i = F_G \cdot \frac{d}{2} \qquad i = \frac{z_2}{z_1}$$

F Kurbelkraft
l Kurbellänge
F_G Gewichtskraft
d Trommeldurchmesser
z_1, z_2 Zähnezahlen
i Übersetzungsverhältnis

Feste Rolle

$$F = F_G \qquad s = h$$

F Seilkraft
F_G Gewichtskraft
s Kraftweg
h Hubweg

Lose Rolle

$$F = \frac{F_G}{2} \qquad s = 2 \cdot h$$

F Seilkraft
F_G Gewichtskraft
s Kraftweg
h Hubweg

Flaschenzug

$$F = \frac{F_G}{n}$$
$$s = n \cdot h$$

F Seilkraft
F_G Gewichtskraft
n Anzahl der Rollen
s Kraftweg
h Hubweg

Schiefe Ebene

$$F_H \cdot s = F_G \cdot h$$
$$F_N \cdot s = F_G \cdot l$$

$$F_H = F_G \cdot \sin\alpha$$
$$F_N = F_G \cdot \cos\alpha$$

F_H Hangabtriebskraft
F_N Normalkraft
F_G Gewichtskraft
s Weg
l Länge
h Höhe

Keil

$$F \cdot s = F_G \cdot h$$
$$\tan\alpha = \frac{h}{s}$$

F Treibkraft
F_G Gegenkraft/Hubkraft
h Höhe
s Weg
α Neigungswinkel

Schraube

$$F_R \cdot s = F_A \cdot P$$
$$s = \pi \cdot d$$
$$P = h$$

F_R Radialkraft
F_A Axialkraft
s Weg
d doppelter Hebel
h Hub $\triangleq P$ Gewindesteigung

© Verlag Gehlen

Mechanische Arbeit · Potentielle/Kinetische Energie · Mechanische Leistung · Wirkungsgrad

Arbeit, Energie, Leistung, Wirkungsgrad

Arbeit

$$W = F \cdot s$$

- W Arbeit in Nm
- F Kraft in N
- s Weg in m

$$1 \text{ Nm} = 1 \text{ J} = 1 \, \frac{\text{kg} \cdot \text{m}}{\text{s}^2}$$

Potentielle Energie (Lageenergie)

$$W_p = F_G \cdot h \qquad F_G = m \cdot g$$

- W_p potentielle Energie in Nm
- F_G Gewichtskraft in N
- h Hubweg (auch s) in m
- m Masse in kg
- g Fallbeschleunigung in $\frac{\text{m}}{\text{s}^2}$

Kinetische Energie (Bewegungsenergie), geradlinig

$$W_k = \frac{m \cdot v^2}{2}$$

- W_k kinetische Energie in Nm
- m Masse in kg
- v Geschwindigkeit in m/s

Kinetische Energie, kreisförmig

$$W_k = \frac{J \cdot \omega^2}{2}$$

- W_k kinetische Energie in Nm
- J Massenmoment 2. Grades (Massenträgheitsmoment)
- ω Winkelgeschwindigkeit in 1/s

Energieerhaltungssatz

$$W_1 = W_2 \qquad F_1 \cdot s_1 = F_2 \cdot s_2$$

- W_1, W_2 Arbeit in Nm
- F_1, F_2 Kräfte in N
- s_1, s_2 Weg in m

Mechanische Leistung

$$P = \frac{W}{t} = \frac{F \cdot s}{t} = F \cdot v$$

$$P = 2 \cdot \pi \cdot n \cdot M$$

- P Leistung in Nm/s = Watt
- W Arbeit in Nm = Joule
- t Zeit in s
- F Kraft in N
- s Weg in m
- v Geschwindigkeit in m/s
- n Drehzahl in 1/min (1/s)
- M Drehmoment in Nm

Wirkungsgrad

$$\eta = \frac{F_{ab}}{F_{zu}} = \frac{W_{ab}}{W_{zu}} = \frac{P_{ab}}{P_{zu}} \qquad \eta < 1 \qquad \eta = \eta_1 \cdot \eta_2 \cdot \eta_3 \cdots \eta_n$$

- F_{ab} abgeführte Kraft in N
- F_{zu} zugeführte Kraft in N
- P_{ab} abgeführte Leistung in W
- P_{zu} zugeführte Leistung in W
- W_{ab} abgeführte Arbeit in Nm
- W_{zu} zugeführte Arbeit in Nm
- η Gesamtwirkungsgrad
- $\eta_1, \eta_2, \eta_3 \ldots \eta_n$ Teilwirkungsgrade

Wirkungsgrade (Auswahl)

Dampfturbine	0,23	Diesel-Motor	0,33	Kreiselpumpe	0,72	Wasserturbine	0,85
Otto-Motor	0,27	Schneckentrieb	0,60	Hydrogetriebe	0,80	Zahnradpumpe	0,90
Gasturbine	0,28	Hobelmaschine	0,70	Kolbenpumpe	0,85	Riementrieb	0,90
Gewindespindel	0,30	Drehmaschine	0,70	Elektrogenerator	0,85	Zahnradtrieb	0,95
Fräsmaschine	0,30	Rotationspumpe	0,70	Elekromotor	0,85	Transformator	0,98

© Verlag Gehlen

Belastungsfälle

Belastungs-art	statisch	dynamisch	
	ruhend, Belastungsfall I	schwellend, Belastungsfall II	wechselnd, Belastungsfall III
Belastungs-kennlinie	Spannung σ / Zeit	Spannung σ / Zeit (schwellend)	Zug-/Druck-Spannung σ / Zeit (wechselnd)
Belastungs-merkmal	Die Größe und die Richtung der Belastung verlaufen gleichbleibend.	Die Belastung steigt auf den Höchstwert an und fällt danach auf „Null" zurück um anschließend auf den Höchstwert wieder anzusteigen usw.	Die Belastung steigt von „0" auf einen Höchstwert im Positivbereich, geht auf „0" zurück und wechselt auf einen Höchstwert im Negativbereich um danach auf „0" wieder zurückzugehen.

Grundbeanspruchungsarten, Festigkeitsbegriffe

Beanspru-chungsart	Zug	Druck	Abscherung	Biegung	Torsion	Knickung
Spannungs-art	Zug-spannung σ_z	Druck-spannung σ_d	Scher-spannung τ_a	Biege-spannung σ_b	Torsions-spannung τ_t	Knick-spannung σ_k
Festigkeits-art	Zugfestigkeit R_m	Druck-festigkeit σ_{dB}	Scher-festigkeit τ_{aB}	Biege-festigkeit σ_{bB}	Torsions-festigkeit τ_{tB}	Knick-festigkeit σ_{kB}
Grenzwert bei plastischer Formänderung	Steckgrenze R_e Dehngrenze (0,2%) $R_{p0,2}$	Quetsch-grenze σ_{dF} Stauchgrenze 0,2% $\sigma_{d0,2}$	–	Biegegrenze σ_{bF}	Verdreh-grenze τ_{tF}	–

Grenzspannung σ_{lim} für die Belastungsfälle I, II und III

		Zug	Druck	Abscherung	Biegung	Torsion	Knickung
I	St	R_e, $R_{p0,2}$	σ_{dF}, $\sigma_{d0,2}$	Scher-festigkeit τ_{aB}	Biegegrenze σ_{bF}	Verdreh-grenze τ_{tF}	Knick-festigkeit σ_{kB}
	GG	R_m	σ_{dF}				
II		Zug-Schwell-festigkeit σ_{zSch}	Druck-Schwell-festigkeit σ_{dSch}	–	Biege-Schwell-festigkeit σ_{bSch}	Torsions-Schwell-festigkeit τ_{tSch}	–
III		Zug-Wechsel-festigkeit σ_{zW}	Druck-Wechsel-festigkeit σ_{dW}	–	Biege-Wechsel-festigkeit σ_{bW}	Torsions-Wechsel-festigkeit τ_{tW}	–

© Verlag Gehlen

Festigkeitswerte · Zulässige Spannung · Sicherheit

Festigkeitskennwerte für Grenzspannung ausgewählter Werkstoffe

Werkstoffe	Beanspruchung								
	Zug, Druck			Biegung			Verdrehung		
	$R_e, R_{p0.2}$	$\sigma_{z\,Sch}$	$\sigma_{z\,dW}$	σ_{bF}	$\sigma_{b\,Sch}$	σ_{bW}	τ_{tF}	τ_{tSch}	τ_{tW}
	Grenzspannung σ_{lim} in N/mm²								
S 235 JR	235	235	150	330	290	170	140	140	120
S 275 JR	275	275	180	380	350	200	160	160	140
E 295	295	295	210	420	420	240	170	170	160
E 335	335	335	250	470	470	280	190	190	180
E 360	360	360	300	510	510	330	210	210	210
C 15	360	295	270	420	420	300	280	280	200
C 45	490	430	340	670	625	370	340	340	340
Ck 22	340	340	330	610	610	250	250	250	210
Ck 25	370	370	220	490	410	245	245	245	165
Ck 45	490	490	280	700	520	350	350	350	210
Ck 60	580	580	325	800	600	400	400	480	240
15 Cr 3	400	400	320	560	560	350	280	280	210
17 Cr 3	450	450	390	710	670	390	290	290	220
46 Cr 2	660	660	370	910	670	390	455	455	270
41 Cr 4	800	710	410	1120	750	440	560	510	330
16 MnCr 5	600	600	430	840	770	440	430	430	270
20 MnCr 5	700	700	480	1020	920	540	420	420	310
41 CrMo 4	880	820	500	1250	940	540	630	630	370
50 CrMo 4	900	760	450	1260	820	480	630	560	330
30 CrNiMo 8	1050	870	510	1450	1040	550	730	640	375
17 CrNiMo 6	750	750	550	1170	1040	610	470	470	350
GS-38	200	200	160	260	260	150	115	115	90
GS-45	230	230	185	300	300	180	135	135	105
GS-52	260	260	210	340	340	210	150	150	120
GS-60	300	300	240	390	400	240	175	175	140
GGG-40	250	240	140	350	345	150	200	195	115
GGG-50	320	270	155	420	380	210	240	225	130
GGG-60	380	330	190	500	470	270	290	275	160
GGG-70	440	355	205	560	520	300	320	305	175

Zulässige Spannung und Sicherheit

Zulässige Spannung

$$\sigma_{zul} = \frac{\sigma_{lim}}{\upsilon} \qquad \tau_{zul} = \frac{\tau_{lim}}{\upsilon}$$

σ_{lim} Grenzspannung nach Belastungsfall u. Beanspruchungsart in N/mm²
σ_{zul}; τ_{zul} zulässige Spannung in N/mm²
υ Sicherheitszahl

Sicherheit

Werkstoffe	Zähe Werkstoffe (Stahl)			Spröde Werkstoffe (Gusseisen)		
Belastungsfall	I	II	III	I	II	III
Sicherheitszahl υ	1,2 ... 1,5	1,8 ... 2,4	3 4	2 ... 4	3 ... 5	5 ... 6

© Verlag Gehlen

Beanspruchungsarten

Beanspruchung auf Zug

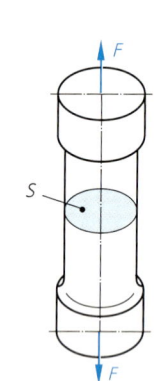

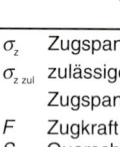

$\sigma_z = \dfrac{F}{S}$

für Stahl: $\sigma_{z\,zul} = \dfrac{R_e}{v}$

Gusseisen: $\sigma_{z\,zul} = \dfrac{R_m}{v}$

- σ_z Zugspannung
- $\sigma_{z\,zul}$ zulässige Zugspannung
- F Zugkraft
- S Querschnittsfläche
- R_e Streckgrenze
- R_m Zugfestigkeit
- v Sicherheitszahl

Beanspruchung auf Druck

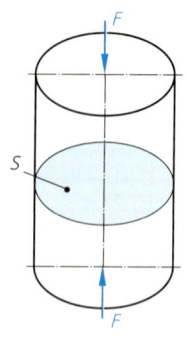

$\sigma_d = \dfrac{F}{S}$

für Stahl: $\sigma_{d\,zul} = \dfrac{\sigma_{dF}}{v}$

Gusseisen: $\sigma_{d\,zul} \approx \dfrac{4 \cdot R_m}{v}$

- σ_d Druckspannung
- $\sigma_{d\,zul}$ zulässige Druckspannung
- σ_{dF} Quetschgrenze
- F Druckkraft
- S Querschnittsfläche
- R_m Zugfestigkeit
- v Sicherheitszahl

Beanspruchung auf Flächenpressung

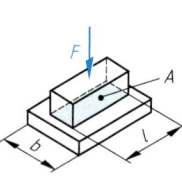

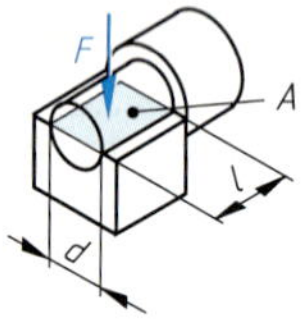

$p = \dfrac{F}{A}$

- p Flächenpressung
- F Kraft
- A Berührungsfläche (projizierte Fläche)

Beanspruchung auf Abscherung

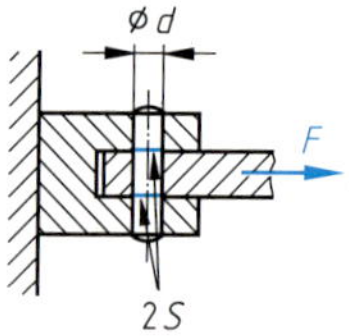

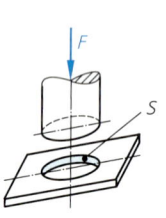

$\tau_a = \dfrac{F}{S}$ $\quad \tau_{a\,zul} = \dfrac{\tau_{aB}}{v}$

für Stahl: $\tau_{aB} \approx 0{,}8 \cdot R_m$

$F = S \cdot \tau_{aB\,max}$

$\tau_{aB\,max} \approx 0{,}8 \cdot R_{m\,max}$

- τ_a Scherspannung
- τ_{aB} Scherfestigkeit
- $\tau_{a\,zul}$ zulässige Scherspannung
- R_m Zugfestigkeit
- $\tau_{aB\,max}$ maximale Scherfestigkeit
- $R_{m\,max}$ maximale Zugfestigkeit
- F Scherkraft
- S Querschnittsfläche
- v Sicherheitszahl

Richtwerte für zulässige Flächenpressung p_{zul} in N/mm²

für ruhende Bauteile				für gleitende Bauteile					
Werkstoff	p_{zul}	Werkstoff	p_{zul}	Werkstoff	Belastungsfall		Werkstoff	Belastungsfall	
					I	II, III		I	II, III
					p_{zul}	p_{zul}		p_{zul}	p_{zul}
S 235 JR	150	GG-30	350						
E 295	225	GGG-42	225	Lg-Sn 80	25	15	GG-25	15	5
E 360	260	G-AlSi	70	LgPbSn9Cd	20	13	PA 66	16	7
GS-45	140	AlCuMg 2	130	G-CuSn 12	40	25	Hgw 2082	25	15
GG-15	180	AlMg 3	105	G-CuSn 10	40	25	–	–	–

© Verlag Gehlen

Beanspruchung auf Biegung/Knickung/Torsion · Belastungsfälle **35**

Beanspruchungsarten (Fortsetzung)

Beanspruchung auf Biegung

$$\sigma_b = \frac{M_b}{W} = \frac{F \cdot l}{W}$$

σ_b Biegespannung in N/mm²
M_b Biegemoment in Nmm
W axiales Widerstandsmoment 2. Grades in mm³
F Biegekraft
l Einspannlänge

Beanspruchung auf Knickung

$$F = \frac{F_K}{v} \qquad F_{kzul} = \frac{\pi^2 \cdot E \cdot I}{l_k^2 \cdot v}$$

F Druckkraft in N
F_{kzul} zul. Knickkraft in N
E Elastizitätsmodul in N/mm²
I Flächenmoment 2. Grades in mm⁴
l Länge in mm
l_k freie Knicklänge in mm
v Sicherheitszahl

Belastungsfälle nach Euler

I	II	III	IV
$l_k = 2 \cdot l$	l	$0{,}7 \cdot l$	$0{,}5 \cdot l$

Beanspruchung auf Verdrehung (Torsion)

$$\tau_t = \frac{M}{W_p}$$

τ_t Drehspannung, Torsionsspannung
M Drehmoment, Torsionsmoment
W_p polares Widerstandsmoment

Elastizitätsmodul E und Schubmodul S in kN/mm²

Werkstoff	Modul E	Modul S	Werkstoff	Modul E	Modul S
St, GS	210	82	GTW35	170	65
GG-15	85	40	CuNi18	142	55
GG-20	100	45	CuZn40	110	42
GG-30	125	50	CuSn8	100	45
GG-40	170	64	Al-Leg.	70	27
GG-70	180	71	Mg-Leg.	43	—

Biegebelastungsfälle bei Tragbauteilen

einseitig eingespannt			auf zwei Stützen			doppelseitig eingespannt		
Belastung durch Einzelkraft								
Biegemoment $M_b =$	Durchbiegung $f =$	Auflagekraft $F_A =$	Biegemoment $M_b =$	Durchbiegung $f =$	Auflagekraft $F_A = F_B =$	Biegemoment $M_b =$	Durchbiegung $f =$	Auflagekraft $F_A = F_B =$
$F \cdot l$	$\dfrac{F \cdot l^3}{3 \cdot E \cdot I}$	F	$\dfrac{F \cdot l}{4}$	$\dfrac{F \cdot l^3}{48 \cdot E \cdot I}$	$\dfrac{F}{2}$	$\dfrac{F \cdot l}{8}$	$\dfrac{F \cdot l^3}{192 \cdot E \cdot I}$	$\dfrac{F}{2}$
Belastung durch gleichmäßig verteilte Kräfte								
Biegemoment $M_b =$	Durchbiegung $f =$	Auflagekraft $F_A =$	Biegemoment $M_b =$	Durchbiegung $f =$	Auflagekraft $F_A = F_B =$	Biegemoment $M_b =$	Durchbiegung $f =$	Auflagekraft $F_A = F_B =$
$\dfrac{F \cdot l}{2}$	$\dfrac{F \cdot l^3}{8 \cdot E \cdot I}$	F	$\dfrac{F \cdot l}{8}$	$\dfrac{F \cdot l^3}{384 \cdot E \cdot I}$	$\dfrac{F}{2}$	$\dfrac{F \cdot l}{12}$	$\dfrac{5 \cdot F \cdot l^3}{384 \cdot E \cdot I}$	$\dfrac{F}{2}$

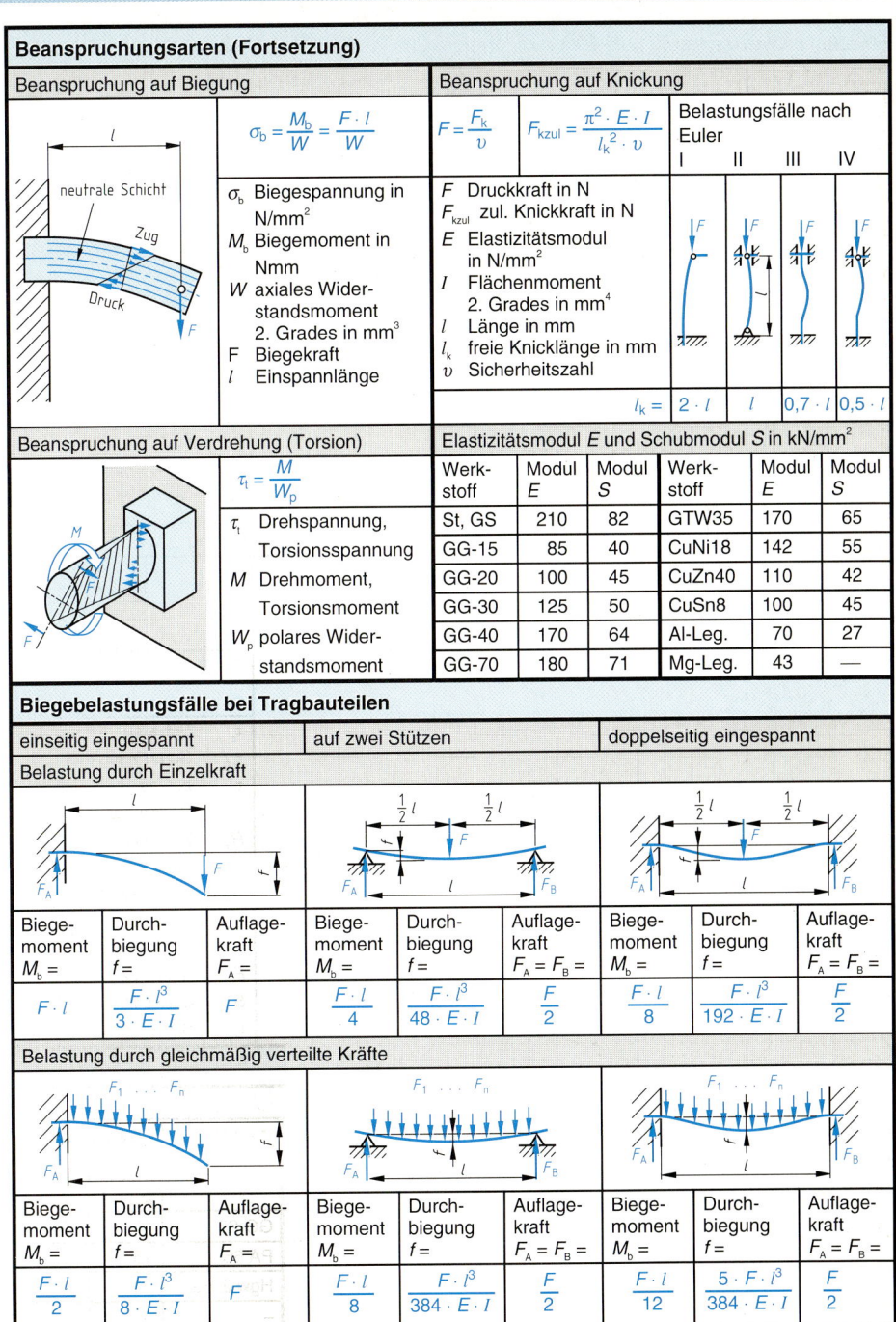

© Verlag Gehlen

Axiale Flächenmomente und Widerstandsmomente

Querschnittsform	axiales Flächenmoment 2. Grades	axiales Widerstandsmoment
Quadrat (Diagonale)	$I_x = I_z = \dfrac{h^4}{12}$	$W_x = W_y = \dfrac{h^3}{6}$ $W_z = \sqrt{2} \cdot \dfrac{h^3}{12}$
Rechteck	$I_x = \dfrac{b \cdot h^3}{12}$ $I_y = \dfrac{h \cdot b^3}{12}$	$W_x = \dfrac{b \cdot h^2}{6}$ $W_y = \dfrac{h \cdot b^2}{6}$
Hohlrechteck	$I_x = \dfrac{B \cdot H^3 - b \cdot h^3}{12}$ $I_y = \dfrac{H \cdot B^3 - h \cdot b^3}{12}$	$W_x = \dfrac{B \cdot H^3 - b \cdot h^3}{6 \cdot H}$ $W_y = \dfrac{H \cdot B^3 - h \cdot b^3}{6 \cdot B}$
Dreieck	$I_x = \dfrac{a \cdot h^3}{36}$ $I_y = \dfrac{h \cdot a^3}{48}$	$W_x = \dfrac{a \cdot h^2}{24}$ $W_y = \dfrac{h \cdot a^2}{24}$
Sechseck	$I_x = I_y = 0{,}06014 \cdot s^4 = 0{,}0338 \cdot d^4$	$W_x = 0{,}1042 \cdot s^3 = 0{,}0677 \cdot d^4$ $W_y = 0{,}1203 \cdot s^4 = 0{,}07813 \cdot d^4$
Kreis	$I_x = I_y = \dfrac{\pi \cdot d^4}{64}$ $I_x = I_y \approx \dfrac{d^4}{20}$	$W_x = W_y = \dfrac{\pi \cdot d^3}{32}$ $W_x = W_y \approx \dfrac{d^3}{10}$
Kreisring	$I_x = I_y = \dfrac{\pi \cdot (D^4 - d^4)}{64}$ $I_x = I_y \approx \dfrac{1}{20}(D^4 - d^4)$	$W_x = W_y = \dfrac{\pi \cdot (D^4 - d^4)}{32 \cdot D}$ $W_x = W_y \approx \dfrac{1}{10} \cdot \dfrac{(D^4 - d^4)}{D}$
Ellipse	$I_x = \dfrac{\pi \cdot a^3 \cdot b}{4}$ $I_y = \dfrac{\pi \cdot b^3 \cdot a}{4}$	$W_x = \dfrac{\pi \cdot a^2 \cdot b}{4}$ $W_y = \dfrac{\pi \cdot b^2 \cdot a}{4}$

© Verlag Gehlen

Festigkeitslehre

Polare Flächenmomente und Widerstandsmomente

Querschnittsform	polares Flächenmoment 2. Grades	polares Widerstandsmoment
Quadrat (diagonal, Seite h)	$I_p = 0{,}14 \cdot h^4$	$W_p = 0{,}208 \cdot h^3$
Rechteck ($b \times h$)	—	—
Hohlrechteck (B, b, H, h, t)	$I_p = \dfrac{t \cdot (B \cdot b + H \cdot h) \cdot (B + b) \cdot (H + h)}{B + b + H + h}$	$W_p = \dfrac{t \cdot (H + h) \cdot (B + b)}{2}$
Dreieck (Seite a, Höhe h)	$I_p = 0{,}02165 \cdot a^4$ $I_p \approx 0{,}0385 \cdot h^4$	$W_p = 0{,}05 \cdot a^3$ $W_p \approx 0{,}0769 \cdot h^4$
Sechseck (Schlüsselweite s, d)	$I_p = 0{,}1154 \cdot s^4$ $I_p = 0{,}0649 \cdot d^4$	$W_p = 0{,}1888 \cdot s^3$ $W_p = 0{,}1226 \cdot d^3$
Kreis (d)	$I_p = \dfrac{\pi \cdot d^4}{32}$ $I_p \approx \dfrac{1}{10} \cdot d^4$	$W_p = \dfrac{\pi \cdot d^3}{16}$ $W_p \approx \dfrac{1}{5} \cdot d^3$
Kreisring (D, d)	$I_p = \dfrac{\pi \cdot (D^4 - d^4)}{32}$ $I_p \approx \dfrac{1}{10} \cdot (D^4 - d^4)$	$W_p = \dfrac{\pi \cdot (D^4 - d^4)}{16 \cdot D}$ $W_p \approx \dfrac{1}{5} \cdot \dfrac{D^4 - d^4}{D}$
Ellipse ($2a \times 2b$)	$I_p = \dfrac{\pi \cdot a^3 \cdot b^3}{a^2 + b^2}$ (bei $a > b$)	$W_p = \dfrac{\pi \cdot a \cdot b^2}{2}$ (bei $a > b$)

© Verlag Gehlen

Kerbwirkung

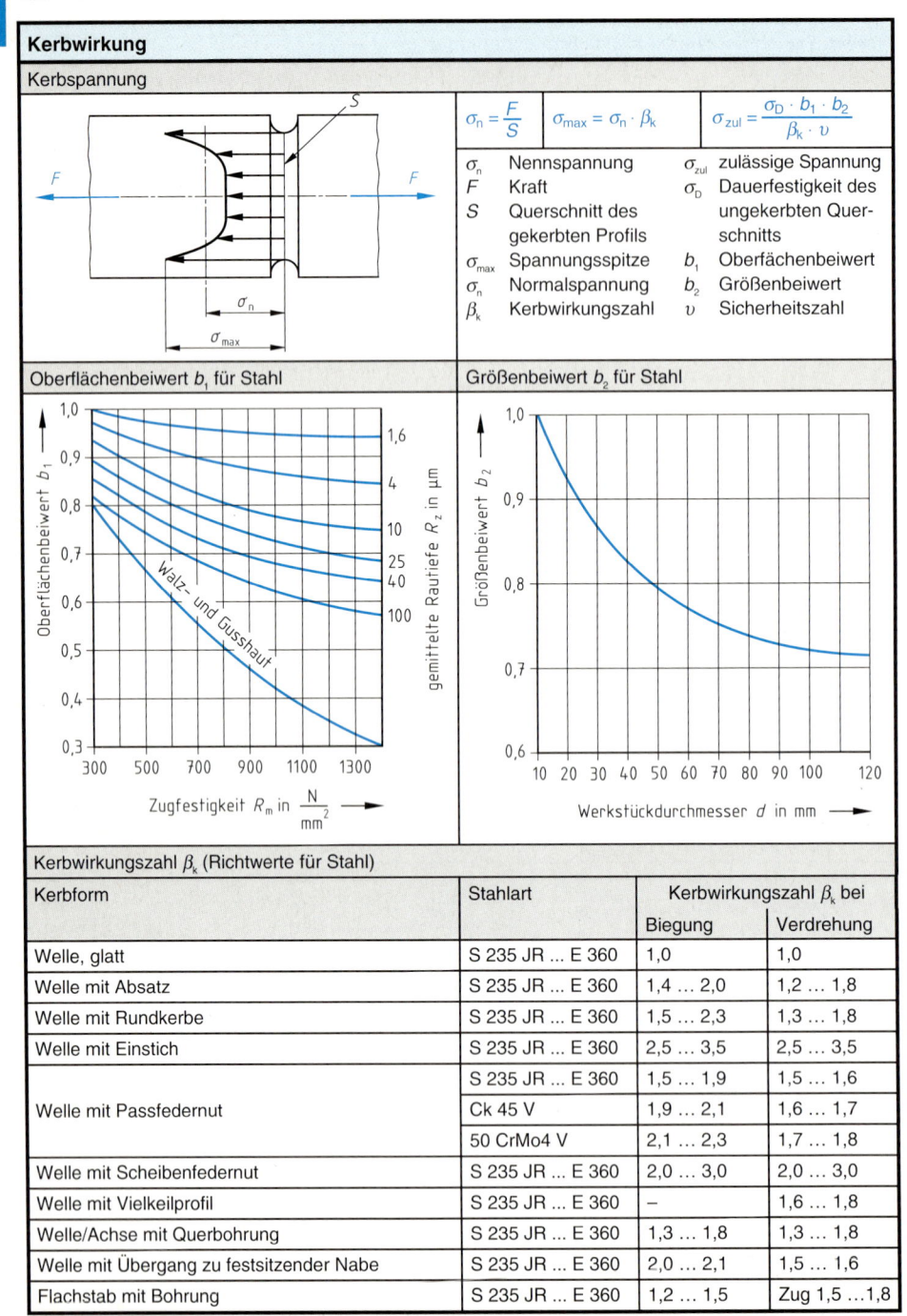

Kerbspannung

$\sigma_n = \dfrac{F}{S}$ $\quad \sigma_{max} = \sigma_n \cdot \beta_k$ $\quad \sigma_{zul} = \dfrac{\sigma_D \cdot b_1 \cdot b_2}{\beta_k \cdot \upsilon}$

Symbol	Bedeutung	Symbol	Bedeutung
σ_n	Nennspannung	σ_{zul}	zulässige Spannung
F	Kraft	σ_D	Dauerfestigkeit des ungekerbten Querschnitts
S	Querschnitt des gekerbten Profils		
σ_{max}	Spannungsspitze	b_1	Oberflächenbeiwert
σ_n	Normalspannung	b_2	Größenbeiwert
β_k	Kerbwirkungszahl	υ	Sicherheitszahl

Oberflächenbeiwert b_1 für Stahl

Größenbeiwert b_2 für Stahl

Kerbwirkungszahl β_k (Richtwerte für Stahl)

Kerbform	Stahlart	Kerbwirkungszahl β_k bei Biegung	Kerbwirkungszahl β_k bei Verdrehung
Welle, glatt	S 235 JR ... E 360	1,0	1,0
Welle mit Absatz	S 235 JR ... E 360	1,4 ... 2,0	1,2 ... 1,8
Welle mit Rundkerbe	S 235 JR ... E 360	1,5 ... 2,3	1,3 ... 1,8
Welle mit Einstich	S 235 JR ... E 360	2,5 ... 3,5	2,5 ... 3,5
Welle mit Passfedernut	S 235 JR ... E 360	1,5 ... 1,9	1,5 ... 1,6
Welle mit Passfedernut	Ck 45 V	1,9 ... 2,1	1,6 ... 1,7
Welle mit Passfedernut	50 CrMo4 V	2,1 ... 2,3	1,7 ... 1,8
Welle mit Scheibenfedernut	S 235 JR ... E 360	2,0 ... 3,0	2,0 ... 3,0
Welle mit Vielkeilprofil	S 235 JR ... E 360	–	1,6 ... 1,8
Welle/Achse mit Querbohrung	S 235 JR ... E 360	1,3 ... 1,8	1,3 ... 1,8
Welle mit Übergang zu festsitzender Nabe	S 235 JR ... E 360	2,0 ... 2,1	1,5 ... 1,6
Flachstab mit Bohrung	S 235 JR ... E 360	1,2 ... 1,5	Zug 1,5 ... 1,8

© Verlag Gehlen

Druck · Hydrostatischer Druck · Hydraulische Übersetzung und Leistung

Druck in Flüssigkeiten und Gasen

Druck

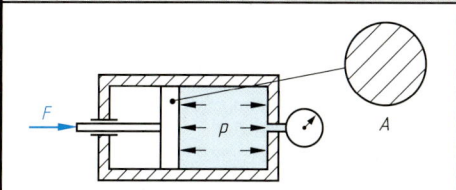

$$p = \frac{F}{A}$$

- p Druck
- F Kraft
- A Fläche

Absoluter Druck, Atmosphärendruck, Druckdifferenz

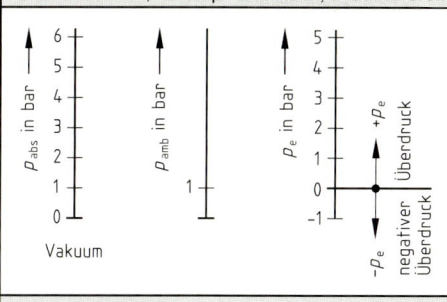

$$p_{amb} = h \cdot \varrho \cdot g \qquad p_e = p_{abs} - p_{amb}$$

- p_{amb} Atmosphärendruck
- h Flüssigkeitshöhe
- ϱ Flüssigkeitsdichte
- g Fallbeschleunigung
- p_e Druckdifferenz
- p_{abs} Absoluter Druck

$p_{abs} > p_{amb}$; p_e positiv (Überdruck)
$p_{abs} < p_{amb}$; p_e negativ (negativer Überdruck)

Hydrostatischer Druck

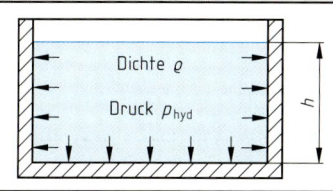

$$p_{hyd} = h \cdot \varrho \cdot g$$

- p_{hyd} Hydrostatischer Druck (Boden-/Seitendruck)
- h Flüssigkeitshöhe
- ϱ Flüssigkeitsdichte
- g Fallbeschleunigung

Hydraulische Übersetzung

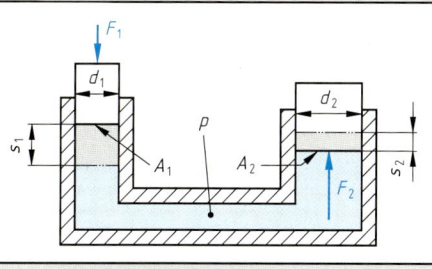

$$\frac{F_1}{F_2} = \frac{A_1}{A_2} \qquad \frac{F_1}{F_2} = \frac{d_1^2}{d_2^2} \qquad \frac{F_1}{F_2} = \frac{s_1}{s_2} \qquad \frac{A_1}{A_2} = \frac{p_2}{p_1}$$

- F_1, F_2 Kolbenkräfte
- A_1, A_2 Kolbenflächen
- d_1, d_2 Kolbendurchmesser
- s_1, s_2 Kolbenhübe
- p_1, p_2 Arbeitsdrücke

Hydraulische Leistung

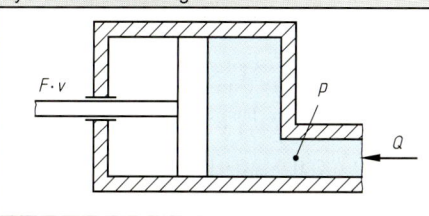

$$P = F \cdot v \qquad v = \frac{Q}{A} \qquad p = \frac{F}{A} \qquad P = Q \cdot p$$

- P Leistung
- F Kolbenkraft
- v Kolbengeschwindigkeit
- Q Volumenstrom
- A Kolbenquerschnitt
- p Druck

© Verlag Gehlen

Druck in Flüssigkeiten und Gasen (Fortsetzung)

Strömungsgeschwindigkeiten in Rohren, Kontinuitätsgleichung

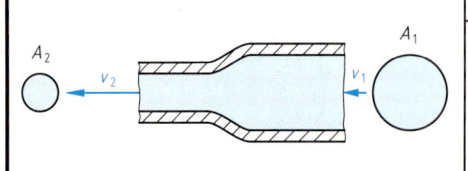

$$v = \frac{Q}{A} \qquad Q = \text{konst.} \qquad v_1 \cdot A_1 = v_2 \cdot A_2 \qquad \frac{v_1}{v_2} = \frac{A_2}{A_1}$$

- v Strömungsgeschwindigkeit
- Q Volumenstrom (Strömungsvolumen)
- A Rohrquerschnittsfläche
- v_1 Strömungsgeschwindigk. im Rohrquerschnitt 1
- v_2 Strömungsgeschwindigk. im Rohrquerschnitt 2
- A_1 Rohrquerschnittsfläche 1
- A_2 Rohrquerschnittsfläche 2

Zustandsänderung von Gasen, Allgemeine Gasgleichung

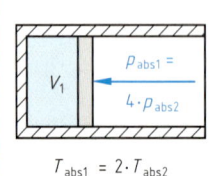

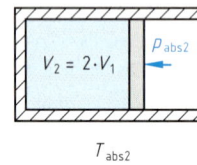

$$\frac{p_{abs} \cdot V}{T_{abs}} = m \cdot R \qquad \frac{p_{abs1} \cdot V_1}{T_{abs1}} = \frac{p_{abs2} \cdot V_2}{T_{abs2}} = \text{konstant}$$

- p_{abs} absoluter Druck
- V Gasvolumen
- T_{abs} absolute Temperatur
- m Gasmasse
- R spezifische Gaskonstante
- p_{abs1}, p_{abs2} absoluter Druck im Zustand 1 bzw. 2
- V_1, V_2 Gasvolumen im Zustand 1 bzw. 2
- T_{abs1}, T_{abs2} absolute Temperatur im Zustand 1/2

Gasgleichung bei konstanter Temperatur (Isotherme Zustandsänderung) – Gesetz von Boyle-Mariotte

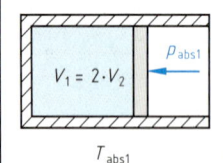

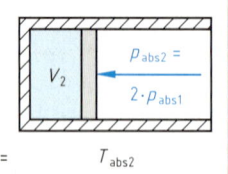

$$p_{abs1} \cdot V_1 = p_{abs2} \cdot V_2 = \text{konstant}$$

- p_{abs1}, p_{abs2} absoluter Druck im Zustand 1 bzw. 2
- V_1, V_2 Gasvolumen im Zustand 1 bzw. 2

Gasgleichung bei konstantem Druck (Isobare Zustandsänderung) – Gesetz von Gay-Lussac

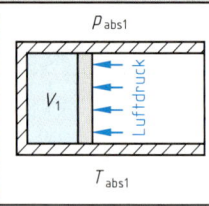

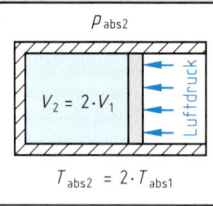

$$\frac{V_1}{T_{abs1}} = \frac{V_2}{T_{abs2}} = \text{konstant}$$

- V_1, V_2 Gasvolumen im Zustand 1 bzw. 2
- T_{abs1}, T_{abs2} absolute Temperatur im Zustand 1/2

Gasgleichung bei konstantem Volumen (Isochore Zustandsänderung)

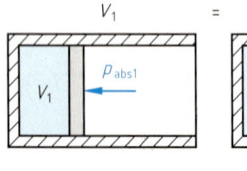

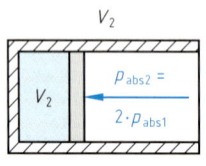

$$\frac{p_{abs1}}{T_{abs1}} = \frac{p_{abs2}}{T_{abs2}} = \text{konstant}$$

- p_{abs1}, p_{abs2} absoluter Druck im Zustand 1 bzw. 2
- T_{abs1}, T_{abs2} absolute Temperatur im Zustand 1/2

© Verlag Gehlen

Temperaturdifferenz · Temperaturänderung · Wärmemenge **41**

Temperatur und Wärme

Temperatur, Temperaturdifferenz

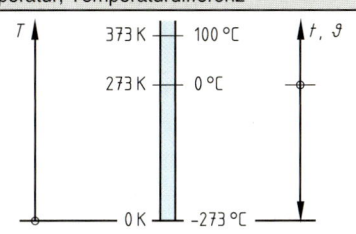

$T = t + 273$	$\Delta T = T_2 - T_1$
$\Delta t = t_2 - t_1$	$\Delta \vartheta = \vartheta_2 - \vartheta_1$

T	Thermodynamische Temperatur (Kelvin-Temperatur)
t, ϑ	Celsius-Temperatur
$\Delta T, \Delta t, \Delta \vartheta$	Temperaturdifferenz, immer in K
T_1, t_1, ϑ_1	Anfangstemperatur
T_2, t_2, ϑ_2	Endtemperatur

Temperaturänderung – Längenausdehnung und Längenschrumpfung

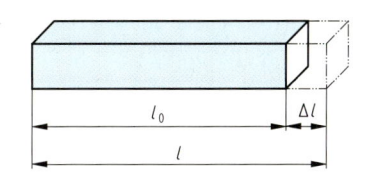

$\Delta l = \alpha \cdot l_0 \cdot \Delta t$	$\Delta t = t_2 - t_1$
$l = l_0 + \Delta l$ Erwärmung	$l = l_0 - \Delta l$ Abkühlung

Δl	Längenänderung
α	Längenausdehnungskoeffizient
l_0	Länge vor Temperaturänderung
Δt	Temperaturdifferenz
t_1, t_2	Anfangstemperatur, Endtemperatur
l	Länge nach Temperaturänderung

Temperaturänderung – Flächenausdehnung und Flächenschrumpfung

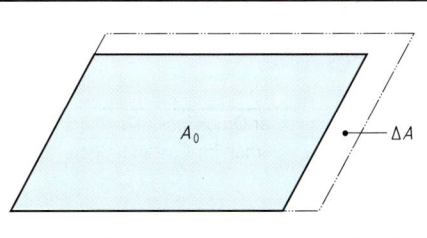

$\Delta A = \beta \cdot A_0 \cdot \Delta t$	$\Delta t = t_2 - t_1$
$A = A_0 + \Delta A$ Erwärm.	$A = A_0 - \Delta A$ Abkühlung

ΔA	Flächenänderung
β	Flächenausdehnungskoeffizient ($\beta \approx 2 \cdot \alpha$)
A_0	Fläche vor Temperaturänderung
Δt	Temperaturdifferenz
t_1, t_2	Anfangstemperatur, Endtemperatur
A	Fläche nach Temperaturänderung

Temperaturänderung – Volumenausdehnung und Volumenschrumpfung

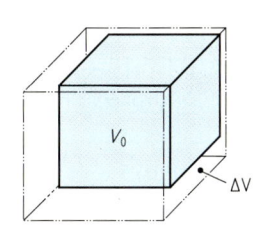

Feste Stoffe/Flüssig.	Gase
$\Delta V = \gamma \cdot V_0 \cdot \Delta t$	$\Delta V = \dfrac{V_0}{273} \cdot \Delta t$
$V = V_0 + \Delta V$ Erwärmg.	$V = V_0 - \Delta V$ Abkühlung

ΔV	Volumenänderung
γ	Volumenausdehnungskoeffizient ($\gamma \approx 3 \cdot \alpha$)
V_0	Volumen vor Temperaturänderung
Δt	Temperaturdifferenz
t_1, t_2	Anfangstemperatur, Endtemperatur
V	Volumen nach Temperaturänderung

Wärmemenge (Wärmezufuhr)

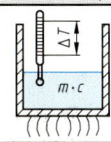

$Q = m \cdot c \cdot \Delta t$	$\Delta t = t_2 - t_1$

Q	Wärmemenge, Wärmezufuhr
m	Masse
c	Spezifische Wärmekapazität
Δt	Temperaturdifferenz

© Verlag Gehlen

Temperatur, Wärme (Fortsetzung)

Schmelz- und Verdampfungswärmemenge

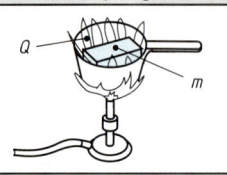

Schmelzen: $Q = m \cdot q$ Verdampfen: $Q = m \cdot r$

Q Schmelz- bzw. Verdampfungswärmemenge
m Masse
q Spezifische Schmelzwärme
r Spezifische Verdampfungswärme

Verbrennungswärmemenge

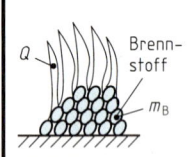

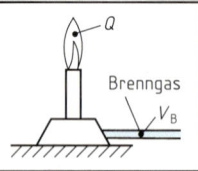

gasförmig: $Q = V_B \cdot H_u$ fest, flüssig: $Q = m_B \cdot H_u$

Q Verbrennungswärmemenge
V_B Brenngasvolumen
H_u Heizwert
m_B Brennstoffmasse

Heizwert von Brennstoffen (Auswahl)

Fester Brennstoff	H_u in kJ/kg	Flüssiger Brennstoff	H_u in kJ/kg	Gasförm. Brennstoff	H_u in kJ/m³
Biomasse, trocken	15000	Alkohol	28000	Gichtgas	3970
Holz, lufttrocken	15000	Benzol	41000	Wasserstoff	10800
Holz, raumtrocken	19000	Erdöl	41000	Stadtgas	15500
Braunkohle	19000	Teeröl	41500	Erdgas	35000
Koks	29000	Heizöl	42000	Methan	35900
Holzkohle	33000	Diesel	42000	Acetylen	57000
Steinkohle	33000	Petroleum	43500	Propan	93000
Anthrazit	33500	Benzin	44000	Butan	123000

Wärmeleitung

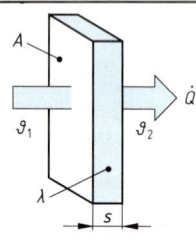

$$\dot{Q} = A \cdot \frac{\lambda}{s} \cdot \Delta t$$

$\dot{Q}$ Wärmestrom
A Fläche des Bauteils
λ Wärmeleitfähigkeit
s Bauteildicke
Δt Temperaturdifferenz

Wärmedurchgang

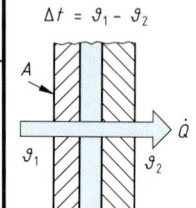

$\Delta t = \vartheta_1 - \vartheta_2$

$$\dot{Q} = A \cdot k \cdot \Delta t \qquad k = \frac{1}{R_k}$$

$\dot{Q}$ Wärmestrom
A Fläche des Bauteils
k Wärmedurchgangskoeffizient
R_k Wärmedurchgangswiderstand
Δt Temperaturdifferenz

Stoff	λ W/(m·K)	Stoff	λ W/(m·K)	Bauelemente	s in mm	k in W/(m²·K)
Luft	0,024	Glas	0,16	Wärmedämmplatte	80	≈0,4
Schaumst.	0,03...0,04	Gummi	0,17	Ziegelmauer	365	≈1,1
Korkplatte	0,03...0,06	Gipskarton	0,21	Gasbeton	300	≈1,6
Steinwolle	0,040	Duroplaste	0,21...0,23	Verbundfenster	12	≈2,5
Wellpappe	0,041	Ziegelstein	0,50...1,20	Einfachfenster	–	≈3,5
Filz, Torf	0,070	Beton	0,80...1,40	Außentüre, Holz	–	≈3,5
Kieselgur	0,075	Stahl, GG	46...63	Außentüre, Stahl	50	≈5,8
Th.-Plaste	0,13...0,43	Zink	112			
Gasbeton	0,14...0,19	Aluminium	220			
Holzplatte	0,14	Kupfer	390			

© Verlag Gehlen

Chemische Elemente · Kurzzeichen · Periode · Ordnungszahl · Relative Atommasse

Periodensystem der Elemente

Periode	Gruppe	Ordnungszahl	Element	Kurzzeichen	relative Atommasse	Periode	Gruppe	Ordnungszahl	Element	Kurzzeichen	relative Atommasse
1	I	1	Wasserstoff	H	1,008	5	IIIA	39	Yttrium	Y	88,905
	VIII	2	Helium	He	4,003		IVA	40	Zirkonium	Zr	91,224
2	I	3	Lithium	Li	6,941		VA	41	Niob	Nb	92,906
	II	4	Beryllium	Be	9,012		VIA	42	Molybdän	Mo	95,940
	I	5	Bor	B	10,811		VIIA	43	Technetium	Tc	97,000
	IV	6	Kohlenstoff	C	12,011		VIIIA	44	Ruthenium	Ru	101,070
	V	7	Stickstoff	N	14,007		VIIIA	45	Rhodium	Rh	102,905
	VI	8	Sauerstoff	O	15,999		VIIIA	46	Palladium	Pd	106,420
	VII	9	Fluor	F	18,998		IB	47	Silber	Ag	107,868
	VIII	10	Neon	Ne	20,179		IIB	48	Cadmium	Cd	112.410
3	I	11	Natrium	Na	22,989		III	49	Indium	In	114,820
	II	12	Magnesium	Mg	24,305		IV	50	Zinn	Sn	118,690
	III	13	Aluminium	Al	26,981		V	51	Antimon	Sb	121,750
	IV	14	Silicium	Si	28,086		VI	52	Tellur	Te	127,600
	V	15	Phosphor	P	30,974		VII	53	Iod	I	126,905
	VI	16	Schwefel	S	32,064		VIII	54	Xenon	Xe	131,290
	VII	17	Chlor	Cl	35,453	6	I	55	Caesium	Cs	132,905
	VIII	18	Argon	Ar	39,948		II	56	Barium	Ba	137,340
4	I	19	Kalium	K	39,102		IIIA … 57 … 71 Lanthanoiden-Elemente					
	II	20	Calcium	Ca	40,078		IVA	72	Hafnium	Hf	178,490
	IIIA	21	Scandium	Sc	44,956		VA	73	Tantal	Ta	180,948
	IVA	22	Titan	Ti	47,880		VIA	74	Wolfram	W	183,850
	VA	23	Vanadium	V	50,942		VIIA	75	Rhenium	Re	186,207
	VIA	24	Chrom	Cr	51,996		VIIIA	76	Osmium	Os	190,200
	VIIA	25	Mangan	Mn	54,938		VIIIA	77	Iridium	Ir	192,220
	VIIIA	26	Eisen	Fe	55,847		VIIIA	78	Platin	Pt	195,080
	VIIIA	27	Cobalt	Co	58,933		IB	79	Gold	Au	196,967
	VIIIA	28	Nickel	Ni	58,690		IIB	80	Quecksilber	Hg	200,590
	IB	29	Kupfer	Cu	63,546		III	81	Thallium	Tl	204,370
	IIB	30	Zink	Zn	65,390		IV	82	Blei	Pb	207,190
	III	31	Gallium	Ga	69,719		V	83	Bismut	Bi	208,981
	IV	32	Germanium	Ge	72,590		VI	84	Polonium	Po	(209)
	V	33	Arsen	As	74,922		VII	85	Astat	At	(210)
	VI	34	Selen	Se	78,960		VIII	86	Radon	Rn	(222)
	VII	35	Brom	Br	79,904	7	I	87	Francium	Fr	(223)
	VIII	36	Krypton	Kr	83,800		II	88	Radium	Ra	226,025
5	I	37	Rubidium	Rb	85,468		IIIA … 89 … 103 Actanoiden-Elemente					
	II	38	Strontium	Sr	87,620		IVA… 104 … 107 Elemente mit Kunstnamen					

© Verlag Gehlen

44 Dichte · Schmelz-/Siedepunkt · Schmelzwärme · Wärmekapazität · Längenausdehnung

Stoffwerte chemischer Elemente (Auswahl)

Element	Kurzzeichen	Dichte bei 27 °C in $\frac{kg}{dm^3}$	Schmelztemperatur in °C	Siedetemperatur bei 1,01 bar in °C	spezifische Schmelzwärme in $\frac{kJ}{kg}$	spezif. Wärmekapazität bei 27 °C in $\frac{J}{kg \cdot K}$	Längenausdehnungskoeffizient bei 0 °C in $10^{-6} \cdot \frac{1}{K}$	Wärmeleitfähigkeit bei 27 °C in $\frac{W}{m \cdot K}$
Aluminium	Al	2,70	660	2520	397	900	23,8	237
Argon	Ar	1,784[1]	−189,2	−185,7	−	520	−	0,017
Blei	Pb	11,4	327,6	1750	23	130	31,3	35,3
Bor	B	2,34	2027	4002	−	1020	8,3	27,0
Cadmium	Cd	8,65	321,18	767	56	230	29,4	96,8
Calcium	Ca	1,55	839	1484	216	630	22,3	200
Chlor	Cl	3,17	−100,84	−33,9	−	480	−	0,009
Chrom	Cr	7,19	1857	2672	280	450	6,6	93,7
Eisen	Fe	7,86	1536	2862	277	440	12	80,2
Fluor	F	1,696	−219,52	−188,05	−	820	−	0,028
Gold	Au	19,3	1064,58	2857	2700	128	14,3	317
Helium	He	0,1787[1]	−272,05	−268,79	−	5193	−	0,152
Iridium	Ir	22,5	2443	4428	117	130	6,6	147
Kalium	K	0,86	63,35	759	59,6	750	84	102,4
Kohlenstoff	C	2,62	3827	4197	−	710	7,9	129
Kupfer	Cu	8,96	1084,6	2563	205	380	16,8	401
Magnesium	Mg	1,74	649	1090	368	1020	26,5	156
Mangan	Mn	7,43	1244	2062	266	480	23	7,82
Molybdän	Mo	10,2	2617	4639	290	250	2,5	138
Natrium	Na	0,97	98	883	113	1230	71	141
Nickel	Ni	8,90	1453	2914	303	440	12,8	90,7
Phosphor	P	1,82	44,3	277	21	770	124	0,235
Platin	Pt	21,4	1772	3827	111	130	9	71,6
Quecksilber	Hg	13,53	−38,72	357	11,8	139	−	8,34
Sauerstoff	O	1,429[1]	−222,65	−182,82	−	920	−	0,027
Schwefel	S	2,07	115,36	444,75	42	710	64	0,269
Silber	Ag	10,5	961	2163	104,5	235	19,7	439
Silicium	Si	2,33	1412	3267	164	710	7,6	148
Stickstoff	N	1,251[1]	−209,86	−195,65	−	1040	−	0,026
Tantal	Ta	16,6	3014	5458	174	140	6,5	57,5
Titan	Ti	4,50	1670	3289	324	520	9	21,9
Vanadium	V	5,8	1902	3409	343	490	8,3	30,7
Wasserstoff	H	0,0899[1]	−258,98	−252,73	−	14304	−	0,182
Wolfram	W	19,3	3407	5555	192	130	4,3	174
Zink	Zn	7,14	419,73	907	111	390	26,3	116
Zinn	Sn	7,30	232,06	2603	59,6	227	27	66,6

[1] Gas. Dichte bei 0 °C in kg/m^3.

© Verlag Gehlen

Dichte · Schmelz-/Siedepunkt · Spez. Schmelzwärme/Wärmekap. · Längenausdehnung

Stoffwerte von Feststoffen (Auswahl)

Stoff, Handelsname	Kurzzeichen bzw. chem. Formel	Dichte in $\frac{kg}{dm^3}$	Schmelz-temperatur bei 1,013 bar in °C	Siede-temperatur bei 1,013 bar in °C	spezif. Schmelzwärme bei 1,013 bar in $\frac{kJ}{kg}$	spezif. Wärmekapazität bei 0...100 °C in $\frac{J}{kg \cdot K}$	Längenausdehnungskoeffizient bei 0...100 °C in $10^{-6} \cdot \frac{1}{K}$	Wärmeleitfähigkeit bei 20 °C in $\frac{W}{m \cdot K}$
Al-Legierungen (Beispiele)	AlCuMg 1 AlMgSi 1	2,7...2,8	530...650	–	≈360	0,95	23,8	205
Beton	–	1,9...2,3	–	–	–	0,88	–	0,8...1,4
Bleimennige	Pb$_3$O$_4$	8,6...9,1				0,25		0,7
Gips	CaSO$_4$ · 2H$_2$O	2,3	1200	–	–	1,09	–	0,45
Glas	–	2,4...2,7	≈700	–	–	0,83	0,5	0,81
Granit	–	2,5	–	–	–	0,84	8...11,8	3,5
Gummi	–	1,1	–	–	–	2,01	–	0,17
Gusseisen (Beispiele)	GG-18 GG-60	7,25	1150...1250	≈2500	125	0,50	10,5	58
Hartmetall	P 30	11,9	>2000	≈4000	–	0,80	5,0	81,4
Karborund	SiC	2,4	>3000 °C Zerfall		–	0,68	8,0	9,0
Kochsalz	NaCl	2,1...2,4	–	–	–	0,92	–	–
Korund	AL$_2$O$_3$	3,95	2050	2700	–	0,96	6,5	12...23
Kupfer-Legierungen (Beisp.)	CuZn-Leg. CuSn-Leg.	8,4...8,7 7,4...8,9	900...1000	≈2300	167	0,39 0,38	18,5 17,5	105 46
Magnesium-Legierungen	MgMn2 MgAl6Zn	≈1,8	≈630	≈1500	–	1,02	24,5	46...139
Marmor	–	2,5...2,7	–	–	–	0,81	2,0	2,8
Pappe	–	0,8	–	–	–	1,26	–	0,1...0,2
Papier	–	0,7...1,1	–	–	–	1,34	–	0,1
Polyethylen	PE	≈0,93	–	–	–	≈2,0	180,0	0,3...0,4
Polystyrol	PS	1,05	–	–	–	1,3	70,0	≈0,15
Polyvinylchlorid	PVC	1,35	–	–	165	1,5	80,0	≈0,17
Porzellan	–	2,3...2,5	≈1600	–	–	≈1,0	4,0	1,6
Quarz	SiO$_2$	2,1...2,5	1480	2230	–	0,75	8,0	9,9
Sandstein	–	2,2...2,3	–	–	–	0,71	–	1,6...2,1
Schamotte	–	1,7...2,0	–	–	–	0,84	–	0,5...1,2
Stahl, unlegiert	C 35	7,85	1510	≈2500	205	0,49	11,0	48...58
St., niedrigleg.	21 MnCr 5	7,85	1490	≈2500	192	0,46	11,5	25...35
St., hochlegiert	X 10Cr 13	7,9	1450	≈2500	213	0,51	16,3	14...21
Wachs	–	0,9...1,0	64	–	–	3,43	–	0,08

© Verlag Gehlen

Dichte · Schmelz-/Siede-/Zündpunkt · Spez. Wärmekap. · Volumenausdehnungskoeff.

Stoffwerte von Flüssigkeiten (Auswahl)

Stoff, Handelsname	Kurzzeichen bzw. chem. Formel	Dichte in $\frac{kg}{dm^3}$	Schmelztemperatur in °C	Siedetemperatur in °C	Zündtemperatur in °C	spezif. Wärmekapazität in $\frac{J}{kg \cdot K}$	Volumenausdehnungskoeffizient $10^{-6} \cdot \frac{1}{K}$	Wärmeleitfähigkeit in $\frac{W}{m \cdot K}$
Aceton	$(CH_3)_2CO$	0,8	–	56,1	–	2220	1350	–
Äther	$(C_2H_5)_2O$	0,71	–116	35	170	2280	1600	0,13
Benzin	–	0,70...0,75	–30...–50	25...210	220	2020	1100	0,13
Benzol	C_6H_6	0,88	5,5	80,1	250	1725	1200	0,15
Dieselkraftstoff	–	0,81...0,85	< –30	150...360	220	2050	960	0,15
Glykol	CH_2OH	1,113	–	–	–	–	–	–
Glycerin	$C_3H_5(OH)_3$	1,26	–19	290	520	2390	500	0,29
Heizöl	–	≈0,83	–10	>175	220	2070	960	0,14
Kochsalzlösg.	$NaCl \cdot H_2O$	1,83	–	–	–	–	–	–
Maschinenöl	–	0,91	–20	380...400	400	2090	930	0,13
Natronlauge	NaOH	–	–	–	–	3270	–	–
Petroleum	–	0,76...0,86	–70	150...300	550	2150	1000	0,13
Spiritus	C_2H_5OH	0,81	–114	78	520	2430	1100	0,17
Wasser, dest.	H_2O	1,00(4 °C)	0	100	–	4182	180	0,06

Stoffwerte von Gasen (Auswahl)

Stoff, Handelsname	Kurzzeichen bzw. chem. Formel	Dichte in $\frac{kg}{dm^3}$	Schmelztemperatur in °C	Siedetemperatur in °C	Spezifische Wärmekapaziät in $\frac{J}{kg \cdot K}$ p = konst. / V = konst.		Löslichkeit bei 20 °C in Wasser in g/l	Wärmeleitfähigkeit in $\frac{W}{m \cdot K}$
Acetylen	C_2H_2	1,17	–80,8	–84	1683	1330	1,03	0,021
Ammoniak	NH_3	0,77	77,7	–33,4	2160	1560	541,0	0,024
Butan	C_4H_{10}	2,70	–135	–0,5	1599	1457	–	0,016
Ethan	C_2H_6	1,356	–	–	1729,2	1444,5	–	–
Ethylen	C_2H_4	1,261	–	–	1611,9	1289,5	–	–
Gichtgas	–	≈1,26	–	–	1010	716	–	–
Kohlenstoffdioxid	CO_2	1,98	56,6/ 5,3 bar	–78,5	837	630	1,73	0,016
Kohlenstoffmonoxid	CO	1,25	–205	–191,55	1042	750	0,029	0,025
Methan	CH_4	0,72	–182,5	–161,5	2219	1680	0,024	0,033
Propan	C_3H_8	2,01	–185,3	–47,7	1595	1260		0,018
Sauerstoff	O_2	1,43	–218,8	–182,9	917	650	0,044	0,026
Schwefeldioxid	SO_2	2,931	–	–	607,1	477,3	–	–
Stadtgas	–	≈0,52	–	–	2646	1934	–	–
Stickstoff	N_2	1,25	–210	–195,8	1038	740	0,019	0,026
Wasserstoff	H_2	0,09	–259,2	–252,8	14320	10100	0,002	0,183

© Verlag Gehlen

Schaltzeichen für Leitungen/Sicherungen/elektrische Bauelemente **47**

Elektrotechnische Symbole und Schaltzeichen (Auswahl)			DIN 40 900
Symbolelemente von Schaltzeichen			
○ □ ▭	Betriebsmittel, Gerät, Funktionseinheit		Masse
○ ⬭	Hülle, Gehäuse, Röhrenkolben		Gleichstrom
—··—··—	Begrenzungslinie für zusammenhängende Baugruppen	∿ 50 Hz	Wechselstrom mit Frequenzangabe
⏚ ⏚	Erde (allgemein), Schutzerde	≂	Gleich- oder Wechselstrom (Allstrom)
Schaltzeichen für Leitungen, Verbinder und Sicherungen			
	Anschlüsse, Abzweigungen		Buchse, Pol einer Steckdose
	Leiter, einfach		Stecker, Pol eines Steckers
∕∕∕∕ oder ∕4	Leiter mit Kennzeichnung der Leiterzahl		Buchse und Stecker, Steckverbindung
∿	Leiter, bewegbar		Sicherung, allgemein
⊙	Leiter, geschirmt		Sicherungsschalter
Schaltzeichen für elektrische Bauelemente			
⊣⊢	Primärzelle(-element), Sekundärelement (Akkumulator)		Kondensator, allgemein
⊣∣∣∣⊢	Akkumulatorenbatterie		Kondensator, veränderbar, einstellbar
▭	Widerstand, allgemein	∽∽∽	Induktivität, Spule, Wicklung, allgemein
	Widerstand mit festen Anzapfungen		Induktivität, Wicklung mit festen Anzapfungen
	Widerstand, veränderbar, allgemein		Induktivität, Wicklung mit Magnetkern
	Widerstand mit Schleifkontakt, Potentiometer		Induktivität mit Magnetkern, stetig veränderbar

© Verlag Gehlen

Schaltzeichen für Halbleiterbauelemente/Messgeräte/Generatoren/Motoren

Elektrotechnische Symbole und Schaltzeichen (Auswahl) – Fortsetzung — DIN 40 900

Schaltzeichen für Halbleiterbauelemente

	Halbleiterdiode, allgemein Gleichrichterfunktion		PNP-Transistor
	Z-Diode Begrenzerfunktion		NPN-Transistor
	Leuchtdiode		Fotozelle(-element), Fotowiderstand
	Thyristor, allgemein (Thyristortriode, rückwärtssperrend)		Fotodiode, Fototransistor
	Abschalt-Thyristortriode, allgemein		Optokoppler = Leuchtdiode + Fototransistor

Schaltzeichen für Messgeräte

	Messgerät, anzeigend, allgemein	W	Wirkleistungsschreiber
	Messgerät, aufzeichnend, allgemein	W | var	Wirk- und Blindleistungsschreiber
	Messgerät, integrierend, allgemein		Kurvenschreiber
A V	Strommessgerät, Spannungsmessgerät	Wh	Wattstundenzähler, Elektrizitätszähler
	Oszilloskop	Wh	Wattstundenzähler als Mehrtarifzähler
n	Drehzahlmessgerät	W h →	Wattstundenzähler mit Übertragungseinrichtung

Schaltzeichen für Generatoren und Motoren

L	Zweiphasenwicklung L-Schaltung	M M	Linearmotor, Schrittmotor
V T △ Y	Dreiphasenwicklung V-, T-, Dreieckschaltung, Sternschaltung	M	Gleichstrom-Reihenschlussmotor
*	Maschine, allgemein	M	Gleichstrom-Nebenschlussmotor
Kennzeichen im Kreis anstelle des Sterns: C Umformer G Generator M Motor MG Maschine als M oder G			Gleichstrom-Doppelschlussgenerator

Schaltzeichen für Generatoren/Motoren/Transformatoren/Elektroinstallation

Elektrotechnische Symbole und Schaltzeichen (Auswahl) – Fortsetzung — DIN 40900

Schaltzeichen für Generatoren, Motoren und Transformatoren (Fortsetzung)

Symbol	Bezeichnung	Symbol	Bezeichnung
	Drehstrom-Reihenschlussmotor		Transformator (Einphasentransformator)
	Drehstrom-Synchrongenerator mit Sternschaltung		Transformator mit Mittenanzapfung an einer Wicklung
	Drehstrom-Asynchronmotor mit Käfigläufer		Transformator mit veränderbarer Kopplung
	Anlasser, allgemein		Drei Einphasentransformatoren als Drehstromeinheit
	Anlasser mit stufenweiser Betätigung (z. B. 5 Stufen), Anlasser, stetig veränderbar		Drehstromtransformator, Stern-/Dreieckschaltung

Schaltzeichen für Elektroinstallation

Symbol	Bezeichnung	Symbol	Bezeichnung
	Abzweigdose, allgemein		Wechselschalter, einpolig
	Einfachsteckdose		Taster, Taster mit Leuchte
	Mehrfachsteckdose		Leuchte, allgemein
	Schutzkontaktsteckdose		Leuchte für Leuchtstofflampe
	Steckdose mit Abdeckung		Elektrogerät, allgemein
	Schalter, allgemein		Elektroherd
	Schalter mit Kontrollleuchte		Mikrowellenherd
	Ausschalter, einpolig bzw. zweipolig		Backofen
	Serienschalter, einpolig		Heißwassergerät mit Leitung

© Verlag Gehlen

Elektrotechnische Grundgrößen und Erscheinungen

Stromstärke

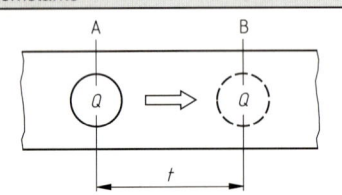

Stromstärke I ist die in der Zeit t sich bewegende Ladungsmenge Q.

$$I = \frac{Q}{t}$$

I	Stromstärke in A
Q	Ladungsmenge in C
t	Zeit in s

Spannung

Spannung U ist die Energieänderung ΔW als Ursache oder Folge der Bewegung einer Ladungsmenge Q zwischen zwei Punkten.

Widerstand als Stoffeigenschaft

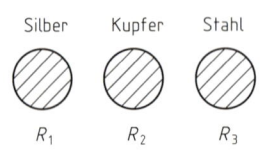

Widerstandswert ist Grad der Strombehinderung bzw. Betrag des Bewegungsantriebes der Ladungsträger um den stoffbedingten Widerstand zu überwinden.

$$R = \frac{U}{I}$$

Silber, Kupfer, Stahl: $R_1 < R_2 < R_3$

R	Widerstand in Ω
U	Spannung in V
I	Stromstärke in A

Widerstand als Bauelement

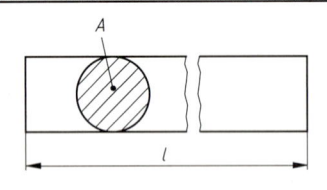

$$R = \frac{\varrho \cdot l}{A} \qquad A = \frac{\varrho \cdot l}{R}$$

R	Widerstand (Leiterwiderstand) in Ω
l	Leiterlänge in m
A	Leiterquerschnitt in mm²
ϱ	spezifischer Widerstand in $\Omega \cdot$ mm²/m (stoffabhängig)

Spezifischer Widerstand von Leiterwerkstoffen (Auswahl)

Leiterwerkstoffe	ϱ in $\Omega \cdot$ mm²/m	Leiterwerkstoffe	ϱ in $\Omega \cdot$ mm²/m	Leiterwerkstoffe	ϱ in $\Omega \cdot$ mm²/m
Aluminium	0,0278	Gold	0,023	Wolfram	0,055
Bismut	1,2	Kupfer, E-Cu58	0,01724	Zink	0,061
Blei	0,2066	Nickel	0,069	Zinn	0,12
Cadmium	0,0769	Quecksilber	0,962	Messing	0,063
Eisendraht	0,15…0,1	Silber	0,0164	Stahldraht	0,13

Ohmsches Gesetz

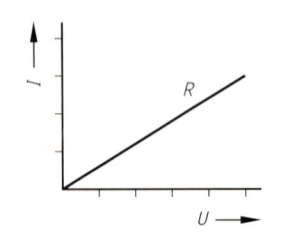

Das Verhältnis aus Spannung U und Strom I ist bei unveränderlichen physikalischen Einflussgrößen konstant und entspricht R.

$$\frac{U}{I} = \text{Konstant} = R$$

U	Spannung in V
I	Stromstärke in A
R	Widerstand in Ω

© Verlag Gehlen

Stromquellen · Leiter-Dauerbelastung · Farbkennzeichnung · Elektrische Energie/Arbeit **51**

Einfacher elektrischer Stromkreis – Stromquellen, Primärelemente und -batterien (Auswahl)

DIN IEC-Bezeichnung	Nennspannung in V	Betriebszeit in h	Gewicht in ca. g	Anwendung
R1	1,5	97	7	Taschenlampen, Spielzeug, Transistorengeräte
R03	1,5	100	8,5	
R3	3,5	–	10	Militärische Zwecke, CMOS-Speicherschutz
NR1	1,4	200	11	Fotoapparate, Hörgeräte
LR03	1,5	200	11	Kameras, Blitzgeräte, Kasettengeräte
6AR40	9	8500	3120	6 Zellen als Batterie, Fernmeldegeräte, Warngeräte

Einfacher elektrischer Stromkreis – Stromquellen, Sekundärelemente und -batterien (Auswahl)

System der Zelle oder Batterie	Kurzzeichen	Nennspannung V/Zelle	Leerlaufspannung in V/Zelle	Gasungsspannung in V/Zelle	Lade-Entlade-Zyklen
Blei	Pb	2,0	2,2	etwa 2,4	400...1500
Nickel/Cadmium	Ni/Cd	1,2	1,3	etwa 1,55	2000...3000
Nickel/Eisen	Ni/Fe	1,2	1,4	etwa 1,7	1000...3000
Silber/Zink	Ag/Zn	1,5	1,6	etwa 2,05	–

Einfacher elektrischer Stromkreis – Leitungen, höchstzulässige Dauerbelastungen (Auswahl)

Querschnitt in mm² (Cu)[1]	0,75	1	1,5	2,5	4	6	10
Höchstzulässiger Dauerstrom in A[2]	12	15	18	26	34	44	61
Nennstrom der Sicherung in A/Farbe	6 Grün	10 Rot	10(16)[3] Grau	20 Blau	25 Gelb	35 Schwarz	50 Weiß

[1] Querschnitt gilt für Mehraderleitungen, z. B. Mantelleitungen, Rohrdrähte, Stegleitungen der Gruppe 2.
[2] Höchstzulässiger Dauerstrom gilt für Leitungen je 100 m Streckenlänge.
[3] Für Leitungen mit nur zwei belasteten Adern gilt auch 16 A.

Einfacher elektrischer Stromkreis – Farbkennzeichnung von Leitern · DIN 40 705

Stromart	Leiter	Bezeichnung	Farbkennzeichnung
Gleichstrom	Pluspol	L+	nicht
	Minuspol	L–	Festgelegt
	Mittelleiter	M	Blau
Wechsel-/Drehstrom	Außenleiter	L1, L2, L3	3-mal Schwarz oder 2-mal Schwarz und 1-mal Braun
	Mittelleiter	N	Blau
	Schutzleiter	PE, PEN	Gelb-Grün

Einfacher elektrischer Stromkreis – Verbrauchsmittel (Licht-, Wärme-, mechanische Energie)

Energie und Arbeit

Energie ist die Fähigkeit einer Baugruppe, eines Gerätes, einer Maschine, einer Anlage oder eines Systems Arbeit zu verrichten.

Arbeit ist die kinetische Form der elektrischen Energie, die vom elektrischen Strom verrichtet wird.

$$W = U \cdot I \cdot t$$

W Arbeit in W · s
I Stromstärke in A
U Spannung in V
t Zeit in s

© Verlag Gehlen

Einfacher elektrischer Stromkreis – Verbrauchsmittel (Licht-, Wärme-, mechanische Energie)

Elektrische Leistung

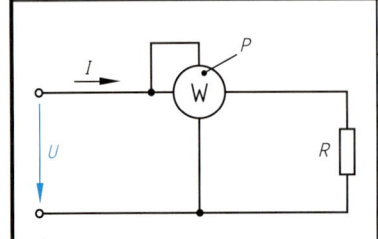

$$P = U \cdot I \qquad P = \frac{U^2}{R} \qquad P = I^2 \cdot R$$

P	Leistung in W	U	Spannung in V
I	Stromstärke in A	R	Widerstand in Ω

$$P_V = P_{zu} - P_N \qquad \eta = \frac{P_N}{P_{zu}}$$

P_V	Verlustleistung in W	η	Wirkungsgrad
P_{zu}	zugeführte Leistung in W	P_N	Nutzleistung in W
P_N	Nutzleistung in W	P_{zu}	zugeführte Leistung in W

Unverzweigter Stromkreis

Reihenschaltung von Stromquellen

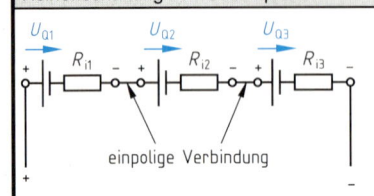

$$U_{Qges} = U_{Q1} + U_{Q2} + U_{Q3} + \ldots U_{Qn}$$

U_{Qges}	Gesamtquellenspannung in V
$U_{Q1} \ldots U_{Qn}$	Teilquellenspannungen in V

Reihenschaltung von Widerständen

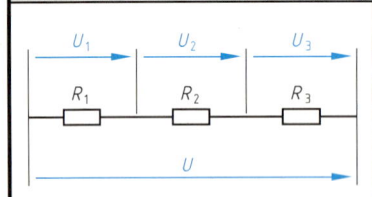

$$R_{ges} = R_1 + R_2 + R_3 + \ldots R_n \qquad \frac{U_1}{U_2} = \frac{R_1}{R_2} \qquad \frac{U_3}{U} = \frac{R_3}{R_{ges}}$$

$R_1 \ldots R_n$	Einzelwiderstände in Ω
$U_1 \ldots U_n$	Teilspannungen in V
U	Gesamtspannung in V

Maschensatz (2. Kirchhoff'sches Gesetz)

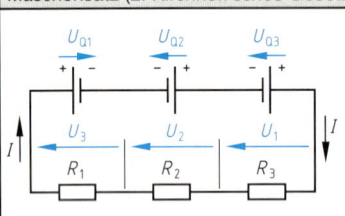

Im unverzweigten Stromkreis ist die Summe der vorzeichenbehafteten Spannungen gleich Null.

$$(+U_{Q1}) + (U_{Q2}) + (U_{Q3}) + (U_1) + (U_2) + (U_3) = 0$$

$U_{Q1} \ldots U_{Qn}$	Teilquellenspannungen in V
$U_1 \ldots U_n$	Gesamtspannungen in V

Verzweigter Stromkreis

Knotenpunktsatz (1. Kirchhoff'sches Gesetz)

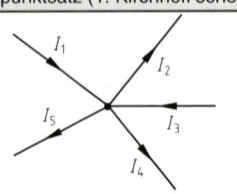

In einem Knotenpunkt ist die Summe der zufließenden Ströme stets gleich der Summe der abfließenden Ströme.

$$\Sigma I_{zu} = \Sigma I_{ab} \qquad I_1 + I_3 = I_2 + I_4 + I_5$$

I_{zu}	zufließender Strom in A
$I_1 \ldots I_n$	Teilströme in A
I_{ab}	abfließender Strom in A

Verzweigter Stromkreis (Fortsetzung)

Parallelschaltung von Stromquellen

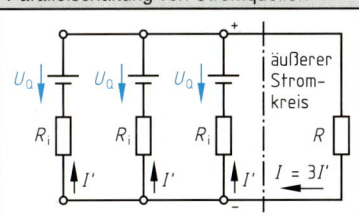

$I_{ges} = I_1 + I_2 + ... I_n$	U = konstant

I_{ges} Gesamtstromstärke in A
$I_1 ... I_n$ Teilstromstärken in A
U Spannung in V

Parallelschaltung von Widerständen

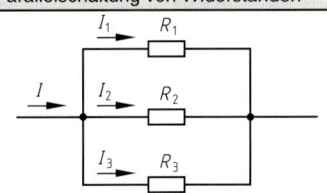

$\dfrac{1}{R_{ges}} = \dfrac{1}{R_1} + \dfrac{1}{R_2} + ... \dfrac{1}{R_n}$	$\dfrac{I_1}{I_2} = \dfrac{R_2}{R_1}$	$\dfrac{I_1}{I_n} = \dfrac{R_n}{R_1}$	$\dfrac{I_1}{I_{ges}} = \dfrac{R_{ges}}{R_1}$

R_{ges} Gesamtwiderstand in Ω
$R_1 ... R_n$ Einzelwiderstände in Ω
$I_1 ... I_n$ Teilstromstärken in A
I_{ges} Gesamtstromstärke in A

Einphasen- und Mehrphasenwechselspannungen

Sinusförmige Wechselspannung

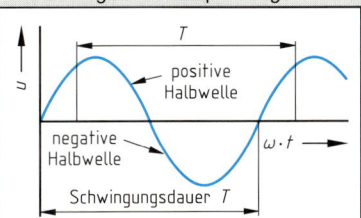

$$f = \dfrac{1}{T}$$

f Frequenz in Hz (1 Hz = 1/s)
T Schwingungsdauer in s

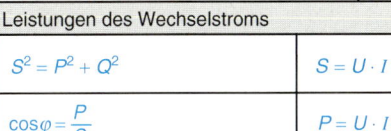

Leistungen des Wechselstroms

$S^2 = P^2 + Q^2$	$S = U \cdot I$	$S = \sqrt{P^2 + Q^2}$
$\cos\varphi = \dfrac{P}{S}$	$P = U \cdot I \cdot \cos\varphi$	$Q = U \cdot I \cdot \sin\varphi$

P Wirkleistung in W
S Scheinleistung in V · A
$\cos\varphi$ Leistungsfaktor
I Wechselstromstärke in A
Q Blindleistung in var
U Wechselspannung in V
$\sin\varphi$ Blindfaktor

Transformator

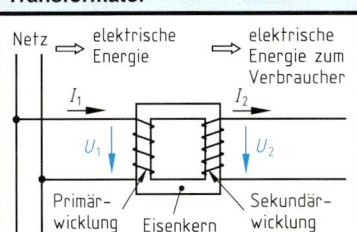

$\dfrac{U_1}{U_2} = \dfrac{N_1}{N_2}$	$\dfrac{I_1}{I_2} = \dfrac{N_1}{N_2}$	$ü = \dfrac{N_1}{N_2}$

U_1 Eingangsspannung in V
U_2 Ausgangsspannung in V
N_1, N_2 Windungszahlen
I_1 Eingangsstrom in A
I_2 Ausgangsstrom in A
$ü$ Übersetzungsverhältnis

Einphasen- und Mehrphasenwechselspannungen

Leistungen des Dreiphasenwechselstroms (Drehstroms)

Sternschaltung

$U_{Str} = \dfrac{U}{\sqrt{3}}$	$I_{Str} = I$	$S = \sqrt{3} \cdot U \cdot I$	$S = 3 \cdot U_{Str} \cdot I_{Str}$
$P = \sqrt{3} \cdot U \cdot I \cdot \cos\varphi$		$P = 3 \cdot U_{Str} \cdot I_{Str} \cdot \cos\varphi$	
$Q = \sqrt{3} \cdot U \cdot I \cdot \sin\varphi$		$Q = 3 \cdot U_{Str} \cdot I_{Str} \cdot \sin\varphi$	

- U Leiterspannung in V
- I Leiterstromstärke in A
- S Scheinleistung in V · A
- P Wirkleistung in W
- Q Blindleistung in var
- $\cos\varphi$ Leistungsfaktor
- U_{Str} Strangspannung in V
- I_{Str} Strangstromstärke in A
- $\sin\varphi$ Blindfaktor

Dreieckschaltung

$U_{Str} = U$	$I_{Str} = \dfrac{I}{\sqrt{3}}$	$S = \sqrt{3} \cdot U \cdot I$	$S = 3 \cdot U_{Str} \cdot I_{Str}$
$P = \sqrt{3} \cdot U \cdot I \cdot \cos\varphi$		$P = 3 \cdot U_{Str} \cdot I_{Str} \cdot \cos\varphi$	
$Q = \sqrt{3} \cdot U \cdot I \cdot \sin\varphi$		$Q = 3 \cdot U_{Str} \cdot I_{Str} \cdot \sin\varphi$	

- U Leiterspannung in V
- I Leiterstromstärke in A
- S Scheinleistung in V · A
- P Wirkleistung in W
- Q Blindleistung in var
- U_{Str} Strangspannung in V
- I_{Str} Strangstromstärke in A
- $\cos\varphi$ Leistungsfaktor
- $\sin\varphi$ Blindfaktor

Übersicht über den Schutz gegen den elektrischen Schlag   DIN VDE 0100

Schutzmaßnahme	Schutzaufgabe	Schutzumfang
Schutz bei direktem Berühren: **Basisschutz**	Verhinderung des Berührens von betriebsmäßig unter Spannung stehenden Teile einer Anlage	Vollständiger Schutz durch: • Isolierung aktiver Teile • Abdeckungen o. Umhüllungen Teilweiser Schutz durch: • Hindernisse • Abstand Zusätzlicher Schutz durch: • Fehlerstromschutzeinrichtung
Schutz bei indirektem Berühren: **Fehlerschutz**	Verhinderung einer Gefährdung des Menschen im Fehlerfall	Schutz durch: • Abschalten oder Melden • Potentialausgleich • Isolierung und Trennung • Nichtleitende Räume
Schutz sowohl bei direktem als auch bei indirektem Berühren: **Zusatzschutz**	Verminderung der Spannungen und Ströme auf Größen, die dem Menschen nicht gefährlich werden können	Schutz durch: • Schutzkleinspannung • Funktionskleinspannung • Begrenzung der Entladungsenergie

© Verlag Gehlen

Gefährliche Körperströme · Erste Hilfe · Schutzklassen **55**

Gefährliche Körperströme bei Wechselstrom (50 Hz)

Zeit-Stromstärke-Diagramm	Wirkungs-bereiche	Körperreaktionen
a) Wahrnehmbarkeitsschwelle b) Loslassschwelle c) Flimmerschwelle (Gefährdungskurve)	1	Im Allgemeinen keine Reaktion des Körpers
(Diagramm: Zeit in ms über Stromstärke in mA, mit Kurven a, b, c und Bereichen 1, 2, 3, 4)	2	Im Allgemeinen keine schädliche Wirkung
	3	Störungen bei der Bildung und Weiterleitung von Impulsen, Herzstillstand ohne Herzkammerflimmern möglich
	4	Herzkammerflimmern wahrscheinlich, Herzstillstand, Atemstillstand und schwere Verbrennungen möglich

Regeln für erste Hilfe bei Unfällen durch elektrischen Strom

Ersthelfer	Sofortmaßnahmen	• Elektrotechnische Schaltung sofort unterbrechen (spannungsfrei schalten) • Unfallstelle sichern, Rettungsmaßnahmen einleiten, Notdienst verständigen
	Notruf 110 o. 112	• Wer ruft an? Wo geschah es? Was geschah? Wie viele Verletzte? Welche Verletzungsart?
	Erste	• Feststellen, ob Atemstillstand vorliegt; wenn erforderlich umgehend mit Beatmung beginnen
	Hilfe	• Feststellen, ob Kreislaufstillstand vorliegt; wenn erforderlich neben der Beatmung auch mit der Herzmassage beginnen
	leisten	• Wenn kein Atem- oder Kreislaufstillstand vorliegt dann den Verunglückten in stabile Seitenlage bringen, ggf. Schock bekämpfen, Blutung stillen
Arzt und Sanitäter	Rettungsdienst	• Einleitung und Durchführung lebenserhaltender Maßnahmen • Schneller und schonender Transport ins Krankenhaus
	Krankenhaus	• Behandlung und Versorgung durch Ärzte und Pflegepersonal

Schutzklassen elektrischer Betriebsmittel   DIN VDE 0100

Schutzklasse	Schutzmaßnahme	Kennzeichen	Betriebsmittelart/Beispiel
I	Schutzleiter	⏚	Betriebsmittel mit Metallgehäuse, z. B. Elektromotor
II	Schutzisolierung	▭	Betriebsmittel mit Kunststoffgehäuse, z. B. Haushaltgeräte
III	Schutzkleinspannung	⟨III⟩	Betriebsmittel mit Nennspannungen bis 25 V~ bzw. 50 V−, 60 V~ bzw. 120 V−, z. B. Elektrische Handleuchten

© Verlag Gehlen

Schutzmaßnahmen bei direktem Berühren

Vollständiger Schutz	Teilweiser Schutz	Zusätzl. Schutz
Alle Maßnahmen, die nicht nur ein unabsichtliches, sondern auch ein absichtliches Berühren unterbinden durch: • **Isolierung aktiver Teile.** Die Isolierung muss die aktiven Teile vollständig umgeben, den entsprechenden Normen genügen und kann nur durch Zerstören entfernt werden, z. B. die Leiterisolation. • **Abdeckungen oder Umhüllungen.** Aktive Teile müssen durch Umhüllungen geschützt oder hinter Abdeckungen angeordnet sein, die mindestens der Schutzart IP4X entsprechen. Die Abdeckungen müssen eine ausreichende Festigkeit und Haltbarkeit aufweisen, sicher befestigt sein und dürfen nur mittels Werkzeugen nach Ausschalten der Spannung an allen aktiven Teilen abnehmbar sein, z. B. der Motorklemmenkasten.	Alle Maßnahmen, die ein zufälliges Annähern und Berühren verhindern, die aber nur begrenzt anwendbar sind, wie: • **Hindernisse.** Schutzleisten, Geländer oder Gitterwände müssen die zufällige Annäherung an aktive Teile verhindern, sie dürfen ohne Werkzeug abnehmbar sein, aber ein unbeabsichtigtes Entfernen muss verhindert werden. • **Abstand.** Im Handbereich dürfen sich keine gleichzeitig berührbaren Teile unterschiedlichen Potentials befinden. Der Handbereich vergrößert sich an den Stellen, an denen im Allgemeinen sperrige oder lange leitfähige Teile gehandhabt werden, z. B. Schleifleitungen.	Maßnahmen, die einen zusätzlichen Schutz bei direktem Berühren aktiver Teile ermöglichen. Es werden Fehlerstromschutzeinrichtungen mit einem Nennfehlerstrom von $I_{\Delta N} \leq 30$ mA eingesetzt. Anwendung als alleiniger Schutz ist nicht zulässig.

Schutzmaßnahmen bei indirektem Berühren

Schutz durch Abschalten

Überstromschutzeinrichtungen

Gerätesicherungen · Leitungsschutzsicherungen 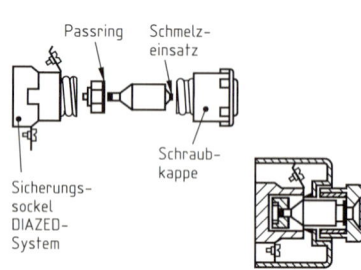 (Passring, Schmelzeinsatz, Schraubkappe, Sicherungssockel DIAZED-System) · Motorschutzschalter (Schaltschloss, thermischer Auslöser, elektromagnetische Auslöser, Unterspannungsauslöser)

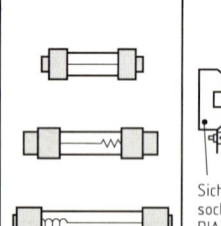

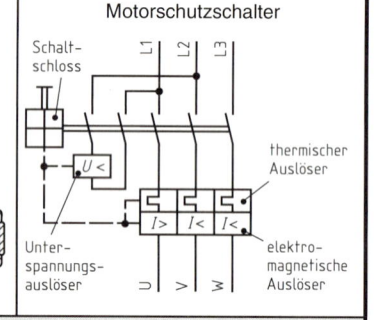

Fehlerstromschutzeinrichtung, Beispiel Fehlerstromschutzschalter (FI-Schutzschalter)

Abschalten des FI-Schutzschalters

FI-Schutzschalter schaltet bei $I_{zu} > I_{ab}$
Betriebserde

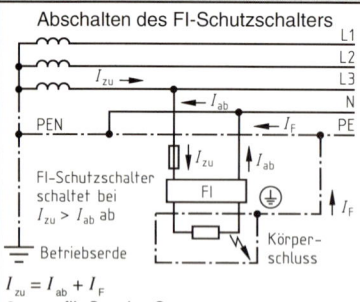

$I_{zu} = I_{ab} + I_F$
I_{zu} zufließender Strom
I_{ab} abfließender Strom
I_{ab} Fehlerstrom

Auslösen des FI-Schutzschalters

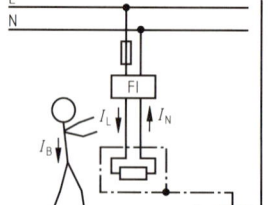

$I_L > I_N$ durch direktes Berühren: Schutz des Menschen, wenn $I_{\Delta N} \leq 30$ mA durch Schutzschalter

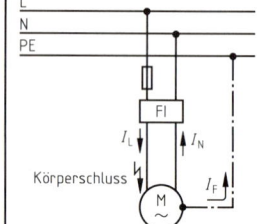

$I_L > I_N$ durch Körperschluss am Motor: Abschalten des Motors, wenn $I_F \geq I_{\Delta N}$ durch Schutzschalter

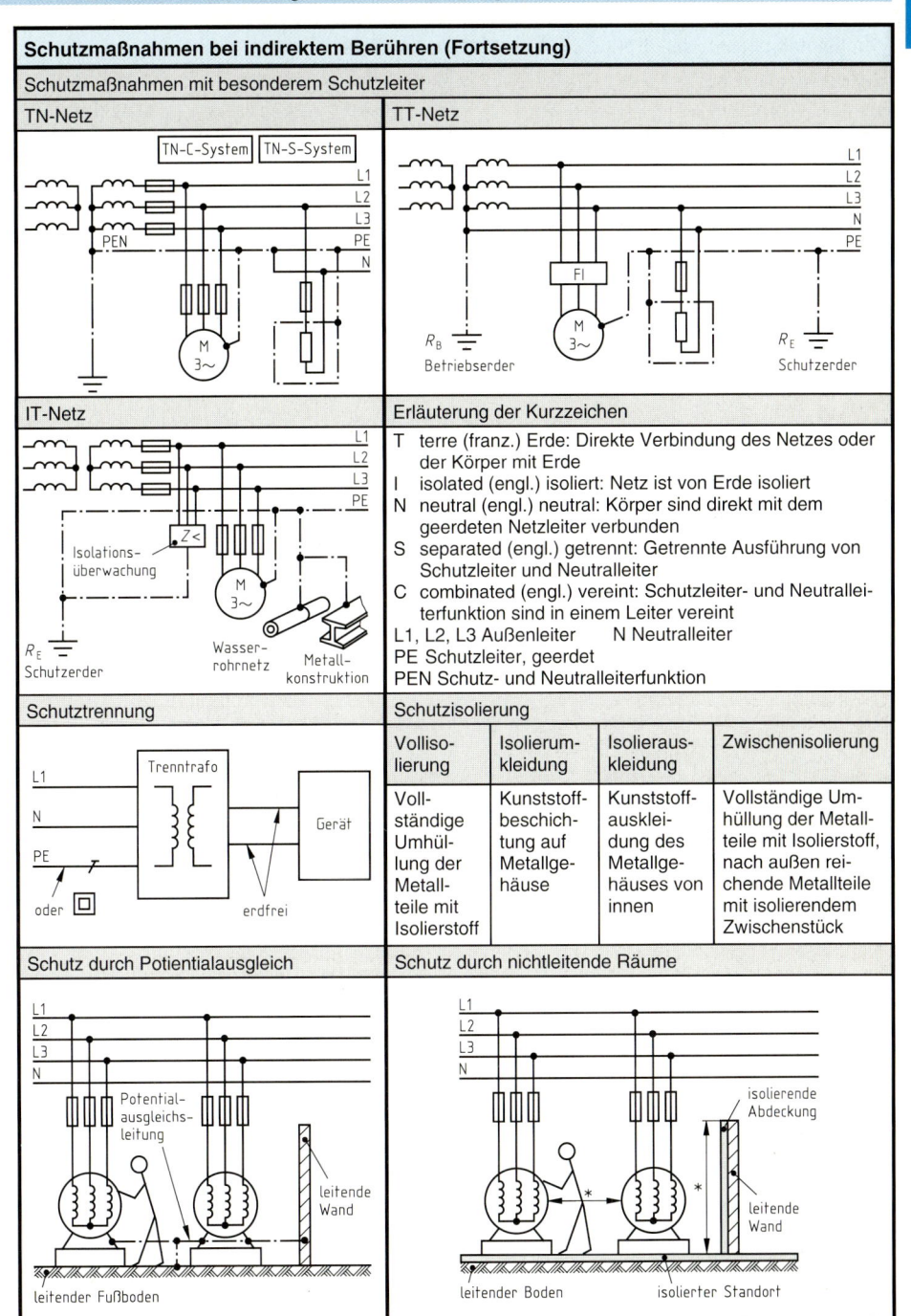

Schutzleiter · Potentialausgleich · Schutzisolierung · Schutztrennung · Schutzräume — Grundlagen

Schutzmaßnahmen bei indirektem Berühren (Fortsetzung)

Schutzmaßnahmen mit besonderem Schutzleiter

TN-Netz (TN-C-System | TN-S-System)

TT-Netz — R_B Betriebserder, R_E Schutzerder

IT-Netz — Isolationsüberwachung, R_E Schutzerder, Wasserrohrnetz, Metallkonstruktion

Erläuterung der Kurzzeichen

- **T** terre (franz.) Erde: Direkte Verbindung des Netzes oder der Körper mit Erde
- **I** isolated (engl.) isoliert: Netz ist von Erde isoliert
- **N** neutral (engl.) neutral: Körper sind direkt mit dem geerdeten Netzleiter verbunden
- **S** separated (engl.) getrennt: Getrennte Ausführung von Schutzleiter und Neutralleiter
- **C** combinated (engl.) vereint: Schutzleiter- und Neutralleiterfunktion sind in einem Leiter vereint

L1, L2, L3 Außenleiter   N Neutralleiter
PE Schutzleiter, geerdet
PEN Schutz- und Neutralleiterfunktion

Schutztrennung

Trenntrafo – Gerät – erdfrei

Schutzisolierung

Vollisolierung	Isolierumkleidung	Isolierauskleidung	Zwischenisolierung
Vollständige Umhüllung der Metallteile mit Isolierstoff	Kunststoffbeschichtung auf Metallgehäuse	Kunststoffauskleidung des Metallgehäuses von innen	Vollständige Umhüllung der Metallteile mit Isolierstoff, nach außen reichende Metallteile mit isolierendem Zwischenstück

Schutz durch Potientialausgleich

Potentialausgleichsleitung, leitende Wand, leitender Fußboden

Schutz durch nichtleitende Räume

isolierende Abdeckung, leitende Wand, leitender Boden, isolierter Standort

© Verlag Gehlen

Schutzmaßnahmen bei direktem und indirektem Berühren

Schutzkleinspannung		Funktionskleinspannung	
Mit Sicherheitstransformator	Mit galvanischen Elementen	Mit sicherer Trennung	Ohne sichere Trennung
$U \leq 50\,V$	$U \leq 120\,V$	$U \leq 50\,V$	$U \leq 50\,V$
keine Erdverbindung	keine Erdverbindung		

Schutzartenkennzeichnung IP (international protection) — DIN 40 050

Erste Kennziffer	Fremdkörperschutz (Berührungsschutz)	Symbol	Zweite Kennziffer	Wasserschutz	Symbol
0	kein Schutz		0	kein Schutz	
1	Schutz gegen Fremdkörper $d > 50$ mm, Fernhalten von großen Körperflächen		1	Schutz gegen senkrecht fallende Wassertropfen	💧
2	Schutz gegen Fremdkörper $d > 12$ mm, Fernhalten von Fingern		2	Schutz gegen senkrecht fallende Wassertropfen, Betriebsmittel bis 15° gekippt	💧
3	Schutz gegen Fremdkörper $d > 25$ mm, Fernhalten von Drähten $d > 2{,}5$ mm		3	Schutz gegen Sprühwasser bis zu einem Winkel von 60° zur Senkrechten	
4	Schutz gegen Fremdkörper $d > 1$ mm, Fernhalten von Drähten $d > 1$ mm		4	Schutz gegen Spritzwasser aus allen Richtungen	
5	Schutz gegen Staubablagerung (staubgeschützt), vollständiger Berührungsschutz		5	Schutz gegen Strahlwasser aus allen Richtungen	
6	Schutz gegen Eindringen von Staub (staubdicht), vollständiger Berührungsschutz		6	Schutz gegen starken Wasserstrahl oder schwere See (Überflutungsschutz)	
			7	Schutz gegen Wasser bei Eintauchen des Betriebsmittels mit Zeit- u. Druckbedingungen	wasserdicht
			8	Schutz gegen Wasser bei dauerndem Untertauchen des Betriebsmittels	... bar wasserdicht

Zusatzbuchstaben:
W Wetterschutz (Anordnung direkt hinter IP)
S Wasserschutzprüfung bei Stillstand
M Wasserschutzprüfung bei laufender Maschine
X Schutzgrad ist nicht angegeben
Beispiele: IP 2X, IP X4, IP 22

© Verlag Gehlen

Begriffe der Computertechnik — Computertechnik · Begriffe

Begriff	Erklärung	Begriff	Erklärung
ACK	(Acknowledge) Quittierungsmeldung nach dem Empfang von Daten	Daten	allgemeiner Begriff für Informationen, die elektronisch verarbeitet werden
Adresse	Numerischer Ausdruck um z. B. einen Speicherplatz anzusprechen	Datenbank	umfangreiche Aufstellung von Daten, die bearbeitet werden können
ALU	Arithmetisch-logische Einheit zur Durchführung von Verknüpfungen	Datex	neue Bezeichnung für BTX, Datenübermittlungsdienst der Telekom
ANSI	amerikanisches Normungsinstitut	Decoder	entschlüsselt bestehenden Code
Arbeitsspeicher	Dynamischer Speicher (DRAM) mit aktuellen Daten und Programmen	Desktop	„auf dem Tisch befindlich", Bauteile mit CPU und Laufwerken des PC
ASCII-Code	amerikanischer 7-bit-Standard-Code	DFÜ	Datenübertragung mittels Modem
Assembler	Maschinenorientierte Programmiersprache oder Programm (Übersetzer)	DIP-Schalter	kleine Schalter, mit dem die Konfiguration auf einer Steckplatte erfolgt
BCD-Code	8-4-2-1-Code; binär codierte Dezimalzahlen (4 bit je Dezimalziffer)	dpi	(Dots per inch) Maßeinheit für die Auflösung, Anzahl Punkte pro Zoll
Baudrate	Schrittgeschwindigkeit 1 Baud = 1Bd = 1 Schritt/s = 1/s	E/A-Gerät	Eingabe/Ausgabe-Geräte, die mit einem Prozessor verbunden sind
Benutzeroberfläche	Menü, welches die Präsentation, die Interaktion und die Kontrolle mit der Software des Computers verbindet	Editor	Programm um alphanumerische Zeichen in einem Datenblock zu bearbeiten
Betriebssystem	Systemsoftware, die die Betriebsart steuert. Bei PCs: MS-DOS o. OS/2, andere Systeme: VM, BS 2000, UNIX	Electronic Mail E-Mail	private Nachricht, die als elektronische Post im Internet von Computer zu Computer verschickt werden kann
BIOS	(Basic Input Output System) im ROM gespeichertes Grundprogramm	Emulation	Nachahmen einer Baugruppe, z. B. eines Messgerätes durch Software
bit	Binärzeichen 0 oder 1; 8 bits = 1 byte	Escapetaste	Funktionstaste, die zum Abbruch eines Programmablaufes führt
bps	Datenübertragungsrate: bits/Sekunde	FIFO-Speicher	Speicher nach dem Prinzip zuerst hinein/zuerst heraus (first in/first out)
BTX	Informationssystem, Bildschirmtext	File	Dokument in Form einer Datei
Bus	Sammelleitung zur Datenübermittlung; 8, 16 oder 32 bit Datenbreite	Format	Computerbegriff, der im Sinne von Größe oder Struktur verwendet wird
byte	Zusammenfassung von 8 bits 1 byte = 8 bits	formatieren	Unterteilen eines Speichers in Spuren und Sektoren; Text ordnen
Cachespeicher	Statischer Speicher (SRAM) für Daten, die regelmäßig benötigt werden	Fuzzi-Logik	Verfahren mit spezieller Software für die Steuerung von Vorgängen
Code	Eindeutige Vorschrift für die Darstellung von Daten, Verschlüsselung	Gateway	Verbindungsweg zwischen verschiedenen Netzen, z. B. BTX und Internet
Compiler	Programm zur Übersetzung in Maschinensprache	Gatter	kleinstes unterteilbares Schaltelement zur Verarbeitung von binären Signalen
Controller	Einrichtung zur Steuerung eines Anlageteiles, z. B. Festplattencontroller	Grafikkarte	Steckkarte um Daten sichtbar zu machen, Systeme nach VGA o. EGA
Coprozessor	Spezieller Mikroprozessor für Teilaufgaben der CPU	Harddisk HDD	(Hard Drive Disk) Festplatte mit einer Speicherkapazität von 20 MB...5 GB
CPU	(Central Processing Unit) Rechnerkern, der alle Funktionseinheiten umfasst	Hardware	Technische Bausteine eines Computers, z. B. Bildschirm, Plotter, Maus
Datei	gespeicherte Daten einer bestimmten Aufgabe	Ikone	Bildhaftes Symbol zum Anklicken um z. B. ein Programm zu starten
Datei-Manager	Programm zur Verwaltung und zum Anzeigen von Dateien	Interface	Schnittstelle für den Anschluss von peripheren Geräten, z. B. Drucker

© Verlag Gehlen

Begriffe der Computertechnik (Fortsetzung)

Internet	„Datenautobahn" verknüpft über Gateways, Zugang über Modems	PC	(Personal Computer) Computer mit Dateneingabe und -bearbeitung
Interpreter	Software, die Anweisungen eines Programmes analysiert und ausführt	Peripherie-Gerät	Geräte zur Dateneingabe o. -ausgabe o. Ä. außerhalb des Computers
ISDN	(Integrated Services Digital Network) diensteintegriertes öffentliches Telefonnetz mit einer Datenübertragungsgeschwindigkeit von 64 kbit/s	Prozessor	Modul zur Datenverarbeitung bestehend aus Leit- und Rechenwerk. Der Begriff wird in der NC-Technik für ein Übersetzungsprogramm verwendet
Jumper	Steckbrücke, die wie ein Schalter wirkt	Puffer	vorübergehender Datenspeicher
Kompatibilität	Übertragbarkeit von Hard/Software auf ähnliche Computersysteme	RAM	(Random Access Memory) Speicher zum Lesen und Schreiben
Konfiguration	Gestaltung der Hard/Software	Rechenwerk	Ausführung von Rechenoperationen
LCD	(Liquid Cristal Display) Flüssigkristallanzeige, z. B. Bildschirm an Notebooks	ROM	(Read Only Memory) Speicher nur zum Lesen, Festwertspeicher
LIFO-Speicher	Speicher nach dem Prinzip zuletzt hinein/zuerst heraus (last in/first out)	Schnittstelle	parallele oder serielle Anschlussmöglichkeit von peripheren Geräten
Logik	Bezeichnung für Verknüpfungselemente, z. B. AND, OR, NOT	Server	Anbieter von Computerdienstleistungen, z. B. im Internet
Manager	in Computersprache für Verwalter, z. B. Dateimanager unter Windows	Setup	Programmteil zum Programmeinrichten (Installieren)
Maschinensprache	Sprache des Computers in Binärzeichen, Codierung vom Prozessor abh.	Software	Benutzerprogramme oder Programmiersprachen
Mikrocomputer	Computer, dessen CPU aus einem Mikroprozessor besteht	SPS	Speicherprogrammierte Steuerung o. Speicherprogrammierbare Steuerung
Mikrocontroller	Baustein, in dem alle Baugruppen eines Computers integriert sind	Steuerwerk	Teil der CPU zur Steuerung der Befehlsbearbeitung bzw. -ausführung
Mikroprozessor	besteht aus integrierten Schaltkreisen (IC) in einem Mikrocomputer	SVGA	(Super VGA) PC-Grafikkarte mit viel höherer Auflösung als VGA
Modem	Umwandler zur Übertragung von akustischen Signalen über z. B. ISDN	Terminal	Peripheriegerät bestehend aus Tastatur und Bildschirm
MS-DOS	(disk operating system) Betriebssystem der Firma Microsoft, weiterentwickelt zu Windows 95	Transputer	Transfer und Computer, diese werden über serielle Schnittstellen zu Rechnernetzen verknüpft
Multitasking	gleichzeitiges Bearbeiten mehrerer Rechenprozesse	Treiber	Signalverstärker oder Verbindungsprogramm zum Peripheriegerät
NC-Programmierung	(numerical controlled) numerisch gesteuerte Programmierung	UNIX	am häufigsten verwendetes Betriebssystem für moderne Großrechner
Netzwerk	Verbindung von mehreren Computern zum Datenaustausch	Update	Programmteil zur Modernisierung einer Software
Notebook	oder Laptop sind tragbare Computer	User	in der Computersprache Benutzer
numerisches Zeichen	Sonderzeichen oder Ziffer zur Darstellung einer Zahl	Utilities	Software-Hilfsmittel, die das Arbeiten am Computer erleichtern
Off-line-Betrieb	Peripheriegeräte können unabhängig vom zentralen Rechner arbeiten	VGA	(Video Graphics Array) PC-Grafikkarte 640 × 480 Pixel mit 16 Farben
On-line-Betrieb	Peripheriegeräte können nur in Verbindung mit Zentralrechner arbeiten	Virus	Programm, welches einen Computer zum Abstürzen bringt
online	Datenaustausch bzw. -einsicht mit Computern verbunden über Netzwerke	WWW	(World Wide Web) Internetadresse, die online gelesen werden kann
OS/2	Betriebssystem der Firma IBM, weiterentwickelt zu Warp	Zugriffszeit	Zeiteinheit bis zum Zugriff, z. B. Lesen aus einem Speicher
Output	Ausgang oder Ausgangsgröße	Zylinder	Unterteilungseinheit eines Speichers

© Verlag Gehlen

Zahlensysteme · Codes

Zahlensysteme

Basis	Stellenwertsystem	Ziffern	Umwandlungsbeispiele (n-System → Dezimalsystem):
2	Dualsystem	0 1	1011_2: $1 \cdot 2^3 + 0 \cdot 2^2 + 1 \cdot 2^1 + 1 \cdot 2^0 = 8 + 0 + 2 + 1 = 11_{10}$
8	Oktalsystem	0 1 2 3 4 5 6 7	327_8: $3 \cdot 8^2 + 2 \cdot 8^1 + 7 \cdot 8^0 = 3 \cdot 64 + 2 \cdot 8 + 7 \cdot 1 = 215_{10}$
10	Dezimalsystem	0 1 2 3 4 5 6 7 8 9	4923_{10}: $4 \cdot 10^3 + 9 \cdot 10^2 + 2 \cdot 10^1 + 3 \cdot 10^0 = 4923_{10}$
16	Hexadezimals. oder Sedezimals.	0 1 2 3 4 5 6 7 8 9 A B C D E F	$3BE_{16}$: $3 \cdot 162 + 11 \cdot 161 + 14 \cdot 160 = 8382_{10}$ $2AF0_{16}$: $2 \cdot 16^3 + 10 \cdot 16^2 + 15 \cdot 16^1 + 0 \cdot 16^0 = 10992_{10}$

Binärcodes

Darstellung eines Zeichens nach einem bestimmten Schema (Code) aus den Zeichen 0 und 1, meist zusammengefasst in Tetraden. Nachfolgende Tabelle stellt eine Auswahl dar.

Dezimal-ziffer	BCD-Code	Aiken-Code	Exzess-3-Code	White-Code	Gray-Code	Gray-Code mit Prüfbit	1242-Code
0	0000	0000	0011	0000	0000	10000	0000
1	0001	0001	0100	0001	0001	00001	0001
2	0010	0010	0101	0011	0011	10011	0010
3	0011	0011	0110	0101	0010	00010	0011
4	0100	0100	0111	0111	0110	10110	0100
5	0101	1001	1000	1000	0111	00111	0101
6	0110	1100	1001	1001	0101	10101	0110
7	0111	1101	1010	1011	0100	00100	0111
8	1000	1110	1011	1101	1100	11100	1110
9	1001	1111	1100	1111	1101	01101	1111

EBCDI-Code (EBCDIC)

Extended binary coded decimal interchange code ist der erweiterte BCD-Code zur Darstellung von Ziffern, Buchstaben und Sonderzeichen (üblicher Code für die Datenverarbeitung). Folgende Zeichen sind dem zugehörigen Code des Hexagonalsystems zugeordnet (Auswahl):

81 a	82 b	83 c	84 d	85 e	86 f	87 g	88 h	89 i	91 j	92 k	93 l	94 m	95 n	96 o	97 p
98 q	99 r	A2 s	A3 t	A4 u	A5 v	A6 w	A7 x	A8 y	A9 z	C1 A	C2 B	C3 C	C4 D	C5 E	C6 F
C7 G	C8 H	C9 I	D1 J	D2 K	D3 L	D4 M	D5 N	D6 O	D7 P	D8 Q	D9 R	E2 S	E3 T	E4 U	E5 V
E6 W	E7 X	E8 Y	E9 Z	F0 0	F1 1	F2 2	F3 3	F4 4	F5 5	F6 6	F7 7	F8 8	F9 9	4E +	60 −

EAN-Code

Die 13-stellige **E**uropäische **A**rtikel-**N**ummerierung ist ein Strichcode (bar-code), welcher mithilfe von Lesestiften oder Laserabtastern einen Code an ein Computersystem weiterleitet. Die Informationen sind jeweils in Strich und Zwischenraum enthalten, Stelle 1 + 2 sind für die Länderkennzeichnung, Stelle 3...7 sind die Bundeseinheitliche Betriebsnummer bbn, Stelle 8...12 sind Artikelnummern, Stelle 13 ist eine Prüfziffer.

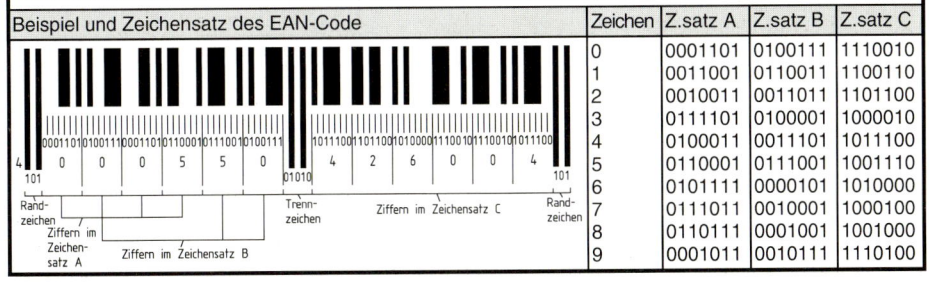

Beispiel und Zeichensatz des EAN-Code

Zeichen	Z.satz A	Z.satz B	Z.satz C
0	0001101	0100111	1110010
1	0011001	0110011	1100110
2	0010011	0011011	1101100
3	0111101	0100001	1000010
4	0100011	0011101	1011100
5	0110001	0111001	1001110
6	0101111	0000101	1010000
7	0111011	0010001	1000100
8	0110111	0001001	1001000
9	0001011	0010111	1110100

© Verlag Gehlen

ASCII-Code (DIN 66003) und erweiterter Zeichensatz (mehrsprachig 850)

Zeichen lassen sich unter DOS durch gleichzeitiges Drücken der Alt- und Zahlenblocktasten herstellen.

0	1	2	3	4	5	6	7	8	9	10	11	12	13	14	15
NUL	SOH	STX	ETX	EOT	ENQ	ACK	BEL	BS	HT	LF	VT	FF	CR	SO	SI
16	17	18	19	20	21	22	23	24	25	26	27	28	29	30	31
DLE	DC1	DC2	DC3	DC4	NAK	SYN	ETB	CAN	EM	SUB	ESC	FS	GS	RS	US
32	33	34	35	36	37	38	39	40	41	42	43	44	45	46	47
SP	!	„	#	$	%	&	'	(	)	*	+	,	-	.	/
48	49	50	51	52	53	54	55	56	57	58	59	60	61	62	63
0	1	2	3	4	5	6	7	8	9	:	;	<	=	>	?
64	65	66	67	68	69	70	71	72	73	74	75	76	77	78	79
@	A	B	C	D	E	F	G	H	I	J	K	L	M	N	O
80	81	82	83	84	85	86	87	88	89	90	91	92	93	94	95
P	Q	R	S	T	U	V	W	X	Y	Z	[	\	]	^	_
96	97	98	99	100	101	102	103	104	105	106	107	108	109	110	111
`	a	b	c	d	e	f	g	h	i	j	k	l	m	n	o
112	113	114	115	116	117	118	119	120	121	122	123	124	125	126	127
p	q	r	s	t	u	v	w	x	y	z	{			}	~	DEL
128	129	130	131	132	133	134	135	136	137	138	139	140	141	142	143
Ç	ü	é	â	ä	à	å	ç	ê	ë	è	ï	î	ì	Ä	Å
144	145	146	147	148	149	150	151	152	153	154	155	156	157	158	159
É	æ	Æ	ô	ö	ò	û	ù	ÿ	Ö	Ü	ø	£	Ø	×	ƒ
160	161	162	163	164	165	166	167	168	169	170	171	172	173	174	175
á	í	ó	ú	ñ	Ñ	ª	º	¿	®	¬	½	¼	¡	«	»
176	177	178	179	180	181	182	183	184	185	186	187	188	189	190	191
░	▒	▓	│	┤	Á	Â	À	©	╣	║	╗	╝	¢	¥	┐
192	193	194	195	196	197	198	199	200	201	202	203	204	205	206	207
└	┴	┬	├	─	┼	ã	Ã	╚	╔	╩	╦	╠	=	╬	¤
208	209	210	211	212	213	214	215	216	217	218	219	220	221	222	223
ð	Ð	Ê	Ë	È	ı	Í	Î	Ï	┘	┌	█	▄	¦	Ì	▀
224	225	226	227	228	229	230	231	232	233	234	235	236	237	238	239
Ó	ß	Ô	Ò	õ	Õ	µ	þ	Þ	Ú	Û	Ù	ý	Ý	¯	´
240	241	242	243	244	245	246	247	248	249	250	251	252	253	254	255
=-	±	≥	¾	¶	§	÷	¸	°	¨	·	¹	³	²	■	

Bedeutung der Steuerbefehle

Befehl	Funktion	Befehl	Funktion
ACK	Acknowledge (Bestätigung)	FS	File separator (Hauptgruppentrennung)
BEL	Bell (Klingel)	GS	Group separator (Gruppentrennung)
BS	Backspace (Rückwärtsschritt)	HT	Horizontal tabulation (Horizontaler Tabulator)
CAN	Cancel (Ungültig)	LF	Line feed (Zeilenvorschub)
CR	Carriage return (Wagenrücklauf)	NAK	Negative acknowledge (Negativ-ACK)
DC	Device control 1 ... 4 (Steuerzeichen)	NUL	Null (Null)
DEL	Delete (Löschen)	RS	Record separator (Untergruppentrennung)
DLE	Data link escape (Kontrollinformation)	SI	Shift in (Dauerumschaltung)
EM	End of medium (Datenträgerende)	SO	Shift out (Rückschaltung)
ENQ	Enquiry (Anforderung)	SOH	Start of heading (Kopfzeilenbeginn)
EOT	End of transmission (Übertragungsende)	SP	Space (Leerzeichen)
ESC	Escape (Umschaltung)	STX	Start of text (Textanfang)
ETB	End of transmission block (Ende des Übertragungsblockes)	SUB	Substitute (Ersetzen)
		SYN	Synchronous idle (Synchronisierung)
ETX	End of text (Textende)	US	Unit separator (Teilgruppentrennung)
FF	Form feed (Formularvorschub)	VT	Vertical tabulation (Vertikaler Tabulator)

© Verlag Gehlen

Programmablaufpläne · Datenflusspläne **63** — Grundlagen

Programmablaufpläne — DIN 66001

Sinnbilder für Programmablauf- und Datenflusspläne (Auswahl)

Bei der Erstellung von Programmablaufplänen (PA) und Datenflussplänen geben Pfeile die Flussrichtung an. Kreuzungen von Verbindungslinien sollen vermieden werden.

Beschriftungen in den Sinnbildern lassen weitere Abläufe erkennen und eindeutig zuordnen.

Ein Querstrich im Sinnbild weist auf eine detaillierte Darstellung derselben Dokumentation hin, z. B. einer schrittweisen Verfeinerung des Programmablaufs.

Hintereinander gezeichnete Sinnbilder derselben Art weisen auf eine Einheit gleichartiger Strukturen hin, z. B. mehrere gleichartige Datenträger für verschiedene Verfahrensschritte.

Beispiele links: Eingabe → Bildschirm → Abb. 2 / Fertigung → Montage A / Montage B / Montage C

Sinnbild	Definition	Sinnbild	Definition	Sinnbild	Definition
□	Verarbeitung allgemein, auch Ein- oder Ausgabe	▷	Steuerung der Verarbeitungsfolge von außen	(Flagge)	Daten auf Lochstreifen, Lochstreifeneinheit
□ (Abb. 2)	Hinweis auf detaillierte Darstellung	(Parallelogramm)	Daten, allgemein Datenträgereinheit allgemein	(Oval/Auge)	Ausgabeeinheit: optisch (Bild) oder akustisch (Ton)
□ (mit seitlichen Strichen)	Hinweis auf Dokumentation an anderer Stelle	(D-Form)	Maschinell zu verarbeitende Daten, -träger	(Trapez)	Eingabeeinheit: optisch (Tastatur) oder akustisch
◇	Verzweigung genormte Darstellung	(Trapez gekippt)	Manuelle Verarbeitung, Verarbeitungsstelle	—	Verbindung: Verarbeitungsfolge, Zugriffsmöglichkeit
⬡	Verzweigung praxisübliche Darstellung	(Schriftstück)	Daten auf Schriftstück, Ausgabeeinheit	⚡	Weg oder Verbindung zur Datenübertragung
(Schleife oben)	Schleifenbegrenzung Anfang	(Zylinder vertikal)	Daten mit nur sequenziellem Zugriff	○	Verbindungsstelle
(Schleife unten)	Schleifenbegrenzung Ende	(Zylinder horizontal)	Daten auch mit direktem Zugriff, Diskette oder Festplatte	(abgerundetes Rechteck)	Grenzstelle zur Umwelt, Anfang oder Ende
▷	Sprung mit Rückkehr	(Rechteck mit Doppelrand)	Daten im Zentralspeicher, Zentralspeicher	⊣⟨	Verfeinerung, Ausschnittsvergrößerung
▷ (leer)	Sprung ohne Rückkehr	▽	Von Hand zu verarbeitende Daten, Manuelle Ablage	‖	Synchronisierung paralleler Verarbeitung
⋈	Unterbrechung einer anderen Verarbeitung	(Karte)	Daten auf Karte, Lochkarteneinheit, Leser, Stanzer	----⊏	Bemerkung

© Verlag Gehlen

Struktogramme nach Nassi-Shneiderman — DIN 66261

Struktogramme nach Nassi-Shneiderman stellen eine übersichtliche und änderungsfreundliche Darstellung von Programmen dar. Danach ist eine strukturierte Programmierung mit modularer Einteilung leichter durchführbar. Nachfolgend werden beispielhaft einige Grundbausteine beschrieben.

Sinnbild	Definition	Pascal-Programmierung	Basic-Programmierung

Anweisung 1 / Anweisung 2 / Anweisung 3	**Folgeblock:** Dieser umfasst z. B. Eingabe- und Ausgabeanweisungen, Wertzuweisungen oder Rechenoperationen Aneinanderreihung von mehreren Anweisungen.	begin
		  Anweisung 1;
		  Anweisung 2;
		  Anweisung 3
		end;
			100 Anweisung 1
			200 Anweisung 2
			300 Anweisung 3

Bedingung / Ja — Nein / Anweisung	**Verzweigungsblock: bedingte Verarbeitung** If-Then-Abfrage: nur eine Alternative enthält eine Anweisung. Die andere Anweisung wird ohne Operation durchlaufen.	**if** Bedingung **then** Anweisung	**IF** Bedingung **THEN** Anweisung

Bedingung / Ja — Nein / Anweisung 1 — Anweisung 2	**Verzweigungsblock: einfache Alternative** If-Then-Else-Abfrage: wenn Bedingung erfüllt, dann Anweisung 2, sonst Anweisung 1. Auswahl aus zwei Möglichkeiten	**if** Bedingung
		then Anweisung 1
		else Anweisung 2
			IF Bedingung **THEN**
			  Anweisung 1
			ELSE Anweisung 2
			END IF

Bedingung / 1 — 2 — 3 / Anweisung 1 — 2 — 3	**Verzweigungsblock: mehrfache Alternative** Es werden mehrere Alternativen in Abhängigkeit von einer Bedingung angegeben.	**case** Ausdruck **of**
		  1: Anweisung 1;
		  2: Anweisung 2;
		else
		  Anweisung 3
		end;
			SELECT CASE Ausdruck
			  CASE Bedingung 1
			    Anweisung 1
			  CASE Bedingung 2
			    Anweisung 2
			  CASE ELSE
			    Anweisung 3
			END SELECT

Anweisung 1 / Anweisung 2 (Schleife mit Kopfprüfung)	**Wiederholungsblock: mit Anfangsbedingung** Die Bedingung wird am Anfang der Schleife geprüft. Die Anweisungen werden wiederholt, **solange** die Bedingung erfüllt ist.	**while** Bedingung **do**
		  begin
		    Anweisung 1;
		    Anweisung 2
		  end;
			WHILE Bedingung
			  Anweisung 1
			  Anweisung 2
			WEND

Anweisung 1 / Anweisung 2 (Schleife mit Fußprüfung)	**Wiederholungsblock: mit Endbedingung** Die Bedingung wird erst am Ende der Schleife geprüft. Die Anweisungen werden wiederholt, **bis** die Bedingung erfüllt ist.	**repeat**
		  Anweisung 1
		  Anweisung 2
		until Bedingung
			DO Anweisung 1
			    Anweisung 2
			LOOP UNTIL
			  Bedingung

© Verlag Gehlen

Betriebssystem DOS

Betriebssystem und Hilfsprogramme DOS (Auswahl)

Microsoft MS-DOS und IBM Personal Computer DOS sind Betriebssysteme und Hilfsprogramme für Personal-Computer (PC). Die Befehle werden durch Drücken der Eingabetaste zugewiesen und ausgeführt.

Funktion	DOS-Befehl	Beispiel	Erläuterung
Ändern	attrib		Zeigt Dateiattribute an oder ändert diese.
	edit	edit autoexec.bat	Startet Editor um ASCII-Textdateien erstellen oder bearbeiten zu können.
	edlin		Ermöglicht Bearbeitung von Programmzeilen.
Auflisten	dir	dir/p oder dir/w dir a:*.doc	Anzeigen aller Dateien und Unterverzeichnisse des aktuellen Verzeichnisses.
	date		Anzeigen des Systemdatums bzw. Abfrage.
	time		Anzeigen der Systemzeit bzw. Abfrage.
	ver		Versionsnummer des Betriebssystems.
	type	type c:autoexec.bat	Text- bzw. ASCII-Dateien werden angezeigt.
Drucken	print	print config.sys	Druckt eine Textdatei im Hintergrund.
Kopieren	copy	copy *.* a:	Einzelnes Übertragen von Dateien.
	xcopy	xcopy b: c:	Übertragen aller Dateien von Laufwerk b nach c.
	diskcopy	diskcopy a: a:	Kopiert gesamte Diskette bei nur einem Laufwerk.
Laufwerke	format	format a:	Bereitet einen Datenträger für die Verwendung durch DOS vor.
	unformat	unformat a:	Wiederherstellen eines mit dem Befehl format gelöschten Datenträgers.
	fdisk	fdisk d:	Konfiguriert (unterteilt) eine Festplatte in verschiedene Bereiche (Partitionen).
Löschen	cls		Löscht die aktuelle Bildschirmanzeige.
	del	del c:\word\tab.doc del a: *.tmp del b: ???.doc	Löscht Dateien. Löscht z. B. alle Dateien von Laufwerk a mit Index tmp. Löscht alle Dateien von Laufwerk b mit 3 Zeichen und Index doc.
	undelete		Wiederherstellen von mit dem Befehl del gelöschten Dateien.
Ordnen	sort	sort sort /R	Sortiert Dateien in alphabetischer Reihenfolge. Sortiert Dateien in umgekehrter Reihenfolge.
Sichern und Überprüfen	chkdsk	chkdsk b: /F	Überprüft Dateistrukturen eines Speichermediums und korrigiert Fehler (/F).
	backup	backup c:*.*B:	Sichert Dateien von einem Datenträger auf einen anderen. Alle Dateien von Laufwerk c werden auf Laufwerk b gesichert.
	restore		Kopiert die mit Backup gesicherten Dateien.
Vergleichen	comp	comp c:ta.doc a: ta.bak	Vergleicht die Inhalte miteinander.
	fc	fc ta.doc ta.bak /l	Vergleicht Dateien und zeigt bestehende Unterschiede auf, z. B. im ASCII-Modus (/L).
	diskcomp	diskcomp b: a:	Vergleicht alle Dateien des Laufwerks b mit a.
Verzeichnisse	cd	cd word oder cd \	Wechselt in ein anderes Unterverzeichnis.
	md	md C:\winword	Richtet ein Unterverzeichnis ein.
	rd	rd \winword\tab	Entfernt letztgenanntes Unterverzeichnis.
	tree	tree c:	Zeigt alle Verzeichnisse und Unterverzeichnisse eines Laufwerks an.
	assign	assign a=b	Weist Laufwerk eine neue Benennung zu.
Weitere Befehle	mds		Liefert detaillierte technische Informationen über den angesprochenen Computer.
	mem		Zeigt die Speicherzustände an (frei/belegt).
	mode		Konfiguriert Schnittstellen und zeigt den Status der am PC installierten Geräte an.
	rename	rename ta.doc tab.doc	Benennt Dateien um.

© Verlag Gehlen

Programmiersprache BASIC

BASIC (**b**eginners **a**ll purpose **s**ymbolic **i**nstruction **c**ode) ist eine maschinennahe Programmiersprache für Personal-Computer. Es gibt verschiedene Versionen, die nicht immer kompatibel sind. Die Programme sind eine Folge von Deklarationen und Anweisungen, die durch Zeilennummern gekennzeichnet werden.

Operatoren und Standardfunktionen (Auswahl)

Operator	Funktionserklärung	Operator	Funktionserklärung	Operator	Funktionserklärung
+	Addition	( )	Grenzt Argument ein,	OR	logischer Op. ODER
−	Subtraktion	;	unterdrückt Zeilenum-	NOT	logischer Op. NICHT
*	Multiplikation		schaltung	SQR	Quadratwurzel
/	Division	E	Exponent zur Basis 10	EXP	Exponent e^x
↑ oder ∧	Potenzieren		(z. B. 5E−3 = 5 · 10^{-3})	SIN	Sinusfunktion
.	Steht zwischen realen	=	gleich, Wertzuweisung	COS	Cosinusfunktion
	Zahlen (z. B. .3 ≡ 0,3)	<>	ungleich, nicht gleich	TAN	Tangensfunktion
,	Abgrenzung von	<	kleiner als	ATN	Arcustangensfunktion
	Argumenten	>	größer als	ABS	Absolutbetrag
:	Trennt einzelne An-	<=	kleiner oder gleich	SGN	Vorzeichen von X
	weisungen	>=	größer oder gleich	INT	Ganzzahliger Anteil
"	Begrenzt Zeichenkette	AND	logischer Op. UND	LOG	Natürlicher Logaritmus

Anweisungen und Systemmeldungen (Auswahl)

Befehl	Funktionserklärung	Befehl	Funktionserklärung
AUTO	Generiert Zeilennummern	INPUT	Erfragen einer Eingabe
BEEP	Erzeugt einen Ton	KEY	Belegt Funktionstasten
CALL	Unterprogramm aufrufen	KILL	Löscht Datei oder Suchweg
CHAIN	Verketten mit anderem Programm	LET	Wertezuweisung zu einer Variablen
CINT	In Ganzzahl umwandeln	LINE	Zeichnet Linie oder Rechteck
CLEAR	Löschen von Werten und Zeichen	LIST	Bildschirmanzeige des Programms
CLOSE	Abschließen einer Datei	LLIST	Druckausgabe des Programms
CLS	Bildschirm löschen	LOAD	Laden einer Datei
COMMON	Übergabe von Variablen an Programm	LPRINT	Ausgabe von Daten auf Drucker
CONT	Programmfortsetzen nach Unterbrech.	MERGE	Einfügen einer Datei in Programm
CSNG	Zahl in einfacher Genauigkeit ändern	MKDIR	Neuen Arbeitsbereich anlegen
CRSLIN	Aktuelle Zeilenstelle der Schreibmarke	NAME	Ändert Name einer Datei
DATE$	Datum setzen und abrufen	NEW	Löscht Arbeitsspeicher des Programms
DEF FN	Benutzerfunktion definieren	OPEN	Öffnen einer Datei
DEF SEG	Segmentadresse zuweisen	PRINT	Datenausgabe am Bildschirm
DRAW	Zeichnen eines Objektes	RANDOMIZE	Start eines Zufallszahlengenerators
EDIT	Editieren einer Zeile	REM	Fügt Notiz in Programm ein
END	Programm beenden	RENUM	Nummeriert Programmzeilen neu
ERASE	Löscht Felder im Speicher	RESUME	Programmfortsetzung nach Fehler
ERROR	Zuweisung eines Fehlercodes	RUN	Starten des aktuellen Programms
FILES	Auflisten der Dateinamen	SAVE	Programm auf Datenträger speichern
FIX (X)	Ganzzahligen Teil von X übergeben	SPACE $	Leerzeichen schreiben
FOR...NEXT	Befehlsausführung in einer Schleife	STOP	Programm beenden
GET	Datensatz oder Bildpunkte lesen	SYSTEM	Dateien schließen, zurück zu DOS
GOTO	Unbedingter Sprungbefehl	TAB	Setzt Tabulator
HEX$	Werteumwandlung in Sedezimalwert	TIME$	Uhrzeit setzen und abrufen
IF...THEN... ...ELSE	Ist Bedingung IF erfüllt, folgt Anweisung THEN, alternativ Anw. ELSE	WHILE... ...WEND	Programmschleife ausführen, solange die Bedingung erfüllt ist
INKEY$	Liefert Zeichen von der Tastatur	WRITE	Ausgabe von Daten auf Bildschirm

Programmbeispiele

Beispiel	Erläuterung	Beispiel	Erläuterung
10 INPUT A 20 B = A*A 30 PRINT B 40 GOTO 10	Eingabeaufforderung A. A wird mit sich selbst multipliziert und der Variablen B zugeordnet. Dann Schleife zu Zeile 10.	10 PRINT „Ziffer 1...20" 20 INPUT A 30 IF A <> 10 THEN 20 40 PRINT „Treffer"	Schleife wird so lange durchlaufen, bis die Bedingung A = 10 erfüllt ist. Dann Anzeige: Treffer

© Verlag Gehlen

Programmiersprache PASCAL — DIN EN 27185

PASCAL (nach französischem Mathematiker benannt) ist eine Programmiersprache, die auf strukturierte Programmierung zugeschnitten ist. Sie ist leicht erlernbar und in vielen Anwendungsbereichen einsetzbar. Sie kann durch Syntaxdiagramme dargestellt werden. Beispiel für den allgemeinen Programmaufbau:

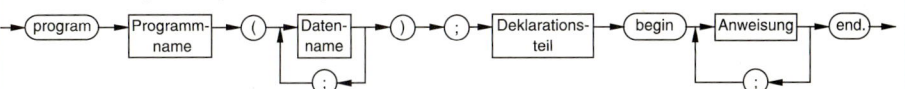

→(program)→[Programmname]→(()→[Datenname]→())→(;)→[Deklarationsteil]→(begin)→[Anweisung]→(end.)→

Allgemeine Programmstruktur und Deklarationsbedingungen

Programmteil	Sprachelement	Erläuterung
Programmkopf	program	Programmname und Programmparameter werden festgelegt
Deklarations- oder Vereinbarungsteil[1]	label	Sprungmarkendeklaration
	const	Konstantendeklaration
	type	Typendeklaration
	var	Variablendeklaration
	procedure	Selbstständiges, als Anweisung aufrufbares Unterprogramm
	function	Freidefinierte, benannte Funktion
Anweisungsteil	begin ... end	Anweisungsteile (Programm) stehen zwischen begin und end.[2]

Datentypen

Datentyp	Definition	Datentyp	Definition	Datentyp	Definition
	Ganzzahlenvariable		Dezimalzahlenvariable	Char	einzelnes Zeichen
Integer	−32768...32767	Real	$2{,}9 \cdot 10^{-39} ... 1{,}7 \cdot 10^{38}$	String	Zeichenkette
ShortInt	−128...127	Single	$1{,}5 \cdot 10^{-45} ... 3{,}4 \cdot 10^{38}$	Boolean	Wahrheitswert
LongInt	−2147483648	Double	$5{,}0 \cdot 10^{-324} ... 1{,}7 \cdot 10^{308}$	Array	Kompon. eines Typs
	bis 2147483647	Extended	$1{,}9 \cdot 10^{-4932} ... 1{,}1 \cdot 10^{4932}$	Record	Komp. verschd. Typs
Byte	0...255	Comp	$-9{,}2 \cdot 10^{18} ... 9{,}2 \cdot 10^{18}$	Set	definierte Menge
Word	0...65535			File	Datensätze eines Typs

Operatoren und Standardfunktionen (Auswahl)

Operator	Funktionserklärung	Operator	Funktionserklärung	Operator	Funktionserklärung
+ ; −	Addition; Subtraktion	= ; <>	gleich; ungleich	SIN;COS	Sinus-; Cosinusfkt.[4]
* ; /	Multiplikation; Division	< ; >	kleiner als; größer als	ABS (x)	Absolutwert
div	Division (Integer)	<=	kleiner oder gleich	TRUNC	Ganzzahl
mod	Modulo[3] (Interger)	>=	größer oder gleich	ROUND	Rundung
or; and	Oder; Und (Boolean)	SQR (x)	Quadrat von x	ORD (x)	Codierung
not	Nicht (Boolean)	SQRT (x)	Wurzel von x	CHR (x)	Decodierung

Anweisungen und Kontrollstrukturen (Auswahl)

Befehl	Funktionserklärung	Befehl	Funktionserklärung
:=	Wertzuweisung zu einer Variablen	IF...THEN... ...ELSE	Bedingungsgesteuerte Programmschleife
CLRSCR	Bildschirm löschen		
GOTO	Fortsetzung an der mit LABEL gekennzeichneten Stelle	FOR...TO...DO	Zählerbedingte Programmschleife
		WHILE...DO	Programmschleife mit Auswertung des Abbruchkriteriums **vor** der Ausführung der Anweisung
WRITE	Der in Hochkomma eingeschlossene Text wird ausgegeben		
WRITELN	Wie WRITE, aber mit Zeilenvorschub	REPEAT... ...UNTIL	Programmschleife mit Auswertung des Abbruchkriteriums **nach** der Auswertung der Anweisung
READ	Einlesen von Werten aus Datei		
RESET	Wiedereröffnen einer Diskettendatei		
REWRITE	Eröffnen einer Diskettendatei	CASE...OF	Schleife, solange bei Vergleich der Ausdrücke die Bedingung nicht erfüllt ist, weiter mit nachfolg. Anweisung.
TEXT	Typenbezeichner für Deklarierung von Textdateien		

[1] Jede Deklaration darf nur einmal und in dieser Reihenfolge verwendet werden. [2] Anweisungen werden mit Semikolon voneinander getrennt. [3] Rest bei ganzzahliger Division. [4] Winkelangaben erfolgen in Radiant (rad).

© Verlag Gehlen

Computerintegrierte Fertigung CIM

CIM (**c**omputer **i**ntegrated **m**anufacturing) ist die Vernetzung mittels computerunterstützter Systeme der im Büro anfallenden Planungs- und Steuerungsdaten mit den betriebswirtschaftlichen Aufgaben, der technischen Fertigung und des Vertriebs. Ein gemeinsamer Datenbestand soll durch ein gemeinsames Datenverarbeitungssystem die Aufgaben der **Fabrik der Zukunft** leiten. Der gesamte Produktionsprozess kann in diesem automatisierten Stadium simuliert werden. Somit können Managementveränderungen vor der Realisierung der Produktionsführung auf lange Zeit hinaus im Voraus begutachtet werden. CIM stellt eine computerunterstützte Verknüpfung der beiden Hauptbausteine **PPS** und **CAE** dar.

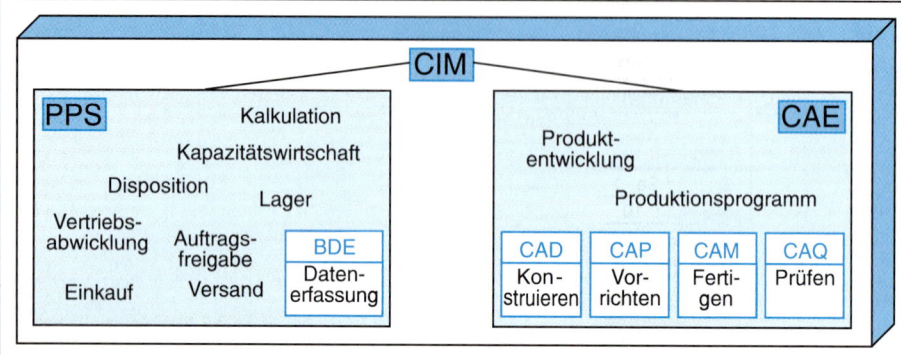

CIM

PPS: Kalkulation, Kapazitätswirtschaft, Disposition, Lager, Vertriebsabwicklung, Auftragsfreigabe, Einkauf, Versand, BDE (Datenerfassung)

CAE: Produktentwicklung, Produktionsprogramm, CAD (Konstruieren), CAP (Vorrichten), CAM (Fertigen), CAQ (Prüfen)

Begriffe der computerintegrierten Fertigung CIM (Auswahl)

Begriff	Benennung – englisch	Benennung – deutsch
BDE	**C**omputer-**a**ided **F**actory Data Record **CAF**	Betriebsdatenerfassung
CAA	**C**omputer-**a**ided **A**ssembling	Rechnerunterstützte Montageplanung
CAD	**C**omputer-**a**ided **D**esign (Drafting)	Rechnerunterstütztes Entwerfen (Konstruieren und Zeichnen mittels Grafik- und Informationssystemen); häufig direkte Umsetzung zur Fertigung der entworfenen Teile durch Maschinen mit SPS (s. S. 340 ff)
CAE	**C**omputer-**a**ided **E**ngineering	Rechnerunterstützte Ingenieurtätigkeit (umschließt die Begriffe CAD, CAP, CAM, CAQ)
CAI	**C**omputer-**a**ided **I**nspection	Rechnerunterstützte Fertigungsüberwachung
CAM	**C**omputer-**a**ided **M**anufacturing	Rechnerunterstütztes Fertigen und Produzieren
CAP	**C**omputer-**a**ided **P**roduction **P**lanning	Rechnerunterstützte Planung der Arbeitsvorgänge
CAQ	**C**omputer-**a**ided **Q**uality Control	Maschinelle Qualitätsüberprüfung (Vergleich von Ist- und Sollmaß, Analysen der Differenzen)
CAR	**C**omputer-**a**ided **R**obotics	Rechnerunterstützte Robotereinsatzplanung
CAT	**C**omputer-**a**ided **T**esting	Rechnerunterstütztes Messen und Testen
CIM	**C**omputer **I**ntegrated **M**anufacturing	Computerintegrierte Fertigung (zusammenfassend für **CAE** und **PPS**)
CNC	**C**omputerized **N**umerical **C**ontrol	Numerische Steuerung für Werkzeugmaschinen SPS (s. S. 340 ff)
DNC	**D**igital **N**umerical **C**ontrol	Direkte numerische Steuerung (Daten werden direkt vom Leitrechner übertragen)
PPS	**P**roduction **P**lanning and **S**teering	Rechnerunterstützte Produktionsplanung und Produktionssteuerung bezüglich der betriebswirtschaftlichen Aufgaben
SPS	**S**tored **P**rogram **C**ontrol	Speicherprogrammierte Steuerung

Einteilung der Stähle — DIN EN 10020

Einteilung der Stähle nach
- Chemischer Zusammensetzung
  - unlegierte Stähle
  - legierte Stähle
- Hauptgüteklassen
  - unlegierte Stähle
    - Grundstähle
    - Qualitätsstähle
    - Edelstähle
  - legierte Stähle
    - Qualitätsstähle
    - Edelstähle

Chemische Zusammensetzung

Grenzgehalte für die Einteilung in unlegierte und legierte Stähle

Element	Al	B	Bi	Co	Cr	Cu	La	Mn	Mo	Nb
Masse-%	0,10	0,0008	0,10	0,10	0,30	0,40	0,05	1,65	0,08	0,06
Element	Ni	Pb	Se	Si	Te	Ti	V	W	Zr	Sonst.
Masse-%	0,30	0,40	0,10	0,50	0,10	0,05	0,10	0,10	0,05	0,05 [1]

Alle Stähle, bei denen der Grenzgehalt in mindestens einem Fall der maßgebenden Gehalte erreicht oder überschritten wurde, gelten als legierte Stähle. [1] Mit Ausnahme von C, P, S und N.

Hauptgüteklassen der unlegierten Stähle

Stahlsorte	Eigenschaften/Merkmale	Verwendung
Grundstähle	• Nicht zur Wärmebehandlung bestimmt, bedingt zur Glühbehandlung • Grenzwerte für den unbehandelten oder normalgeglühten Zustand: $R_m \leq 690$ N/mm² • $R_e \leq 360$ N/mm² • $A \leq 26$ % • $KV \leq 27$ J $C \leq 0,1$ % $P \geq 0,045$ % $S \geq 0,045$ % • Keine weiteren Gütemerkmale vorgeschrieben (z. B. Tiefziehen, Ziehen)	• Stähle für Flacherzeugnisse zum Kaltbiegen • Stähle für den Stahl- und Druckbehälterbau
Qualitätsstähle	• Wärmebehandlung nicht gesichert • Keine Anforderungen an den Reinheitsgrad nichtmetallischer Einschlüsse • Zur Sicherung von Sprödbruchunempfindlichkeit, Korngröße und Verformbarkeit größere Sorgfalt bei der Herstellung	• Halbzeuge zum Tiefziehen • Schweißbare Feinkornstähle • Bau-, Vergütungs-, Federstähle • Automatenstahl • Feinstbleche • Schweißzusätze
Edelstähle	• Höherer Reinheitsgrad: P, S ≤0,025 % • Anforderungen bei der Wärmebehandlung an Einhärtungstiefe und Oberflächenhärte • Zum Vergüten und Oberflächenhärten	• Einsatz- und Vergütungsstähle • Stähle für Stahl-, Kernreaktor- und Druckbehälterbau • Stähle zum Ziehen und Kaltstauchen

Hauptgüteklassen der legierten Stähle

Stahlsorte	Eigenschaften/Merkmale	Verwendung
Qualitätsstahl	• Nicht bestimmt zum Vergüten und Oberflächenhärten • Ähnlich unlegierten Qualitätsstählen, für besondere Anwendungen legiert	• Stahl-, Druckbehälter-, Rohrleitungsbau • Schienen, Sonderprofile • Kalt- und warmgewalzte Halbzeuge • Schweißbare Feinkornstähle
Edelstahl	• Genaue chemische Zusammensetzung • Stähle mit unterschiedlichen Gebrauchs- und Verarbeitungseigenschaften, z. B. nichtrostende, hitzebeständige oder warmfeste Stähle	• Werkzeugstähle • Maschinenbaustähle • Wälzlagerstähle • Schnellarbeitsstähle

© Verlag Gehlen

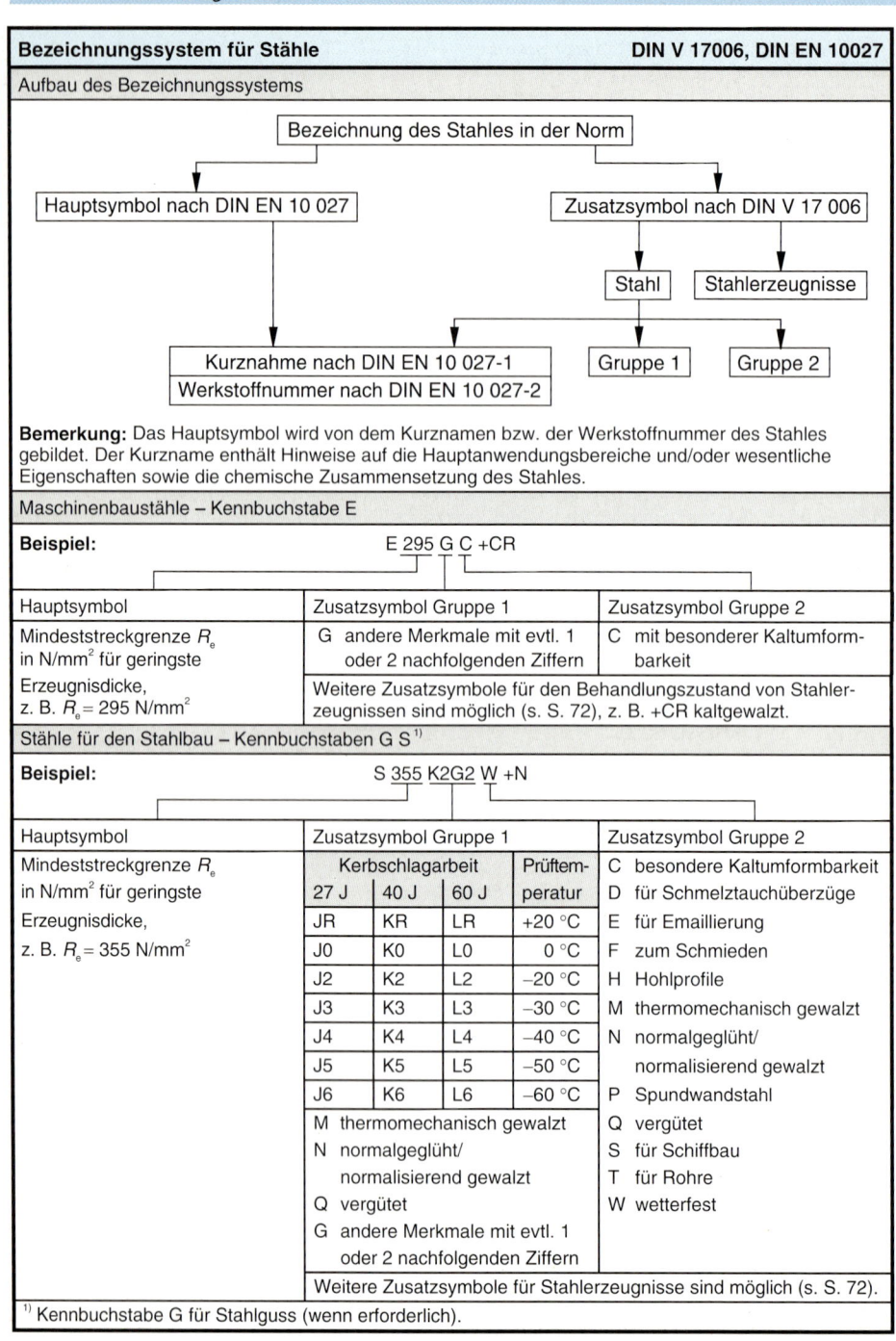

Bezeichnungssystem für Stähle — DIN V 17006, DIN EN 10027

Aufbau des Bezeichnungssystems

```
                Bezeichnung des Stahles in der Norm
                 │                              │
                 ▼                              ▼
    Hauptsymbol nach DIN EN 10 027    Zusatzsymbol nach DIN V 17 006
                 │                              │
                 │                         Stahl │ Stahlerzeugnisse
                 ▼                              ▼
    Kurzname nach DIN EN 10 027-1      Gruppe 1 │ Gruppe 2
    Werkstoffnummer nach DIN EN 10 027-2
```

Bemerkung: Das Hauptsymbol wird von dem Kurznamen bzw. der Werkstoffnummer des Stahles gebildet. Der Kurzname enthält Hinweise auf die Hauptanwendungsbereiche und/oder wesentliche Eigenschaften sowie die chemische Zusammensetzung des Stahles.

Maschinenbaustähle – Kennbuchstabe E

Beispiel: E 295 G C +CR

Hauptsymbol	Zusatzsymbol Gruppe 1	Zusatzsymbol Gruppe 2
Mindeststreckgrenze R_e in N/mm² für geringste Erzeugnisdicke, z. B. R_e = 295 N/mm²	G andere Merkmale mit evtl. 1 oder 2 nachfolgenden Ziffern	C mit besonderer Kaltumformbarkeit
	Weitere Zusatzsymbole für den Behandlungszustand von Stahlerzeugnissen sind möglich (s. S. 72), z. B. +CR kaltgewalzt.	

Stähle für den Stahlbau – Kennbuchstaben G S [1)]

Beispiel: S 355 K2G2 W +N

Hauptsymbol	Zusatzsymbol Gruppe 1				Zusatzsymbol Gruppe 2
Mindeststreckgrenze R_e in N/mm² für geringste Erzeugnisdicke, z. B. R_e = 355 N/mm²	Kerbschlagarbeit			Prüftemperatur	C besondere Kaltumformbarkeit
	27 J	40 J	60 J		D für Schmelztauchüberzüge
	JR	KR	LR	+20 °C	E für Emaillierung
	J0	K0	L0	0 °C	F zum Schmieden
	J2	K2	L2	–20 °C	H Hohlprofile
	J3	K3	L3	–30 °C	M thermomechanisch gewalzt
	J4	K4	L4	–40 °C	N normalgeglüht/
	J5	K5	L5	–50 °C	normalisierend gewalzt
	J6	K6	L6	–60 °C	P Spundwandstahl
	M thermomechanisch gewalzt				Q vergütet
	N normalgeglüht/				S für Schiffbau
	normalisierend gewalzt				T für Rohre
	Q vergütet				W wetterfest
	G andere Merkmale mit evtl. 1 oder 2 nachfolgenden Ziffern				
	Weitere Zusatzsymbole für Stahlerzeugnisse sind möglich (s. S. 72).				

[1)] Kennbuchstabe G für Stahlguss (wenn erforderlich).

Bezeichnung für Stähle **71**

Bezeichnungssystem für Stähle (Fortsetzung) — DIN V 17006, DIN EN 10027

Stähle für Druckbehälter – Kennbuchstaben G P [1)]

Beispiel: P 335 N H

Hauptsymbol	Zusatzsymbol Gruppe 1	Zusatzsymbol Gruppe 2

Mindeststreckgrenze R_n in N/mm² für geringste Erzeugnisdicke z. B. R_e = 335 N/mm²	B Gasflaschen
	M thermomechanisch gewalzt
	N normalgeglüht/
	    normalisierend gewalzt
	Q vergütet
	S einfache Druckbehälter
	T Rohre
	G andere Merkmale mit evtl. 1
	    oder 2 nachfolgenden Ziffern
		H Hochtemperatur
		L Tieftemperatur
		R Raumtemperatur
		X Hoch- und Tieftemperatur

	Weitere Zusatzsymbole für Stahlerzeugnisse sind möglich (s. S. 72).	

Stähle für Leitungsrohre – Kennbuchstabe L

Beispiel: L 360 Qa

Hauptsymbol	Zusatzsymbol Gruppe 1	Zusatzsymbol Gruppe 2

Mindeststreckgrenze R_n in N/mm² für geringste Erzeugnisdicke z. B. R_e = 360 N/mm²	M thermomechanisch gewalzt
	N normalgeglüht/
	    normalisierend gewalzt
	Q vergütet
	G andere Merkmale mit evtl. 1
	    oder 2 nachfolgenden Ziffern
		a Anforderungklasse
		    evtl. mit Ziffer

	Weitere Zusatzsymbole für Stahlerzeugnisse sind möglich (s. S. 72).	

Flacherzeugnisse zum Kaltumformen – Kennbuchstabe D

Beispiel: D C 04 ED

Hauptsymbol	Zusatzsymbol
C kaltgewalzt D warmgewalzt zur weiteren Kaltumformung X Walzart nicht vorgeschrieben C, D und X werden ergänzt mit zweistelliger Kennzahl	D für Schmelztauchüberzüge EK für konventionelle Emaillierung ED für Direktemaillierung H für Hohlprofile T für Rohre G andere Merkmale mit evtl. 1 oder 2 Ziffern Chemische Symbole für zusätzliche Elemente, z. B. Cu
	Weitere Zusatzsymbole für Stahlerzeugnisse sind möglich (s. S. 72).

Kaltgewalzte Flacherzeugnisse aus höherfesten Stählen [2)] – Kennbuchstabe H oder T

Beispiel: H 420 M

Hauptsymbol	Zusatzsymbol Gruppe 1	Zusatzsymbol Gruppe 2
H Mindeststreckgrenze in N/mm² T Zugfestigkeit in N/mm² z. B. R_e = 420 N/mm²	M thermomechanisch gewalzt B Bake hardening P Phosphor legiert X Dualphase Y IF-Stahl G andere Merkmale mit evtl. 1 oder 2 Ziffern	D Schmelztauchüberzüge Weitere Zusatzsymbole für die Art der Überzüge sind möglich (s. S. 72).

[1)] Kennbuchstabe G für Stahlguss (wenn erforderlich); [2)] zum Kaltumformen.

© Verlag Gehlen

Bezeichnungssystem für Stähle (Fortsetzung) — DIN V 17006, DIN EN 10027

Unlegierte Stähle mit mittlerem Mn-Gehalt < 1 % [1] **– Kennbuchstaben G C** [2][3]

Beispiel: C 35 E +QT

Hauptsymbol	Zusatzsymbol Gruppe 1	Zusatzsymbol Gruppe 2
100facher Wert des C-Gehaltes	E maximaler S-Gehalt R Bereich des S-Gehaltes D zum Drahtziehen C besondere Kaltumformbarkeit S für Federn W für Schweißdrähte U für Werkzeuge G andere Merkmale	Chemische Symbole für zusätzliche Elemente, z. B. Cu; falls erforlich, einstellige Zahl, die den 10fachen Wert des Gehaltes angibt.

Unlegierte Stähle mit ≥ 1 % Mn, unlegierte Automatenstähle und legierte Stähle, wenn der mittlere Gehalt des einzelnen Legierungselementes unter 5 % liegt

Beispiel: 16 MnCr 5 [3]

Kennzahl C-Gehalt, 100facher Wert	Symbole für Legierungselemente	Kennzahl für mittleren Gehalt der Legierungselemente mal Faktor f

Element	Cr, Co, Mn, Ni, Si, W	Al, Be, Cu, Mo, Nb, Pb, Ta, Ti, V, Zr	Ce, N, P, S	B
Faktor f	4	10	100	1000

Legierte Stähle [4] **– Kennbuchstabe X**

Beispiel: X 5 CrNi 18-10 [3]

Kennzahl C-Gehalt, 100facher Wert	Symbole für Legierungselemente	Kennzahl für mittleren Gehalt der Legierungselemente

Schnellarbeitsstähle – Kennbuchstaben HS

Beispiel: HS 7-4-2-5 [3]

%-Gehalt folgender Legierungs-Elemente: Wolfram, Molybdän, Vanadium, Cobalt

[1] Ausgenommen die Automatenstähle; [2] Kennbuchstabe G für Stahlguss (wenn erforderlich); [3] weitere Zusatzsymbole sind möglich (s. u.); [4] beim mittlerern Gehalt eines Legierungselementes ≥ 5 %.

Zusatzsymbole für Stahlerzeugnisse (Auswahl)

Symbol	Bedeutung	Symbol	Bedeutung
Symbol für besondere Anforderungen			
+C	Grobkornstähle	+H	mit besonderer Härtbarkeit
+F	Feinkornstähle	+Z15	Mindestbrucheinschnürung 15 %
Symbole für die Art des Überzuges			
+AR	Al-walzplattiert	+S	feuerverzinnt
+CU	Kupferüberzug	+SE	elektrolytisch verzinnt
+IC	anorganische Beschichtung	+Z	feuerverzinkt
+OC	organisch beschichtet	+ZE	elektrolytisch verzinkt
Symbole für den Behandlungszustand			
+A	weichgeglüht	+QA	luftgehärtet
+AT	lösungsgeglüht	+QO	ölgehärtet
+C	kaltverfestigt (z. B. Walzen u. Ziehen)	+QT	vergütet
+CR	kaltgewalzt	+QW	wassergehärtet
+M	thermomechanisch gewalzt	+T	angelassen
+N	normalgeglüht/normalisierend gewalzt	+U	unbehandelt

© Verlag Gehlen

Nummernsystem für Stähle — DIN EN 10027

Aufbau der Stahlnummern: 1. XX. XX(XX)

- Werkstoffhauptgruppennummer
- Stahlgruppennummer
- Zählnummer (bei Bedarf erweiterbar)

Bedeutung der Stahlgruppennummer

Nummer	Unlegierte Stähle	Nummer	Legierte Stähle
00, 90	Grundstähle		Qualitätsstähle
	Qualitätsstähle	08, 98	Stähle mit besonderen physikalischen Eigenschaften
01, 91	Allgemeine Baustähle $R_m < 500$ N/mm²		
02, 92	Sonstige Baustähle $R_m < 500$ N/mm² [1)]	09, 99	Stähle für verschiedene Anwendungen
03, 93	Stähle mit C < 0,12 % oder $R_m < 400$ N/mm²		Edelstähle
		20...29	Werkzeugstähle
04, 94	Stähle mit C = 0,12...0,25 % oder $R_m = 400...500$ N/mm²	30...39	Verschiedene Stähle
		32, 33	Schnellarbeitsstähle ohne/mit Co
05, 95	Stähle mit C = 0,25...0,55 % oder $R_m = 500...700$ N/mm²	35	Wälzlagerstähle
		36, 37	Stähle mit besonderen magnetischen Eigenschaften ohne/mit Co
06, 96	Stähle mit C ≥ 0,55 % oder $R_m \geq 700$ N/mm²		
		38, 39	Stähle mit besonderen physikalischen Eigenschaften ohne/mit Ni
07, 97	Stähle mit höherem P- und S-Gehalt		
	Edelstähle	40...49	Chemisch beständige und nicht-rostende Stähle
10	Stähle mit besonderen Eigenschaften		
11	Bau-, Maschinenbau-, Behälterstähle mit C < 0,5 %	50...89	Bau-, Maschinenbau-, Behälterstähle
		85	Nitrierstähle
12	wie 11, mit bes. Eigensch. C ≥ 0,5 %	87...89	nicht für Wärmebehandlung
15...18	Werkzeugstähle	88, 89	hochfeste, schweißgeeignete Stähle

[1)] Ohne Wärmebehandlung.

Einfluss wichtiger Legierungselemente auf die Stahleigenschaften

Durch Legierungselement beeinflusste Eigenschaft	Al	Cr	Mn	Mo	Ni	P	S	Si	V	W
Zugfestigkeit	±	+	+	+	+	+	±	+	+	+
Streckgrenze	±	+	+	+	+	+	±	+	+	+
Kerbschlagzähigkeit	−	−	±	+	±	−	−	−	+	±
Verschleißfestigkeit	±	+	−	+	−	±	±	−	+	+
Warmumformbarkeit	−	+	+	+	+	±	−	−	+	−
Kaltumformbarkeit	±	±	−	−	±	−	−	−	±	−
Zerspanbarkeit	±	±	−	−	−	+	+	−	±	−
Korrosionsbeständigkeit	±	+	±	±	±	±	±	±	+	±
Härtbarkeit, Vergütbarkeit	±	+	+	+	+	±	±	+	+	+
Härtetemperatur	±	+	−	+	±	±	±	+	+	+
Nitrierbarkeit	+	+	±	+	±	±	±	−	+	+
Schweißbarkeit	+	−	−	−	−	−	−	±	+	±

\+ Erhöhung   − Verminderung   ± ohne wesentlichen Einfluss

Werkstoffnummern — DIN 17007

Aufbau der Werkstoffnummern: X. XX XX. XX

Werkstoffhauptgruppe		Sortennummer	Anhängezahlen
0	Roheisen und Ferro-Leg.	gebildet nach der chemischen Zusammensetzung	für besondere Kennzeichnung, z. B. Erschmelzung, Wärmebehandlung, Kaltverformung; nicht erfasst Abmessungen, Form und Oberflächenangaben von Halbzeugen und Fertigerzeugnissen
1	Stahl		
2	Schwermetalle (ohne Fe)		
3	Leichtmetalle		
4...8	Nichtmetalle		
9	frei verfügbar		

Stahlbezeichnung — DIN-Taschenbuch 3

Kennzeichen	Bedeutung	Beispiel	Kennzeichen	Bedeutung	Beispiel
Bezeichnung nach der Festigkeit					
St	Baustahl, Kennzahl für R_m	St 44-3 [1]	RR	besond. beruh. vergossen	RRSt 13
StE	Baustahl, Kennzahl für R_e	StE 39 [1]	U	unberuhigt vergossen	USt 37-2
M	Siemens-Martin-Stahl	MSt 42-2	A	alterungsbeständig	ASt 44-3
R	beruhigt vergossen	RSt 37-2	Q	kaltumformbar	QSt 37-2
Bezeichnung nach der chemischen Zusammensetzung					
Unlegierte Stähle			**Legierte Stähle**		
C	Zeichen für Kohlenstoff	C 15 [2]		Kennzahl für Kohlenstoff	13 CrMo 4 4 [3]
f	flamm- u. induktionshärtbar	Cf 53		+ Kennzeichen der Legierungselem.	
k	niedriger P- und S-Gehalt	Ck 15		+ Kennzahlen der Legierungselem.	
m	gewährleistete Spanne für S-Gehalt	Cm 15	X	Gehalt eines Legierungselementes > 5 %	X 5 CrNi 18 10 [4]
q	kaltstauchbar	Cq 15	S	Schnellarbeitsstahl	S 7-4-2-5 [5]
H	Kesselblech	H II			
Kennzeichen des Behandlungszustandes					
E	einsatzgehärtet	Cm 15 E	N	normalgeglüht	C 100 W1 N
G	weichgeglüht	13 CrMo 4 4 G	NT	nitriert	31 CrMo 12 NT
K	kaltverformt	16 MnCr 5 K	V	vergütet	Ck 35 V
BK	blankgezogen	35 S 20 BK	U	unbehandelt	St 37.2 U

[1] Die Kennzahlen für die Festigkeit multipliziert mit 9,81 ergibt die Mindestzugfestigkeit R_m bzw. die Streckgrenze R_e in N/mm².
Die Gütegruppen für allgemeine Baustähle werden durch angefügte Zahlen, -2 und -3 gekennzeichnet.

[2] Die Kennzahl für den Kohlenstoff ist das 100fache des C-Gehaltes in Gewichts-%.

[3] Die Kennzahl für den Kohlenstoff ist das 100fache des C-Gehaltes (ohne Symbol C für Kohlenstoff). Es folgen die chemischen Symbole der wichtigsten Legierungselemente und deren Kennzahlen in der Reihenfolge der Gewichtsanteile multipliziert mit den Multiplikatoren (s. S. 84).

[4] Bei höher legierten Stählen (ein Legierungselement > 5 %) entfallen die Multiplikatoren. Kennzahlen sind die mittleren Gewichtsanteile in % der Legierungselemente.

[5] Gewichtsanteile in % der Legierungselemente in stets gleicher Reihenfolge: Wolfram – Molybdän – Vanadium – Cobalt.

© Verlag Gehlen

Stahlsorten · Unlegierte Baustähle

Unlegierte, warmgewalzte Baustähle										DIN EN 10025
Stahlsorte			$D^{1)}$	$S^{2)}$	Zugfestig-keit $R_m^{3)}$ in N/mm²	Streckgrenze R_e in N/mm² für Erzeugnis-dicken in mm			$A^{4)}$ in %	Anwen-dung
Bezeichnung nach DIN EN 10027 Kurzname	Werkstoff-nummer	Bisheriger Kurzname				≤16	>16 ≤40	>40 ≤63	>63 ≤80		
S185	1.0035	St 33	–	BS	290...510	185	175	–	–	18	5)
S235JR	1.0037	St 37-2	–	BS	340...470	235	225	–	–	26	6)
S235JRG1	1.0036	USt 37-2	FU	BS	340...470	235	225	–	–	26	
S235JRG2	1.0038	RSt 37-2	FN	BS	340...470	235	225	215	215	26	
S235JO	1.0114	St 37-3 U	FN	QS	340...470	235	225	215	215	26	
S235J2G3	1.0116	St 37-3 N	FF	QS	340...470	235	225	215	215	26	
S235J2G4	1.0117	–	FF	QS	340...470	235	225	215	215	26	
S275JR	1.0044	St 44-2	FN	BS	410...560	275	265	255	245	22	7)
S275JO	1.0143	St 44-3 U	FN	QS	410...560	275	265	255	245	22	
S275J2G3	1.0144	St 44-3 N	FF	QS	410...560	275	265	255	245	22	
S275J2G4	1.0145	–	FF	QS	410...560	275	265	255	245	22	
S355JR	1.0045	–	FN	BS	490...630	355	345	335	325	22	8)
S355JO	1.0553	St 52-3 U	FN	QS	490...630	355	345	335	325	22	
S355J2G3	1.0570	St 52-3 N	FF	QS	490...630	355	345	335	325	22	
S355J2G4	1.0577	–	FF	QS	490...630	355	345	335	325	22	
S355K2G3	1.0595	–	FF	QS	490...630	355	345	335	325	22	
S355K2G4	1.0596	–	FF	QS	490...630	355	345	335	325	22	
E295	1.0050	St 50-2	FN	BS	470...610	295	285	275	265	20	9)
E335	1.0060	St 60-2	FN	BS	570...710	335	325	315	305	16	10)
E360	1.0070	St 70-2	FN	BS	670...830	360	355	345	335	11	

1) Desoxydationsart D: FU unberuhigter Stahl; FN beruhigter Stahl; FF vollberuhigter Stahl.
2) Stahlart S: BS Grundstahl; QS Qualitätsstahl.
3) R_m-Werte gelten für Erzeugnisdicken von 3 bis 100 mm.
4) Bruchdehnung A gilt für Längsproben und Erzeugnisdicken von 3 bis 40 mm.
5) Für einfache, untergeordnete Teile im Stahlbau, z. B. Geländer.
6) Für gering beanspruchte Teile im Maschinen- und im Stahlbau.
7) Für Achsen, Wellen und Hebel.
8) Für Stahl-, Kran- und Brückenbau.
9) Für Teile mit mittlerer Beanspruchung.
10) Für verschleißfeste, höher beanspruchte Teile.

Kaltumformbarkeit	Warmumformbarkeit	Schweißbarkeit
Die Stähle lassen sich durch Biegen, Abkanten und Bördeln für Nenndicken < 20 mm kaltumformen, wenn das bei der Bestellung vereinbart wurde.	Die Stähle sind warmumformbar, wenn sie im normalgeglühten oder normalisierend gewalzten Zustand geliefert wurden.	Stähle mit folgenden Gütegrup-pen sind nach allen Verfahren schweißbar: JR → JO → J2G3 → J2G4 → K2G3 → K2G4 (→ Zunahme der Schweißeignung). Beim Stahl S235JR ist die beru-higt vergossene Sorte vorzuzie-hen.

© Verlag Gehlen

Automatenstähle — DIN 1651

Stahlsorte Kurzname	Werkstoffnummer	B[1]	Härte[2] HB	Zugfestigkeit[2] R_m in N/mm²	Streckgrenze[2] R_e in N/mm²	Dehnung[2] A in %	Anwendung
9 SMn 28	1.0715	U, SH	159	380...570	–	–	allgemeine Verwendung; Kleinteile mit geringer Festigkeit
9 SMnPb 28	1.0718	K	–	460...710	375	8	
9 SMn 36	1.0736	U, SH	163	380...550	–	–	
9 SMnPb 36	1.0737	K	–	490...740	390	8	
15 S 10	1.0710	U, SH	166	400...560	–	–	Automatenstähle; Einsatzstähle; verschleißfeste Kleinteile
10 S 20	1.0721	U, SH	149	360...530	–	–	
10 SPb 20	1.0722	K	–	460...710	355	9	
35 S 20	1.0726	U, SH	192	490...660	–	–	
35 SPb20	1.0756	K	–	540...740	315	8	
45 S 20	1.0727	U, SH	223	590...760	–	–	Vergütungsstähle; für höher beanspruchte Teile, Wellen
45 SPb 20	1.0757	K	–	640...830	375	7	
60 S 20	1.0728	U, SH	261	660...870	–	–	
60 SPb 20	1.0758	K	–	740...930	430	7	

Zerspanbarkeit: Die Zerspanbarkeit sinkt mit zunehmenden Anteilen an C, Si und Mn. Kaltumgeformte Automatenstähle lassen sich besser zerspanen.

Schweißeignung: Aufgrund der hohen Anteile an Phosphor und Schwefel sind die Automatenstähle nur bedingt schweißbar.

[1] Behandlungszustand B: U unbehandelt; K kaltgezogen; SH geschält; [2] Werte gelten für Dicken >16 ≤ 40 mm.

Einsatzstähle — DIN 17210

Stahlsorte Kurzname	Werkstoff-Nummer	Härte HB im Lieferzustand G[1]	Härte HB im Lieferzustand BF[2]	Kerneigenschaften nach dem Einsatzhärten[3] R_m in N/mm²	R_e in N/mm²	A in %	Anwendung
C 10	1.0301	131	–	500...650	300	16	Kleinteile mit niedriger Kernfestigkeit; Bolzen, Zapfen, Hebel
C 15	1.0401	143	–	600...800	360	14	
17 Cr 3	1.7016	174	–	700...900	450	11	
20 Cr 4	1.7027	197	149...197	730...920	440	10	Teile mit höherer Kernfestigkeit; Wellen, Zahnräder, Fahrzeug- und Getriebebau
16 MnCr 5	1.7131	207	155...207	800...1100	600	10	
20 MnCr 5	1.7147	217	170...217	1000...1300	700	8	
20 MoCr 4	1.7121	207	156...207	800...1100	600	10	
21 NiCrMo 2	1.6523	197	152...202	–	–	–	hochbeanspruchte Getriebeteile, größere Querschnitte
15 CrNi 6	1.5915	217	170...217	900...1200	650	9	
17 CrNiMo 6	1.6587	229	179...229	1100...1350	750	8	

Zerspanbarkeit: Eine verbesserte Zerspanbarkeit ist bei den Stählen mit einem Mindestanteil an Schwefel gegeben.

Schweißeignung: Geeignet zum Abbrennstumpf- und Gaschmelzschweißen. Beim Gasschmelzschweißen von legierten Stählen vorwärmen.

[1] G weichgeglüht auf kuglige Karbide.
[2] BF behandelt auf Festigkeit.
[3] Werte gelten für Proben mit einem ⌀ von 30 mm.

© Verlag Gehlen

Vergütungsstähle

DIN EN 10083

Stahlsorte		Zugfestig-keit R_m [2] in N/mm²	Streckgrenze R_e in N/mm² für Durchmesser in mm			Deh-nung A [2] in %	Anwendung
Kurzname	Werkstoff-nummer [1]		≤ 16	> 16 ≤ 40	> 40 ≤ 100		
Qualitätsstähle, normalgeglüht							
1 C 22	1.0402	410	240	210	210	25	gering beanspruchte
1 C 25	1.0406	440	260	230	230	23	Teile und kleine
1 C 35	1.0501	520	300	270	270	19	Durchmesser;
1 C 45	1.0503	580	340	305	305	16	Bolzen, Schrauben
1 C 60	1.0601	670	380	340	340	11	
Edelstähle, vergütet							
2 C 22	1.1151	470...620	340	290	–	22	ähnlich wie Quali-
2 C 25	1.1158	550...650	370	320	–	21	tätsstähle
2 C 35	1.1181	600...750	430	380	320	19	
2 C 45	1.1191	650...800	490	430	370	16	
2 C 60	1.1221	800...950	580	520	450	13	
28 Mn 6	1.1170	700...850	590	490	440	15	höher beanspruchte
38 Cr 2 38 CrS 2	1.7003	700...850	550	450	350	15	Machinenteile und größere Durchmes-
46 Cr 2 46 CrS 2	1.7006	800...950	650	550	400	14	ser; Wellen, Zahn-räder, Getriebeteile,
34 Cr 4 34 CrS 4	1.7033	800...950	700	590	460	14	Schmiedestücke
37 Cr 4 37 CrS 4	1.7034	850...1000	750	630	510	13	
41 Cr 4 41 CrS 4	1.7035	900...1100	800	660	560	12	
25 CrMo 4 25 CrMoS 4	1.7218	800...950	700	600	450	14	
34 CrMo 4 34 CrMoS 4	1.7220	900...1100	800	650	550	12	
42 CrMo 4 42 CrMoS 4	1.7225	1000...1250	900	750	650	11	
50 CrMo 4	1.7228	1000...1250	900	780	700	10	
51 CrV 4	1.8159	1000...1200	900	800	700	10	
36 CrNiMo 4	1.6511	1000...1200	900	800	700	11	Maschinenteile mit
34 CrNiMo 6	1.6582	1100...1300	1000	900	800	10	höchster Beanspru-
30 CrNiMo 8	1.6580	1250...1450	1050	1050	900	9	chung und großen
36 CrNiMo 16	–	1250...1450	1050	1050	900	9	Durchmessern

[1] Nach DIN EN 10083 entfallen die Werkstoffnummern. Die hier verwendeten Werkstoffnummern sind der zurückgezogenen DIN 17200 entnommen.
[2] Die Werte gelten bei Qualitätsstählen für einen Durchmesserbereich von 16 bis 100 mm und bei Edelstählen für einen Durchmesserbereich von 16 bis 40 mm.

© Verlag Gehlen

Nitrierstähle — DIN 17211

Stahlsorte		Härte[1]		Zugfestig-keit[2] R_m in N/mm²	Streckg.[2] R_e in N/mm²	Deh-nung[2] A in %	Anwendung
Kurzname	Werkstoff-nummer	HB	HV1				
31 CrMo 12	1.8515	248	800	1000...1200	800	11	warmfeste Teile für Kunststoffformen
31 CrMoV 9	1.8519	248	800	1000...1200	800	11	Zahnräder mit hoher Dauerfestigkeit
15 CrMoV 5 9	1.8521	248	800	900...1100	750	10	warmfeste Verschleiß-teile, größere Härtetiefe
34 CrAlMo 5	1.8507	248	950	800...1000	600	14	Al-Druckgießformen
34 CrAlNi 7	1.8550	248	950	850...1050	650	12	große Teile; Spindeln

[1] Härtewerte HB gelten für den weichgeglühten Zustand, HV1 für die Randschichthärte nach dem Nitrieren.
[2] Festigkeitswerte gelten für den vergüteten Zustand und Durchmesser bis 100 mm.

Stähle für das Flamm- und Induktionshärten — DIN 17212

Stahlsorte		Härte HB	Zugfestig-keit[1] R_m in N/mm²	Streckgrenze[1] R_e in N/mm² bei Dicken in mm			Deh-nung[1] A in %	Anwendung
Kurzname	Werk-stoff-nummer			≤16	>16 ≤40	>40 ≤100		
Cf 35	1.1183	183	580...730	420	360	320	17	für Teile mit ho-hen Ansprüchen an die Kernfes-tigkeit, Zähigkeit und Oberflä-chenhärte, z. B. Kurbelwellen, Getriebewellen, Zahnräder
Cf 35 N [2]		183	490...640	–	270	270	21	
Cf 45	1.1193	207	660...800	480	410	370	16	
Cf 45 N [2]		207	590...740	–	330	330	17	
Cf 53	1.1213	223	690...830	510	430	400	14	
Cf 53 N [2]		223	610...760	–	340	340	16	
Cf 70	1.1249	223	740...880	560	480	–	13	
45 Cr 2	1.7005	207	780...930	640	540	440	14	
38 Cr 4	1.7043	217	830...980	740	630	510	13	
42 Cr 4	1.7045	217	880...1080	780	670	560	12	
41 CrMo 4	1.7223	217	980...1080	880	760	640	11	
49 CrMo 4	1.7238	235	880...1080	–	–	690	12	

[1] Die Werte gelten für einen ⌀-Bereich von 16 bis 40 mm, außer 49 CrMo 4 (40 bis 100 mm).
[2] N Stähle normalgeglüht, alle anderen Stahlsorten sind vergütet.

Federstähle[1] — DIN 17221

Stahlsorte		Härte HB		Zugfestigk. R_m in N/mm²	Dehngrenze $R_{p0,2}$ N/mm²	Anwendung
Kurzname	W.-Nummer	GKZ[2]	G[3]			
38 Si 7	1.5023	200	217	1180...1370	1030	Federplatten, Federringe
54 SiCr 6	1.7102	230	248	1320...1570	1130	Blatt-, Teller- und Schraubenfedern
60 SiCr 7	1.7108	230	248	1320...1570	1130	
55 Cr 3	1.7176	200	248	1320...1720	1175	hochbeanspruchte Federn
50 CrV 4	1.8159	210	248	1370...1620	1175	
51 CrMoV 4	1.7701	225	248	1370...1670	1175	

Für die Stahlsorten betragen die Bruchdehnung A = 6 %, E = 200 kN/mm² und G = 80 kN/mm².

[1] Legierung, warmgewalzte Edelstähle für vergütbare Federn.
[2] GKZ geglüht auf kuglige Karbide; [3] G geglüht.

© Verlag Gehlen

Federstahldraht · Feinkornstähle

Runder Federstahldraht[1] — DIN 17223

Draht- sorte	Zugfestigkeit R_m in N/mm² für Nenndurchmesser d in mm									
	0,50	0,75	1,00	1,25	1,50	2,00	2,50	3,00	4.00	5,00	7,00
A	–	–	>1720 <1970	>1660 <1900	>1600 <1840	>1520 <1750	>1460 <1680	>1410 <1620	>1320 <1520	>1260 <1450	>1160 <1340
B	>2200 <2700	>2070 <2320	>1980 <2220	>1910 <2140	>1850 <2080	>1760 <1970	>1690 <1890	>1630 <1830	>1530 <1730	>1460 <1650	>1350 <1530
C	–	–	–	–	–	>1980 <2200	>1900 <2110	>1840 <2040	>1740 <1930	>1660 <1840	>1540 <1710
D	>2480 <2740	>2330 <2580	>2230 <2470	>2150 <2380	>2090 <2310	>1980 <2200	>1900 <2110	>1840 <2040	>1740 <1930	>1660 <1840	>1540 <1710

Sorte	Anwendungshinweise	Sorte	Anwendungshinweise
A	Zug-, Druck-, Dreh- und Formfedern; gering statisch/selten dynamisch beansprucht	C	Zug-, Druck-, Dreh- und Formfedern; höher statisch u. gering dynamisch beansprucht
B	Zug-, Druck-, Dreh- und Formfedern; gering statisch und dynamisch beansprucht	D	Zug-, Druck-, Dreh- und Formfedern; höher statisch und dynamisch beansprucht

Abnahmeprüfung runder Federstahldrähte

Prüfverfahren	Sorte	Durchführung	Prüfverfahren	Sorte	Durchführung
Stückanalyse	ABCD	Chem. Zusammenstzg. nach Laboranalyse	Verwinde- versuch	ABCD	für Nenn-⌀ < 0,7 mm nach DIN 51212
Zugversuch	ABCD	Nenn-⌀ <6 bzw. ≥6 mm DIN 51210 bzw. 51215	Drallfreiheit	ABCD	Messen von Versatz u. ⌀ am Drahtumgang
Wickelversuch	BD	Nenn-⌀ <0,7 DIN 51212	Oberflächen- fehler	D	Tiefenätzung oder mikroskopisch
Durchmesser	ABCD	Messschraube, Lehre			

[1] Patentiert-gezogener Federdraht aus unlegierten Stählen: $E = 206$ kN/mm²; $G = 81{,}5$ kN/mm²

Schweißgeeignete Feinkornstähle — DIN EN 10113

Stahlsorte[1]			Zugfestig- keit R_m in N/mm² [3]	Streckgrenze R_e in N/mm² für Durchmesser in mm			Deh- nung A in %	Anwen- dung
nach DIN EN 10027 Kurzname [2]	Werkstoff- Nummer	Bisheriger Kurzname		≤16	>16 ≤40	>40 ≤63		
S275N	1.0490	StE 285	370...510	275	265	255	24	Schweiß- konstruk- tionen[4]
S275M	1.8818	–	360...510	275	265	255	24	
S355N	1.0545	StE 355	470...630	355	345	335	22	
S355M	1.8823	StE 355 TM	450...610	355	345	335	22	
S420N	1.8902	StE 420	520...680	420	400	390	19	
S420M	1.8825	StE 420 TM	500...660	420	400	390	19	
S460N	1.8901	StE 460	550...720	460	440	430	17	
S460M	1.8827	StE 460 TM	530...720	460	440	430	17	

[1] Die Stähle sind mit Mindestwerten für die Kerbschlagarbeit bei tieferen Temperaturen (bis –50 °C) lieferbar. Der Kurzname erhält die Ergänzung L , z. B. S460NL.
[2] Der Anhang an den Kurznamen gibt den Behandlungszustand an: N normalgeglüht, M thermomechanisch gewalzt.
[3] Die Werte für die Zugfestigkeiten gelten für Nenndicken bis 100 mm.
[4] Für Schweißkonstruktionen im Fahrzeug-, Kran- und Förderanlagenbau mit hohen Anforderungen an die Zähigkeit und Alterungsunempfindlichkeit.

© Verlag Gehlen

Warmfeste Druckbehälterstähle — DIN EN 10028

Stahlsorte[1] nach DIN 10027 Kurzname	W.-Nummer	Bisheriger Kurzname	Zugfestig-keit[2] R_m in N/mm²	Streckgrenze R_e in N/mm² bei der Temperatur in °C 20	200	300	400	Deh-nung[2] A in %
Unlegierter Qualitätsstahl								
P235GH	1.0345	H I	360...480	215	170	130	110	25
P265GH	1.0425	H II	410...530	245	195	155	130	23
P295GH	1.0481	17 Mn 4	460...580	285	225	185	155	22
P355GH	1.0473	19 Mn 6	510...650	335	255	215	165	21
Legierter Edelstahl								
16 Mo 3	1.5415	15 Mo 3	440...590	260	215	170	150	23
13 CrMo 4-5	1.7335	13 CrMo 4 4	450...600	295	230	205	180	20
10 CrMo 9-10	1.7380	10 CrMo 9 10	480...630	290	245	220	200	18
11 CrMo 9-10	1.7383	–	520...670	310	–	235	215	18

[1] Anwendung: Schweißeignung für alle Stahlsorten; Druckrohr- und Dampfkesselanlagen. Üblicher Lieferzustand ist normalgeglüht bzw. normalisierend gewalzt.
[2] Die Werte gelten für Dicken bis 60 mm und bei 20 °C.

Unlegierte Stähle für geschweißte Rohre — DIN 1626, DIN 1628

Stahlsorte Kurzname	Werkstoff-nummer	Zugfestig-keit R_m in N/mm²	Streckgrenze R_e in N/mm² bei Wanddicken in mm >16	>16... ≤40	Deh-nung A in %	Anwendung
USt 37.0	1.0253	350...480	235	–	25	Geeignet zum Gasschmelz-,
St 37.0	1.0254	350...480	235	225	25	Lichtbogen-, Abbrennstumpf-,
St 44.0	1.0256	420...550	275	265	21	Press- und Gaspress-
St 52.0	1.0421	500...650	355	345	21	schweißen.
St 37.4	1.0255	350...480	235	225	25	Allgemeiner Maschinenbau,
St 44.4	1.0257	420...550	275	265	21	Geräte-, Apparate-, Behälter-,
St 52.4	1.0581	500...650	355	345	21	Rohrleitungsbau[1]

[1] Betriebsüberdruck unbegrenzt, zulässige Betriebstemperatur < 300 °C.

Allgemeine Baustähle für geschweißte Rohre — DIN 17120

Stahlsorte Kurzname	Werkstoff-nummer	Zugfestig-keit R_m in N/mm²	Streckgrenze R_e in N/mm² bei Wanddicken in mm >16	>16... ≤40	Deh-nung A in %	Anwendung
USt 37-2	1.0036	340...470	235	–	26	Hoch- und Tiefbau,
RSt 37-2	1.0038	340...470	235	225	26	Stahl-, Kran- und
St 37-3	1.0116	340...470	235	225	26	Brückenbau
St 44-2	1.0044	410...540	275	265	22	
St 44-3	1.0144	410...540	275	265	22	
St 52-3	1.0570	410...540	355	345	22	

Unlegierte Stähle für nahtlose Rohre — DIN 1629

Stahlsorte	Festigkeitskennwerte in N/mm² bei Temperaturen von 50 °C	200 °C	300 °C	gültig für Wanddicken ≤ 16 mm
St 37.0	235	185	140	
St 44.0	275	215	165	
St 52.0	355	245	195	

Stähle für Flacherzeugnisse **81**

Weiche Stähle für kaltgewalzte Flacherzeugnisse — DIN EN 10130

Stahlsorte Kurzname DIN EN 10 130	Stahlsorte DIN 1623	Werkstoffnummer	D[1]	Zugfestigkeit R_m in N/mm²	Streckg. R_e in N/mm²	Dehnung A in %	Anwendung
Fe P01	St 12	1.0330	–	270...410	280	28	Schweißeignung
Fe P03	RRSt 13	1.0347	RR	270...370	240	34	nach gebräuchlichen Verfahren möglich
Fe P04	St 14	1.0338	RR	270...350	210	38	
Fe P05	St 15	1.0312	RR	270...330	180	40	
Fe P06 [2]	–	–	RR	270...350	180	38	

[1] Desoxidationsart D: U unberuhigt, R halbberuhigt bzw. beruhigt, RR besonders beruhigt.
[2] Legierter Qualitätsstahl, alle anderen Stähle sind unlegierte Qualitätsstähle.

Allgemeine Baustähle für kaltgewalzte Bleche und Bänder — DIN 1623, DIN EN 10209

Stahlsorte Kurzname	Stahlsorte	Werkstoffnummer	D[1]	Zugfestigkeit R_m in N/mm²	Streckg. R_e in N/mm²	Dehnung A in %	Anwendung
Kurznamen nach DIN 1623-2	St 37-2 G	1.0037 G	–	360...510	215	20	Aufbringen von Lacküberzügen u. Zn-, Sn- und Pb-Überzügen. Bleche u. Bänder bis 6 mm Dicke u. 600 mm Breite.
	St 37-3 G	1.0116 G	RR	360...510	215	20	
	St 44-3 G	1.0144 G	RR	430...580	245	18	
	St 52-3 G	1.0570 G	RR	510...680	325	16	
	St 50-2 G	1.0050 G	R	490...660	295	14	
	St 60-2 G	1.0060 G	R	590...770	335	10	
	St 70-2 G	1.0070 G	R	690...900	365	6	
Kurzname nach DIN EN 10027-1	DC01EK	1.0390	RR	270...390	270	30	Bleche u. Bänder zum Emaillieren geeignet
	DC04EK	1.0392	RR	270...350	220	36	
	DC04ED	1.0394	RR	270...370	210	38	
	DC06ED	1.0372	RR	270...350	190	38	

[1] Desoxidationsart D: U unberuhigt, R halbberuhigt bzw. beruhigt, RR besonders beruhigt.

Oberflächenbeschaffenheit für Bleche und Bänder

Kurzzeichen DIN 1623	EN 10130	Benennung	Merkmale
Oberflächenart			
03	A	übliche kaltgewalzte Oberfläche	Fehler, die das Umformen und Aufbringen von Oberflächenüberzügen nicht beeinflussen, sind zulässig (z. B. kleine Riefen, Kratzer).
05	B	bessere Oberfläche	Bessere Seite muß fehlerfrei sein, damit das Aussehen der Überzüge nicht beeinträchtigt wird (wie Lackierungen, elektrolytische Überzüge).
Oberflächenausführung			
b	b	besonders glatt	Oberfläche muss gleichmäßig glatt (blank) aussehen. Mittenrauwert R_a < 0,4 µm
g	g	glatt	Oberfläche muss gleichmäßig glatt aussehen. Mittenrauwert R_a < 0,9 µm
m	m	matt	Oberfläche muss gleichmäßig matt aussehen. Mittenrauwert R_a > 0,5...1,9 µm
r	r	rau	Oberfläche wird aufgeraut. Mittenrauwert R_a > 1,6 µm

© Verlag Gehlen

Werkzeugstähle — DIN 17350

Stahlsorte Kurzname	Werkstoffnummer	Härte[1] HB	Anwendung
Unlegierte Kaltarbeitsstähle			
C 45 W	1.1730	190	Aufbauteile für Werkzeuge, Handwerkzeuge, Zangen
C 60 W	1.1740	231	Schäfte für Hartmetall- u. Schnellarbeitsst.-WZ, Sägeblätter
C 70 W 2	1.1620	183	Druckluftwerkzeuge
C 80 W 1	1.1525	192	Gesenke mit flacher Gravur, Messer, Handmeißel
C 85 W	1.1830	222	Sägen zur Holzbearbeitung, Mähmaschinenmesser
C 105 W 1	1.7545	213	Gewindeschneid-, Fließpress-, Prägewerkzeuge, Endmaße
Legierte Kaltarbeitsstähle			
115 CrV 3	1.2210	223	Gewindebohrer, Auswerfer, Stempel, Senker, Zahnbohrer
100 Cr 6	1.2067	223	Lehren, Dorne, Kaltwalzen, Holzbearbeitungswerkzeuge, Bördelrollen, Ziehdorne, Stempel
145 V 33	1.2838	229	Kaltschlagwerkzeuge mit hohem Verschleißwiderstand
21 MnCr 5	1.2162	212	Werkzeuge zur Kunststoffverarbeitung
90 MnCrV 8	1.2842	229	Tiefzieh- und Schneidwerkzeuge, Werkzeuge zur Kunststoffverabeitung, Schneiplatten, Stempel, Messzeuge
105 Wcr 6	1.2419	229	Schneideisen, Fräser, Reibahlen, Holzbearbeitungs-WZ, Gewindestrehler, Schneidbacken, Kunststoffformen, Messzeuge
60 WCrV 7	1.2550	229	Schneidwerkzeug für 6...15 mm dicke Stahlbleche, Kettensägen, Prägewerkzeuge, Stempel, Auswerfer
X 210 CrW 12	1.2436	255	Schneid-, Tiefzieh-, Fließpresswerkzeug, Presswerkzeuge für keramische Massen, Räumnadeln, Sandstrahldüsen
X 45 NiCrMo 4	1.2767	262	Höchstbeanspruchte Werkzeuge zur Kaltumformung, Scherenmesser für dickes Schneidgut
X 19 NiCrMo 4	1.2764	255	Lufthärtender Einsatzstahl für Kunststoffformen
X 36 CrMo 17	1.2316	285	Werkzeuge für die Verarbeitung von chemisch angreifenden Thermoplasten
Warmarbeitsstähle			
56 NiCrMoV 7	1.2714	248	Hammergesenke mit großen, schwierigen Gravuren, Strangpressstempel
X 40 CrMoV 5 1	1.2344	229	Gesenke, Werkzeuge für Schmiedemaschinen, Strangpresswerkzeuge, Druckgießformen
X 32 CrMoV 3 3	1.2365	229	Gesenkeinsätze, Werkzeuge für Schmiedemaschinen, hochbeanspruchte Strangpress-WZ für Kupfer- und Leichtmetalllegierungen, Druckgießformen für Messing
Schnellarbeitsstähle			
S 6-5-2	1.3343	240 bis 300	Räumnadeln, Spiralbohrer, Fräser, Reibahlen, Gewindebohrer, Senker, Umformwerkzeuge, Schneidwerkzeuge
S 7-4-2-5	1.3246		Fräser, Spiralbohrer, Gewindebohrer, Formstähle
S 10-4-3-10	1.3207		Drehmeißel, Formstähle
S 18-1-2-5	1.3255		Dreh- und Hobelmeißel, Fräser
S 6-5-2-5	1.3243		Fräser, Spiralbohrer, Gewindebohrer

[1] Härtewerte gelten für den weichgeglühten Zustand, nachgezogene und nachgewalzte Erzeugnisse können bis zu 20 HB höhere Werte erreichen.

© Verlag Gehlen

Nichtrostende Stähle · Grauguss mit Lamellengraphit

Nichtrostende Stähle (Auswahl) — DIN 17440, DIN EN 10088

Stahlsorte Kurzname	W.-Nummer	B[1]	Härte HB	Zugfestigk. R_m N/mm²	Dehngrenze $R_{p0.2}$ N/mm²	Dehnung A in %	Anwendung
Ferritische Stähle[2]							
X6Cr13	1.4000	V	–	550...700	–	–	Küchen-
X6CrAl13	1.4002	V	–	550...700	–	–	geräte,
X6Cr17	1.4016	G	–	450...600	–	–	Beschläge,
X6CrTi17	1.4510	G	185	450...600	270	20	Verkleidun-
X6CrMoS17	1.4105	G	–	450...650	–	–	gen
Martensitische Stähle[3]							
X12Cr13	1.4006	G / V	200 / –	450...650 / 600...800	250 / 420	20 / 18	Medizin-
X20Cr13	1.4021	G / V	230 / –	≤ 740 / 650...800	– / 450	– / 14	technik, Achsen, Wellen
X30Cr13	1.4028	G / V	245 / –	≤ 780 / 800...1000	– / 600	– / 11	
X50CrMoV15[4]	1.4116	G	280	≤ 900	–	–	
X14CrMoS17	1.4104	G / V	230 / –	540...740 / 640...840	– / 450	16 / 11	
X17CrNi16-2	1.4057	G / V	295 / –	≤ 950 / 750...950	– / 550	– / 14	
Austenitische Stähle[5]							
X 5 CrNi18-10	1.4301	A	–	500...700	195	40	Chemische
X 8 CrNiS18-9	1.4305	A	–	500...700	–	–	Industrie,
X 6 CrNiTi18-10	1.4541	A	–	500...730	200	35	Nahrungs-
X 2 CrNiMo18-14-3	1.4435	A	–	490...690	190	40	mittel-
X 5 CrNiMo17-13-3	1.4436	A	–	510...710	205	40	industrie

[1] Behandlungszustand B: G weichgeglüht, V vergütet, A abgeschreckt.
[2] Die Werte gelten für Flacherzeugnisse ≤ 12 mm Dicke, Draht ≥ 2 mm bis ≤ 20 mm ⌀.
[3] Stäbe, Schmiedestücke, Draht ≥ 2 mm bis ≤ 20 mm ⌀.
[4] Stahl nur in DIN EN 10088 enthalten.
[5] Stäbe, Draht ≥ 2 mm bis ≤ 20 mm ⌀.

Grauguss mit Lamellengraphit (Mechanische Eigenschaften im gegossenen Probestab)[1]

Gusssorte	GG-15	GG-20	GG-25	GG-30	GG-35
Grundgefüge	ferrit.-perlit.	perlitisch			
Zugfestigkeit R_m in N/mm²	150...250	200...300	250...350	300...400	350...450
Bruchdehnung A in %	0,8...0,3				
Druckfestigkeit σ_{dB} in N/mm²	600	720	840	960	1080
Biegefestigkeit σ_{bB} in N/mm²	250	290	340	390	490
Scherfestigkeit σ_{aB} in N/mm²	170	230	290	345	400
Torsionsfestigkeit τ_{bB} in N/mm²	170	230	290	345	400
E-Modul E in kN/mm²	78...103	88...113	103...118	108...137	123...143
Brinellhärte HB 30	125...205	150...230	180...250	200...275	220...290
Biegewechselfestigkeit: $\sigma_{bW} \approx 0{,}35 \cdot R_m$ bis $0{,}5 \cdot R_m$			Zug-Druck-Wechselfestigkeit: $\sigma_{zdW} \approx 0{,}26 \cdot R_m$		

[1] Probedurchmesser 30 mm entspricht einer Wanddicke von 15 mm.

© Verlag Gehlen

Systematische Bezeichnung von Gusseisenwerkstoffen — DIN 17006-4

Aufbau der Bezeichnung: Kurzzeichen des Eisengusswerkstoffes

- vorangestellt: Erschmelzungsart, besondere Eigenschaften
- Kern der Bezeichnung G: Festigkeitskennzahl[1], Chemische Zusammensetzung
- angefügt: Gewährleistungsumfang, Behandlungszustand

Zeichen	Benennung	Beispiel	Zeichen	Benennung	Beispiel
Bezeichnung nach der Festigkeit bzw. Härte					
GG	Grauguss, Lamellengrafit	GG-20	GTS	Schwarzer Temperguss	GTS-35
GGG	Grauguss, Kugelgrafit	GGG-35	GTW	Weißer Temperguss	GTW-40
GS	Stahlguss	GS-52	Z bzw. K	Schleuder- bzw. Kokillenguss	GGZ-20
GH	Hartguss	GH-F 25[2]			
Kennbuchstaben für die Erschmelzungsart					
E	Elektroofen	GS-E 52	B	Bessemerbirne	GS-B 40
M	Siemens-Martin-Ofen	GH-M 95	B	basisch erschmolzen	–
ohne	Kupolofen	GG-20	Y	sauer erschmolzen	
Angaben besonderer Eigenschaften					
A	alterungsbeständig	–	L	laugenrissbeständig	–
K	kleiner P- u./o. S-Gehalt	–	S	schmelzschweißbar	GS-BS 40
Bezeichnung nach der chemischen Zusammensetzung					
Unlegierte Gusseisenwerkstoffe[3]			*Legierte Gusseisenwerkstoffe[4]*		
GG-C	Gusszeichen + + Symbol für C	GG-EC 270 G	Gusszeichen + Kennzahl für C + Kennzahl der Leg.-Elemente		GS-15 Cr 3 E
GS-C	+ Kennzahl für C	GS-C 10 MnSi	G-X	hochleg. Stahlguss	G-X 15 CrNi 18 8
Besondere Eigenschaften als Zusatz zum Kurzzeichen					
Al	mit Aluminium-Zusatz		P	mit höherem P- und S-Gehalt	
Cu	mit Kupfer-Zusatz		Si/Mn	mit höherem Si- bzw. Mn-Gehalt	

Symbole und Multiplikatoren der Legierungselemente

Element	Cr, Co, Mn, Ni, Si, W	Al, Be, Pb, B, Cu, Mo, Nb, Ta, Ti, V, Zr	P, S, N, Cer, C
Multiplikator	4	10	100

Kennziffer für den Gewährleistungsumfang

Ziffer	Bedeutung	Ziffer	Bedeutung	Ziffer	Bedeutung
0.1	Streckgrenze	0.4	Streckgrenze, wie 0.2	0.7	Streckgrenze, wie 0.2 u. 0.3
0.2	Falt- od. Stauchversuch	0.5	K.-Zähigkeit, wie 0.2	0.8	Warm- und Dauerfestigkeit
0.3	Kerbschlagzähigkeit	0.6	Streckgrenze, wie 0.3	0.9	elektr. und magn. Eigensch.

Kennzeichnung des Behandlungszustandes

A	angelassen	HF	Oberfläche flammgehärtet	NT	nitriert
B	beh. auf Zerspanbarkeit	HI	Oberfl. induktionsgehärtet	S	spannungsarmgeglüht
E	einsatzgehärtet	K	kaltverformt	U	unbehandelt
G	weichgeglüht	N	normalgeglüht	V	vergütet

[1] Die Festigkeitskennzahl multipliziert mit 9,81 ergibt die Mindestzugfestigkeit R_m in N/mm².
[2] Die Zahl gibt die Einhärtungstiefe in mm an. Ist die Zahl > 50, handelt es sich um die Angabe der Shore-Härte; das F im Kurzzeichen entfällt dann.
[3] Die Kennzahl für Kohlenstoff ist das 100fache des C-Gehaltes in Gew.-%, siehe Multiplikatoren.
[4] Die Kennzahl für Kohlenstoff (ohne Symbol C) wird ergänzt von Symbolen und Kennzahlen der Leg.-Elemente. Beim hochleg. Stahlguss geben die Zahlen direkt die Anteile der Leg.-Elemente in % an.

© Verlag Gehlen

Grauguss **85**

Grauguss mit Lamellengraphit — DIN 1691

Sorte Kurzzeichen	Sorte Werkstoff-Nummer	Zugfestigkeit R_m in N/mm² und Härte HB bei Wanddicken in mm [1]							Anwendung
		>5...≤10		>10...≤20		>20...≤40		>40...≤80	
		R_m	HB	R_m	HB	R_m	HB	R_m	HB	
Kennzeichnende Eigenschaft Zugfestigkeit R_m									
GG-10	0.6010	100	–	100	–	100	–	–	–	gering beanspruchte Teile
GG-15	0.6015	155	245	130	225	110	250	110	95	höher beanspruchte Teile;
GG-20	0.6020	205	270	180	250	155	235	130	–	einfache Gussteile, Gehäuse
GG-25	0.6025	250	285	225	265	195	250	170	–	[3]
GG-30 [2]	0.6030	–	–	270	285	240	265	210	–	hoch beanspruchte Teile, La-
GG-35 [2]	0.6035	–	–	315	285	280	275	250	–	gerschalen, Turbinengehäuse
Kennzeichnende Eigenschaft Härte HB									
GG-150 HB	0.6012	–	185	–	170	–	160	–	150	Bevorzugte Angabe für
GG-170 HB	0.6017	–	225	–	205	–	185	–	170	Gussstücke mit hohem
GG-190 HB	0.6022	–	260	–	230	–	210	–	190	Verschleiß und spanen-
GG-220 HB	0.6027	–	275	–	250	–	235	–	220	der Bearbeitung mit
GG-240 HB	0.6032	–	–	–	275	–	255	–	240	hoher Schnittgeschwin-
GG-260 HB	0.6037	–	–	–	–	–	275	–	260	digkeit.

[1] Werte werden im Gussstück erwartet. [2] Ab Wanddicken von 10 mm vergossen.
[3] Anwendung für wärmebeständige und druckdichte Teile.

Zugfestigkeit R_m und Brinellhärte HB in Abhängigkeit von der Wanddicke

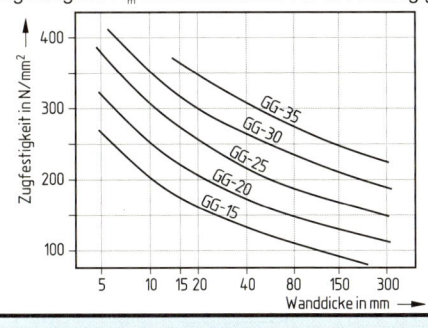

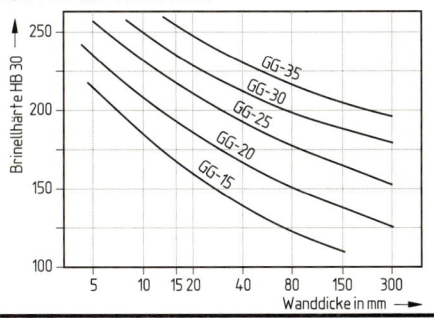

Gusseisen mit Kugelgraphit — DIN 1693

Sorte Kurzzeichen	Sorte Werkstoff-Nummer	Zugfestigkeit R_m in N/mm²	Dehngrenze $R_{p0.2}$ in N/mm²	Dehnung A in %	Gefüge[1]	Anwendung
GGG-35.3	0.7033	350	222	22		geringe Verschleißfestig-
GGG-40	0.7040	400	250	15	+F	keit; Gehäuse
GGG-40.3	0.7043	400	250	18		
GGG-50	0.7050	500	320	7	F/P	mittlere Verschleißfestigkeit;
GGG-60	0.7060	600	380	3	P/F	Fittings, Pleuel, Pressen
GGG-70	0.7070	700	440	2	+P	hohe Oberflächenhärte; Zahn-
GGG-80	0.7080	800	500	2	P	räder, Kurbelwellen, Kupplungen

[1] + vorwiegend, F ferritisch, P perlitisch.

© Verlag Gehlen

Austenitisches Gusseisen mit Kugelgraphit — DIN 1694

Sorte Kurzzeichen	Werkstoff-Nummer	Zugfestigkeit R_m in N/mm²	Dehngrenze $R_{p0.2}$ in N/mm²	Härte HB	Dehnung A in %
GGG-NiMn 13 7[1]	0.7652	390...470	210...260	120...150	15...18
GGG-NiCr 20 2[1]	0.7660	370...480	210...250	140...200	7...20
GGG-NiSiCr 20 5 2[1]	0.7665	370...440	210...260	180...230	10...18
GGG-Ni 22[1]	0.7670	370...450	170...250	130...170	20...40
GGG-NiMn 23 4[1]	0.7673	440...480	210...260	150...180	25...45
GGG-Ni 35	0.7683	370...420	210...240	130...180	20...40
GGG-NiCr 35 3	0.7685	370...450	210...290	140...190	7...10

Anwendung	
GGG-NiMn 13 7	nichtmagnetisierbare Gussstücke, Pressdeckel für Turbinengehäuse, Gehäuse für Schaltanlagen, Isolatorenflansche, Klemmen, Durchführungen
GGG-NiCr 20 2	hitze- u. korrosionsbeständig, nichtmagnetisierbare Gussstücke, gute Gleiteigenschaften; Pumpen, Ventile, Kompressoren, Turboladergehäuse, Abgasleitungen
GGG-NiSiCr 20 5 2	gut korrosions- und sehr gut hitzebeständig; Pumpenteile, Ventile, Gussstücke für Industrieöfen mit erhöhter mechanischer Beanspruchung
GGG-Ni 22	nichtmagnetisierbar, hohe Wärmeausdehnung, bis −100 °C kaltzäh; Pumpen, Ventile, Kompressoren, Laufbuchsen, Turboladergehäuse
GGG-NiMn 23 4	bis −196 °C kaltzäh; Gussteile für die Kältetechnik
GGG-Ni 35	maßbeständige Werkzeugmaschinenteile, wissenschaftliche Instrumente
GGG-NiCr 35 3	erhöhte Warmfestigkeit; Gasturbinengehäuse, Glaspressformen

[1] Die Sorten liegen auch mit Lamellengraphit vor, z. B. GGL-NiMn 13 7. Die Werte für die Festigkeiten liegen unter denen der Sorten mit Kugelgraphit.

Temperguss — DIN 1692

Sorte[1] Kurzzeichen DIN	ISO	Werkstoffnummer	Zugfestigkeit R_m in N/mm²	Dehngrenze $R_{p0.2}$ in N/mm²	Härte HB	Dehnung A in %	Anwendung
Schwarzer Temperguss (GTS), nicht entkohlend geglüht							
GTS-35-10	P35-10	0.8135	350	200	150	10	Gehäuse mit goßer Wanddicke
GTS-45-06	P45-06	0.8145	450	270	200	6	Bremstrommeln
GTS-55-04	P55-04	0.8155	550	340	230	4	Kurbelwellen, Federböcke, Bremsen
GTS-65-02	P65-02	0.8165	650	430	260	2	kleine Gehäuse
GTS-70-02	P70-02	0.8170	700	530	290	2	Kardangabeln, Pleuel
Weißer Temperguss (GTW), entkohlend geglüht							
GTW-35-04	W35-04	0.8035	360	–	230	3	Fittings, Schloßteile
GTW-40-05	W40-05	0.8040	420	230	220	4	Schraubzwingen
GTW-45-07	W45-07	0.8045	480	280	220	4	Spannklemmen
GTW-S 38-12	W38-12	0.8038	400	210	200	8	Fahrwerksteile

[1] Die Festigkeitswerte gelten für Proben mit einem Durchmesser von 15 mm. Die Werte für GTW ergeben bei kleinen Wanddicken größere Dehnungs- und kleinere Festigkeitswerte.

© Verlag Gehlen

Legiertes Gusseisen · Stahlguss

Legiertes Gusseisen, verschleißbeständig — DIN 1695

Sorte Kurzzeichen	W.-Nr.	Zugfestigk. R_m in N/mm²	Härte HV30	Härte HB	Härte HRC	Anwendung
G-X 300 NiMo 3 Mg	0.9610	700...1300	300...650	300...610	30...58	höchste
G-X 330 NiCr 4 2	0.9625	280...350	450...760	430...690	45...62	Schlagzähigkeit,
G-X 300 CrMo 15 3	0.9635	450...1000	380...750	380...690	39...62	hoher Verschleiß-
G-X 260 Cr 27	0.9650	560...960	380...750	380...690	39...62	widerstand

Stahlguss für allgemeine Verwendungszwecke — DIN 1681

Sorte Kurzzeichen	W.-Nr.	Zugfestigkeit R_m in N/mm²	Streckgrenze R_e in N/mm²	Dehnung A in %	Anwendung
GS-38	1.0420	380	200	25	Kompressorengehäuse,
GS-45	1.0446	450	230	22	Walzwerksständer, große
GS-52	1.0552	520	260	18	Zahnräder; mittel bis hoch
GS-60	1.0558	600	300	15	beanspruchte Werkstücke

Stahlguss mit verbesserter Schweißeignung und Zähigkeit — DIN 17182

Sorte Kurzzeichen	W.-Nr.	Zugfestigkeit R_m in N/mm²	Streckgrenze R_e in N/mm²	Dehnung A in %	Anwendung
GS-16 Mn 5 N	1.1131	430...600	230	25	Sorten mit besserer
GS-20 Mn 5 N	1.1290	500...650	280	22	Schweißeignung und
GS-20 Mn 5 V		500...650	300	24	Zähigkeit, geeignet für
GS-8 Mn 7 V	1.5015	500...650	350	22	den Temperaturbereich
GS-8 MnMo 7 8 V	1.5450	500...650	350	22	zwischen −10 °C und
GS-13 MnNi 6 4 V	1.6221	480...630	340	20	+ 300 °C

Warmfester ferritischer Stahlguss — DIN EN 10213

Sorte Kurzname	W.-Nr.	R_m in N/mm²	$R_{P0,2}$ in N/mm² bei °C 20	200	300	400	A in %	Anwendung
GP240GR	1.0619	420...600	240	175	145	130	22	Gussstücke für Was-
G20Mo5	1.5419	440...590	245	190	165	150	22	ser- und Dampfkreisläu-
GX15CrMo	1.7357	490...690	315	250	230	200	20	fe, Kühlsysteme,
GX8CrNi12	1.4107	540...690	355	275	265	255	18	Armaturen;
GX23CrMoV12-1	1.4931	740...880	540	450	430	390	15	bis 500 °C einsetzbar

Nichtrostender Stahlguss — DIN 17445, DIN EN 10213

Sorte Kurzname	W.-Nr.	R_m in N/mm²	$R_{P0,2}$ in N/mm² bei °C 20	200	300	400	A in %	Anwendung
Ferritische Stahlgusssorten								
G-X 8 CrNi 13 V	1.4008	590...790	440	345	325	305	15	besonders beständig
G-X 20 Cr 14 V	1.4027	590...790	440	345	325	305	12	gegen Chemikalien;
G-X 22 CrNi 17 V	1.4059	780...980	590	–	–	–	4	Lebensmittelindustrie
G-X 5 CrNi 13 4 V	1.4313	900..1100	830	750	700	–	12	
Austenitische Stahlgusssorten[1]								
GX5CrNi19-9	1.4308	440...640	175	115	100	–	20	korrosions- und
GX5CrNiNb19-11	1.4552	440...640	175	130	120	110	20	säurefest;
GX5CrNiMo19-11-2	1.4408	440...640	185	120	100	–	20	Pumpengehäuse für
GX5CrNiMoNb19-11-2	1.4581	440...640	185	140	130	120	20	heiße Säuren

[1] Die Festigkeitswerte gelten für den abgeschreckten Zustand.

© Verlag Gehlen

Eisen-Kohlenstoff-Diagramm

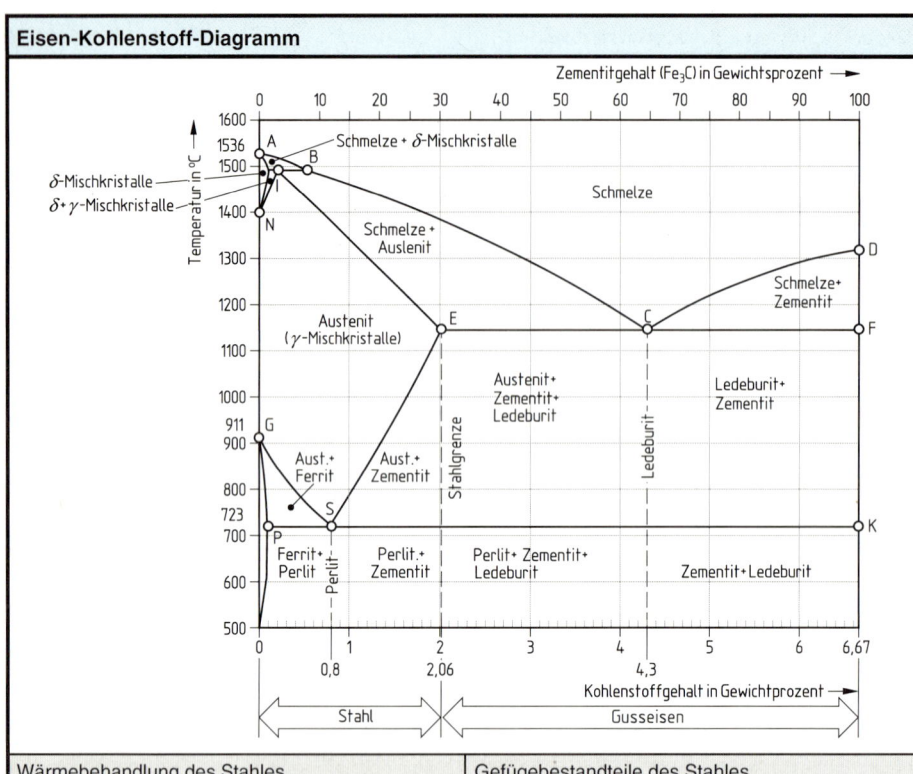

Zementitgehalt (Fe₃C) in Gewichtsprozent →

Bereiche im Diagramm:
- δ-Mischkristalle
- δ+γ-Mischkristalle
- Schmelze + δ-Mischkristalle
- Schmelze
- Schmelze + Austenit
- Schmelze + Zementit
- Austenit (γ-Mischkristalle)
- Austenit + Zementit + Ledeburit
- Ledeburit + Zementit
- Ledeburit
- Aust. + Ferrit
- Aust. + Zementit
- Ferrit + Perlit
- Perlit
- Perlit + Zementit
- Perlit + Zementit + Ledeburit
- Zementit + Ledeburit
- Stahlgrenze

Punkte: A 1536, B 1500, N 1400, D, E, C, F, G 911, S 723, P, K

Temperaturen: 1600, 1500, 1400, 1300, 1200, 1100, 1000, 911, 900, 800, 723, 700, 600, 500 °C

Kohlenstoffgehalt: 0,8 — 2,06 — 4,3 — 6,67

Stahl | Gusseisen

Kohlenstoffgehalt in Gewichtsprozent →

Wärmebehandlung des Stahles

Bereiche: Diffusionsglühen, Normalglühen, Härten, Weichglühen, Spannungsarmglühen, Rekristallisationsglühen

Punkte G, S, E, K

Temperaturen: 500–1200 °C
Kohlenstoffgehalt: 0 – 2,0 %

Gefügebestandteile des Stahles

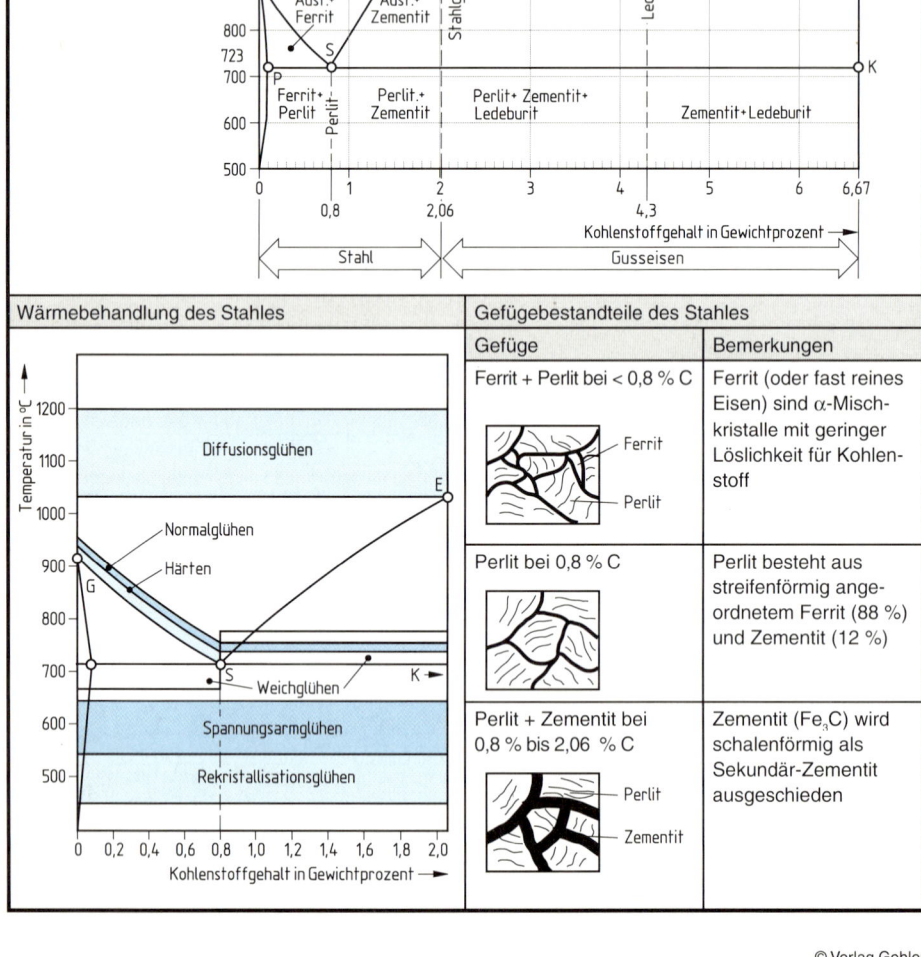

Gefüge	Bemerkungen
Ferrit + Perlit bei < 0,8 % C (Ferrit, Perlit)	Ferrit (oder fast reines Eisen) sind α-Mischkristalle mit geringer Löslichkeit für Kohlenstoff
Perlit bei 0,8 % C	Perlit besteht aus streifenförmig angeordnetem Ferrit (88 %) und Zementit (12 %)
Perlit + Zementit bei 0,8 % bis 2,06 % C (Perlit, Zementit)	Zementit (Fe₃C) wird schalenförmig als Sekundär-Zementit ausgeschieden

© Verlag Gehlen

Wärmebehandlung von Stählen

Wärmebehandlung von Einsatzstählen — DIN 17210

Stahlsorte Kurzname	Aufkohlen °C [1]	Härtetemperatur °C Kern-	Härtetemperatur °C Rand-	Abkühlmittel	Anlassen °C	Stirnabschreckversuch Härten °C	Stirnabschreckversuch Härte HRC [2]
C 10		880 bis 920		Wahl richtet sich nach		–	–
C 15						–	–
17 Cr 3				• Härtbarkeit des Stahles		880	38...45
20 Cr 4	880 bis 980	860 bis 900	780 bis 820		150 bis 200	870	41...49
16 MnCr 5				• Gestalt und Querschnitt des Werkstückes		870	39...47
20 MnCr 5						870	41...49
20 MoCr 4						910	41...49
21 NiCrMo 2				• Wirkung des Kühlmittels		925	41...49
15 CrNi 6		830 bis 870				860	39...47
17 CrNiMo 6						860	40...48

[1] Die Aufkohlungstemperatur hängt ab von der Aufkohlungsdauer, dem Aufkohlungsmittel, der verfügbaren Anlage, dem Verfahrensablauf sowie dem Gefügezustand. Beim Direkthärten von verzugsempfindlichen Werkstücken kann von der Aufkohlungs- oder einer niedrigeren Temperatur abgeschreckt werden.
[2] Die Härtewerte wurden im Abstand von 1 mm (17 Cr 3) bzw. 1,5 mm (übrige Stähle) gemessen.

Wärmebehandlung von Nitrierstählen — DIN 17211

Stahlsorte Kurzname	Weichglühen °C	Vergüten Härten °C	Vergüten Abkühlen	Anlassen °C	Gasnitrieren °C [2]	Nitrocarborieren °C [3]
31 CrMo 12	650...700	870...910	Öl	570...780		
31 CrMoV 9	680...720	840...880	Öl/W [1]	570...680	500 bis 520	570 bis 580
15 CrMoV 5 9	680...740	940...980	Öl/W [1]	600...700		
34 CrAlMo 5	650...700	900...940	Öl/W [1]	570...650		
34 CrAlNi 7	650...700	850...890	Öl	570...660		

[1] Abkühlmittel: W Wasser.
[2] Die Nitriertiefe hängt von der Nitrierdauer ab.
[3] Das Nitrocarborieren erfolgt im Gas oder Salzbad; im Pulver oder Plasma betragen die Temperaturen max. 580 °C.

Wärmebehandlung von Stählen zum Flamm- und Induktionshärten — DIN 17212

Stahlsorte Kurzzeichen	Warmumformen °C	Weichglühen °C	Normalglühen °C	Vergüten Härten in Wasser °C	Vergüten Härten in Öl °C	Anlassen °C
Cf 35	1100...850	650...700	860...890	840...870	850...880	550 bis 560
Cf 45	1100...850	650...700	840...870	820...850	830...860	
Cf 53	1050...850	650...700	830...860	805...835	815...845	
Cf 70	1000...800	650...700	820...850	790...820	–	
45 Cr 2	1100...850	650...700	840...870	820...850	830...860	
38 Cr 4	1050...850	680...720	845...885	825...855	835...865	540 bis 680
42 Cr 4	1050...850	680...720	840...880	820...850	830...860	
41 CrMo 4	1050...850	680...720	840...880	820...850	830...860	
49 CrMo 4	1050...850	680...720	840...880	820...850	830...860	

© Verlag Gehlen

Wärmebehandlung von Vergütungsstählen — DIN EN 10083

Stahlsorte, Kurzname	Normal-glühen[1] °C	Härten[2] °C	AM[3]	Anlassen[4] °C	Stirnabschreckversuch Härten °C	Härte HRC[5] H	HH	HL
2 C 22	880...920	860...900			–	–	–	–
2 C 25	880...920	860...900	W		–	–	–	–
2 C 30	870...910	850...890			–	–	–	–
2 C 35	860...900	840...880		550	870	48...58	51...58	48...55
2 C 40	850...890	830...870	W/Ö	bis	870	51...60	54...60	51...57
2 C 45	840...880	820...860		650	850	55...62	57...62	55...60
2 C 50	830...870	810...850			850	56...63	58...63	56...61
2 C 55	825...865	805...845	Ö/W		830	58...65	60...65	58...63
2 C 60	820...860	–			830	60...67	62...67	60...65
28 Mn 6	–	830...870	W/Ö		850	45...54	48...54	45...51
38 Cr 2	–	830...870	Ö/W		850	51...59	54...59	51...56
46 Cr 2	–	820...860	Ö/W		850	54...63	57...63	54...60
34 Cr 4	–	830...870	W/Ö		850	49...57	52...57	46...54
37 Cr 4	–	825...865	Ö/W	540	850	51...59	54...59	51...56
41 Cr 4	–	820...860	Ö/W	bis	850	53...61	56...61	53...58
25 CrMo 4	–	840...880	W/Ö	680	860	44...52	47...52	44...49
34 CrMo 4	–	830...870	Ö/W		850	49...57	52...57	49...54
42 CrMo 4	–	820...860	Ö/W		850	53...61	56...61	53...58
50 CrMo 4	–	820...860	Ö		850	58...65	60...65	58...63
36 CrNiMo 4	–	820...850	Ö/W		850	51...59	54...59	51...56
34 CrNiMo 6	–	830...860	Ö	540...660	850	50...58	53...58	50...55
30 CrNiMo 8	–	830...860	Ö		850	48...56	51...56	48...53
36 CrNiMo 16	–	865...885	L	550...650	850	50...57	52...57	50...55
51 CrV 4	–	820...860	Ö	540...680	850	57...65	60...65	57...62

[1] Das Austenitisieren soll mind. 30 min dauern.
[2] Die unteren Temperaturen gelten beim Abkühlen in Wasser, die oberen beim Abkühlen in Öl.
[3] Abschreckmittel AM: W Wasser, Ö Öl, Ö/W Öl bzw. Wasser, W/Ö Wasser bzw. Öl, L Luft.
[4] Das Anlassen soll mind. 60 min dauern.
[5] Härtbarkeitsanforderungen: H übliche; HH, HL eingeschränkte Härtbarkeitsanforderungen.

Wärmebehandlung von Automatenstahl — DIN 1651

Einsatzhärten der Automatenstähle: 15 S 10, 10 S 20, 10 SPb 20

Aufkohlen °C	Kernhärtetemperatur °C	Randhärtetemperatur °C	Abkühlmittel[1]	Anlassen °C
880...980	880...920	780...820	W, Ö, Warmbad	150...200

Vergüten der Automatenstähle

Stahlsorte Kurzname	Härten °C in Wasser	Härten °C in Öl	Anlassen °C	Bemerkung
35 S 20, 35 SPb 20	840...870	850...880	540...680	Luftabkühlung nach dem Anlassen
45 S 20, 45 SPb 20	820...850	830...860	540...680	
60 S 20, 60 SPb 20	800...830	810...840	540...680	

[1] Abhängig von: Härtbarkeit des Stahles, Gestalt und Querschnitt des Werkstückes, Kühlmittelwirkung

© Verlag Gehlen

Wärmebehandlung von nichtrostenden Stählen und Stahlguss

Wärmebehandlung nichtrostender Stähle — DIN 17440

Stahlsorte, Kurzname	Warmumformung °C	Abkühlen	Glühen °C	Abk.	Härten °C	Abkühlen	Anlassen °C
X 6 Cr 13	1100 bis 800	Luft	750...800	Öl, Luft	950...1000	Öl, schnell an Luft	650...750
X 6 Cr Al 13							
X 6 Cr 17			750...850	Luft, Wasser			
X 6 CrTi 17							
X 4 CrMoS 18							
X 12 Cr 13	1100 bis 800	Luft langsame Abkühlung Luft langs. Abk.	750...800	Öl, Luft	950...1000	Öl, schnell an Luft	680...780
X 20 Cr 13							650...750
X 30 Cr 13			730...780		980...1300		640...740
X 14 CrMoS 17			750...850				550...650
X 17 CrNi 16-2			650...750				620...720
X 5 CrNi 18 10	1150 bis 750	Luft			1000...1080	Wasser, schnell an Luft	
X 8 CrNiS 18-8							
X 6 CrNiTi 18 10							
X 2 CrNiMo 18 14 3					1020...1100		
X 3 CrNiMo 17-13-3							

Wärmebehandlung von Stahlguss — DIN 17182

Sorte, Kurzname	Vergüten[1] Härten °C	Abschreckmittel	Anlassen[2] °C
GS-20 Mn 5	890...940	Flüssigkeit	610...660
GS-8 Mn 7	900...980	Luft/Flüssigkeit	600...640
GS-8 MnMo 7	900...980	Luft/Flüssigkeit	600...640
GS-13 MnNi 6 4	860...930	Luft	550...620

[1] Es wird empfohlen vor dem Vergüten normalzuglühen: 910...960 °C.
[2] Abkühlung an ruhender Luft bzw. im Ofen.

Wärmebehandlung von Warmfestem Stahlguss — DIN EN 10213

Sorte, Kurzname	Spannungsarmglühen[1] °C	Härten °C	Anlassen °C
GP240GH	580	890...980	600...700
G20Mo5	660	920...980	650...730
G17CrMoV5-5	660	920...960	680...740
G17CrMoV5-10	660	920...960	680...740
GX8CrNi 12	660	1000...1060	680...730
GX23CrMoV12-1	680	1030...1080	700...750

[1] Nicht erforderlich, wenn vergütet oder nach dem Schweißen von 300 °C langsam (25 K/h) abgekühlt wird.

Wärmebehandlung von Nichtrostendem Stahlgusssorten — DIN 17445

Kurzname	Glühen °C[1]	Härten °C[2]	Anlassen °C	Kurzname	Härten °C[3]
G-X 8 CrNi 13	700...750	1000...1050	650...720	G-X 8 CrNi 18 8	1050...1100
G-X 20 Cr 14	750...800	1000...1050	650...750	G-X 5 CrNiNb 18 9	1050...1100
G-X 22 CrNi 17	700...750	1000...1050	600...700	G-X 6 CrNiMo 18 10	1050...1100
G-X 5 CrNi 13 4	–	1000...1050	500...540	G-X 5 CrNiMoNb 18 10	1050...1100

[1] Abkühlen im Ofen. [2] Abkühlmittel Luft.
[3] Abkühlmittel Wasser bzw. Luft.

© Verlag Gehlen

Wärmebehandlung von Werkzeugstählen — DIN 17350

Stahlsorte Kurzname	Warmumformen °C	Weichglühen °C	Härten °C	A[1]	ET[2] mm	D[3] mm	Härte HRC n. d. Anlassen °C RT	100	200	300
Unlegierte Kaltarbeitsstähle										
C 60 W	1050 bis 800	680...710	800...830	Ö	3,5	12	58	58	54	48
C 70 W2		680...710	790...820	W	3,0	10	64	63	60	52
C 80 W1		680...710	780...810	W	2,5	10	64	64	60	54
C 85 W		680...710	800...830	Ö	4,5	12	63	63	59	54
C 105 W1		710...740	770...800	W	2,5	10	65	64	62	56

Stahlsorte Kurzname	Warmumformen °C	Weichglühen °C	Härten °C	A[1]	Härte HRC nach dem Anlassen °C RT	100	200	300	400	600
Legierte Kaltarbeitsstähle										
115 CrV 3	1050 bis 850	710...750	760...810	W	64	63	61	57	51	36
100 Cr 6		710...750	820...850	Ö	64	63	61	56	50	36
145 V 33		720...760	800...950	W	65	64	62	56	48	4
21 MnCr 5		670...710	810...840	Ö	62	61	59	57	50	47
90 MnCrV 8		680...720	790...820	Ö	64	63	60	56	49	37
105 WCr 6		710...750	800...830	Ö	64	63	61	58	54	44
60 WCrV 7		710...750	870...900	Ö	60	60	58	56	52	43
X 210 CrW 12		800...840	840...870	Ö	64	63	61	60	58	48
X 45 NiCrMo 4		610...650	840...870	Ö	56	56	54	51	47	38
X 19 NiCrMo 4		620...660	800...830	L	62	62	60	58	56	49
X 36 CrMo 17		650...680	1000...1040	Ö	49	48	47	46	46	32
Warmarbeitsstähle										
56 NiCrMoV 7	1100 bis 850	650...700	860...900	L	58	57	55	52	49	38
X 40 CrMoV 5 1		750...800	1020...1060	Ö	54	53	52	51	54	49
X 32 CrMoV 3 3		750...800	1010...1050	B	51	50	50	51	51	47
Schnellarbeitsstähle										
S 6-5-2	1100 bis 900	770 bis 840	1190...1230		64	64	64	61	62	63
S 7-4-2-5			1180...1220	Ö	66	66	66	62	62	65
S 10-4-3-10			1210...1250	B	66	66	66	61	62	65
S 18-1-2-5			1260...1300	L	64	64	64	63	62	63
S 6-5-2-5			1200...1240		64	64	64	62	62	63

Zeit-Temperatur-Folge-Diagramm für Kalt- und Warmarbeitsstähle mit Härtetemperaturen bis 900 °C

Spannungsarmglühen — Erwärmen — Austenitisieren — Abkühlen — Anlassen

Vorarbeiten / Fertigbearbeiten: 600...650 °C — langsame Ofenabkühlung

2. Vorwärmstufe 1/2 min/mm ~650 °C
1. Vorwärmstufe 1/2 min/mm ~400 °C
Härtetemperatur
Öl/Luft/Wasser
Warmbad ~200 °C
Ausgleichstemperatur 1h/100 mm
Anlassen 1h/20 mm
Luft

[1] A Abkühlmittel: Ö Öl, L Luft, W Wasser, B Warmbad. Die richtige Abkühlgeschwindigkeit ist aus dem Zeit-Temperatur-Umwandlungs-Diagramm DIN 17350 zu entnehmen.
[2] ET Einhärtungstiefe für ein 30 mm Vierkant. [3] D durchhärtender Durchmesser.

© Verlag Gehlen

Glüh- und Anlassfarben · Funkenprobe

Glüh- und Anlassfarben für Stähle

Glühen			Anlassen		
Glühfarbe	Temperatur	Darstellung	Anlassfarbe	Temperatur	Darstellung
Dunkelbraun	550 °C		Weißgelb	200 °C	
Braunrot	630 °C		Strohgelb	220 °C	
Dunkelrot	680 °C		Goldgelb	230 °C	
Dunkelkirschrot	740 °C		Gelbbraun	240 °C	
Kirschrot	780 °C		Braunrot	250 °C	
Hellkirschrot	810 °C		Rot	260 °C	
Hellrot	850 °C		Purpurrot	270 °C	
gut Hellrot	900 °C		Violett	280 °C	
Gelbrot	950 °C		Dunkelblau	290 °C	
Hellgelbrot	1000 °C		Kornblumenblau	300 °C	
Gelb	1100 °C		Hellblau	320 °C	
Hellgelb	1200 °C		Blaugrau	340 °C	
Gelbweiß	1300 °C		Grau	360 °C	

Funkenprobe

Werkstoff	Beschreibung der Funken	Darstellung
Baustahl, Einsatzstahl	lange Funkenlinien mit hellgelben Steinchen (ca. 0,15 % C)	
Werkzeugstahl	viele strohgelbe lange Funken mit hellgelben Verästelungen (ca. 1,0 % C)	
Legierter Werkzeugstahl	Dünne rötliche Strahlen mit zungenförmigen Enden	
Kaltarbeitsstahl	Kurze rötliche Garbe, gehärtet viele Kohlenstoff-Explosionen	
Schnellarbeitsstahl	Dunkelrote kugelförmige unterbrochene Funken (ca.18 % Wolfram)	

© Verlag Gehlen

Werkstoffnummern der Nichteisenmetalle — DIN 17007

Aufbau der Werkstoffnummern: **X.XXXX.XX**

Werkstoffgruppe	Anhängezahl 1	Anhängezahl 2 (Auszugsweise Aufstellung)	
2.0000...2.1799 Kupfer und seine Leg.	0 Fertigungszustand	1 Sandguss 2 Kokillenguss	4 Strangguss 5 Druckguss

2.2000...2.2499
Zink, Cadmium und ihre Leg.
	1 weich	0 ohne Korngrößen-
		  angabe
			1 mit Korngrößen-
			  angabe

2.3000...2.3499
Blei und Blei-Leg.
	2 kaltverfestigt
	  (Zwischenhärtung)
		1 gewalzt und
		  entspannt
			2 achtelhart und
			  entspannt

2.3500...2.3999 Zinn und Zinn-Leg.	3 kaltverfestigt	0 hart 1 hart, entspannt	2 federhart 4 doppelfederhart
2.4000...2.4999 Nickel, Cobalt und ihre Leg.	4 lösungsgeglüht, nicht nachbearbeitet	0 kaltausgelagert 3 homogenisiert	

2.5000...2.5999
Edelmetalle
	5 lösungsgeglüht,
	  kaltnachbearbeitet
		1 kaltausgelagert,
		  gerichtet
			3 kaltverfestigt

2.6000...2.6999
Hochschmelzende Metalle
	6 warmausgehärtet,
	  nicht nachbearbeitet
		1 lösungsgeglüht	7 ohne besondere
			  Glühung

3.000...3.4999
Aluminium und seine Leg.
	7 warmausgehärtet,
	  kaltnachbearbeitet
		1 lösungsgeglüht,
		  gerichtet
			3 lösungsgeglüht,
			  kaltverfestigt

3.5000...3.5999 Magnesium und seine Leg.	8 entspannt	1 Sandguss 2 Kokillenguss	4 Strangguss 5 Druckguss
3.7000...3.7999 Titan und Titanlegierungen	9 Sonderbehandlung	1 Sandguss 2 Kokillenguss	4 Strangguss 5 Druckguss

Kurzzeichen der Nichteisenmetalle — DIN 1700[1)]

Benennung nach der chemischen Zusammensetzung: **X-XXXXX xx**

Herstellung, Verwendung	Leg.-Zusammensetzung	Eigenschaften	weitere Eigenschaften

G-   Sandguss
GC- Strangguss
GD- Druckguss
GF- Feinguss
GK- Kokillenguss
GL- Gleitmetall
GZ- Schleuderguss
L-   Lot
LG- Lagermetall
S-   Schweißzusatzleg.
V-   Vor- und Verschnitt-
     legierung
	Anteil wird nach dem
	Element in % angegeben:[2)]
	Al Aluminium
	Cu Kupfer
	Fe Eisen
	Mg Magnesium
	Mn Mangan
	Ni Nickel
	Pb Blei
	Si Silicium
	Sn Zinn
	Ti Titan
	Zn Zink
		a ausgehärtet
		h hart
		hh halbhart
		g geglüht [3)]
		ka kaltausgehärtet [4)]
		ku kaltumgeformt
		p gepresst
		pl plattiert
		ta teilausgehärtet [5)]
		wa warmausgehärtet [6)]
		wh walzhart
		wu warmumgeformt
		zh ziehhart
			F Festigkeitszahl:
			   z. B. F52 hat die
			   Mindestfestigkeit
			   R_m = 520 N/mm²
			
			H- Hüttenwerkstoff
			R- Reinstmetall
			E- Metalle für den
			   Einsatz in der
			   Elektrotechnik

Beispiel: Legierung DIN 1725-G-AlSi10Mg(Cu) wa oder Legierung DIN 1725-3.2383.61: Aluminiumlegierung, Sandguss mit ≈10 % Silicium, geringfügig Magnesium und Kleinstanteil Kupfer, warmausgehärtet.

[1)] DIN 1700 wurde teilweise durch neue Festlegungen in Europäischen Normen ersetzt, DIN EN 573-2 Al-Knetleg. (s. S. 95); E DIN EN 1754 Mg-Leg. (s. S. 98); DIN EN 1412 Cu-Leg. (s. S. 99).
[2)] Ohne Mengenangabe Gehalt < 1 %, bei Angabe in Klammern sehr geringer Gehalt.
[3)] g   geglüht oder geglüht und abgeschreckt.
[4)] ka   lösungsgeglüht, abgeschreckt und kaltausgelagert.
[5)] ta   lösungsgeglüht, abgeschreckt und verkürzt warmausgelagert.
[6)] wa   lösungsgeglüht, abgeschreckt und warmausgelagert.

© Verlag Gehlen

Aluminium-Knetlegierungen, Bezeichnung nach Europäischem Normsystem — DIN EN 573

Werkstoffnummern bestehen aus 10 Zeichen: **EN AW-XXXXX**

Stelle 4: Werkstoffsorte	Stelle 6...9: Hauptlegierungselemente		Stelle 10: Nationale Variante
W für Halbzeug u. für das entsprechende Vormaterial (Walz- und Pressbarren)	1 reines Al ≤ 99,00 % Stelle 8 u. 9 geben die Dezimalen nach dem Komma an	2 Cu 3 Mn 4 Si 5 Mg	6 Mg und Si 7 Zn 8 sonstige Elemente	Buchstabe ohne I, O, Q zur Kennzeichnung einer eingetragenen nationalen Legierungsvariante

Anmerkung: Die übliche Bezeichnung ist die numerische, eventuell gefolgt durch die in eckige Klammern gesetzten chemischen Symbole der Legierungselemente. In Ausnahme kann die Bezeichnung durch Kurzzeichen erfolgen.
Ein eingeschobenes E kennzeichnet die Anwendung in der Elektrotechnik. **Beispiel:** EN AW-EAl 99,5.
Beispiel: EN AW-1080A oder EN AW-1080A [Al 99,80(A)] oder EN AW-Al 99,80(A).

Werkstoffbezeichnung durch Kurzzeichen: **EN AW-Al XXXX**

Stelle 4:	Stelle 8 und folgende:
Wie oben	Für unleg. Aluminium: Mindestmassenanteil in Prozent auf 1 oder 2 Dezimalstellen. Für Al-Leg.: chemisches Symbol der Leg.-Hauptelemente mit Masseprozentangaben, jedoch auf maximal vier Legierungselemente beschränkt. Beispiele siehe Tabelle unten.

Zustandsbezeichnung der Aluminiumknetlegierungen — DIN EN 515

Grundzustand	Unterteilte Zustandsbezeichnungen (Auszugsweise Aufstellung)		
F wie gefertigt H kaltverfestigt O weichgeglüht T wärmebehand. W lösungsgeglüht	O weichgeglüht, Eigenschaften wurden den Warmumformen erzielt H111 geglüht u. geringfügig kaltverfestigt H18 kaltverfestigt, 4/4 hart (durchgehärtet) H26 kaltverfestigt u. rückgeglüht, 3/4 hart	T4 lösungsgeglüht und kaltausgelagert T6 lösungsgeglüht u. warmausgelagert T651 lösungsgeglüht und durch Recken entspannt und warmausgelagert T8 lösungsg., kaltumgef., warmausgel.	

Aluminium-Knetlegierungen — DIN EN 755, DIN EN 485

Werkstoff Bezeichnung nach DIN EN 573	Band	Rohr	Zustand bei Durchmesser/ Blechdicke in mm	Härte HBS min.	Zugfestigkeit R_m in N/mm²	Streckgrenze $R_{p0,2}$ in N/mm²	Dehnung A in %	Anwendung
EN AW-2024 [Al Cu4Mg1] Leg. der WS-Gruppe II	X X X	 X	O 0,4...25 T4 0,4...6,0 T8 0,4...12,5 T4 ≤ 30	55 120 138	< 220 > 425 > 460 > 370	< 140 > 275 > 400 > 250	11 13 5 > 8	wenig korrosionsb., kaltaushärtbar, hohes R_m Konstruktionswerkstoff
EN AW-3103 [Al Mn1] EN AW-3003 [Al Mn1Cu] Leg. der WS-Gruppe I	X X	 X	O 0,2...50 H26 0,2...4,0 O alle	27 50	90...130 160...200 95...135	> 35 >135 > 35	17...28 3 > 25	korrosionsbestand., schweißbar, sehr gut kaltumformbar
EN AW-5005 [Al Mg1] Leg. der WS-Gruppe I	X X	X	O 0,2...50 H26 0,2...4,0	29 58	100...145 165...205	> 35 > 135	15...24 2...4	w. o., seewasserbest., nicht aushärt.
EN AW-5754 [Al Mg3] EN AW-5049 [Al Mg2Mn0,8] Leg. der WS-Gruppe II	X X	 X	O 0,2...100 H26 0,2...6,0 O ≤ 25	52 78	190...240 265...305 180...250	> 80 > 190 > 80	12...18 4...6 > 17	korrosionsbest., gut schweißbar, Leg. 5049 gute Warmf.
EN AW-6082 [Al Si1MgMn] Leg. der WS-Gruppe I	X X	X	O 0,4...25 T6 O ≤ 200	40 94	< 150 > 310 > 160	< 85 > 260 > 110	14...17 6...10 > 14	anod. oxidierbar, gut korrosionsbes., gut verformb. Leg.
EN AW-6101A [EAl MgSi] EN AW-6101B [EAlMgSi(B)]		X X	T6 ≤ 50 T6 ≤ 15		> 200 > 215	> 170 > 160	> 10 > 8	Legierungen für die Elektrotechnik
EN AW-7020 [Al Zn4,5Mg1] Leg. der WS-Gruppe II	X X	 X	O 0,4...12,5 T6 0,4...12,5 T6 ≤ 40	45 104	< 220 > 350 > 350	< 140 > 280 > 290	12...15 7...10 > 10	für Schweißkonstruktionen, hohes R_m warmaushärtbar

© Verlag Gehlen

Aluminium-Gusslegierungen

Aluminium-Gusslegierungen, Bezeichnung nach Europäischem Normsystem — E DIN EN 1780

Werkstoffnummern bestehen aus 10 Zeichen: **EN AX-XXXXX**

Stelle 4: Werkstoffsorte	Stelle 6...9: Hauptlegierungselemente		Stelle 10: Anwendungsbereich
B Gussleg. in Masseln C Gusserzeugnisse M Vorlegierungen	1 reines Al ≤ 99,00 % Stelle 8 u. 9 geben die Dezi- malen nach dem Komma an	2 Cu 7 Zn 4 Si 9 Vor- 5 Mg leg.	0 bei CEN-Legierungen ≠0 bei Leg. für die Luft- und Raumfahrt (AECMA-Leg.)

Vorlegierung: Stelle 6 ist eine 9, gefolgt von der Ordnungszahl des Hauptlegierungselementes. Ist die Stelle 10 eine ungerade Ziffer, so ist die Leg. gering verunreinigt, bei gerader Ziffer hoch verunreinigt.
Anmerkung: Die übliche Bezeichnung ist die numerische, eventuell gefolgt durch die in eckige Klammern gesetzten chemischen Symole der Legierungselemente. In Ausnahme kann die Bezeichnung durch Kurzzeichen erfolgen. **Beispiele:** EN AC-44300 oder EN AC-44300 [Al Si12(Fe)] oder EN AC-Al Si12(Fe).

Werkstoffbezeichnung durch Kurzzeichen: **EN AX-Al XXXX (x)**

Stelle 4	Stelle 8 und folgende	Anhang
Wie oben	Für unlegiertes Aluminium: Mindestmassenanteil in Prozent auf 1 oder 2 Dezimalstellen oder nach der 1. Dezimalstelle E für elektro-technische Anwendung. Für Al-Legierungen: chemisches Symbol der Leg.-Hauptelemente mit Masseprozentangaben. Hauptverunreinigungen sind in runden Klammern nachgestellt.	Kleine Buchstaben in runden Klammern zur Unterscheidung von abgewandelten Legierungsarten.

Gießverfahren und Zustandsbezeichnungen der Aluminium-Gusslegierungen — E DIN EN 1706

Gießverfahren	Kennzeichnung der Wärmebehandlung (Auswahl)	
D Druckguss K Kokillenguss L Feinguss S Sandguss	F im Gusszustand, Herstellungszustand O weichgeglüht T4 lösungsgeglüht und kaltausgelagert T5 kontrolliertes Abkühlen und warmausgelagert oder überaltert	T6 lösungsgeglüht und warmausgelagert T64 lösungsgeglüht und nicht vollständig warmausgelagert (unteraltert) T7 lösungsgeglüht und überhärtet (warmausgelagert); stabilisierter Zustand

Bezeichnungsbeispiel: EN 1706 AC-43200KT6
Kokillengussstück der Legierung EN AC-Al Si10Mg(Cu), lösungsgeglüht und warmausgelagert

Aluminium-Gusslegierungen — E DIN EN 1706

Werkstoff Bezeichnung nach E DIN EN 1780	Gieß-ver-fahren	Zu-stand	Härte HB	Zugfes-tigkeit R_m in N/mm² min.	Streck-grenze $R_{p0,2}$ in N/mm² min.	Deh-nung A in % min.	Anwendung
AC-21000 [Al Cu4MgTi]	S; K F	T4 T4	90 95	300 320	200; 220 200	5 8	warmausg. höchste Festigkeit, kalta. hö. Zähigkeit; Luftfahrt
AC-43200 [Al Si 10Mg(Cu)]	S; K S; K	F T6	50; 55 75; 80	160; 180 220; 240	80; 90 180; 200	1 1	aushärtbare, s. gut gießbare Leg., Verbrennungsmotoren
AC-44100 [Al Si12(b)] AC-44300 [Al Si12(Fe)]	S; F K D	F F F	50 55 60	150 170 240	70; 80 80 130	4 5 1	druckdicht und schwingungsfest, gute Korrosionsbeständigkeit, Gehäuseteile
AC-45000 [Al Si6Cu4] AC-46000 [Al Si9Cu3(Fe)]	S K D	F F F	60 75 80	150 170 240	90 100 140	1 1 <1	warmfeste, vielseitig angewandte Leg., Zylinderköpfe, Autoteile, Haushaltsgeräte
AC-45300 [Al Si5Cu1Mg]	S; K	T6	100	230; 280	200; 210	<1	aushärtbar, hohe Zähigkeit
AC-51000 [Al Mg3(b)]	S; K	F	50	140; 150	70	3; 5	hervorragende Korrosionsbeständigkeit, polier- und eloxierbar, sehr gut spanend bearbeitbar, schweißbar, mit Si besser gießbar
AC-51200 [Al Mg9]	D	F	70	200	130	1	
AC-51300 [Al Mg5] AC-51400 [Al Mg5Si]	S; F K S; K	F F F	55 60 65; 60	160; 170 180 180; 160	90; 95 100 110; 100	3 4 3	

Eigenschaften von Aluminium-Gusslegierungen — E DIN EN 1706

Werkstoff	Gieß-temperatur in °C	Schwindmaß bei Sandguss in %	Schwindmaß bei Kokillenguss in %	Schwindmaß bei Druckguss in %	Gießeigenschaften 1)	2)	3)	Bearbeitbarkeit 4)	5)	6)	Sonstige 7)	8)	9)	Wärmeleitfähigkeit in W/m	Elekt. Leitfähigkeit in mS/m
AC-21000	690...750	1,1...1,5	0,9...1,2		⊕	⊕	0	++	⊕	⊕	0	+		120...150	16...23
AC-43200	680...750	1,0...1,2	0,5...0,8	(0,4...0,6)	++	+	++	+/0	+	++	0	⊘	0	130...170	16...24
AC-44100	670...740	1,0...1,2	0,5...0,8		++	++	++	0		++	+/0	⊘	⊕	130...160	16...23
AC-44300	620...660			0,4...0,6	++	+	++	0		⊕	0	⊘	⊕	130...160	16...22
AC-45000	690...750	1,0...1,2	0,6...0,9	(0,4...0,6)	+	+	++	+		0	⊕	⊕	+	110...120	14...17
AC-46000	630...670			0,4...0,6	++	+	++	+		−	⊕	⊘	0	110...120	13...17
AC-45300	690...750	1,1...1,2	0,8...1,1		+	0	0	+	+	0	⊕	⊕	+	140...150	19...23
AC-51000	700...750	1,1...1,5	0,9...1,2		⊕	⊕	0	++		0	++	++	++	130...140	17...22
AC-51200	640...680			0,5...0,8	⊕	⊕	0	++		0	++	+	++	60...90	11...14
AC-51300	690...740	1,1...1,5	0,9...1,2		⊕	⊕	0	++		0	++	++	++	110...130	15...21
AC-51400	690...740	1,1...1,5	0,9...1,2		⊕	⊕	0	++		0	++	+	++	110...140	15...21
Al 99,5	690...760		1,2...1,6	1,0...1,4	+	+	++	++		0	++			210...230	32...34

Legende: ++ sehr gut; + gut; 0 annehmbar; ⊕ unzureichend; ⊘ nicht empfehlenswert; − ungeeignet.

Wärme- und elektrische Leitfähigkeit variieren aufgrund verschiedener Einflussparameter des Gusses. Druckgussteile können aufgrund eingeschlossener Gase nur nach Sondergießverfahren geschweißt werden.

[1] Warmrissbeständigkeit; [2] Druckdichtheit; [3] Fließvermögen; [4] aus Gusszustand; [5] nach Wärmebehandlung; [6] Schweißbarkeit; [7] Korrosionsbeständigkeit; [8] anodische Oxidierbarkeit; [9] polierbar.

Unlegiertes Aluminium in Masseln, Höchstwerte der Verunreinigungen — DIN EN 576

Legierungsbezeichnung	Si	Fe	Cu	Mn	Mg	Zn	Ti	Sonstige einzeln	Zugf. R_m in N/mm²	Dehnung A in %
EN AB-10990 [Al 99,99]	0,004	0,003	0,002	0,001	0,001	0,004	0,002	0,001[1]	35...100	25...4
EN AB-10980 [Al 99,98]	0,006	0,006	0,002	0,002	0,002	0,004	0,002	0,001[1]	40...100	25...4
EN AB-10900 [Al 99,90]	0,045	0,04	0,005	0,01	0,01	0,03	0,002	0,01[2]	50...140	35...3
EN AB-10700 [Al 99,70]	0,10	0,20	0,01	0,03	0,02	0,04	0,02	0,03	60...160	40...4
EN AB-10500 [Al 99,50]	0,15	0,30	0,02	0,03	0,03	0,05	0,02	0,03	65...160	35...2
EN AB-10000 [Al 99,00]	Si+Fe 0,95		0,05	0,05	0,05	0,10	0,05	0,05	75...180	25...

Anwendung: In der Drucktechnik für Offsetplatten, Verpackungs-, Bau-, Elektro- und Pharmaindustrie, Herstellung von Folien ab einer Dicke von z. B. 0,0065 mm und Bänder (0,021...0,05 mm dick)

[1] Weitere Elemente: Ga 0,003 %; V 0,001 %; [2] weitere Elemente: Ga 0,03 %.

Wärmebehandlung von aushärtbaren Aluminium-Legierungen

Legierungsbezeichnung	Glühbehandlung bei T in °C	Glühbehandlung für die Dauer	anschließend Abschrecken in	Auslagern bei T in °C	Auslagern für die Dauer	Erläuterung
AC-21000 [Al Cu4MgTi]	525	4...8 h	heißem Wasser	160	12...14 h	warmaushärten
	525	4...8 h	heißem Wasser	RT	> 5 Tage	kaltaushärten
AC-44100 [Al Si12(b)]	525	3...5 h	kaltem Wasser	−	−	Dehnung steigt
AC-45000 [Al Si6Cu4]	520	6...10 h	Wasser	160	6...12 h	wenn Mg>0,2%
AC-51400 [Al Mg5Si]	550	4...8 h	Wasser	160	8...10 h	warmaushärten

© Verlag Gehlen

Magnesium-Knetlegierungen — DIN 9715

Werkstoff Bezeichnung nach DIN 17007		Dichte in kg/dm³	Härte HB min.	Zugfestigkeit R_m in N/mm²	Streckgrenze $R_{p0.2}$ in N/mm²	Dehnung A in %	Anwendung
3.5200	MgMn2	1,8	40	> 200	> 145	> 1,5	schweiß- und verformbar, korrosionsbest.
3.5312	MgAl3Zn	1,8	45	> 240	> 155	> 10	w. o. mit besseren mech. Eigenschaften
3.5612	MgAl6Zn	1,8	55	> 270	> 175	> 8	beschränkt schweißbar, f. Maschinenbau
3.5812	MgAl8Zn	1,8	60 / 60	> 270 / > 310	> 195 / > 215	> 8 / > 6	Legierung mit hoher Festigkeit, warmaushärtbar, beschränkt schweißbar

Die mechanischen Eigenschaften wurden in Verformungsrichtung ermittelt, andere Werte sind niedriger.
Die o. g. Mg-Legierungen können auch zur Herstellung von Gesenkschmiedeteilen verwendet werden.

Magnesium-Gusslegierungen, Bezeichnung nach Europäischem System — E DIN EN 1754

Werkstoffnummern bestehen aus 10 Zeichen: **EN-MXXXXXX**

Stelle 5: Werkstoff	Stelle 6: Hauptlegierungselemente		Stelle 7, 8	Stelle 9	Stelle 10
A Anodenmaterial B Blockmetall C Gusserzeugnis	1 reines Mg 2 Al 3 Zink	4 Mangan 5 Silicium 6 Seltene Erden	7 Zirkonium 8 Silber 9 Yttrium	Legierungsgruppe, z. B. 11 MgAlZn	Legierungsuntergruppe	Legierungssorte durch Ziffer 0...9

Werkstoffbezeichnung durch Kurzzeichen: **EN-MXMgXXXX**

Stelle 5	Stelle 8 und folgende
Wie oben	Für unleg. Magnesium: Mindestmasseanteil in Prozent auf 1 oder 2 Dezimalstellen. Für Mg-Legierung: chemisches Symbol der Leg.-Hauptelemente mit Masseprozentangaben.

Es dürfen höchstens vier Legierungselemente im Werkstoffkurzzeichen verwendet werden.

Gießverfahren und Zustandsbezeichnungen der Magnesiumlegierungen — E DIN EN 1753

Gießverfahren	Kennzeichnung der Wärmebehandlung (Auswahl)	
D Druckguss K Kokillenguss	L Feinguss S Sandguss	F im Gusszustand T4 lösungsgeglüht, kaltausgel.	T5 im Gusszustand, warmausgel. T6 lösungsgeglüht, warmausgel.

Magnesium-Gusslegierungen — E DIN EN 1753

Werkstoff Bezeichnung nach E DIN EN 1754	Gießverfahren	Zustand	Härte HB	Zugfestigkeit R_m in N/mm² min.	Streckgrenze $R_{p0.2}$ in N/mm² min.	Dehnung A in % min.	Anwendung
EN-MC MgAl8Zn1	S; K D	F T4 F	50...65 50...65 60...85	160 240 200...250	90 90 140...160	2 8 1...7	gut gießbar, schweißbar, gute Gleiteigenschaft, Motorenbau, Kurbel- und Getriebegehäuse
EN-MC MgAl9Zn1	S; K D	F T4 T6 F	50...65 55...70 60...90 65...85	160 240 240 200...260	90 110 150 140...170	2 6 2 1...6	wichtigste Mg-Gusslegierung, Gleiteigenschaften, sehr gute mechanische Eigenschaften schweißbar, Fahrzeugbau
EN-MC MgAl6Mn	D	F	55...70	190...250	120...150	4...14	Autofelgen u. Autoteile[1]
EN-MC MgAl2Si	D	F	50...70	170...230	110...130	4...14	gute Kriecheigens. bis 150 °C,
EN-MC MgAl4Si	D	F	55...80	200...250	120...150	3...12	hohe Festigkeit, Autoteile

[1] Leg. mit hoher Dehnung und Schlagzähigkeit bei guter Festigkeit und Gießbarkeit, kaltumformbar.

© Verlag Gehlen

Kupfer - Werkstoffnummern nach Europäischem Normsystem — DIN EN 1412

Werkstoffnummern bestehen aus 6 Zeichen: **C X X X X X**

Stelle 2: Werkstoffsorte	Stellen 3...5: Werkstoffnummer	Stelle 6: Legierung	
B Blockform zum Umschmelzen C Gusserzeugnisse M Vorlegierung R Raffiniertes Cu in Rohformen S Schweißzusatz, Hartlot W Knetwerkstoff X nicht genormte Werkstoffe	Zahl von 001-799 für ein in einer Europäischen Norm genormtes Kupfermetall Zahl von 800-999 für nicht genormte Kupfer- werkstoffe	A oder B C oder D E oder F G H J K L oder M N oder P R oder S	Kupfer niedrigleg. Cu-Leg. Cu-Sonder-Leg. Cu-Al-Legierungen Cu-Ni-Legierungen Cu-Ni-Zn-Leg. Cu-Sn-Legierungen Cu-Zn-Legierungen Cu-Zn-Pb-Leg. Cu-Zn-Mehrstoffleg.

Zustandsbezeichnung für Kupferwerkstoffe — DIN EN 1173

Produktbezeichnung: Blech EN 1652-CuZn40-X X X X

Kennbuchstabe für Zustand		Charakterisierungsziffern

R Mindestzugfestigkeit
H Härte, gemessen nach
    Brinell oder Vickers
A Mindestbruchdehnung
B Federbiegegrenze
Y 0,2-%-Dehngrenze
	M wie gefertigt, ohne festge-
	    legte mechanische Eigen-
	    schaften
	D Zustand für ein Produkt, das
	    gezogen ist
	G mittlere Korngröße
		3- bzw. 4-stellige Zahl zur Charak-
		terisierung der verbindlichen
		Eigenschaft (nicht bei D, M)
		
		S (Suffix) Zustand für ein
		    Produkt, das entspannt ist

Beispiele: Mindestzugfestigkeit R300 entspricht R_m = 300 N/mm²; Härte H130 entspricht min. HB 130

Der Zustand des Produktes wird nur durch einen der oben genannten Zustände gekennzeichnet. Eine genaue Umrechnung zwischen den Zuständen R und H ist nicht möglich.

Kupfer-Knetwerkstoffe — E DIN 17933-30

Werkstoff Bezeichnung nach DIN EN 1412		Zustand bei Durchmesser in mm	Härte HB min.	Zugfestigkeit R_m in N/mm²	Streckgrenze $R_{p0.2}$ in N/mm²	Dehnung A in %	Anwendung
CW006A	Cu-FRTP[1]	R200 2...80	35	200	80	35	Bänder, Bleche, Halbzeuge
CW023A	Cu-DLP[2]	R250 2...30	70	250	220	12	mit Anforderung an elektrische
CW024A	Cu-DHP[3]	R260 4...80	75	260	230	12	Leitfähigkeit, gut schweiß- und
		R300 2...20	85	300	280	8	hartlötbar, für Rohrleitungs- und
		R350 2...10	100	350	330	5	Apparatebau, Bauwesen

Werkstoff Bezeichnung nach DIN EN 1412		Härte HB	Zugfestigkeit R_m in N/mm²	Streckgrenze $R_{p0.2}$ in N/mm²	Dehnung A in %	Anwendung
Niedriglegierte Kupfer-Knetlegierungen						
CW120C	CuZr	40...120	180...350	40...260	30...18	nicht aushärtb. Leg., Bänder, Bleche
CW101C	CuBe2	85...350	420...1300	140...1150	35...2	aushärtbare Leg., Bänder, Bleche
CW112C	CuNi3Si	70...200	300...800	110...780	30...10	Halbzeuge mit hoher Festigkeit
Kupfer-Nickel-Knetlegierungen						
CW354H	CuNi30Mn1Fe	80...110	340...420	120...180	30...14	Korrosionsbest., Plattierwerkstoff
CW403J	CuNi12Zn24	100...210	400...650	280...580	35...2	kaltumformbar, Feinmechanik, Optik

[1] Sauerstoffgehalt max. 0,100 %, sonstige Elemente insgesamt 0,05 %.
[2] Grenzwerte: Bi max. 0,0005 %, P 0,005...0,013 %, Pb max. 0,005 %, sonstige Elem. insges. 0,03 %.
[3] Nur Grenzwert für P 0,015...0,040 % festgelegt.

© Verlag Gehlen

Kupfer-Knetlegierungen (Fortsetzung) E DIN 17933-30

Werkstoff Bezeichnung nach DIN EN 1412		Zustand bei Durchmesser in mm		Härte HB min.	Zugfestigkeit R_m in N/mm²	Streckgrenze $R_{p0,2}$ in N/mm²	Dehnung A in %	Anwendung
Kupfer-Zink-Knetlegierung								
CW502L	CuZn15	R290	4...80	75...135 75 105	290...430 > 290 > 350	100...390 100 300	27...12 27 12	gut lötbar, sehr gut kaltumformbar, Teile für die Elektrotechnik, Flansche
		R350	4...40					
CW503L	CuZn20	R300	4...80	80...140 80 110	300...450 > 300 > 360	110...410 110 310	27...10 27 10	sehr gut kaltumformbar, sehr gut lötbar, Rohre, Hülsen
		R360	4...40					
CW507L CW508L	CuZn36 CuZn37	R310	2...80	70...140 70 105	310...440 > 310 > 370	120...400 120 300	30...12 30 12	Hauptlegierung zum Kaltumformen, gut löt- und schweißbar, Schrauben
		R370	2...40					
CW509L	CuZn40	R340	2...80	80	> 340	260	> 25	gut warm- u. kaltumform.
Kupfer-Zink-Mehrstofflegierungen								
CW708R	CuZn31Si1	R460	5...40	115...145 115 140	460...530 > 460 > 530	250...330 250 330	22...12 22 12	Führungen u. Gleitelemente, auch bei höherer Belastung, Lagerbüchsen
		R530	5...14					
CW710R	CuZn35Ni3 Mn2AlPb	R490	5...40	120...150 120 150	490...550 > 490 > 550	300...400 300 400	20...10 20 10	Konstruktionsw. f. mittlere u. hohe Festigkeit, Apparatebau, korrosionsbes.
		R550	5...14					
CW712R CW719R	CuZn36Sn1Pb CuZn39Sn1	R340	5...80	80...145 80 105	340...460 > 340 > 400	170...340 170 210	30...12 30 20	gut bearbeitbare Konstruktionswerkstoffe
		R400	5...50					
Kupfer-Zink-Blei-Mehrstofflegierungen für die spanende Bearbeitung							E DIN 17933-31	
CW603N	CuZn36Pb3	–	–	90...150	360...550	160...450	25...8	Automatenl., kaltumform.
CW609N CW614N CW617N CW619N	CuZn38Pb4 CuZn39Pb3 CuZn40Pb2 CuZn40Pb2Sn	R360 R400 R500	35...60 5...10 2...10	90...150	360...550 > 360 > 400 > 500	160...420	20...8	gut warmumformbar, begrenzt kaltumformbar, Leg. für alle spanenden Bearbeitungsverfahren
CW607N CW608N CW610N CW611N CW612N	CuZn38Pb1 CuZn38Pb2 CuZn39Pb0,5 CuZn39Pb1 CuZn39Pb2	R360 R410 R490 R550	35...60 2...35 2...10 2...10	90...150	340...550 > 360 > 410 > 490 > 550	150...420	25...8	gut warmumformbar, gut kaltumformbar, Legierung für alle spanenden Bearbeitungsverfahren
Kupfer-Zinn-Knetlegierungen								
CW451K	CuSn5	R330	2...80	80...170 80 140	330...540 > 330 > 460	220...480 220 350	45...20 45 20	Steckverbinder, Teile für die Elektrotechnik, Federn
		R460	2...12					
CW452K	CuSn6	R340	2...60	85...185 85 120	340...550 > 340 > 400	230...500 230 250	45...4 45 26	Teile für die chemische Industrie, Federn, besonders für Elektrotechnik
		R400	2..40					
CW453K CW459K	CuSn8 CuSn8P	R390	2...60	90...190 90 125	390...620 > 390 > 450	260...550 260 280	45...15 45 26	höhere Korrosions- und Abriebsbeständigkeit wie CuSn6, Gleitelemente
		R450	2...40					
Kupfer-Aluminium-Knetlegierungen								
CW305G	CuAl10Fe1	R420	10...80	105...170 105	420...630 > 420	210...480 210	20...5 20	verschleiß-, warm-, dauerwechselfest, gute Korros.-, Erosionseigenschaften, Apparatebau, Lager
CW307G	CuAl10Ni5Fe4	R680	10...80	170 200	> 680 > 740	480 530	10 8	
		R740	10...80					

© Verlag Gehlen

Kupfer-Knetlegierungen (Fortsetzung) — E DIN 17933-30

Werkstoff Bezeichnung nach DIN EN 1412		Zustand bei Durchmesser in mm	Härte HB min.	Zugfestigkeit R_m in N/mm²	Streckgrenze $R_{p0.2}$ in N/mm²	Dehnung A in %	Anwendung
Kupfer-Nickel-Knetlegierung							
CW352H	CuNi10Fe1Mn	R280	10...80	70...100	280	90	30	sehr gut beständig gegen
CW354H	CuNi30Mn1Fe	R340 R420	10...80 2...20	80...110 110	340 420	120 180	30 14	Seewasser, Kavitation, Erosion, Korrosion
Kupfer-Nickel-Zink-Mehrstofflegierungen							
CW403J	CuNi12Zn24	R450	2...40	90...190 130...160	380...640 450	270...550 300	38...5 12	kaltverformbar, Tiefziehteile, Bauwesen, Federn
CW409J	CuNi18Zn20	R580	2...10	100...210 170...210	400...650 580	280...580 480	35...11 –	anlaufbeständig, für Federn bevorzugt

Kupferlegierungen zum Schmieden — E DIN 17933-70

Werkstoff Bezeichnung nach DIN EN 1412		Dicke in Schlagrichtung in mm ≥ 80	Dicke in Schlagrichtung in mm <80	Zustand	Härte HB min.	Zugfestigkeit R_m in N/mm²	Streckgrenze $R_{p0.2}$ in N/mm²	Dehnung A in %
Kupfer-Legierungen der Kategorie A, Werkstoffgruppe I								
CW509L	CuZn40	X	X	H075	75	> 340	100	25
CW608N	CuZn38Pb2	X	X	M	ohne vorgeschriebene mech. Eigenschaften			
CW614N	CuZn39Pb3		X	H075	75	> 340	110	20
CW617N	CuZn40Pb2[1]	X		H080	80	> 360	120	20
CW718R	CuZn39Mn1AlPbSi		X	H090 H110	90 110	> 410 > 440	150 180	15 15
CW722R	CuZn40Mn1Pb1FeSn	X	X	H085	85	> 390	150	20
Kupfer-Legierungen der Kategorie A, Werkstoffgruppe II								
CW004A	Cu-ETP	X	X	M	ohne vorgeschriebene mech. Eigenschaften			
CW008A	Cu-OF	X	X	H045	45	> 200	40	35
CW307G	CuAl10Ni5Fe4	X		H175	175	> 720	360	12
CW308G	CuAl11Fe6Ni6	X		H200	200	> 740	410	4
Kupfer-Legierungen der Kategorie A, Werkstoffgruppe III								
CW103C	CuCo1Ni1Be	X	X	M	ohne vorgeschriebene mech. Eigenschaften			
CW104C	CuCo2Be	X	X	H210	210	> 650	500	8
CW352H	CuNi10Fe1Mn	X	X	H070	70	> 280	100	25
CW354H	CuNi30Mn1Fe	X	X	H090	90	> 340	120	25

[1] Weitere Legierungen mit gleichen mechanischen Eigenschaften: CuZn39Pb2, CuZn39Pb2Sn, CuZn39Pb3Sn, CuZn40Pb1Al, CuZn40Pb2Sn.

Grenzabmaße für formgebundene Maße von Kupfergesenkschmiedestücken — E DIN 17933-70

Werkstoffgruppe	Nennmaße in mm für Kategorie A und B					
	0...20	< 20...50	< 50...100	< 100...150	< 150...200	200...300
Werkstoffgruppe I	± 0,2	± 0,3	± 0,4	± 0,5	± 0,6	± 0,8
Werkstoffgruppe II	± 0,3	± 0,5	± 0,6	±0,8	± 0,9	± 1,2
Werkstoffgruppe III	± 0,4	± 0,6	± 0,8	± 1,0	± 1,2	± 1,6

Die Legierungen wurden nach ähnlichen Warmumformeigenschaften in drei Werkstoffgruppen und nach ihrer Verfügbarkeit in die Kategorien A und B eingeteilt. Leg. der Kategorie B sind weniger verfügbar.

© Verlag Gehlen

Kupfer-Gusslegierungen

Kennzeichnung der Gießverfahren — ISO 1190, E DIN 17933-90

GS Sandguss	**Beispiel** einer Produktbezeichnung:
GM Kokillenguss	Gussstück **EN** ..... -CuZn37Pb2Ni1AlFe-C-GM-XXXX
GP Druckguss	oder Gussstück **EN** ..... -CC753S -GM -XXXX
GC Strangguss	Nr. der EN-Norm[1)] / Werkstoffbezeichnung / Gießverfahren / Modell-, Form- oder Zeichnungsnummer
GZ Schleuderguss	

[1)] Zur Zeit der Drucklegung nur als Nationaler Normentwurf festgelegt (E DIN 17933-90).

Kupfer-Gusslegierungen — E DIN 17933-90

Werkstoff Bezeichnung nach DIN EN 1412		Gießverfahren	Härte HB min.	Zugfestigkeit R_m in N/mm²	Streckgrenze $R_{p0.2}$ in N/mm²	Dehnung A in %	Anwendung
CC040A	Cu [1)]	GM, GS	40	150	40	25	gute elektr. Leitfähigk., Elektrot.
CC140C	CuCr [2)]	GM, GS	95	350	250	10	gute elektr. Leitf. und Festigkeit
Kupfer-Zink-Gusslegierungen							
CC750S	CuZn33Pb2	GS, GZ	45,50	180	70	12	korrosionsbes. Konstruktionsw.
CC751S	CuZn33Pb2Si	GP	110	400	280	5	Druckgussleg. mit höherem R_m
CC753S	CuZn37Pb2Ni1AlFe	GM	90	300	150	15	Ms60, gut spanbar, Konstruktionsw. für Masch.bau, Elektrot.
CC754S	CuZn39Pb1Al	GS	65	220	80	15	weicher, gut gießbarer Konstruktionswerkstoff für den Maschinenbau und die Elektrotechnik
		GM	70	280	120	10	
		GP	110	350	250	4	
CC762S	CuZn25Al5Mn4Fe3	GS, GM	180	750	450	8	Sondermessing, Konstruktionsw. m. hoher Festigkeit, langsam laufende Lager, Schneckenräder
		GZ, GC	190	750	480	5	
CC765S	CuZn35Mn2Al1Fe1	GS	110	450	170	20	Konstruktionswerkstoff, mäßige Gleiteigens., Schiffsschrauben, Druckmuttern für Walzwerke etc.
		GM	110	475	200	18	
		GZ, GC	120	500	200	18	
CC767S	CuZn38Al	GM	75	380	130	30	kaltzähe Legierung für verwinkelte Teile, Elektrotechnik
Kupfer-Zinn-Gusslegierungen							
CC482K	CuSn11Pb2	GS	80	240	130	5	gute Notlaufeigens. u. Verschleißf. Gleitlager mit hohen Lastspitzen
		GZ, GC	90	280	150	5	
CC483K	CuSn12	GS	80	260	140	7	korrosions- u. meerwasserbes., gute Verschleißf., hochbelastete Stell- u. Gleitleisten, Schnecken
		GM	80	270	150	5	
		GZ	90	280	150	5	
CC484K	CuSn12Ni2	GS	85	280	160	12	w. o., gute Kavitationsfestigkeit, höheres R_m höh. Bruchdehnung
		GZ, GC	95	300	180	8;10	
CC491K	CuSn5Zn5Pb5	GS	60	200	90	13	gut gießbare Leg., weich lötbar, bedingt hart lötbar, meerwasserbes., für Armaturen bis 225 °C
		GM	65	220	110	6	
		GZ, GC	65	250	110	13	
CC495K	CuSn10Pb10	GS	60	180	80	8	Werkstoff für Gleitlager mit h. Flächendrücken, Verbundlager
		GZ, GC	70	220	110	6;8	
Kupfer-Aluminium-Gusslegierungen							
CC331G	CuAl10Fe2	GS	100	500	180	18	geringe Temperaturabhängigkeit im Bereich von –200... +200 °C
		GM	130	600	250	20	
CC334G	CuAl11Fe6Ni6	GS	170	680	320	5	erhöhte Kavitations- u. Dauerf., Turbinen- und Pumpenlaufräder
		GM, GZ	185	750	380	5	

Legierungszusammensetzungen der Gusslegierungen siehe E DIN 17933-90.

[1)] Elektrische Leitfähigkeit für GM 55 MS/m, für GS 50 MS/m, Zusammensetzung nicht festgelegt.
[2)] Elektrische Leitfähigkeit für GM und GS min. 45 MS/mim, wärmebeh. Zustand, Cr-Gehalt 0,4...1,2 %.

© Verlag Gehlen

Titan — DIN 17860

Werkstoff Bezeichnung nach DIN 17007		Dichte in kg/dm^3	Härte HB	Zugfestigkeit R_m in N/mm^2	Streckgrenze $R_{p0,2}$ in N/mm^2	Dehnung A in %	Anwendung
3.7025	Ti1	4,50	120	290...410	> 180	> 30	Halbzeug, Drähte, Schmiede-
3.7225	Ti1Pd	4,50	120	290...410	> 180	> 30	material, geschweißte Rohre,
3.7035	Ti2	4,50	150	390...540	> 270	> 22	für chemischen Apparatebau,
3.7235	Ti2Pd	4,50	150	390...540	> 270	> 22	Meerestechnik, Flugzeugbau
3.7115	TiAl5Sn2,5	4,48	300	> 790	> 760	> 8	bei niedrigsten Temp. hohe
3.7165	TiAl6V4	4,43	310	> 900	> 830	> 8	Festigkeit bei guter Dehnung

Die Palladium-Zulegierung erhöht die bereits sehr gute Korrosionsbeständigkeit der Titanwerkstoffe.

Mechanische Eigenschaften von Titanlegierungen bei verschiedenen Temperaturen — DIN 17869

Legierung	Zugfestigkeit R_m in N/mm^2 bei Temperaturen in °C									Dehnung A in % bei °C		
	−269	−253	−196	+20	100	200	300	400	500	−269	−196	+20
TiAl5Sn2,5	1430	1580	1350	935	810	705	645	540	490	7	16	16
TiAl6V4	1590	1810	1500	1000	885	775	715	640	590	6	13	13

Titan-Gussleg. für Feinguss und Kompaktguss, Wärmebehandlung — DIN 17865, DIN 17869

Werkstoff Bezeichnung nach DIN 17007		Mech. Eigenschaften			Spannungsarmglühen		Weichglühen	
		R_m in N/mm^2	$R_{p0,2}$ in N/mm^2	A in %	bei Temperatur in °C	Haltedauer in h	bei Temperatur in °C	Haltedauer in h
3.7031	G-Ti2	> 350	> 280	> 15	450...550	0,25...2	650...750	0,25...8
3.7051	G-Ti3	> 450	> 350	> 12	450...550	0,25...2	650...750	0,25...8
3.7111	G-TiAl5Fe2,5	> 830	> 780	> 5	500...600	0,5...4	700...850	0,25...4
3.7161	G-TiAl6V4	> 880	> 785	> 5	500...600	0,5...4	700...850	0,25...2

Nickel-Knetlegierungen — DIN 17750, DIN 17752

Werkstoff Bezeichnung nach DIN 17007		Zustand bei Durchmesser/ Dicken in mm		Härte HB	Zugfestigkeit R_m in N/mm^2	Streckgrenze $R_{p0,2}$ in N/mm^2	Dehnung A in %	Anwendung
2.4060	Ni99,6	F37	0,3...50[1]	< 110	370	100	40	korrosionsbeständiger
		F59	0,2...2,5[2]		590	490	2	Werkstoff, Bauteile für
2.4061	LC-Ni99,6	F34	0,3...50[1]	< 110	340	80	40	Glühlampen und Elek-
		F43	0,2...2,5[2]		430	150	20	tronenröhren
2.4110	NiMn2	F40	0,2...2,5[2]	< 130	400	140	40	Bänder, Drähte für Glüh-
		F74	0,2...2,5[2]		220	600	2	lampen, Zündkerzen
2.4816	NiCr15Fe	F50	< 100[3]	< 185	500	180	35	hitze- und korrosions-
2.4851	NiCr23Fe	F60	< 100[3]	< 220	600	240	30	beständige Bauteile
2.4360	NiCu30Fe	F45	0,3...50[1]	<150	450	175	30	für korrosionsbeständige
		F70	2...35[3]	225	700	650	3	Bauteile
2.4375	NiCu30Al	F62	30...160[3]	< 180	620	270	25	aushärtbare Legierung für
		F88	30...160[3]	−	880	590	15	korrosionsbest. Bauteile
2.4610	NiMo16Cr16Ti	F70	< 90[3]	< 240	700	280	35	beständig unter oxid. und
2.4819	NiMo16Cr15W		< 100[3]	< 240	700	280	35	reduzier. Bedingungen

[1] für Bleche (DIN 17750); [2] für Bänder (DIN 17750); [3] für Stangen (DIN 17752).

Weichmagnetische Nickel-Eisen-Legierungen — DIN 17745

Werkstoff		Dichte in kg/dm^3	Anwendung
1.3922	Ni48	8,3	Bänder, Rohre, Stangen für Magnetverstärker, Relais, Messgeräte
2.4420	NiFe44	8,3	Bänder, Rohre und Stangen
2.4540	NiFe15Mo	8,7	Bänder, Rohre, Stangen und Drähte

© Verlag Gehlen

Blei — DIN 1719

Werkstoff	Bezeichnung n. DIN 17007		Anwendung
Feinblei	Pb99,99	2.3010	Akkumulatorenplatten, Halbzeug, Herstellung von Bleioxiden,
	Pb99,985	2.3020	korrosionsbeständ. Werkstoff für den chemischen Apparatebau
Hüttenblei (Weichblei)	Pb99,997	2.3025	Herstellung von Legierungen und Halbzeugen
	Pb99,94	2.3030	
	Pb99,9	2.3040	

Blei-Druckgusslegierungen — DIN 1741

Werkstoff Bezeichnung nach DIN 17007		Dichte in kg/dm^3	Härte HB min.	Zugfestigkeit R_m in N/mm^2	Dehnung A_5 in %	Anwendung
2.3350	GD-Pb95Sb	11,0	10	50	15	sehr maßgenaue Druckgussteile, Teile für
2.3351	GD-Pb87Sb	10,1	14	60	10	feinmechanische und elektrische Industrie,
2.3352	GD-Pb85SbSn	9,8	18	70	8	Schwing- und Ausgleichsgewichte,
2.3353	GD-Pb80SbSn	10,4	18	74	8	Teile für Messgeräte

Zinn — DIN EN 611

Sn-Leg.-Nr.	Sn-Gehalt	Zusammensetzung in %				Anwendung
		Ag	Cu	Sb	Weitere Ele.	
1	Rest, jedoch min. 91 %	< 4	1,0...2,5	5,0...7,0	Bi < 0,5	Bleche, Bänder,
2	Rest, jedoch min. 94 %	< 0,05	0,5...2,5	3,0...5,0	Cd < 0,05	Dosen
3	Rest, jedoch min. 91,5 %	< 0,05	0,25...2,0	4,5...8,0	Pb < 0,25	
4	Rest, jedoch min. 94 %	< 0,05	< 0,05	3,0...6,0	Sonstige Elem.	
5	Rest, jedoch min. 92,5 %	< 0,05	< 0,05	6,5...7,5	zusammen	
6	Rest	< 0,05	< 1,5	< 0,2	< 0,2	

Anmerkung: Für die Leg.-Nr.1 muss der Ag-Gehalt zwischen Besteller und Lieferer vereinbart werden.

Zinn-Druckgusslegierungen — DIN 1742

Werkstoff Bezeichnung nach DIN 17007		Dichte in kg/dm^3	Härte HB min.	Zugfestigkeit R_m in N/mm^2	Dehnung A_5 in %	Anwendung
2.3752	GD-Sn80Sb	7,1	30	115	2,5	sehr maßgenaue Druckgussteile für Elektrizi-
2.3722	GD-Sn60SbPb	7,9	28	90	1,7	tätszähler und sonstige Zähler, Teile für die
2.3732	GD-Sn50SbPb	8,0	26	80	1,9	feinmechanische Industrie u. Elektrotechnik

Zink — E DIN EN 1774, DIN 1743

Werkstoff Legierungs-Benennung	Nummer	Kürzel	Gießverfahren	Härte HB	Zugfestigkeit R_m in N/mm^2	Streckgrenze $R_{p0,2}$ in N/mm^2	Dehnung A_5 in %	Anwendung
ZnAl4	ZL0400	ZL3	D	85...105	280...350	220...250	2...5	wichtigste Zn-Druckgussleg.,
ZnAl4Cu1	ZL0410	ZL5	D	70...90	250...300	200...230	3...6	Haushaltsgeräte, korrosionsb.
ZnAl4Cu3	ZL0430	ZL2	S; K	90...110	220...280	170...230	0,5...3	Spritzgussformen f. Kunststoffe
ZnAl6Cu1	ZL0610	ZL6	S; K	80...90	180...260	150...200	1...3	f. gießtech. schwierige Stücke

Zink für gewalzte Flacherzeugnisse — E DIN EN 988

Titanzink in Dicken 0,6...1,0 mm: R_m > 150 N/mm^2, $R_{p0,2}$ > 100 N/mm^2, A > 35; Ti-Gehalt 0,07...0,2 %.
Anwendung: Gewalzte Bleche für das Bauwesen.

© Verlag Gehlen

Gleitlagerwerkstoffe

Thermoplastische Kunststoffe für Gleitlager — DIN ISO 6691

Ein tribologisches System stellt Anforderungen an die Werkstoffe für Gleitlager hinsichtlich ihres Verhaltens unter Druck, Einfluss von Temperatur und Feuchte, Wärmeleitfähigkeit und des Verschleißwiderstandes. Der Verschleiß eines thermoplastischen Gleitlagerwerkstoffes ist weitgehend von der Genauigkeit der geometrischen Form abhängig. Gleitpartner für diese Lagerwerkstoffe sind vorzugsweise gehärteter Stahl. Nichteisenmetallpartner können bei einer Oberflächenhärte > 50 HRC ebenfalls verwendet werden.

Kunststoff-Bezeichnung	Kurzzeichen	Eigenschaften	Verwendung
Polyamide	PA6　PA66　PA11　PA12	Schlägzäher, besonders stoß- und verschleißfester Werkstoff mit guten Dämpfeigenschaften; hoher Gleitwiderstand im Trockenlauf	Für schwingungs- und stoßbeanspruchte Lager, Bremsgestängebuchsen im Waggonbau, Landmaschinenlager, Federaugenbuchsen
Polyoxymethylen	POM	Druckbelastbarer, harter Werkstoff, weniger verschleißfest, kleinerer Reibwert als PA, nimmt nur sehr wenig Feuchtigkeit auf	Für Lager mit Mangelschmierung, Gleitlager für Feinwerktechnik, Elektromechanik und Haushaltsgeräte
Polyalkylenterephthalat	PET　PBT	Bis 70 °C harter Werkstoff, Verschleiß und Reibwert bis 70 °C sehr gering	Gleitlager für Feinwerktechnik, Führungsbuchsen für Gestänge
Polyethylen	PE	Gut einbettfähig, sehr guter Verschleißwiderstand gegen abrasive Beanspruchung, beständig bei niedrigen Temperaturen, keine Feuchtigkeitsaufnahme, gleitfreundlich	Tieftemperaturlager, Gleitlager in chemischen Anlagen, Fahrzeugbau, Gleitlager für Anlagen in abrasiven Gewässern
Polytetrafluorethylen	PTFE	Stoßbeanspruchbarer, gut einbettbarer Werkstoff für hohe und tiefe Temperaturen, im Trockenlauf einsetzbar, bei hoher Belastung und niedriger Gleitgeschwindigkeit niedriger Reibwert	Für Brückenlager und ähnliche mit kleinsten Gleitgeschwindigkeiten, Gleitlager in chemischen Anlagen, in der Hochfrequenztechnik, Hoch- und Niedrigsttemperaturanwendungen sowie im Lebensmittelbereich
Polyimid	PI	Große Härte im Hochtemperaturbereich, Einsatz auch bei niedrigen Temperaturen, hohe Belastbarkeit und geringe Feuchtigkeitsaufnahme	Für Lager im Hochtemperaturbereich

Beispiel: Thermoplast ISO 6691 - PA 6,MR,22 - 030 N, G F 30: Bezeichnung eines Polyamid 6, für Spritzguss (M), Entformungshilfsmittel R, Viskositätszahl 22, dem Elastizitätsmodul 030 (verschlüsselt), schnell erstarrend (N), mit Glas (G) in Form von Fasern (F) in einem Massenanteil von 30 % verstärkt.

Blei- und Zinngusslegierungen für Verbundgleitlager — DIN ISO 4381

Kurzzeichen	Werkstoff-Nummer	min. Härte Lagermetall	min. Härte Welle	Streckgrenze $R_{p0,2}$ in N/mm²	Merkmale und Verwendung
Bleigusslegierungen für Verbundgleitlager					
PbSb15SnAs	2.3390	18...10 HB [1]	160 HB	39...25 [1]	Für reine Gleitbeanspruchung bei geringer Belastung; gut einbettfähig
PbSb10Sn6	2.3393	16...8 HB [1]	160 HB	39...27 [1]	
PbSb15Sn10	2.3291	21...10 HB [1]	160 HB	43...30 [1]	Für mittlere Belast. und Gleitgesch.
Zinngusslegierungen für Verbundgleitlager					
SnSb8Cu4	2.3791	22...8 HB [1]	160 HB	47...27 [1]	Gute Gleiteigenschaften bei hohen Gleitgeschwind.; Walzwerklager
SnSb8Cu4Cd	2.3792	28...13 HB [1]	160 HB	62...30 [1]	
SnSb12Cu6Pb	2.3790	25...8 HB [1]	160 HB	61...36 [1]	Gute Gleiteigens.; Turbinenlager

Verbindlicher Prüf- und Abnahmewert ist die Brinell-Härte gemessen bei 20 °C. Aufgrund des großen Einflusses der Abkühlungsbedingungen können die mechanischen Eigenschaftswerte stark schwanken.

Beispiel: Lagermetall ISO 4381 - PbSb10Sn6

[1] Wird bei zunehmender Temperatur kleiner.

© Verlag Gehlen

Gleitlagerwerkstoffe

Kupferlegierungen für Massiv- und Verbundgleitlager — DIN ISO 4382

Kurzzeichen	Werkstoff-Nummer	min. Härte Lagermetall	min. Härte Welle	Streckgrenze $R_{p0,2}$ in N/mm²	Merkmale und Verwendung
Gusslegierungen für dickwandige Massiv- und Verbundgleitlager					
CuPb9Sn5	2.1815	55...60 HB [1]	250 HB	60...130 [1]	Weiche Lagerlegierungen; für mittlere Belastung und mittlere bis hohe Gleitgeschwindigkeiten.
CuPb20Sn5	2.1818	45...50 HB [1]	200 HB	60...80 [1]	
CuAl10Fe5Ni5	2.1819	140 HB	55 HRC	250...280 [1]	
Gusslegierungen für Massivgleitlager					
CuSn8Pb2	2.1810	60...85 HB	300 HB	130	Für problemlose Anwendungen mit geringer bis mäßiger Belastung.
CuSn7Pb7Zn3	2.1820	65...70 HB	300 HB	100...120	
CuPb5Sn5Zn5	2.1813	60...65 HB	250 HB	90...100	Für geringe Belastungen.
CuSn10P	2.1811	70...95 HB	55 HRC	130...170	Für gehärtete Wellen bei hoher Belastung und Gleitgeschwindigkeit.
CuSn12Pb2	2.1812	80...90 HB	55 HRC	130...150	
Knetlegierungen für Massivgleitlager					
CuSn8P	2.1830	80...160 HB	55 HRC	200...400	Für gehärtete Wellen bei hoher Belastung und mittlerer bis hoher Gleitgeschwindigkeit
CuZn31Si1	2.1831	100...160 HB	55 HRC	250...450	
CuAl9Fe4Ni4	2.1833	160 HB	55 HRC	400	Sehr harte Leg.; gehärtete Welle erf.

Werkstoffeigenschaften im Probestab bestimmt. Verbindliche Qualitätskontrolle ist Prüfung der Brinell-Härte.

Beispiel: Lagermetall ISO 4382-GS-CuPb9Sn5-RA: Im Sandgussverfahren GS (weitere Abkürzungen s. S. 102) hergestelltes Lagermetall CuPb9Sn5, am Probestab auf Festigkeit und Dehnung RA geprüft (R: Prüfung der Zugfestigkeit; H: Prüfung der Brinell-Härte).
Lagermetall ISO 4382-CuZn31Si1-HB 135: Lagermetall CuZn31Si1 mit einer Mindest-Brinellhärte von 135.

[1] Abhängig vom Gießverfahren

Verbundwerkstoffe für dünnwandige Gleitlager — DIN ISO 4383

Lagermetall	Kurzzeichen	Werkstoff-Nummer	min. Härte Lagermetall	min. Härte Welle	Merkmale und Verwendung
Blei-Zinn-Basis	PbSb10Sn6	2.3393	19...23 HV	180 HB	Korrosionsbeständig; für niedrig belastete Haupt- und Pleuellager, Buchsen und Gleitscheiben.
	PbSb15SnAs	2.3390	16...20 HV		
	PbSb15Sn10	2.3391	18...23 HV		
Kupferbasis	CuPb10Sn10	2.1821	70...130 HB [1]	53 HRC	Sehr hohe Festigkeit; ger. Buchsen.
	CuPb24Sn	2.1825	55...80 HB [2]	45 HRC	Hohe Dauerfestigkeit; mit gal. Gleitschicht für Lagerschalen; Lager.
	CuPb24Sn4	2.1823	60...90 HB [3]	48 HRC	
	CuPb30	2.1826	30...45 HB (gesintert)	270 HB	Mittl. Dauerfest.; ohne gal. Gleits. für harte Wellen; gerollte Buchsen.
Aluminium-basis	AlSn20Cu	3.0690	30...40 HB [4]	250 HB	Gute Korrosionsbeständigkeit; mit galvanischer Gleitschicht; mittlere bis hohe Dauerfestigkeit; Lager.
	AlSn6Cu	3.0691	35...45 HB [4]	45 HRC	
	AlSi11Cu	3.2190	45...60 HB [4]	50 HRC	
Gleit-schichten (Overlays)	PbSn10Cu2	2.3395	Dauerfestigkeit von Schichtdicke abhängig; gute Korrosionsbeständigkeit; weich; Haupt- und Pleuellager aus Legierungen auf Kupfer-Bleibasis und hochfesten Aluminiumlegierungen.		
	PbSn10	2.3396			
	PbIn7	2.3397			

Lagerschichten auf poröser Sinterbronze- und Kunststoffbasis

Lagermetall	Gleitschicht	Merkmale und Verwendung
Porös gesinterte Bronzeschicht CuSn10 (Porosität 20...35 Vol-%)	PTFE	Für hohe Belastung und niedrige Gleitgeschwindigkeit; mit Kunststoff imprägniert
	POM	

Stützkörper besteht üblicherweise aus niedrig kohlenstoffhaltigem Stahl. Bei Bronze-Kunststoff-Verbundwerkstoff wird verkupferter Stahl verwendet. **Beispiel:** Lagermetall ISO 4383-G-CuPb24Sn-PbSn10: Lagermetall CuPb24Sn auf Stahlstützkörper aufgegossen (G, P für gesintert) und Gleitschicht PbSn10.

[1] Im Gusszustand; gesintert: 60...90 HB. [2] Im Gusszustand; gesintert: 40...60 HB. [3] Im Gusszustand; gesintert: 45...70 HB. [4] In gewalztem und geglühtem Zustand.

© Verlag Gehlen

Einteilung der Sintermetalle in Klassen — DIN 30910

Klasse	Raumerfüllung R_x in %	Porosität in %	Anwendung
Sint-AF	< 73	> 27	Filter
Sint-A	75 ± 2,5	25 ± 2,5	Gleitlager
Sint-B	80 ± 2,5	20 ± 2,5	Gleitlager und Formteile mit Gleiteigenschaften
Sint-C	85 ± 2,5	15 ± 2,5	Gleitlager und Formteile
Sint-D	90 ± 2,5	10 ± 2,5	Formteile
Sint-E	94 ± 1,5	6 ± 1,5	Formteile
Sint-F	> 95,5	< 4,5	sintergeschmiedete Formteile

Bezeichnungsbeispiel für Sintermetalle: **Sint-C 00**

Kurzzeichen für Sintermetall	Kennzeichen für die Raumerfüllung R_x	Kennziffer für die chemische Zusammensetzung	Kennziffer zur weiteren Unterscheidung ohne Kennzeichnung

Kennziffer für die chemische Zusammensetzung — DIN 30910

Kennziffer	Bedeutung
0	Sintereisen und Sinterstahl mit 0 bis 1 % Cu, mit oder ohne C
1	Sinterstahl mit 1,5 bis 5 % Cu, mit oder ohne C
2	Sinterstahl mit mehr als 5 % Cu, mit oder ohne C
3	Sinterstahl mit oder Cu bzw. C, jedoch ≤ 6 % anderer Legierungsbestandteile (z. B. Ni)
4	Sinterstahl mit oder Cu bzw. C, jedoch ≥ 6 % anderer Legierungsbestandteile (z. B. Ni, Cr)
5	Sinterlegierungen mit mehr als 60 % Cu (z. B. Sinter-CuSn)
6	Sinterlegierungen, die nicht in 5 enthalten sind
7	Sinterleichtmetalle (z. B. Sinteraluminium)
8,9	Reserve

Sintermetalle für Filter — DIN 30910

Werkstoffbasis	Kurzzeichen	Dichte in g/cm^3	Filterfeinheit in µm	Scherfestigkeit in N/mm^2
Rostfreier Sint.-Stahl	Sint-AF 40	3,8 bis 5,6	3 bis 150	150 bis 70
Sinterbronze	Sint-AF 50	5,0 bis 6,5	8 bis 200	130 bis 30

Sinterteile für Lager und Formteile mit Gleiteigenschaften — DIN 30910

Werkstoffbasis	Kurzzeichen Sint-...	Dichte in g/cm^3	Bruchfestigkeit in N/mm^2	Härte in HB [1]
Sintereisen	A 00; B 00; C 00	5,6 bis 6,8	160; 190; 230	30; 40; 50
Sinterstahl, Cu-haltig	A 10; B 10; C 10	5,6 bis 6,8	170; 200; 240	40; 50; 65
Cu- und C-haltig	B 11	6,0 bis 6,4	280	80
höher Cu-haltig	A 20; B 20	5,8 bis 6,6	200; 220	40; 50
höher Cu- u. C-haltig	A 22; B 22	5,5 bis 6,5	125; 145	25; 35
Sinterbronze	A 50; B 50; C 50	6,4 bis 7,7	140; 180; 210	30; 35; 45
graphithaltig [2]	A 51; B 51; C 51	6,0 bis 7,5	120; 155; 175	20; 30; 35

[1] Die Bruchfestigkeit und Härte wird an kalibrierten Lagern ⌀ 10/16 × 10 gemessen.
[2] Der Kohlenstoff liegt als freier Graphit vor.

© Verlag Gehlen

Sintermetalle und Sinterschmiedestähle für Formteile				DIN 30910
Werkstoffbasis	Kurzzeichen Sint-...	Dichte[1] in g/cm^3	Zugfestigkeit[1] in N/mm^2	Härte[1] in HB
Sintereisen	C 00; D 00; E 00	6,4 bis 7,2	130; 190; 260	40; 50; 65
Sinterstahl, C-haltig	C 01; D 01	6,6 bis 6,9	260; 320	80; 100
Cu-haltig	C 10; D 10; E 10	6,6 bis 7,3	230; 300; 400	55; 85; 120
Cu- und C-haltig	C 11; D 11; C 21	6,6 bis 6,9	320; 400; 410	125; 150; 150
Cu-, Ni- u. Mo-haltig	C 30; D 30; E 30	6,6 bis 7,3	390; 510; 680	105; 130; 160
P-haltig	C 35; D 35	6,6 bis 6,9	310; 330	85; 90
Cu- u. P-haltig	C 36; D 36	6,6 bis 6,9	360; 380	100; 105
Cu-, Ni-, Mo- u. C-halt.	C 39; D 39	6,6 bis 6,9	520; 600	150; 180
Rostfreier Sinterstahl	C 40; D 40 C 42; C 43	6,6 bis 6,9	330; 400 420; 510	110; 135 170; 180
Sinterbronze	C 50; D 50	7,4 bis 7,9	150; 220	50; 70
Sinter-Al, Cu-haltig	D 73; E 73	2,5 bis 2,6	160; 200	50; 60
Sinterschmiedestahl	F 00; F 30; F 31	7,8	600; 700; 770 720; 950; 1140[2]	180; 200; 250 260; 320; 380

[1] Werte werden an gesinterten Probestäben (ISO 2740) ermittelt.
[2] Zugfestigkeiten gelten für den vergüteten Zustand: Austenitisieren bei 900 °C und 60 min.
– Abschrecken in Öl – Anlassen unter Schutzgas bei 600 °C und 60 min.

Schneidstoffe

Bezeichnung der Anwendungsgruppen von Schneidstoffen		DIN ISO 513
Symbol	Bezeichnung des Schneidstoffes	
HW	Unbeschichtetes Hartmetall mit Wolframcarbid (WC) als Härteträger	
HT	Unbeschichtetes Hartmetall mit Titancarbid (TiC) und/oder Titannitrid (TiN); heißen Cermets	
HC	Beschichtetes Hartmetall	
CA	Oxidkeramik mit Aluminiumoxid (Al_2O_3) als Hauptbestandteil	
CM	Mischkeramik mit Aluminiumoxid als Basisstoff und weiteren nichtoxidischen Bestandteilen	
CN	Nitridkeramik mit Siliciumnitrid (Si_3N_4) als Hauptbestandteil	
CC	Beschichtete Keramik	
DP	Polykristalliner Diamant[1]	
BN	Polykristallines Bornitrid[1]	

Bezeichnungsbeispiel eines unbeschichteten Hartmetalles für die Stahlzerspanung:
HW-P10

[1] Werden auch „hochharte Schneidstoffe" genannt.

Physikalische Eigenschaften der Schneidstoffe					
Schneidstoff	Dichte in g/cm^3	Vickershärte HV 30	Druckfestigkeit in N/mm^2	Biegefestigkeit in N/mm^2	Temperaturbeständigkeit bis K
Schnellarbeitsstahl	8...9	700...900	3000...4000	2500...3800	870
Hartmetall	6...15	850...1800	3000...6400	1000...3400	>1100
Schneidkeramik	3,2...4,5	1400...2100	2500...5000	400...900	>1600
Diamant	3,5	8000...10000	2000	400	970
Bornitrid	vergleichbar mit Diamant				1700

© Verlag Gehlen

Zerspanungs-Hauptgruppen und Anwendung der Hartmetalle — DIN ISO 513

Hauptgruppe	Kurzzeichen	Werkstoff	Fertigungsverfahren und Schnittbedingungen	Schneidstoff- und Schnittwerte
P Kennfarbe **Blau**	P01	Stahl, Stahlguss	Feindrehen, Feinbohren, Feinbearbeitung; große v_c, kleine f und A	↑ zunehmende Verschleißfestigkeit / zunehmende Schnittgeschwindigkeit v_c ↓ zunehmende Zähigkeit / zunehmender Vorschub f
	P10	Stahl, Stahlguss	Drehen, Nachformdrehen, Fräsen, Gewindeherstellg.; große v_c, kleine u. mittlere A	
	P20	Stahl, Stahlguss, langspanender Temperguss	Drehen, Nachformdrehen, Fräsen, Gewindeherstellung; mittlere v_c und f, Hobeln mit kleinem f	
	P30	Stahl, Stahlguss	Drehen, Hobeln, Fräsen; mittlere bis niedrige v_c, mittlere bis große A [1)]	
	P40	Stahl, Stahlguss mit Lunker und Einschlüssen	Drehen, Bohren, Hobeln, Stoßen; niedrige v_c und große A, große Spanwinkel, schwere Schnitte [1)]	
	P50	Stahl, Stahlguss mit Lunker und Einschlüssen	Drehen, Hobeln, Fräsen, Automatenbearbeitung; niedrige v_c und große A, große Spanwinkel, schwere Schnitte [1)]	
M Kennfarbe **Gelb**	M10	Stahl, Stahlguss, Mn-Hartstahl, Gusseisen	Drehen; mittlere bis hohe v_c und kleine bis mittlere A	↑ zunehmende Verschleißfestigkeit / zunehmende Schnittgeschwindigkeit v_c ↓ zunehmende Zähigkeit / zunehmender Vorschub f
	M20	Stahl, Stahlguss, austenit. Stahl, Mn-Hartstahl, Gusseisen	Drehen, Fräsen; mittlere v_c und A	
	M30	Stahl, Stahlguss, austenit. Stahl, Gusseisen, hochwarmfeste Leg.	Drehen, Fräsen, Hobeln; mittlere v_c und mittlere bis große A	
	M40	Automatenstahl, NE-Metalle, Leichtmetalle	Drehen, Abstechen, besonders auf Automaten	
K Kennfarbe **Rot**	K01	hartes Gusseisen, Kokillenhartguss, Al-Si-Leg., Duroplaste, Keramik	Drehen, Außen- und Innendrehen, Fräsen, Schaben	↑ zunehmende Verschleißfestigkeit / zunehmende Schnittgeschwindigkeit v_c ↓ zunehmende Zähigkeit / zunehmender Vorschub f
	K10	GG HB≥220, GT kurzsp., geh. St, Al-Si-Leg., Plaste Glas, Keramik	Drehen, Innendrehen, Fräsen, Bohren, Räumen, Schaben	
	K20	GG HB≥220, NE-Metalle	Drehen, Innendrehen, Fräsen, Räumen, Hobeln; bei hoher Zähigkeit des Hartmetalls	
	K30	Stahl niedriger Festigkeit, Gusseisen niedriger Härte	Drehen, Fräsen, Nutenfräsen, Hobeln, Stoßen; bei ungünstigen Schnittbedingungen, große Spanwinkel [1)]	
	K40	NE-Metalle, Hölzer	Drehen, Fräsen, Nutenfräsen, Hobeln; bei ungünst. Schnittbedg., große Spanwinkel [1)]	

[1)] Bei Halbzeugen und Werkstücken, deren Formen für das Spanen auf Werkzeugmaschinen ungünstig sind: Guss- und Schmiedekrusten, wechselnde Härte und Schnitttiefe, unterbrochener Schnitt.

© Verlag Gehlen

Schneidkeramik

Schneidkeramik	Farbe	Zusammensetzung	Anwendung
Oxidkeramik	Weiß	3 bis 15 % ZrO_2, Rest Al_2O_3	Zerspanen von Einsatz- und Vergütungsstahl, Schruppen und Schlichten von Grauguss; bei hohen Schnittgeschwindigkeiten und kleinen Vorschüben
Mischkeramik	Schwarz	5 bis 40 % TiC/TiN 0 bis 10 % ZrO_2, Rest Al_2O_3	Zerspanen von Hartguss, Feinstfräsen von gehärtetem Stahl, Schlicht- und Feindrehen von Stahl und Grauguss; bei hohen Schnittgeschwindigkeiten und kleinen Vorschüben
Nitridkeramik	Grau	0 bis 7,5 % Y_2O_3, 0 bis 17 % Al_2O_3, 0 bis 3 % MgO, Rest S_3N_4	Zerspanen von Grauguss und hochnickelhaltigen Stählen; Schruppbearbeitung mit mittleren Schnittgeschwindigkeiten

Schleifmittel

Schleifmittel	Kurzzeichen	Zusammensetzung	Härte Mohs	Anwendung
Schmirgel	SL	Al_2O_3 (60...80 %), Fe_2O_3 und weitere Bestandteile	8	Stahl, Temperguss, Beläge von Schleifpapier und Schleifgewebe
Naturkorund	KO	Al_2O_3 (90...98 %), Fe_2O_3 kristallin	9	zähe Stähle mit Neigung zum Zusetzen der Schleifscheibe
Normalkorund	NK	Al_2O_3 und weitere Bestandteile	9	Stahl, Stahlguss, Holz, Beläge von Schleifpapier und Schleifgewebe
Halbedelkorund	HK	Mischung von NK und EK ($\approx$1 : 1)	9	Stahl, Stahlguss, Holz, Beläge von Schleifpapier und Schleifgewebe
Edelkorund	EK	Al_2O_3 kristallin	9	Stahl, Stahlguss, Werkzeuganschliffe
Korund „schwarz"	KS	Al_2O_3 (72...75 %), Fe_2O_3 und weitere Bestandteile	8...9	Stahl, Beläge von Schleifpapier und Schleifgewebe
Siliciumcarbid „grün" „schwarz"	SKG SKS	SiC kristallin	>9	Gusseisen, Hartguss, Hartmetall, Plaste, Glas, Gestein
Borcarbid	BK	B_4C kristallin	über SiC	Hartmetall, loses Schleifmittel
Bornitrid	BN	BN kristallin	über BK	Stahl, Schnellarbeitsstahl, Stahlguss, Grauguss, Temperguss
Diamant, natürlicher u. künstlicher	D	C kristallin	10	Werkzeuganschliffe, Feinbearbeitung von Eisen- und Nichteisenmetallen

Bindemittel für Schleifscheiben

Bindung	Zeichen	Eigenschaften	Bindung	Zeichen	Eigenschaften
Keramik	V	wasser-, öl-, wärmebeständig, porös, spröde	Schelllack	E	elastisch, stoßfest, temperaturempfindlich
Gummi	R RF[1]	öl-, wärmeempfindlich, elastisch, Kühlschliff	Magnesit	Mg	wasserempfindlich, elastisch, weich
Kunstharz	B BF[1]	ölbeständig, dicht oder porös, Kühlschliff	Metall	M	druck- und wärmeunempfindlich, dicht oder porös, zäh

[1] Faserstoffverstärkte Bindungen.

Elastomere, Plastomere, Duromere

Kunststoffe bestehen zu ihrem größten Teil aus organischen Grundbausteinen (Monomere), die durch Polyaddition, Polymerisation oder Polykondensation miteinander reagieren und dabei makromolekulare Strukturen (Polymere) bilden, die unmittelbar zur Herstellung von Gegenständen verwendet werden. Die Makromoleküle können linear, d. h. faden- oder kettenförmig miteinander verknüpft sein, verzweigt oder räumlich eng vernetzt sein. Diese Strukturen geben den Kunststoffen die spezifischen Eigenschaften wie geringe Dichte, sehr hohe Dehnung, elastisches Verhalten, Temperaturempfindlichkeit u. a. Die Anzahl der zu einem Großmolekül zusammengeschlossenen Grundmoleküle (Polymerisationsgrad) beeinflusst die Verarbeitbarkeit und die mechanischen Eigenschaften. Die Formgebungsmöglichkeiten und die Verhaltensweisen charakterisieren diese synthetischen Chemiewerkstoffe.

Elastomere	Plastomere (Thermoplaste)	Duromere (Duroplaste)
Lassen sich im Bereich von sehr tiefen Temperaturen bis zu ihrer Zersetzungstemperatur gummielastisch verformen. Molekülstruktur: linear verknüpft.	Lassen sich wiederholt plastisch verformen und haben temperaturabhängige Werkstoffeigenschaften. Molekülstruktur: verzweigt, auch mit teilkristallinen Bereichen.	Lassen sich nur in einem Zwischenstadium plastisch formen und erweichen auch bei höheren Temperaturen nicht mehr. Molekülstruktur: stark vernetzt.

linear verknüpft — gedehnt — verzweigt — teilkristallin — vernetzt

Kurzzeichen der Kunststoffe (Auswahl)

Kurz-zeichen	Her-stellung	Chemische Bezeichnung	Kurz-zeichen	Her-stellung	Chemische Bezeichnung
ABS	T PM	Acrylnitril	PET	T PK	Polyethylenterephthalat
ASA	T PM	Acrylnitril-Styrol-Acrylester	PF	D PK	Phenolformaldehyd(-Harz)
CA	T PK	Celluloseacetat	PIB	T PM	Polyisobutylen
CAB	T PK	Celluloseacetobutirat	PMMA	T PM	Polymethylmethacrylat
CP	T PK	Cellulosepropionat	POM	T PM	Acetalcopolymerisat
COC	T PM	Cycloolefine-Copolymer	PP	T PM	Polypropylen
EH	D	PK/PA Epoxidhybrid	PP-C	T PM	Polypropylen-Copolymer
EP	D	PA Epoxid-Polyester-Hybrid	PS	T PM	Polystyrol
EPE	D	PM Epoxidharzester	PTFE	T PA	Polytetrafluorethylen
EPS	D	P Expandiertes Polystyrol	PUR	D PM	Polyurethan
GF-EP	D	PA Glasfaserverst. Epoxidharze	PVAC	T PM	Polyvinylacetat
GFK	D	– Glasfaserverst. Kunststoffe	PVB	T PM	Polyvinylbutyral
KP	–	– Kunstharzpressholz	PVC	T PM	Polyvinylchlorid
LCP	T PK	flüssigkristallines Polyester	PVC-C	T PM	chloriertes Polyvinylchlorid
MF	D PK	Melaminformaldehyd(-Harz)	PVC-P	T PM	weiches Polyvinylchlorid
MPF	D PK/PA	Melaminphenolformaldehyd	PVC-U	T PM	hartes Polyvinylchlorid
PA	T PK	Polyamid	PVDF	T PM	Polyvinylidenfluorid
PA 6	T PK	Polymere aus ε-Caprolactam	RF	D PK	Resorcinformaldehyd
PA66	T PK	Polykondensat aus Hexamethylendiamin u. Adipinsäure	SAN	T PM	Styrolacrylnitril
			SB	T PM	PS mit Butadien modifiziert
PAN	T PM	Polyacrylnitril	SI	T PM	Siliconpolymer
PB	T PM	Polybuten-1	SP	T PM	gesättigter Polyester
PC	T PK	Polycarbonat	SVP	T PM	Suspensions-PVC
PCTFE	T PM	Polychlortrifluorethylen	TGIC	D PM/PA	Polyester-Harz
PE-C	T PM	chloriertes Polyethylen	UF	D PK	Harnstoff-Formaldehyd(-Harz)
PE-HD	T PM	Polyethylen hoher Dichte	UP	D PM/PA	ungesättigter Polyster(-Harz)
PE-LD	T PM	Polyethylen niedriger Dichte	VPE	T PM	vernetztes Polyethylen
PE-X	T PM	vernetztes Polyethylen			

T Thermoplast, D Duroplast; PA Polyaddition, PM Polymerisation, PK Polykondensation.

© Verlag Gehlen

Thermoplaste

Kurz-zeichen	Bezeichnung	Eingetragener Handelsname	Dichte in kg/dm^3	Zugfestigkeit R_m in N/mm^2	Gebrauchstemperatur in °C	Beständigkeit gegen Säuren [1]	Säuren [2]	Laugen [1]	Laugen [2]	[3]	Anwendung
ABS	Acrylnitril	Novodur, Terluran	1,06	40...50	> +100	+	±	+	±	–	HT-Abwasserrohr
CA (CP)	Celluloseacetat	Cellidor, Cellit, Cellan,	1,3	5...10	> +80	±	–	±	–	+	glasklar, Kleinteile, Folien,
CAB	C.-acetobutirat	Trolit	1,2	≈ 5	> +80	±	–	±	–	+	Gerätegriffe
COC	Cycloolefine-Copolymer	Topas	1,0	65	> +170	+	+	+	+	-	amorph, hochtransparent
LCP	flüssigkristal. Polyester	Vectra	1,4	120	> +240 (300)	+	+	+	+	+	Chipkarten, Leiterplatten
PA	Polyamid	Durethan, Vestamid	1,13	35...85	> +70 (140)	–	–	+	-	+	Rohre, Fasern, Schläuche
PB	Polybutylen	Polybuten	0,93	17	> +95	+	+	+	+	+	Heizungsrohre
PBT	Polybutylenterephthalat	Celanex, Vandar	1,1...1,7	30...60	> +140	+	+	+	+	+	Steckelemente Autoelektrik
PC	Polycarbonat	Makrolon, Lexan	1,20	60	> +130	+	±	±	±	±	Maschinenteile Schalter, Lacke
PE-HD	Polyethylen	Baylon Hostalen	0,95	25	–60...+80	+	+	+	+	+	Rohre, Folien f. Lebensmittel
PE-LD		Lupolen Vestolen	0,92	11...20	–60...+60	+	+	+	+	+	Behälter, Isoliermaterial, Kleint.
PE-X	vernetztes PE	Lupolen	0,94	18	> +95	+	+	+	+	+	Rohre
PET	Polyethylenterephthalat	Polyclear, Hostaglas, Impet	1,34	60	–40...+70	+	–	–	–	+	Glasersatz, Verpackungen, Gleitlager
PI	Polyimid	Kapton, Vespel	1,43	75...100	–240...+280 (480)	+	+	±	–	+	Dichtungen, Lager, abriebf.
PIB	Polyisobutylen	Oppanol, Rhenpanol	0,93	3	–30...+70	+	+	+	+	–	Fugenmasse, Klebstoff, Folie
PMMA	Polymetylmethacrylat	Plexiglas, Resatglas	1,18	70	> +68	+	+	–	+	+	Verglasung, Formteile
POM	Acetalcopolymerisate	Hostaform Delrin	1,4...1,7	70	–40...+100	+	+	+	+	+	s. gut gießbar formstabile Teile
PP	Polypropylen	Hostalen PP Luparen	0,9	30	> +90	+	+	+	+	+	Rohre, Folien, Fasern, Behälter
PP-C	PP-Copolymer	Polypropylen	0,9	25	> +75	+	+	+	+	+	Heizungsrohre
PPS	Polyphenylensulfid	Fortron (verstärkt)	1,3...2,0	15...35	> +240	+	+	+	+	+	elektr. Bauteile Wärmetauscher
PS	Polystyrol	Polystyrol, Hostyren	1,05	40...65	> +70	+	+	+	+	±	Gehäuse, Verpackung
PS-E	PS-Hartschaum	Exporit, Styropor	...0,05	0,22...0,34	–200...+70	+	+	+	+	–	Wärmedämm. Schaumstoff
PTFE	Polytetrafluorethylen	Hostaflon, Teflon	2,1...2,2	15...35	–200...+280	+	+	+	+	+	g. Gleiteigens., s. g. gießbar

+ Gute Beständigkeit; ± nur bedingt beständig; – nicht beständig; Angaben gelten für $T = 20$ °C
[1] Schwach; [2] stark; [3] organische Lösungsmittel.

Thermoplaste · Duroplaste

Thermoplaste (Fortsetzung)

Kurz-zei-chen	Bezeichnung	Eingetragener Handelsname	Dichte in kg/dm³	Zugfestigkeit R_m in N/mm²	Gebrauchstemperatur in °C	Beständigkeit gegen Säuren 1)	Säuren 2)	Laugen 1)	Laugen 2)	3)	Anwendung
PUR	Polyurethan	Bayflex, Lycra	1,13...1,25	25...55	−40...+130	+	±	+	+	+	Formteile, Folien
PVC-U PVC-HI	Polyvinylchlorid, hart	Hostalit Vestolit	1,38...1,40	50	> +70	+	+	+	+	+	Rohre, Behälter Fliese
PVC-P	Polyvinylchlorid, weich	Mipolam, Trivolen	1,25...1,35	10...35	> +60	+	±	+	±	±	Dichtungsbahn Folien, Profile
PVC-C	chloriertes PVC	PVCC	1,40	50	> +95	+	+	+	+	+	Rohre, Profile
PVDF	Polyvinylidenfluorid	Sygef	1,78	55	−40...+140	+	+	+	+	+	Rohre, Folien
SAN	Polystyrol-Acrylnitril	Luran 300, Vestoran	1,08	75	> +90	±	−	+	+	−	Feinwerkteile, Gehäuse
SB	Polystyrol	Hostyren, Polystyrol, Vestyron	1,05	20...40	> +75	+	+	+	+	+	Tiefziehtafeln für Gehäuse, Behälter

+ gute Beständigkeit; ± nur bedingt beständig; − nicht beständig; Angaben gelten für T = 20 °C
1) Schwach; 2) stark; 3) organische Lösungsmittel.

Duroplaste

Kurz-zei-chen	Bezeichnung	Eingetragener Handelsname	Dichte in kg/dm³	Zugfestigkeit R_m in N/mm²	Gebrauchstemperatur in °C	Säuren 1)	Säuren 2)	Laugen 1)	Laugen 2)	3)	Anwendung
EP	Epoxidharz	Avaldit, Epoxin	1,2	50...80	−50...+130	+	+	+	+	+	Gieß-, Klebe- und Lackharze
MF	Melaminformaldehyd	Melamin	1,5	≈30	> +130	±	−	+	−	+	Klebeharze für Schichtstoffe
PF	Phenolformaldehyd	Bakelit, Supraplast	1,3	40...90	> +100	+	+	−	−	+	elektr. Teile, Klebeharze
PUR	Polyurethan	Weichschaum	0,02...0,13	0,005...0,22	−40...+80	+	±	+	+	+	Isolierung, Polsterung, Autoindustrie, Synthesekautschuk
		Hartschaum	0,01...0,3	0,2...0,7	−200...+150	+	±	+	±	+	
UF	Harnstoffformaldehyd	Resamin	1,5	25	> +90	±	−	+	−	+	Klebeharze für Schichtstoffe
		Iso-Schaum	..0,015	−	> +100	±	−	+	−	+	Schaumstoffe
UP	ungesättigter Polyester	Palatal, Vestopal	1,3...1,6	80...140	−50...+130	+	±	±	−	+	Klebe- u. Lackharze, Fasern

+ gute Beständigkeit; ± nur bedingt beständig; − nicht beständig; Angaben gelten für T = 20 °C
1) Schwach; 2) stark; 3) organische Lösungsmittel.

Gütezeichen für Kunststofferzeugnisse

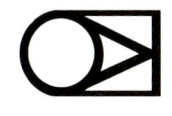

Gütezeichen für Rohre	Kunststoffe, die mit Lebensmittel in Berührung kommen	Gütezeichen	Überwachungszeichen

© Verlag Gehlen

Verstärkte Kunststoffe

Kurzzeichen verstärkter Kunststoffe (Auswahl)

Kurzzeichen	Bezeichnung	Kurzzeichen	Bezeichnung
AFK	Asbestfaserverstärkter Kunststoff	GFK	Glasfaserverstärkte Kunststoffe
BFK	Borfaserverstärkter Kunststoff	MFK	Metallfaserverstärkte Kunststoffe
CFK	Kohlenstofffaserverstärkter Kunststoff	MWK	Metallwhiskerverstärkte Kunststoffe
EP-GF	Glasfaserverstärkte Epoxidharze	SFK	Synthesefaserverstärkte Kunststoffe
UP-GF	Glasfaserverstärkte Polyester		

Mechanische Eigenschaften von GFK-Laminaten — DIN 16948

Kurzzeichen	Klebekomponente	Glasfaser-Gehalt	Zugfestigkeit R_m in N/mm²	Druckfestigkeit σ_{dB} in N/mm²	Biegefestigkeit σ_{bB} in N/mm²	Elastizitätsmodul E in N/mm²
EP-GF	Epoxidharze	50 %	230	220	280	11000
		65 %	340...750	320...600	420...500	18000...30000
UP-GF	ungesättigte Polyesterharze	30 %	120...160	140	130...160	9000...12000
		60 %	340	270	350	19000
		65 %	630	400	550	28000

Schichtpressstoffe — DIN EN 60893

Kurzzeichen	Harztypen	Kurzzeichen	Typ des Verstärkungsmaterials	Kurzzeichen	Typ des Verstärkungsmaterials
EP	Epoxidharz	AC	Asbestgewebe	CR	zusammengesetztes Verstärkungsmaterial
MF	Melaminformaldehyd	AM	Asbestmatte		
PF	Phenolformaldehyd	AP	Asbestpapier	GC	Glasgewebe
SI	Siliconharz	CC	Baumwollgewebe	GM	Glasmatte
PI	Polyimidharz	CP	Zellulosepapier	PC	Polyesterfasergewebe
UP	ungesätt. Polyesterh.			WV	Holzfurniere

Beispiel: Schichtpressstofftafel IEC 893–3–2–EP CP 201 – 10 × 500 × 1000
Platte der Dicke 10 mm, Breite 500 mm, Länge 1000 mm aus Epoxidharz verstärkt mit Zellulosepapier und IEC-Seriennummer 201 (zugehörige Seriennummer bezieht sich auf die Internationale Norm IEC 893)

Mechanische Eigenschaften von Schichtpressstoffen

Kombination Harz	Zusatz	Dichte in kg/dm³	Zugfestigkeit R_m in N/mm²	Druckfestigkeit σ_{dB} in N/mm²	Biegespannung σ_{bB} in N/mm²	Elastizitätsmodul E in N/mm²
EP	CP	1,3...1,4	80	160	110	6000
PF	CP	1,3...1,4	60...120	80...300	75...180	5000...18000
PF	CC	1,3...1,4	60...85	–	90...110	7000
EP	GC	1,7...1,9	300	350	340	20000...24000
MF	GC	1,7...2,0	150	275	240	14000
PF	GC	1,6...1,8	100	–	140	14000
SI	GC	1,6...1,9	70...90	160	90...120	13000
PI	GC	1,8...2,0	250	400	400	22000
EP	GM	1,7...1,9	250	350	320	15000
UP	GM	1,5...1,9	70...210	200...250	130...250	8000...10000
PF	WV	1,3...1,4	60...120	80...220	100...170	14000...18000

Anwendung: für elektronische Bauteile und Leiterplatten. Die Eigenschaften der Schichtpressstoffe sind für spezifische Anwendungsgebiete leicht modifizierbar und besitzen je nach Typ die Eigenschaften: gute Beständigkeit elektrischer Eigenschaften bei hoher Feuchte, definiertes Brennverhalten, hohe mechanische Festigkeit bei erhöhten Temperaturen, Beständigkeit gegen Lichtbogen und Kriechwegbildung.
Spezielle Eigenschaften: SI GC für Einsatz bei höheren Temperaturen, gute Hitzebeständigkeit
PI GC sehr gute mechanische Eigenschaften bei hohen Temperaturen

Kunststoff-Formmassen — DIN 7708

Kunststoff-Formmassen sind Pulver oder Granulate, die innerhalb eines bestimmten Temperaturbereiches durch Pressen, Spritzguss oder Stranggießen geformt werden. Sie enthalten aus wirtschaftlichen und technischen Gründen Füllstoffe, die anorganischer oder organischer Art sein können und die Eigenschaften wie Druckfestigkeit, Abriebfestigkeit erhöhen und die durch die Formgebung entstehende Schwindung mindern.

Phenoplaste	Unter Erwärmung wird Phenol mit wässriger Formaldehydlösung katalytisch zur Reaktion gebracht. Es entstehen verschiedene Zwischenprodukte. Resit ist nur begrenzt lagerfähig. In Alkohol gelöste Resole dienen zum Tränken von Füllbahnen für Schichtwerkstoffe. Gemahlenes, lagerfähiges Novolak wird als Formmasse zu Pressteilen weiterverarbeitet.
Aminoplaste	Das Benzolderivat Melamin oder Harnstoff werden durch Reaktion mit Formaldehyd entweder unmittelbar für Lacke oder Kleber oder nach Trocknung zu Pressmassen weiterverarbeitet. Die Vernetzung erfolgt nach linearen Zwischenkondensaten.

Mechanische Eigenschaften von Formmassen

Typ	Harz	Füllstoff	Schlagzähigkeit a_K in kJ/m²	Biegefestigkeit σ_{bB} in N/mm²	Wasseraufnahme in mg max.	Grenztemperatur in °C	Anwendung
Phenoplaste							
31	PF	Holzmehl	6	70	150	125	Allgemeine Anwendung
51	PF	Zellstoff u. a.	5	60	300	125	bessere Kerbschlagzähig-
83	PF	Baumwollfasern	5	60	180	125	keit, Schalen, Kästen, Büro-
74	PF	Baumwollgewebeschnitzel	12	60	300	125	artikel, gelbbraune Farbe, g. chemische Beständigkeit
75	PF	Kunstseidefasern	14	60	300	125	gute mech. Eigenschaften
12	PF	Asbestfaser	3,5	50	90	150	höhere Temperaturbeständ.
16	PF	Asbestschnur	15	70	90	150	gut mechanisch belastbar
11; 5	PF	Gesteinsmehl	3,5	50	45	150	gute Eigenschaften für
13	PF	Glimmer	3	50	20	150	elektronische Bauteile
Aminoplaste							
131	UF	Zellstoff	6,5	80	300	100	Haushaltsgeräte, Kleinteile
131.5	UF	Zellstoff	6,5	80	300	100	Elektro- u. Installationsmat.
150	MF	Holzmehl	6	70	250	120	physiologisch unbedenklich
153	MF	Baumwollfasern	5	60	300	125	Geschirr, kratzfest, glasig-
154	MF	BW-Gewebe	6	60	300	125	farblos, gute chemische
156	MF	Asbestfasern	3,5	50	200	140	Beständigkeit, mit Asbest
157	MF	Asbestf./ Holzm.	4,5	60	200	140	hö. Temperaturbeständ.
155	MF	Gesteinsmehl	2,5	40	200	130	gute elektr. Eigenschaften
183	MF	Zellst./Gesteinsm.	5	70	120	120	gute mech. Eigenschaften

Spezifische Eigenschaften der Aminoplaste und Phenoplaste

Eigenschaften	PF Phenol-Formaldehyd	MF Melamin-Formaldehyd	UF Harnstoff-Formaldehyd
Formbeständigkeit nach Martens in °C	125...150	120...130	100
spezifischer Durchgangswiderstand ρ_D in $\Omega \cdot$ cm	$10^8...10^{12}$	$10^8...10^{11}$	10^{11}
Dielektrischer Verlustfaktor $\tan \sigma$	0,03...0,1	0,1...0,3	0,1
Durchschlagsfestigkeit E_d in kV/mm	50...200	50...150	100...150
Dielektrizitätszahl ε_r	4...15	5...10	5...7

© Verlag Gehlen

Begriffe und Arten der Kühlschmierstoffe

Benennung nach DIN 51385	Kurzzeichen	Bemerkungen
Nichtwassermischbare Kühlschmierstoffe SN	SN1	Schneidöl mit Fettzusatz; ungeeignet für hohe Temperaturen; sehr gute Schmier- und Korrosionsschutzwirkung
	SN2	Schneidöl mit mild wirkendem EP-Zusatz[1]; hohe Druck- und Temperaturbeständigkeit
	SN3	Schneidöl mit Fettzusatz und mild wirkendem EP-Zusatz[1]
	SN4	Schneidöl mit aktiv wirkendem EP-Zusatz[1]; sehr hohe Druck- und Temperaturbeständigkeit
	SN5	Schneidöl mit Fettzusatz und aktiv wirkendem EP-Zusatz[1]
Kühlschmierlösungen SESW	SW1	Mit Wasser gemischter, wasserlöslicher Kühlschmierstoff; Lösungen von anorganischen Stoffen in Wasser, z. B. Soda
	SW2	Mit Wasser gemischter, wasserlöslicher Kühlschmierstoff; Lösungen von meist synthetischen Stoffen in Wasser
Kühlschmieremulsion (Öl in Wasser) SEMW	E 2 bis E 20	Emulsionen mit einem Mischungsverhältnis von 2 % (E2) bis 20 % (E20) emulgierbaren Kühlschmierstoff in Wasser; herkömmliche Bezeichnung Bohrwasser od. Bohremulsion

[1] EP „extreme pressure" unter hohem Druck einsetzbar; Zusätze nehmen hohe Flächenpressung auf.

Anwendungen der Kühlschmierstoffe

Verfahren	Stahl normal spanbar	Stahl schwer spanbar	Grauguss, Temperguss	Kupfer, Kupferlegierung	Leichtmetalle[1]
Drehen	E 2...5, SW2, SN3	E 10, SN4, SN5	trocken,	trocken, SW2, SN1, SN2	E 2...5, SW2, SN2, SN3
Bohren	E 2...5	E 10, SN4, SN5	trocken, E 5...10	trocken, E 5...10, SN1, SN2, SN3	trocken, SN1, SN2, SN3
Tiefbohren	E 20, SN3	SN5	E 20	SN3	SN3
Reiben	SN2, SN3, E 20	SN3, SN4, SN5	trocken, SN1	trocken, SN1, SN2, SN3	SN1, SN2, SN3
Fräsen	E 5...10, SW2, SN3	E 10, SN4, SN5	trocken, E 2...5	trocken, E 2...5 SN1, SN2, SN3	SN1, SN2, SN3, E 2...5
Sägen	E 5...10, SW2	E 20	trocken, E 2...5	SN1, SN2, SN3, E 2...5	SN1, SN2, SN3, E 2...5
Räumen	SN2, SN3, E 10	SN4, SN5	E 5...10	SN1, SN2, SN3	SN1, SN2, SN3
Gewindeschneiden	SN3	SN5	SN3, E 5...10	SN3	SN3
Gewindefräsen	SN2, SN3	SN4, SN5	SN2	SN1, SN2, SN3	SN1, SN2, SN3
Gewindeschleifen	SN3	SN5	–	–	–
Wälzfräsen	SN3	SN5	E 2...5	–	–
Wälzstoßen	SN3	SN5	SN3	–	–
Flachschleifen	E 2...5	SN3	SW1, SW2	E 2	–
Rundschleifen	SW1, SW2	SW1, SW2	E 2...5	SW1, SW2	E 2...5
Honen, Läppen	SN2, SN3	SN4, SN5	SN2	–	–

[1] Magnesium und Magnesiumlegierungen werden nur trocken oder als Kühlschmierstoff mit Öl bearbeitet.

Kühlstoffmengen beim Spanen · Festschmierstoffe · Schmierstoffe

Richtwerte für Kühlstoffmengen bei der spanenden Metallverarbeitung			VDI 3035
Verfahren	Kühlstoffmenge Q_s	Verfahren	Kühlstoffmenge Q_s
Drehen	10...20 l/min je Werkzeug	Fräsen[1]	
Automatendrehen auf 6-Spindel-Automaten (Öl)		Fräser- ⌀ bis 50 mm	20 l/min
bis 25 mm ⌀	130 l/min	Fräser- ⌀ bis 100 mm	30 l/min
bis 50 mm ⌀	170 l/min	Fräser- ⌀ bis 200 mm	50...80 l/min
bis 75 mm ⌀	250 l/min	Fräser- ⌀ bis 300 mm	75...100 l/min
bis 100 mm ⌀	300 l/min	Gewindeschneiden in Stahl[2]	
Bohren und Senken in Stahl[2]		bis M6	2 l/min
bis 5 mm ⌀	3...5 l/min	über M6 bis M10	3 l/min
5...10 mm ⌀	5...8 l/min	über M10 bis M20	5 l/min
10...20 mm ⌀	8...12 l/min	über M20 bis M40	8 l/min
20...30 mm ⌀	12...20 l/min	Kurzhubhonen mit Öl	
30...40 mm ⌀	20...30 l/min	bis 20 mm ⌀	12 l/min je Bohrung
40...60 mm ⌀	30...40 l/min	über 20 mm ⌀	20 l/min je Bohrung
Tiefbohren mit Öl		über 60 mm ⌀	30 l/min je Bohrung
Vollbohren	5 l/min je Bohrungs- ⌀	über 100 mm ⌀	50 l/min je Bohrung
Kernbohren	5 l/min je Bohrungs- ⌀	Innenräumen	
Aufbohren	2,5 l/min je Bohrungs- ⌀	Bedarf je mm Räumnadelbreite bei 1 m Länge	
Außenschleifen		bis 50 mm ⌀	100 l/min je Räumstelle
v_c < 30 m/s	1,0 l/min je mm Eingriffbreite	bis 100 mm ⌀	160 l/min je Räumstelle
v_c < 45 m/s	1,5 l/min je mm Eingriffbreite	bis 200 mm ⌀	300 l/min je Räumstelle
v_c < 60 m/s	2,0 l/min je mm Eingriffbreite	Außenräumen	
Innenschleifen	2,0 l/min je mm Eingriffbreite	Bedarf je mm Räumnadelbreite	
Flachschleifen	10 l/min je kW P_A	bei 1 m Länge	300 l/min je 100 mm Breite

[1] 1,5fache Menge bei Stirnfräsköpfen.
[2] Bei Aluminium und Gusseisen ist die Menge um 20 % zu erhöhen.

Festschmierstoffe

Schmierstoff	Kurz-zeichen	Temperatur-bereich in °C	Eigenschaften
Graphit	C	–18 ... +450	Gute Schmiereigenschaften, hohe elektrische und thermische Leitfähigkeit, für Gleitlager, Kalt- und Warmumformung
Molybdän-disulfid	MoS_2	–180 ... +400	Gute Schmiereigenschaften bei höchster Belastung, keine elektrische Leitfähigkeit, für Cu- und Al-Werkstoffe nicht geeignet
Polytetra-fluorethylen	PTFE	–250 ... +260	Gleitreibungszahl 0,04...0,09, gute chemische Beständigkeit, gute Schmiereigenschaften auch im Vakuum

Schmierfette   DIN 51502

Stoffgruppe	Kennbuchstabe	Anwendung (Auswahl)	Beispiele
Schmierfette auf Mineralöl-basis	K G OG M	Wälzlager, Gleitlager und Gleitflächen geschlossene Lager offene Getriebe und Verzahnungen Gleitlager, Dichtungen bei geringer Anf.	K: für Wälzlager NLGI-Klasse 3 G: Gebrauchs- temp. –20...+140 °C
Schmierfette auf Synthe-seölbasis	E FK HC PH PG SI X	Anwendung wie oben, Kennbuchstaben werden zusätzlich zur näheren Bezeichnung der Schmierfette mitangefügt	SI: Siliconölbasis NLGI-Klasse 3 R : obere Tempe- ratur 180 °C

© Verlag Gehlen

Schmierstoffe · Viskositätsklassifikationen

Schmierstoffe der Klasse L (Industrieöle und verwandte Erzeugnisse) — DIN ISO 6743

Kennbuchstabe n. DIN ISO 6743	Verweis auf Teil der ISO 6743	Anwendungsbereich	Kennbuchstabe nach DIN 51202	Verweis auf zugehörige DIN
A	1	Verlustschmierung	AN; B	51501
B	–	Schalung und Formen	FS	–
C	6	Getriebe	C; CLP; HYP	51517
D	3A; 3B	Gas- und Kühlverdichter	V; K	–
E	–	Verbrennungsmotoren	HD	–
F	2	Spindellager, Lager in/ohne Verbindung mit Kupplungen	C	51517
G	13	Gleitbahnen	CG	8659
H	4	Hydraulische Systeme	H; HV; HF; ATF	–
M	7	Metallbearbeitung, Kühlschmierstoffe	S; SN; SE; SEW; E	51520; 51520
N	–	Elektrische Isolation	J	–
P	11	Druckluftwerkzeuge	D	–
Q	12	Wärmeträgermedien	Q	51522
R	8	Zeitweiliger Korrosionsschutz	R	–
T	5	Turbinen	TD	51515
U	–	Wärmebehandlung	L	–
X	9	Schmierfette	K; G; OG; M	51828
Y	10	andere Anwendungen	F	–
Z	–	Dampfzylinder	Z	51510

Beispiel: ISO-L-QA 220 (ausführliche Form) oder nur L-QA 220 für Wärmeträgermedium der Viskosität nach ISO 3448
oder Schmieröl DIN 51515–TD 46 Regelschmierstoff für Dampfturbinen der Viskosität 46 nach ISO 3448

ISO-Viskositätsklassifikation für flüssige Industrieschmierstoffe — DIN 51519, ISO 3448

Viskositätsklasse	Viskositätsbereich bei 40 °C in mm^2/s	Viskositätsklasse ISO VG	Viskositätsbereich bei 40 °C in mm^2/s	Viskositätsklasse ISO VG	Viskositätsbereich bei 40 °C in mm^2/s
ISO VG 2	1,98...2,42	ISO VG 22	19,8...24,2	ISO VG 220	198...242
ISO VG 3	2,88...3,52	ISO VG 32	28,8...35,2	ISO VG 320	288...352
ISO VG 5	4,14...5,06	ISO VG 46	41,4...50,6	ISO VG 460	414...506
ISO VG 7	6,12...7,48	ISO VG 68	61,2...74,8	ISO VG 680	612...748
ISO VG 10	9,00...11,0	ISO VG 100	90,0...110	ISO VG 1000	900...1100
ISO VG 15	13,5...16,5	ISO VG 150	135...165	ISO VG 1500	1350...1650

SAE-Viskositätsklassifikation für Motoren- und Schmieröle — DIN 51511

SAE-Viskositätsklasse	maximale Viskosität bei Temp. in °C	maximale Viskosität in mPa · s	Viskosität bei 100 °C in mPa · s	Grenzpumptemperatur in °C	SAE-Viskositätsklasse	Viskosität bei 100 °C in mPa · s
0W	–30	3250	3,8	–35	20	5,6...9,3
5W	–25	3500	3,8	–30	30	9,3...12,5
10W	–20	3500	4,1	–25	40	12,5...16,3
15W	–15	3500	5,6	–20	50	16,3....21,9
20W	–10	4500	5,6	–15		
25W	–5	6000	9,3	–10		

© Verlag Gehlen

Werkstoffprüfung in der Werkstatt

Sichtprüfung	Gewicht, Farbe und Oberflächenbeschaffenheit geben eine erste Aussage über den Werkstoff.	**Walzstahl:** hellgrau bis glänzend, meist verzundert, Kanten gerundet **gezogener Stahl:** blank, scharfe Kanten, maßgenau
Klangprobe	Beurteilung der Werkstoffsorte und Fehlerfreiheit eines Teils. Durchführung: An einer Schnur aufgehängtes Probeteil wird mit dem Hammer leicht angeschlagen.	**Grauguss, Temperguss:** dumpfer kurzer Ton **Baustahl, gehärtete Stähle:** reiner, heller, lang schwingender Ton **Risse:** klirrender, sehr kurzer Ton
Magnetisierungsprobe	Spezifizierung von Eisen anhand des magnetischen Verhaltens.	**magnetisch:** ferritischer Stahl **unmagnetisch:** austenitischer Stahl
Feilprobe Zerspanbarkeitsprobe	Feilprobe: Härtebeurteilung durch Anfeilen mit der Vorfeile oder Schätzen mittels Vergleichsprobe, mit der Drehmaschine Überprüfung der Zerspanbarkeit.	**Stahl:** hellgraue bis blaue, glänzende und gerollte Späne **Grauguss:** schwarze bis graue, körnige und glanzlose Späne **Temperguss:** schwarz-graue, matt glänzende u. gerollte Späne
Schleiffunkenprobe	Vergleichende Beurteilung der Stahlarten: Mit steigendem Kohlenstoffgehalt nehmen die Verästelungen und die Helligkeit der Funkengarbe zu. Durchführung: Im abgedunkelten Raum wird mit bekannten Proben verglichen oder Beurteilung der Funkenelemente und Farben mit Mustertafeln s. S. 93.	**Baustahl:** lange Funkenlinien mit vielen hellgelben Steinchen **Hochleg. Werkzeugstahl:** gelbe Funken mit hellgelben Büscheln **Schnellarbeitsstahl:** dunkelrote, unterbrochene Strahlen **Einsatzstahl:** glatter, gelber Strahl **Warmarbeitsstahl:** gelber Strahl, Zerfall mit rötlichen Lanzenspitzen **Niedr. leg. Werkzeugstahl:** gelber Strahl, Zerfall mit Stacheln
Biege- und Schmiedeprobe	Beurteilung des Kalt- und Warmumformens durch den Faltversuch, die Biegeprobe, die Ausbreitprobe, die Warmstauchprobe, die Schweißbiegeprobe und die Aufdornprobe.	Beurteilt wird das Formänderungsverhalten hinsichtlich des Biegewinkels bis zum ersten Riss, der Anzahl der Hin/Herbewegungen, der Rissbildung, des Stauchungsvermögens und des Ausbreitens
Bördelprobe	Überprüfung der Eignung von Blechen für die Anfertigung von Blechformstücken für den Lüftungs- und Rohrnetzanlagenbau.	Für die entsprechenden Werkstoffe dürfen bei den geforderten Werten keine Risse auftreten **St 37:** Rissfreiheit bei 90° **St 44:** Rissfreiheit bei 60°
Aufweitversuch	Beurteilung der Eignung für die Überlappung einer Rohrverbindung. Durchführung: Mithilfe eines Dorns wird das Aufweitungsverhältnis bestimmt.	**Stahl:** Aufweitungsverhältnis 1 : 5 **Messing:** Aufweitungsverhältnis 1 : 1,2

Bruchverhalten

Trennungsbruch, Sprödbruch	Verformungsbruch, duktiler Bruch	Mischbruch, Tellerbruch, Tassenbruch	Dauerbruch
Bruchfläche eben, glänzend, körnig. Bruch setzt plötzlich ein, bevorzugt bei ungleichmäßigem Gefüge.	Bei reinem Scherbruch liegt Bruchfläche unter 45°. Tritt auf bei Stoffen mit vielen Gleitmöglichkeiten.	Scherlippen unter 45° und Normalspannungsbruch rechtwinklig zur Zugrichtung.	Bruchfläche muschelig, eben, durch Kerbe und dynamische Belastung ausgelöst.

Zugversuch für metallische Werkstoffe — DIN EN 10002

Um Kennwerte der mechanischen Eigenschaften eines metallischen Werkstoffes zu bestimmen, wird dieser meist in Form eines Proportionalitätsstabes durch eine gleichförmige Zugbeanspruchung bis zum Bruch gedehnt. Aus den gemessenen Werten werden wichtige Werkstoffgrößen wie zum Beispiel die Dehnung, die Brucheinschnürung, die Zugfestigkeit, die Streckgrenze und das Elastizitätsmodul ermittelt.

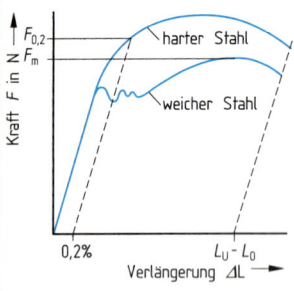

$$A = \frac{L_U - L_0}{L_0} \cdot 100\,\%$$

$$Z = \frac{S_0 - S_U}{S_0} \cdot 100\,\%$$

$$S_0 = \frac{\pi}{4} \cdot d_0^2$$

$$R_m = \frac{F_m}{S_0}$$

$$R_{p0,2} = \frac{F_{(bei\ 0,2\%A)}}{S_0}$$

$$\sigma_z = \frac{F}{S_0}$$

$$\varepsilon_e = \frac{\Delta F}{L_0}$$

Hooke'sches Gesetz:

$$\sigma_z = E \cdot \varepsilon_e$$

gültig nur im elastischen Bereich

$$E = \frac{\Delta \sigma}{\Delta \varepsilon_e}$$

Messgrößen:
- L_0 Anfangsmesslänge
- L_U Messlänge nach dem Bruch
- L_C Versuchslänge der Probe
- ΔL Längenänderung
- d_0 Probendurchmesser
- F Zugkraft
- F_m Höchstzugkraft

ermittelte Größen:
- S_0 Anfangsquerschnitt
- S_U Kleinster Querschnitt n.d.B.
- Z Brucheinschnürung
- ε_e Elastische Dehnung
- A Bruchdehnung
- A_g Gleichmaßdehnung
- A_{gt} Gesamte Dehnung bei F_m
- A_t Gesamte Dehnung b. Bruch
- σ_z Nennspannung
- R_m Zugfestigkeit
- R_{eH} Obere Steckgrenze
- R_{eL} Untere Streckgrenze
- $R_{p0,01}$ Techn. Elastizitätsgrenze
- $R_{p0,2}$ 0,2-%-Dehngrenze
- E Elastizitätsmodul

Probestäbe für den Zugversuch bei metallischen Werkstoffen

Bei proportionalen Proben gilt:
$k = 5{,}65$ (bei $L_0 < 20$ mm $k = 11{,}3$)

$L_0 = k \cdot \sqrt{S_0} \equiv L_0 = 5 d_0$ ($L_0 = 10 d_0$)

Spannungszunahmen b. Zugver.

E in N/mm^2	Geschwindigkeit in N/mm$^2 \cdot$ s^{-1}
< 150000	2...10
≥ 150000	6...30

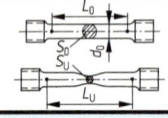

Zugversuch für Kunststoffe — DIN 53455

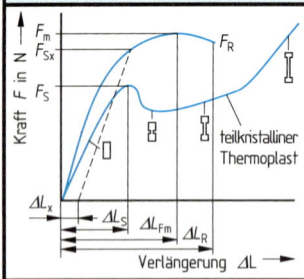

$$\sigma_B = \frac{F_M}{S_0} \qquad \varepsilon_B = \frac{\Delta L_{FM}}{L_0}$$

$$\sigma_R = \frac{F_R}{S_0} \qquad \varepsilon_R = \frac{\Delta L_R}{L_0}$$

$$\sigma_{Sx} = \frac{F_{Sx}}{S_0}$$

$$E = \frac{\sigma}{\varepsilon} = \frac{F \cdot L_0}{S_0 \cdot \Delta L}$$

$$S_0 = a \cdot b$$

- a Dicke des Probestabes
- b Breite des Probestabes
- σ_B Zugspannung bei F_m
- σ_R Reißfestigkeit
- σ_S Streckspannung
- σ_{Sx} x-%-Dehnspannung
- ε_B Streckdehnung
- ε_R Reißdehnung
- E Elastizitätsmodul

E wird im Bereich sehr kleiner Verformung ($< 0{,}5\,\%$) ermittelt

Prüfbedingungen

Vorbehandlung der Proben: Lagerung unter def. Bedingungen

Raumtemperatur: (23 ± 2) °C
relative Luftfeuchte: (50 ± 5) %

Spannungszunahme beim Zugversuch

Kennziffer	Geschwindigkeit in mm/min	Kennziffer	Geschwindigkeit in mm/min	Kennziffer	Geschwindigkeit in mm/min
1	$1 \pm 50\,\%$	3	$10 \pm 10\,\%$	6	$100 \pm 10\,\%$
1a	$2 \pm 20\,\%$	4	$20 \pm 10\,\%$	7	$200 \pm 10\,\%$
2	$5 \pm 20\,\%$	5	$50 \pm 10\,\%$	8	$500 \pm 10\,\%$

© Verlag Gehlen

Werkstoffprüfung · Druckversuch · Scherversuch · Biegeversuch · Tiefungsversuch

Druckversuch — DIN 50106

Durch die gleichförmige Aufgabe einer Druckkraft auf eine meist kurze zylindrische Probe des Verhältnisses L_0/d_0 zwischen 1...2 bis zum Bruch oder Anriss werden die Druckfestigkeit, die Quetschgrenze und die Bruchstauchung ermittelt. Spröde Werkstoffe, die keine Schubverformung erleiden, brechen ohne Ausbauchung durch Abgleiten unter 45° (siehe Skizze der Verformungszonen).

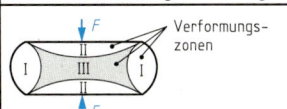

Verformungszonen

$$\sigma_{dF} = \frac{F_F}{S_0} \qquad \varepsilon_{dB} = \frac{L_0 - L}{L_0}$$

$$\sigma_{dB} = \frac{F_B}{S_0}$$

d_0	Anfangsdurchmesser
L_0	Anfangshöhe
σ_{dF}	Quetschgrenze
σ_{dB}	Druckfestigkeit
ε_{dB}	Bruchstauchung

Scherversuch DIN 50141

Eine zylindrische Probe (d_0 = 2...25 mm) wird in zwei Ebenen geschert (siehe Bild). Dabei wird die Scherfestigkeit bestimmt. Stifte, Stangen, Drähte und Nieten werden dieser Prüfung unterzogen.

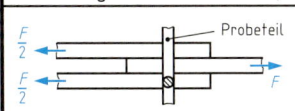

$$\tau_{aB} = \frac{F_m}{2 \cdot S_0} \qquad \text{mit} \qquad S_0 = \frac{\pi}{4} \cdot d_0^2$$

d_0	Probendurchmesser
S_0	Anfangsquerschnitt
F_m	höchste Scherkraft
τ_{aB}	Scherfestigkeit

Biegeversuch

Hauptsächlich spröde Werkstoffe, z. B. Grauguss, werden bei diesem Prüfverfahren mit einer mittig angesetzten gleichförmigen Kraft bis zum Bruch belastet. Das Biegemoment und die Biegefestigkeit werden ermittelt. Für die Stützweite L_s gilt folgende Beziehung: $L_s = 20 \cdot d_0$ (d_0 Probendurchmesser).

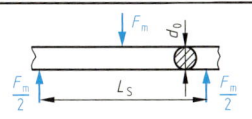

$$W_b = \frac{\pi}{32} \cdot d_0^3 \qquad M_b = \frac{F_m \cdot L_s}{4}$$

$$\sigma_{bB} = \frac{M_b}{W_b}$$

F_m	max. Druckkraft
W_b	Widerstandsmoment
M_b	Biegemoment
σ_{bB}	Biegefestigkeit

Technologischer Biegeversuch (Faltversuch) — DIN 50111

Zur Ermittlung des Umformvermögens wird die Biegeprobe entweder soweit gebogen, bis ein gewünschter Biegewinkel (meist 180°) erreicht ist oder das Umformvermögen des metallischen Werkstoffes erschöpft ist. Ermittelt wird der Biegewinkel, bei dem die Probe auf der Zugseite anreißt.

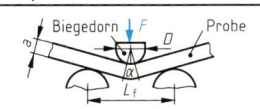

$L_f = D + 3 \cdot a$

$D/2$: Der Rundungsradius ist von der Probendicke a abhängig

a	Dicke der Probe
b	Breite der Probe
L_f	Abstand der Auflagen
α	Biegewinkel

Tiefungsversuch nach Erichsen — DIN 50101, DIN 50102

Die Umformeigenschaften von Blechen und Bändern mit Dicken von 0,2 bis 3 mm werden mit einem kugeligen Stempel ermittelt. Das Prüfergebnis ist der Stempelweg, die sogenannte Erichsen-Tiefung IE. Gemessen wird bis zum Anreißen der Probe. Die Proben werden zwischen einem Blechhalter und einer Matrize mit 10 kN Blechhaltekraft eingespannt. Die erhaltene Oberfläche wird ebenfalls begutachtet.

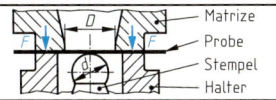

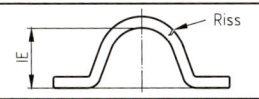

D	Durchmesser der Matrize
d	Kugeldurchmesser
F	Blechhaltekraft (10 kN)
IE	Erichsen-Tiefung

Tiefziehversuch (Näpfchenprobe)

Blechscheiben (Ronden) mit unterschiedlichen Durchmessern D werden zu zylindrischen Näpfchen mit kleinerem Durchmesser d gezogen. Das Grenzziehverhältnis D/d wird ermittelt, bei dem der Boden gerade noch nicht gerissen ist. Daneben kann bei dieser Methode eine Anisotropie eines Bleches erkannt werden. Eine Textur im Blech führt zu unterschiedlichen Höhen des Zylindermantels (Zipfelbildung).

© Verlag Gehlen

Kerbschlagversuch nach Charpy — DIN EN 10045

Mittels eines Pendelschlagwerkes wird die Trennbruchneigung eines Werkstoffes gemessen. Hauptsächlich findet dieses Prüfverfahren für Stahl und Stahlguss, im Besonderen zur Überwachung der Güte von Wärmebehandlungen seine Anwendung. Die Schlagarbeit und hieraus die Kerbschlagzähigkeit werden beim Durchschlagen der Probe anhand der verbrauchten Pendelenergie direkt ermittelt. Da die Zähigkeit eine temperaturabhängige Größe ist, kann die Kaltversprödung eines Werkstoffes beurteilt werden.

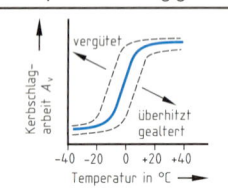

$$a_K = \frac{F \cdot (h_1 - h_2)}{b \cdot h_k}$$

$$A_v = F \cdot (h_1 - h_2)$$

$$a_K = \frac{A_v}{S_0} \qquad S_0 = b \cdot h_k$$

- h_1 Pendelhöhe vor Versuch
- h_2 Pendelhöhe nach Versuch
- h_k Höhe der Probe an Kerbe
- b Breite der Probe
- F Stützkraft des Hammers
- a_K Kerbschlagzähigkeit
- A_v Kerbschlagarbeit

Pendelschlagwerk · Kerbschlagproben

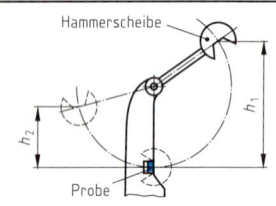

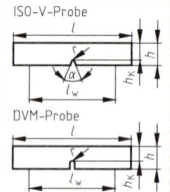

Probenbezeichnung	l	l_w	b	h	h_k	r	α
V-Normalprobe	55	40	10	10	8	0,25	45°
V-Untermaßprobe	55	40	5	10	8	0,25	45°
U-Normalprobe	55	40	10	10	5	1,0	–
DVM	55	40	10	10	7	1,0	–
DVMK	44	30	6	6	4	0,75	–
Kleinstprobe	27	22	3	4	3	0,1	60°

Kompakt-Zugversuch (compact-tension) — ASTM E 399-74

An einer winkelförmig eingekerbten Probe wird durch Schwingbeanspruchung ein Anriss erzeugt. Diese Probe wird im Zugversuch zerrissen. Ermittelt wird die Spannung, bei der sich der Anriss schlagartig ausbreitet. Die Rissausweitung an der Stirnseite wird während des gesamten Versuchs gemessen. Die Bruchzähigkeit wird ermittelt. Die Dimensionierung der CT-Probe muss anhand der im Versuch ermittelten Werte erfolgen. Unten stehende Beziehungen müssen erfüllt sein, gegebenenfalls korrigiert werden.

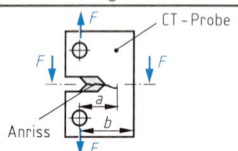

$$a, d \geq 2{,}5 \cdot \left(\frac{K_{Ic}}{R_{p0,2}}\right)^2$$

$$b \geq 5 \cdot \left(\frac{K_{Ic}}{R_{p0,2}}\right)^2$$

- a Nennmaße der CT-Probe
- b Nennmaße der CT-Probe
- d Nennmaße der CT-Probe
- F Zugkraft
- $R_{p0,2}$ 0,2-%-Dehngrenze
- K_{Ic} Bruchzähigkeit

Dauerschwingversuch — DIN 50100

Dynamisch belastete Werkstoffe zeigen Abhängigkeiten zu der Höhe der Schwingungsamplituden und zur Zahl der Lastwechsel. Die Grenzbeanspruchung, die sogenannte Dauerfestigkeit, wird durch bestimmte Schwingbelastungen empirisch ermittelt. Durch Auftragen der bei einstufiger Beanspruchung ermittelten Wertepaare von Beanspruchungshöhe δ_A zu zugehöriger Bruchlastspielzahl N_B lässt sich die Wöhler-Kurve erstellen. Im Allgemeinen werden Lastspiele über 10^6 der Dauerfestigkeit zugeordnet, im Bereich $< 10^4$ liegt Kurzzeitfestigkeit vor. Wöhler-Versuche werden meist mit $\delta_m = 0$ vorgenommen.

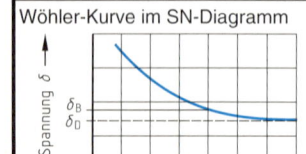

$$\delta_D = \delta_m \pm \delta_A$$

$$R = \frac{\delta_u}{\delta_o} = \frac{\text{Unterspannung}}{\text{Oberspannung}}$$

$$-1 \leq R \leq +1$$

$R = -1$ reine Wechselbeanspruchung
$R = 0$ reine Schwellbeanspruchung
$R = +1$ statische Beanspruchung

- δ_D Dauerschwingfestigkeit
- $\delta_{B(10^4)}$ Zeitschwingfestigkeit
- δ_m Mittelspannung
- δ_A Spannungsamplitude
- δ_W Wechselfestigkeit
- N Lastspielzahl
- N_G Grenzschwingspielzahl
- R Spannungsverhältnis

© Verlag Gehlen

Härteprüfung nach Brinell — DIN EN 10003

Mittels einer Stahlkugel (HBS) oder neuerdings hauptsächlich mit einer Hartmetallkugel (HBW) wird eine Prüfkraft F auf die zu prüfende starr aufliegende Probe für eine Einwirkdauer von normalerweise 10...15 s aufgebracht. Die erhaltenen Kugelabdruckdurchmesser d_1 und d_2 werden gemessen und damit die Härte errechnet. Der Kugeldurchmesser variiert in Abhängigkeit zur Probendicke. Durch Festlegung des Beanspruchungsgrades $0{,}102 \cdot F/D^2$ für die verschiedenen Werkstoffe ist die Prüfkraft F gegeben. Die Härtemessung nach Brinell wird für weiche bis harte, inhomogene Werkstoffe angewendet.

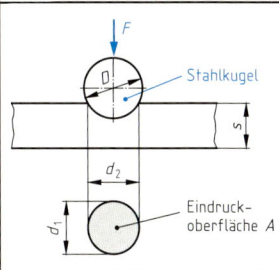

$$d = \frac{d_1 + d_2}{2}$$

$$h = \frac{D - \sqrt{D^2 - d^2}}{2}$$

HBS bzw. HBW =
$$= 0{,}102 \cdot \frac{2 \cdot F}{\pi \cdot D \cdot \left(D - \sqrt{D^2 - d^2}\right)}$$

$F = f(d):\ 0{,}24 \cdot D \leq d \leq 0{,}6 \cdot D$

- D Kugeldurchmesser in mm
- F Prüfkraft
- d_1 Durchmesser Richtung 1
- d_2 Durchmesser Richtung 2
- d Mittlerer Durchmesser
- h Eindrucktiefe
- HBS Brinellhärte (Stahlkugel) für HBS < 350, in früheren Normen nur HB
- HBW Brinellhärte (Hartmetallkugel) für HBW < 650

Mindestdicke s der Probe (mm):
- D = 1: 0,08...0,8   bei d 0,2...0,6
- D = 2: 0,25...1,6   bei d 0,5...1,2
- D = 2,5: 0,29...2,0   bei d 0,6...1,5
- D = 5: 0,58...4,0   bei d 1,2...3,0
- D = 10: 1,17...8,0   bei d 2,4...6,0

Bezeichnungsbeispiele für Härteangaben nach Brinell:
330 HBS 5/750 Brinellhärte 330 mit Stahlkugel (D = 5 mm) und einer Prüfkraft F = 7355 N gemessen, Krafteinwirkdauer 10...15 s
660 HBW 2/40/20 Brinellhärte 660 mit Hartmetallkugel (D = 2 mm) und einer Prüfkraft F = 392,3 N gemessen, Krafteinwirkdauer 20 s

Wahl des Beanspruchungsgrades

Beanspruchungsgrad	30	10	30	5	10	30	2,5	5...15	10...15	1
Brinellhärte	<140	≥140	<35	35...200	>200	<35	35...80	>80		
Werkstoff	Stahl		Gusseisen		Kupfer u. Cu-Leg.		Leichtmetalle u. Leg.			Pb; Sn

Härteprüfung nach Vickers — DIN 50133, ISO 6507

Mittels einer Diamantpyramide mit quadratischer Grundfläche wird eine Prüfkraft F für eine Einwirkdauer von normalerweise 10...15 s auf eine starr liegende Probe aufgebracht. Die Längen der Diagonalen d_1 und d_2 werden gemessen und damit die Härte errechnet. Mit dieser Methode können weiche bis sehr harte, homogene Werkstoffe und für dünne Schichten oder für einzelne Gefügebestandteile die Härte ermittelt werden. Die verwendete Prüfkraft variiert in Abhängigkeit zur Probendicke.

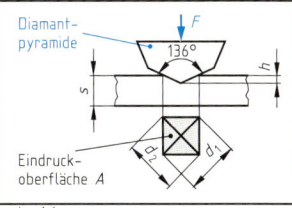

$$d = \frac{d_1 + d_2}{2}$$

$$HV = 0{,}102 \cdot \frac{2 \cdot F \cdot \sin \frac{136}{2}}{d^2}$$

Näherung: $HV \approx 0{,}1891 \cdot \frac{F}{d^2}$

- α Winkel zwischen den Pyramidenflächen (136°)
- F Prüfkraft
- d_1 Diagonalenlänge 1
- d_2 Diagonalenlänge 2
- d mittlere Diagonalenlänge
- h Eindrucktiefe
- HV Vickershärte

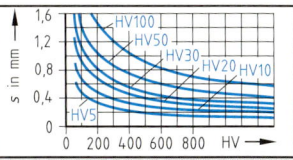

Bezeichnungsbeispiele für Härteangaben nach Vickers:
560 HV 30 Vickershärte 560 mit einer Prüfkraft F = 294,2 N gemessen, Krafteinwirkdauer 10...15s
630 HV 2/20 Vickershärte 630 mit einer Prüfkraft F = 19,61 N im Kleinlastbereich gemessen, Krafteinwirkdauer 20 s

Prüfkräfte für die Härteprüfung nach Vickers

Prüfbedingungen	HV0,2	HV0,3	HV0,5	HV1	HV2	HV3	HV5	HV10	HV20	HV30	HV50	HV100
Prüfkraft F in N	1,961	2,942	4,903	9,807	19,61	29,42	49,03	98,07	196,1	294,2	490,3	980,7

Härteprüfung nach Rockwell — DIN EN 10109

Mittels einem Diamantkegel ($\alpha = 120°$, Krümmungsradius der Kegelspitze $R = 0{,}200$ mm) oder einer Stahlkugel ($D = 1{,}5875$ mm oder $D = 3{,}175$ mm) wird zuerst eine Prüfvorkraft F_0 ($F_0 = 98{,}07$ N) auf die Probe aufgebracht und dann in 2...8 s die Prüfkraft F_1 aufgegeben. Die Einwirkdauer richtet sich nach dem zeitabhängigen plastischen Verhalten des Werkstoffes (1...3 s für Werkstoffe ohne, 1...5 s für geringes und 10...15 s bei erheblichem zeitabhängigen plastischen Verhalten). Aus der bleibenden Zunahme der Eindringtiefe e (ausgedrückt in Einheiten von 0,002 mm) unter Prüfvorkrafteinwirkung wird die Härte abgeleitet. Die Eindringtiefe e kann direkt abgelesen werden.

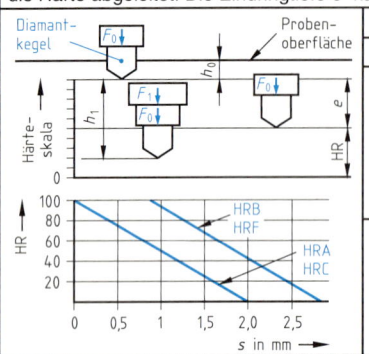

| HRA, HRC, HRD $= 100 - e$ |
| HRB, HRG, HRE, HRH, HRF, HRK $= 130 - e$ |

- F_0 Prüfvorkraft
- F_1 Prüfkraft
- F Gesamtprüfkraft
- h_0 Eindringtiefe unter F_0
- h_1 Eindringtiefenzunahme
- e Bleibende Eindringtiefe unter Prüfvorkraft

Bezeichnungsbeispiele für Härteangaben nach Rockwell:

63 HRC Rockwellhärte 63, gemessen nach Härteskala C: Diamantkegel, Gesamtprüfkraft 1471 N

58 HRB Rockwellhärte 58, gemessen nach Härteskala B: Stahlkugel $D = 1{,}5875$ mm, Gesamtprüfkraft 980,7 N

Prüfkräfte und Anwendungsbereiche der Rockwellhärte

Härtebe-zeichnung	Härte-skala	Anwendungs-bereich für HR	Eindringkörper	Prüfvorkraft F_0 in N	Prüfkraft F_1 in N	Gesamtprüf-kraft F in N
HRA	A	20...88	Diamantkegel	98,07	490,3	588,4
HRC	C	20...70		98,07	1373,0	1471,0
HRD	D	40...70		98,07	882,6	980,7
HRB	B	20...100	Stahlkugel mit $D = 1{,}5875$ mm	98,07	882,6	980,7
HRF	F	60...100		98,07	490,3	588,4
HRG	G	30...94		98,07	1373,0	1471,0
HRE	E	70...100	Stahlkugel mit $D = 3{,}175$ mm	98,07	882,6	980,7
HRH	H	80...100		98,07	490,3	588,4
HRK	K	40...100		98,07	1373,0	1471,0

Härtewerte im Vergleich — DIN 50150

Folgende Beziehungen gelten für unlegierten und niedriglegierten Stahl und Stahlguss (gültig für den Beanspruchungsgrad 30):

$R_m \approx 3{,}5$ HB
HB $= 0{,}95$ HV

Vergleich von Zugfestigkeit und Härtewerten für Stahl (Auswahl)

R_m in N/mm²	HV ($F \geq 98$ N)	HB [1] gerundet	HRB	R_m in N/mm²	HV ($F \geq 98$ N)	HB [1] gerundet	HRC
305	95	90	52	1290	400	380	41
400	125	120	–	1455	450	430	45
450	140	135	75	1630	500	–	49
510	160	150	82	1810	550	–	52
575	180	170	87	1995	600	–	55
640	200	190	92	2180	650	–	58
705	220	210	95	–	700	–	60
800	250	240	100	–	800	–	64
900	280	265	–	–	900	–	67
1030	320	305	–	–	940	–	68

[1] Die Brinellhärte wurde rechnerisch durch HB $= 0{,}95 \cdot$ HV ermittelt.

Werkstoffprüfung · Zerstörungsfreie Prüfverfahren

Eindringverfahren (Penetrierverfahren)		DIN 54152, E DIN EN 571
Skizze	Erläuterung	Anwendung
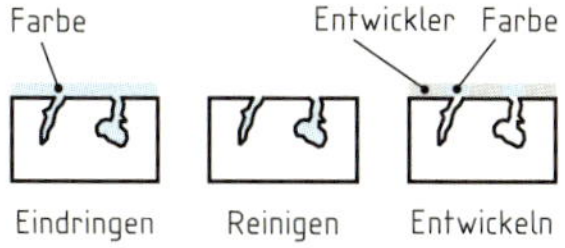 Farbe – Entwickler – Farbe; Eindringen, Reinigen, Entwickeln	Auf ein vorgereinigtes Prüfobjekt wird eine dünnflüssige, farbige Flüssigkeit aufgebracht, die durch Kapillarwirkung Oberflächenfehler nach Entfernen der restlichen Farbe und Auftragen eines Entwicklers sichtbar macht.	Sichtbarmachen von allen zur Oberfläche hin offenen Fehlern, wie Risse, Poren, Falten und Überlappungen. Variante: Verwendung von Flüssigkeiten, die unter UV-Bestrahlung hell leuchten

Magnetpulverprüfung		DIN 54130
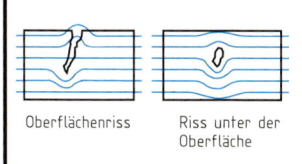 Oberflächenriss; Riss unter der Oberfläche	Trockene oder in Suspensionen farbige oder fluoreszierende, magnetisierbare Teilchen werden auf das Prüfobjekt aufgebracht. Je nach Ausrichtung des homogenen Magnetfeldes können Fehler bis ca. 3 mm Tiefe an ferromagnetischen Werkstoffen sichtbar gemacht werden.	Querrisse werden bei Jochmagnetisierung (Feldlinien verlaufen längs) und Längsrisse bei Stromdurchflutung (Feldlinien verlaufen konzentrisch) festgestellt. Streufelder können auch induktiv akustisch oder optisch auf dem Oszillographenschirm angezeigt werden.

Magnetinduktive Prüfung (Wirbelstromprüfung)		DIN 54140
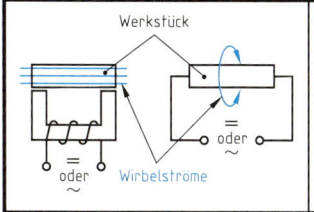 Werkstück; oder; Wirbelströme	Eine Erregerspule bildet durch Induktion Wirbelströme, die vom Widerstand des Prüflings abhängen. Diese beeinflussen eine Messspule, die Fehler gegenüber einem Standardwerkstück erfasst. Automatische Fehlerprüfungen mit hoher Geschwindigkeit sind möglich.	Durchlaufprüfung von Halbzeugen; Sortierung nach unterschiedlicher Härte, Legierungszusammensetzung, Reinheit und Porosität; Dickenmessung von Folien, Plattier- und Isolierschichten und Wanddicken

Ultraschallprüfung		DIN 54119
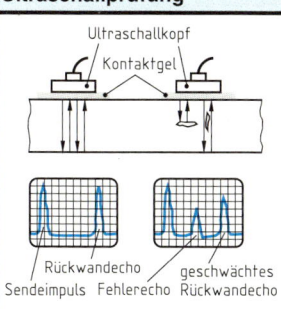 Ultraschallkopf, Kontaktgel; Rückwandecho, Sendeimpuls, Fehlerecho, geschwächtes Rückwandecho	Schallwellen im Frequenzbereich von 0,5...20 MHz (Ultraschall) pflanzen sich geradlinig im Metall fort, werden aber an Grenzflächen stark reflektiert. Bei der Prüfung wird die Schwächung oder Reflexion des Schalls mit den Daten eines fehlerfreien Werkstücks verglichen. Der Ultraschall wird von piezoelektrischen Quarzen gesendet und empfangen und auf dem Oszillographenschirm dargestellt.	Dickenmessung, Auffinden von Rissen, Einschlüssen und Seigerungen, die sich senkrecht zur Schallrichtung ausdehnen. Ortung und Größenbestimmung des Fehlers ist durch Eichung der Messung möglich. Je höher die Prüffrequenz, desto kleiner ist der auffindbare Fehler. Verfahrensarten: Durchschallungs-, Impuls-Echo- und Resonanz-Verfahren

Prüfung mit Röntgen- und Gammastrahlen		DIN 54111
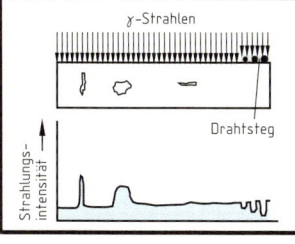 γ-Strahlen; Drahtsteg; Strahlungsintensität	Werkstoffe können von Röntgen- und Gammastrahlen durchdrungen werden und absorbieren dies durch die Materie. Filmplatten, die unter dem bestrahlten Prüfling liegen, zeigen durch eine stärke Schwärzung Fehlstellen fotodokumentarisch an. Die Belichtungszeit liegt im Bereich von Minuten bis Stunden.	Auffinden von Rissen, Poren und Lunkern; Bindefehler an Schweißnähten, beim Brücken- und Leitungsbau, wichtiges Prüfverfahren für Kessel- und Flugzeugbau, da keine Werkstückbeeinträchtigung erfolgt. Oberflächennahe Fehler werden nicht erkannt. Die Bildgüte muss anhand eines Drahtsteges bestimmt werden.

© Verlag Gehlen

Korrosion der Metalle

Angriffsformen	Korrosionsart	Charakteristika
Abtrag gleichmäßig	Flächenkorrosion	**Chemische Korrosion:** Unmittelbare Reaktion eines Metalls mit der Umgebung, meistens Sauerstoff, welcher dieses zum Oxid (Zunder) oxidiert. Diese Reaktion ist nur bei hohen Temperaturen ausgeprägt. **Sauerstoffkorrosion:** Beim Rosten von Eisen laufen folgende Reaktionen ab: Anodenreaktion: $Fe \rightarrow Fe^{2+} + 2e^-$ Kathodenreaktion: $O_2 + H_2O + 4e^- \rightarrow 4 OH^-$ Bildung von Rost: $Fe(OH)_3 \rightarrow FeOOH + H_2O$ **Wasserstoffkorrosion:** (Säurekorrosion) Diese Art tritt nur bei sauren Elektrolyten mit hohem H^+-Ionenanteil auf (Säureangriff auf Metalle) Reduktion des Wasserstoffes: $2H^+ + 2e^- \rightarrow 2H \rightarrow H_2$
Abtrag ungleichmäßig	Kontaktkorrosion	In Gegenwart eines Elektrolyten (feuchte Luft, Regen, Erdboden) löst sich das unedlere Metall (Anode) bei elektrisch leitender Verbindung mit dem edleren Metall (Kathode) allmählich auf. An der Kathode findet eine elektrolytische Reduktionsreaktion statt.
	Lochfraß	Örtliche Vertiefungen oder unterhöhlte Oberflächen stellen Schwachpunkte in Konstruktionen dar, die zum Beispiel Undichtigkeiten zur Folge haben können. Diese Korrosionsart ist gefährlich, da ihr Ausmaß nur schlecht zu erkennen ist.
	Spaltkorrosion	Bei Kontakten von unterschiedlichen Metallen oder bei unterschiedlicher Belüftung einer Verbindung kann es zur Spaltkorrosion kommen. Diese ist durch die Isolierung zwischen verschiedenen Metallen zu verhindern.
	selektive Korrosion heterogen. Gefüge	Selektive Korrosion entsteht dadurch, dass einzelne Gefügebestandteile, korngrenzennahe Bereiche oder einzelne Legierungselemente bevorzugt aufgelöst werden. Es können interkristalline oder transkristalline Korrosionsrisse gebildet werden.
Abtrag ungleichmäßig unter mech. Belastung	Spannungsrisskorrosion	Durch Zusammenwirken von mechanischer Spannung und Korrosion kann ein Anriss entstehen. Dieser unterbricht die korrosionshemmende Deckschicht, ein örtlicher Korrosionsangriff wird möglich. Das Risswachstum wird beschleunigt und kann zum Bruch des Bauteils führen.
	Schwingungsrisskorrosion	Durch Schwingbeanspruchung entstehen Anrisse entlang von Gleitebenen mit einer hohen Versetzungsdichte an der Rissspitze. Diese Bereiche sind für Korrosionsangriffe sehr empfänglich. Die weitere Auflösung der aktiven Gleitebenen führt in jedem Fall zum Bruch.

Weitere Korrosionsarten

Wasserstoffversprödung	Der zum Beispiel durch eine Kathodenreaktion erzeugte atomare Wasserstoff diffundiert in den Werkstoff ein und führt bei der Bildung von Wasserstoffmolekülen zu inneren Spannungen und somit zur Rissbildung.
Reibkorrosion	Die durch mechanischen Verschleiß abgetrennten Oberflächenteilchen korrodieren und bilden Korrosionsprodukte, zum Beispiel den sogenannten Passungsrost.
Erosionskorrosion	Im Bereich hoher Dampfdichte und hoher Dampfgeschwindigkeit werden die Deckschichten der Werkstoffe zerstört und es kann zu Erosionskorrosion kommen.
Kavitationskorrosion	Durch das Entstehen und schlagartiges Vergehen von Dampfblasen (Kavitation) werden Metalloberflächen zerstört, sodass diese korrodieren können.

Elektrochemische Spannungsreihe der Metalle

−2,34	−1,75	−1,66	−1,18	−0,763	−0,74	−0,44	−0,25	−0,136	−0,126	−0,036	0	+0,337	+0,80	+1,2	+1,7
Mg^{2+}	Ti^{2+}	Al^{3+}	Mn^{2+}	Zn^{2+}	Cr^{3+}	Fe^{2+}	Ni^{2+}	Sn^{2+}	Pb^{2+}	Fe^{3+}	H^+	Cu^{2+}	Ag^+	Pt^+	Au^+

unedel ⟵ ⟶ edel

Gemessen gegen Wasserstoff bei einer Temperatur von 25 °C und einem Druck von 1025 mbar.

© Verlag Gehlen

Korrosionsverhalten der Metalle

Werkstoff	Korrosionsverhalten
Aluminium	Dichte Oxidschicht passiviert und ist korrosionsbeständig gegen Säuren. Anfällig für Lochfraß durch Lokalelementbildung und Laugen, die die Oxidschicht angreifen. Durch elektrolytische Oxidation kann die Oxidschicht gefärbt und verstärkt werden.
Blei	Stabile Deckschicht aus Carbonaten schützt vor Säuren, Sulfatschicht macht Blei beständig für Schwefelsäure. Unbeständig gegenüber Salpetersäure, org. Säuren und Laugen.
Chrom	Chrom ist neben Nickel eines der leichtest passivierbaren Metalle und überträgt dieses auf Legierungen. Die Haftfestigkeit der Passivschicht ist jedoch zu gering, um einen dauerhaften Korrosionsschutz zu gewährleisten (Unterschicht aus Nickel beim Verchromen).
Eisen, Stahl	Eisenwerkstoffe bilden eine stabile Schutzschicht, die jedoch keinen beständigen Verbund mit dem Grundmaterial bildet. Lochfraß ist bei rostfreien Stählen durch Chlorionenanwesenheit möglich, Zunder entsteht bei Wärmebehandlungen oder beim Warmwalzen. Beständige Schutzschicht kann durch galvanische Chromschicht oder durch Verzinken erhalten werden. Da Zink unedler als Eisen ist (s. S. 126 Spannungsreihe), schützt es durch Auftragen einer stabilen Deckschicht bzw. dient es als Opferanode an Defekten der Deckschicht.
Kupfer	Dichte Sulfat- oder Carbonatschicht passiviert das Metall. Beständig gegen Laugen, nicht beständig gegen Säuren und organische Verbindungen (keine Cu-Armatur auf Acetylenfl.!).
Magnesium	Aufgrund der hohen Affinität zu Sauerstoff müssen Korrosionsschutzmaßnahmen durchgeführt werden, da die dünne Oxidschicht nur wenig passiviert.
Nickel	Nickel ist ein sehr korrosionsbeständiges Metall und eigentlich der Träger der Korrosionsbeständigkeit galvanisch verchromten Eisens. Nickel-Kupfer-Legierungen sind äußerst korrosionsbeständig gegen konzentrierte Säuren und andere aggressive Chemikalien.
Titan	In oxidierender Umgebung bildet sich eine festhaftende, sehr resistente Oxidschicht mit ausgezeichneter Korrosionsbeständigkeit. Stabil gegen Säuren und Königswasser.
Zinn	Durch eine dünne Oxidschicht beständig gegen schwache Säuren und Alkalien. Da Zinn ungiftig ist, kann es für den Korrosionsschutz an Geräten und Behältern für die Lebensmittelindustrie verwendet werden (Weißblech).
Zink	Bildung von stabilen Hydroxiden und Carbonaten schützt Zink und verzinkte Eisenwerkstoffe. Verwendung als Opferanode für den kathodischen Korrosionsschutz.

Oberflächenbehandlung als Korrosionsschutz

Behandlung	Verfahren	Anwendung
Galvanisieren	Elektrochemisches Beschichten mit Cu, Ni und Cr durch Eintauchen in Metallsalzbäder unter Stromeinwirkung	Formteile, Rohre, Armaturen
Plattieren	Aufwalzen einer Metallschicht aus Cu, Ni, Ag oder legiertem Stahl auf unlegierten Stahl oder AlCuMg-Leg. auf Al	Bleche
Schmelztauchen	Herstellung eines Überzuges durch Tauchen des Werkstücks in flüssiges Metall, meist Zn, Pb, Sn, Al u. a.	für z. B. feuerverzinkte Bleche, Rohre, Formteile
Emaillieren, Glasur	Überziehen mit einer glasig erstarrenden Schmelze in einer oder mehreren Schichten	Badewannen, chemischer Apparatebau, Schilder
Farb-, Lack-Überzug	Aufbringen einer Schicht im Spritz- oder Tauchverfahren, Trocknung bei Raumtemperatur oder erhöhter Temperatur	Formteile, Bleche, Autofelgen aus Mg, Schilder
Kunststoff-Überzug	Aufbringen einer Kunststoffschicht durch Elektrophorese, Pulverlackierung, Flammenspritzen, Wirbelsintern usw.	für erdverlegte Gas-, Öl- und Wasserleitungen, Erdtanks
Asphalt-, Teerüberzug	Überzug durch Tauchen oder Anstreichen, eventuell mit Juteband umwickelt	
Anodische Oxidation	Herstellen von dekorativen oder technisch funktionellen Oxidschichten durch elektrochemisches Abscheiden	bei Aluminium und Al-Leg. für Bleche und Halbzeuge
Fetten, Ölen, Wachsen	Auftragen durch Tauchen, Anstreichen oder Besprühen	Konservierung für Transport oder Lagerung

© Verlag Gehlen

Halbzeuge aus Stahl · Bleche

Vorbemerkung zu den Blechen

Bei den warmgewalzten Blechen sind die Blechdicken nicht mehr genormt. Eine ähnliche Entwicklung ist bei den kaltgewalzten und bei den feuerverzinkten Blechen zu erwarten. Nachstehend werden deshalb handelsübliche Blechdicken und Blechformate angegeben.

Warmgewalzte Bleche — DIN EN 10029

Blechdicken in mm: 3; 4; 5; 6; 7; 8; 9; 10; 11; 12; 13; 14; 15; 16; 18; 20; 22; 25; 30; 35; 40; 45; 50; 55; 60; 65; 70; 75; 80; 90; 100; 120;150; 160; 180; 200

Blechformate in mm: 1000 × 2000; 1250 × 2500; 1500 × 3000 oder 6000; 2000 × 6000 oder 8000

DIN EN 10029 enthält Angaben über Toleranzen für die Dicke (Klasse A bis D), Breite, Länge, die normale (ohne Kennbuchstabe) oder eingeschränkte Ebenheit (S) und die genaue Bezeichnungsweise mit Angabe bezüglich einer geschnittenen Kante (ohne Kennbuchstabe) oder einer Naturwalzkante (NK).

Toleranzklassen für die Blechdicke:
Klasse A: oberes Abmaß ≈ 2 × unteres Abmaß; Klasse B: konstantes unteres Abmaß von 0,3 mm;
Klasse C: unteres Grenzabmaß Null; Klasse D: symmetrisch zum Nennwert verteilte Grenzabmaße.

Bezeichnungsbeispiel: Warmgewalztes Blech mit der Nenndicke 20 mm, Klasse A (Dickentoleranz), Nennbreite 2000 mm mit Naturkante (NK), Nennlänge 4500 mm, mit normaler Ebenheitstoleranz aus der Stahlsorte S235JRG2 nach DIN EN 10025 (s. Seite 75):
Blech EN 10029-20A×2000 NK×4500-Stahl EN 10025-S235JRG2

Kaltgewalzte Feinbleche — DIN EN 10131

Blechdicken in mm: 0,4; 0,5; 0,63; 0,75; 0,88; 1,00; 1,25; 1,50; 1,75; 2,00; 2,25; 2,50; 2,75; 2,99

Blechformate	bei Blechdicke
1000 × 2000	0,4
1000 × 2500; 1250 × 2500	0,5; 0,63
1000 × 2000; 1250 × 2500; 1500 × 3000	0,75 bis 2,99

Bezeichnungsbeispiel: Kaltgewalztes Blech mit der Nenndicke 0,88 mm mit eingeschränktem Grenzabmaß für die Dicke (S), Nennbreite 1200 mm, Nennlänge 2500 mm aus FeP06 nach DIN EN 10130 mit Oberfläche Bg (s. Seite 81):
Blech EN 10131-0,88S×1200×2500-Stahl EN 10130-FeP06 Bg

Feuerverzinkte Feinbleche — DIN EN 10147

Blechdicken: 0,5; 0,56; 0,63; 0,75; 0,88; 1,00; 1,13; 1,25; 1,50; 1,75; 2,00; 2,50; 2,99

Blechformate	bei Blechdicke
1000 × 2000; 1250 × 2500	0,5; 0,56
1000 × 2000; 1250 × 2500; 1500 × 3000	0,63 bis 2,99

Kennbuchstaben für Oberflächenart: A kleine Unvollkommenheiten sind vorhanden; B durch Kaltnachwalzen verbesserte Oberfläche; C beste, durch Kaltnachwalzen erreichbare Oberfläche

Bezeichnungsbeispiel: Feuerverzinktes Blech mit der Nenndicke 0,63 mm, Nennbreite 1000 mm, Nennlänge 2500 mm, aus Stahl S280GD, Überzug aus Zink (+Z), Auflagegewicht 200 g je m^2 (200), Ausführung übliche Zinkblume (N), Oberflächenart B, Oberflächenbehandlung geölt (O):
Blech EN 10147-0,63×1000 × 2500-S280GD+Z200-N-B-O

Ermittlung der Masse von Stahlblechen

$$M = \frac{b \cdot l \cdot s \cdot 7{,}85}{1000000} \cdot \frac{\text{kg}}{\text{mm}^3}$$

Bei einer Dichte für Stahl von $7{,}85 \, \frac{\text{kg}}{\text{dm}^3}$

M Masse in kg
b Blechbreite in mm
l Blechlänge in mm
s Blechdicke in mm

Beispiel: Wie groß ist die Masse eines Stahlbleches im Format 1250 mm × 2500 mm und der Dicke 0,63 mm?
$M = 1250 \text{ mm} \cdot 2500 \text{ mm} \cdot 0{,}63 \text{ mm} \cdot 7{,}85 : 1000000 \cdot \text{kg/mm}^3$
$M = \mathbf{15{,}455 \text{ kg}}$

© Verlag Gehlen

Halbzeuge aus Stahl · Rundstahl · Vierkantstahl · Sechskantstahl **129**

Blanker Rundstahl DIN 668/670/671[1] und Vierkantstahl DIN 178 und Sechskantstahl DIN 176

Maße d, a, s in mm	Masse in kg/m (rund)	Masse in kg/m (vierkant)	Masse in kg/m (sechskant)	Maße d, a, s in mm	Masse in kg/m (rund)	Masse in kg/m (vierkant)	Masse in kg/m (sechskant)	Maße d, a, s in mm	Masse in kg/m (rund)	Masse in kg/m (vierkant)	Masse in kg/m (sechskant)
2	0,0247	0,0314	0,0272	9	0,499	0,636	0,551	22	2,98	3,80	3,29
2,5	0,0385	–	0,0425	10	0,617	0,785	0,680	24	3,55	–	3,92
3	0,0555	0,0707	0,0612	11	0,746	0,950	0,823	25	3,85	4,91	–
3,2	–	–	0,0696	12	0,888	1,13	0,979	27	4,49	–	4,96
3,5	0,0755	0,0962	0,0833	13	1,04	1,33	1,15	30	5,55	–	6,12
4	0,0986	0,126	0,109	14	1,21	1,54	1,33	32	6,31	8,04	6,96
4,5	0,125	0,159	0,138	15	1,39	–	1,53	36	7,99	10,2	8,81
5	0,154	0,196	0,170	16	1,58	2,01	1,74	40	9,86	12,6	–
5,5	0,187	0,237	0,206	17	1,78	–	1,96	46	–	–	14,4
6	0,222	0,283	0,245	18	2,00	2,54	–	50	15,4	19,6	17,0
7	0,302	0,385	0,333	19	2,23	–	2,45	55	18,7	–	20,6
8	0,395	0,502	0,435	20	2,47	3,14	–	60	22,2	–	24,5

Toleranzklasse			Weitere nach DIN zulässige Abmessungen
Rundstahl	Vierkantstahl nach DIN 178	Sechskantstahl nach DIN 176	d: 1; 1,5; 6,5; 7,5; 8,5; 9,5; 21; 23; 26; 28; 29; 34; 35; 38; 42; 45; 48; 52; 58; 63; 65; 70; 75; 80; 85; 90; 100; 110; 120; 125; 130; 140; 150
DIN 668: h11	h11 für a und $s \leq 65$ mm		
DIN 671: h9	h12 für a und $s > 65$ mm		a: 28; 45; 63; 70; 80; 100
DIN 670: h8			s: 1,5; 21; 38; 41; 65; 70; 75...100

Werkstoffe: Rund- u. Sechskantstahl vorzugsw. n. DIN 1651; Vierkantstahl vorzugsw. n. DIN EN 10025

Übliche Ausführungen bei Rundstahl: ⌀ < 45 mm kaltgezogen (K); ⌀ ≥ 45 mm geschält (SH)

[1] Die Unterschiede liegen in den Toleranzklassen.

Warmgewalzter Rundstahl DIN 1013-1 und Vierkantstahl DIN 1014-1

Maße d, a in mm	Masse in kg/m (rund)	Masse in kg/m (vierkant)	Toleranz[1] von d, a in mm	Maße d, a in mm	Masse in kg/m (rund)	Masse in kg/m (vierkant)	Toleranz[1] von d, a in mm	Maße d, a in mm	Masse in kg/m (rund)	Masse in kg/m (vierkant)	Toleranz[1] von d, a in mm
8	0,395	0,502	± 0,4	25	3,85	4,91	± 0,5	50	15,4	19,6	± 0,8
10	0,617	0,785	± 0,4	28	4,83	6,15	± 0,6	55	18,7	23,7	± 1,0
12	0,888	1,13	± 0,4	30	5,55	7,07	± 0,6	60	22,2	28,3	± 1,0
14	1,21	1,54	± 0,4	32	6,31	8,04	± 0,6	65	26,0	33,2	± 1,0
16	1,58	2,01	± 0,5	35	7,55	9,62	± 0,6	70	30,2	38,5	± 1,0
18	2,00	2,54	± 0,5	38	8,90	–	± 0,8	75	34,7	–	± 1,0
20	2,47	3,14	± 0,5	40	9,86	12,6	± 0,8	80	39,5	50,2	± 1,0
22	2,98	3,80	± 0,5	42	10,9	–	± 0,8	90	49,9	63,6	± 1,3
24	3,55	4,52	± 0,5	45	12,5	15,9	± 0,8	100	61,7	78,5	± 1,3

Weitere nach DIN zulässige Abmessungen:
d: 13; 15; 17;19; 21; 23; 26; 27; 31; 34; 36; 37; 44; 47; 48; 52; 53; 63; 85; 95; 110; 120...200;
a: 13; 15; 19; 110; 120

Werkstoff: Unlegierter Baustahl nach DIN EN 10025

[1] Regelabweichung (bei Rundstahl gibt es noch eine Präzisionsabweichung)

Bezeichnungshinweise: Bei blankem Stahl wird hinter die Werkstoffbezeichnung ein K (kaltgezogen) bzw. ein SH (geschält) gesetzt. Zulässige Bezeichnungsabkürzungen: Vierkant 4kt; Rund Rd oder ⌀; Sechskant 6kt. **Bezeichnungsbeispiel:** Warmgewalzter Vierkantstahl mit der Seitenlänge $a = 32$ mm aus S235JR:
4 kt DIN 1014-S235JR-32

© Verlag Gehlen

Blanker Flachstahl — DIN 174

Breite in mm b	zul. Abw.	Angaben über Dicke s in mm Maßbereich	jedoch ohne folg. Dicken	Breite in mm b	zul. Abw.	Angaben über Dicke s in mm Maßbereich	jedoch ohne folg. Dicken	Breite in mm b	zul. Abw.	Angaben über Dicke s in mm Maßbereich	jedoch ohne folg. Dicken
5	−0,075	2…3	−	32		2…25	−	90	−0,220	5…25	−
6		2…4	−	(35)		2…25	−	100		5…50	32
8	−0,090	1,6…6	−	36	−0,160	2…20	−	(120)	−2,0	6…30	−
10		1,6…6	−	40		2…32	2,5	125		5…50	15/30
12		1,6…8	−	45		2…32	2,5	(130)	−2,5	6…15	−
14		1,6…8	−	50		2…32	2,5	140		6…15	−
(15)	−0,110	1,6…10	−	(55)		3…20	6	(150)	±3,0	6…50	−
16		1,6…10	−	56		3…25	6	160		10…30	12/16
18		1,6…12	−	(60)		3…40	32	180	±4,0	10…30	12/16
20		1,6…16	−	63	−0,190	3…40	30	200		10…50	12/16
22		2…12	2,5	(65)		4…6	−				
25	−0,130	2…20	−	70		4…40	32	Toleranz für die Dicke: bis 30 mm: h11 über 30 mm: h12			
28		2…20	2,5/15	80		5…50	32				
(30)		2…20	−								

Stufung der Dicke s: 1,6; 2; 2,5; 3; 4; 5; 6; 8; 10; 12; (15); 16; 20; 25; (30); 32; 40; 50

Werkstoff: Stahlsorten nach DIN EN 10025

Masse-Ermittlung für einen 1 m langen Stab bei einer Dichte von 7,85 kg/dm³

$m' = b \cdot s \cdot 0{,}00785$ m' längenbezogene Masse in kg/m; b Breite in mm; s Dicke in mm

Bezeichnungsbeispiel: Blanker Flachstahl, Breite 16 mm und Dicke 8 mm aus S235JRG1K („K" Hinweis auf kaltgezogen): Flach DIN 174-S235JRG1K-16×8

Warmgewalzter Flachstahl — DIN 1017-1

Breite b in mm	Angaben über Dicke s in mm Maßbereich	jedoch ohne folgende Dicken	Breite b in mm	Angaben über Dicke s in mm Maßbereich	jedoch ohne folgende Dicken	Breite b in mm	Angaben über Dicke s in mm Maßbereich	jedoch ohne folgende Dicken
10	5	−	20	5…15	11/14	40	5…30	11/17
11; 12	5 u. 6	−	22	5…17	9/16	45	5…30	9/11/17/18
13	5…8	−	25	5…16	9/11	50	5…40	11/17/35
14	5…8	6,5	26	5…20	9/11/17	55	5…30	7/9/11/17
15	5…10	6,5/9	28	5…18	9/11/15/17	60	5…40	11/17
16	5…11	−	30	5…25	11/17	65	5…40	7/11/14/17/18/35
17	6…11	6,5/9/10	32	5…25	7/9/11/17/18	70	5…50	9/11/14/17
18	5…10	−	35	5…25	9/11/17	75	5…40	7/9/11/14/17/18/22
19	9…13	10/12	38	5…25	7/9/11/17/18	80	5…50	9/14/17/18/22

Stufung der Dicke s: 5; 6; 6,5; 7; 8; 9; 10; 11; 12…17; 18; 20; 22; 25; 30; 35; 40; 50; 60

Weitere genormte Abmessungen in mm: b = 90; 100; 110; 120; 130; 140; 150   und s = 60

Werkstoff: Stahlsorten nach DIN EN 10025, DIN EN 10083, DIN 17210, DIN 1651

Masse-Ermittlung siehe oben bei DIN 174

Toleranzen in mm

Breite: bis 35 mm: ±0,75; 38 bis 75 mm: ±1,0; 110 und 120 mm: ± 2,0
Dicke: bis 20 mm: ±0,5; 22 bis 40 mm: ±1,0; 50 und 60 mm ±1,5

Bezeichnungsbeispiel: warmgewalzter Flachstahl, Breite 26 mm und Dicke 12 mm aus S235JRG1: Flach DIN 1017-S235JRG1-26×12

© Verlag Gehlen

Halbzeuge aus Stahl · Stahldraht · Federstahldraht · U-Profil **131**

Stahldraht, kaltgezogen	DIN 177

Genormte Durchmesser in mm: 0,1; 0,11; 0,12...0,22 (Stufung 0,2); 0,25;0,28; 0,32; 0,36; 0,4; 0,45; 0,5; 0,56; 0,63; 0,71; 0,8; 0,9; 1; 1,12; 1,25; 1,4; 1,6; 1,8; 2; 2,24; 2,5; 2,8; 3,15; 3,55; 4; 4,5; 5; 5,6; 6,3; 7,1; 8; 9; 10; 11,2;12,5;14;16;18;20

Lieferarten: blank, geglüht, verkupfert, verzinkt oder verzinnt gezogen, schlussverzinkt, schlussverzinnt

Werkstoff: vorzugsweise Stähle mit niedrigem C-Gehalt nach DIN EN 10016-2, z. B. C7D

Federstahldraht	DIN 2076

Genormte Durchmesser in mm: 0,07...0,12 (Stufung 0,01); 0,14...0,22 (Stufung 0,02); 0,25; 0,28; 0,30...0,40 (Stufung 0,02); 0,43; 0,45; 0,48; 0,50; 0,53; 0,56; 0,60; 0,63; 0,65...1,10 (Stufung 0,05); 1,20; 1,25; 1,30...2,10 (Stufung 0,1); 2,25; 2,40; 2,50; 2,60...4,0 (Stufung 0,2); 4,25; 4,50; 4,75; 5,00; 5,30; 5,60; 6,00; 6,30; 6,50...11 (Stufung 0,5); 12; 12,5; 13...20 (Stufung 1,0)

Werkstoffe: nach DIN 17223-1, siehe Seite 79

Bezeichnungsbeispiel: Drahtsorte A, Drahtdurchmesser 2,5 mm: Draht DIN 2076-A-2,5

U-Profil	DIN 1026

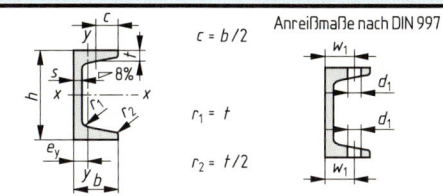

Bezeichnungsbeispiel:

U-Profil DIN 1026- S235JRG2-U 160

(Werkstoff)-(Kurzzeichen)

S   Querschnittsfläche
I   Flächenmoment 2.Grades
W axiales Widerstandsmoment

Kurz-zeichen U	h in mm	b in mm	s in mm	t in mm	S in cm^2	Masse in kg/m	e_y in cm	Für die Biegeachse				Anreißmaße in mm	
								x – x		y – y			
								I_x in cm^4	W_x in cm^3	I_y in cm^4	W_y in cm^3	W_1	d_1 max.
30 × 15	30	15	4	4,5	2,21	1,74	0,52	2,53	1,69	0,38	0,39	10	4,3
30	30	33	5	7	5,44	4,27	1,31	6,39	4,26	5,33	2,68	20	8,4
40 × 20	40	20	5	5,5	3,66	2,87	0,67	7,58	3,97	1,14	0,86	11	6,4
40	40	35	5	7	6,21	4,87	1,33	14,1	7,05	6,68	3,08	20	8,4
50 × 25	50	25	5	6	4,92	3,86	0,81	16,8	6,73	2,49	1,48	16	8,4
50	50	38	5	7	7,12	5,59	1,37	26,4	10,6	9,12	3,75	20	11
60	60	30	6	6	6,46	5,07	0,91	31,6	10,5	4,51	2,16	18	8,4
65	65	42	5,5	7,5	9,03	7,09	1,42	57,5	17,7	14,1	5,07	25	11
80	80	45	6	8	11,0	8,64	1,45	106	26,5	19,4	6,36	25	13
100	100	50	6	8,5	13,5	10,6	1,55	206	41,2	29,3	8,49	30	13
120	120	55	7	9	17,0	13,4	1,60	364	60,7	43,2	11,1	30	17
140	140	60	7	10	20,4	16,0	1,75	605	86,4	62,7	14,8	35	17
160	160	65	7,5	10,5	24,0	18,8	1,84	925	116	85,3	18,3	35	21
180	180	70	8	11	28,0	22,0	1,92	1350	150	114	22,4	40	21
200	200	75	8,5	11,5	32,2	25,3	2,01	1910	191	148	27,0	40	23
220	220	80	9	12,5	37,4	29,4	2,14	2690	245	197	33,6	45	23
240	240	85	9,5	13	42,3	33,2	2,23	3600	300	248	39,6	45	25
260	260	90	10	14	48,3	37,9	2,36	4820	371	317	47,7	50	25
280	280	95	10	15	53,3	41,8	2,53	6280	448	399	57,2	50	25
300	300	100	10	16	58,8	46,2	2,70	8030	535	495	67,8	55	28
320	320	100	14	17,5	75,8	59,5	2,60	10870	679	597	80,6	58	28
350	350	100	14	16	77,3	60,6	2,40	12840	734	570	75,0	58	28
380	380	102	13,5	16	80,4	63,1	2,38	15760	829	615	78,7	60	28
400	400	110	14	18	91,5	71,8	2,65	20350	1020	846	102	60	28

© Verlag Gehlen

Information über die I-Träger-Kurzzeichen nach Euro-Norm 53-62

DIN	Kurzzeichen nach DIN	Euro-Kurzzeichen	Erläuterungen
1025-2	IPB ...	HE ... B	Kennzahl
1025-3	IPBl ...	HE ... A	ist bei DIN und
1025-4[1]	IPBv ...	HE ... M	Euro-Norm gleich.

Für DIN 1025-1 und DIN 1025-5 sind keine Euro-Norm-Kurzzeichen festgelegt worden.

[1] Für den Träger IPBv 320/305 gibt es das Euro-Kurzzeichen HE 300 C.

Schmale I-Träger — DIN 1025-1

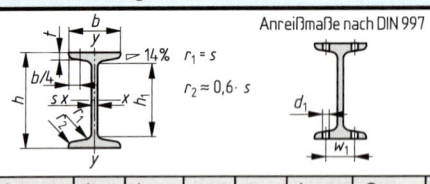

Bezeichnungsbeispiel:
I-Profil DIN 1025-S235JRG2-I 300
(Werkstoff) - (Kurzzeichen)

- S Querschnittsfläche
- I Flächenmoment 2.Grades
- W axiales Widerstandsmoment

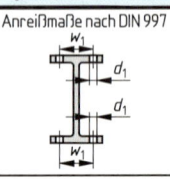

Anreißmaße nach DIN 997: $r_1 = s$, $r_2 \approx 0{,}6 \cdot s$, 14%

Kurz-zeichen I	h in mm	b in mm	s in mm	t in mm	h_1 in mm	S in cm^2	Masse in kg/m	I_x in cm^4	W_x in cm^3	I_y in cm^4	W_y in cm^3	W_1	d_1 max.
80	80	42	3,9	5,9	59	7,57	5,94	77,8	19,5	6,29	3,00	22	6,4
100	100	50	4,5	6,8	75	10,6	8,34	171	34,2	12,2	4,88	28	6,4
120	120	58	5,1	7,7	92	14,2	11,1	328	54,7	21,5	7,41	32	8,4
140	140	66	5,7	8,6	109	18,2	14,3	573	81,9	35,2	10,7	34	11
160	160	74	6,3	9,5	125	22,8	17,9	935	117	54,7	14,8	40	11
180	180	82	6,9	10,4	142	27,9	21,9	1450	161	81,3	19,8	44	13
200	200	90	7,5	11,3	159	33,4	26,2	2140	214	117	26,0	48	13
220	220	98	8,1	12,2	175	39,5	31,1	3060	278	162	33,1	52	13
240	240	106	8,7	13,1	192	46,1	36,2	4250	354	221	41,7	56	17
260	260	113	9,4	14,1	208	53,3	41,9	5740	442	288	51,0	60	17
280	280	119	10,1	15,2	225	61,0	47,9	7590	542	364	61,2	60	17
300	300	125	10,8	16,2	241	69,0	54,2	9800	653	451	72,2	64	21
320	320	131	11,5	17,3	257	77,7	61,0	12510	782	555	84,7	70	21
340	340	137	12,2	18,3	274	86,7	68,0	15700	923	674	98,4	74	21
360	360	143	13,0	19,5	290	97,0	76,1	19610	1090	818	114	76	23
380	380	149	13,7	20,5	306	107	84,0	24010	1260	975	131	82	23
400	400	155	14,4	21,6	322	118	92,4	29210	1460	1160	149	86	23
450	450	170	16,2	24,3	363	147	115	45850	2040	1730	203	94	25
500	500	185	18,0	27,0	404	179	141	68740	2750	2480	268	100	28
550	550	200	19,0	30,0	445	212	166	99180	3610	3490	349	110	28

Mittelbreite I-Träger mit parallelen Flanschflächen — DIN 1025-5

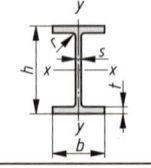

Bezeichnungsbeispiel:
I -Profil DIN 1025-S235JRG2-IPE200
(Werkstoff) - (Kurzzeichen)

- S Querschnittsfläche
- I Flächenmoment 2.Grades
- W axiales Widerstandsmoment

Fortsetzung auf Seite 133.

Halbzeuge aus Stahl · I-Profil · Z-Profil **133**

Mittelbreite I-Träger mit parallelen Flanschflächen (Fortsetzung) — DIN 1025-5

Kurz-zeichen I PE	h in mm	b in mm	s in mm	t in mm	r in mm	S in cm^2	Masse in kg/m	Für die Biegeachse x – x I_x in cm^4	W_x in cm^3	y – y I_y in cm^4	W_y in cm^3	Anreißmaße in mm W_1	d_1 max.
80	80	46	3,8	5,2	5	7,64	6,0	80,1	20,0	8,49	3,69	26	6,4
100	100	55	4,1	5,7	7	10,3	8,1	171	34,2	15,9	5,79	30	8,4
120	120	64	4,4	6,3	7	13,2	10,4	318	53,0	27,7	8,65	36	8,4
140	140	73	4,7	6,9	7	16,4	12,9	541	77,3	44,9	12,3	40	11
160	160	82	5,0	7,4	9	20,1	15,8	869	109	68,3	16,7	44	13
180	180	91	5,3	8,0	9	23,9	18,8	1320	146	101	22,2	50	13
200	200	100	5,6	8,5	12	28,5	22,4	1940	194	142	28,5	56	13
220	220	110	5,9	9,2	12	33,4	26,2	2770	252	205	37,3	60	17
240	240	120	6,2	9,8	15	39,1	30,7	3890	324	284	47,3	68	17
270	270	135	6,6	10,2	15	45,9	36,1	5790	429	420	62,2	72	21
300	300	150	7,1	10,7	15	53,8	42,2	8360	557	604	80,5	80	23
330	330	160	7,5	11,5	18	62,6	49,1	11770	713	788	98,5	86	25
360	360	170	8,0	12,7	18	72,7	57,1	16270	904	1040	123	90	25
400	400	180	8,6	13,5	21	84,5	66,3	23130	1160	1320	146	96	28
450	450	190	9,4	14,6	21	98,8	77,6	33740	1500	1680	176	106	28
500	500	200	10,2	16,0	21	116	90,7	48200	1930	2140	214	110	28
550	550	210	11,1	17,2	24	134	106	67120	2440	2670	254	120	28
600	600	220	12,0	19,0	24	156	122	92080	3070	3390	308	120	28

Z-Träger — DIN 1027

Anreißmaße nach DIN 997

$r_1 = t$
$r_2 \approx t/2$

Bezeichnungsbeispiel:
Z-Profil DIN 1027-S235JR-Z 120
(Werkstoff) - (Kurzzeichen)

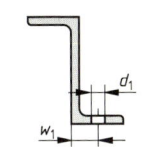

S   Querschnittsfläche
I   Flächenmoment 2.Grades
W   axiales Widerstandsmoment

Kurz-zeichen Z	h in mm	b in mm	s in mm	t in mm	S in cm^2	Masse in kg/m	Für die Biegeachse x – x I_x cm^4	W_x cm^3	y – y I_y cm^4	W_y cm^3	Anreißmaße in mm W_1	d_1 max.
30	30	38	4	4,5	4,32	3,39	5,96	3,97	13,7	3,80	20	11
40	40	40	4,5	5	5,43	4,26	13,5	6,75	17,6	4,66	22	11
50	50	43	5	5,5	6,77	5,31	26,3	10,5	23,8	5,88	25	11
60	60	45	5	6	7,91	6,21	44,7	14,9	30,1	7,09	25	13
80	80	50	6	7	11,1	8,71	109	27,3	47,4	10,1	30	13
100	100	55	6,5	8	14,5	11,4	222	44,4	72,5	14,0	30	17
120	120	60	7	9	18,2	14,3	402	67,0	106	18,8	35	17
140	140	65	8	10	22,9	18,0	676	96,6	148	24,3	35	17
160	160	70	8,5	11	27,5	21,6	1060	132	204	31,0	35	21

© Verlag Gehlen

Breite I-Träger mit parallelen Flanschflächen — DIN 1025-2

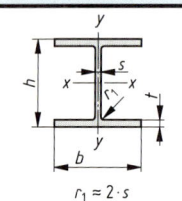

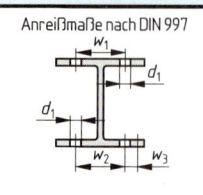

Anreißmaße nach DIN 997

Bezeichnungsbeispiel:
I-Profil DIN 1025-S235JRG2-IPB 200
(Werkstoff) - (Kurzzeichen)

S Querschnittsfläche
I Flächenmoment 2.Grades
W axiales Widerstandsmoment

$r_1 \approx 2 \cdot s$

Kurz-zeichen I PB	h in mm	b in mm	s in mm	t in mm	S in cm²	Masse in kg/m	Für die Biegeachse x – x		y – y		Anreißmaße in mm ein-	zweireihig		d_1 max.
							I_x in cm⁴	W_x in cm³	I_y in cm⁴	W_y in cm³	W_1	W_2	W_3	
100	100	100	6	10	26,0	20,4	450	89,9	167	33,5	56	–	–	13
120	120	120	6,5	11	34,0	26,7	864	144	318	52,9	66	–	–	17
140	140	140	7	12	43,0	33,7	1510	216	550	78,5	76	–	–	21
160	160	160	8	13	54,3	42,6	2490	311	889	111	86	–	–	23
180	180	180	8,5	14	65,3	51,2	3830	426	1360	151	100	–	–	25
200	200	200	9	15	78,1	61,3	5700	570	2000	200	110	–	–	25
220	220	220	9,5	16	91	71,5	8090	736	2840	258	120	–	–	25
240	240	240	10	17	106	83,2	11260	938	3920	327	–	96	35	25
260	260	260	10	17,5	118	93,0	14920	1150	5130	395	–	106	40	25
280	280	280	10,5	18	131	103	19270	1380	6590	471	–	110	45	25
300	300	300	11	19	149	117	25170	1680	8560	571	–	120	45	28
320	320	300	11,5	20,5	161	127	30820	1930	9240	616	–	120	45	28
340	340	300	12	21,5	171	134	36660	2160	9690	646	–	120	45	28
360	360	300	12,5	22,5	181	142	43190	2400	10140	676	–	120	45	28
400	400	300	13,5	24	198	155	57680	2880	10820	721	–	120	45	28
450	450	300	14	26	218	171	79890	3550	11720	781	–	120	45	28
500	500	300	14,5	28	239	187	107200	4290	12620	842	–	120	45	28
550	550	300	15	29	254	199	136700	4970	13080	872	–	120	45	28
600	600	300	15,5	30	270	212	171000	5700	13530	902	–	120	45	28
650	650	300	16	31	286	225	210600	6480	13980	932	–	120	45	28
700	700	300	17	32	306	241	256900	7340	14400	963	–	126	45	28
800	800	300	17,5	33	334	262	359100	8980	14900	994	–	130	40	28
900	900	300	18,5	35	371	291	494100	10980	15820	1050	–	130	40	28
1000	1000	300	19	36	400	314	644500	12890	16280	1090	–	130	40	28

Breite I-Träger mit parallelen Flanschflächen, verstärkte Ausführung — DIN 1025-4

Kurzzeichen: IPBv

Liefersortiment: Analog DIN 1025-2 (IPB-Reihe)

Merkmale der IPBv-Reihe: Stege und Flansche sind dicker als bei der IPB-Reihe. Deshalb ist beim IPBv-Träger die Höhe h größer als bei der IPB-Reihe, z. B. ist beim Träger IPB 240 die Höhe h = 240 mm und beim Träger IPBv 240 beträgt die Höhe h = 270 mm (Maß h und Kurzzeichen-Kennzahl sind bei der IPBv-Reihe nicht identisch).

Groborientierung über die Biegewerte: Wenn man die I- und W-Werte der IPB-Reihe mit 100 % bewertet, dann haben die I- und W-Werte der IPBv-Reihe folgende prozentuale Größe:
IPBv 100: ≈225 %; IPBv 160: ≈193 %; IPBv 500: ≈147 %; IPBv 1000: ≈112 %
(Ausnahme bei der prozentualen Trendentwicklung bei IPBv 240...340: hier Biegewerte ≈200...220 %).

© Verlag Gehlen

Breite I-Träger mit parallelen Flanschflächen, leichte Ausführung — DIN 1025-3

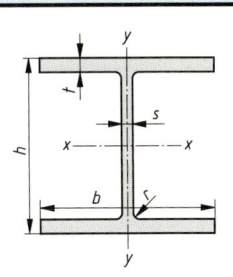

Anreißmaße wie bei DIN 1025-2 (siehe Seite 134), jedoch Maß w_2 abweichend bei
IPBl 240 (w_2 = 94)
IPBl 260 (w_2 = 100)
IPBl 700 (w_2 = 120)

Bezeichnungsbeispiel:
I-Profil DIN 1025-S235JR-IPBl 360[1]
(Werkstoff) - (Kurzzeichen)

- S Querschnittsfläche
- I Flächenmoment 2.Grades
- W axiales Widerstandsmoment
- i Trägheitshalbmesser, jeweils bezogen auf die zugehörige Biegeachse
- S_x statisches Moment des halben Querschnittes
- $s_x = I_x : S_x$ Abstand der Druck- und Zugmittelpunkte

Kurz-zeichen IPBl	h in mm	b in mm	s in mm	t in mm	r in mm	S in cm²	Masse in kg/m	I_x in cm⁴	W_x in cm³	i_x in cm	I_y in cm⁴	W_y in cm³	i_y in cm	S_x in cm³	s_x in cm
100	96	100	5	8	12	21,2	16,7	349	72,8	4,06	134	26,8	2,51	41,5	8,41
120	114	120	5	8	12	25,3	19,9	606	106	4,89	231	38,5	3,02	59,7	10,1
140	133	140	5,5	8,5	12	31,4	24,7	1030	155	5,73	389	55,6	3,52	86,7	11,9
160	152	160	6	9	15	38,8	30,4	1670	220	6,57	616	76,9	3,98	123	13,6
180	171	180	6	9,5	15	45,3	35,5	2510	294	7,45	925	103	4,52	162	15,5
200	190	200	6,5	10	18	53,8	42,3	3690	389	8,28	1340	134	4,98	215	17,2
220	210	220	7	11	18	64,3	50,5	5410	515	9,17	1950	178	5,51	284	19,0
240	230	240	7,5	12	21	76,8	60,3	7760	675	10,1	2770	231	6,00	372	20,9
260	250	260	7,5	12,5	24	86,8	68,2	10450	836	11,0	3670	282	6,50	460	22,7
280	270	280	8	13	24	97,3	76,4	13670	1010	11,9	4760	340	7,00	556	24,6
300	290	300	8,5	14	27	112	88,3	18260	1260	12,7	6310	421	7,49	692	26,4
320	310	300	9	15,5	27	124	97,6	22930	1480	13,6	6990	466	7,49	814	28,2
340	330	300	9,5	16,5	27	133	105	27690	1680	14,4	7440	496	7,46	925	29,9
360	350	300	10	17,5	27	143	112	33090	1890	15,2	7890	526	7,43	1040	31,7
400	390	300	11	19	27	159	125	45070	2310	16,8	8560	571	7,34	1280	35,2
450	440	300	11,5	21	27	178	140	63720	2900	18,9	9470	631	7,29	1610	39,6
500	490	300	12	23	27	198	155	86970	3550	21,0	10370	691	7,24	1970	44,1
550	540	300	12,5	24	27	212	166	111900	4150	23,0	10820	721	7,15	2310	48,4
600	590	300	13	25	27	226	178	141200	4790	25,0	11270	751	7,05	2680	52,8
650	640	300	13,5	26	27	242	190	175200	5470	26,9	11720	782	6,97	3070	57,1
700	690	300	14,5	27	27	260	204	215300	6240	28,8	12180	812	6,84	3520	61,2
800	790	300	15	28	30	286	224	303400	7680	32,6	12640	843	6,65	4350	69,8
900	890	300	16	30	30	320	252	422500	9480	36,3	13550	903	6,50	5410	78,1
1000	990	300	16,5	31	30	347	272	553800	11190	40,0	14000	934	6,35	6410	86,4

Information über Euro-Kurzzeichen siehe Seite 132.

[1] Maß h und Kurzzeichen-Kennzahl sind bei der IPBl-Reihe nicht identisch (Maß h ist kleiner).

Werkstoffeinsatz bei warmgefertigten Profilen

Bei allen warmgefertigten Profilen (z. B. I-Träger, U-Profil, Winkelstahl, rechteckige Stahlrohre usw.) wird vorzugsweise Stahl nach DIN EN 10025 verwendet (siehe Seite 75).

T-Stahl, warmgewalzt, rundkantig — DIN 1024

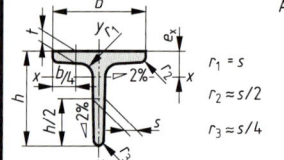

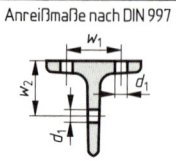

Bezeichnungsbeispiel:
T-Profil DIN 1024-S235JRG2-TB 50
(Werkstoff)-(Kurzzeichen)

S   Querschnittsfläche
I   Flächenmoment 2.Grades
W   axiales Widerstandsmoment

Kurz-zeichen	h in mm	b in mm	$s=t$ in mm	S in cm^2	Masse in kg/m	e_x in cm	Für die Biegeachse $x-x$ I_x in cm^4	W_x in cm^3	Für die Biegeachse $y-y$ I_y in cm^4	W_y in cm^3	Anreißmaße in mm W_1	W_2	d_1 max.
Hochstegiger Stahl													
T20	20	20	3	1,12	0,88	0,58	0,38	0,27	0,20	0,20	–	–	3,2
T25	25	25	3,5	1,64	1,29	0,73	0,87	0,49	0,43	0,34	15	14	3,2
T30	30	30	4	2,26	1,77	0,85	1,72	0,80	0,87	0,58	17	17	4,3
T35	35	35	4,5	2,97	2,33	0,99	3,10	1,23	1,57	0,90	19	19	4,3
T40	40	40	5,	3,77	2,96	1,12	5,28	1,84	2,58	1,29	21	22	6,4
T45	45	45	5,5	4,67	3,67	1,26	8,13	2,51	4,01	1,78	24	25	6,4
T50	50	50	6	5,66	4,44	1,39	12,1	3,36	6,06	2,42	30	30	6,4
T60	60	60	7	7,94	6,23	1,66	23,8	5,48	12,2	4,07	34	35	8,4
T70	70	70	8	10,6	8,32	1,94	44,5	8,79	22,1	6,32	38	40	11
T80	80	80	9	13,6	10,7	2,22	73,7	12,8	37,0	9,25	45	45	11
T90	90	90	10	17,1	13,4	2,48	119	18,2	58,5	13,0	50	50	13
T100	100	100	11	20,9	16,4	2,74	179	24,6	88,3	17,7	60	60	13
T120	120	120	13	29,6	23,2	3,28	366	42,0	178	29,7	70	70	17
T140	140	140	15	39,9	31,3	3,80	660	64,7	330	47,2	80	75	21
Breitfüßiger T-Stahl													
TB30	30	60	5,5	4,64	3,64	0,67	2,58	1,11	8,62	2,87	34	–	8,4
TB35	35	70	6	5,94	4,66	0,77	4,49	1,65	15,1	4,31	37	–	11
TB40	40	80	7	7,91	6,21	0,88	7,81	2,50	28,5	7,13	45	–	11
TB50	50	100	8,5	12,0	9,42	1,09	18,7	4,78	67,7	13,5	55	–	13
TB60	60	120	10	17,0	13,4	1,30	38,0	8,09	137	22,8	65	–	17

T-Stahl, warmgewalzt, scharfkantig — DIN 59051

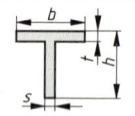

Bezeichnungsbeispiel:
T-Profil DIN 59051-S235JR-TPS 30
(Werkstoff)-(Kurzzeichen)

S   Querschnittsfläche

Kurz-zeichen	h in mm	zul. Abw	b in mm	zul. Abw	s in mm	zul. Abw	t in mm	zul. Abw	S in cm^2	Masse in kg/m	Mantel-fläche m^2/m
TPS 20	20		20		3		3		1,11	0,871	0,080
TPS 25	25		25		3,5		3,5		1,63	1,28	0,100
TPS 30	30	±1,0	30	±1,0	4	±0,5	4	±0,5	2,24	1,76	0,120
TPS 35	35		35		4,5		4,5		2,95	2,31	0,140
TPS 40	40		40		5		5		3,75	2,94	0,160

© Verlag Gehlen

Ungleichschenkliger Winkelstahl, warmgewalzt, rundkantig — DIN 1029

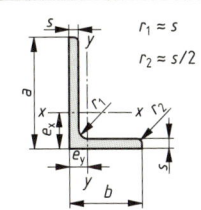

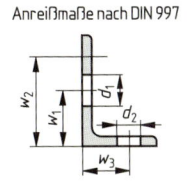

Bezeichnungsbeispiel:
Winkel DIN 1029-S235JRG1-40×20×3
(Werkstoff)-(Nennmaße)

$r_1 \approx s$
$r_2 \approx s/2$
Anreißmaße nach DIN 997

- S Querschnittsfläche
- I Flächenmoment 2.Grades
- W axiales Widerstandsmoment
- e Schwerpunktabstand (Achsabstand)

Nenn-maße $a \times b \times c$ in mm	S in cm²	Masse in kg/m	e_x in cm	e_y in cm	Für die Biegeachse x–x I_x in cm⁴	W_x in cm³	Für die Biegeachse y–y I_y in cm⁴	W_y in cm³	Anreißmaße in mm W_1	W_2	W_3	d_1 max.	d_2 max.
30×20×3	1,42	1,11	0,99	0,50	1,25	0,62	0,44	0,29	17	–	12	8,4	4,3
30×20×4	1,85	1,45	1,03	0,54	1,59	0,81	0,55	0,38	17	–	12	8,4	4,3
40×20×3	1,72	1,35	1,43	0,44	2,79	1,08	0,47	0,30	22	–	12	11	4,3
40×20×4	2,25	1,77	1,47	0,48	3,59	1,42	0,60	0,39	22	–	12	11	4,3
45×30×4	2,87	2,25	1,48	0,74	5,78	1,91	2,05	0,91	25	–	17	13	8,4
45×30×5	3,53	2,77	1,52	0,78	6,99	2,35	2,47	1,11	2,5	–	17	13	8,4
50×30×4	3,07	2,41	1,68	0,70	7,71	2,33	2,09	0,91	30	–	17	13	8,4
50×30×5	3,78	2,96	1,73	0,74	9,41	2,88	2,54	1,12	30	–	17	13	8,4
50×40×5	4,27	3,35	1,56	1,07	10,4	3,02	5,89	2,01	30	–	22	13	11
60×30×5	4,29	3,37	2,15	0,68	15,6	4,04	2,60	1,12	35	–	17	17	8,4
60×40×5	4,79	3,76	1,96	0,97	17,2	4,25	6,11	2,02	35	–	22	17	11
60×40×6	5,68	4,46	2,00	1,01	20,1	5,03	7,12	2,38	35	–	22	17	11
65×50×5	5,54	4,35	1,99	1,25	23,1	5,11	11,9	3,18	35	–	30	21	13
70×50×6	6,88	5,40	2,24	1,25	33,5	7,04	14,3	3,81	40	–	30	21	13
75×50×7	8,3	6,51	2,48	1,25	46,4	9,24	16,5	4,39	40	–	30	23	13
75×55×5	6,3	4,95	2,31	1,33	35,5	6,84	16,2	3,89	40	–	30	23	17
75×55×7	8,66	6,80	2,40	1,41	47,9	9,39	21,8	5,52	40	–	30	23	17
80×40×6	6,89	5,41	2,85	0,88	44,9	8,73	7,59	2,44	45	–	22	23	11
80×40×8	9,01	7,07	2,94	0,95	57,6	11,4	9,68	3,18	45	–	22	23	11
80×60×7	9,38	7,36	2,51	1,52	59,0	10,7	28,4	6,34	45	–	35	23	21
80×65×8	11,0	8,66	2,47	1,73	68,1	12,3	40,1	8,41	45	–	35	23	21
90×60×6	8,69	6,82	2,89	1,41	71,7	11,7	25,8	5,61	50	–	35	25	17
90×60×8	11,4	8,96	2,97	1,49	92,5	15,4	33,0	7,31	50	–	35	25	17
100×50×6	8,73	6,85	3,49	1,04	89,7	13,8	15,3	3,86	55	–	30	25	13
100×50×8	11,5	8,99	3,59	1,13	116	18,0	19,5	5,04	55	–	30	25	13
100×50×10	14,1	11,1	3,67	1,20	141	22,2	23,4	6,17	55	–	30	25	13
100×65×7	11,2	8,77	3,23	1,51	113	16,6	37,6	7,54	55	–	35	25	21
100×65×9	14,2	11,1	3,32	1,59	141	21,0	46,7	9,52	55	–	35	25	21
100×75×9	15,1	11,8	3,15	1,91	148	21,5	71,0	12,7	55	–	40	25	23
120×80×8	15,5	12,2	3,83	1,87	226	27,6	80,8	13,6	50	80	45	25	23
120×80×10	19,1	15,0	3,92	1,95	276	34,1	98,1	16,2	50	80	45	25	23
120×80×12	22,7	17,8	4,00	2,03	323	40,4	114	19,1	50	80	45	25	23

Alle Profile der Tabelle sind nach DIN zu bevorzugende Profile.
Weitere zu bevorzugende Profile: 130×65×8/10; 150×75×9/11; 150×100×10/12; 180×90×10; 200×100×10/12/14
Weitere zulässige Profile: 40×25×4; 45×30×3; 50×40×4; 60×40×7; 65×50×7/9; 75×50×9; 75×55×9; 80×65×10; 100×65×11; 100×75×7/11; 130×65×12; 130×90×12; 150×100×14; 160×80×12; 180×90×12

Gleichschenkliger Winkelstahl, warmgewalzt, rundkantig — DIN 1028

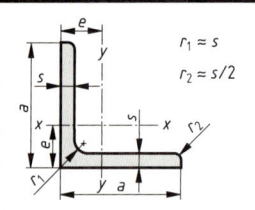

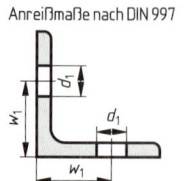

Bezeichnungsbeispiel:
Winkel DIN 1028-S235JRG1-30×3
        (Werkstoff)-(Nennmaße)

S Querschnittsfläche
I Flächenmoment 2.Grades
W axiales Widerstandsmoment
e Schwerpunktabstand (Achsabstand)

Anreißmaße nach DIN 997
$r_1 \approx s$
$r_2 \approx s/2$

Nenn-maße[1] $a \times s$ in mm	S in cm^2	Masse in kg/m	e in cm	Für die Biegeachsen x–x und y–y		Anreiß-maße in mm		Kurzzei-chen L[1] $a \times s$ in mm	S in cm^2	Masse in kg/m	e in cm	Für die Biegeachsen x–x und y–y		Anreiß-maße in mm	
				$I_x = I_y$ in cm^4	$W_x = W_y$ in cm^3	W_1	d_1 max					$I_x = I_y$ in cm^4	$W_x = W_y$ in cm^3	W_1	d_1 max
20×3	1,12	0,88	0,60	0,39	0,28	12	43	80×6	9,35	7,34	2,17	55,8	9,57	45	23
25×3	1,42	1,12	0,73	0,79	0,45	15	6,4	**80×8**	12,3	9,66	2,26	72,3	12,6	45	23
25×4	1,85	1,45	0,76	1,01	0,58	15	6,4	80×10	15,1	11,9	2,34	87,5	15,5	45	23
30×3	1,74	1,36	0,84	1,41	0,65	17	8,4	90×7	12,2	9,61	2,45	92,6	14,1	50	25
30×4	2,27	1,78	0,89	1,81	0,86	17	8,4	**90×9**	15,5	12,2	2,54	116	18,0	50	25
35×4	2,67	2,10	1,00	2,96	1,18	18	11	100×8	15,5	12,2	2,74	145	19,9	55	25
35×5	3,28	2,57	1,04	3,56	1,45	18	11	**100×10**	19,2	15,1	2,82	177	24,7	55	25
40×4	3,08	2,42	1,12	4,48	1,55	22	11	100×12	22,7	17,8	2,90	207	29,2	55	25
40×5	3,79	2,97	1,16	5,43	1,91	22	11	**110×10**	21,2	16,6	3,07	239	30,1	45	25
45×4	3,49	2,74	1,23	6,43	1,97	25	13	120×10	23,2	18,2	3,31	313	36,0	50	25
45×5	4,3	3,38	1,28	7,83	2,43	25	13	**120×12**	27,5	21,6	3,40	368	42,7	50	25
50×5	4,8	3,77	1,40	11,0	3,05	30	13	130×12	30,0	23,6	3,64	472	50,4	50	25
50×6	5,69	4,47	1,45	12,8	3,61	30	13	140×13	35,0	27,5	3,92	638	63,3	55	28
50×7	6,56	5,15	1,49	14,6	4,15	30	13	150×12	34,8	27,3	4,12	737	67,7	60	28
60×5	5,82	4,57	1,64	19,4	4,45	35	17	**150×15**	43,0	33,8	4,25	898	83,5	60	28
60×6	6,91	5,42	1,69	22,8	5,29	35	17	160×15	46,1	36,2	4,49	1100	95,6	60	28
60×8	9,03	7,09	1,77	29,1	6,88	35	17	180×16	55,4	43,5	5,02	1680	130	60	28
65×7	8,7	6,83	1,85	33,4	7,18	35	21	**180×18**	61,9	48,6	5,10	1870	145	60	28
70×7	9,4	7,38	1,97	42,4	8,43	40	21	200×16	61,8	48,5	5,52	2340	162	65	28
70×9	11,9	9,34	2,05	52,6	10,6	40	21	**200×20**	76,4	59,9	5,68	2850	199	65	28
75×7	10,1	7,94	2,09	52,4	9,67	40	23	200×24	90,6	71,1	5,84	3330	235	65	28
75×8	11,5	9,03	2,13	58,9	11,0	40	23								

[1] Nach DIN zu bevorzugende Winkel sind fett gedruckt.

Gleichschenkliger Winkelstahl, warmgewalzt, scharfkantig — DIN 1022

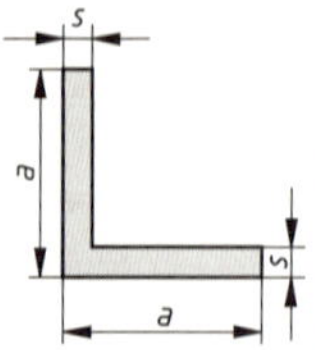

Kurz-zeichen LS	a in mm	s in mm	S in cm^2	Masse in kg/m	Kurz-zeichen LS	a in mm	s in mm	S in cm^2	Masse in kg/m
20×3	20	3	1,11	0,871	35×4	35	4	2,64	2,07
20×4	20	4	1,44	1,13	40×4	40	4	3,04	2,39
25×3	25 ±1,0	3 ±0,5	1,41	1,11	40×5	40 ±1,0	5 ±0,5	3,75	2,94
25×4	25	4	1,84	1,44	45×5	45	5	4,25	3,34
30×3	30	3	1,71	1,34	50×5	50	5	4,75	3,73
30×4	30	4	2,24	1,76					

Bezeichnungsbeispiel: Winkel DIN 1022-S235JRG1-LS25×3
        (Werkstoff)-(Kurzzeichen und Abmessung)

© Verlag Gehlen

Nahtlose und geschweißte Stahlrohre — DIN 2448, DIN 2458

Außendurchmesser in mm	DIN 2448, nahtloses Rohr			DIN 2458, geschweißtes Rohr		
	Normalwanddicke in mm	Masse in kg/m	weiterer zulässiger Wanddickenbereich	Normalwanddicke in mm	Masse in kg/m	weiterer zulässiger Wanddickenbereich
10,2	1,6	0,339	1,8...2,6	1,6	0,339	1,4...2,6
13,5	1,8	0,519	2...3,6	1,8	0,519	1,4...3,6
17,2	1,8	0,684	2...4,5	1,8	0,684	1,4...4
21,3	2	0,952	2,3...5	2	0,952	1,4...4,5
26,9	2,3	1,40	2,0...7,1	2	1,23	1,4...5
33,7	2,6	1,99	2,3...8	2	1,56	1,4...8
42,4	2,6	2,55	2,9...10	2,3	2,27	1,4...8,8
48,3	2,6	2,93	2,9...12,5	2,3	2,61	1,4...8,8
60,3	2,9	4,11	3,2...16	2,3	3,29	1,4...10
76,1	2,9	5,24	3,2...20	2,6	4,71	1,6...10
88,9	3,2	6,76	3,6...25	2,9	6,15	1,6...10
114,3	3,6	9,83	4...32	3,2	8,77	2...11
139,7	4	13,4	4,5...36	3,6	12,1	2...11
168,3	4,5	18,2	5...45	4	16,2	2,9...11
219,1	6,3	33,1	7,1...60	4,5	23,8	3,2...12,5
273	6,3	41,4	7,1...65	5	33,0	3,2...12,5
323,9	7,1	55,5	8...65	5,6	44,0	3,2...12,5
355,6	8	68,6	8,8...65	5,6	48,3	3,2...12,5
406,4	8,8	86,3	10...65	6,3	62,2	3,6...12,5
457	10	110	11...65	6,3	70,0	3,6...12,5
508	11	135	12,5...65	6,3	77,9	3,6...16
610	12,5	184	14,2...65	6,3	93,8	4,5...28

In der Tabelle sind die Außendurchmesser der Reihe 1 von DIN 2448 und 2458 aufgeführt.

Bei DIN 2458 gibt es in der Reihe 1 noch folgende Außendurchmesser: 711; 813; 914; 1016; 1220; 1420; 1620; 1820; 2020; 2220.

Für die Rohre der Reihe 1 ist fast alles Zubehör für den Rohrleitungsbau (z. B. Vorschweißflansche usw.) genormt. Für die Maßreihen 2 und 3 trifft das nur teilweise zu.

Weitere wichtige Außendurchmesser für den Rohrleitungsbau sind: 44,5; 57; 108; 133; 159

Wanddickenstufung (in mm): 1,4; 1,6; 1,8; 2; 2,3; 2,6; 2,9; 3,2; 3,6; 4; 4,5; 5; 5,6; 6,3; 7,1; 8; 8,8; 10; 11; 12,5; 14,2; 16; 17,5; 20; 22,2; 25; 28; 30; 32; 36; 40; 45; 50; 55; 60; 65

Werkstoff: Siehe Seite 80, ferner kaltzähe Stähle nach DIN 17173 u. warmfeste Stähle nach DIN 17175.

Verfahren zur **Masse-Ermittlung** wie bei DIN 2391 (siehe Seite 140).

Bezeichnungsbeispiel: nahtloses Stahlrohre nach DIN 2448 aus St 37.0 mit Außendurchmesser 76,1 mm und Wanddicke 2,9 mm: **Rohr DIN 2448-St 37.0-76,1×2,9**

Mittelschwere Gewinderohre — DIN 2440

Nennweite DN ≈ Innen-∅ in mm	Whitworth-Rohrgewinde	Außendurchmesser d_1 ≈ mm	Wanddicke s in mm	Masse in kg/m	Nennweite DN ≈ Innen-∅ in mm	Whitworth-Rohrgewinde	Außendurchmesser d_1 ≈ mm	Wanddicke s in mm	Masse in kg/m
6	R 1/8	10,2	2,0	0,407	40	R 1 1/2	48,3	3,25	3,61
8	R 1/4	13,5	2,35	0,650	50	R 2	60,3	3,65	5,10
10	R 3/8	17,2	2,35	0,825	65	R 2 1/2	76,1	3,65	6,51
15	R 1/2	21,3	2,65	1,22	80	R 3	88,9	4,05	8,47
20	R 3/4	26,9	2,65	1,58	100	R 4	114,3	4,5	12,1
25	R 1	33,7	3,25	2,44	125	R 5	139,7	4,85	16,2
32	R 1 1/4	42,4	3,25	3,14	150	R 6	165,1	4,85	19,2

Werkstoff: S185 nach DIN EN 10025, siehe Seite 75.

Verwendungshinweis: Rohre dieser Norm sind geeignet für Nenndruck 25 für Flüssigkeiten und Nenndruck 10 für Luft und ungefährliche Gase (Nenndruck wird in bar angegeben).

Fortsetzung auf Seite 140.

Mittelschwere Gewinderohre (Fortsetzung) — DIN 2440

Lieferart: Nahtlos gewalzt oder geschweißt; schwarz oder verzinkt (B) oder als Sonderausführung mit nichtmetallischem Schutzüberzug außen (C) und innen (D), in der Regel ohne kegeligem Anschlussgewinde. Bei Lieferung mit Gewinde ist dies in der Bestellung mit anzugeben.

Bezeichnungsbeispiel: Gewinderohre Nennweite 40 (DN 40), nahtlos, verzinkt (B) in Herstelllänge mit Gewinde an beiden Enden und Muffe: **Gewinderohr DIN 2440-DN 40-nahtlos B mit Gewinde und Muffe**

Nahtlose Präzisionsstahlrohre — DIN 2391

Außendurchmesser in mm Normmaß	Wanddicken- zul. Abweich.	stufungs- bereich	Außendurchmesser in mm Normmaß	Wanddicken- zul. Abweich.	stufungs- bereich	Außendurchmesser in mm Normmaß	Wanddicken- zul. Abweich.	stufungs- bereich	Außendurchmesser in mm Normmaß	Wanddicken- zul. Abweich.	stufungs- bereich
4		0,5...1,2	22		0,5...7	55	±0,25	1...12	130	±0,70	2,5...18
5		0,5...1,2	25		0,5...8	60		1...12	140		2,5...18
6		0,5...2	26	±0,08	0,5...8	65	±0,30	1...14	150	±0,80	3...20
7	±0,08	0,5...2	28		0,5...8	70		1...14	160		3...20
8		0,5...2,5	30		0,5...10	75	±0,35	1...16	170	±0,90	3...20
9		0,5...2,8	32		0,5...10	80		1...16	180		3,5...20
10		0,5...3	35	±0,15	0,5...10	85	±0,40	1,5...16	190	±1,0	3,5...22
12		0,5...4	38		0,5...10	90		1,5...16	200		3,5...22
14		0,5...4,5	40		0,5...10	95	±0,45	2...18	220	±1,20	4,5...25
15	±0,08	0,5...5	42		1...10	100		2...18	240		4,5...25
16		0,5...6	45	±0,20	1...10	110	±0,50	2...18	260	±1,30	5...25
18		0,5...6	48		1...10	120		2...18			
20		0,5...7	50		1...10						

Wanddickenstufung: 0,5; 0,8; 1; 1,2; 1,5; 1,8; 2; 2,2; 2,5; 2,8; 3; 3,5; 4; 4,5; 5; 5,5; 6; 7; 8; 9; 10; 12; 14; 16; 18; 20; 22; 25 mm

Werkstoff: Im Handelsprogramm St 35 BK und NBK sowie St 35.8 I (für Wärmetauscher; I bedeutet: Prüfprogramm nach Gütestufe I, ohne Ultraschallprüfung)

Masse-Ermittlung für ein 1 m langes Rohr

$m' = (D - T) \cdot T \cdot 0{,}0246615$ [1]   [1] Formel basiert auf einer Dichte von 7,85 kg/dm³.

m' Längenbezogene Masse in kg/m; D Nennaußendurchmesser in mm; T Nennwanddicke in mm

Lieferzustände, Benennung	Kurzzeichen	Erklärung
zugblank-hart	BK	Nach der letzten Kaltumformung keine Wärmebehandlung. Deshalb Rohre nur gering verformbar.
zugblank-weich	BKW	Nach der letzten Wärmebehandlung wird ein Kaltzug mit geringem Umformgrad durchgeführt. Rohr lässt sich in gewissen Grenzen kalt umformen.
zugblank und spannungsarmgeglüht	BKS	Es erfolgt nach der letzten Kaltumformung eine Wärmebehandlung, wodurch es möglich wird die Rohre in gewissen Grenzen spanlos zu formen oder spangebend zu bearbeiten.
geglüht	GBK	Nach der letzten Kaltumformung werden die Rohre unter Schutzgas geglüht.
normalgeglüht	NBK	Die Rohre sind nach der letzten Kaltumformung oberhalb des oberen Umwandlungspunktes unter Schutzgas geglüht.

Bezeichnungsbeispiel: nahtloses Rohre aus St 35 im Lieferzustand NBK mit Außendurchmesser 100 mm und Innendurchmesser (ID) 94 mm (Außendurchmesser − 2 × Wanddicke):
Rohr DIN 2391-St35 NBK-100×ID 94 oder **Rohr DIN 2391-St35 NBK-100×3**

Warmgefertigte quadratische und rechteckige Stahlrohre — DIN 59410

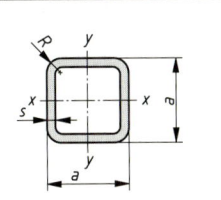

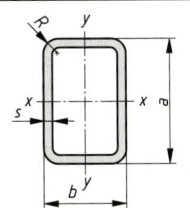

Bezeichnungsbeispiel:
Hohlprofil DIN 59410-S355J0-80×80×5,6
(Werkstoff)-(Abmessung)

I_x, I_y — Flächenmoment 2. Grades
W_x, W_y — axiale Widerstandsmomente
I_p — polares Flächenmoment 2. Grades
W_p — polares Widerstandsmoment

$R \leq 2{,}5 \cdot s$ für $a \leq 140$ mm
$R \leq 3{,}0 \cdot s$ für $a > 140$ mm

Nennmaß a bzw. $a \times b$ in mm	Wanddicke s in mm	Querschnitt S in cm²	Masse in kg/m	Für die Biegeachse				für Torsion	
				x – x		y – y			
				I_x in cm⁴	W_x in cm³	I_y in cm⁴	W_y in cm³	I_p in cm⁴	W_p in cm³
quadratisch									
40	2,9	4,23	3,32	9,66	4,83	9,66	4,83	15,0	7,97
	4,0	5,62	4,41	12,1	6,05	12,1	6,05	19,0	10,3
50	2,9	5,39	4,23	19,8	7,94	19,8	7,94	30,7	12,9
	4,0	7,22	5,67	25,4	10,1	25,4	10,1	39,5	16,9
60	2,9	6,55	5,14	35,5	11,8	35,5	11,8	54,5	18,9
	4,0	8,82	6,93	45,9	15,3	45,9	15,3	71,2	25,1
	5,0	10,8	8,47	54,1	18,0	54,1	18,0	84,5	30,2
80	3,6	10,9	8,55	106	26,4	106	26,4	162	42,0
	5,6	16,4	12,9	151	37,6	151	37,6	234	61,9
100	4,0	15,2	12,0	233	46,6	233	46,6	357	73,7
	6,3	23,3	18,3	339	67,8	339	67,8	525	111
140	5,6	29,6	23,3	885	126	885	126	1380	202
	8,8	45,0	35,3	1280	182	1280	182	2030	302
rechteckig									
60×40	2,9	5,39	4,23	26,0	8,67	13,7	6,83	28,0	12,3
	4,0	7,22	5,67	33,3	11,1	17,3	8,65	35,9	16,1
80×40	2,9	6,55	5,14	53,1	13,3	17,7	8,83	42,0	16,6
	5,0	10,8	8,47	81,7	20,4	26,2	13,1	63,6	26,2
100×50	3,6	10,2	7,98	129	25,8	42,9	17,2	102	32,2
	4,5	12,5	9,83	155	31,0	50,9	20,4	122	39,1
	5,6	15,3	12,0	184	36,8	59,4	23,8	144	46,9
120×60	4,0	13,5	10,6	247	41,1	82,7	27,6	199	51,9
	6,3	20,5	16,1	354	59,0	116	38,6	286	76,6
160×90	4,5	21,2	16,6	715	89,4	293	65,1	672	119
	7,1	32,2	25,3	1030	129	418	92,9	991	179
200×120	6,3	37,7	29,6	2010	201	910	152	2030	277
	10,0	57,4	45,1	2890	289	1290	216	2990	414

Weitere zulässige Abmessungen

Quadratisch: 70×3,2/4,0/5,0; 80×4,5; 90×3,6/4,5/5,6; 100×5,0; 120×4,5/5,6/6,3; 140×7,1; 160/180/200/220×6,3/8,0/10,0; 260×7,1/8,8/11,0

Rechteckig: 50×30×2,9/4,0; 70×40×2,9/4,0; 80×40×4,0; 90×50×3,2/4,0/5,0; 100×60×3,6/4,5/5,6; 120×60×5,0; 140×80×4,0/5,0/6,3; 160×90×5,6; 180×100×5,6/7,1/8,8; 200×120×8,0; 220×120×6,3/8,0/10,0; 260×140/180×6,3/8,0/10,0

Weitere größere Abmessungen (bis Kantenlänge 400 bzw. 400×260) nur n. Rückfrage beim Hersteller.

© Verlag Gehlen

Kaltgefertigte, geschweißte, quadratische und rechteckige Stahlrohre — DIN 59411

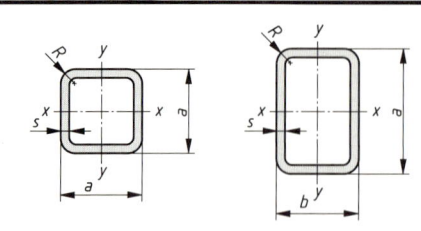

Bezeichnungsbeispiel:
Hohlprofil DIN 59411-S355J0-60×60×5
     (Werkstoff)-(Abmessung)

I_x, I_y Flächenmoment 2. Grades
W_x, W_y axiale Widerstandsmomente
I_p polares Flächenmoment 2. Grades
W_p polares Widerstandsmoment

$R = 2{,}0 \cdot s$ für $s \leq 4$ mm
$R = 2{,}5 \cdot s$ für $s > 4$ bis 8 mm
$R = 3{,}0 \cdot s$ für $s > 8$ mm

Nennmaß a bzw. $a \times b$ in mm	Wand-dicke s in mm	Quer-schnitt S in cm²	Masse in kg/m	Für die Biegeachse				für Torsion	
				x – x		y – y			
				I_x in cm⁴	W_x in cm³	I_y in cm⁴	W_y in cm³	I_p in cm⁴	W_p in cm³
quadratisch									
20	1,6	1,11	0,87	0,61	0,61	0,61	0,,61	1,03	1,07
	2	1,34	1,05	0,69	0,69	0,69	0,69	1,20	1,27
30	1,6	1,75	1,38	2,31	1,54	2,31	1,54	3,76	2,57
	2,6	2,68	2,10	3,26	2,18	3,26	2,18	5,50	3,84
40	2	2,94	2,31	6,94	3,47	6,94	3,47	11,2	5,74
	4	5,35	4,20	11,1	5,54	11,1	5,54	19,2	10,1
50	2,6	4,76	3,73	17,5	6,99	17,5	6,99	28,4	11,6
	5	8,14	6,38	25,7	10,3	25,7	10,3	46,2	19,4
60	2,6	5,80	4,55	31,3	10,5	31,3	10,5	50,3	17,1
	5	10,1	7,96	48,6	16,2	48,6	16,2	85,2	29,4
80	3,2	9,57	7,51	92,7	23,2	92,7	23,2	148	37,6
	6,3	17,2	13,5	149	37,1	149	37,1	259	66,7
rechteckig									
40×20	1,6	1,75	1,38	3,43	1,72	1,15	1,15	2,87	2,25
	2,6	2,68	2,10	4,81	2,40	1,57	1,57	4,11	3,32
50×30	1,6	2,39	1,88	7,96	3,18	3,60	2,40	8,02	4,38
	3,2	4,45	3,49	13,4	5,35	5,93	3,95	14,0	7,90
80×40	2,6	5,80	4,55	46,6	11,7	15,7	7,87	38,8	15,0
	5	10,1	7,96	71,6	17,9	23,8	11,9	63,6	25,4
100×60	3,2	9,57	7,51	127	25,5	57,6	19,2	128	35,1
	6,3	17,2	13,5	203	40,7	90,9	30,3	221	61,7
120×80	3,2	12,1	9,52	244	40,6	130	32,6	271	57,3
	6,3	22,3	17,5	409	68,1	217	54,3	485	104
140×80	3,2	13,4	10,5	354	50,6	149	37,3	336	67,1
	6,3	24,8	19,4	603	86,1	251	62,9	605	122

Weitere zulässige Abmessungen in mm

Stufung der Wanddicke s: 1,6; 2; 2,6; 3,2; 4; 5; 6,3; 8; 10; 12,5

Quadratische Profile: 30×2; 40×1,6...3,2; 50×1,6...4; 60×2...4; 70/80×2,6...5; 90/100×3,2...6,3; 120×3,2...8; 140/150/160×4...10; 180×4...12,5; 200/220/250/260×5...12,5; 280/300/320/350×6,3...12,5; 400×8...12,5

Rechteckige Profile: 40×20×2; 50×30×2...4; 60×40×1,6...5; 80×40×2...4; 90×50×2,6...5; 100×60×2,6...5; 110×70×3,2...6,3; 120×60×3,2...6,3; 120/140×80×4/5; 150×100×3,2...8; 160×80×3,2...8; 180/200×100×4...10; 200/120×4...10; 220×140×4...10; 250×150×5...12,5; 260×180×5...12,5; 300×200×5...12,5; 320/360/400×200×6,3...12,5; 450×250×6,3...12,5; 500×300×8...12,5

© Verlag Gehlen

Halbzeuge aus Aluminium und Al-Knetlegierungen · Stangen, gepresst und gezogen **143**

Stangen, gepresst und gezogen

Vorbemerkung: Nach den neuen DIN-Normen über gepresste und gezogene Stangen aus Aluminium oder Aluminium-Legierungen sind keine Vorzugsmaße mehr genormt.
Als Orientierungshilfe bezüglich der Stufung der handelsüblichen Maße bei Rund-, Vierkant- und Sechskantstangen können die Maße der Stahlstangen (Maße d, a, s siehe Seite 129) verwendet werden. Im Übrigen wird gegenwärtig bezüglich der lieferbaren Abmessungen Rückfrage beim Halbzeughandelsbetrieb empfohlen.
Bei der Bestellung ist es zweckmäßig, die DIN-EN-Norm für die Toleranzen des jeweiligen Halbzeugs mit anzugeben:
Bezeichnungsbeispiel: Rechteck DIN EN 754-5 – AlMgSi0,5 – 80×15
(Profilart: z. B. Rund, Vierkant)   DIN EN ...   – (Werkstoff)– (Abmessung)

Masse-Ermittlung für eine 1 m lange Stange

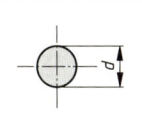

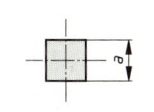

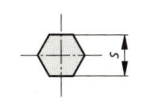

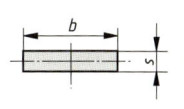

$m' = 0,0007854 \cdot d^2 \cdot \rho$	$m' = 0,001 \cdot a^2 \cdot \rho$	$m' = 0,000866 \cdot s^2 \cdot \rho$	$m' = 0,001 \cdot b \cdot s \cdot \rho$

m' längenbezogene Masse in kg/m
ρ Dichte in kg/dm³
Maße d, a, s und b in mm

Werkstoffe und Dichtewerte siehe Seite 145.

Normungsübersicht über Toleranzen für Stangen

Profil-form	Gezogenes Profil		Gepresstes Profil	
	Norm DIN EN...	Toleranzen genormt im Maßbereich (in mm)	Norm DIN EN...	Toleranzen genormt im Maßbereich (in mm)
Rund	754-3	Durchmesser d von 3...100	755-3	Durchmesser d von 8...320
Vierkant	754-4	Seitenlänge a von 3...100	755-4	Seitenlänge a von 10...220
Rechteck	754-5	Breite b von 5...200 Dicke s von 2...60	755-5	Breite b von 10...600 Dicke s von 2...240
Sechskant	754-6	Schlüsselweite s von 3...80	755-6	Schlüsselweite s von 10...220

Toleranzen für Stangen

Gezogene Stangen nach DIN EN 754-3, DIN EN 754-4 und DIN EN 754-6

Maßbereich in mm über...bis	3[1]...6	6...10	10...18	18...30	30...50	50...65	65...80	80...100
Grenzabmaße in mm	0 −0,08	0 −0,09	0 −0,11	0 −0,13	0 −0,16	0 −0,19	0 −0,30	0 −0,35

Gepresste Stangen nach DIN EN 755-3, DIN EN 755-4 und DIN EN 755-6

Maßbereich in mm über...bis		8...18	18...25	25...40	40...50	50...65	65...80	80...100
Grenzab-maße in mm	Werkstoffgruppe I	±0,22	±0,25	±0,30	±0,35	±0,40	±0,45[2]	±0,55
	Werkstoffgruppe II	±0,30	±0,35	±0,40	±0,45	±0,50	±0,70	±0,90
Maßbereich in mm über...bis		100...120	120...150	150...180	180...220	220...270	270...320	
Grenzab-maße in mm	Werkstoffgruppe I	±0,65	±0,80	±1,0	±1,15	±1,3	±1,6	
	Werkstoffgruppe II	±1,0	±1,2	±1,4	±1,7	±2,0	±2,5	

Toleranzen für Rechteckstangen nach DIN EN 754-5 und DIN EN 755-5: Aufgrund des Umfangs der Angaben ist Einsichtnahme in das DIN-Orginalblatt erforderlich.

[1] Einschließlich Maß 3 mm.
[2] Bei DIN EN 775-6 beträgt diese Toleranz ±0,50 mm.

© Verlag Gehlen

Halbzeuge aus Aluminium und Al-Knetlegierungen · Bleche · Bänder · Ronden

Bänder, Bleche, Platten, Folien, Ronden	DIN EN 485, DIN 1784, DIN EN 941

Definitionen nach DIN EN 485 (Blech und Band) und DIN 1784 (Formate)

Blech: Flachgewalztes Erzeugnis mit rechteckigem Querschnitt und einer gleichmäßigen Dicke über 0,20 mm, das in geraden Stücken (d. h. flach) geliefert wird. Die Dicke beträgt nicht mehr als 1/10 der Breite. In einigen Ländern wird „Blech" mit einer Dicke über 6 mm „Platte" genannt.

Band: Flachgewalztes Erzeugnis mit rechteckigem Querschnitt und einer gleichbleibenden Dicke über 0,20 mm, das aufgerollt und mindestens mit besäumten Kanten geliefert wird. Die Dicke beträgt nicht mehr als 1/10 der Breite. „Band" wird manchmal „coil" genannt.

Formate: Bei Blechen mit Dicken ≤ 0,20 mm ist die Benennung „Formate" eingeführt worden.

Normungsübersicht

Herstellungsverfahren	Bei Bestellung anzugebende Norm[1]	Dicke in mm	Halbzeugart
kaltgewalzt	DIN EN 485-4	>0,2...50	Bleche und Bänder
	DIN 1784[2]	0,021...0,20	Formate
	DIN 1784-3[3]	0,007...0,020	Folien
	DIN EN 941[4]	0,2...12	Ronden
		0,2...200	Rondenvormaterial
warmgewalzt	DIN EN 485-3	ab 2,5 bis 200	Bleche und Bänder
	DIN EN 941[4]	0,2...12	Ronden
		0,2...200	Rondenvormaterial

Übersicht über Nennmaße

Dicken-Nennmaße bei DIN 1784: 0,021; 0,025; 0,030; 0,035; 0,040; 0,050; 0,060; 0,070; 0,080; 0,090; 0,100; 0,150; 0,180; 0,200 mm

Foliendicken bei DIN 1784-3[3]: 7; (7,5); 8; 9; 10; 11; 12; 13; 15; 18; 20 mm

DIN EN	Handelsübliche Dickenmaße bei Blechen und Bändern
485-3	3; 4; 5; 6; 8; 10; 12; 15; 20; 25; 30; 35; 40; 50; 60; 70; 80; 90; 100; 110; 120; 130; 150; 180; 200 mm
485-4	0,3; 0,5; 0,6; 0,7; 0,8; 1,0; 1,2; 1,5; 2,0; 2,5; 3,0; 4,0; 5,0 mm

Handelsübliche Blechabmessungen: Dicke × 1000 × 2000 bis Dicke × 2000 × 4000
(Maße in mm, Rückfrage bei Handelsfirma empfehlenswert)

Handelsübliche Bandbeite: 1000 mm

Werkstoffe und **Dichtewerte** siehe Werkstoff-Halbzeug-Übersicht auf Seite 145.

Masse-Ermittlung

Blech und Band	Ronden	M Masse in kg	d Rondendurchmesser in mm
$M = \dfrac{b \cdot l \cdot S \cdot \rho}{1000000}$	$M = \dfrac{d^2 \cdot S \cdot 0{,}7854 \cdot \rho}{1000}$	b Blechbreite in mm l Blechlänge in mm	S Blech- bzw. Rondendicke in mm ρ Dichte in kg/dm^3

Bezeichnungsbeispiel: Band DIN 485-3-Al 99,5-3,0×1000 (Dicke 3,0 mm; Breite 1000 mm)
Eine **Bestellung** soll folgende Angaben enthalten: Form bzw. Art des Erzeugnisses (Ronde, Rondenvormaterial, Blech usw.); Werkstoffbezeichnung; vom Kunden vorgesehene Anwendung (besonders bei Ronden bzw. bei dekorativer Anodisierung); metallurgischer Lieferzustand nach DIN EN 515, Abmessungen; Nr. der europäischen Norm über Toleranzen; Angabe von „kaltgewalzt" oder „warmgewalzt" (insbesondere bei Ronden). Angaben evtl. formlos vornehmen.

[1] Die Normen enthalten Festlegungen über Toleranzen usw. In den DIN-EN...-Normen sind keine Vorzugsabmessungen mehr angegeben.
[2] Mit der Einführung von DIN EN 485 umfasst DIN 1784 nur noch den Dickenbereich von 0,021 bis 0,20 mm (früher bis 0,35 mm).
[3] Neue Norm in Vorbereitung, zur Zeit noch DIN 1784-3 gültig.
[4] Bei Ronden für die Herstellung von Küchengeschirr siehe DIN EN 851.

© Verlag Gehlen

Halbzeuge aus Al und Al-Knetlegierungen · Bänder · Bleche · Profile — 145

Vierkant- und Rechteckrohre, gepresst, warm ausgehärtet[1]

Abmessung $h \times b \times s$	Masse kg/m	Abmessung $h \times b \times s$	Masse kg/m	Abmessung $h \times b \times s$	Masse kg/m
15×15×2	0,281	40×40×3	1,199	80×80×4	3,283
25×25×2	0,497	60×60×3	1,847	100×100×4	4,147
20×10×2	0,281	50×30×3	1,199	120×40×4	3,283
30×15×2	0,443	60×50×3	1,680	150×40×4	3,931
40×20×2	0,605	80×50×4	2,635	200×50×4	5,227

Werkstoff: Al Mg Si 0,5 — Toleranzen: DIN 1784-4

[1] Auswahl von handelsüblichen Abmessungen in mm (Abmessungen sind nicht genormt).

Übersicht über die Zuordnung handelsüblicher Al-Werkstoffe zu den Halbzeugen

Bezeichnung nach DIN EN 753			EN AW-1050A	EN AW-5005A	EN AW-5049	EN AW-5754	EN AW-5083	EN AW-6060	EN AW-6082	EN AW-6012	EN AW-3103	EN AW-2024	EN AW-2030	EN AW-7020	EN AW-7075
Werkstoffgruppe			I	I	II	I	II	I	II	II	I	II	II	II	II
Zur Zeit handelsübliche Werkstoffe (benannt mit den chemischen Elemente-Kurzzeichen)			E-Al	Al 99,5	Al Mg 1	Al Mg 2 Mn 0,8	Al Mg 3	Al Mg 4,5 Mn	Al Mg Si 0,5	Al Mg Si 1	Al Mn 1	Al Cu Mg 1	Al Cu Mg Pb	Al Zn 4,5 Mg 1	Al Zn Mg Cu 1,5
Bezeichnung		Dichte in kg/dm³ ⇒	2,70	2,70	2,69	2,71	2,66	2,66	2,70	2,70	2,75	2,73	2,80	2,85	2,77	2,80
Stangen	gepresst	DIN EN 755-3...6	×			×	×		×	×		×	×			
	gezogen	DIN EN 754-3...6	×	×		×	×			×		×	×			
Bleche und Bänder	kaltgewalzt	DIN EN 485-4, DIN EN 941, DIN 1784	×	×	×	×					×		×			
	warmgewalzt	DIN EN 485-3, DIN EN 941	×		×	×	×				×		×	×	×
L-, T-, U-Profile		DIN 9713, DIN 9714, DIN 1771							×	×					×	
4kt- u. Rechteckrohre		keine Norm							×							
Rohre		DIN 1795	×	×	×	×	×		×	×	×	×	×	×	×

Hinweis zu den bei den L-, T-, U-Aluprofilen angegebenen Widerstandsmomenten

Angegebene axiale Widerstandsmomente (bezogen auf die Unterkante) gültig für folgende Biegekraftanordnung:

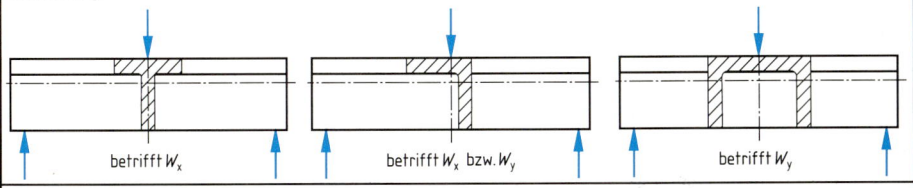

betrifft W_x — betrifft W_x bzw. W_y — betrifft W_y

Bei umgekehrter Biegekraftanordnung sind die Widerstandsmomente größer. Dies ist im Leichtbau von Bedeutung. Im Allgemeinen wird jedoch die Festigkeitsberechnung mit den in diesem Tabellenbuch angegebenen W-Werten vorgenommen.

© Verlag Gehlen

U-Profile — DIN 9713

S Querschnittsfläche
I Flächenmoment 2. Grades
W axiales Widerstandsmoment (vgl. S. 145)

Bezeichnungsmaße $h \times b \times s \times t$ bzw. $h \times b \times s$ in mm	S in cm^2	Masse[1] für Al-Mg-Si-Leg. in kg/m	Abstände der Achsen		Für die Biegeachse			
					x – x		y – y	
			e_x in cm	e_y in cm	I_x in cm^4	W_x in cm^3	I_y in cm^4	W_y in cm^3
20×20×3×3	1,62	0,437	1,00	0,780	0,945	0,945	0,628	0,515
30×30×3×3	2,52	0,687	1,50	1,11	3,64	2,43	2,29	1,22
40×30×3×3	2,85	0,770	2,0	1,01	7,24	3,62	2,52	1,27
50×30×4×4	4,11	1,11	2,5	0,965	15,5	6,20	3,66	1,80
60×30×5×5	5,57	1,50	3,0	0,932	28,4	9,47	4,38	2,12
80×45×6×8	11,2	3,02	4,0	1,57	108	27,1	21,8	7,44
100×50×6×9	14,1	3,80	5,0	1,72	217	43,4	34,3	10,5
120×55×7×9	17,2	4,64	6,0	1,74	371	61,9	49,1	13,1
140×60×7×10	20,6	5,55	7,0	1,91	614	87,7	71,0	17,4

Weitere genormte Abmessungen: 40×15×3×3; 40×20×3×3; 35/40×20×2×2; 40/60×30×4×4; 40/50/60×40×4×4; 40/50/60×40×5×5; 80/100×40×6×6; 140×60×4×6

Nicht genormte handelsübliche Abmessungen (Auswahl): 10×10×2×2; 15×15×2×2; 20×15/20×2×2; 30×20/30×2×2; 60×20×2×2; 50×30×2×2; 20×40×2,5/2,5; 80×40×3; 100×40×3/3; 100×50×5×5

L-Profile — DIN 1771

Bezeichnungsmaße	S	Masse	e_x	e_y	I_x	W_x	I_y	W_y
10×10×1,5	0,283	0,0764	0,305	0,305	0,025	0,036	0,025	0,036
15×10×2	0,460	0,124	0,524	0,273	0,101	0,103	0,036	0,049
20×10×2	0,566	0,153	0,743	0,243	0,226	0,180	0,038	0,051
20×20×2,5	0,953	0,257	0,592	0,592	0,348	0,247	0,348	0,247
30×15×2,5	1,06	0,292	1,10	0,346	0,981	0,515	0,169	0,146
30×30×3	1,72	0,464	0,861	0,861	1,46	0,681	1,46	0,681
40×20×4	2,25	0,608	1,49	0,486	3,62	1,44	0,615	0,406
40×40×5	3,78	1,02	1,18	1,18	5,56	1,97	5,56	1,97
50×25×4	2,85	0,770	1,82	0,570	7,30	2,29	1,26	0,652
50×50×5	4,78	1,29	1,43	1,43	11,2	3,15	11,2	3,15
60×30×4	3,45	0,932	2,15	0,654	12,9	3,35	2,25	0,959
60×60×5	5,78	1,56	1,68	1,68	19,9	4,61	19,9	4,61
80×40×6	6,87	1,85	2,90	0,896	45,2	8,86	7,83	2,52
80×80×10	15,08	4,07	2,37	2,37	89,0	15,8	89,0	15,8

Weitere genormte Abmessungen: 10×10×2/2,5; 15×15×1,5/2/2,5/3; 20×10×1,5/2,5; 20×15×1,5/2/2,5; 20×20×2/3; 25×10×2/3; 25×15×2/3; 25×20×2,5; 25×25×2/2,5/3; 30×15×2/3; 30×20×2/2,5/3/4; 30×30×2,5/4/5; 35×35×2,5/3/4/5; 40×20×2/2,5/3; 40×25×2,5/3/4; 40×30×5; 50×30×3/4/5; 50×50×3/4/6; 60×30×3/5; 40×40×3/4; 50×25×2,5/3; 60×40×4/5/6; 60×60×4/6; 65×25×3/5; 65×50×5/6/7; 80×40×4/5/8; 80×80×8/12

Nicht genormte handelsübliche Abmessungen (Auswahl): 30×10×2; 40×30×2/3/4; 80×30×3; 100×20×2; 100×30×3; 100×50×3/5/6; 120×60×6; 150×50×4; 200×100×10

Die U-, L- und T-Profile werden mit runden Kanten (R) oder mit scharfen Kanten (S) geliefert. Die Rundungen r_1 und r_2 sind für U-, L- und T-Profile gültig.	S	1,5...2	2,5...4	5...6	über 6
	r_1	1,6	2,5	4	6
	r_2	0,4	0,4	0,6	0,6

Werkstoff: AlMgSi 0,5; AlMgSi1; AlZn 4,5 Mg 1

Bezeichnungsbeispiel: U-Profil mit runden Kanten (R) aus AlMgSi 1 mit Höhe h = 40 mm, Breite b = 30 mm und Dicke s bzw. t = 3 mm: U-Profil DIN 9713-AlMgSi 1-R40×30×3×3

[1] Für AlZn 4,5 Mg 1 (ρ = 2,77 kg/dm^3) sind die Massenwerte mit dem Faktor 1,026 zu multiplizieren.

© Verlag Gehlen

T-Profile — DIN 9714

- S Querschnittsfläche
- I Flächenmoment 2. Grades
- W axiales Widerstandsmoment (vgl. S. 145)

Bezeichnungsmaße $h \times b \times s$ in mm	S in cm²	Masse[1] für Al-Mg-Si-Leg. in kg/m	Abstand der Achsen e_x in cm	Für die Biegeachse			
				$x-x$		$y-y$	
				I_x in cm⁴	W_x in cm³	I_y in cm⁴	W_y in cm³
15×15×2	0,560	0,151	0,448	0,116	0,110	0,057	0,076
20×20×2	0,775	0,208	0,574	0,290	0,201	0,134	0,134
25×25×2,5	1,19	0,321	0,717	0,702	0,394	0,329	0,263
30×45×3	2,19	0,591	0,713	1,60	0,699	2,28	1,01
40×40×4	3,07	0,829	1,15	4,58	1,61	2,15	1,08
40×60×5	4,82	1,30	0,987	6,21	2,06	9,02	3,01
40×80×7	8,07	2,18	0,932	8,87	2,89	30,0	7,50
50×50×4	3,87	1,04	1,40	9,19	2,55	4,19	1,68
50×70×6	6,91	1,87	1,27	14,4	3,86	17,2	4,92
60×60×6	6,91	1,87	1,72	23,2	5,32	10,9	3,63
60×120×8	13,92	3,76	1,30	36,0	7,66	115,5	19,2
70×140×10	20,16	5,44	1,54	70,6	12,9	229,2	32,7
80×80×9	13,75	3,71	2,32	81,7	14,4	38,9	9,73

Weitere genormte Abmessungen: 20×30×2/2,5/3; 25×40×2/2,5/3; 30×30×2/2,5/3/4; 30×45×2,5/4; 30×60×3/5; 35×35×2,5/3/4; 35×50×3/4/5; 40×40×3/5; 40×60×4; 40×8×5; 50×50×3/5/6; 50×70×4/5; 50×100×7/9; 60×60×4/5/7; 60×120×10; 70×70×6/8; 70×140×12; 80×80×7

Werkstoffe, Bezeichnung, r_1 und r_2-Werte sowie Fußnote[1] siehe Seite 146.

Rohre, nahtlos gezogen (Maße in mm) — DIN 1795

Rohraußendurchmes. d_1	Wanddicke s Maßbereich	Rohraußendurchmes. d_1	Angaben über Wanddicke s		Rohraußendurchmes. d_1	Angaben über Wanddicke s		Rohraußendurchmes. d_1	Angaben über Wanddicke s	
			Maßbereich	jedoch ohne Dicken		Maßbereich	jedoch ohne Dicken		Maßbereich	jedoch ohne Dicken
3	0,5…1	15	0,5…4	–	32	1…8	3,5	57	1,5…3,5	–
4	0,5…1	16	0,75…4	–	35	1…8	3,5	60	1…16	1,5/2,5/3,5
5	0,5…1	18	0,75…6	2,5/3,5	38	1…8	3,5	63	1…16	1,5/2,5/3,5
6	0,5…1	20	0,75…6	2,5/3,5	40	1…10	2,5/3,5	70	1…16	2,5/3,5
8	0,5…2	22	1…6	2,5/3,5	42	1,5…3	–	76	2…3,5	–
10	0,5…3	25	1…6	3,5	44,5	1,5…3	–	80	2…16	2,5/3,5
12	0,5…4	28	1…8	3,5	50	1…16	1,5/2,5/3,5	85	2…16	2,5/3,5
14	0,5…4	30	1…8	3,5	55	1…16	1,5/2,5/3,5	89	2…4	–

Weitere genormte Abmessungen, Außendurchmesser (Maßbereich): 100 (2...16 ohne 2,5 und 3,5); 108 (2,5...4); 114 (2,5...4); 125 (2...16 ohne 2,5 und 3,5); 133 und 159 (2,5...5); 160 (2...16 ohne 2,5 und 3,5); 162 und 194 (2,5...5); 200 (2...16 ohne 2,5 und 3,5); 219 (3...5); 250 (3...16); 267 und 273 (3...5)

Stufung der Wanddicke s: 0,5; 0,75; 1; 1,5; 2; 2,5; 3; 3,5; 4; 5; 6; 8; 10; 12; 16

Werkstoffe und **Dichtewerte** ρ siehe Seite 145.

Bezeichnungsbeispiel: nahtlos gezogenes Rohr, Außendurchmesser $d_1 = 20$ mm, Wanddicke $s = 2$ mm, Toleranzzuordnung A (Regelfall, Buchstabe A wird nicht mit angegeben) aus einem Werkstoff mit dem Werkstoff-Kurzzeichen AlMg 3: Rohr DIN 1795-20×2-AlMg 3

Masse-Ermittlung für ein 1 m langes Rohr

$$m' = (d_1 - s) \cdot s \cdot 0{,}00314 \cdot \rho$$

- m' längenbezogene Masse in kg/m
- d_1 Nennaußendurchmesser in mm
- ρ Dichte in kg/dm³
- s Nennwanddicke in mm

© Verlag Gehlen

Bleche und Blechstreifen, kaltgewalzt			DIN 1751
Genormte Blechdicken: 0,2; 0,22; 0,25; 0,3; 0,4; 0,45; 0,5; 0,6; 0,7; 0,8; 0,9; 1; 1,1; 1,2; 1,4; 1,5; 1,6; 1,8; 2; 2,2; 2,5; 2,8; 3; 3,2; 3,5; 4; 4,5; 5 mm			
genormte Blechdicken in mm	Zulässige Abweichung für Dicke von Blechen (Auszug) bei Breiten		
	von 500 bis 700 mm	über 700 bis 900 mm	über 900 bis 1100 mm
0,45; 0,5	±0,04	±0,05	±0,05
2	±0,08	±0,09	±0,11
5	±0,13	±0,16	±0,19
Übliche Herstellmaße: Länge 2000 mm; Breite bei Cu-Knetlegierung 600 mm, bei Cu 1000 mm.			
Bezeichnungsbeispiel: Blech 0,7×600×2000 DIN 1751-CuZn 37 F 45			
Werkstoffe und Dichtewerte siehe Übersicht (unten), Masseermittlung s. Seite 144.			

Rundstangen, gepresst	DIN 1782
Vorzugsmaße d: 10; 11; 12; 14; 16; 18; 20; 22; 25; 28; 30; 35; 40; 45; 50; 55; 60; 65; 70; 75; 80; 85; 90; 95; 100; 110; 120; 130; 140; 150; 160 mm	

Rundstangen, gezogen[1]	DIN 1756
Vorzugsmaße d: 0,5; 0,6; 0,8; 1; 1,2; 1,4; 1,6; 1,8; 2; 2,2; 2,5; 2,8; 3; 3,5; 4; 4,5; 5; 5,5; 6; 6,5; 7; 8; 9; 10; 11; 12; 14; 16; 18; 20; 22; 25; 28; 32; 36; 40; 45; 50; 56; 60; 63; 70; 75; 80 mm	

Sechskantstangen, gezogen mit scharfen Kanten[1]	DIN 1763
Vorzugsmaße s: 3; 3,5; 4; 4,5; 5; 5,5; 6; 7; 8; 9; 10; 11; 12; 13; 14; 17; 19; 21; 22; 24; 27; 30; 32; 36; 41; 46; 50; 55; 60 mm	

Vierkantstangen, gezogen mit scharfen Kanten	DIN 1761
Vorzugsmaße a: 2; 2,2; 2,5; 2,8; 3; 3,5; 4; 4,5; 5; 5,5; 6; 7; 8; 9; 10; 11; 12; 13; 14; 16; 17; 19; 21; 22; 24; 27; 30; 32; 36; 41; 46; 50; 55; 60 mm	
Masse-Ermittlung nach den auf der Seite 143 angegebenen Formeln. Werkstoffe und Dichtewerte siehe unten. Bezeichnungsbeispiel siehe Seite 149.	

[1] Sechskanthohlprofile und dickwandige Rohre für die spanende Bearbeitung auf Automaten, nahtlos gezogen, sind genormt in DIN 59752.

Übersicht über die Zuordnung handelsüblicher Kupferwerkstoffe zu den Halbzeugen

Halbzeugart	Werkstoffe, siehe auch Seiten 99...101															
	Cu-FRHC (E-Cu)	Cu-ETP (E-Cu)	Cu-DHP (SF-Cu)	Cu Al 10 Fe 1	Cu Al 10 Ni 5 Fe 4	Cu Be 2	Cu Ni 3 Si	Cu Ni 10 Fe 1 Mn	Cu Zn 15	Cu Zn 20	Cu Zn 36	Cu Zn 37	Cu Zn 36 Pb 3	Cu Zn 38 Pb 1	Cu Zn 38 Pb 2	Cu Zn 39 Sn 1	Cu Zn 39 Pb 0,5	Cu Zn 39 Pb 3	Cu Zn 40	Cu Zn 40 Pb 2
Dichte in kg/dm³	8,9	8,9	8,9	7,6	7,6	8,3	8,8	8,9	8,8	8,7	8,4	8,4	8,5	8,4	8,4	8,4	8,4	8,4	8,4	8,4
gepresste Stangen	×	⊗	×	×	×								×					⊗	×	×
gezogene Stangen	×	⊗	×	×		×	×		×	×	×	×	×			×		⊗	×	×
Rohre, nahtlos gezogen			⊗					×	×	⊗	×	×						⊗	×	×
Rohre, gepresst, DIN 59750								×	×	×	×	×						×	×	×
Bleche, kaltgewalzt	×	⊗	⊗	×		×		×	×	×	×	⊗			×		×	×	×	×
Rohre, gepresst, DIN 59750	×	⊗						×	×	⊗	×						×	×	×

× lieferbar   ⊗ meistens im Handelsprogramm

© Verlag Gehlen

Halbzeuge aus Cu und Cu-Knetlegierung · Rechteckstangen · Rohre **149**

Rechteckstangenauswahl für elektrische Schaltanlagen						DIN 46433 Auswahlblatt 3		
Breite × Dicke: 12×2; 15×2/3; 20×2/3/5; 25×3/5; 30×3/5; 40×3/5/10; 50×5/10; 60×5/10; 80×5/10/15; 100×5/10/15; 120×10/15; 160×10/15; 200×10/15 (Stangen haben gerundete Kanten)								
Werkstoffe: E-Cu und E-Al; weitere Werkstoffe für allgemeine Verwendung siehe Seiten 99 bis 101.								

Rechteckstangen, gezogen mit scharfen Kanten								DIN 1759
Breite b mm	Maßbereich für Dicke s mm	Breite b mm	Maßbereich für Dicke s mm	Breite b mm	Maßbereich für Dicke s mm	Breite b mm	Angaben über Dicke s	
							Maßbereich in mm	jedoch o. folg. Dicken
5	2…4	18	2…15	60	3…40	140	10…40	12 und 18
6	2…5	20	2…18	80	4…40	150		
8	2…6	25	2…20	100	5…40	160		
10	2…8	30	3…25	120	6…40	180		
12	2…10	40	3…35			200		
15	2…12	50	3…40					
Stufung der Dicke s: 2; 3; 4; 5; 6; 8; 10; 12; 15; 18; 20; 25; 30; 35; 40								
Werkstoffe und Dichtewerte siehe Seite 148. Masse-Ermittlung siehe Seite 143.								

Halbzeugbezeichnung von Halbzeugstangen aus Cu und Cu-Legierungen	E DIN 17933-30[1]
Beispiel:	Stange EN...-CW508L-R370-HEX 14 B-RD

Benennung, hier Stange
Nummer der europäischen Norm (EN ...)
Werkstoffbezeichnung, chem. Elemente-Kurzzeichen darf auch verwendet werden, hier z. B. CuZn37 statt CW508L
Zustandsbezeichnung, hier beträgt R_m = 370 N/mm²
Querschnittsform (RND rund, SQR quadratisch, HEX sechseckig, OCT achteckig)
Querschnittsmaße in mm (Nennmaße), hier 14
Toleranzklasse, hier B
Kantenausführung bei Vielkantstangen (RD für rund, SH für scharf)

[1] Norm noch Entwurf. Beispiele für zur Zeit noch übliche Bezeichnungsweise:
Rechteck 80×15 DIN 1759-CuZn 30 F 36; Rund 95 DIN 1782-CuZn 39 Pb 3.
Festigkeitsangaben (hier F 36) genormt u. a. in DIN 17670...DIN 17674.

Rohre, nur Kupfer-Knetlegierung, nahtl. gezogen, Vorzugsmaße für Rohrleit.								DIN 1755-3	
Außen-durch-messer in mm	Wand-dicken-stufungs-bereich	Außen-durch-messer in mm	Wand-dicken-stufungs-bereich	Außen-durch-messer in mm	Wand-dicken-stufungs-bereich	Außen-durch-messer in mm	Wand-dicken-stufungs-bereich	Außen-durch-messer in mm	Wand-dicken-stufungs-bereich
3	0,5…1	14	0,5…4	28	1…5	76	2…3,5	194	2,5…3,5
4	0,5…1	15	0,5…4	30	1…5	89	2…3,5	219	3…5
5	0,5…1	16	0,75…4	35	1…5	108	2,5…3,5	267	3…5
6	0,5…1	18	0,75…5	38	1…5	114	2,5…3,5	273	3…5
8	0,5…2	20	0,75…5	42	1,5…3	133	2,5…3,5	324	4…6
10	0,5…3	22	1…5	44,5	1,5…3	159	2,5…3,5	368	4…6
12	0,5…4	25	1…5	57	1,5…3,5	168	2,5…3,5	419	4…6
Wanddickenstufung in mm: 0,5; 0,75; 1; 1,5; 2; 2,5; 3; 4; 5, jedoch bei den Außendurchmessern 18…22 ohne die Wanddicken 2,5 und 3,5 und bei den Außendurchmessern 25…38 ohne die Wanddicke 3,5									
Bezeichnungsbeispiel: Rohr DIN 1755-CuZn 20 Al F 35-20×2									
Werkstoffe und Dichtewerte siehe Seite 148. Masse-Ermittlung siehe Seite 143.									

© Verlag Gehlen

Rohre (Installationsrohre) aus Kupfer, nahtlos gezogen — DIN 1786

Außen-durch-messer in mm	Wanddicke in mm			zuge-hörige Nenn-weite	Außen-durch-messer in mm	Wanddicke in mm				zuge-hörige Nenn-weite	Für die Gas- und Was-serinstallation sind die Rohre zu verwenden, deren Masseangaben fett gedruckt sind.
	0,8	1,0	1,5			1,5	2,0	2,5	3,0		
	Masse in kg/m					Masse in kg/m					
6	0,12	0,14	–	4	42	**1,70**	2,24	–	–	40	
8	0,16	0,20	–	6	54	2,20	**2,91**	–	–	50	
10	0,21	0,25	–	8	64	–	**3,47**	–	–	–	Nur bis zum Außen-durchmesser 108 mm sind die Rohre für Kapillarlötverbindungen geeignet.
12	0,25	**0,31**	–	10	76,1	–	**4,14**	5,14	–	65	
15	0,32	**0,39**	0,57	–	88,9	–	**4,87**	6,05	–	80	
18	–	**0,48**	0,69	15	108	–	–	**7,38**	8,81	100	
22	–	**0,59**	0,86	20	133	–	–	–	**10,9**	125	
28	–	0,75	**1,11**	25	159	–	–	–	**13,1**	150	Mindestwanddicke beim handwerklichen Schweißen: 1,5 mm
35	–	–	**1,40**	32	219	–	–	–	**18,1**	200	
					267	–	–	–	**22,1**	250	

Werkstoff: SF-Cu (neue Bezeichnung Cu-DHP, siehe Seite 99)

Bezeichnungsbeispiel: Rohr DIN 1786-SF-Cu F 37-22×1

Rohre aus Kupfer, nahtlos gezogen, für allg. Verwendung, Vorzugsmaße — DIN 1754-2

Außen-durch-messer in mm	Wand-dicken-stufungs-bereich	Außen-durch-messer in mm	Wand-dicken-stufungs-bereich	Außen-durch-messer in mm	Wand-dicken-stufungs-bereich	Außen-durch-messer in mm	Wand-dicken-stufungs-bereich	Außen-durch-messer in mm	Wand-dicken-stufungs-bereich
3	0,5…1	25	1-4	45	2,5	75	2,5	130	2,5
4	0,5…1	26	3	46	3	76	2,5…5	131	3
5	0,5…1	28	1…4	48	4	80	2…2,5	133	3…5
6	0,5…1	30	1…5	50	1,5…2,5	84	2…2,5	154	2
8	0,5…1,5	33	1,5	54	1,5…2	85	2,5	155	2,5
10/12	0,5…2	34	2	55	2,5	86	3	156	3
14	0,5…2	35	1…4	56	3	89	2,5…5	159	4…5
15	05…2,5	36	3	57	2,5…5	100	2…2,5	168	4
16	0,75…3	38	1,5…4	60	2…5	104	2	194	4
18	0,75…4	40	1…2,5	64	2	105	2,5	204	2
20	0,75…5	42	1,5…5	65	2,5	106	3	205	2,5
22	1…4	43	1,5	66	3	108	3…5	206	3
23	1,5	44	2	70	2…2,5	114	3…4	208	4
24	2	44,5	2,5…5	74	2	129	2	210	5

Wanddickenstufung: 0,5; 0,75; 1; 1,5; 2; 2,5; 3; 4; 5 mm

Bezeichnungsbeispiel: Rohr DIN 1754-SF-Cu F 30-20×2

Werkstoff: E-Cu (neue Bez. Cu-ETP oder Cu-FRHC); SE-Cu (neu HCP oder PHC); SF-Cu (neu Cu-DHP)

Masse-Ermittlung für ein 1 m langes Rohr

$$m' = (D - T) \cdot T \cdot \frac{\pi}{1000} \cdot \rho \qquad \text{oder} \qquad m' = (D - T) \cdot T \cdot 0{,}00314 \cdot \rho$$

m' längenbezogene Masse in kg/m
D Nennaußendurchmesser in mm
T Nennwanddicke in mm
ρ Dichte in kg/dm^3 (bei Kupfer = 8,9 kg/dm^3)

Beispiel: Wie groß ist die Masse eines Kupferrohres von 1 m Länge mit Außendurchmesser 40 mm und Wanddicke 2 mm?
$m' = (40 - 2) \cdot 2 \cdot 0{,}00314 \cdot 8{,}9 \Rightarrow m' = \mathbf{2{,}12\ kg}$

© Verlag Gehlen

Halbzeuge aus Kunststoffen · Rohre **151**

Rohre aus PVC-U (weichmacherfrei), PCV-HI (hoch schlagzäh) — DIN 8062

Außen-durch-messer d in mm	Reihe 3	Reihe 4	Reihe 5	Reihe 6 [2]	Außen-durch-messer d in mm	Reihe 1 [1]	Reihe 2 (4)	Reihe 3 (6)	Reihe 4 (10)	Reihe 5 (16)	Reihe 6 [2]	Außen-durch-messer d in mm	Reihe 1 [1]	Reihe 2 (4)	Reihe 3 (6)	Reihe 4 (10)	Reihe 5 (16)	Reihe 6 [2]
	Wandd. s in mm bei Nenndruck PN					Wanddicke s in mm bei Nenndruck PN							Wanddicke s in mm bei Nenndruck PN						
	6	10	16				4	6	10	16				4	6	10	16	
5	–	–	–	1	40	–	–	1,8	1,9	3	4,5	180	1,8	3,6	5,3	8,6	13,4	20
6	–	–	–	1	50	–	–	1,8	2,4	3,7	5,6	200	1,8	4	5,9	9,6	14,9	22,3
8	–	–	–	1	63	–	–	1,9	3	4,7	7	225	1,8	4,5	6,6	10,8	16,7	25
10	–	–	1	1,2	75	–	1,8	2,2	3,6	5,6	8,4	250	2	4,9	7,3	11,9	18,6	27,8
12	–	–	1	1,4	90	–	1,8	2,7	4,3	6,7	10	280	2,3	5,5	8,2	13,4	20,8	–
16	–	–	1,2	1,8	110	1,8	2,2	3,2	5,3	8,2	12,3	315	2,5	6,2	9,2	15	23,4	–
20	–	–	1,5	2,3	125	1,8	2,5	3,7	5	9,3	13,9	355	2,9	7	10,4	16,9	26,3	–
25	–	1,5	1,9	2,8	140	1,8	2,8	4,1	6,7	10,4	15,6	400	3,2	7,9	11,7	19,1	29,7	–
32	–	1,8	2,4	3,6	160	1,8	3,2	4,7	7,7	11,9	17,8	450	3,6	8,9	13,2	21,5	–	–

Weitere genormte Außendurchmesser d: 500; 560; 630; 710; 800; 900; 1000; 1200; 1400; 1600 mm

Bezeichnungsbeispiel: Rohr mit Außendurchmesser 50 mm und Wanddicke 3,7 mm aus PVC-U: Rohr DIN 8062-50×3,7-PVC-U

Zulässige Betriebsdrücke für das Durchflussmedium Wasser

Temperatur in °C	Betriebs-jahre	Reihe 2 Nenndruck PN 4		Reihe 3 Nenndruck PN 6		Reihe 4 Nenndruck PN 10		Reihe 5 Nenndruck PN 16	
		zulässiger Betriebsüberdruck PB[3] bei Rohren aus dem Werkstoff							
		PVC-U	PVC-HI1 PVC-HI2	PVC-U	PVC-HI1 PVC-HI2	PVC-U	PVC-HI1 PVC-HI2	PVC-U	PVC-HI1 PVC-HI2
10	1	5,3		7,9		13,2		21,1	
	50	4,6		7		11,6		18,6	
20	1	4,8		7,2		12		19,2	
	50	4		6		10		16	
30	1	3,9		5,8		9,7		15,5	
	50	3,2		4,8		8		12,8	
40	1	3		4,6		7,6		12,2	
	50	2,5		3,8		6,3		10,1	
50	1	2,1	2,8	3,2	4,2	5,3	7	8,5	11,2
	30	1,7	2,2	2,5	3,4	4,2	5,6	6,7	9
60	1	1,4	2,3	2,1	3,5	3,5	5,8	5,6	9,3
	30	1	1,9	1,5	2,9	2,5	4,8	4	7,7

Masse-Ermittlung für ein 1 m langes Rohr

$m' \approx (d - s) \cdot s \cdot 0{,}0048$

m'	längenbezogene Masse in kg/m
d	Nennaußendurchmesser in mm
s	Nennwanddicke in mm

Bei den in DIN 8062 angegebenen Massen wird von einem Rohr mit einer mittleren Toleranz ausgegangen. Die Toleranzproblematik konnte bei dieser Formel nicht voll berücksichtigt werden. Diese Formel hat daher eine Genauigkeit von ±4 %. Die Formel basiert auf der mittleren Dichte von 1,4 kg/dm^3.

Hinweise: Drücke bei PN und PB in bar, siehe DIN 2401 Teil 1; Rohrverbindungsteile für Druckrohrleitungen siehe DIN 8063 Teil 1 bis 12; Rohre mit Steckmuffen und Formstücke für Abwasserleitungen siehe DIN 19531 und DIN V 19534 T.1 und T.2 (V = Vornorm).

[1] Diese Rohr-Reihe ist eine Sonderreihe für den Bau von Lüftungsleitungen.
[2] Diese Rohr-Reihe ist für Rohrleitungen und Apparate der chem. Industrie vorgesehen. Diese Rohre halten mind. die Drücke der Reihe 5 aus und lassen sich besser schweißen und plastisch verformen.
[3] Diese Betriebsüberdrücke gelten nicht für Rohre, die UV-Beeinflussung ausgesetzt sind.

© Verlag Gehlen

Rundstäbe aus thermoplastischen Kunststoffen — DIN 16980

Werkstoff	genorm. Durchmesserbereich	Werkstoff	genorm. Durchmesserbereich
PA66, PA6	3…300	PE-HD, PE-HMW, PE-UHMW	3…500
PA6G	40…500	PP-H, PP-B, PP-R	3…500
PA610	3…300	PVDF	3…500
PA12	3…300	PC	3…200
PBT	3…200	PPO	3…200
PET	3…200	PCV-U, PVC-HI	3…300
POM	3…200	PVC-C	3…150

Stufung der Durchmesser: 3; 4; 5; 6; 8; 10; 12; 16; 18; 20; 22; 25; 28; 30; 32; 36; 40; 45; 50; 56; 60; 63; 70; 80; 90; 100; 110; 125; 140; 150; 160; 180; 200; 220; 250; 280; 300; 320; 360; 400; 450; 500 mm

Handelsübliche Lieferlängen: Bis ⌀125: 2 m; ⌀140…200: 1 m; > ⌀200: 0,5 m

Hohlstäbe aus PVC (handelsübliche Abmessungen) — nicht genormt

Außen-⌀/Innen-⌀ in mm	15/5	18/5	20/6	22/6	25/8	28/10	30/10	32/12	35/12
Masse in kg/m	0,239	0,353	0,431	0,557	0,660	0,806	0,935	1,037	1,260
Außen-⌀/Innen-⌀ in mm	40/15	45/20	50/22	55/25	60/28	65/30	70/30	80/40	100/50
Masse in kg/m	1,610	1,928	2,395	2,820	3,350	3,960	4,380	5,690	8,867
Außen-⌀/Innen-⌀ in mm	125/50	150/50	160/100	200/100	200/125	230/150	350/100		
Masse in kg/m	15,266	23,109	18,570	35,700	29,000	36,900	133,90		

Handelsübliche Lieferlängen: Bis Außen-⌀ 200 mm: 2 m; bei Außen-⌀ > 200 mm: 1 m

Vierkantstäbe aus PVC — nicht genormt

Handelsübliche Kantenlängen: 10; 15; 20; 25; 30; 40; 50; 60; 80; 100; 150 mm

Handelsübliche Lieferlänge: bis 80 mm Kantenlänge 3 m, darüber 1 m

Platten aus PVC — nicht genormt

Handelsübliche Dicken: 1,0; 1,2; 1,5; 2,0; 2,5; 3,0; 4; 5; 6; 8; 10; 12; 15; 20; 25; 30; 35; 40; 45; 50; 55; 60; 65; 70; 80; 90; 100 mm
Platten mit Dicken 1…30 mm sind meistens extrudiert; Platten > 30 mm sind meistens gepresst.

Handelsübliche Abmessungen: Meistens Dicke×2000×1000, oft wird jedoch auch jeder Zuschnitt geliefert. Technische Lieferbedingungen: DIN 16927.

Flachstangen aus PVC — nicht genormt

Handelsübliche Abmessungen: 15×3/10; 20×6; 22×9; 23×12; 25×4; 28×9; 30×3/10; 35×11; 40×3/6/15; 45×15/35; 50×4/15; 60×5/10; 110×10; 200×100 (Breite×Höhe in mm)

Handelsübliche Lieferlänge: bis zur Breite 110 mm: 3 m, bei Breite 200 mm: 1 m

Sechskantstäbe aus PVC — nicht genormt

Handelsübliche Stäbe mit Schlüsselweite s: 10; 12; 13; 17; 19; 22; 24; 27; 30; 32; 38 mm

Handelsübliche Lieferlänge: 2 bzw. 3 m

Masse-Ermittlung: Für Rundstäbe, Vierkantstäbe, Flachstangen (einschl. der Platten, jedoch dann mit der Länge 1 m) und Sechskantstäbe nach Formeln von Seite 143, bei PVC mit der Dichte $\rho = 1,4$ kg/dm^3.

Wasserschläuche aus PVC weich (ohne Gewebe) — DIN 16942

Nenngröße, Innen-⌀ × Wanddicke	13×3 (½")	16×3,5 (⅝")	19×4 (¾")	22×4,5 (7/8")	25×4,5 (1")
zulässige Abweichung des Innen-⌀	±0,5	±0,5	±0,5	±0,6	±0,7
zulässige Abweichung der Wanddicke	±0,3	±0,5	±0,4	±0,4	±0,4

Bezeichnungsbeispiel: Wasserschlauch der Nenngröße 13×3: Schlauch 13×3 DIN 16942

© Verlag Gehlen

Gewinde · Gewindeübersicht **153**

Gewindeübersicht — DIN 202

Gewindeart	Gewindeprofil	Kennbuchstabe	Norm	Bezeichnungsbeispiel	Nenngrößenbereich	Anwendung	
Metrisches ISO-Gewinde	(60°)	M	DIN 14	M 0,8	0,3…0,9 mm	Uhren, Feinwerktk.	
			DIN 13-1	M 16	1…68 mm	Regelgewinde	
			DIN 13-2…11	M 24×1	1…1000 mm	Feingewinde	
Metrisches Gewinde mit großem Spiel			DIN 2510	M 36[1)]	12…180 mm	Schrauben mit Dehnschaft	
Metrisches kegeliges Außengewinde	(1:16, 60°)		DIN 158	M 30×2 keg	6…60 mm	Verschlussschrauben und Schmiernippel	
Im Gewinde nicht dichtendes zylindrisches Rohrgewinde	(55°)	G	DIN ISO 228-1	G 1 ½ A G 1 ½ B G 1 ½	$^{1}/_{16}$…6 inch	Außengewinde	für Rohre u. Rohrverbindungen
						Innengewinde	
Im Gewinde dichtendes zylindrisches Rohrinnengewinde		Rp	DIN 2999-1	Rp ¾	$^{1}/_{16}$…6 inch	Innengewinde für Gewinderohre und Fittings	
			DIN 3858	Rp ⅛	⅛…1 ½ inch	Innengewinde für Rohrverschraubg.	
Im Gewinde dichtendes kegeliges Rohraußengewinde	(1:16, 55°)	R	DIN 2999-1	R ¾	$^{1}/_{16}$…6 inch	Außengewinde für Gewinderohre und Fittings	
			DIN 3858	R ⅛ – 1	⅛…1 ½ inch	Außengewinde für Rohrverschraubg.	
Metrisches ISO-Trapezgewinde	(30°)	Tr	DIN 103-1…8	Tr 40×7 Tr 40×14 P7 (hier zweigängiges Gewinde)	8…300 mm	Bewegungsgewinde	
Sägengewinde	(3°, 30°)	S	DIN 513-1…3	S 32×6	10…640 mm	Bewegungsgewinde für große Kraftaufnahme	
Zylindrisches Rundgewinde	(30°)	Rd	DIN 405-1/2	Rd 40×$^{1}/_{6}$ Rd 40×$^{1}/_{3}$ P$^{1}/_{6}$	8…200 mm	Bewegungsgewinde, besonders bei Schmutzeinwirkung	
Rundgewinde mit großer Tragtiefe			DIN 20400	Rd 40×5	10…300 mm		
Blechschraubengewinde	(60°)	ST	DIN EN ISO 1478	ST 3,5	1,5…9,5 mm	für Blechschrauben	
Stahlpanzerrohrgewinde	(80°)	Pg	DIN 40430	Pg 21	Pg 7…Pg 48	Elektrotechnik	

[1)] Es wird empfohlen, bei diesem Gewinde die DIN-Nummer beim Bolzengewinde mit anzugeben.

© Verlag Gehlen

Grundlagen des Metrischen ISO-Gewinde-Toleranzsystems — DIN 13-14

Das Toleranzsystem für Metrisches ISO-Gewinde lehnt sich an das Toleranzsystem nach DIN ISO 286 an (siehe Seite 226); jedoch wird beim Gewinde die Null-Linie durch das ISO-Grundprofil nach DIN 13-19 (siehe Seite 155) verkörpert.
Bei der Gewinde-Toleranzangabe wird im Gegensatz zu DIN ISO 286 die Zahl für den Genauigkeitsgrad (Breite des Toleranzfeldes) vor den Buchstaben für die Toleranzfeldlagekennzeichnung gesetzt. Großbuchstaben gelten für Mutter- und Kleinbuchstaben für Bolzengewinde.
Genauigkeitsgrad und Lage des Toleranzfeldes sind abhängig von den Toleranzklassen fein, mittel und grob, den Einschraubgruppen S (kurz), N (normal) und L (lang) sowie dem Oberflächenzustand.

Empfohlene Toleranzfelder für Einschraubgruppe N

Oberflächenzustand	Bolzen			Mutter		
	fein	mittel	grob	fein	mittel	grob
blank oder phosphatiert	4 h	–	–	4 H, 5 H	–	–
blank, phosphat. oder galvanisiert	4 g	6 g	8 g	4 H, 5 H	6 H	7 H
blank mit groß. Spiel oder dick galv.	4 e	6 e	8 e	4 G, 5 G	6 G	7 G

Genauigkeitsgrade für Bolzen- und Muttergewinde

Toleranz-klasse	Bolzengewinde bei Einschraubgruppe						Muttergewinde bei Einschraubgruppe					
	S (kurz)		N (normal)		L (lang)		S (kurz)		N (normal)		L (lang)	
	d	d_2	d	d_2	d	d_2	D_2	D_1	D_2	D_1	D_2	D_1
fein	4	3	4	4	4	5	4	4	5	5	5	6
mittel	6	5	6	6	6	7	5	5	6	6	7	7
grob	–	–	8	8	8	9	–	–	7	7	8	8

Für **Gewinde ohne Toleranzangabe** gilt: 6 g für Bolzengewinde, 6 H für Muttergewinde, Einschraubgruppe N

Grenzmaße für metrisches Regelgewinde — Maße in mm — DIN 13-13

Gewinde-bzg.	Muttergewinde - 6 H						Bolzengewinde - 6 g						Einschr.-länge N	
	Außen-⌀ min.	Flanken-⌀ min.	Flanken-⌀ max.	Kern-⌀ min.	Kern-⌀ max.		Außen-⌀ max.	Außen-⌀ min.	Flanken-⌀ max.	Flanken-⌀ min.	Kern-⌀ max.	Kern-⌀ min.	von	bis
M3	entspricht dem Gewinde-nenn-⌀	entspricht dem Wert von D_2 von Tabelle auf Seite 155	2,775	entspricht dem Wert von D_1 von Tabelle auf Seite 155	2,599		2,980	2,874	2,655	2,580	2,367	2,273	1,5	4,5
M4			3,663		3,422		3,978	3,838	3,523	3,433	3,119	3,002	2	6
M5			4,605		4,334		4,976	4,826	4,456	4,361	3,995	3,869	2,5	7,5
M6			5,500		5,153		5,974	5,794	5,324	5,212	4,747	4,596	3	9
M8			7,348		6,912		7,972	7,760	7,160	7,042	6,438	6,272	4	12
M10			9,206		8,676		9,968	9,732	8,994	8,862	8,128	7,938	5	15
M12			11,063		10,441		11,966	11,701	10,829	10,679	9,819	9,602	6	18
M16			14,913		14,210		15,962	15,682	14,663	14,503	13,508	13,271	8	24
M20			18,600		17,744		19,958	19,623	18,334	18,164	16,891	16,625	10	30
M24			22,316		21,252		23,952	23,577	22,003	21,803	20,271	19,955	12	36
M30			28,007		26,771		29,947	29,522	27,674	27,462	25,653	25,306	15	45

Bezeichnungsbeispiel von Gewinden (Bauteilkennzeichnung siehe Seite 164)

Beispiel	Erläuterung der Kurzzeichen
M20×2-4 H 5 H	Metr. ISO-Feingew., Toleranzfeld 4 H für Flanken-⌀ und 5 H für Kern-⌀ (Muttergew.)
M20×2-5 H	Metr. ISO-Feingew., Toleranzfeld 5 H für Flanken-⌀ und Kern-⌀ (Muttergew.)
M8-5 g 6 g	Metr. ISO-Regelgew., Toleranzfeld 5 g für Flanken-⌀, 6 g für Außen-⌀ (Bolzengew.)
M16-LH	Metr. ISO-Regelgew., Toleranzfeld 6 g (Bolzen) bzw. 6 H (Mutter), Linksgewinde
M16-RH	Toleranzen wie bei M16-LH, jedoch Teil hat Rechts- und Linksgewinde
Tr40×14 P 7	Metr. ISO-Trapezgewinde, 40 mm Nenn-⌀, Steigung P_h = 14 mm, Teilung P = 7 mm, Gangzahl ist $P_h : P$ = 14 mm : 7 mm = **2**

© Verlag Gehlen

Gewinde · Metrische ISO-Gewinde **155**

ISO-Grundprofil — DIN 13-19

ISO-Fertigungsprofil — DIN 13-19

Erläuterung: Profile gültig ab M 1 und größer. Beim Fertigungsprofil ist Form des Gewindegrundes am Außendurchmesser der Mutter freigestellt; jedoch muß Flanke bis Durchmesser D gerade sein. H Höhe des scharf ausgeschnittenen Profildreiecks; H_1 Flankenüberdeckung; P Steigung.
Nachstehende Formeln gelten für Regel- und Feingewinde: $H = 0{,}86603 \cdot P$

$$D_1 = d_2 - 2 \cdot \left(\frac{H}{2} - \frac{H}{4}\right) = d - 2 \cdot H_1 = d - 1{,}08253 \cdot P \qquad D_2 = d_2 = d - \frac{3}{4} H = d - 0{,}64952 \cdot P$$

$$d_3 = d_2 - 2 \cdot \left(\frac{H}{2} - \frac{H}{6}\right) = d - 1{,}22687 \cdot P \qquad R = \frac{H}{6} = 0{,}14434 \cdot P \qquad h_3 = \frac{d - d_3}{2} = \frac{17}{24} H = 0{,}61343 \cdot P$$

Spannungsquerschnitt: $\quad A_s = \frac{\pi}{4} \cdot \left(\frac{d_2 + d_3}{2}\right)^2 = 0{,}785 \cdot (d - 0{,}9382 \cdot P)^2 \qquad H_1 = \frac{D - D_1}{2} = \frac{5}{8} H = 0{,}54127 \cdot P$

Regelgewinde (Reihe 1), Maße in mm — DIN 13-1

Gewindebezeichnung $d = D$	Steigung P	Flankendurchm. $d_2 = D_2$ [1)]	Kerndurchmesser Bolzen d_3	Kerndurchmesser Mutter D_1 [1)]	Gewindetiefe Bolzen h_3	Gewindetiefe Mutter H_1	Rundung R	Kernlochbohrer-⌀	Spannungsquerschnitt A_s in mm²
M 1	0,25	0,838	0,69	0,729	0,15	0,14	0,04	0,75	0,46
M 1,2	0,25	1,038	0,89	0,929	0,15	0,14	0,04	0,95	0,73
M 1,6	0,35	1,373	1,17	1,221	0,22	0,19	0,05	1,3	1,27
M 2	0,4	1,740	1,51	1,567	0,25	0,22	0,06	1,6	2,07
M 2,5	0,45	2,208	1,95	2,013	0,28	0,24	0,07	2,1	3,39
M 3	0,5	2,675	2,39	2,459	0,31	0,27	0,07	2,5	5,03
M 4	0,7	3,545	3,14	3,242	0,43	0,38	0,10	3,3	8,78
M 5	0,8	4,480	4,02	4,134	0,49	0,43	0,12	4,2	14,2
M 6	1	5,350	4,77	4,917	0,61	0,54	0,14	5,0	20,1
M 8	1,25	7,188	6,47	6,647	0,77	0,68	0,18	6,8	36,6
M 10	1,5	9,026	8,16	8,376	0,92	0,81	0,22	8,5	58,0
M 12	1,75	10,863	9,85	10,106	1,07	0,95	0,25	10,2	84,3
M 16	2	14,701	13,55	13,835	1,23	1,08	0,29	14	157
M 20	2,5	18,376	16,93	17,294	1,53	1,35	0,36	17,5	245
M 24	3	22,051	20,32	20,752	1,84	1,62	0,43	21	353
M 30	3,5	27,727	25,71	26,211	2,15	1,89	0,51	26,5	561
M 36	4	33,402	31,09	31,670	2,45	2,17	0,58	32	817
M 42	4,5	39,077	36,48	37,129	2,76	2,44	0,65	37,5	1121
M 48	5	44,752	41,87	42,587	3,07	2,71	0,72	43	1473
M 56	5,5	52,428	49,25	50,046	3,37	2,98	0,79	50,5	2030
M 64	6	60,103	56,64	57,505	3,68	3,25	0,87	58	2676

[1)] Im Zusammenhang mit der Tabelle auf der Seite 154 wurden bei diesen zwei Maßangaben keine gerundeten, sondern die genauen Werte angegeben.

© Verlag Gehlen

Gewindereihen vom Metrischen ISO-Gewinde — DIN 13

Vorzugs-Gewindedurchmesser und Steigungen im ⌀-Bereich von 1…68 mm — DIN 13-12

Gewinde-⌀ in mm			Steigung P in mm		Gewinde-⌀ in mm			Steigung P in mm		Gewinde-⌀ in mm			Steigung P in mm	
Reihe 1	2	3	Regel-gew.	Fein-gewinde	Reihe 1	2	3	Regel-gew.	Fein-gewinde	Reihe 1	2	3	Regel-gew.	Fein-gewinde
1			0,25	für den		14		2	1,5; 1,25; 1	36			4	3; 2; 1,5
1,2			0,25	allge-			15	–	1,5; 1			38	–	1,5
	1,4		0,3	meinen	16			2	1,5; 1		39		4	3; 2
1,6			0,35	Maschinen-			17	–	1			40	–	1,5
	1,8		0,35	bau kein		18		2,5	2; 1,5; 1	42			4,5	3; 2; 1,5
2			0,4	Feinge-	20			2,5	2; 1,5; 1		45		4,5	3; 2; 1,5
	2,2		0,45	winde		22		2,5	2; 1,5; 1	48			5	3; 2; 1,5
2,5			0,45	empfohlen	24			3	2; 1,5; 1			50	–	1,5
3			0,5				25	–	1,5		52		5	3; 2; 1,5
	3,5		0,6				26	–	1,5			55	–	2; 1,5
4			0,7	0,5		27		3	2; 1,5	56			5,5	4; 3; 2; 1,5
5			0,8	0,5			28	–	1,5			58	–	1,5
6			1	0,75; 0,5[1]	30			3,5	2; 1,5		60		5,5	4; 3; 2; 1,5
8			1,25	1; 0,75; 0,5[1]			32	–	1,5	64			6	4; 3; 2
10			1,5	1,25; 1; 0,75	33			3,5	2; 1,5			65	–	2
12			1,75	1,5; 1,25; 1			35	–	1,5			68	–	6; 4; 3; 2

Vorzugs-Gewindedurchmesser und Steigungen im ⌀-Bereich von 70…300 mm — DIN 13-12

Gewinde-⌀ in mm			Steigung P in mm	Gewinde-⌀ in mm			Steigung P in mm	Gewinde-⌀ in mm			Steigung P in mm	Gewinde-⌀ in mm			Steigung P in mm
Reihe 1	2	3	für Fein-gewinde	Reihe 1	2	3	für Fein-gewinde	Reihe 1	2	3	für Fein-gewinde	Reihe 1	2	3	für Fein-gewinde
		70	2			105	6; 4; 2			150	8[1]; 6; 4; 2	220			8[1]; 6; 3
72			4; 3; 2	110			6; 4; 2		155		6; 3			230	6; 3
		75	2			115	6; 4; 2	160			8[1]; 6; 3		240		8[1]; 6; 3
	76		6; 4; 2		120		6; 4; 2			165	6; 3	250			8[1]; 6; 4; 3
80			6; 4; 2	125			8[1]; 6; 4; 2		170		8[1]; 6; 3		260		8[1]; 6; 4
	85		6; 4; 2		130		8[1]; 6; 4; 2	180			8[1]; 6; 3			270	6; 4
90			6; 4; 2			135	6; 2		190		8[1]; 6; 3	280			8[1]; 6; 4
	95		6; 4; 2	140			8[1]; 6; 4; 2	200			8[1]; 6; 3			290	6; 4
100			6; 4; 2			145	6; 2			210	8[1]; 6; 3	300			8[1]; 6; 4

Gewinde der Reihe 1 sind der Reihe 2 und diese wieder der Reihe 3 vorzuziehen. Die Abmessungsmaße für die Feingewinde können nach den auf der Seite 155 angegebenen Formeln selbst errechnet werden.

[1] In ISO 261:1973 nicht enthalten.

Gewindereihen vom Rundgewinde — DIN 405

Reihe	Gewindedurchmesser in mm (vorzugsweise aus der Reihe 1 wählen)
1	8; 9; 10; 11; 12; 14; 16; 18; 20; 22; 24; 26; 28; 30; 32; 36; 40; 44; 48; 52; 55; 60; 65; 70; 75; 80; 85; 90; 95; 100; 110; 120; 130; 140; 150; 160; 170; 180; 190; 200
2	34; 38; 42; 46; 50; 58; 62; 68; 72; 78; 82; 92; 98; 105; 115; 125; 135; 145; 155; 165; 175; 185; 195
Gewindedurchmesser in mm	8…12	14…38	40…100	105…200
Gangzahl auf 1 inch	10	8	6	4

Rundgewinde — DIN 405

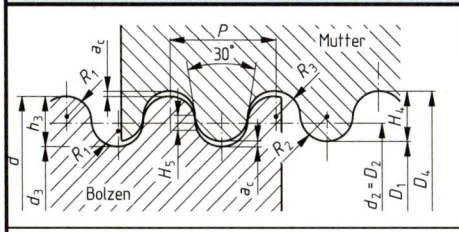

Gewindereihe siehe Seite 156				
Gangzahl je 25,4 mm	Steigung P in mm	Rundung in mm		
		R_1	R_2	R_3
10	2,540	0,606	0,650	0,561
8	3,175	0,757	0,813	0,702
6	4,233	1,010	1,084	0,936
4	6,350	1,515	1,625	1,404

Außendurchmesser Bolzen (Nenndurchmesser): d
Außen-ø bei Muttergew. $D_4 = d + 2 \cdot a_c = d + 0{,}1 \cdot P$
Kerndurchmesser Bolzen $d_3 = d - 2 \cdot h_3 = d - P$
Kerndurchmesser Mutter $D_1 = D_4 - P = d - 0{,}9 \cdot P$
Flankendurchmesser $d_2 = D_2 = d - 0{,}5 \cdot P$
Flankenüberdeckung $H_5 = 0{,}08350 \cdot P$
Gewindetiefe $h_3 = H_4 = 0{,}5 \cdot P$

Spitzenspiel $a_c = 0{,}05 \cdot P$
Steigung bzw. Teilung P
Gangzahl (mehrgängig) n
Steigung mehrgängig $P_h = n \cdot P$
$R_1 = 0{,}23851 \cdot P$; $R_2 = 0{,}25597 \cdot P$;
$R_3 = 0{,}22105 \cdot P$

Gewindereihen vom Sägen- und Trapezgewinde — DIN 513, DIN 103

Gewinde-Ø in mm Reihe 1	Reihe 2	Steigung P in mm	Gewinde-Ø in mm Reihe 1	Reihe 2	Steigung P in mm	Gewinde-Ø in mm Reihe 1	Reihe 2	Steigung P in mm	Gewinde-Ø in mm Reihe 1	Reihe 2	Steigung P in mm	Gewinde-Ø in mm Reihe 1	Reihe 2	Steigung P in mm
8[1]		1,5	26		(8);5;(3)	48		(12);8;(3)			95	(18);12;(4)	200	(32);18;(8)
	9[1]	2;(1,5)	28		(8);5;(3)		50	(12);8;(3)	100		(20);12;(4)		210	(36);20;(8)
10[2]		2;(1,5)		30	(10);6;(3)	52		(12);8;(3)		110	(20);12;(4)	220		(36);20;(8)
	11[1]	(3);2	32		(10);6;(3)		55	(14);9;(3)	120		(22);14;(6)		230	(36);20;(8)
12		3;(2)		34	(10);6;(3)	60		(14);9;(3)		130	(22);14;(6)	240		(36);22;(8)
	14	3;(2)	36		(10);6;(3)		65	(16);10;(4)	140		(24);14;(6)		250	(40);22;(12)
16		3;(2)		38	(10);7;(3)	70		(16);10;(4)		150	(24);16;(6)	260		(40);22;(12)
	18	4;(2)	40		(10);7;(3)		75	(16);10;(4)	160		(28);16;(6)		270	(40);24;(12)
20		4;(2)		42	(10);7;(3)	80		(16);10;(4)		170	(28);16;(6)	280		(40);24;(12)
	22	(8);5;(3)	44		(12);7;(3)		85	(18);12;(4)	180		(28);18;(8)		290	(44);24;(12)
24		(8);5;(3)		46	(12);8;(3)	90		(18);12;(4)		190	(32);18;(8)	300		(44);24;(12)

Die eingeklammerten Steigungen und die Gewindedurchmesser der Reihe 2 möglichst vermeiden.
Es gibt noch eine Gewindereihe 3. Das Sägengewinde ist genormt bis ⌀ 640.

[1] Gewindedurchmesser 8, 9 und 11 gibt es nur beim Trapezgewinde.
[2] Beim Sägengewinde gibt es beim Gewindedurchmesser 10 nur die Steigung $P = 2$.

Metrisches Sägengewinde — DIN 513

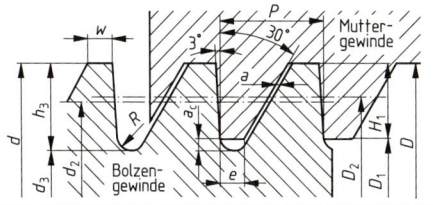

Spitzenspiel $a_c = 0{,}11777 \cdot P$
Profilbreite Bolzen $w = 0{,}26384 \cdot P$
Profilbreite Mutter $e = w - a$
Gewindetiefe Bolzen $h_3 = H_1 + a_c = 0{,}86777 \cdot P$
Gewindetiefe Mutter $H_1 = 0{,}75 \cdot P$
Kerndurchmesser Bolzen $d_3 = d - 2 \cdot h_3$
Kerndurchmesser Mutter $D_1 = d - 2 H_1 = d - 1{,}5 \cdot P$
Flankendurchmesser Bolzen $d_2 = d - 0{,}75 \cdot P$
Flankendurchm. Mutter $D_2 = d - 0{,}75\,P + 3{,}1758 \cdot a$
Flankenwinkel 33° = 30° + 3°
Rundung $R = 0{,}12427 \cdot P$

Nenndurchmesser $D = d$
Steigung (eingängig) P
Axialspiel $a = 0{,}1 \cdot \sqrt{P}$

© Verlag Gehlen

Metrisches ISO-Trapezgewinde — DIN 103

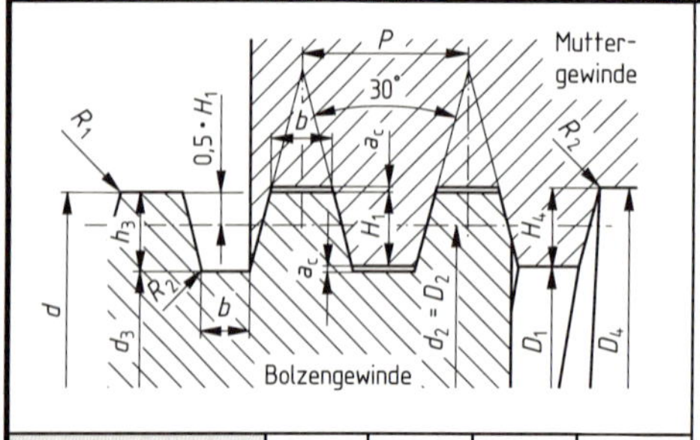

Nenndurchmesser d
Außendurchmesser bei Muttergew. $D_4 = d + 2 \cdot a_c$
Kerndurchmesser Bolzen $d_3 = d - 2h_3 = d - P - 2 \cdot a_c$
Kerndurchmesser Mutter $D_1 = d - 2 \cdot H_1 = d - P$
Flankendurchmesser $d_2 = D_2 = d - 0{,}5 \cdot P$
Flankenüberdeckung $H_1 = 0{,}5 \cdot P$
Gewindetiefe $h_3 = H_4 = H_1 + a_c = 0{,}5 \cdot P + a_c$
Spitzenspiel a_c
Rundungen R_1 = max. $0{,}5 \cdot a_c$
Rundungen R_2 = max. a_c
Drehmeißelbreite $b = 0{,}366 \cdot P - 0{,}54 \cdot a_c$

Steigung P in mm	1,5	2…5	6…12	14…44
Maß a_c in mm	0,15	0,25	0,5	1

Metrisches kegeliges Außengewinde mit zugehörigem zylindr. Innengewinde — DIN 158

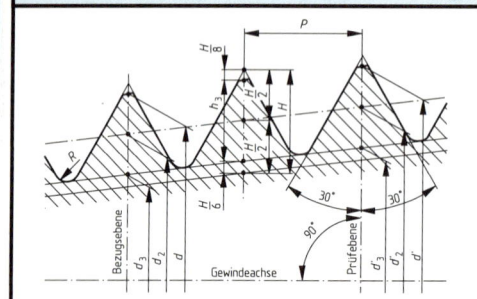

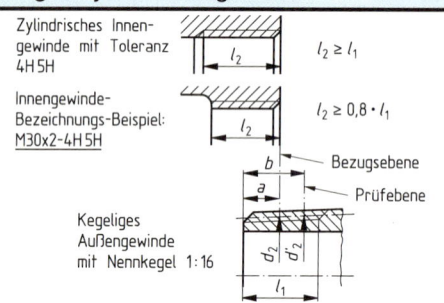

Zylindrisches Innengewinde mit Toleranz 4H 5H, $l_2 \geq l_1$
Innengewinde-Bezeichnungs-Beispiel: M30x2-4H 5H, $l_2 \geq 0{,}8 \cdot l_1$
Kegeliges Außengewinde mit Nennkegel 1:16

Gewinde-durchmesser × Steigung	Nutzbare Gewinde-länge in mm		Gewinde-tiefe	Maße in der Bezugsebene in mm					Maße in der Prüfebene in mm				
	Regel-Ausf. L_1	Kurz-Ausf. L_1	h_3 max.	Abstand der Bezugsebene		Gewindemaß in der Bezugsebene			Abstand der Prüfebene		Gewindemaße in der Prüfebene		
				Regel-Ausf. a	Kurz-Ausf. a	Außen ø $d = D$	Flanken-ø $d_2 = D_2$	Kern-ø d_3	Regel-Ausf. b	Kurz-Ausf. b	d'	d_2'	d_3'
M6	5,5	4,0	0,634	2,5	2	6	5,35	4,773	3,5	3	6,063	5,413	4,836
M8×1	5,5	4,0	0,634	2,5	2	8	7,35	6,773	3,5	3	8,063	7,413	6,836
M10×1	5,5	4,0	0,634	2,5	2	10	9,35	8,773	3,5	3	10,063	9,413	8,836
M12×1,5	8,5	7,5	0,951	3,5	2,5	12	11,026	10,160	6,5	5,5	12,188	11,214	10,348
M16×1,5	8,5	7,5	0,951	3,5	2,5	16	15,026	14,160	6,5	5,5	16,188	15,214	14,348
M20×1,5	8,5	7,5	0,951	3,5	2,5	20	19,026	18,160	6,5	5,5	20,188	19,214	18,348
M26×1,5	8,5	7,5	0,951	3,5	2,5	26	25,026	24,160	6,5	5,5	26,188	25,214	24,348
M27×2	12	10	1,268	5	4	27	25,701	24,546	9	8	27,250	25,951	24,796
M33×2	12	10	1,268	5	4	33	31,701	30,546	9	8	33,250	31,951	30,796
M42×2	13	11,5	1,268	6	4,8	42	40,701	39,546	10	8,8	42,250	40,951	39,796
M48×2	13	11,5	1,268	6	4,8	48	46,701	45,546	10	8,8	48,250	46,951	45,796

Anwendung für selbstdichtende Verbindungen, z. B. Schmiernippel, Verschlussschrauben. Bis M26×1,5 Dichtheit ohne Dichtmittel im Gewinde erreichbar. Folgende Gewindedurchmesser sind noch genormt: M5; M12×1; M10/12/14/18/22/24/27/30/33/36/38/39/45/52×1,5; M30/36/39/45/52/56/60×2.
Bezeichnungsbeispiel bei Gewindelänge in Regelausführung: DIN 158-M27×2 keg
Bezeichnungsbeispiel bei Gewindelänge in Kurzausführung: DIN 158-M27×2 keg kurz

Whitworth-Gewinde — nicht mehr genormt

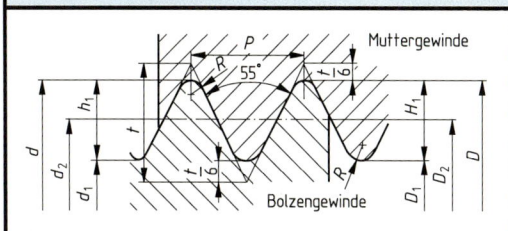

Außendurchmesser $d = D$
Kerndurchmesser $d_1 = D_1 = d - 1{,}28 \cdot P$
Flankendurchmesser $d_2 = D_2 = d - 0{,}640 \cdot P$
Gangzahl je inch (Zoll) z
Steigung $P = 25{,}4$ mm $: z$
Gewindetiefe $h_1 = H_1 = 0{,}640 \cdot P$
Dreieckshöhe $t = 0{,}96049 \cdot P$
Rundung $R = 0{,}137 \cdot P$

Gewindebezeichnung d	Außen-⌀ in mm $d = D$	Gangzahl je inch z	Gewindebezeichnung d	Außen-⌀ in mm $d = D$	Gangzahl je inch z	Gewindebezeichnung d	Außen-⌀ in mm $d = D$	Gangzahl je inch z	Gewindebezeichnung d	Außen-⌀ in mm $d = D$	Gangzahl je inch z
¼"	6,35	20	⅝"	15,88	11	1¼"	31,75	7	2¼"	57,15	4
⁵⁄₁₆"	7,94	18	¾"	19,05	10	1½"	38,10	6	2½"	63,50	4
⅜"	9,53	16	⅞"	22,23	9	1¾"	44,45	5	3"	76,20	3½
½"	12,70	12	1"	25,40	8	2"	50,80	4½	3½"	88,90	3¼

Whitworth-Rohrgewinde Maße in mm — DIN ISO 228; DIN 2999

Rohrgewinde DIN ISO 228
Innen- und Außengewinde zylindrisch; nicht im Gewinde dichtend

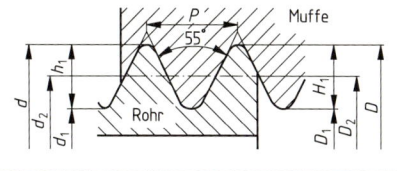

Rohrgewinde DIN 2999
Innengewinde entspricht DIN ISO 228, Außengewinde kegelig; im Gewinde dichtend ◁ 1:16

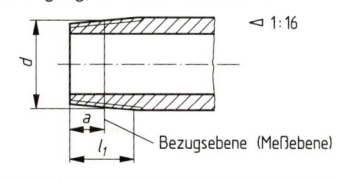

Kurzzeichen			Außendurchmesser $d = D$	Flankendurchmesser $d_2 = D_1$	Kerndurchmesser $d_1 = D_1$	Steigung P	Gangzahl je inch (25,4mm) Z	Gewindetiefe $h_1 = H_1$	Nutzbare Gewindelänge l_1	Abstand der Bezugsebene a
DIN ISO 228 Außen- und Innengewinde	DIN 2999 Außengew.[1]	Innengew.								
G ⅛	R ⅛	Rp ⅛	9,73	9,15	8,57	0,91	28	0,58	6,5	4,0
G ¼	R ¼	Rp ¼	13,16	12,30	11,45	1,34	19	0,86	9,7	6,0
G ⅜	R ⅜	Rp ⅜	16,66	15,81	14,95	1,34	19	0,86	10,1	6,4
G ½	R ½	Rp ½	20,96	19,79	18,63	1,81	14	1,16	13,2	8,2
G ¾	R ¾	Rp ¾	26,44	25,28	24,12	1,81	14	1,16	14,5	9,5
G1	R1	Rp1	33,25	31,77	30,29	2,31	11	1,48	16,8	10,4
G1¼	R1¼	Rp1¼	41,91	40,43	38,95	2,31	11	1,48	19,1	12,7
G1½	R1½	Rp1½	47,80	46,32	44,85	2,31	11	1,48	19,1	12,7
G2	R2	Rp2	59,61	58,14	56,66	2,31	11	1,48	23,4	15,9
G2½	R2½	Rp2½	75,18	73,71	72,23	2,31	11	1,48	26,7	17,5
G3	R3	Rp3	87,88	86,41	84,93	2,31	11	1,48	29,8	20,6
G4	R4	Rp4	113,03	111,55	110,07	2,31	11	1,48	35,8	25,4
G5	R5	Rp5	138,43	136,95	135,47	2,31	11	1,48	40,1	28,6
G6	R6	Rp6	163,83	162,35	160,87	2,31	11	1,48	40,1	28,6

[1] Dieses Gewinde wird mit der Toleranzklasse A (mittel) oder B (grob) hergestellt.

© Verlag Gehlen

Abschätzung der erforderlichen Schrauben-ø bei Schaftschrauben gemäß VDI 2230

Schritt	Beschreibung der einzelnen Schritte für das Abschätzen
A1	Zuerst wird in der Tabelle 1 in der Spalte 1 die über der Betriebskraft F_A liegende nächstgrößere Kraft festgestellt.
A2	In der Tabelle 1 Spalte 1 wird von der nach A1 ermittelten Kraft um die in der Tabelle 2 angegebenen Schritte nach unten gegangen. Man erhält die kleinste Montage-Vorspannkraft $F_{M\,min}$.
A3	Zur Ermittlung der maximalen Montage-Vorspannkraft $F_{M\,max}$ muss man von der Kraft $F_{M\,min}$ weiter nach unten gehen um: • 2 Schritte beim Anziehen der Schraube mit einfachem Drehschrauber, der über ein Nachziehmoment eingestellt wurde, • 1 Schritt, wenn das Anziehen mit Drehmomentschlüssel oder Präzisionsschrauber erfolgt. Der Präzisionsschrauber muss dabei mittels dynamischer Drehmomentmessung oder Längungsmessung der Schraube eingestellt oder kontrolliert worden sein.
A4	Neben der in Tabelle 1 Spalte 1 gefundenen Zahl steht in Spalte 2 bis 4 die erforderliche Schraubenabmessung in mm (Außendurchmesser) für gewählte Festigkeitsklasse der Schraube.

Tabelle 1: Kraft-Schraubendurchmesser-Zuordnungstabelle

1	2	3	4
Kraft in N	\multicolumn{3}{c}{Festigkeitsklasse}
	12,9	10,9	8,8
	\multicolumn{3}{c}{Gewinde-Nenndurchmesser in mm}
250			
400			
630			
1000			
1600	3	3	3
2500	3	3	4
4000	4	4	5
6300	4	5	5
10000	5	6	8
16000	6	8	8
25000	8	10	10
40000	10	12	14
63000	12	14	16
100000	16	16	20
160000	20	20	24
250000	24	27	30
400000	30	36	
630000	36		

Tabelle 2

Schrauben-Belastungsart	Anzahl der Schritte
Statische oder dynamische Querkraft	4
Dynamische, exzentrisch angreifende Axialkraft	2
Dynamisch zentrisch oder statisch exzentrisch angreifende Axialkraft	1
Statisch und zentrisch angreifende Axialkraft	0

Wenn aus Sicherheitsgründen bzw. aus Gründen der optimalen Schraubenwerkstoffausnutzung (z. B. bei einer Serienfertigung) die rechnerische Überprüfung der geschätzten Schraubenverbindung erforderlich ist, wird darauf hingewiesen, dass in der VDI 2230 die einzelnen dazu erforderlichen Rechenschritte ausführlich beschrieben sind und dass ferner in dieser VDI-Richtlinie zahlreiche vollständig dargestellte Rechenbeispiele nebst den erforderlichen Berechnungshilfstabellen vorhanden sind.

Anwendungsbeispiel zu diesen Tabellen siehe Seite 161.

© Verlag Gehlen

Beispiel für das Abschätzen der erforderlichen Schraubenabmessung nach VDI 2230

Eine Verbindung wird mit einer dynamischen Querkraft von 1300 N belastet. Die Schraube mit der Festigkeitsklasse 10.9 soll mit Drehmomentschlüssel montiert werden.
Die zur Lösung der Aufgabe erforderlichen Tabellen siehe Seite 160.
A1: Die nächstgrößere Kraft von der vorgegebenen dynamischen Querkraft (1300 N) ist in der Tabelle 1 Spalte 1 die Kraft 1600 N.
A2: Gemäß der Tabelle 2 muss in der Tabelle 1 Spalte 1 um 4 Schritte nach unten gegangen werden. Es ergibt sich so die kleinste Montage-Vorspannkraft $F_{M\,min}$ = 10000 N.
A3: 1 Schritt für das Anziehen mit dem Drehmomentschlüssel führt zu $F_{M\,max}$ = 16000 N.
A4: Für $F_{M\,max}$ = 16000 N findet man in Spalte 3 (Festigkeitsklasse 10.9): M8

Mechanische Eigenschaften von Schrauben — DIN EN 20898-1

Festigkeitsklasse			3.6	4.6	4.8	5.6	5.8	6.8	8.8	9.8	10.9	12.9
Zugfestigkeit R_m in N/mm²	Nennwert		300	400		500		600	800	900	1000	1200
Streckgrenze R_{eL} in N/mm²	Nennwert		180	240	320	300	400	480	–	–	–	–
0,2 Dehngrenze $R_{p0,2}$ in N/mm²	Nennwert		–	–	–	–	–	–	640	720	900	1080
Bruchdehnung A in %	min.		25	22	14	20	10	8	12	10	9	8

Angaben zur Kombination von Schrauben und Muttern mit Nennhöhe ≥ 0,8 D

Schraube		Zugehörige Mutter				Angaben basieren bei der Mutter mit
Festigkeitsklasse	Nenndurchmesserbereich in mm	Festigkeitsklasse	mit Regelgewinde Gewindebereich bei		mit Feingew. Nenndurchmesserbereich in mm bei	Regelgewinde auf DIN EN 20898-2 und bei der Mutter mit Feingewinde auf Entwurf DIN ISO 898 Teil 6. Muttern höherer Festigkeitsklasse können mit Schrauben niedrigerer Festigkeitsklasse verwendet werden, z. B. Mutter Klasse 10 mit Schraube Klasse 8.8. Bei Muttern mit einem Gewinde-∅ > 39 mm wird meistens der Werkstoff bzw. Festigkeit mit dem Hersteller vereinbart. Muttern vom Typ 2 sind etwas höher als Muttern vom Typ 1.
			Typ 1	Typ 2	Typ 1	Typ 2	
3.6; 4.6; 4.8	d > 16	4	> M16	–	–	–	
3.6; 4.6; 4.8	d ≤ 16	5	≤ M39	–	D ≤ 39	–	
5.6.; 5.8	d ≤ 39						
6.8	d ≤ 39	6	≤ M39	–	D ≤ 39	–	
8.8	d ≤ 39	8	≤ M39	> M16 ≤ M39	D ≤ 39	D ≤ 16	
9.8	d ≤ 16	9	–	≤ M 16	–	–	
10.9	d ≤ 39	10	≤ M39	–	D ≤ 16	D ≤ 39	
12.9	d ≤ 39	12	≤ M16	≤ M39	–	D ≤ 16	

Die Muttern der Festigkeitsklassen 04 und 05 haben eine Nennhöhe ≥ 0,5 D jedoch < 0,8 D. Es gibt keine Festlegung bezüglich der Zuordnung der Festigkeitsklasse der Schraube.

Zulässige Schraubenkraft bei erhöhten Temperaturen — Anhang von DIN EN 20898-1

Festigkeitsklasse	zulässige Schraubenkraft bei Temperaturen von				
	+20 °C	+100 °C	+200 °C	+250 °C	+300 °C
5.6	100 %	90 %	77 %	71,5 %	65 %
8.8; 10.9; 12.9	100 %	92,5 %	84 %	79,5 %	75 %

Metrische Feingewindeschrauben haben gegenüber metrischen Regelgewindeschrauben eine um 7 bis 10 % höhere zulässige Schraubenkraft.

In der VDI-Richtlinie 2230 wird vom Einsatz von Schlagschraubern bei hochbeanspruchten Schraubenverbindungen abgeraten.

© Verlag Gehlen

Mechanische Eigenschaften von Muttern — DIN EN 20898-2

Für jedes Gewinde ist eine Prüfspannung festgelegt (Beispiele in der nachstehenden Tabelle, Angaben für nicht vergütete Muttern).

Gewinde		Prüfspannung S_p in N/mm² bei Festigkeitsklasse der Mutter					
über	bis	04	05	4	5	6	8
M4	M7	380	500	–	580	670	855
M16	M39	380	500	510	630	720	890

Prüfkraft in N = $A_s \cdot S_p$; A_s Nennspannungsquerschnitt des Prüfdorns in mm²

Prüfvorgang: Die über den gehärteten Prüfdorn axial zur Mutter aufgebrachte Prüfkraft muss 15 Sekunden gehalten werden. Nach dem Entlasten muss die Mutter von Hand beweglich sein.

Mechanische Eigenschaften von Schrauben und Muttern aus Nichteisenmetall — DIN EN 28839

Werkstoff Kennzeichen	Kurzzeichen	Gewindebereich	Zugfestigkeit R_m in N/mm² min.	0,2-%-Dehngrenze $R_{p\,0,2}$ in N/mm² min.	Bruchdehnung A in % min.
Cu 2	CuZn 37	bis M6	440	340	11
		über M6…M39	370	250	19
Cu 3	CuZn 39 Pb 3	bis M6	440	340	11
		über M6…M39	370	250	19
Cu 4	CuSn 6	bis M12	470	340	22
		über M12…M39	400	200	33
Cu 5	CuNi 1 Si	bis M39	590	540	12
Cu 6	CuZn 40 Mn 1 Pb	über M6…M39	440	180	18
Cu 7	CuAl 10 Ni 5 Fe 4	über M12…M39	640	270	15
Al 1	AlMg 3	bis M10	270	230	3
		über M10…M20	250	180	4
Al 2	AlMg 5	bis M 14	310	205	6
		über M14…M36	280	200	6
Al 3	AlSiMgMn	bis M6	320	250	7
		über M6…M39	310	260	10
Al 4	AlCu 4 MgSi	bis M10	420	290	6
		über M10…M39	380	260	10
Al 5	AlZnMgCu 0,5	bis M 39	460	380	7
Al 6	AlZn 5,5 MgCu	bis M 39	510	440	7

Mindestbruchkraft (bei Muttern Prüfkraft) = $A_s \cdot R_m$

Mindesteinschraubtiefe l_e in Grundlochgewinden — VDI 2230

	Festigkeitsklasse ⇒	8.8	8.8	10.9	10.9
	Gewindefeinheit d/p ⇒	< 9	≥ 9	< 9	≥ 9
	Werkstoff des Muttergewindes	Mindestmaß für l_e			
	Harte Al-Legierungen, z. B. AlCu 4 Mg 1	$1{,}1 \cdot d$	$1{,}4 \cdot d$	–	
	Gusseisen mit Lamellengraphit, z. B. GG-20	$1{,}0 \cdot d$	$1{,}25 \cdot d$		$1{,}4 \cdot d$
	Stahl niedrigerer Festigkeit, z. B. S 235 JR	$1{,}0 \cdot d$	$1{,}25 \cdot d$		$1{,}4 \cdot d$
	Stahl mittlerer Festigkeit, z. B. E 295	$0{,}9 \cdot d$	$1{,}0 \cdot d$		$1{,}2 \cdot d$
	Stahl hoher Festigkeit mit R_m > 800 N/mm²	$0{,}8 \cdot d$	$0{,}9 \cdot d$		$1{,}0 \cdot d$

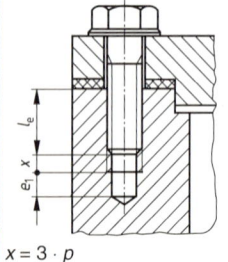

$x = 3 \cdot p$
e_1 nach DIN 76 (S. 179)

In Abweichung obiger Empfehlung haben Stiftschrauben für Leichtmetalle größere Einschraublängen b_1 (DIN 835: $b_1 = 2 \cdot d$; DIN 940: $b_1 = 2{,}5 \cdot d$).
Empfohlene Mindesteinschraubtiefe l_e bei Kunststoffen: $2{,}5 \cdot d$.

© Verlag Gehlen

Schraubenverbindungen · Vorspannkräfte · Anziehmomente

Maximale Vorspannkräfte und Anziehmomente

Die Tabelle gibt Auskunft über die maximal zulässigen Anziehmomente, um in Abhängigkeit von der Reibung an der Mutter- oder Kopfauflage und von der Reibung im Gewinde die maximal zulässigen Vorspannkräfte zu erreichen. Die Tabellenwerte für die Vorspannkräfte F_V und die Anziehdrehmomente M_{AV} sind so festgelegt, dass beim Anziehen der Schrauben die Dehngrenze zu 90 % ausgenutzt ist.

Gewinde-bezeich-nung	Quer-schnitt A_S [1] od. A_D [2] in mm²	Festigkeitsklasse 8.8		10.9		12.9		Festigkeitsklasse 8.8			10.9			12.9		
		Gleitreibungszahl μ_G [4]						Gleitreibungszahl μ_{KM} [4]								
		0,10	0,16	0,10	0,16	0,10	0,16	0,10	0,16	0,20	0,10	0,16	0,20	0,10	0,16	0,20
		Max. Vorspannkraft F_V in kN						Maximales Anziehdrehmoment M_{AV} [3] in Nm								
Schaftschrauben																
M6	20,1	9,7	8,6	13,7	12,1	16,4	14,6	8,9	11,2	13,0	12,5	16,0	18,0	15,0	19,0	21,5
M8	36,6	17,9	15,9	25,0	22,3	30,0	27,0	21	27	31	30	38	44	36	46	52
M10	58,0	28,5	25,5	40,0	35,5	48,0	42,5	42	53	61	60	75	85	72	90	103
M12	84,3	41,5	37	58	52	70	62	74	93	105	104	130	150	124	155	180
M16	157	78	70	110	98	132	118	180	230	260	260	320	370	310	390	440
M20	245	122	109	172	153	207	184	350	440	510	500	630	710	600	750	850
M24	353	176	157	248	221	300	265	610	770	870	860	1080	1220	1030	1300	1450
M27	459	232	206	325	290	390	350	890	1130	1300	1250	1600	1800	1500	1900	2150
M30	561	280	250	395	355	475	425	1210	1550	1750	1700	2150	2450	2050	2600	2950
M8×1	39,2	19,6	17,4	27,5	24,5	33,0	29,5	23	29	33	33	41	47	39	50	57
M10×1,25	61,2	30,5	27,0	43,0	38,5	52,0	46,0	45	57	65	63	80	91	76	96	109
M12×1,25	92,1	46,5	41,5	66,0	59,0	79,0	70,0	81	102	116	113	145	165	135	170	195
M12×1,5	88,1	44	39	62	55	74	66	77	97	111	108	135	155	130	165	185
M16×1,5	167	85	76	120	107	144	128	195	245	280	270	340	390	330	410	470
M20×1,5	272	140	126	197	177	237	212	390	500	570	550	700	800	660	840	950
M24×2	384	197	176	275	247	330	295	660	830	950	930	1170	1350	1110	1400	1600
M27×2	496	255	229	360	320	430	385	960	1220	1400	1350	1700	1950	1600	2050	2350
M30×2	621	320	290	450	405	540	485	1350	1700	1950	1900	2400	2700	2250	2850	3250
Dehnschrauben																
M8	26,4	12,7	11,2	17,9	15,7	21,5	18,9	15,5	19,5	22,0	21,5	27,0	31,0	26,0	33,0	37,0
M10	41,8	20,2	17,8	28,5	25,0	34,0	30,0	30	38	43	42	53	60	51	64	73
M12	62,2	30,0	26,5	42,5	37,5	51,0	45,0	53	67	76	75	95	108	90	114	130
M16	113	56	49	78	69	94	83	130	160	185	180	230	260	215	270	310
M20	177	87	77	123	108	147	130	250	320	360	350	440	500	420	530	600
M24	269	133	118	187	165	224	198	460	580	650	640	810	920	770	970	1100
M27	346	172	153	243	215	290	255	660	840	950	930	1170	1350	1120	1400	1600
M30	415	206	182	290	255	345	305	880	1110	1250	1240	1550	1800	1500	1900	2150
M10×1,25	45,3	22,4	19,7	31,5	28,0	37,5	33,5	33	41	47	46	58	66	55	70	79
M12×1,5	65,0	32,0	28,5	45,0	40,0	54,0	48,0	56	71	80	79	99	113	94	119	135
M16×1,5	123	62	55	87	77	104	92	140	175	200	195	250	280	235	300	340
M20×1,5	214	109	97	154	137	184	164	300	390	440	430	540	620	510	650	740
M24×2	298	151	134	213	189	255	227	510	640	730	710	900	1030	850	1080	1230
M27×2	380	194	172	275	240	325	290	730	920	1050	1020	1300	1500	1230	1550	1750
M30×2	491	250	224	355	315	425	380	1050	1350	1500	1450	1850	2150	1750	2250	2550

[1] A_S Spannungsquerschnitt der Schaftschraube.
[2] A_D Spannungsquerschnitt vom Schaft der Dehnschraube mit dem $\varnothing \approx 0{,}9 \times$ Gewindekerndurchmesser.
[3] M_{AV} Theoretisches Anziehmoment zum Vorspannen der Schraube auf die maximal zulässige Vorspannkraft F_V; bei $\mu_G = 0{,}10$ Moment um 10 % verringern.
[4] μ_G Gleitreibungszahl für Reibung im Gewinde.
μ_{KM} Gleitreibungszahl für Reibung zwischen Bauteil und Schraubenkopf bzw. Mutter.
$\mu \approx 0{,}10$ sehr gute Oberfläche, geschmiert; $\mu \approx 0{,}16$ gute Oberfläche, geschmiert oder trocken;
$\mu \approx 0{,}20$ trockene Oberfläche, schwarz oder phosphatiert, verzinkte Bauteile

© Verlag Gehlen

Durchgangslöcher für Schrauben — DIN EN 20273

Gewinde-ø		1	1,2	1,4	1,6	2	2,5	3	3,5	4	5	6	8	10	12	14	16	18	20	22	24	27
Durchgangsloch-ø	fein	1,1	1,3	1,5	1,7	2,2	2,7	3,2	3,7	4,3	5,3	6,4	8,4	10,5	13	15	17	19	21	23	25	28
	mittel	1,2	1,4	1,6	1,8	2,4	2,9	3,4	3,9	4,5	5,5	6,6	9	11	13,5	15,5	17,5	20	22	24	26	30
	grob	1,3	1,5	1,8	2	2,6	3,1	3,6	4,2	4,8	5,8	7	10	12	14,5	16,5	18,5	21	24	26	28	32
Gewinde-ø		30	33	36	39	42	45	48	52	56	60	64	68	72	76	80	85	90	95	100	105	110
Durchgangsloch-ø	fein	31	34	37	40	43	46	50	54	58	62	66	70	74	78	82	87	93	98	104	109	114
	mittel	33	36	39	42	45	48	52	56	62	66	70	74	78	82	86	91	96	101	107	112	117
	grob	35	38	42	45	48	52	56	62	66	70	74	78	82	86	91	96	101	107	112	117	122

Toleranzen: Reihe fein: H 12; Reihe mittel: H 13; Reihe grob: H 14

Splintlöcher bei Schrauben — DIN 962

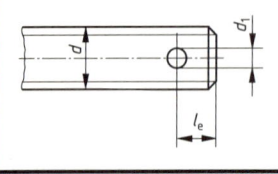

Gewinde-ø d	3	4	5	6	8	10	12	14	16	18	20
d_1 H 14	0,8	1	1,2	1,6	2	2,5	3,2	3,2	4	4	4
l_e (Richtwert)	2	2,2	2,6	3,3	4	5	6	6,5	7	7,7	7,7
Gewinde-ø d	22	24	27	30	33	36	39	42	45	48	52
d_1 H 14	5	5	5	6,3	6,3	6,3	8	8	8	8	8
l_e (Richtwert)	8,7	10	10	11,3	11,3	12,5	12,5	15	15	16	16

Kennzeichnung von Schrauben und Muttern — DIN EN 20898-1/2

Kennzeichnungspflicht: Bei Sechskantschrauben, Zylinderschrauben mit Innensechskant und Muttern bei allen Festigkeitsklassen und Gewinde-Nenndurchmesser ≥ 5 mm. Bei Stiftschrauben mit Gewinde-Nenndurchmesser ≥ 5 mm und Festigkeitsklasse ≥ 8,8.

Kennzeichnungsart: Mit Festigkeitsklasse (der Punkt zwischen den beiden Zahlen darf weggelassen werden), bei Muttern und Stiftschrauben Kennzeichnung mit Symbolen möglich.

Kennzeichnungsort: Vertieft auf einer Schlüsselfläche, auf der Mutterauflagefläche, auf dem Schraubenkopfaußendurchmesser bei Innensechskantschrauben. Erhöht oder vertieft auf dem Schraubenkopf. Bei Stiftschrauben vorzugsweise auf dem Kopf des Gewindeendes. Bei Stiftschrauben mit Festsitz am Einschraubende muss Kennzeichnung auf dem Kopf des Muttergewindes angebracht sein.

Symbolkennzeichnung der Muttern bei Festigkeitsklasse								Symbolkennzeichnung bei Stiftschrauben	
4	5	6	8	9	10	12		Festigkeitsklasse	Symbol
1 Punkt	1 Punkt	1 Punkt	1 Punkt	1 Punkt	1 Punkt	2 Punkte		8.8	O
								9.8	+
								10.9	□
								12.9	△

Punkt kann Herstellerzeichen sein. **Merkhilfe:** Anordnung des Striches im Uhrzeigersinn.

Kennzeichnung von Linksgewinde: Durch einen nach links gerichteten, gebogenen Pfeil auf dem Schraubenkopf, der Mutterauflagefläche bzw. auf der Kuppe des Gewindeendes oder durch eine Rille über die Sechskantecken bei Muttern und Sechskantschrauben.

Bezeichnung von Schrauben und Muttern (Beispiele) — DIN 962

Sechskantmutter DIN 982 - M12 - 8
Sechskantmutter ISO 8673 - M16×1,5 - 8
Sechskantschraube ISO 8675 - M12×1,5×80 - 8.8

Benennung
Norm (Bei DIN-EN-Normen wird nur die in der Normnummer enthaltene ISO-Nummer angegeben; es sind die letzten 4 Ziffern von der EN-Norm)
Gewinde (Feingewinde mit Steigungsangabe, Linksgewinde siehe S. 154)
Nennlänge (bei Schrauben)
Festigkeitsklasse (bei Schrauben und Muttern aus Nichteisenmetallen Werkstoffangabe)

Schlüsselweiten · Werkzeugvierkante

Schlüsselweiten für Schrauben und Armaturen — DIN 475

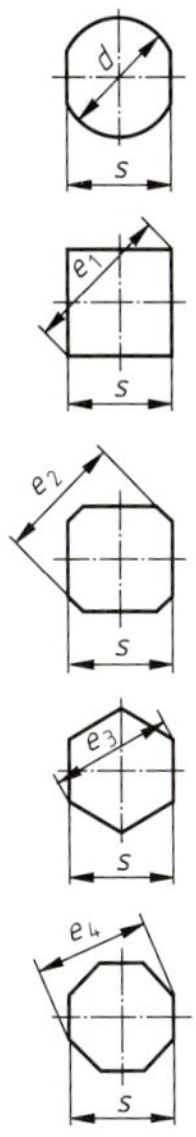

s_{max}	s_{min}[2]	d	e_1	e_{2min}	e_{3min}[2]	s_{max}	s_{min}[2]	d	e_1	e_{2min}	e_{3min}[2]	e_{4min}
5[1]	4,82	6	7,1	6,5	5,45	22	21,67	25	31,1	28	24,49	23,8
6	5,82	7	8,5	8	6,58	23	22,67	26	32,5	30,5	25,62	24,9
7[1]	6,78	8	9,9	9	7,66	24[1]	23,67	28	33,9	32	26,75	26
8[1]	7,78	9	11,3	10	8,79	25	24,67	29	35,5	33,5	27,88	27
9	8,78	10	12,7	12	9,92	26	25,67	31	36,8	34,5	29,01	28,1
10[1]	9,78	12	14,1	13	11,05	27[1]	26,67	32	38,2	36	30,14	29,1
11[1]	10,73	13	15,6	14	12,12	28	27,67	33	39,6	37,5	31,27	30,2
12	11,73	14	17	16	13,25	30[1]	29,67	35	42,4	40	33,53	32,5
13[1]	12,73	15	18,4	17	14,38	32	31,61	38	45,3	42	35,72	34,6
14	13,73	16	19,8	18	15,51	34[1]	33,38	40	48	46	37,72	36,7
15	14,73	17	21,2	20	16,64	36[1]	35,38	42	50,9	48	39,98	39
16[1]	15,73	18	22,6	21	17,77	41[1]	40,38	48	58	54	45,63	44,4
17	16,73	19	24	22	18,90	46[1]	45,38	52	65,1	60	51,28	49,8
18[1]	17,73	21	25,4	23,5	20,03	50[1]	49,38	58	70,7	65	55,80	54,1
19	18,67	22	26,9	25	21,10	55[1]	54,26	65	77,8	72	61,31	59,5
20	19,67	23	28,3	26	22,23	60[1]	59,26	70	84,8	80	66,96	64,9

Toleranzfelder[2]: h12 für $s \leq 4$; h13 für $4 < s \leq 32$; h14 für $s > 32$
Bezeichnung einer Schlüsselweite mit $s = 24$mm, Reihe 1: **DIN 475-SW 24-1**

[1] Auswahlreihe für Sechskantschrauben und -muttern nach DIN ISO 272;   [2] Werte nach Reihe 1.

Vierkante von Zylinderschäften für rotierende Werkzeuge — DIN 10

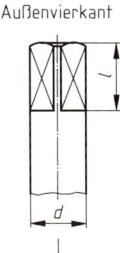

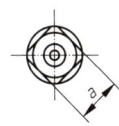

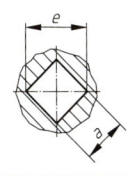

Nenn-maß	Außenvierkant			Innenvierkant			Vorzug	⌀-Bereich	
	a_{max}	a_{min}	l	a_{max}	a_{min}	e_{min}	d	d_{min}	d_{max}
2,7	2,7	2,61	6	2,86	2,72	3,67	3,5	3,20	3,60
3,0	3,0	2,91	6	3,16	3,02	4,08	4	3,60	4,01
3,4	3,4	3,28	6	3,61	3,43	4,60	4,5	4,01	4,53
3,8	3,8	3,68	7	4,01	3,83	5,15	5	4,53	5,08
4,3	4,3	4,18	7	4,51	4,33	5,86	5,5	5,08	5,79
4,9	4,9	4,78	8	5,11	4,93	6,61	6	5,79	6,53
6,2	6,2	6,05	9	6,46	6,24	8,35	8	7,33	8,27
8	8,0	7,85	11	8,26	8,04	10,77	10	9,46	10,67
9	9,0	8,85	12	9,26	9,04	12,10	11	10,67	12,00
10	10,0	9,85	13	10,26	10,04	13,43	–	12,00	13,33
11	11,0	10,82	14	11,32	11,05	14,77	14	13,33	14,67
12	12,0	11,82	15	12,32	12,05	16,10	16	14,67	16,00
13	13,0	12,82	16	13,32	13,05	17,43	–	16,00	17,33
14,5	14,5	14,32	17	14,82	14,55	19,44	18	17,33	19,33
16	16,0	15,82	19	16,32	16,05	21,44	20	19,33	21,33
18	18,0	17,82	21	18,32	18,05	24,11	22	21,33	24,00

Bezeichnung eines Vierkants mit $a = 8$ mm: **Vierkant DIN 10-8**
Diese Norm gilt für Vierkante von Zylinderschäften an maschinenbetätigten Werkzeugen, handbetätigten Gewindewerkzeugen und Handreibahlen.

Schrauben-Übersicht

	Sechskantschraube DIN EN 24014 DIN EN 24016 DIN EN 28765		Sechskantschraube DIN EN 24017 DIN EN 24018 DIN EN 28676		Sechskant-Passschraube für Stahlkonstruktion DIN 7968, DIN 7999
	Sechskantschraube für Stahlkonstruktion DIN 7990		Sechskantschraube HV-Schraube DIN 6914		Sechskant-Passschraube DIN 609
	Sechskantschraube mit Flansch DIN 6921, DIN 6922		Sechskantschraube mit dünnem Schaft DIN 7964		Zylinderschraube mit Schlitz DIN EN ISO 1207
	Zylinderschraube mit Innensechskant DIN 912, DIN 7984		Zylinderschraube mit Innensechskant DIN 6912		Senkschraube mit Schlitz DIN EN ISO 2009
	Linsen-Senkschraube mit Schlitz DIN EN ISO 2010		Senkschraube mit Kreuzschlitz DIN EN ISO 7046		Linsen-Senkschraube mit Kreuzschlitz DIN EN ISO 7047
	Senkschraube mit Innensechskant DIN 7991		Senkschraube mit Schlitz für Stahlkonstruktion DIN 7969		Senkschraube mit Nase DIN 604
	Flachkopfschraube mit Schlitz DIN EN ISO 1580		Flachkopfschraube mit Kreuzschlitz DIN EN ISO 7045		Gewindefurchende Schraube DIN 7500
	Blechschraube mit Schlitz DIN ISO 1481		Blechschraube mit Schlitz DIN ISO 1482		Blechschraube mit Schlitz DIN ISO 1483
	Blechschraube mit Kreuzschlitz DIN ISO 7049		Blechschraube mit Kreuzschlitz DIN ISO 7050		Blechschraube mit Kreuzschlitz DIN ISO 7051
	Gewindeschneidschraube mit Schlitz DIN 7513		Gewindeschneidschraube mit Kreuzschlitz DIN 7516		Flachrundschraube mit Vierkantansatz DIN 603
	Hammerschraube mit Vierkant DIN 186		Stiftschraube DIN 835, DIN 938, DIN 939		Vierkantschraube DIN 478, DIN 479, DIN 480
	Gewindestift mit Schlitz u. Kegelkuppe DIN EN 24766		Gewindestift mit Schlitz und Spitze DIN EN 27434		Gewindestift mit Schlitz und Zapfen DIN EN 27435
	Gewindestift mit Schlitz u. Ringschneide DIN EN 27436		Gewindestift mit Innensechskant und Kegelkuppe DIN 913		Gewindestift mit Innensechskant und Spitze DIN 914
	Gewindestift mit Innensechskant und Zapfen DIN 915		Gewindestift mit Innensechskant und Ringschneide DIN 916		Schraube für T-Nuten DIN 787
	Rändelschraube DIN 464 DIN 653		Flügelschraube DIN 316		Augenschraube DIN 444
	Ringschraube DIN 580		Kombi-Schraube DIN 6900		Kombi-Schraube DIN 6901

© Verlag Gehlen

Muttern-Übersicht einschließlich Verschlussschrauben

	Bezeichnung		Bezeichnung
	Sechskantmutter DIN EN 24032 DIN EN 24033		Sechskantmutter DIN EN 28673 DIN EN 28674
	Sechskantmutter, Produktklasse C DIN EN 24034		Sechskantmutter DIN EN 24035 DIN EN 28675
	Sechskantmutter DIN EN 24036		Sechskantmutter mit Flansch DIN 6923
	Sechskantmutter DIN 6924 nichtmet. Klemmt. DIN 6925 metall. Klemmteil		Sechskantmutter. m. Flansch DIN 6926 nichtmet. Klemmt. DIN 6927 metall. Klemmteil
	Kronenmutter DIN 935 DIN 979 niedrige Form		Kronenmutter DIN 935 (bis M10)
	Hutmutter DIN 1587 hohe Form DIN 917 niedrige Form		Hutmutter mit Klemmteil DIN 986
	Nutmutter DIN 981 DIN 1804		Kreuzlochmutter DIN 548 DIN 1816
	Schlitzmutter DIN 546		Zweilochmutter DIN 547
	Sechskantmutter 1,5 · d hoch mit kugeliger Auflagefläche DIN 6330		Sechskantmutter 1,5 · d hoch mit Bund DIN 6331
	Sechskantmutter für HV-Verbindung DIN 6915		Ringmutter DIN 582
	Rohrmutter DIN 431		Rändelmutter DIN 466 hohe Form DIN 467 niedrige Form
	Rändelmutter mit Stiftloch DIN 6303		Flügelmutter DIN 315
	Mutter für T-Nut DIN 508		Spannschlossmutter DIN 1479
	Vierkantschweißmutter DIN 928		Sechskantschweißmutter DIN 929
	Vierkantmutter DIN 557		Verschlussschraube mit Bund und Innensechskant DIN 908
	Verschlussschraube mit Bund und Außensechskant DIN 910		Verschlussschraube, leichte Ausführung DIN 7604

© Verlag Gehlen

Sechskantschrauben

DIN EN 24014, DIN EN 24017, DIN EN 28765, DIN EN 28676

d	DIN EN 24014 DIN EN 24017	M4	M5	M6	M8	M10	M12	M16	M20	M24
$d \times P$	DIN EN 28676 DIN EN 28765	–	–	–	M8 ×1	M10 ×1	M12 ×1,5	M16 ×1,5	M20 ×1,5	M24 ×2
c_{max}	DIN EN 24014	0,4	0,5	0,5	0,6	0,6	0,6	0,8	0,8	0,8
d_w	DIN EN 24017	5,9	6,9	8,9	11,6	14,6	16,6	22,5	28,2	33,6
e	DIN EN 28676	7,7	8,8	11	14,4	17,8	20	26,8	33,5	40
k	DIN EN 28765	2,8	3,5	4	5,3	6,4	7,5	10	12,5	15
s		7	8	10	13	16	18	24	30	36
b	DIN EN 24014	14	16	18	22	26	30	38	46	54
	DIN EN 28765	–	–	–	22	26	30	38	46	54
l von bis	DIN EN 24014	25 40	25 50	30 60	40 80	45 100	50 120	65 160	80 200	90 240
l von bis	DIN EN 24017	8 40	10 50	12 60	16 80	20 100	25 120	30 200	40 200	50 200
l von bis	DIN EN 28765	– –	– –	– –	40 80	45 100	50 120	65 160	80 200	100 240
l von bis	DIN EN 28676	– –	– –	– –	16 80	20 100	25 120	35 160	40 200	40 200

DIN EN 24014 mit metrischem Regelgewinde
DIN EN 28765 mit metrischem Feingewinde
Gewinde bis Kopf
DIN EN 24017 mit metrischem Regelgewinde
DIN EN 28676 mit metrischem Feingewinde

Maße in mm

Mindestklemmlänge $l_g = l - b$
Längen l: 8; 10; 12; 16; 20; 25; 30; 35; 40; 45; 50; 55; 60; 65; 70; 80; 90; 100; 110; 120; 130; 140; 150; 160; 170; 180; 200 mm
Produktklasse A: $d \leq$ M24 und $l \leq$ 150mm
Produktklasse B: $d >$ M24 und $l >$ 150mm
Festigkeitsklasse 5.6; 8.8; 10.9
Bezeichnung einer Sechskantschraube mit Schaft, $d =$ M12, $l =$ 70 mm und Festigkeitsklasse 8.8: **Sechskantschraube ISO 4014-M12×70-8.8**

Sechskantschrauben, Produktklasse C

DIN EN 24016, DIN EN 24018

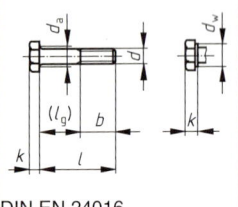

d	M5	M6	M8	M10	M12	M16	M20	M24	M30	M36
d_w	6,74	8,74	11,47	14,47	16,47	22	27,7	33,25	42,75	51,11
k	3,88	4,38	5,68	6,85	7,95	10,75	13,4	15,9	19,75	23,55
s	8	10	13	16	18	24	30	36	46	55
e	8,63	10,89	14,2	17,59	19,85	26,17	32,95	39,55	50,85	60,79
d_a	6	7,2	10,2	12,2	14,7	18,7	24,4	28,4	35,4	42,4
b	16	18	22	26	30	38	46	54	66	78
$l^{1)}$ von bis	25 50	30 60	40 80	45 100	55 120	65 160	80 200	100 240	120 300	140 360
$l^{2)}$ von bis	10 50	12 60	16 80	20 100	25 120	30 160	40 200	50 240	60 300	70 360

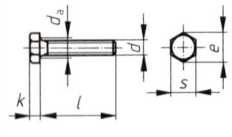

DIN EN 24016
Gewinde bis Kopf
DIN EN 24018
Maße in mm

Mindestklemmlänge $l_g = l - b$
Längen l: 10; 12; 16; 20; 25; 30; 35; 40; 45; 50; 55; 60; 65; 70; 80; 90; 100; 110; 120; 130; 140; 150; 160; 180; 200; 220; 240; 260; 280; 300; 320; 340; 360 mm
Festigkeitsklasse 3.6; 4.6; 4.8
Bezeichnung einer Sechskantschraube mit $d =$ M12, $l =$ 80 mm und Festigkeitsklasse 3.6: **Sechskantschraube ISO 4016-M12×80-3.6**

[1] DIN EN 24016; [2] DIN EN 24018.

Sechskantschrauben mit großen Schlüsselweiten — DIN 6914

für HV-Verbindungen

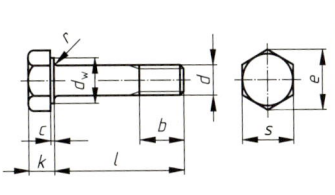

d	M12	M16	M20	M22	M24	M27	M30
s_{max}	22	27	32	36	41	46	50
e	23,9	29,6	35	39,6	45,2	50,9	55,4
k_{max}	8,45	10,75	13,9	14,9	15,9	17,9	20,05
b_{min}	21	26	31	32	34	37	40
c_{max}	0,6	0,6	0,8	0,8	0,8	0,8	0,8
d_w	20	25	30	34	39	43,5	47,5
r_{min}	1,2	1,2	1,5	1,5	1,5	2	2
l von	30	40	45	50	60	70	75
bis	95	130	155	165	195	200	200

Längen l in 5-mm-Stufen
Festigkeitsklasse 10.9, Produktklasse C
Bezeichnung einer Sechskantschraube mit d = M24, l = 90 mm:
Sechskantschraube DIN 6914-M24×90

Verwendung mit:
Sechskantmuttern DIN 6915 und
Scheiben DIN 6916, DIN 6917,
DIN 6918

Sechskant-Passschrauben mit oder ohne Sechskantmutter für Stahlkonstruktionen — DIN 7968

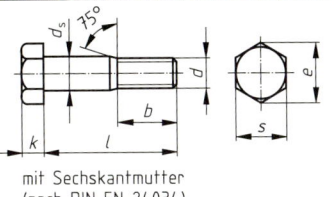

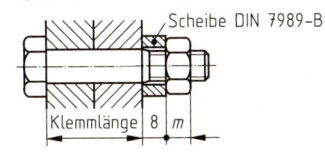

d		M12	M16	M20	M22	M24	M27	M30
d_s	h11	13	17	21	23	25	28	31
b		17,1	20,5	23,8	25,8	26,5	29,5	31,3
e		19,9	26,2	33	37,3	39,6	45,2	50,9
k		8	10	13	14	15	17	19
m		10	13	16	18	19	22	24
s		18	24	30	34	36	41	46
l von		30	35	40	45	50	60	70
bis		120	160	180	200	200	200	200

Längen l in 5-mm-Stufen
Festigkeitsklasse 5.6, Produktklasse C
Bezeichnung einer Sechskant-Passschraube mit d = M20,
l = 110 mm und Sechskantmutter:
Sechskant-Passschraube DIN 7968-M20×110-Mu-5.6

mit Sechskantmutter
(nach DIN EN 24034)
Scheibe DIN 7989-B
Klemmlänge | 8 | m

Sechskant-Passschrauben mit langem Gewinde — DIN 609

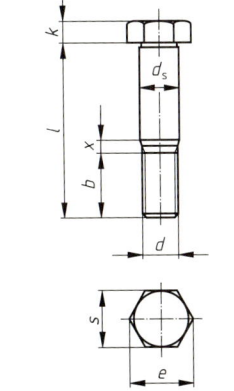

d	M8	M10	M12	M16	M20	M24
$d × P$	M8×1	M10×1,25	M12×1,25	M16×1,5	M20×1,5	M24×2
b für l bis 50	14,5	17,5	20,5	25	28,5	–
b für l bis 150	16,5	19,5	22,5	27	30,5	36,5
b für l üb. 150	21,5	24,5	27,5	32	35,5	41,5
d_s k6	9	11	13	17	21	25
x	3,6	3,9	4,2	4,5	5,2	5,8
k	5,3	6,4	7,5	10	12,5	15
s	13	16[1]	17	18[1]	19	24	30	36
e	14,4	17,8	18,9	19,9	20,9	26,2	33	40
l von	25	30	32	38	45	55
bis	80	100	120	150	150	150

Längen l: 25; 28; 30; 32; 35; 38; 40; 42; 48; 50...150 in 5-mm-Stufen
Festigkeitsklasse: 8.8
Bezeichnung einer Passschraube d = M16, l = 80 mm und
Festigkeitsklasse 8.8: **Passschraube DIN 609-M16×80-8.8**

[1] SW 16 und SW 18 bei Neukonstruktionen angeben.

© Verlag Gehlen

Zylinderschrauben mit Innensechskant — DIN 912

d	M4	M5	M6	M8	M10	M12	M16	M20	M24
$d \times P$	–	–	–	M8×1	M10×1,25	M12×1,25	M16×1,5	M20×1,5	M24×2
d_k	7	8,5	10	13	16	18	24	30	36
d_a	4,7	5,7	6,8	9,2	11,2	13,7	17,7	22,4	26,4
k	4	5	6	8	10	12	16	20	24
s	3	4	5	6	8	10	14	17	19
e	3,4	4,6	5,7	6,9	9,2	11,4	16	19,4	21,7
b	Gewinde annähernd bis Kopf ($l_{gmax} = 3 \cdot P$; P Steigung)								
l von bis	6 25	8 25	10 30	12 35	16 40	20 50	25 60	30 70	40 80
b	20	22	24	28	32	36	44	52	60
l von bis	30 40	30 50	35 60	40 80	45 100	55 120	65 160	80 200	90 200

Mindestklemmlänge $l_g = l - b$
Längen l: 6; 8; 10; 12; 16; 20...70 in 5-mm-Stufen; 70...160 in 10-mm-Stufen und ab 180 in 20-mm-Stufen
Festigkeitsklasse 8.8; 10.9; 12.9
Bezeichnung einer Zylinderschraube mit d = M8, l = 50 mm und Festigkeitsklasse 8.8: **Zylinderschraube DIN 912-M8×50-8.8**

Zylinderschrauben mit Innensechskant und niedrigem Kopf — DIN 7984

d	M4	M5	M6	M8	M10	M12	M16	M20	M24
k	2,8	3,5	4	5	6	7	9	11	13
s	2,5	3	4	5	7	8	12	14	17
e	2,9	3,4	4,6	5,7	8,0	9,2	13,7	16	19,4
b	Gewinde annähernd bis Kopf ($l_{gmax} = 3 \cdot P$; P Steigung)								
l von bis	6 25	8 25	10 25	12 30	16 35	20 45	30 55	40 60	50 80
b	14	16	18	22	26	30	38	46	54
l von bis	– –	30 –	30 40	35 60	40 70	50 80	60 80	70 100	90 100

Mindestklemmlänge $l_g = l - b$; d_k, d_a und Längenabstufung s. DIN 912
Festigkeitsklasse 8.8, Produktklasse A
Bezeichnung einer Zylinderschraube mit d = M6 und l = 30 mm:
Zylinderschraube DIN 7984-M6×30-8.8

Zylinderschrauben mit Innensechskant, niedriger Kopf mit Schlüsselführung — DIN 6912

d	M4	M5	M6	M8	M10	M12	M16	M20	M24
b	14	16	18	22	26	30	38	46	54
k	2,8	3,5	4	5	6,5	7,5	10	12	14
d_h	2	2,5	3	4	5	6	8	10	12
t_1	1,5	1,9	2,4	2,9	3,4	3,9	5,4	6,3	6,8
t_2	3,3	4	5	6,5	7,5	9	11,5	14	16
l von bis	10 50	10 60	10 70	12 80	16 90	16 100	20 140	30 180	60 200

Mindestklemmlänge $l_g = l - b$; d_k, d_a, e und s siehe DIN 912
Längen l: 10; 12; 16; 20; 25; 30; 35; 40...200 in 10-mm-Stufen
Festigkeitsklasse 8.8, Produktklasse A
Bezeichnung einer Zylinderschraube mit d = M12 und l = 70 mm:
Zylinderschraube DIN 6912-M12×70-8.8

© Verlag Gehlen

Zylinderschrauben · Senkschrauben

Zylinderschrauben mit Schlitz — DIN EN ISO 1207

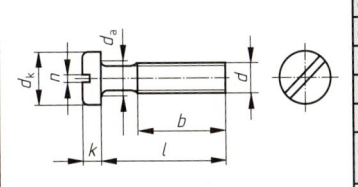

d	M1,6	M2	M2,5	M3	M4	M5	M6	M8	M10
d_k	3	3,8	4,5	5,5	7	8,5	10	13	16
d_a	2	2,6	3,1	3,6	4,7	5,7	6,8	9,2	11,2
k	1,1	1,4	1,8	2	2,6	3,3	3,9	5	6
n	0,4	0,5	0,6	0,8	1,2	1,2	1,6	2	2,5
b	–	–	–	25	38	38	38	38	38
l von	2	3	3	4	5	6	8	10	12
bis	16	20	25	30	40	50	60	80	80

Längen l: 2; 3; 4; 5; 6; 8; 10; 12; 16; 20; 30; 35; 40; 45; 50; 60; 70; 80 mm

Festigkeitsklasse 4.8; 5.8
Produktklasse A

Bezeichnung einer Zylinderschraube mit d = M8, l = 40 mm und Festigkeitskl. 5.8: **Zylinderschraube ISO 1207-M8×40-5.8**

Senkschrauben, Linsensenkschrauben (mit Schlitz) — DIN EN ISO 2009, DIN EN ISO 2010

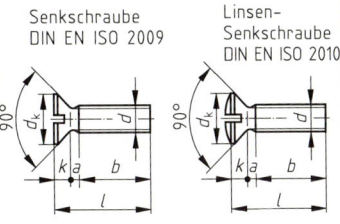

Senkschraube DIN EN ISO 2009
Linsen-Senkschraube DIN EN ISO 2010

d	M1,6	M2	M2,5	M3	M4	M5	M6	M8	M10
d_k	3	3,8	4,7	5,5	8,4	9,3	11,3	15,8	18,3
k	1	1,2	1,5	1,65	2,7	2,7	3,3	4,65	5
a	0,7	0,8	0,9	1	1,4	1,6	2	2,5	3
b	–	–	–	–	–	38	38	38	38
l von	2,5	3	4	5	6	8	8	10	12
bis	16	20	25	30	40	50	60	80	80

Längen l: 2,5; 3; 4; 5; 6; 8; 10; 12; 16; 20; 25; 30; 35; 40; 45; 50; 60; 70; 80 mm

Festigkeitsklasse 4.8; 5.8
Produktklasse A

Bezeichnung einer Senkschraube mit d = M4, l = 30 mm und Festigkeitskl. 5.8: **Senkschraube ISO 2009-M4×30-5.8**

Senkschrauben, Linsensenkschrauben (mit Kreuzschlitz) — DIN EN ISO 7046, DIN EN ISO 7047

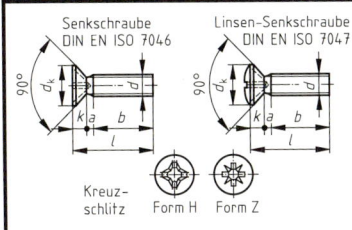

Senkschraube DIN EN ISO 7046
Linsen-Senkschraube DIN EN ISO 7047
Kreuzschlitz Form H, Form Z

d	M1,6	M2	M2,5	M3	M4	M5	M6	M8	M10
l von	3	3	3	4	5	6	8	10	12
bis	16	20	25	30	40	50	60	60	60
KG[1]	0		1		2		3	4	

d_k, k, a, b siehe DIN EN ISO 2009; Längen l: 3; 4; 5; 6; 8; 10; 12; 16; 20; 25; 30; 35; 40; 45; 50; 60 mm

Bezeichnung einer Senkschraube mit d = M5, l = 40 mm, Festigkeitsklasse 4.8 und Kreuzschlitz Form H: **Senkschraube ISO 7046-M5×40-4.8-H**

Festigkeitsklasse 4.8, Produktklasse A

[1] Kreuzschlitz-Größe

Senkschrauben mit Innensechskant — DIN 7991

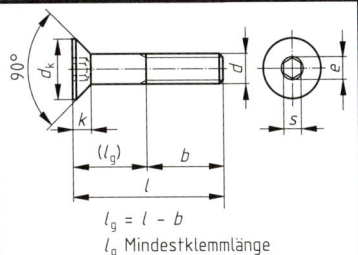

d	M4	M5	M6	M8	M10	M12	M16	M20
b	14	16	18	22	26	30	38	46
d_k	8	10	12	16	20	24	30	36
s	2,5	3	4	5	6	8	10	12
e	2,9	3,4	4,6	5,7	6,9	9,2	11,4	13,7
k	2,3	2,8	3,3	4,4	5,5	6,5	7,5	8,5
l von	8	8	8	10	12	20	30	35
bis	40	50	50	60	70	70	90	100

$l_g = l - b$
l_g Mindestklemmlänge

Längen l: 8; 10; 12; 16; 20; 25; 30; 35; 40; 50; 60; 70; 80; 90; 100 mm; Bezeichnung einer Senkschraube mit d = M8 und l = 40 mm: **Senkschraube DIN 7991-M8×40-8.8**

Festigkeitsklasse 8.8, Produktklasse A

© Verlag Gehlen

Blechschrauben · Gewinde-Schneidschrauben

Blechschrauben mit Schlitz — DIN ISO 1481, DIN ISO 1482, DIN ISO 1483

Gewinde	DIN ISO	ST2,2	ST2,9	ST3,5	ST4,2	ST4,8	ST5,5	ST6,3
d_k	1481	4	5,6	7	8	9,5	11	12
	1482, 1483	3,8	5,5	7,3	8,4	9,3	10,3	11,3
k	1481	1,3	1,8	2,1	2,4	3	3,2	3,6
	1482, 1483	1,1	1,7	2,35	2,6	2,8	3	3,15
y Form C	1481...1483	2	2,6	3,2	3,7	4,3	5	6
Form F	1481...1483	1,6	2,1	2,5	2,8	3,2	3,6	3,6
n	1481...1483	0,5	0,8	1	1,2	1,2	1,6	1,6
l von bis	1481	4,5 16	6,5 19	6,5 22	9,5 25	9,5 32	13 32	13 38
l von bis	1482	4,5 16	6,5 19	9,5 25	9,5 32	9,5 32	13 38	13 38
l von bis	1483	4,5 16	6,5 19	9,5 22	9,5 25	9,5 32	13 32	13 38

Längen l: 4,5; 6,5; 9,5; 13; 16; 19; 22; 25; 32; 38; 45; 50 mm
Produktklasse A
ST Internationales Kurzzeichen für Blechschraubengewinde
Bezeichnung einer Blechschraube mit Gewinde ST3,5; l = 16 mm und Form C: **Blechschraube ISO 1482-ST3,5×16-C**

Blechschrauben mit Kreuzschlitz — DIN ISO 7049, DIN ISO 7050, DIN ISO 7051

Gewinde	DIN ISO	ST2,2	ST2,9	ST3,5	ST4,2	ST4,8	ST5,5	ST6,3
d_k	7049	4	5,6	7	8	9,5	11	12
	7050, 7051	3,8	5,5	7,3	8,4	9,3	10,3	11,3
k	7049	1,6	2,4	2,6	3,1	3,7	4	4,6
	7050, 7051	1,1	1,7	2,35	2,6	2,8	3	3,15
y Form C	7049...7051	2	2,6	3,2	3,7	4,3	5	6
Form F	7049...7051	1,6	2,1	2,5	2,8	3,2	3,6	3,6
KG[1]	7049...7051	0	1	2		3		
l von bis	7049	4,5 16	6,5 19	9,5 25	9,5 32	9,5 38	13 38	13 38
l von bis	7050, 7051	4,5 16	6,5 19	9,5 25	9,5 32	9,5 32	13 38	13 38

Längen l siehe DIN ISO 1481; Produktklasse A
Bezeichnung einer Blechschraube mit Gewinde ST4,8; l = 19 mm; Form C und Kreuzschlitz Form H: **Blechschraube DIN ISO 7050-ST4,8×19-C-H**   [1] Kreuzschlitz-Größe

Gewinde-Schneidschrauben — DIN 7513, DIN 7516

Schlitzschrauben DIN 7513		Kreuzschlitzschrauben DIN 7516			d	M3	M4	M5	M8
Form	Maße	Form	Maße	Kreuzschlitz	D Kernloch	2,7	3,6	4,5	7,4
BE	nach DIN EN ISO 1207	AE			l von bis	6 20	8 25	10 30	16 40
FE	nach DIN EN ISO 2009	DE		Form H	l: 6; 10; 12; 16; 20; 25; 30; 35; 40 mm Stahl nach DIN 17210 und DIN EN 10083 verwendet.				
GE	nach DIN EN ISO 2010	EE		Form Z	Bezeichnung einer Schneidschr. mit d = M4; l = 8 mm; Form BE: **Schneidschr. DIN 7513-BE M4×8**				

© Verlag Gehlen

Gewindefurchende Schrauben · Stiftschrauben 173

Gewindefurchende Schrauben für metrisches ISO-Gewinde — DIN 7500

Form	Bild	Maße	Form	Bild	Maße	Form	Bild	Maße
AE	furchender Bereich, max.4P, l	nach DIN EN ISO 1207	CE	max.4P, l [1)] H Z	nach DIN EN ISO 7045	DE	max.4P, l	nach DIN EN 24017
E	max.4P, l	nach DIN 912	KE	max.4P, l	nach DIN EN ISO 2009	LE	max.4P, l	nach DIN EN ISO 2010
ME	max.4P, l [1)] H Z	nach DIN EN ISO 7046	NE	max.4P, l [1)] H Z	nach DIN EN ISO 7047			

d		M2,5	M3	M3,5	M4	M5	M6	M8	M10
P [2)]		0,45	0,5	0,6	0,7	0,8	1	1,25	1,5
l	von	4	4	5	6	8	8	10	12
	bis	20	25	25	30	40	50	60	80

Längen l: 3; 4; 5; 6; 8; 10; 12; 16; 20; 25; 30; 35; 40; 45; 50; 55; 60; 70; 80 mm
Nicht geltende Längen für Formen K, L, M, N: 4 für M2,5 und M3; 5 für M3 und 3,5; 6 für M3,5 und M4; 8 für M5 und M6; 10 für M8; 12 für M8 und M10; 16 für M10
Werkstoff: Stahl nach DIN 17210 und DIN EN 10083
Bezeichnung einer gewindefurchenden Schraube mit d = M4, l = 8mm, Kreuzschlitz Z, Form NE aus Stahl:
Schraube DIN 7500-NE M4×8-St-Z

Lochdurchmesser für Stahl (Toleranzfeld H11)

s [3)]	1	1,5	2	2,5	3	3,5	4	5	5,5	6	6,5	7	7,5	8...10	>10...12	>12...15
M2,5	2,25	2,25	2,25	2,25	2,3	2,3	2,3	2,3	–	–	–	–	–	–	–	–
M3	2,7	2,7	2,75	2,75	2,75	2,75	2,75	2,75	2,75	–	–	–	–	–	–	–
M3,5	–	3,15	3,2	3,2	3,2	3,2	3,2	3,2	–	–	–	–	–	–	–	–
M4	–	3,6	3,6	3,65	3,65	3,65	3,7	3,7	3,7	3,7	3,7	–	–	–	–	–
M5	–	4,5	4,5	4,5	4,55	4,55	4,6	4,6	4,6	4,65	4,65	4,65	–	–	–	–
M6	–	–	5,4	5,4	5,45	5,45	5,5	5,5	5,5	5,5	5,55	5,55	5,55	–	–	–
M8	–	–	–	7,25	7,25	7,25	7,3	7,4	7,4	7,4	7,5	7,5	7,5	7,5	–	–
M10	–	–	–	–	9,2	9,2	9,2	9,3	9,3	9,3	9,3	9,3	9,4	9,4	9,5	9,5

[1)] Ist der Formbuchstabe H oder Z in der Bezeichnung nicht angegeben, gilt Kreuzschlitz H; [2)] Steigung; [3)] Werkstoffdicke oder Einschraublänge.

Stiftschrauben — DIN 835, DIN 938, DIN 939

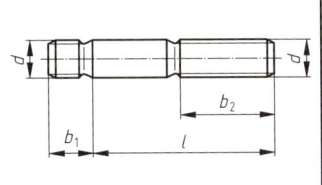

d		M6	M8	M10	M12	M16	M20	M24
$d \times P$		–	M8×1	M10×1,25	M12×1,25	M16×1,5	M20×1,5	M24×2
l	von	25	30	35	40	50	60	70
	bis	60	80	100	120	160	200	200

Für das Einschrauben
in Stahl: $b_1 \approx 1 \cdot d$ nach DIN 938
in Gusseisen: $b_1 \approx 1,25 \cdot d$ nach DIN 939
in Al-Legierung: $b_1 \approx 2 \cdot d$ nach DIN 835
$b_2 = 2 \cdot d + 6$ mm für $l \leq 125$ mm, $b_2 = 2 \cdot d + 12$ mm für $l > 125$ mm
Längen l: 25... 80 in 5-mm-Stufen, 90...200 in 10-mm-Stufen
Festigkeitsklasse 5.6; 8.8; 10.9; Produktklasse A
Bezeichnung einer Stiftschraube mit d = M8, l = 60 mm,
Festigkeitsklasse 8.8: **Stiftschraube DIN 938-M8×60-8.8**

© Verlag Gehlen

Gewindestifte mit Schlitz, Gewindestifte mit Innensechskant — DIN EN 27434..., DIN 913...

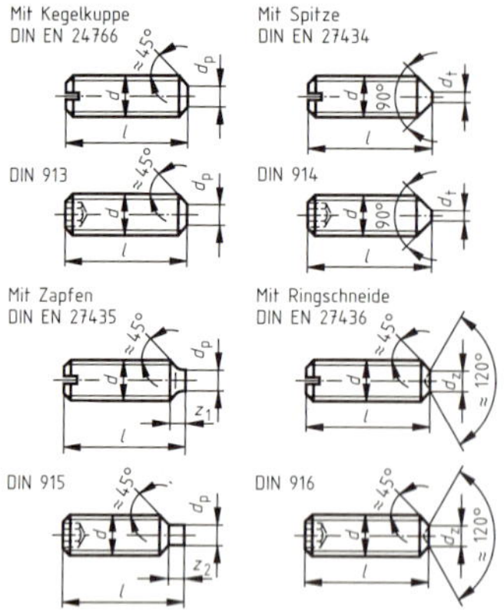

Mit Kegelkuppe DIN EN 24766
Mit Spitze DIN EN 27434
DIN 913
DIN 914
Mit Zapfen DIN EN 27435
Mit Ringschneide DIN EN 27436
DIN 915
DIN 916

d	M1,6	M2	M2,5	M3	M4	M5	M6	M8	M10	M12
d_p	0,8	1	1,5	2	2,5	3,5	4	5,5	7	8,5
d_t	0,16	0,2	0,25	0,3	0,4	0,5	1,5	2	2,5	3
d_z	0,8	1	1,2	1,4	2	2,5	3	5	6	8
z_1	0,8	1	1,25	1,5	2	2,5	3	4	5	6
z_{2min}	0,4	0,5	0,63	0,75	1	1,25	1,5	2	2,5	3
z_{2max}	1,05	1,25	1,5	1,75	2,25	2,75	3,25	4,3	5,3	6,3
l von bis	2,5 6	3 10	3 10	3 20	4 20	5 25	6 35	10 40	12 40	16 40

Längen l : 2,5; 3; 4; 5; 6; 8; 10; 12; 16; 20; 25; 30; 35; 40 mm
Werkstoff für Gewindestift mit Schlitz: 14H, 22H
Werkstoff für Gewindestift mit Innensechskant: 45H
Produktklasse A
Bezeichnung eines Gewindestiftes mit Innensechskant und Spitze, d = M6, l = 10 mm, Festigkeitsklasse 45H:
Gewindestift DIN 914-M6×10-45H

Senkschrauben mit Nase — DIN 604

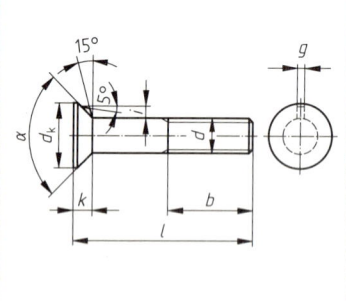

d	M6	M8	M10	M12	M16	M20	M24
d_k	12,5	16,5	19,5	24,6	32,8	32,8	38,8
k	4	5	5,5	7	9	11,5	13
i	2,8	3,5	4,2	5,7	7,5	5,7	6,7
g	2,5	3	3,2	3,6	4,2	5,4	6,6
b $l \le 125$	18	22	26	30	38	46	54
$l > 125$	–	28	32	36	44	52	60
l von bis	20 100	20 150	20 160	25 160	30 160	50 160	60 160
α	90°					60°	

Längen l: 20...70 in 5-mm-Stufen; 80...160 in 10-mm-Stufen
Festigkeitsklasse 3.6; 4.6; Produktklasse C
Bezeichnung einer Senkschraube mit d = M12, l = 70 mm, Festigkeitsklasse 4.6:
Senkschraube DIN604-M12×70-4.6

Flachrundschrauben mit Vierkantansatz — DIN 603

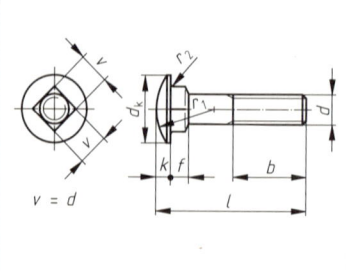

d	M5	M6	M8	M10	M12	M16	M20
d_k	13,5	16,5	20,6	24,6	30,6	38,8	46,8
k_{max}	3,3	3,88	4,88	5,38	6,95	8,95	11,0
f_{max}	4,1	4,6	5,6	6,6	8,75	12,9	15,9
r_1	10,7	12,6	16	19,2	24,1	29,3	33,9
r_2	0,5	0,5	0,5	0,5	1	1	1
b $l \le 125$	16	18	22	26	30	38	46
$l > 125$	22	24	28	32	36	44	52
l von bis	16 80	16 150	20 150	20 200	30 200	55 200	70 200

$v = d$

Längen l: 16; ab 20 siehe DIN 604 und 180; 200 mm
Festigkeitsklasse 3.6; 4.6; Produktklasse C
Bezeichnung einer Flachrundschraube mit d = M10, l = 50 mm, Festigkeitsklasse 3.6:
Flachrundschraube DIN 603-M10×50-3.6

Sechskantmuttern — DIN EN 24032, 24033, 28673, 28674, 24035, 28675

Übersichtstabelle über allgemein verwendete Sechskantmuttern

Typ bzw. Ausführung	Gewindeart	DIN EN	Ersatz für	Festigkeitsklassen
Typ 1	Regelgewinde	24032	DIN 934	6; 8; 10; $d < 3$ und > 39 nach Vereinbarung
Typ 2		24033	–	9…12
Typ 1	Feingewinde	28673	DIN 934	$d \leq 16$: 10; $d \leq 39$: 6, 8; $d > 39$ n. Vereinb.
Typ 2		28674	DIN 971-1	$d \leq 16$: 8, 12; $d \leq 39$: 10
Niedrige Form	Regelgewinde	24035	DIN 439	$d = 3…39$: 04, 05; $d > 39$ nach Vereinb.
	Feingewinde	28675	DIN 439	$d \leq 16$: 8, 12; $d \leq 39$: 10

Anwendungshinweise unter Beachtung der Festigkeitsklassen siehe Seite 161

Regelgewinde

DIN EN	d	M1,6	M2	M2,5	M3	M4	M5	M6	M8	M10	M12	M16	M20	M24	M30	M36	M42	M48	M56
	SW	3,2	4	5	5,5	7	8	10	13	16	18	24	30	36	46	55	65	75	85
24032		1,3	1,6	2	2,4	3,2	4,7	5,2	6,8	8,4	10,8	14,8	18	21,5	25,6	31	34	38	45
24033	m	–	–	–	–	5,1	5,7	7,5	9,3	12	16,4	20,3	23,9	28,6	34,7	–	–	–
24035		1	1,2	1,6	1,8	2,2	2,7	3,2	4	5	6	8	10	12	15	18	21	24	28

Feingewinde

DIN EN	d	M8×1	M10×1	M12×1,5	M16×1,5	M20×1,5	M24×2	M30×2	M36×3	M42×3	M48×3	M56×4	M64×4
	SW	13	16	18	24	30	36	46	55	65	75	85	95
28673		6,8	8,4	10,8	14,8	18	21,5	25,6	31	34	38	45	51
28674	m	7,5	9,3	12	16,4	20,3	23,8	28,6	34,7	–	–	–	–
28675		4	5	6	8	10	12	15	18	21	24	28	32

Bei DIN gibt es für Mutterhöhe m Maximal- und Minimalwerte, hier nur Maximalwerte (Nennwerte) angegeben. Bei DIN gibt es Vorzugsgewinde und zu vermeidende Gewinde. Hier nur Vorzugsgewinde aufgeführt. Als Vorzugsgewinde gibt es beim Regelgewinde noch M64.

Sechskantmuttern, 1,5d hoch — DIN 6330, DIN 6331

d	M6	M8	M10	M12	M16	M20	M24	M27	M30	M36	M42	M48
m	9	12	15	18	24	30	36	40	45	54	63	72
a	3	3,5	4	4	5	6	6	7	8	10	12	14
d_1	14	18	22	25	31	37	45	50	58	68	80	92
SW	10	13	16	18	24	30	36	41	46	55	65	75
$d_2^{1)}$	7	9	11,5	14	18	22	26	–	32	38	44	52
r	9	11	15	17	22	27	32	–	41	50	58	67

[1)] d_2 gibt den Beginn der kugeligen Fläche an. Muttern bestimmt für Verbindungen, die oft gelöst werden müssen. Muttern mit Bund benötigen keine Unterlegscheiben. Festigkeitsklasse: Zu bevorzugen 10, zulässig 8.

Sechskant-Hutmuttern — DIN 1587

d	M4	M5	M6	M8	M10	M12	M16	M20	M24
	–	–	–	M8×1	M10×1	M12×1,5	M16×1,5	M20×2	M24×2
SW	7	8	10	13	16	18	24	30	36
m	3,2	4	5	6,5	8	10	13	16	19
d_1	6,5	7,5	9,5	12,5	15	17	23	28	34
h	8	10	12	15	18	22	28	34	42
t	5,3	7,2	7,7	10,7	12,5	15,7	20,6	25,6	30,5

Festigkeitsklasse: 6. In DIN 1587 sind noch weitere möglichst zu vermeidende Gewinde genormt.

g_2 Gewindeauslauf
$g_2 = 2 \cdot P$ (P Gewindesteigung)

Gewindefreistich
Form D DIN 76-1, S. 179

© Verlag Gehlen

Ringmuttern und Ringschrauben — DIN 582 (Mutter), DIN 580 (Schraube)

d	M8	M10	M12	M16	M20 / M20×2	M24 / M24×2	M30 / M30×2	M36 / M36×3	M42 / M42×3	M48 / M48×3
d_1	20	25	30	35	40	50	60	70	80	90
d_2	36	45	54	63	72	90	108	126	144	166
d_3	20	25	30	35	40	50		65	75	85	100
h	36	45	53	62	71	90	109	128	147	168
l	13	17	20,5	27	30	36	45	54	63	68

Zulässige Kraft F in kN

F_1	1,4	2,3	3,4	7	12	18	36	51	70	86
F_2	0,95	1,7	2,4	5	8,3	12,7	26	37	50	61

F_2 = Gesamtbelastung von 2 Muttern

Werkstoff: C 15. Weitere genormte Gewindeaußendurchmesser d (in Klammern F_1): 56 (115); 64 (160); 72 (210); 80 (280); 100 (380)

Kronenmuttern — DIN 935-1 (hohe Form), DIN 979 (niedrige Form)

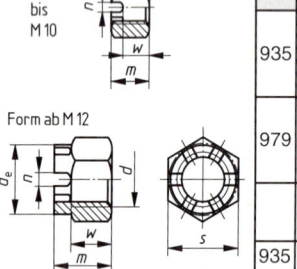

Form bis M 10 / Form ab M 12

DIN	d	M4	M5	M6	M8	M10	M12	M16	M20	M24	M30
		–	–	–	M8×1	M10×1,25	M12×1,5	M16×1,5	M20×2	M24×2	M30×2
935	d_e	–	–	–	–	16	22	28	30	42	
	w	3,2	4	5	6,5	8	10	13	16	19	24
	m	5	6	7,5	9,5	12	15	19	22	27	33
979	d_e	–	–	–	–	16	22	28	30	42	
	w	–	2,5	3,5	4	5	7	10	11	15	
	m	–	5	6,5	8	10	13	16	19	24	
	n	1,2	1,4	2	2,5	2,8	3,5	4,5	4,5	5,5	7
	s	7	8	10	13	16	18	24	30	36	46

935 Festigkeit: 6, 8, 10; $d > 39$ nach Vereinbarung
979 Festigkeit: 04, 05; $d > 39$ nach Vereinbarung

Weitere genormte Vorzugsgewinde: M36, M36×3; M42, M42×3; M48, M48×3; ferner nur bei DIN 935: M56, M56×4; M64, M64×4; M72×6/4; M80×6/4; M90×6/4; M100×6/4

Sechskantmuttern mit Klemmteil (nichtmetallischer Einsatz) — DIN 982, DIN 985

DIN	d	M3	M4	M5	M6	M8	M10	M12	M16	M20	M24	M30	M36
		–	–	–	–	M8×1	M10×1	M12×1,5	M16×1,5	M20×1,5	M24×2	M30×2	M36×3
	SW	5,5	7	8	10	13	17	19	24	30	36	46	55
982	h	–	–	6,3	8	9,5	11,5	14	18	22	28	–	–
	m	–	–	4,4	4,9	6,4	8	10,4	14,1	16,9	20,2	–	–
985	h	4	5	5	6	8	10	12	16	20	24	30	36
	m	2,4	2,9	3,2	4	5,5	6,5	8	10,5	14	15	19	25

Festigkeitsklasse: DIN 982: 5, 6, 8, 10, 12; bei Festigkeitsklasse 12 Gewindedurchmesser ≤ 16 mm.
DIN 985: 5, 6, 8, 10 bei Gewindedurchmesser ≤ 39 mm; bei Gewindedurchmess. > 39 mm nach Vereinbarung.

Es sind noch Gewindedurchmesser der Reihe 2 nach DIN 13 (Seite 156) genormt.

HV-Sechskantmuttern für Stahlkonstruktionen (große Schlüsselweite) — DIN 6915

d	M12	M16	M20	M22	M24	M27	M30	M36
SW	22	27	32	36	41	46	50	60
m	10	13	16	18	19	22	24	29

Festigkeitsklasse 10; Kennzeichnung „HV" auf einer Stirnfläche

Die HV-Schraubenverbindung ist so konzipiert, dass bei gut geschmiertem Gewinde bei Überbeanspruchung bevorzugt ein Abstreifen des Gewindes und nicht der Bruch des Bolzens eintritt.

Sechskantmuttern mit Flansch — DIN 6923

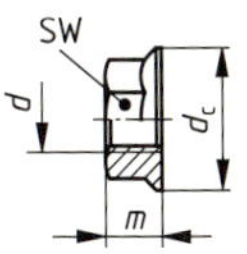

d	M5	M6	M8	M10	M12	M14	M16	M20
SW	8	10	13	15	18	21	24	30
m	5	6	8	10	12	14	16	20
d_c	11,8	14,2	17,9	21,8	26	29,9	34,5	42,8

Festigkeitsklasse: 8, 10, 12. Weitere genormte Gewinde: M8×1... M20×1,5.
Sechskantmuttern mit Flansch und Klemmteil sind genormt in DIN 6926.

Sechskant-Schweißmuttern — DIN 929

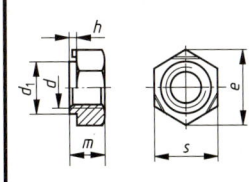

d	M3	M4	M5	M6	M8	M10	M12	M16
s	7,5	9	10	11	14	17	19	24
m	3	3,5	4	5	6,5	8	10	13
d_1	4,5	6	7	8	10,5	12,5	14,8	18,8
e	8,2	9,8	11,0	12,0	15,4	18,7	20,9	26,5
h	0,55	0,65	0,7	0,75	0,9	1,15	1,4	1,8

Werkstoff: St (Stahl mit max. Kohlenstoffgehalt von 0,25 %)

Nutmuttern, Kreuzlochmuttern — DIN 1804, DIN 1816

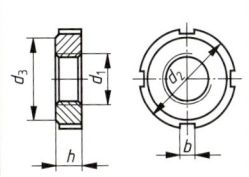

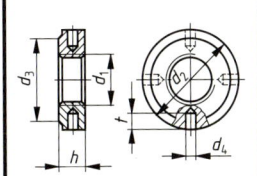

d_1	M16×1,5	M20×1,5	M24×1,5	M30×1,5	M35×1,5	M42×1,5	M48×1,5	M55×1,5	M62×1,5	M70×1,5	M80×2
d_2	32	36	42	50	55	62	75	80	95	100	115
d_3	27	30	36	43	48	54	67	70	85	90	105
d_4	4	4	4	5	5	6	6	6	8	8	8
b	5	6	6	7	7	8	8	10	10	10	10
h	7	8	9	10	11	12	13	13	14	14	16
t	6	6	6	7	7	7	8	10	10	12	12

Festigkeitsklasse: Mindestens 5
Weitere genormte Muttern: M6×0,75; M8/10×1;
M12/14/18/22/26/28/32/38/40/45/50/52/58/60/65/68/72/75×1,5;
M85/90/95/100/105/110/115/120/125×2;
M130/140/150/160/170/180/190/200×3
Ausführung: h gehärtet (außer Gewinde), Planfläche geschliffen;
w ungehärtet und ungeschliffen
Verdrehsicherung: Nutmutter ⇒ Sicherungsblech DIN 462
Kreuzlochmutter ⇒ Konterdrehbewegung der 2. Mutter

Spannschlossmutter und Anschweißende — DIN 1480

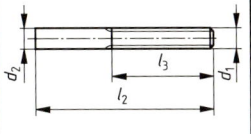

d_1	M6	M8	M10	M12	M16	M20	M24	M30	M36	M42	M48	M56
m	12	15	18	21	27	34	39	45	55	63	78	78
b	19	23	30	34	42	52	60	74	86	104	135	135
l_1	110	110	125	125	170	200	255	255	295	330	355	355
l_2	120	120	150	150	200	220	260	260	300	350	380	380
l_3	65	65	75	75	100	120	150	160	180	200	220	230
d_2	Maß entspricht Gewindedurchmesser mit Toleranz ± JT 15											
Δl [1]	80	75	85	80	110	130	170	160	180	200	195	195

Werkstoff: Bei Spannmutter Stahl mit $R_m \geq 330$ N/mm^2; bei Anschweißende Festigkeitsklasse 3.6; schweißbar
Hinweis: Neben der offenen Spannmutter gibt es noch die geschlossene Bauform aus Sechskantstahl (DIN 1479) im Größenbereich M6…30, wobei Maß l_1 und damit auch Δl bei dieser Bauform kleiner ist.

[1] Δl = Maß für Nachstellbarkeit

Senkdurchmesser für Schrauben mit Zylinderkopf — DIN 974-1

Gewinde-⌀	2	3	4	5	6	8	10	12	16	20	24	30
Bohrungs- ⌀ d_h	2,4	3,4	4,5	5,5	6,6	9	11	13,5	17,5	22	26	33
d_1 H13 Reihe 1	4,4	6,5	8	10	11	15	18	20	26	33	40	50
Reihe 2	5	7	9	11	13	18	24	–	–	–	–	–
Reihe 3	–	6,5	8	10	11	15	18	20	26	33	40	50
Reihe 4	5,5	7	9	11	13	16	20	24	30	36	43	54
Reihe 5	6	9	10	13	15	18	24	25	33	40	48	61
Reihe 6	6	8	10	13	15	20	24	33	43	48	58	73

t Senktiefe
k Schraubenkopfhöhe
h Scheibendicke

Gewinde- ⌀	über 1,4 bis 6	über 6 bis 20	über 20 bis 27	über 27
Zugabe	0,4	0,6	0,8	1

$t = k_{max} + h_{max} +$ Zugabe

Reihe 1: für Schrauben[1] nach DIN 84, DIN 912, DIN 6912, DIN 7984 ohne Unterlegteile
Reihe 2: für Schrauben[1] nach DIN EN ISO 1580, DIN EN ISO 7045 ohne Unterlegteile
Reihe 3: für Schrauben nach DIN 84, DIN 912, DIN 6912, DIN 7984
Reihe 4: für Schrauben mit Zylinderkopf und Unterlegteilen nach DIN 433-1/2, DIN 6902 Form C, DIN 137 Form A, DIN 127, DIN 128, DIN 6905, DIN 6907, DIN 6797, DIN 6798
Reihe 5: für Schrauben mit Zylinderkopf mit Unterlegteilen nach DIN 125-1/2, DIN 6902 Form A, DIN 137 Form B, DIN 6904
Reihe 6: für Zylinderkopfschrauben mit Spannscheiben nach DIN 6796, DIN 6908

[1] Auch für gewindeschneidende und gewindefurchende Schrauben nach DIN 6797, DIN 6905, DIN 6907.

Senkungen für Sechskantschrauben und Sechskantmuttern — DIN 974-2

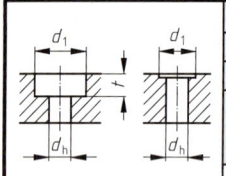

Gewinde- ⌀	3	4	5	6	8	10	12	16	20	24
Schlüsselweite s	5,5	7	8	10	13	16	18	24	30	36
Bohrungs- ⌀ d_h	3,4	4,5	5,5	6,6	9	11	13,5	17,5	22	26
d_1 H13 Reihe 1	11	13	13	18	24	28	33	40	46	58
Reihe 2	11	15	18	20	26	33	36	46	54	73
Reihe 3	9	10	11	13	18	22	26	33	40	48

Senktiefe t
siehe DIN 974-1

Reihe 1: für Steckschlüssel nach DIN 659, DIN 896, DIN 3112, DIN 3124
Reihe 2: für Ringschlüssel nach DIN 838, DIN 897, DIN 3129
Reihe 3: für enge Platzverhältnisse

Senkungen für Senkschrauben — DIN 74-1

Form A und B
Ausführung mittel (m)

		Gewinde- ⌀	2	3	4	5	6	8	10	12	16	20
A	m	d_1 H13	2,4	3,4	4,5	5,5	6,6	9	11	14	18	22
		d_2	4,6	6,5	8,6	10,4	12,4	16,4	20,4	24,4	32,4	40,4
		t_1	1,1	1,6	2,1	2,5	2,9	3,7	4,7	5,2	7,2	9,2
	f	d_1 H12	2,2	3,2	4,3	5,3	6,4	8,4	10,5	13	17	21
		d_3	4,3	6	8	10	11,5	15	19	23	30	37
		t_1	1,2	1,7	2,2	2,6	3	4	5	5,7	7,7	9,7
		t_2	0,15	0,25	0,3	0,3	0,45	0,7	0,7	0,7	1,2	1,7

Form A und B
Ausführung fein (f)
90°±1°

			2	3	4	5	6	8	10	12	16	20
B	m	d_1 H13	–	3,4	4,5	5,5	6,6	9	11	14	18	22
		d_2	–	6,6	9	11	13	17,2	21,5	26	32	38
		t_1	–	1,6	2,3	2,8	3,2	4,1	5,3	6	7	8
	f	d_1 H12	–	3,2	4,3	5,3	6,4	8,4	10,5	13	17	21
		d_3	–	6,3	8,3	10,4	12,4	16,5	20,5	25	31	37
		t_1	–	1,7	2,4	2,9	3,3	4,5	5,5	6,5	7,5	8,5
		t_2	–	0,2	0,3	0,3	0,4	0,5	0,5	0,5	0,5	0,5

Bezeichnung einer Senkung fein, Form A für M6:
Senkung DIN 74-Af6

Form A: für Schrauben nach DIN EN ISO 2009, DIN EN ISO 7046, DIN EN ISO 2010, DIN EN ISO 7047, DIN 7513, DIN 5716, DIN 7500
Form B: für Schrauben nach DIN 7991

Gewindeausläufe, Gewindefreistiche — DIN 76

d		M2	M3	M4	M5	M6	M8	M10	M12	M16	M20	M24
$P^{1)}$		0,4	0,5	0,7	0,8	1	1,25	1,5	1,75	2	2,5	3
d_g		1,3	2,2	2,9	3,7	4,4	6	7,7	9,4	13	16,4	19,6
Form A Regelfall	x_{max}	1	1,25	1,75	2	2,5	3,2	3,8	4,3	5	6,3	7,5
	a_{max}	1,2	1,5	2,1	2,4	3	3,75	4,5	5,25	6	7,5	9
	g_{1max}	1,4	1,75	2,45	2,8	3,5	4,4	5,2	6,1	7	8,7	10,5
Form B kurz	x_{max}	0,5	0,7	0,9	1	1,25	1,6	1,9	2,2	2,5	3,2	3,8
	a_{max}	0,8	1	1,4	1,6	2	2,5	3	3,5	4	5	6
	g_{1max}	1	1,25	1,75	2	2,5	3,2	3,8	4,3	5	6,3	7,5
r		0,2	0,2	0,4	0,4	0,6	0,6	0,8	1	1	1,2	1,6
d_G		2,2	3,3	4,3	5,3	6,5	8,5	10,5	12,5	16,5	20,5	24,5
Form C Regelfall	e	2,3	2,8	3,8	4,2	5,1	6,2	7,3	8,3	9,3	11,2	13,1
	g_{2max}	2,2	2,7	3,8	4,2	5,2	6,7	7,8	9,1	10,3	13	15,2
Form D kurz	e	1,5	1,8	2,4	2,7	3,2	3,9	4,6	5,8	7	8,2	
	g_{2max}	1,6	2	2,75	3	3,7	4,9	5,6	6,4	7,3	9,3	10,7

Bezeichnung eines Gewindefreistiches der Form B:
Gewindefreistich DIN 76-B $^{1)}$ Gewindesteigung

Freistiche — DIN 509

Empfohlene Zuordnung zu d_1		r_1	t_1	f_1	t_2 +0,05	g	nach-form-bar	a_{min} Form	
übliche Beanspruchung	erhöhte Beanspruchung							E	F
≤ 1,6	—	0,1	0,1	0,5	0,1	0,8	nein	0	0
> 1,6 ≤ 3	—	0,2	0,1	1	0,1	0,9	nein	0,2	0
> 3 ≤ 10	—	0,4	0,2	2	0,1	1,1	nein	0,4	0
> 10 ≤ 18	—	0,6	0,2	2	0,1	1,4	ja	0,8	0,2
> 18 ≤ 80	—	0,6	0,3	2,5	0,2	2,1	ja	0,6	0
> 80	—	1	0,4	4	0,3	3,2	ja	1,6	0,8
—	> 18 ≤ 50	1	0,2	2,5	0,1	1,8	ja	1,2	0,8
—	> 50 ≤ 80	1,6	0,3	4	0,2	3,1	ja	2,6	1,1
—	> 80 ≤ 125	2,5	0,4	5	0,3	4,8	ja	4,2	1,9
—	> 125	4	0,5	7	0,3	6,4	ja	7	4,0

Auswirkung der Bearbeitungszugabe z

z	0,1	0,15	0,2	0,25	0,3	0,4	0,5	0,6	0,7	0,8	0,9	1,0
e_1	0,37	0,56	0,75	0,93	1,12	1,49	1,87	2,24	2,61	2,99	3,36	3,73
e_2	0,71	1,07	1,42	1,78	2,14	2,85	3,56	4,27	4,98	5,69	6,40	7,12

Maße in mm

Bezeichnung eines Freistiches mit $r_1 = 0,4$ mm, $t_1 = 0,2$ mm, Form F:
Freistich DIN 509-F 0,4×0,2

Einbaumaße für Wälzlager — DIN 5418

Kantenabstand am Wälzlager r_s, Hohlkehlradien r_{as}, r_{bs} und Schulterhöhe h für Radial- und Axiallager

r_s		0,05	0,08	0,1	0,2	0,3	0,6	1	2	3	4	5
r_{as}, r_{bs}		0,05	0,08	0,1	0,2	0,3	0,6	1	2	2,5	3	4
h	8, 9, 0 $^{1)}$	0,2	0,26	0,3	0,7	1	1,6	2,3	4,4	6,2	7,3	9
	1, 2, 3 $^{1)}$	—	—	0,6	0,9	1,2	2,1	2,8	5,5	7	8,5	10
	4 $^{1)}$	—	—	—	—	—	—	—	6,5	8	10	12

$^{1)}$ Durchmesserreihen nach DIN 616.

© Verlag Gehlen

Scheiben, Produktklasse A, vorzugsweise für Sechskantschrauben und -muttern — DIN 125

Form A: ohne Fase
Form B: mit Außenfase

d_1	3,2	4,3	5,3	6,4	8,4	10,5	13	17	21	23	25	28	31
Gew.-$\varnothing$	3	4	5	6	8	10	12	16	20	22	24	27	30
d_2	7	9	10	12	16	20	24	30	37	39	44	50	56
h_{max}	0,55	0,9	1,1	1,8	1,8	2,2	2,7	3,3	3,3	3,3	4,3	4,3	4,3

Form A und Form B auch mit Innenfasen unter 45°
Werkstoff: Stahl mit 140 HV, 200 HV, 300 HV (HV Vickershärte)
Bezeichnung einer Scheibe mit d_1 = 21 mm, Form B, Härteklasse 200 HV:
Scheibe DIN 125-B21-200 HV

Scheiben, Produktklasse C, vorzugsweise für Sechskantschrauben und -muttern — DIN 126

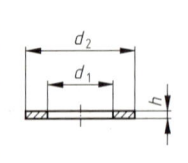

d_1	5,5	6,6	9	11	13,5	15,5	17,5	20	22	24	26	30	33
Gew.-$\varnothing$	5	6	8	10	12	14	16	18	20	22	24	27	30
d_2	10	12	16	20	24	28	30	34	37	39	44	50	56
h_{max}	1,2	1,9	1,9	2,3	2,8	2,8	3,6	3,6	3,6	3,6	4,6	4,6	4,6

Werkstoff: Stahl mit 100 HV bis 250 HV (HV Vickershärte)
Bezeichnung einer Scheibe mit d_1 = 22 mm, Härteklasse 100 HV:
Scheibe DIN 126-22-100 HV

Scheiben, Produktklasse A, vorzugsweise für Zylinderschrauben — DIN 433

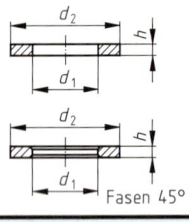

d_1	1,9	2,2	2,7	3,2	4,3	5,3	6,4	8,4	10,5	13	17	21	25
Gew.-$\varnothing$	1,8	2	2,5	3	4	5	6	8	10	12	16	20	24
d_2	4	4,5	5	6	8	9	11	15	18	20	28	34	39
h_{max}	0,35		0,55			1,1	1,8	1,8	1,8	2,2	2,7	3,3	4,3

Fasen 45°
Werkstoff: Stahl mit 140 HV, 200 HV, 300 HV (HV Vickershärte)
Bezeichnung einer Scheibe mit d_1 = 17 mm, Härteklasse 140:
Scheibe DIN 433-17-140 HV

Scheiben für Bolzen: Produktklasse A, Ausführung grob — DIN EN 28738, DIN 1441

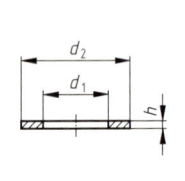

d_1 H11 (mittel)	6	8	10	12	14	16	18	20	22	23	24	25	26	27	28	30
d_1 (grob)	7	9	11	13	15	17	19	21	23	24	25	26	27	28	29	31
für Bolzen-$\varnothing$	6	8	10	12	14	16	18	20	22	23	24	25	26	27	28	30
d_2	12	16	20	25	28	28	30	32	34	36	38	40	40	40	42	45
h	1,6	2	2,5	3	3	4	4	4	4	4	4	5	5	5	5	5

Werkstoff: Stahl mit 160 HV bis 250 HV (HV Vickershärte)
Bezeichnung einer Scheibe mit d_1 = 16 mm:
Scheibe DIN 1441-16-St

Scheiben rund für HV-Verbindungen[1] in Stahlkonstruktionen — DIN 6916

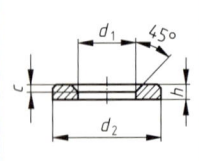

d_1	13	17	21	23	25	28	31	37
Gew.-$\varnothing$	12	16	20	22	24	27	30	36
d_2	24	30	37	39	44	50	56	66
h_{max}	3,3	4,3	4,3	4,3	4,3	5,6	5,6	6,6
c_{min}	1,6	1,6	2	2	2	2,5	2,5	3

Werkstoff: Stahl mit 295 HV bis 350 HV (HV Vickershärte)
Bezeichnung einer Scheibe mit d_1 = 21 mm:
Scheibe DIN 6916-21

[1] HV hochfest, vorgespannt.

© Verlag Gehlen

Scheiben für U-Träger und I-Träger · Federringe · Federscheiben 181

Scheiben für U-Träger, für I-Träger — DIN 434, DIN 435

		d	9	11	14	18	22	24	26	30
		Gew.-⌀	8	10	12	16	20	22	24	27
		a	22	22	26	32	40	44	56	56
		b	22	22	30	36	44	50	56	56
DIN 434	h		3,8	3,8	4,9	5,9	7	8	8,5	8,5
	e		2,9	2,9	3,7	4,45	5,25	6	6,26	6,26
DIN 435	h		4,6	4,6	6,2	7,5	9,2	10	10,8	10,8
	e		3,05	3,05	4,1	5	6,1	6,5	6,9	6,9

Bezeichnung einer Scheibe mit d = 14 mm:
U-Scheibe DIN 434-14
I-Scheibe DIN 435-14

Werkstoff: Stahl

Scheiben für HV-Schrauben an U-Profilen, an I-Profilen — DIN 6918, DIN 6917

		d	13	17	21	23	25	28	31	37
		Gew.-⌀	12	16	20	22	24	27	30	36
		a	26	32	40	44	56	56	62	68
		b	30	36	44	50	56	56	62	68
DIN 6918	h		4,9	5,9	7	8	8,5	8,5	9	9,4
	e		3,7	4,45	5,25	6	6,26	6,26	6,52	6,68
DIN 6917	h		6,2	7,5	9,2	10	10,8	10,8	11,7	12,5
	e		4,1	5	6,1	6,5	6,9	6,9	7,5	8

Bezeichnung einer Scheibe mit d = 21 mm:
U-Scheibe DIN 6918-21
I-Scheibe DIN 6917-21

Werkstoff: Stahl

Federringe, gewölbt oder gewellt — DIN 128

Form A gewölbt · Form B gewellt

d_1	3,1	4,1	5,1	6,1	8,1	10,2	12,2	16,2	20,2	24,5	27,5
Gew.-⌀	3	4	5	6	8	10	12	16	20	24	27
d_2	6,2	7,6	9,2	11,8	14,8	18,1	21,1	27,4	33,6	40	43
h_{max}	1,3	1,4	1,7	2,2	2,75	3,15	3,65	5,1	5,9	7,5	7,5
s	0,7	0,8	1,0	1,3	1,6	1,8	2,1	2,8	3,2	4,0	4,0

Werkstoff: Federstahl (FSt)
Bezeichnung eines Federringes für Gewinde-⌀ 8 mm, Form A:
Federring DIN 128-A8-FSt

Federscheiben, gewellt — DIN 137

Form B gewellt

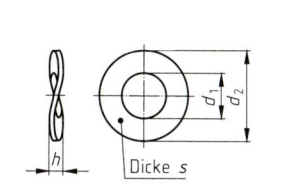

d_1	4,3	5,3	6,4	8,4	10,5	13	17	21	25	28	31
Gew.-⌀	4	5	6	8	10	12	16	20	24	27	30
d_2	9	11	12	15	21	24	30	36	44	50	56
h_{min}	1	1,1	1,3	1,5	2,1	2,5	3,2	3,7	4,1	4,7	5
h_{max}	2	2,2	2,6	3	4,2	5	6,4	7,4	8,2	9,4	10
s	0,5	0,5	0,5	0,8	1	1,2	1,6	1,6	1,8	2	2,2

Werkstoff: Federstahl (FSt)
Bezeichnung einer Federscheibe für Gewinde-⌀ 12 mm, Form B:
Federscheibe DIN 137-B12-FSt

Mechanische Bauelemente

© Verlag Gehlen

Zahnscheiben, Fächerscheiben — DIN 6797, DIN 6798

Zahnscheiben Form A außengezahnt, $h \geq 2s_1$
Form J innengezahnt
Form V versenkbar

Fächerscheiben Form A außengezahnt, $h = 3s_1$
Form J innengezahnt
Form V versenkbar

d_1	d_2	d_3	s_1	s_2
4,3	8	8	0,5	0,25
5,3	10	9,8	0,6	0,3
6,4	11	11,8	0,7	0,4
8,4	15	15,3	0,8	0,4
10,5	18	19	0,9	0,5
13	20,5	23	1	0,5
15	24	26,2	1	0,6
17	26	30,2	1,2	0,6
19	30	–	1,4	–
21	33	–	1,4	–
23	36	–	1,5	–
25	38	–	1,5	–

Werkstoff: Federstahl (FSt)

Bezeichnung einer Zahnscheibe mit d_1 = 5,3 mm, Form A: **Zahnscheibe DIN 6797-A5,3-FSt**
Bezeichnung einer Fächerscheibe mit d_1 = 6,4 mm, Form A: **Fächerscheibe DIN 6798-A6,4-FSt**

Scheiben mit Lappen/mit Außennase — DIN 93, DIN 432

DIN 93 — Anwendungsbeispiel
DIN 432 — Anwendungsbeispiel

d_1	für Gew.-⌀	d_2	d_3	a	b	f	l	$s^{1)}$	$s^{2)}$	t	r
3,2	3	12	4	4	4,5	2,5	13	0,38	0,4	2,5	2,5
3,7	3,5	12	4	4	4,5	2,5	13	0,38	0,4	2,5	2,5
4,3	4	14	4	5	5,5	2,5	14	0,38	0,4	2,5	2,5
5,3	5	17	5	6	7	3,5	16	0,5	0,75	3,5	2,5
6,4	6	19	5	7	7,5	3,5	18	0,5	0,75	3,5	4
7,4	7	19	5	7	7,5	3,5	18	0,5	0,75	3,5	4
8,4	8	22	5	8	8,8	3,5	20	0,75	1	4	4
10,5	10	26	6	10	10	4,5	22	0,75	1	4	6
13	12	30	6	12	12	4,5	28	1	1,2	5	10
17	16	36	7	15	15	5,5	32	1	1,2	5	10
21	20	42	8	18	18	6,5	36	1	1,6	5	10
25	24	50	9	20	21	7,5	42	1	1,6	7	10
28	27	58	10	23	23	8,5	48	1,6	1,6	9	16
31	30	63	10	26	25	8,5	52	1,6	1,6	9	16
34	33	68	11	28	28	9,5	56	1,6	1,6	9	16
37	36	75	13	30	31	11,0	60	1,6	2,0	9	16
40	39	82	13	32	33	11,0	64	1,6	2,0	11	16
46	45	95	15	38	38	13,0	75	1,6	2,0	12	16

Werkstoff:
St   St 12 O3 nach DIN 1623, St 2 K 32 GBK nach DIN 1624
CuZn   CuZn 36 F 30 nach DIN 17670

Bezeichnung einer Scheibe mit Lappen mit d_1 = 21 mm aus Stahl (St):
Scheibe DIN 93-21-St

Maße in mm

[1] s für DIN 93; [2] s für DIN 432.

© Verlag Gehlen

Halbrundniete · Senkniete

Halbrundniete, 1 mm bis 8 mm — DIN 660

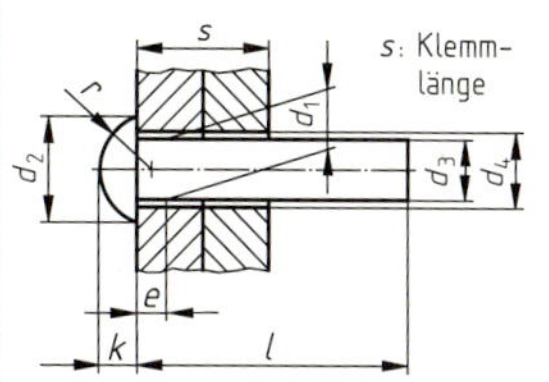

d_1		1	1,2	1,6	2	2,5	3	4	5	6	8
d_2		1,8	2,1	2,8	3,5	4,4	5,2	7	8,8	10,5	14
d_3		0,93	1,13	1,52	1,87	2,37	2,87	3,87	4,82	5,82	7,76
d_4 H12		1,05	1,25	1,65	2,1	2,6	3,1	4,2	5,2	6,3	8,4
e		0,5	0,6	0,8	1	1,25	1,5	2	2,5	3	4
k		0,6	0,7	1	1,2	1,5	1,8	2,4	3	3,6	4,8
r		1	1,2	1,6	1,9	2,4	2,8	3,8	4,6	5,7	7,5
l	von	2	2	2	2	3	3	4	5	6	8
	bis	6	8	12	20	25	30	40	40	40	40

d_4 Nietlochdurchmesser

Längen l: 2; 3; 4; 5; 6; 8; 10; 12; 14; 16; 18; 20; 22; 25; 28; 30; 32; 35; 38; 40 mm
Werkstoff: Stahl QSt 32-3; QSt 36-3 oder nach Vereinbarung
Schließkopf: Halbrundkopf (Form A) oder Senkkopf (Form B)
Bezeichnung eines Halbrundniets mit d_1 = 5 mm, l = 30 mm aus Stahl: **Niet DIN 660-5×30-St**

Halbrundniete, 10 mm bis 36 mm — DIN 124

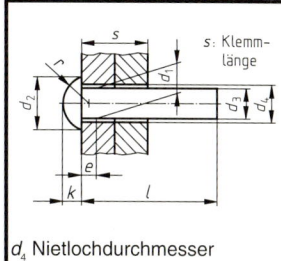

d_1		10	12	14	16	18	20	22	24	30	36
d_2		16	19	22	25	28	32	36	40	48	58
d_3		9,4	11,3	13,2	15,2	17,1	19,1	20,9	22,9	28,6	34,6
d_4 H12		10,5	13	15	17	19	21	23	25	31	37
e		5	6	7	8	9	10	11	12	15	18
k		6,5	7,5	9	10	11,5	13	14	16	19	23
r		8	9,5	11	13	14,5	16,5	18,5	20,5	24,5	30
l	von	16	18	20	24	26	30	34	38	50	60
	bis	50	60	70	80	90	100	110	120	150	160

d_4 Nietlochdurchmesser

Längen l: 10; 12...40; 42; 45; 48; 50...80; 85; 90; 95...160 mm
Werkstoff: Stahl QSt 32-3; QSt 36-3
Schließkopf: Halbrundkopf (Form A) oder Senkkopf (Form B)
Bezeichnung eines Halbrundniets mit d_1 = 12 mm, l = 40 mm aus Stahl: **Niet DIN 124-12×40-St**

Senkniete, 1 mm bis 8 mm — DIN 661

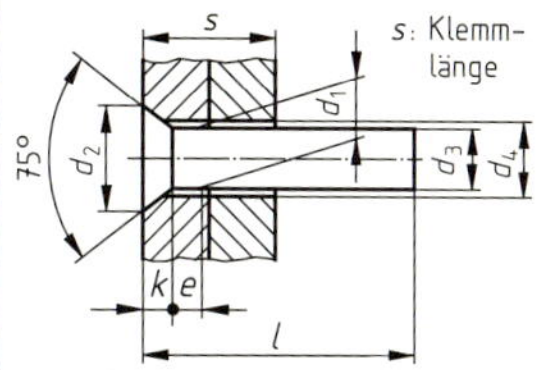

d_1		1	1,2	1,6	2	2,5	3	4	5	6	8
k		0,5	0,6	0,8	1	1,2	1,4	2	2,5	3	4
l	von	2	2	2	3	4	5	6	8	10	12
	bis	5	6	8	10	12	16	20	25	30	40

Abmessungen d_2, d_3, d_4, e und Längen l sowie Werkstoff siehe DIN 660
Bezeichnung eines Senkniets mit d_1 = 4 mm, l = 16 mm aus Stahl:
Niet DIN 661-4×16-St

Senkniete, 10 mm bis 36 mm — DIN 302

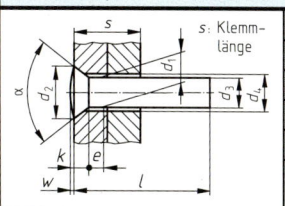

d_1		10	12	14	16	18	20	22	24	30	36
d_2		14,5	18	21,5	26	30	31,5	34,5	38	42,5	51
k		3	4	5	6,5	8	10	11	12	15	18
w		1	1	1	1	1	2	2	2	2	2
α		75°					60°			45°	
l	von	10	14	18	24	26	30	33	36	45	55
	bis	52	60	70	80	90	100	110	120	150	160

Abmessungen d_3, d_4, e und Längen l sowie Werkstoff siehe DIN 124
Bezeichnung eines Senkniets mit d_1 = 16 mm, l = 50 mm aus Stahl: **Niet DIN 302-16×50-St**

© Verlag Gehlen

Halbhohlniete mit Senkkopf — DIN 6792

d_1	1,6	2	2,5	3	4	5	6	8
d_2	3,2	4	5	6	8	10	12	16
d_3	1,52	1,87	2,37	2,87	3,87	4,82	5,82	7,76
d_4 H12 [1]	1,65	2,1	2,6	3,1	4,2	5,2	6,3	8,4
d_5 H13	0,9	1,2	1,7	1,9	2,7	3,5	4,2	6
e	0,8	1	1,3	1,5	2	2,5	3	4
k	0,45	0,6	0,7	0,9	1,2	1,4	1,7	2,3
t	1,5	2,5	2,5	3	4	5	6,5	8
l von	3	4	5	6	8	10	12	14
bis	8	10	12	16	20	25	30	40

Längen l: 3; 4; 5; 6; 8; 10; 12; 14; 16; 20; 25...40 in 5-mm-Stufen
Werkstoff: Stahl QSt 32-3; QSt 36-3
Bezeichnung eines Halbhohlniets mit d_1 = 6 mm, l = 25 mm aus Stahl:
Niet DIN 6792-6×25-St

Maße in mm

[1] d_4 Nietlochdurchmesser.

Blindniete mit Sollbruchdorn — DIN 7337

d_1 Reihe 1	–	3	–	4	–	5	6	–
Reihe 2	2,4	–	3,2	–	4,8	–	–	6,4
d_2 Form A	5	6,5	6,5	8	9,5	9,5	12	13
Form B	–	6	6	7,5	9	9	11	12
d_3	2,5	3,1	3,3	4,1	4,9	5,1	6,1	6,5
k Form A	0,55	0,8	0,8	1	1,1	1,1	1,5	1,8
Form B	–	0,9	0,9	1	1,2	1,2	1,5	1,6
r_{max}	0,2			0,3			0,4	0,5

l	Klemmlängenbereich für Niethülsen aus Al und Nietdorn aus St oder A2 [1]						
4	0,5...2	0,5...1,5	–	–	–	–	–
6	2...4	1,5...3,5	1,5...3	2...3	–	–	–
8	4...6	3,5...5,5	3...5	3...4,5	2...4	–	–
10	–	5,5...7	5...6,5	4,5...6	4...6	–	–
12	–	7...9	6,5...8,5	6...8	6...8	2...6	–
16	–	9...13	8,5...12,5	8...12	8...11	6...10	–
20	–	13...17	12,5...16,5	12...16	11...15	10...14	–
25	–	17...22	16,5...21,5	16...21	15...20	14...18	–
30	–	–	–	21...25	20...24	18...23	
35	–	–	–	25...30	24...29	–	
40	–	–	–	30...35	29...34	–	
45	–	–	–	35...40	34...39	–	
50	–	–	–	40...45	39...44	–	

Werkstoff Niethülse: Al; St; A2 [1]; CuNi
Werkstoff Nietdorn: St; A2 [1]; CuSn
Bezeichnung eines Blindniets mit d_1 = 4 mm, l = 16 mm, Form A, Niethülse aus Al:
Blindniet DIN 7337-A4×16-Al

Maße in mm

[1] A2 Werkstoff nach DIN ISO 3506.

Stifte- und Bolzen-Übersicht

Form	Bezeichnung		Bezeichnung
Form A: d m6	Zylinderstift, ungehärtet DIN EN 22338		Kegelstift, ungehärtet DIN EN 22339
Form B: d h6			Kegelstift mit Innengewinde, ungehärtet DIN EN 28736
Form C: d h6			Kegelstift mit Gewindezapfen, ungehärtet DIN EN 28737
	Zylinderstift, gehärtet DIN EN 28734		Spannstift, geschlitzt DIN EN 28752 DIN 7346
	Zylinderkerbstift DIN EN 28740		Kegelkerbstift DIN EN 28744
	Steckkerbstift DIN EN 28741		Passkerbstift DIN EN 28745
	Knebelkerbstift DIN EN 28742 DIN EN 28743		Halbrundkerbnagel DIN EN 28746
	Bolzen mit Kopf und Gewindezapfen DIN 1445		Senkkerbnagel DIN EN 28747
Form A / Form B	Bolzen ohne Kopf Form A ohne Splintlöcher Form B mit Splintlöchern DIN EN 22340	Form A / Form B	Bolzen mit Kopf Form A ohne Splintloch Form B mit Splintloch DIN EN 22341

Zylinderstifte, ungehärtet — DIN EN 22338

Form A ($r \approx d$, $\approx 15°$, d m6)

d	0,6	0,8	1	1,2	1,5	2	2,5	3	4	5
a	0,08	0,1	0,12	0,16	0,2	0,25	0,3	0,4	0,5	0,63
c	0,12	0,16	0,2	0,25	0,3	0,35	0,4	0,5	0,63	0,8
l von	2	2	4	4	4	6	6	8	8	10
bis	6	8	10	12	16	20	24	30	40	50

Form B ($\approx 15°$, d h6)

d	6	8	10	12	16	20	25	30	40	50
a	0,8	1	1,2	1,6	2	2,5	3	4	5	6,3
c	1,2	1,6	2	2,5	3	3,5	4	5	6,3	8
l von	12	14	18	22	26	35	50	60	80	95
bis	60	80	95	140	180	200	200	200	200	200

Form C (d h6)

Längen l: 2; 3; 4; 5; 6; 8; 10...32 in 2-mm-Stufen; 35...1000 in 5-mm-Stufen; 120...200 in 20-mm-Stufen
Werkstoff: Automatenstahl (St) mit 125 HV bis 245 HV
Bezeichnung eines Zylinderstiftes mit d = 6 mm, l = 40 mm, Form B aus Stahl:
Zylinderstift ISO 2338-B-6×40-St

© Verlag Gehlen

Zylinderstifte, gehärtet — DIN EN 28734

Form A durchgehärtet, $r \approx d$
Form B einsatzgehärtet, $R_a\ 0{,}8$, $r \approx d$

d m6	1	1,5	2	2,5	3	4	5	6	8	10	12	16	20
a	0,12	0,2	0,25	0,3	0,4	0,5	0,63	0,8	1	1,2	1,6	2	2,5
c	0,5	0,6	0,8	1	1,2	1,4	1,7	2,1	2,6	3	3,8	4,6	6
l von	3	4	5	6	8	10	12	14	18	22	26	40	50
bis	10	16	20	24	30	40	50	60	80	100	100	100	100

Längen l: 3; 4; 5; 6; 8...32 in 2-mm-Stufen; 35...100 in 5-mm-Stufen
Werkstoff: 100 Cr4 oder ähnlich
Form A: 550 HV...650 HV; Form B: Oberflächenhärte 600 HV...700 HV
Bezeichnung eines gehärteten Zylinderstiftes mit d = 6 mm, l = 40 mm,
Form A aus Stahl: **Zylinderstift ISO 8734-6×40-A-St**

Kegelstifte, ungehärtet — DIN EN 22339

$r_2 \approx d$, 1:50

d	1	1,2	1,5	2	2,5	3	4	5	6	8	10	12	16	20
a	0,12	0,16	0,2	0,25	0,3	0,4	0,5	0,63	0,8	1	1,2	1,6	2	2,5
l von	6	6	8	10	10	12	14	18	22	22	26	32	40	45
bis	16	20	24	35	35	45	55	60	90	120	160	180	200	200

Längen l und Werkstoff siehe DIN EN 22338
Typ A geschliffen, Typ B gedreht
Bezeichnung eines Kegelstiftes mit d = 4 mm, l = 20 mm, Typ A aus Stahl:
Kegelstift ISO 2339-A-4×20-St

Kegelstifte mit Innengewinde, ungehärtet — DIN EN 28736

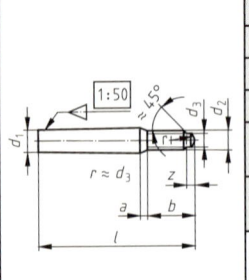

$r \approx d_1$, 1:50, a s. DIN EN 22338

d_1	6	8	10	12	16	20	25	30	40	50
d_2	M4	M5	M6	M8	M10	M12	M16	M20	M20	M24
l von	16	18	22	26	30	35	50	60	80	100
bis	60	80	100	120	160	200	220	240	260	280

Längen l: 16...32 in 2-mm-Stufen; 35...100 in 5-mm-Stufen; 120...280 in 20-mm-Stufen
Typ A geschliffen, Typ B gedreht
Bezeichnung eines ungehärteten Kegelstiftes mit Innengewinde,
d_1 = 12 mm, l = 50 mm, Typ A aus Stahl:
Kegelstift ISO 8736-A-12×50-St

Kegelstifte mit Gewindezapfen, ungehärtet — DIN EN 28737

1:50, $r \approx d_3$

d_1	5	6	8	10	12	16	20	25	30	40	50
d_2	M5	M6	M8	M10	M12	M16	M16	M20	M24	M30	M36
d_3	3,5	4	5,5	7	8,5	12	12	15	18	23	28
a	2,4	3	4	4,5	5,3	6	6	7,5	9	10,5	12
b	14	18	22	24	27	35	35	40	46	58	70
z max	1,5	1,75	2,25	2,75	3,25	4,3	4,3	5,3	6,3	7,5	9,4
min	1,25	1,5	2	2,5	3	4	4	5	6	7	9
l von	40	45	55	65	85	100	120	140	160	190	220
bis	50	60	85	100	120	160	190	250	280	320	400

Längen l: 40; 45; 50; 55; 60; 65; 75; 85; 100; 120; 140; 160; 190; 220; 250; 280; 220; 250; 280; 320; 360; 400 mm
Werkstoff: Automatenstahl
Bezeichnung eines Kegelstiftes mit d_1 = 12 mm, l = 90 mm aus Stahl:
Kegelstift ISO 8737-12×90-St

Kerbstifte · Kerbnägel · Spannstifte **187**

Kerbstifte — DIN EN 28740 ... DIN EN 28745

		d_1	1,5	2	2,5	3	4	5	6	8	10	12	16	20
		a	0,2	0,25	0,3	0,4	0,5	0,63	0,8	1	1,2	1,6	2	2,5
		c	0,6	0,8	1	1,2	1,4	1,7	2,1	2,6	3	3,8	4,6	6
	Zylinderkerbstifte DIN EN 28740	l von bis	8 20	8 30	10 30	10 40	10 60	14 60	14 80	14 100	14 100	18 100	22 100	26 100
	Steckkerbstifte DIN EN 28741	l von bis	8 20	8 30	8 30	8 40	10 60	10 60	12 80	14 100	18 160	26 200	26 200	26 200
	Knebelkerbstifte[1] DIN EN 28742	l von bis	8 20	12 30	12 30	12 40	18 60	18 60	22 80	26 100	32 160	40 200	45 200	45 200
	Kegelkerbstifte DIN EN 28744	l von bis	8 20	8 30	8 30	8 40	8 60	8 60	10 80	12 100	14 120	14 120	24 120	26 120
	Passkerbstifte DIN EN 28745	l von bis	8 20	8 30	8 30	8 40	10 60	10 60	10 80	14 100	14 200	18 200	26 200	26 200

Längen l: 8...32 in 2-mm-Stufen; 35...100 in 5-mm-Stufen; 120...200 in 20-mm-Stufen
Werkstoff: Automatenstahl
Bezeichnung eines Kegelkerbstiftes mit d_1 = 4 mm, l = 30 mm aus Stahl: **Kerbstift ISO 8744-4×30-St**

[1] Nach DIN EN 28743 Kerblänge 0,5 · l.

Halbrundkerbnägel, Senkkerbnägel — DIN EN 28746, DIN EN 28747

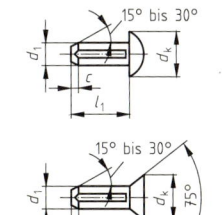

d_1	1,4	1,6	2	2,5	3	4	5	6	8	10	12
d_k	2,6	3,0	3,7	4,6	5,45	7,25	9,1	10,8	14,4	16	19
c	0,42	0,48	0,6	0,75	0,9	1,2	1,5	1,8	2,4	3,0	3,6
l_1 von bis	3 6	3 8	3 10	3 12	4 16	5 20	6 25	8 30	10 40	12 40	16 40
l_2 von bis	3 6	3 8	4 10	4 12	5 16	6 20	8 25	8 30	10 40	12 40	16 40

Längen l: 3; 4; 5; 6; 8; 10; 12; 16; 20; 25; 30; 35; 40 mm
Werkstoff: Automatenstahl; Bezeichnung eines Senkkerbnagels mit
d_1 = 3 mm, l = 12 mm aus Stahl: **Kerbnagel ISO 8747-3×12-St**

Spannstifte, schwere Ausführung — DIN EN 28752

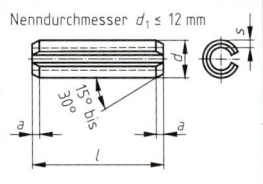

Nenn-⌀	2	3	4	5	6	8	10	12	14	16	18	20
d_{min}	2,3	3,3	4,4	5,4	6,4	8,5	10,5	12,5	14,5	16,5	18,5	20,5
s	0,4	0,6	0,8	1	1,25	1,5	2	2,5	3	3	3,5	4
a_{min}	0,35	0,5	0,65	0,9	1,2	2	2	2	2	2	2	3
l von bis	4 30	4 40	4 50	5 80	10 100	10 120	10 160	10 180	10 200	10 200	10 200	10 200

Längen l: 4; 5; 6...32 in 2-mm-Stufen; 35...100 in 5-mm-Stufen; 120; 140; 160; 180; 200 mm
Werkstoff: Kohlenstoffstahl mit einer Härte von 420...520 HV oder Silicium-Mangan-Stahl mit einer Härte von 420...560 HV
Form A: Regelausführung, Form B: nicht verhakend
Nenn-⌀ des Stiftes gleich ⌀ der Aufnahmebohrung mit Toleranzfeld H12
Bezeichnung eines Spannstiftes mit d = 6 mm, l = 40 mm, Form A aus Stahl: **Spannstift ISO 8752-6×40-A-St**

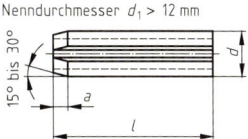

© Verlag Gehlen

Spannstifte, leichte Ausführung — DIN 7346

Nenndurchmesser $d_1 \leq 12$ mm

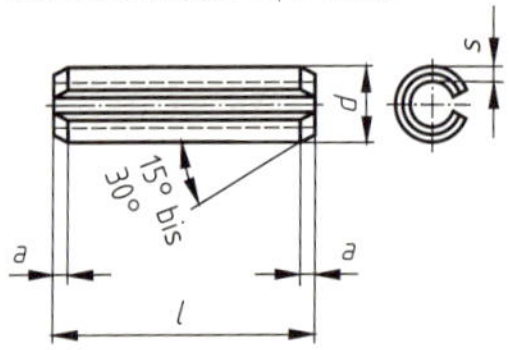

Nenndurchmesser $d_1 > 12$ mm

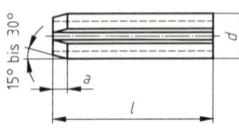

Maße in mm

Nenn-⌀	d_{min}	s	a	l von	bis
2	2,3	0,2	0,2	4	30
2,5	2,8	0,25	0,25	4	30
3	3,3	0,3	0,25	4	40
3,5	3,8	0,35	0,3	4	40
4	4,4	0,5	0,5	4	50
4,5	4,8	0,5	0,5	4	50
5	5,4	0,5	0,5	5	80
6	6,4	0,75	0,7	10	100
7	7,5	0,75	0,7	10	100
8	8,5	0,75	1,5	10	120
10	10,5	1	2	10	160
12	12,5	1	2	10	180
14	14,5	1,5	2	10	200
16	16,5	1,6	2	10	200

Längen l siehe DIN EN 28752
Werkstoff: Federstahl (FSt) mit einer Härte von 420...560 HV 5
Bezeichnung eines Spannstiftes mit $d = 6$ mm, $l = 40$ mm aus Federstahl: **Spannstift DIN 7346-6×40-FSt**

Bolzen mit Kopf und Gewindezapfen — DIN 1445

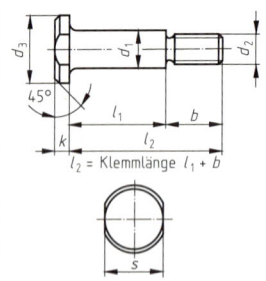

d_1 h11	8	10	12	14	16	18	20	22	24	27	30
d_2	M6	M8	M10	M12	M12	M12	M16	M16	M20	M20	M24
d_3	14	18	20	22	25	28	30	33	36	40	44
b_{min}	11	14	17	20	20	20	25	25	29	29	36
k	3	4	4	4	4,5	5	5	5,5	6	6	8
s	11	13	17	19	22	24	27	30	32	36	36

l_2 = Klemmlänge $l_1 + b$

Längen l_2: 16; 20; 25...90 in 5-mm-Stufen; 100...200 in 10-mm-Stufen; über 200 in 20-mm-Stufen
Werkstoff: 9SMnPb28K
Bezeichnung eines Bolzens mit $d_1 = 12$ mm, Toleranzfeld h11, $l_1 = 40$ mm, $l_2 = 60$ mm aus Stahl: **Bolzen DIN 1445-12h11×40×60-St**

Bolzen ohne und mit Kopf — DIN EN 22340, DIN EN 22341

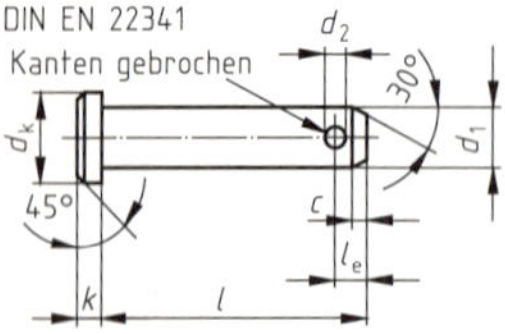

DIN EN 22340 — Kanten gebrochen
DIN EN 22341 — Kanten gebrochen

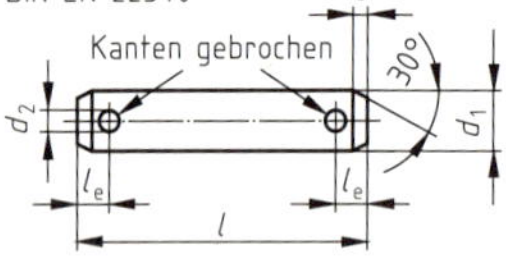

d_1 h11[1]	3	4	5	6	8	10	12	14	16	18	20	22	24
d_k	5	6	8	10	14	18	20	22	25	28	30	33	36
k	1	1	1,6	2	3	4	4	4	4,5	5	5	5,5	6
d_2	0,8	1	1,2	1,6	2	3,2	4	4	5	5	5	5	6,3
c	1	1	2	2	2	2	3	3	3	3	4	4	4
l_e	1,6	2,2	2,9	3,2	3,5	4,5	5,5	6	6	7	7	8	9
l von	6	8	10	12	16	20	24	28	32	35	40	45	50
l bis	30	40	50	60	80	100	120	140	160	180	200	200	200

Längen l: 6...32 in 2-mm-Stufen; 35...100 in 5-mm-Stufen; 120; 140; 160; 180; 200 mm.
Form A ohne Splintlöcher, Form B mit Splintlöchern
Werkstoff: Automatenstahl; Bezeichnung eines Bolzens ohne Kopf mit $d_1 = 12$ mm, $l = 80$ mm, Form B aus Stahl: **Bolzen ISO 2340-B-12×80-St**

[1] Andere Toleranzklassen nach Vereinbarung.

© Verlag Gehlen

Wellenenden · Passscheiben · Stützscheiben **189**

Wellenenden, kegelig — DIN 1448

d_1	l_1 lang	l_1 kurz	l_2 lang	l_2 kurz	l_3	t_1 lang	t_1 kurz	Passfeder $b \times h$	Gewinde d_2
10	23	–	15	–	8	–	–	–	M6
12	30	–	18	–	12	1,7	–	2 × 2	M8×1
14	30	–	18	–	12	2,3	–	3 × 3	M8×1
16	40	28	28	16	12	2,5	2,2	3 × 3	M10×1,25
20	50	36	36	22	14	3,4	3,1	4 × 4	M12×1,25
22	50	36	36	22	14	3,4	3,1	4 × 4	M12×1,25
24	50	36	36	22	14	3,9	3,6	5 × 5	M12×1,25
25	60	42	42	24	18	4,1	3,6	5 × 5	M16×1,5
28	60	42	42	24	18	4,1	3,6	5 × 5	M16×1,5
30	80	58	58	36	22	4,5	3,9	5 × 5	M20×1,5
32	80	58	58	36	22	5	4,4	6 × 6	M20×1,5
35	80	58	58	36	22	5	4,4	6 × 6	M20×1,5
38	80	58	58	36	22	5	4,4	6 × 6	M24×2
40	110	82	82	54	28	7,1	6,4	10 × 8	M24×2
42	110	82	82	54	28	7,1	6,4	10 × 8	M24×2

Passfeder parallel zur Achse bis d_1 = 220 mm

Wellenenden zylindrisch — DIN 748

Passfeder nach DIN 6885 auswählen

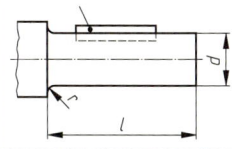

d k6	10	12	14	16	20	22	24	25	28	30	32	35	38	40	42	45	48	50
l_{lang}	23	30	30	40	50	50	50	60	60	80	80	80	80	110	110	110	110	110
l_{kurz}	15	18	18	28	36	36	36	42	42	58	58	58	58	82	82	82	82	82
r	0,6							1										1,6

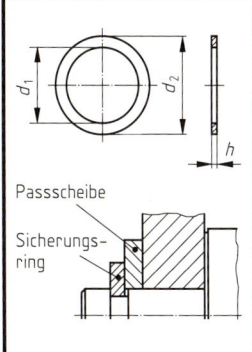

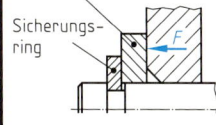

Passscheiben, Stützscheiben — DIN 988

d_1 D12	d_2 d12	$h^{1)}$	d_1 D12	d_2 d12	$h^{1)}$	d_1 D12	d_2 d12	$h^{1)}$
10	16		25	36		50	63	
11	17	$1,2_{-0,05}$	26	37	$2_{-0,05}$	52	65	$3_{-0,06}$
12	18		28	40		55	68	
13	19		30	42		56	70	
14	20	$1,5_{-0,05}$	32	45	$2,5_{-0,05}$	56	72	$3_{-0,06}$
15	21		35	45		60	75	
16	22		36	45		63	80	
17	24		37	47		65	85	
18	25	$1,5_{-0,05}$	40	50	$2,5_{-0,05}$	70	90	$3,5_{-0,06}$
19	26		42	52		75	95	
20	28		45	55		80	100	
22	30	$2_{-0,05}$	45	56	$3_{-0,06}$	85	105	$3,5_{-0,06}$
22	32		48	60		90	110	
25	35		50	62		95	115	

Passscheibendicke h_{max}: 0,1; 0,15; 0,2; 0,3; 0,5; 1; 1,1...2,0 in 0,1-mm-Stufen
Werkstoff: Stützscheiben Fst; Passscheiben St
Bezeichnung einer Stützscheibe (S) mit d_1 = 20 mm, d_2 = 28 mm:
Stützscheibe DIN 988-S20×28
Bezeichnung einer Passscheibe mit d_1 = 32 mm, d_2 = 45 mm, h = 1,2 mm:
Passscheibe DIN 988-32×45×1,2

Maße in mm

[1] h Stützscheibendicke.

© Verlag Gehlen

Zentrierbohrungen — DIN 332

Form A mit geraden Laufflächen ohne Schutzsenkung

Form B mit geraden Laufflächen und kegelförmiger Schutzsenkung

Form C gerade Laufflächen, kegelstumpfförmige Schutzsenkung

Form R mit gewölbten Laufflächen ohne Schutzsenkung

Form D ohne Schutzsenkung mit gerader Lauffläche

Form DS mit Schutzsenkung mit gerader Lauffläche

Maße in mm

Form A, B, C, R

d_1	1	1,25	1,6	2	2,5	3,15	4	5	6,3	8	10
d_2	2,12	2,65	3,35	4,25	5,3	6,7	8,5	10,6	13,2	17	21,2

Form A

t	1,9	2,3	2,9	3,7	4,6	5,9	7,4	9,2	11,5	14,8	18,4
a[1]	3	4	5	6	7	9	11	14	18	22	28

Form B

b	0,3	0,4	0,5	0,6	0,8	0,9	1,2	1,6	1,4	1,6	2
d_3	3,15	4	5	6,3	8	10	12,5	16	18	22,4	28
t	2,2	2,7	3,4	4,3	5,4	6,8	8,6	10,8	12,9	16,4	20,4
a[1]	3,5	4,5	5,5	6,6	8,3	10	12,7	15,6	20	25	31

Form C

b	0,4	0,6	0,7	0,9	0,9	1,1	1,7	1,7	2,3	3	3,9
d_4	4,5	5,3	6,3	7,5	9	11,2	14	18	22,4	28	35,5
d_5	5	6	7,1	8,5	10	12,5	16	20	25	31,5	40
t	1,9	2,3	2,9	3,7	4,6	5,9	7,4	9,2	11,5	14,8	18,4
a[1]	3,5	4,5	5,5	6,6	8,3	10	12,7	15,6	20	25	31

Form R

t	1,9	2,3	2,9	3,7	4,6	5,8	7,4	9,2	11,4	14,7	18,3
r	3,15	4	5	6,3	8	10	12,5	16	20	25	31,5
a[1]	3	4	5	6	7	9	11	14	18	22	28

Form DS, D

d_1	M3	M4	M5	M6	M8	M10	M12	M16	M20
d_2	2,5	3,3	4,2	5	6,8	8,5	10,2	14	17,5
d_3	3,2	4,3	5,3	6,4	8,4	10,5	13	17	21
d_4	5,3	6,7	8,1	9,6	12,2	14,9	18,1	23	28,4
d_5	5,8	7,4	8,8	10,5	13,2	16,3	19,8	25,3	31,3
t_1	9	10	12,5	16	19	22	28	36	42
t_2	12	14	17	21	25	30	37	45	53
t_3	2,6	3,2	4	5	6	7,5	9,5	12	15
t_4	1,8	2,1	2,4	2,8	3,3	3,8	4,4	5,2	6,4
t_5	0,2	0,3	0,3	0,4	0,4	0,6	0,7	1,0	1,3

Die Größe der Zentrierbohrung wird durch Masse und Festigkeitswerte des Werkstücks sowie durch Schnittwerte beim Spanen bestimmt.
$D \geq 3 \times d_2$ oder $D \geq 6,3 \times d_1$ für die Formen A, B, C, R
D Wellendurchmesser
Bezeichnung einer Zentrierbohrung mit d_1 = 4 mm, d_2 = 8,5 mm, Form A:
Zentrierbohrung DIN 332-A4×8,5
Bezeichnung einer Zentrierbohrung mit Gewinde d_1 = M8, Form DS:
Zentrierbohrung DIN 332-DS M8

[1] Abstechmaß für nicht am Werkstück verbleibende Zentrierbohrungen.

Stellringe — DIN 705

Form A — bis d_1 = 70 mm, 1 Gewindestift, darüber 2 Gewindestifte

Form B — nur bis d_1 = 150 mm

Form C — über d_1 = 70 mm, 2 Gewindestifte

Maße in mm

d_1	d_2	d_3	d_4	b	Gewinde-stift	Kerb- oder Kegelstift
6	12	M4	1,5	8	M4×5	1,5×12
8	16	M4	2	8	M4×6	2×16
10	20	M5	3	10	M5×8	3×20
12	22	M6	4	12	M6×8	4×22
14	25	M6	4	12	M6×8	4×25
16	28	M6	4	12	M6×8	4×28
18	32	M6	5	14	M6×8	5×32
20	32	M6	5	14	M6×8	5×32
22	36	M6	5	14	M6×10	5×35
25	40	M8	6	16	M8×10	6×40
28	45	M8	6	16	M8×12	6×45
30	45	M8	6	16	M8×12	6×45
32	50	M8	8	16	M8×12	8×50
35	56	M8	8	16	M8×12	8×55
40	63	M10	8	18	M10×16	8×60
45	70	M10	8	18	M10×16	8×70
50	80	M10	10	18	M10×16	10×80
55	80	M10	10	18	M10×16	10×80
60	90	M10	10	20	M10×16	10×90
70	100	M10	10	20	M10×20	10×100
80	110	M12	10	22	M12×20	10×110
90	125	M12	12	22	M12×20	12×120
100	140	M12	12	25	M12×25	12×140
110	160	M12	12	25	M12×30	12×160

Werkstoff: 9SMnPb28
Die Gewindestifte gehören zum Lieferumfang der Stellringe, nicht aber die Kerb- oder Kegelstifte.
Bezeichnung eines Stellringes mit d_1 = 30 mm, Form A:
Stellring DIN 705-A30

Splinte — DIN 94

Nenn-⌀	1	1,2	1,6	2	2,5	3,2	4	5	6,3	8	10	13	16
d_{1max}	0,9	1	1,4	1,8	2,3	2,9	3,7	4,6	5,9	7,5	9,5	12,4	15,4
a_{max}	1,6	2,5	2,5	2,5	2,5	3,2	4	4	4	4	6,3	6,3	6,3
b	3	3	3,2	4	5	6,4	8	10	12,6	16	20	26	32
c_{max}	1,8	2	2,8	3,6	4,6	5,8	7,4	9,2	11,8	15	19	24,8	30,8
v_{min}		4	5	5	6	7	8	8	10	12	14	16	20	25
l von	6	–	8	10	12	18	20	20	28	36	56	56	100
l bis	18	–	32	40	50	80	125	125	140	140	140	140	250
d_2 [1]) über	3,5	4,5	5,5	7	9	11	14	20	27	39	56	80	120
bis	4,5	5,5	7	9	11	14	20	27	39	56	80	120	170
d_2 [2]) über	3	4	5	6	8	9	12	17	23	29	44	69	110
bis	4	5	6	8	9	12	17	23	29	44	69	110	160

Längen l: 4; 5; 6; 8; 10; 12; 14; 16; 18; 20; 22; 25; 28; 32; 36; 40; 45; 50; 56; 63; 71; 80; 90; 100; 112; 125; 140; 160; 180; 200; 224; 250 mm
Bezeichnung eines Splintes mit Nenndurchmesser 2 mm, l = 30 mm aus Stahl:
Splint DIN 94-2×30-St

Werkstoff: St, CuZn, Cu, Al

[1]) Für Schrauben; [2]) für Bolzen.

Sicherungsringe für Wellen — DIN 471

Welle	Ring				Nut				
d_1	s	d_3		a_{max}	b	d_2	m H13	n_{min}	d_4
10	1	9,3		3,3	1,8	9,6	h10 1,1	0,6	17
12	1	11		3,3	1,8	11,5	1,1	0,8	19
14	1	12,9	+0,10	3,5	2,1	13,4	1,1	0,9	21,4
15	1	13,8	−0,36	3,6	2,2	14,3	1,1	1,1	22,6
16	1	14,7		3,7	2,2	15,2	h11 1,1	1,2	23,8
18	1,2	16,5		3,9	2,4	17	1,3	1,5	26,8
20	1,2	18,5	+0,13	4	2,6	19	1,3	1,5	28,4
22	1,2	20,5	−0,42	4,2	2,8	21	1,3	1,5	30,8
24	1,2	22,2		4,4	3	22,9	1,3	1,7	33,2
25	1,2	23,2	+0,21	4,4	3	23,9	1,3	1,7	34,2
28	1,5	25,9	−0,42	4,7	3,2	26,6	1,6	2,1	37,9
30	1,5	27,9		5	3,5	28,6	1,6	2,1	40,5
32	1,5	29,6		5,2	3,6	30,3	1,6	2,6	43
35	1,5	32,2	+0,25	5,6	3,9	33	1,6	3	46,8
38	1,75	35,2	−0,50	5,8	4,2	36	1,85	3	50,2
40	1,75	36,5		6	4,4	37,5	1,85	3,8	52,6
42	1,75	38,5		6,5	4,5	39,5	1,85	3,8	55,7
45	1,75	41,5	+0,39	6,7	4,7	42,5	h12 1,85	3,8	59,1
48	1,75	44,5	−0,90	6,9	5	45,5	1,85	3,8	62,5
50	2	45,8		6,9	5,1	47	2,15	4,5	64,5
52	2	47,8		7	5,2	49	2,15	4,5	66,7
55	2	50,8		7,2	5,4	52	2,15	4,5	70,2
58	2	53,8		7,3	5,6	55	2,15	4,5	73,6
60	2	55,8	+0,46	7,4	5,8	57	2,15	4,5	75,6
65	2,5	60,8	−1,10	7,8	6,3	62	2,65	4,5	81,4
70	2,5	65,5		8,1	6,6	67	2,65	4,5	87
75	2,5	70,5		8,4	7	72	2,65	4,5	92,7
80	2,5	74,5		8,6	7,4	76,5	2,65	5,3	98,1
85	3	79,5		8,7	7,8	81,5	3,15	5,3	103,3
90	3	84,5	+0,54	8,8	8,2	86,5	3,15	5,3	108,5
95	3	89,5	−1,30	9,4	8,6	91,5	3,15	5,3	114,8

Werkstoff: Federstahl C 67, C 75 oder CK 75
Bezeichnung eines Sicherungsringes mit d_1 = 60 mm und s = 2 mm:
Sicherungsring DIN 471-60×2

Einbauraum
Maße in mm

Sicherungsscheiben für Wellen — DIN 6799

Nut-∅ d_2	1,5	3,2	4	5	6	8	10	12	15	24	30
d_1 von bis		2 2,5	4 5	5 7	6 8	7 9	9 12	11 15	13 18	16 24	25 38	32 42
s	0,4	0,6	0,7	0,7	0,7	1	1,2	1,3	1,5	2	2,5
a	1,28	2,70	3,34	4,11	5,26	6,52	8,32	10,45	12,61	21,88	25,80
d_3		4,25	4,3	9,3	11,3	12,3	16,3	20,4	23,4	29,4	44,6	52,6
m	0,44	0,64	0,74	0,74	0,74	1,05	1,25	1,35	1,55	2,05	2,55
n	0,8	1.	1,2	1,2	1,2	1,8	2	2,5	3	4	4,5

Werkstoff: Federstahl C 60, C 67, C 75
Bezeichnung einer Sicherungsscheibe mit d_2 = 12 mm:
Sicherungsscheibe DIN 6799-12

Sicherungsringe für Bohrungen · Runddraht-Sprengringe

Sicherungsringe für Bohrungen — DIN 472

Bohr.	Ring					Nut				
d_1	s	d_3		a_{max}	b	d_2		m H13	n_{min}	d_4
10	1	10,8		3,2	1,4	10,4		1,1	0,6	3,3
12	1	13	+0,36	3,4	1,7	12,5		1,1	0,8	4,9
14	1	15,1	−0,10	3,7	1,9	14,6		1,1	0,9	6,2
15	1	16,2		3,7	2	15,7	H11	1,1	1,1	7,2
16	1	17,3		3,8	2	16,8		1,1	1,2	8
18	1	19,5	+0,42	4,1	2,2	19		1,1	1,5	9,4
20	1	21,5	−0,13	4,2	2,3	21		1,1	1,5	11,2
22	1	23,5		4,2	2,5	23		1,1	1,5	13,2
24	1,2	25,9	+0,42	4,4	2,6	25,2		1,3	1,8	14,8
25	1,2	26,9	−0,21	4,5	2,7	26,2		1,3	1,8	15,5
28	1,2	30,1		4,8	2,9	29,4		1,3	2,1	17,9
30	1,2	32,1	+0,50	4,8	3	31,4		1,3	2,1	19,9
32	1,2	34,4	−0,25	5,4	3,2	33,7		1,3	2,6	20,6
35	1,5	37,8		5,4	3,4	37		1,6	3	23,6
38	1,5	40,8		5,5	3,7	40		1,6	3	26,4
40	1,75	43,5	+0,90	5,8	3,9	42,5		1,85	3,8	27,8
42	1,75	45,5	−0,39	5,9	4,1	44,5		1,85	3,8	29,6
45	1,75	48,5		6,2	4,3	47,5		1,85	3,8	32
48	1,75	51,5		6,4	4,5	50,5		1,85	3,8	34,5
50	2	54,2		6,5	4,6	53	H12	2,15	4,5	36,3
52	2	56,2		6,7	4,7	55		2,15	4,5	37,9
55	2	59,2	+1,10	6,8	5	58		2,15	4,5	40,7
58	2	62,2	−0,46	6,9	5,2	61		2,15	4,5	43,5
60	2	64,2		7,3	5,4	63		2,15	4,5	44,7
65	2,5	69,2		7,6	5,8	68		2,65	4,5	49
70	2,5	74,5		7,8	6,2	73		2,65	4,5	53,6
75	2,5	79,5		7,8	6,6	78		2,65	4,5	58,6
80	2,5	85,5		8,5	7	83,5		2,65	5,3	62,1
85	3	90,5	+1,30	8,6	7,2	88,5		3,15	5,3	66,9
90	3	95,5	−0,54	8,6	7,6	93,5		3,15	5,3	71,9
95	3	100,5		8,8	8,1	98,5		3,15	5,3	76,5

Werkstoff: Federstahl C 67, C 75 oder CK 75
Bezeichnung eines Sicherungsringes mit $d_1 = 25$ mm und $s = 1,2$ mm:
Sicherungsring DIN 472-25×1,2

Maße in mm

Runddraht-Sprengringe — DIN 7993

d_1	d_2	d_3	d_4	r	e_1	e_2	d_1	d_2	d_3	d_4	r	e_1	e_2
8	7,2	8,8	0,8	0,5	2	4	25	23	27	2	1,1	3	10
10	9,2	10,8	0,8	0,5	2	4	26	24	28	2	1,1	3	10
12	11	13	1	0,6	3	6	28	26	30	2	1,1	3	10
14	13	15	1	0,6	3	6	30	28	32	2	1,1	3	10
16	14,4	17,6	1,6	0,9	3	8	32	29,5	34,5	2,5	1,4	4	12
18	16,4	19,6	1,6	0,9	3	8	35	32,5	37,5	2,5	1,4	4	12
20	18	22	2	1,1	3	10	38	35,5	40,5	2,5	1,4	4	12
22	20	24	2	1,1	3	10	40	37,5	42,5	2,5	1,4	4	12

Werkstoff: Federstahl nach DIN 17223
Bezeichnung eines Sprengringes mit $d_1 = 30$ mm, Form A:
Sprengring DIN 7993-A30

Form A für Wellen
Form B für Bohrungen

© Verlag Gehlen

Passfedern — DIN 6885

Form A, Form B, Form C, Form D, Form E, Form F

b	3	4	5	6	8	10	12	14	16	18	20	22	25
h	3	4	5	6	7	8	8	9	10	11	12	14	14
d_1 über	8	10	12	17	22	30	38	44	50	58	65	75	85
d_1 bis	10	12	17	22	30	38	44	50	58	65	75	85	95
t_1	1,8	2,5	3	3,5	4	5	5	5,5	6	7	7,5	9	9
t_2 [1]	1,4	1,8	2,3	2,8	3,3	3,3	3,3	3,8	4,3	4,4	4,9	5,4	5,4
t_2 [2]	0,9	1,2	1,7	2,2	2,4	2,4	2,4	2,9	3,4	3,4	3,9	4,4	4,4
l von	6	8	10	14	18	22	28	36	45	50	56	63	70
l bis	36	45	56	70	90	110	140	160	180	200	220	250	280
d_3	–	–	–	–	3,4	3,4	4,5	5,5	5,5	6,6	6,6	6,6	9
d_4	–	–	–	–	6	6	8	10	10	11	11	11	15
d_5, d_7	–	–	–	–	M3	M3	M4	M5	M5	M6	M6	M6	M8
t_3	–	–	–	–	2,4	2,4	3,2	4,1	4,1	4,8	4,8	4,8	6
t_5	–	–	–	–	4	5	6	6	6	7	6	8	9
t_6	–	–	–	–	7	8	10	10	10	12	11	13	15

Längen l: 6; 8; 10; 12; 14; 16; 18; 20; 22; 25; 28; 32; 36; 40; 45; 50; 56; 63; 70; 80; 90; 100; 110; 125; 140; 160; 180; 200; 220; 250; 280 mm
Werkstoff: St50-1K nach DIN 1652; andere Stahlsorten, z. B. Qualitäts- und Edelstähle, nach Vereinbarung
Toleranzen für Nutbreite b: Welle P9 oder N9; Nabe P9 oder JS 9
Zulässige Abweichungen für Nuttiefen t_1 und t_2:
für Passfedern 3×3 bis 6×6   +0,1 mm
für Passfedern 8×7 bis 25×14 +0,2 mm
Zulässige Abweichungen für Nutlängen l:
für l = 6 bis 28   +0,2 mm
für l = 32 bis 80   +0,3 mm
für l = 90 bis 180   +0,5 mm
Bezeichnung einer Passfeder mit b = 10 mm, h = 8 mm, l = 60 mm Form A:
Passfeder A10×8×60 DIN 6885

[1] Mit Rückenspiel; [2] mit Übermaß.

Scheibenfedern — DIN 6888

b h9	3		4		5		6		8			
h h12	3,7	5	6,5	5	6,5	7,5	6,5	7,5	9	7,5	9	11	9	11	13
d_1 [1] über	8	–	10	–	12	–	17	–	22	–
d_1 [1] bis	10	–	12	–	17	–	22	–	30	–
d_1 [2] über	12		17		22		30		38	
d_1 [2] bis	17		22		30		38		–	
d_2	10	13	16	13	16	19	16	19	22	19	22	28	22	28	32
l ≈	9,7	12,7	15,7	12,7	15,7	18,6	15,7	18,6	21,6	18,6	21,4	27,4	21,6	27,4	31,4
t_1	2,5	3,8	5,3	3,5	5	6	4,5	5,5	7	5,1	6,6	8,6	6,2	8,2	10
t_2	1,4			1,7			2,2			2,6			3		

Maße in mm

Werkstoff: St 60
Toleranzen für Nutbreite b: Welle P9 oder N9; Nabe P9 oder J9
Zulässige Abweichungen für Nuttiefen t_1 und t_2: 0,1 bis 0,2 mm
Bezeichnung einer Scheibenfeder mit b = 8 mm, h = 11 mm aus St60:
Scheibenfeder 8×11-St60 DIN 6888

[1] Reihe 1: Scheibenfeder überträgt wie Passfeder gesamtes Drehmoment.
[2] Reihe 2: Scheibenfeder dient zur Festlegung der Lage. Das Drehmoment wird von anderen Elementen (z. B. Kegel oder Querkeil) übertragen.

Keile · Flachkeile · Hohlkeile · Nasenkeile **195**

Keile, Nasenkeile — DIN 6886, DIN 6887

Form A, Einlegekeil 1:100
Form B, Treibkeil 1:100
Nasenkeil nach DIN 6887

Maße in mm

b	4	5	6	8	10	12	14	16	18	20	22	25	28
h	4	5	6	7	8	8	9	10	11	12	14	14	16
d über	10	12	17	22	30	38	44	50	58	65	75	85	95
d bis	12	17	22	30	38	44	50	58	65	75	85	95	110
t_1	2,5	3	3,5	4	5	5	5,5	6	7	7,5	9	9	10
	+0,1				+0,2								
t_2	1,2	1,7	2,2	2,4	2,4	2,4	2,9	3,4	3,4	3,9	4,4	4,4	5,4
	+0,1				+0,2								
l von	10[1]	12[1]	16	20	25	32	40	45	50	56	63	70	80
l bis	45	56	70	90	110	140	160	180	200	220	250	280	320
Nasenkeil h_1	4,1	5,1	6,1	7,2	8,2	8,2	9,2	10,2	11,2	12,2	14,2	14,2	16,2
Nasenkeil h_2	7	8	10	11	12	12	14	16	18	20	22	22	25

Längen l: 14; 16; 18; 20; 22; 25; 28; 32; 36; 40; 45; 50; 56; 63; 70; 80; 90; 100; 110; 125; 140; 160; 180; 200; 220; 250; 280; 300; 320 mm
Werkstoff: C 45
Toleranzen für Wellen- und Nabennutbreite b: D10
Bezeichnung eines Keils mit b = 12 mm, h = 8 mm, l = 70 mm Form A:
Keil A12×8×70 DIN 6886
Bezeichnung eines Nasenkeils mit b = 12 mm, h = 8 mm, l = 70 mm:
Nasenkeil 12×8×70 DIN 6887

[1] Nasenkeillängen l ab 14 mm.

Flachkeile, Nasenflachkeile, Hohlkeile, Nasenhohlkeile — DIN 6883, DIN 6884, DIN 6881, DIN 6889

Flachkeile DIN 6883 1:100
Hohlkeile DIN 6881 1:100
Nasenflachkeile DIN 6884
Nasenhohlkeile DIN 6889

Maße in mm

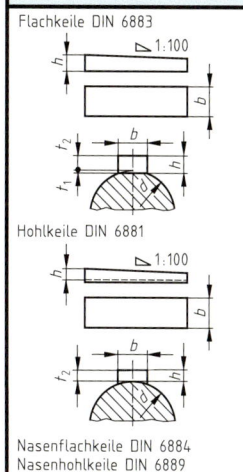

Flach-keile	b	8	10	12	14	16	18	20	22	25	28	32	36
	h	5	6	6	6	7	7	8	9	9	10	11	12
Hohl-keile	b	8	10	12	14	16	18	20	22	25	28	32	36
	h	3,5	4	4	4,5	5	5	6	7	7	7,5	8,5	9
d über		22	30	38	44	50	58	65	75	85	95	110	130
d bis		30	38	44	50	58	65	75	85	95	110	130	150
t_1		1,3	1,8	1,8	1,4	1,9	1,9	1,9	1,8	1,9	2,4	2,3	2,8
t_2		3,2	3,7	3,7	4	4,5	4,5	5,5	6,5	6,4	6,9	7,9	8,4
Nasen-flachkeil	h_1	5,2	6,2	6,2	6,2	7,2	7,2	8,2	9,2	9,2	10,2	11,3	12,4
	h_2	9	10	10	11	13	14	16	18	18	20	22	25
Nasen-hohlkeil	h_1	3,7	4,2	4,2	4,7	5,2	5,2	6,2	7,2	7,2	7,7	8,8	9,4
	h_2	7,5	8	8	9	11	11	14	15	18	18	22	25

Längen l: 22; 25; 28; 32; 36; 40; 45; 50; 56; 63; 70; 80; 90; 100; 110; 125; 140; 160; 180; 200; 220; 250; 280 mm
Werkstoff: St 60
Toleranzen für Wellen- und Nabennutbreite b: D10
Bezeichnung eines Flachkeils mit b = 16 mm, h = 7 mm, l = 80 mm:
Flachkeil 16×7×80 DIN 6883
Bezeichnung eines Nasenflachkeils mit b = 16 mm, h = 7 mm, l = 80 mm:
Nasenflachkeil 16×7×80 DIN 6884
Bezeichnung eines Hohlkeils mit b = 16 mm, h = 5 mm, l = 80 mm:
Hohlkeil 16×5×80 DIN 6881
Bezeichnung eines Nasenhohlkeils mit b = 16 mm, h = 5 mm, l = 80 mm:
Nasenhohlkeil 16×5×80 DIN 6889

Mechanische Bauelemente

© Verlag Gehlen

Keilwellenverbindungen mit geraden Flanken — DIN ISO 14

Keilnaben-Profil

Keilwellen-Profil

Innenzentrierung — Keilnabe / Keilwelle

d_1	Leichte Reihe			Mittlere Reihe			d_1	Leichte Reihe			Mittlere Reihe		
	d_2	b	$n^{1)}$	d_2	b	$n^{1)}$		d_2	b	$n^{1)}$	d_2	b	$n^{1)}$
11	–	–		14	3		42	46	8		48	8	
13	–	–		16	3,5		46	50	9	8	54	9	8
16	–	–	–	20	4		52	58	10		60	10	
18	–	–		22	5	6	56	62	10		65	10	
21	–	–		25	5		62	68	12		72	12	
23	26	6		28	6		72	78	12		82	12	
26	30	6	6	32	6		82	88	12		92	12	
28	32	7		34	7		92	98	14	10	102	14	10
32	36	6	8	38	6	8	102	108	16		112	16	
36	40	7		42	7		112	120	18		125	18	

Toleranzen für Naben						Toleranzen für Wellen		
Nach dem Räumen						b	d_2	d_1
wärmebehandelt			nicht wärmebehandelt			d10	a11	f7
b	d_2	d_1	b	d_2	d_1	f9	a11	g7
H11	H10	H7	H9	H10	H7	h10	a11	h7

Bezeichnung eines Keilwellenprofils mit $n = 8$; $d_1 = 32$ mm; $d_2 = 36$ mm:
Welle DIN ISO 14-8×32×36
Bezeichnung eines Keilnabenprofils mit $n = 6$; $d_1 = 23$ mm; $d_2 = 28$ mm:
Nabe DIN ISO 14-6×23×28

Maße in mm

[1] n Anzahl der Keile.

Keilwellen- und Keilnabenprofile für Werkzeugmaschinen — DIN 5471, DIN 5472

Form A wälzgefräst

Form B im Teilverfahren gefräst

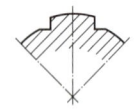

Form C Keilflanken geschliffen

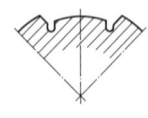

4 Keile DIN 5471						6 Keile DIN 5472				
d_1	d_2	b	d_1	d_2	b	d_1	d_2	b	d_1	d_2	b
11	15	3	32	38	10	21	25	5	46	52	12
13	17	4	36	42	12	23	28	6	52	60	14
16	20	6	42	48	12	26	32	6	58	65	14
18	22	6	46	52	14	28	34	7	62	70	16
21	25	8	52	60	14	32	38	8	68	78	16
24	28	8	58	65	16	36	42	8	72	82	16
28	32	10	62	70	16	42	48	10	78	90	16

Toleranzen für Keilwellenverbindungen an Werkzeugmaschinen				
Bauteil	Innenzentrierung	d_1	d_2	b
Welle	Welle in Nabe beweglich	g6	a11	h9
	Welle in Nabe fest	j6	a11	h9
Nabe		H7	H13	D9

Maßangaben für d_1, d_2 und b siehe DIN ISO 14
Bezeichnung eines Keilwellenprofils mit 6 Keilen; $d_1 = 28$ mm; $d_2 = 34$ mm;
$b = 7$ mm; Toleranzfeld j6; Form A:
Keilwellenprofil DIN 5472-A28 j6×34×7
Bezeichnung eines Keilnabenprofils mit 6 Keilen; $d_1 = 23$ mm; $d_2 = 28$ mm;
$b = 6$ mm:
Keilnabenprofil DIN 5472-23×28×6

Maße in mm

Kerbverzahnungen DIN 5481

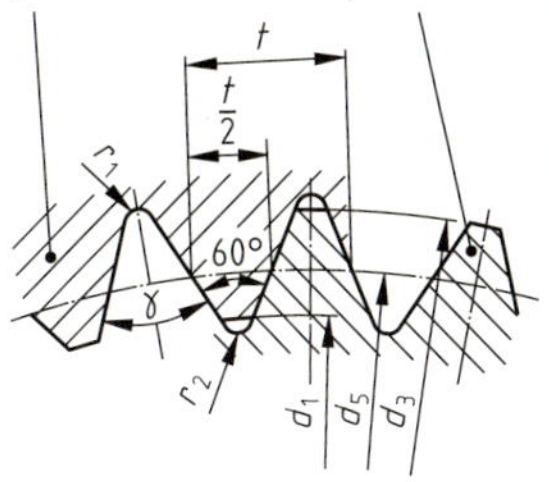

$d_1 \times d_3$	d_1 A11	d_3 a11	d_5	r_1	r_2	t	γ	z
8×10	8,1	10,1	9	0,08	0,08	1,010	47°8′35″	28
10×12	10,1	12	11	0,1	0,1	1,152	48°	30
12×14	12	14,2	13	0,1	0,1	1,317	48°23′14″	31
15×17	14,9	17,2	16	0,15	0,15	1,571	48°45′	32
17×20	17,3	20	18,5	0,15	0,2	1,761	49°5′27″	33
21×24	20,8	23,9	22	0,15	0,25	2,033	49°24′42″	34
26×30	26,5	30	28	0,25	0,3	2,513	49°42′52″	35
30×34	30,5	34	32	0,3	0,4	2,792	50°	36
36×40	36	39,9	38	0,5	0,4	3,226	50°16′13″	37
40×44	40	44	42	0,5	0,4	3,472	50°31′35″	38
45×50	45	50	47,5	0,5	0,4	3,826	50°46′9″	39
50×55	50	54,9	52,5	0,6	0,4	4,123	51°	40
55×60	55	60	57,5	0,6	0,5	4,301	51°25′43″	42

Zahnnabenprofil Zahnwellenprofil

$d_1 \times d_3$ Nenndurchmesser
z Zähnezahl

Maße in mm

Bezeichnung einer Kerbverzahnung mit Nenndurchmesser 30×34:
Kerbverzahnung DIN 5481-30×34

Polygonprofile DIN 32711

A Polygonwellen-Profil P3G

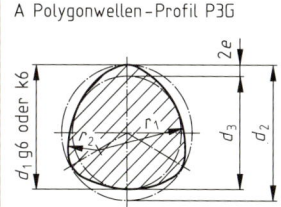

B Polygonnaben-Profil P3G

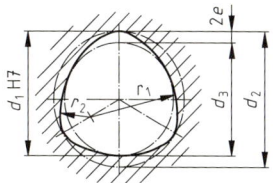

d_1	d_2	d_3	e	r_1	r_2	W_p cm³	W_x cm³
16	17	15	0,5	11,25	4,75	0,67	0,37
18	19,12	16,88	0,56	12,64	5,36	0,96	0,53
20	21,26	18,74	0,63	14,1	5,9	1,31	0,72
22	23,4	20,6	0,7	15,55	6,45	1,75	0,93
25	26,6	23,4	0,8	17,7	7,3	2,56	1,4
28	29,8	26,2	0,9	19,85	8,15	3,6	1,97
30	32	28	1	21,5	8,5	4,43	2,41
32	34,24	29,76	1,2	23,28	8,72	5,3	2,91
35	37,5	32,5	1,25	25,63	9,37	6,9	3,8
40	42,8	37,2	1,4	29,1	10,9	10,45	5,69
45	48,2	41,8	1,6	32,9	12,1	14,79	8,08
50	53,6	46,4	1,8	36,7	13,3	20,26	11,07
55	59	51	2	40,5	14,5	27	14,71
60	64,5	55,5	2,25	44,63	15,37	34,94	19,03
65	69,9	60,1	2,45	48,43	16,57	44,2	24,2
70	75,6	64,4	2,8	53,2	16,8	55,27	29,91
75	81,3	68,7	3,15	57,98	17,02	68,43	36,5
80	86,7	73,5	3,35	61,78	18,22	82,45	44,32
90	98	82	4	71	19	118,07	63,75

d_1 Gleichdickdurchmesser:
- g6 für längs verschiebbare Verbindungen,
- k6 für ruhende Verbindungen

Maße in mm

Bezeichnung eines Polygonwellenprofils mit d_1 = 30 mm und Toleranzfeld g6: **Profil DIN 32711-A P3G 30g6**
Bezeichnung eines Polygonnabenprofils mit d_1 = 30 mm und Toleranzfeld H7: **Profil DIN 32711-B P3G 30H7**

© Verlag Gehlen

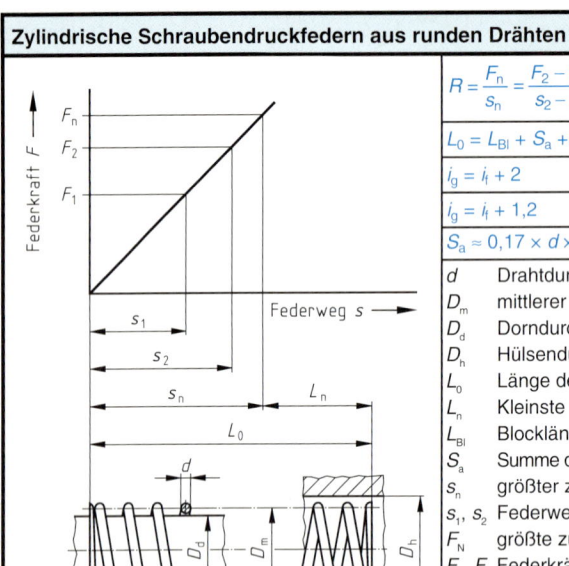

Zylindrische Schraubendruckfedern aus runden Drähten — DIN 2098

$$R = \frac{F_n}{s_n} = \frac{F_2 - F_1}{s_2 - s_1}$$

$L_0 = L_{Bl} + S_a + s_n$

$i_g = i_f + 2$ — bei kaltgeformten Federn

$i_g = i_f + 1{,}2$ — bei warmgeformten Federn

$S_a \approx 0{,}17 \times d \times i_f$ — bei warmgeformten Federn

- d Drahtdurchmesser
- D_m mittlerer Windungsdurchmesser
- D_d Dorndurchmesser
- D_h Hülsendurchmesser
- L_0 Länge der unbelasteten Feder
- L_n Kleinste zulässige Prüflänge der Feder
- L_{Bl} Blocklänge der Feder (Windungen aneinander)
- S_a Summe der Mindestabstände zw. den Windungen
- s_n größter zulässiger Federweg (zu F_n)
- s_1, s_2 Federwege (zu F_1 und F_2)
- F_N größte zulässige Federkraft (zu s_n) in N
- F_1, F_2 Federkräfte (zu s_1 und s_2) in N
- i_f Anzahl der federnden Windungen
- i_g Gesamtwindungszahl (Enden geschliffen)
- R Federrate in N/mm

d	D_m	D_d	D_h	F_n	$i_f = 3{,}5$			$i_f = 5{,}5$			$i_f = 8{,}5$			$i_f = 12{,}5$		
					L_0	s_n	R	L_0	s_n	R	L_0	s_n	R	L_0	s_n	R
0,5	6,3	5,3	7,5	6,6	13,5	9,2	0,73	20,0	14,0	0,46	30,0	21,3	0,30	44,0	31,8	0,21
	4	3,1	5,0	9,3	7,0	3,3	2,84	10,0	4,9	1,81	15,0	7,9	1,17	21,5	11,7	0,79
	2,5	1,7	3,4	10,4	4,4	0,9	11,6	6,1	1,4	7,43	8,7	2,2	4,80	12,0	3,0	3,27
1	12,5	10,8	14,4	22,0	24,0	14,6	1,49	36,5	23,1	0,95	55,5	36,1	0,61	80,5	53,1	0,41
	8	6,5	9,6	33,2	13,0	5,7	5,68	19,0	8,8	3,61	28,5	14,2	2,33	40,5	20,6	1,59
	5	3,6	6,5	43,8	8,5	1,9	23,2	12,0	3,0	14,8	17,0	4,4	9,57	24,0	6,6	6,51
2	25	22,0	28,0	128	58,0	43,0	2,98	88,5	67,1	1,90	135	104	1,23	195	151	0,83
	16	13,4	18,6	198	30,0	17,5	11,4	45,0	27,3	7,24	68,0	42,5	4,69	98	62,1	3,19
	10	7,5	12,5	318	18,0	6,8	46,6	26,5	10,9	29,7	38,5	16,5	19,2	55	24,4	13,0
3,2	40	35,6	44,6	288	82,0	60,8	4,76	125	95,3	3,03	190	148	1,96	275	216	1,33
	25	21,1	38,9	461	42,5	23,4	19,4	63,5	37,2	12,4	94,5	57,4	8,0	135	83,4	5,45
	16	12,2	19,8	721	27,5	9,7	74,4	40,0	15,1	47,4	59,0	23,6	30,7	83,5	34,5	20,8
4	50	44,0	65,0	427	99,0	71,6	5,95	150	111	3,79	230	175	2,45	335	257	1,65
	40	34,8	45,2	533	71,0	45,8	11,7	105	69,9	7,41	160	110	4,79	235	165	3,26
	25	20,3	29,7	852	41,0	18,1	47,7	60,5	28,3	30,3	89,5	43,5	19,6	130	65,5	13,3
5	63	56,0	70,0	623	120	87,7	7,27	180	135	4,63	275	210	2,99	395	304	2,03
	40	34,0	46,0	981	64,0	34,4	28,4	95,5	54,5	18,1	140	81,6	11,7	205	124	7,95
	25	19,3	30,7	1570	41,0	13,4	117	60,0	21,5	74,1	87,5	32,6	44,9	125	48,3	32,6
6,3	80	71,0	89,0	932	145	103	8,96	220	160	5,70	335	250	3,69	490	370	2,51
	63	55,0	71,5	1177	105	65,0	18,3	155	99,0	11,7	235	155	7,55	340	227	5,13
	40	32,6	47,5	1854	60,0	24,0	71,7	90,0	39,7	45,6	135	63,2	29,5	195	95,0	20,1

Bezeichnung einer Druckfeder mit $d = 3{,}2$ mm, $D_m = 40$ mm und $L_0 = 82$ mm:
Druckfeder DIN 2098-3,2×40×82

© Verlag Gehlen

Tellerfedern

Tellerfedern — DIN 2093

Einzelfeder

$l_0 = h_0 + t$

gleichsinnig geschichtetes Federpaket $F_{ges} = n \times F$

$s_{ges} = s$ $l_{ges} = l_0 + (n-1) \times t$

wechselsinnig geschichtete Federsäule $F_{ges} = F$

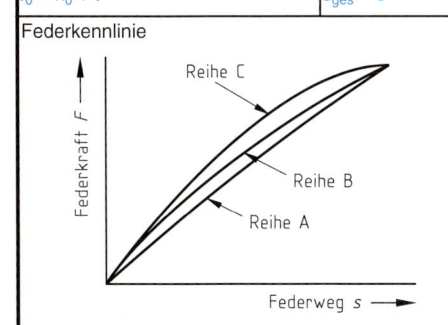

$s_{ges} = i \times s$ $l_{ges} = l_0 \times i$

Federkennlinie

Reihe C, Reihe B, Reihe A

- D_e Außendurchmesser
- D_i Innendurchmesser
- t Dicke des Einzeltellers
- h_0 theoretischer Federweg bis zur Planlage
- l_0 Bauhöhe des unbelasteten Einzeltellers
- l_{ges} Länge von unbelasteten geschichteten Tellerfedern
- s Federweg des Einzeltellers ($\leq 0{,}75 \times h_0$)
- s_{ges} Federweg von geschichteten Tellerfedern
- F Federkraft des Einzeltellers in kN
- F_{ges} Federkraft von geschichteten Tellerfedern in kN
- n Anzahl der gleichsinnig geschichteten Einzelteller
- i Anzahl der wechselsinnig geschichteten Einzelteller

Maße in mm

		Reihe A: Harte Federn $D_e/t \approx 18$; $h_0/t \approx 0{,}4$				Reihe B: Mittelharte Federn $D_e/t \approx 28$; $h_0/t \approx 0{,}75$				Reihe C: Weiche Federn $D_e/t \approx 40$; $h_0/t \approx 1{,}3$			
D_e h12	D_i H12	t	h_0	F bei $s \approx 0{,}75 \times h_0$	s	t	h_0	F bei $s \approx 0{,}75 \times h_0$	s	t	h_0	F bei $s \approx 0{,}75 \times h_0$	s
8	4,2	0,4	0,2	0,21	0,15	0,3	0,25	0,118	0,19	0,2	0,25	0,039	0,19
10	5,2	0,5	0,25	0,33	0,19	0,4	0,3	0,209	0,23	0,25	0,3	0,058	0,23
12,5	6,2	0,7	0,3	0,66	0,23	0,5	0,35	0,293	0,26	0,35	0,45	0,152	0,34
14	7,2	0,8	0,3	0,80	0,23	0,5	0,4	0,279	0,3	0,35	0,45	0,123	0,34
16	8,2	0,9	0,35	1,01	0,26	0,6	0,45	0,41	0,34	0,4	0,5	0,155	0,38
18	9,2	1	0,4	1,25	0,3	0,7	0,5	0,566	0,38	0,45	0,6	0,214	0,45
20	10,2	1,1	0,45	1,52	0,34	0,8	0,55	0,748	0,41	0,5	0,65	0,254	0,49
22,5	11,2	1,25	0,5	1,93	0,38	0,8	0,65	0,707	0,49	0,6	0,8	0,425	0,60
25	12,2	1,5	0,55	2,93	0,41	0,9	0,7	0,862	0,53	0,7	0,9	0,601	0,68
28	14,2	1,5	0,65	2,84	0,49	1	0,8	1,11	0,6	0,8	1	0,801	0,75
31,5	16,3	1,75	0,7	3,87	0,53	1,25	0,9	1,91	0,68	0,8	1,05	0,687	0,79
35,5	18,3	2	0,8	5,19	0,6	1,25	1	1,70	0,75	0,9	1,15	0,831	0,86
40	20,4	2,25	0,9	6,50	0,68	1,5	1,15	2,62	0,86	1	1,3	1,020	0,98
45	22,4	2,5	1	7,72	0,75	1,75	1,3	3,65	0,98	1,25	1,6	1,890	1,2
50	25,4	3	1,1	12,0	0,83	2	1,4	4,76	1,05	1,25	1,6	1,550	1,2
56	28,5	3	1,3	11,4	0,98	2	1,6	4,44	1,2	1,5	1,95	2,620	1,46
63	31	3,5	1,4	15,0	1,05	2,5	1,75	7,19	1,31	1,8	2,35	4,240	1,76
71	36	4	1,6	20,5	1,2	2,5	2	6,73	1,5	2	2,6	5,140	1,95
80	41	5	1,7	33,6	1,28	3	2,3	10,50	1,73	2,25	2,95	6,610	2,21
90	46	5	2	31,4	1,5	3,5	2,5	14,20	1,88	2,5	3,2	7,680	2,40
100	51	6	2,2	48,0	1,65	3,5	2,8	13,10	2,1	2,7	3,5	8,610	2,63
112	57	6	2,5	43,7	1,88	4	3,2	17,80	2,4	3,0	3,9	10,50	2,93
125	64	8	2,6	85,9	1,95	5	3,5	29,90	2,63	3,5	4,5	15,40	3,38
140	72	8	3,2	85,2	2,4	5	4	27,90	3	3,8	4,9	17,20	3,68

Bezeichnung einer Tellerfeder der Reihe A mit $D_e = 80$ mm: **Tellerfeder DIN 2093-A80**

© Verlag Gehlen

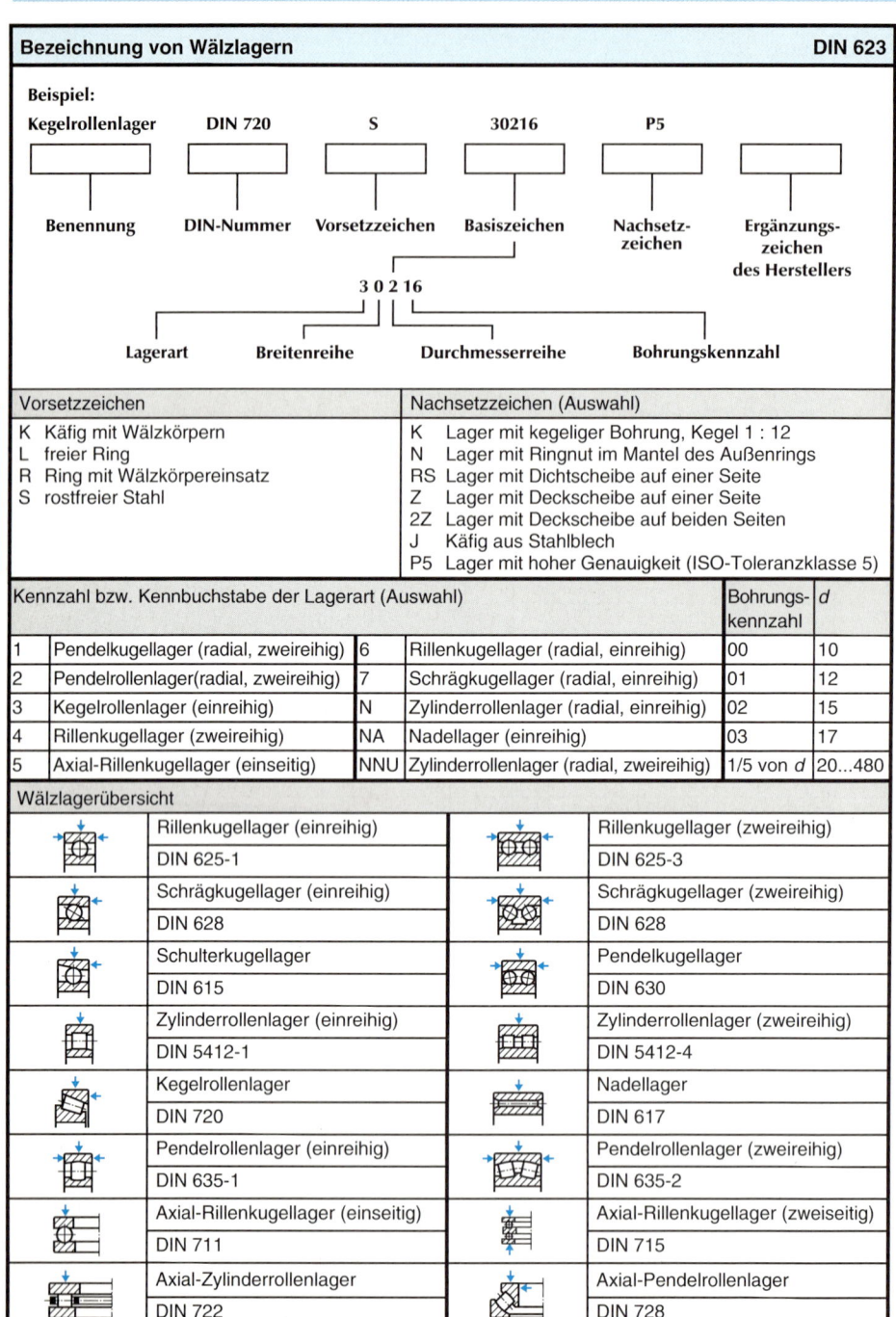

Bezeichnung von Wälzlagern — DIN 623

Beispiel:

Benennung	DIN-Nummer	Vorsetzzeichen	Basiszeichen	Nachsetzzeichen	Ergänzungszeichen des Herstellers
Kegelrollenlager	DIN 720	S	30216	P5	

Basiszeichen 3 0 2 16:
- 3 = Lagerart
- 0 = Breitenreihe
- 2 = Durchmesserreihe
- 16 = Bohrungskennzahl

Vorsetzzeichen
- K Käfig mit Wälzkörpern
- L freier Ring
- R Ring mit Wälzkörpereinsatz
- S rostfreier Stahl

Nachsetzzeichen (Auswahl)
- K   Lager mit kegeliger Bohrung, Kegel 1 : 12
- N   Lager mit Ringnut im Mantel des Außenrings
- RS Lager mit Dichtscheibe auf einer Seite
- Z   Lager mit Deckscheibe auf einer Seite
- 2Z Lager mit Deckscheibe auf beiden Seiten
- J   Käfig aus Stahlblech
- P5 Lager mit hoher Genauigkeit (ISO-Toleranzklasse 5)

Kennzahl bzw. Kennbuchstabe der Lagerart (Auswahl)

Kennz.	Lagerart	Kennz.	Lagerart	Bohrungskennzahl	d
1	Pendelkugellager (radial, zweireihig)	6	Rillenkugellager (radial, einreihig)	00	10
2	Pendelrollenlager (radial, zweireihig)	7	Schrägkugellager (radial, einreihig)	01	12
3	Kegelrollenlager (einreihig)	N	Zylinderrollenlager (radial, einreihig)	02	15
4	Rillenkugellager (zweireihig)	NA	Nadellager (einreihig)	03	17
5	Axial-Rillenkugellager (einseitig)	NNU	Zylinderrollenlager (radial, zweireihig)	1/5 von d	20...480

Wälzlagerübersicht

Lagerart	DIN	Lagerart	DIN
Rillenkugellager (einreihig)	DIN 625-1	Rillenkugellager (zweireihig)	DIN 625-3
Schrägkugellager (einreihig)	DIN 628	Schrägkugellager (zweireihig)	DIN 628
Schulterkugellager	DIN 615	Pendelkugellager	DIN 630
Zylinderrollenlager (einreihig)	DIN 5412-1	Zylinderrollenlager (zweireihig)	DIN 5412-4
Kegelrollenlager	DIN 720	Nadellager	DIN 617
Pendelrollenlager (einreihig)	DIN 635-1	Pendelrollenlager (zweireihig)	DIN 635-2
Axial-Rillenkugellager (einseitig)	DIN 711	Axial-Rillenkugellager (zweiseitig)	DIN 715
Axial-Zylinderrollenlager	DIN 722	Axial-Pendelrollenlager	DIN 728

© Verlag Gehlen

Rillenkugellager · Schrägkugellager **201**

Rillenkugellager — DIN 625

d	Lagerreihe 160			Lagerreihe 60			Lagerreihe 62			Lagerreihe 63			Kennzahl
	D	B	r_s	D	B	r_s	D	B	r_s	D	B	r_s	
10	–	–	–	26	8	0,3	30	9	0,6	35	11	0,6	00
12	–	–	–	28	8	0,3	32	10	0,6	37	12	1	01
15	32	8	0,3	32	9	0,3	35	11	0,6	42	13	1	02
17	35	8	0,3	35	10	0,3	40	12	0,6	47	14	1	03
20	42	8	0,3	42	12	0,6	47	14	1	52	15	1,1	04
25	47	8	0,3	47	12	0,6	52	15	1	62	17	1,1	05
30	55	9	0,3	55	13	1	62	16	1	72	19	1,1	06
35	62	9	0,3	62	14	1	72	17	1,1	80	21	1,5	07
40	68	9	0,3	68	15	1	80	18	1,1	90	23	1,5	08
45	75	10	0,6	75	16	1	85	19	1,1	100	25	1,5	09
50	80	10	0,6	80	16	1	90	20	1,1	110	27	2	10
55	90	11	0,6	90	18	1,1	100	21	1,5	120	29	2	11
60	95	11	0,6	95	18	1,1	110	22	1,5	130	31	2,1	12
65	100	11	0,6	100	18	1,1	120	23	1,5	140	33	2,1	13
70	110	13	0,6	110	20	1,1	125	24	2	150	35	2,1	14
75	115	13	0,6	115	20	1,1	130	25	2	160	37	2,1	15
80	125	14	0,6	125	22	1,1	140	26	2	170	39	2,1	16

Bezeichnung eines Rillenkugellagers der Lagerreihe 62 mit d = 35 mm, mit einer Deckscheibe: **Rillenkugellager DIN 625-6207-Z**

Schrägkugellager — DIN 628

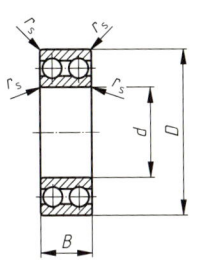

d	Lagerreihe 72 (einreih.)[1]					Lagerreihe 73 (einreih.)[1]					Lagerreihe 33 (zweireih.)[2]				
	D	B	r_s	r_{1s}	Kurzz.	D	B	r_s	r_{1s}	Kurzz.	D	B	r_s	Kurzz.
15	35	11	0,6	0,3	7202B	42	13	1	0,6	7302B	42	19	1	3302
17	40	12	0,6	0,6	7203B	47	14	1	0,6	7303B	47	22,2	1	3303
20	47	14	1	0,6	7204B	52	15	1	0,6	7304B	52	22,2	1,1	3304
25	52	15	1	0,6	7205B	62	17	1	0,6	7305B	62	25,4	1,1	3305
30	62	16	1	0,6	7206B	72	19	1,1	0,6	7306B	72	30,2	1,1	3306
35	72	17	1,1	0,6	7207B	80	21	1,1	1	7307B	80	34,9	1,5	3307
40	80	18	1,1	0,6	7208B	90	23	1,1	1	7308B	90	36,5	1,5	3308
45	85	19	1,1	0,6	7209B	100	25	1,5	1	7309B	100	39,5	1,5	3309
50	90	20	1,1	0,6	7210B	110	27	2	1	7310B	110	44,4	2	3310
55	100	21	1,5	1	7211B	120	29	2	1	7311B	120	49,2	2	3311
60	110	22	1,5	1	7212B	130	31	2,1	1,1	7312B	130	54	2,1	3312
65	120	23	1,5	1	7213B	140	33	2,1	1,1	7313B	140	58,7	2,1	3313
70	125	24	1,5	1	7214B	150	35	2,1	1,1	7314B	150	63,5	2,1	3314
75	130	25	1,5	1	7215B	160	37	2,1	1,1	7315B	160	68,3	2,1	3315
80	140	26	2	1	7216B	170	39	2,1	1,1	7316B	170	68,3	2,1	3316
85	150	28	2	1	7217B	180	41	3	1,1	7317B	180	73	3	3317

Bezeichnung eines Schrägkugellagers, Lagerreihe 73, d = 40 mm:
Schrägkugellager DIN 628-7308B

[1] Druckwinkel $\alpha = 40°$; [2] Druckwinkel $\alpha = 25°$.

© Verlag Gehlen

Pendelkugellager — DIN 630

d	Lagerreihe 12			Lagerreihe 22			Lagerreihe 13			Lagerreihe 23			Kennzahl
	D	B	r_s	D	B	r_s	D	B	r_s	D	B	r_s	
15	35	11	0,6	35	14	0,6	42	13	1	42	17	1	02
20	47	14	1	47	18	1	52	15	1,1	52	21	1,1	04
25	52	15	1	52	18	1	62	17	1,1	62	24	1,1	05
30	62	16	1	62	20	1	72	19	1,1	72	27	1,1	06
35	72	17	1,1	72	23	1,1	80	21	1,5	80	31	1,5	07
40	80	18	1,1	80	23	1,1	90	23	1,5	90	33	1,5	08
45	85	19	1,1	85	23	1,1	100	25	1,5	100	36	1,5	09
50	90	20	1,1	90	23	1,1	110	27	2	110	40	2	10
55	100	21	1,5	100	25	1,5	120	29	2	120	43	2	11
60	110	22	1,5	110	28	1,5	130	31	2,1	130	46	2,1	12
65	120	23	1,5	120	31	1,5	140	33	2,1	140	48	2,1	13

Bezeichnung eines Pendelkugellagers, Lagerreihe 22, d = 35 mm:
Pendelkugellager DIN 630-2207

Zylinderrollenlager — DIN 5412

d	Lagerreihe 2				Lagerreihe 3				Kenn-Zahl
	D	B	r_s	r_{1s}	D	B	r_s	r_{1s}	
15	35	11	0,6	0,3	–	–	–	–	02
17	40	12	0,6	0,3	47	14	1,1	0,6	03
20	47	14	1	0,6	52	15	1,1	0,6	04
25	52	15	1	0,6	62	17	1,1	1,1	05
30	62	16	1	0,6	72	19	1,1	1,1	06
35	72	17	1,1	0,6	80	21	1,5	1,1	07
40	80	18	1,1	1,1	90	23	1,5	1,5	08
45	85	19	1,1	1,1	100	25	1,5	1,5	09
50	90	20	1,1	1,1	110	27	2	2	10
55	100	21	1,5	1,1	120	29	2	2	11
60	110	22	1,5	1,5	130	31	2,2	2,2	12
65	120	23	1,5	1,5	140	33	2,1	2,1	13

Für d = 15 mm Bauform N und NUP nicht genormt.
Bezeichnung eines Zylinderrollenlagers, Lagerreihe 3, Bauform N, d = 40 mm: **Zylinderrollenlager DIN5412-N308**

Axial-Rillenkugellager — DIN 711

d_w	d_g	$D_{w,g}$	H	r_s	Kurzz.	d_w	d_g	$D_{w,g}$	H	r_s	Kurzz.
15	17	32	12	0,6	51202	40	42	68	19	1	51208
17	19	35	12	0,6	51203	45	47	73	20	1	51209
20	22	40	14	0,6	51204	50	52	78	22	1	51210
25	27	47	15	0,6	51205	55	57	90	25	1	51211
30	32	52	16	0,6	51206	60	62	95	26	1	51212
35	37	62	18	1	51207	65	67	100	27	1	51213

Bezeichnung eines Axial-Rillenkugellagers, d_w = 55 mm, D_w = 90 mm: **Axial-Rillenkugellager DIN 711-51211**

© Verlag Gehlen

Pendelrollenlager · Kegelrollenlager · Nadellager **203**

Pendelrollenlager, einreihig und zweireihig — DIN 635

(Tonnenlager)

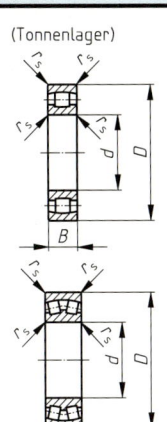

d	D	B	r_s	Kurzz.	Kurzz.	d	D	B	r_s	Kurzz.
\multicolumn{6}{c	}{Lagerreihen 203 (einreih.) und 213 (zweireih.)}	\multicolumn{5}{c}{Lagerreihe 222 (zweireihig)}
20	52	15	1,1	20304	21304	25	52	18	1	22205
25	62	17	1,1	20305	21305	30	62	20	1	22206
30	72	19	1,1	20306	21306	35	72	23	1,1	22207
35	80	21	1,5	20307	21307	40	80	23	1,1	22208
40	90	23	1,5	20308	21308	45	85	23	1,1	22209
45	100	25	1,5	20309	21309	50	90	23	1,1	22210
50	110	27	2	20310	21310	55	100	25	1,5	22211
55	120	29	2	20311	21311	60	110	28	1,5	22212
60	130	31	2,1	20312	21312	65	120	31	1,5	22213
65	140	33	2,1	20313	21313	70	125	31	1,5	22214
70	150	35	2,1	20314	21314	75	130	31	1,5	22215

Bezeichnung eines zweireihigen Pendelrollenlagers, d = 45 mm, D = 85 mm:
Pendelrollenlager DIN 635-22209

Kegelrollenlager — DIN 720

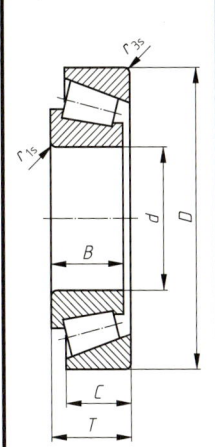

d	D	B	C	T	r_{1s}	r_{3s}	Kurzz.	D	B	C	T	r_{1s}	r_{3s}	Kurzz.
\multicolumn{8}{c	}{Lagerreihe 302}	\multicolumn{7}{c}{Lagerreihe 303}
20	47	14	12	15,25	1	1	30204	52	15	13	16,25	1,5	1,5	30304
25	52	15	13	16,25	1	1	30205	62	17	15	18,25	1,5	1,5	30305
30	62	16	14	17,25	1	1	30206	72	19	16	20,75	1,5	1,5	30306
35	72	17	15	18,15	1,5	1,5	30207	80	21	18	22,75	2	1,5	30307
40	80	18	16	19,75	1,5	1,5	30208	90	23	20	25,25	2	1,5	30308
45	85	19	16	20,75	1,5	1,5	30209	100	25	22	27,25	2	1,5	30309
50	90	20	17	21,75	1,5	1,5	30210	110	27	23	29,25	2,5	2	30310
55	100	21	18	22,75	2	1,5	30211	120	29	25	31,50	2,5	2	30311
60	110	22	19	23,75	2	1,5	30212	130	31	26	33,50	3	2,5	30312
65	120	23	20	24,75	2	1,5	30213	140	33	28	36,00	3	2,5	30313
70	125	24	21	26,25	2	1,5	30214	150	35	30	38,00	3	2,5	30314
75	130	25,	22	27,25	2	1,5	30215	160	37	31	40,00	3	2,5	30315

Bezeichnung eines Kegelrollenlagers, Lagerreihe 303, d = 50 mm:
Kegelrollenlager DIN 720-30310

Nadellager mit Innenring — DIN 617

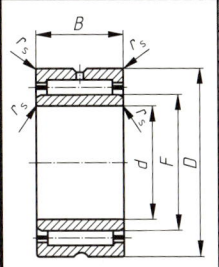

d	D	B	F	r_s	Kurzzeichen	D	B	F	r_s	Kurzzeichen
10	22	13	14	0,3	NA4900	62	22	48	0,6	NA4908
15	28	13	20	0,3	NA4902	68	22	52	0,6	NA4909
20	37	17	25	0,3	NA4904	72	22	58	0,6	NA4910
25	42	17	30	0,3	NA4905	80	25	63	1	NA4911
30	47	17	35	0,3	NA4906	85	25	68	1	NA4912
35	55	20	42	0,6	NA4907	90	25	72	1	NA4913

Bezeichnung eines Nadellagers mit Innenring, d = 20 mm, D = 37 mm, B = 17 mm: **Nadellager DIN 617-NA 4904**

© Verlag Gehlen

Buchsen für Gleitlager aus Kupferlegierungen — DIN ISO 4379

Form C, Form F, Form C und F

d_1	Form C d_2		Form F Reihe 1			Form F Reihe 2			Form C und F b_1		c
			d_2	d_3	b_2	d_2	d_3	b_2			
10	12	14	16	12	14	1	16	20	3	6	10	–	0,3
12	12	14	16	14	16	1	18	22	3	10	15	20	0,5
15	17	19	21	17	19	1	21	27	3	10	15	20	0,5
18	20	22	24	20	22	1	24	30	3	12	20	30	0,5
20	23	24	26	23	26	1,5	26	32	3	15	20	30	0,5
22	25	26	28	25	28	1,5	28	34	3	15	20	30	0,5
25	28	30	32	28	31	1,5	32	38	4	20	30	40	0,5
28	32	34	36	32	36	2	36	42	4	20	30	40	0,5
30	34	36	38	34	38	2	38	44	4	20	30	40	0,5
32	36	38	40	36	40	2	40	46	4	20	30	40	0,8
35	39	41	45	39	43	2	45	50	5	30	40	50	0,8
38	42	45	48	42	46	2	48	54	5	30	40	50	0,8
40	44	48	50	44	48	2	50	58	5	30	40	60	0,8
42	46	50	52	46	50	2	52	60	5	30	40	60	0,8
45	50	53	55	50	55	2,5	55	63	5	30	40	60	0,8
48	53	56	58	53	58	2,5	58	66	5	40	50	60	0,8
50	55	58	60	55	60	2,5	60	68	5	40	50	60	0,8

übrige Angaben siehe Form C
Maße in mm

Werkstoffe s. S. 100.
Bezeichnung einer Buchse Form G mit d_1 = 32 mm, d_2 = 40 mm, b_1 = 30 mm und Werkstoff CuSn8: **Buchse DIN ISO 4379-C32×40×30-CuSn8**

Buchsen für Gleitlager aus Sintermetall — DIN 1850-3

Form J, Form V

d_1	d_2	d_3	b_1		b_2	f	r
6	10	14	4	–	10	2	0,3	0,3
8	12	16	6	8	12	2	0,3	0,3
10	16	22	8	10	16	3	0,4	0,6
12	18	24	8	12	20	3	0,4	0,6
14	20	26	10	14	20	3	0,4	0,6
15	21	27	10	15	25	3	0,4	0,6
16	22	28	12	16	25	3	0,4	0,6
18	24	30	12	18	30	3	0,4	0,6
20	26	32	15	20	30	3	0,4	0,6
22	28	34	15	20	30	3	0,4	0,6
25	32	39	20	25	30	3,5	0,6	0,8
28	36	44	20	25	30	4	0,6	0,8
30	38	46	20	25	30	4	0,6	0,8
32	40	48	20	25	30	4	0,6	0,8
35	45	55	25	35	40	5	0,7	0,8
38	48	58	25	35	45	5	0,7	0,8

übrige Angaben siehe Form J
Maße in mm

Werkstoffe s. S.107.
Bezeichnung einer Buchse Form J mit d_1 = 16 mm, d_2 = 22 mm, b_1 = 25 mm und Werkstoff Sint-A10: **Buchse DIN 1850-J16×22×25-Sint-A10**

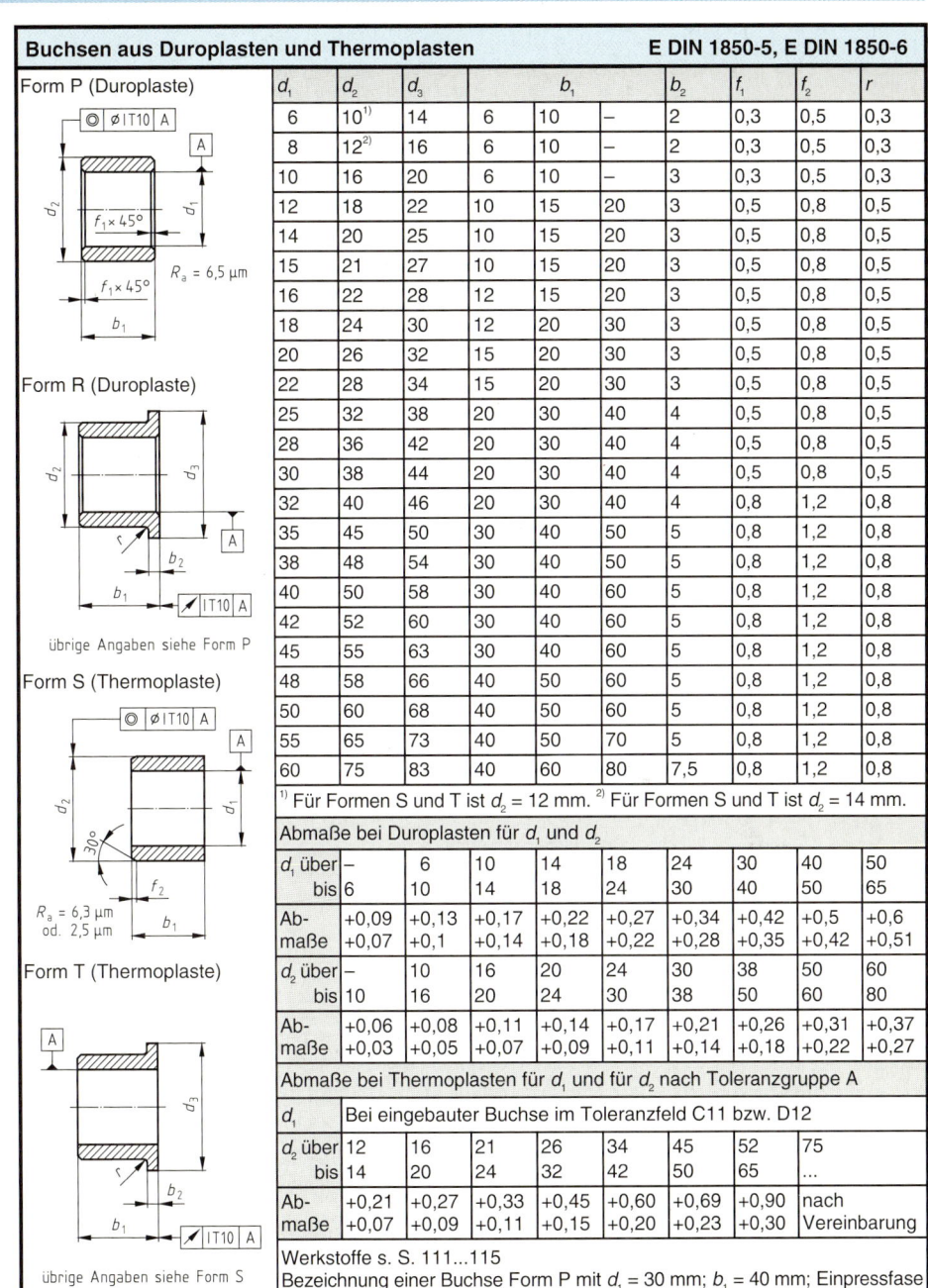

Buchsen für Gleitlager aus Duro- und Thermoplasten

Buchsen aus Duroplasten und Thermoplasten — E DIN 1850-5, E DIN 1850-6

Form P (Duroplaste)

Form R (Duroplaste)
übrige Angaben siehe Form P

Form S (Thermoplaste)
$R_a = 6{,}3\ \mu m$ od. $2{,}5\ \mu m$

Form T (Thermoplaste)
übrige Angaben siehe Form S

Maße in mm

d_1	d_2	d_3	b_1			b_2	f_1	f_2	r
6	10[1]	14	6	10	–	2	0,3	0,5	0,3
8	12[2]	16	6	10	–	2	0,3	0,5	0,3
10	16	20	6	10	–	3	0,3	0,5	0,3
12	18	22	10	15	20	3	0,5	0,8	0,5
14	20	25	10	15	20	3	0,5	0,8	0,5
15	21	27	10	15	20	3	0,5	0,8	0,5
16	22	28	12	15	20	3	0,5	0,8	0,5
18	24	30	12	20	30	3	0,5	0,8	0,5
20	26	32	15	20	30	3	0,5	0,8	0,5
22	28	34	15	20	30	3	0,5	0,8	0,5
25	32	38	20	30	40	4	0,5	0,8	0,5
28	36	42	20	30	40	4	0,5	0,8	0,5
30	38	44	20	30	40	4	0,5	0,8	0,5
32	40	46	20	30	40	4	0,8	1,2	0,8
35	45	50	30	40	50	5	0,8	1,2	0,8
38	48	54	30	40	50	5	0,8	1,2	0,8
40	50	58	30	40	60	5	0,8	1,2	0,8
42	52	60	30	40	60	5	0,8	1,2	0,8
45	55	63	30	40	60	5	0,8	1,2	0,8
48	58	66	30	40	50	5	0,8	1,2	0,8
50	60	68	30	40	60	5	0,8	1,2	0,8
55	65	73	40	50	70	5	0,8	1,2	0,8
60	75	83	40	60	80	7,5	0,8	1,2	0,8

[1] Für Formen S und T ist $d_2 = 12$ mm. [2] Für Formen S und T ist $d_2 = 14$ mm.

Abmaße bei Duroplasten für d_1 und d_2

d_1 über	–	6	10	14	18	24	30	40	50
bis	6	10	14	18	24	30	40	50	65
Abmaße	+0,09	+0,13	+0,17	+0,22	+0,27	+0,34	+0,42	+0,5	+0,6
	+0,07	+0,1	+0,14	+0,18	+0,22	+0,28	+0,35	+0,42	+0,51

d_2 über	–	10	16	20	24	30	38	50	60
bis	10	16	20	24	30	38	50	60	80
Abmaße	+0,06	+0,08	+0,11	+0,14	+0,17	+0,21	+0,26	+0,31	+0,37
	+0,03	+0,05	+0,07	+0,09	+0,11	+0,14	+0,18	+0,22	+0,27

Abmaße bei Thermoplasten für d_1 und für d_2 nach Toleranzgruppe A

d_1	Bei eingebauter Buchse im Toleranzfeld C11 bzw. D12							
d_2 über	12	16	21	26	34	45	52	75
bis	14	20	24	32	42	50	65	...
Abmaße	+0,21	+0,27	+0,33	+0,45	+0,60	+0,69	+0,90	nach
	+0,07	+0,09	+0,11	+0,15	+0,20	+0,23	+0,30	Vereinbarung

Werkstoffe s. S. 111...115
Bezeichnung einer Buchse Form P mit $d_1 = 30$ mm; $b_1 = 40$ mm; Einpressfase f von 15° (Y) aus Hgw 2088: **Buchse DIN 1850-P30×40 Y-HGW 2088**
Bezeichnung einer Zylinderbuchse Form S mit $d_1 = 25$ mm; $b_1 = 40$ mm; Toleranzgruppe A aus PA 6: **Buchse DIN 1850-S 25 A 40-PA 6**

Mechanische Bauelemente

© Verlag Gehlen

206 Radial-Wellendichtringe · Filzringe · Filzstreifen

Radial-Wellendichtringe — DIN 3760

Form A

Versteifungsring, Elastomerteil, Feder

Form AS

Schutzlippe

übrige Angaben siehe Form A

Einbauempfehlungen:
Bohrung d_2 H8
Welle d_1 h11, R_z = 1 bis 5µm

d_1	d_2	b	d_1	d_2	b	d_1	d_2	b	d_1	d_2	b	d_1	d_2	b	d_1	d_2	b
6	16			30		32	47	8	42	62		80	110	10	170	200	
	22		20	35			52			60		85	110		180	210	
7	22			40			47		45	62			120		190	220	15
8	22			35			50	7[1]		65	8	90	110		200	230	
	24		22	40			52		48	62			120		210	240	
9	22			47		35	55			65		95	120	12	220	250	
	22			35			47		50	68			125		230	260	
10	25		25	40			50	8		72		100	120		240	270	
	26			47			52			70			125		250	280	
	22	7		52	7		55		55	72		105	130		260	300	
12	25			40			55	7[1]		80		110	130		280	320	
	30		28	47		38	62			75			140		300	340	
14	24			52			55	8	60	80		115	140		320	360	20
	30			40			62			85		120	150		340	380	
	26		30	42			52		65	85		125	150		360	400	
15	30			47			55	7[1]		90		130	160		380	420	
	35			52		40	62		70	90		135	170		400	440	
16	30			45			52			95	10	140	170		420	460	
	35		32	47	7[1]		55	8	75	95		145	175		440	480	
18	30			52			62			100		150	180	15	460	500	
	35			45	8	42	55		80	100		160	190		480	520	

Bezeichnung eines Radial-Wellendichtrings (RWDR) Form A; d_1 = 35 mm; d_2 = 47 mm; b = 7 mm; Elastomerteil aus Acrylnitril-Butadien-Kautschuk (NBR):
**Radial-Wellendichtring DIN 3760-A35×47×7-NBR oder
RWDR DIN 3760-A35×47×7-NBR**

[1] Nicht für Neukonstruktionen.

Filzringe, Filzstreifen — DIN 5419

Filzstreifenquerschnitt

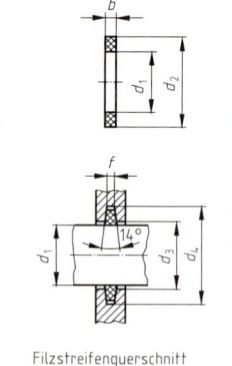

d_1	d_2	b	d_3	d_4	f	a	l	d_1	d_2	b	d_3	d_4	f	a	l
20	30	4	21	31	3	5	95	60	76	6,5	61,5	77	5	8	240
25	37	5	26	38	4	6	118	65	81	6,5	66,5	82	5	8	260
30	42	5	31	43	4	6	132	70	88	7,5	71,5	89	6	9	280
35	47	5	36	48	4	6	150	75	93	7,5	76,5	94	6	9	300
40	52	5	41	53	4	6	165	80	98	7,5	81,5	99	6	9	315
45	57	5	46	58	4	6	180	85	103	7,5	86,5	104	6	9	330
50	66	6,5	51	67	5	8	210	90	110	8,5	92	111	7	10	350
55	71	6,5	56	72	5	8	225	95	115	8,5	97	116	7	10	370

l Länge des Filzstreifens
Filzhärte: bei d_1 ≤ 38 mm M5, bei d_1 ≥ 40 mm F2
Bezeichnung eines Filzrings d_1 = 25 mm; Filzhärte M5:
Filzring DIN 5419-25-M5
Bezeichnung eines Filzstreifens mit a = 8 mm; b = 6,5 mm; l = 210 mm;
für Wellendurchmesser d_1 = 50 mm; Filzhärte F2:
Filzstreifen DIN 5419-8×6,5×210-F2

© Verlag Gehlen

Kegelschmiernippel · Flachschmiernippel · Öler · Stauferbüchsen **207**

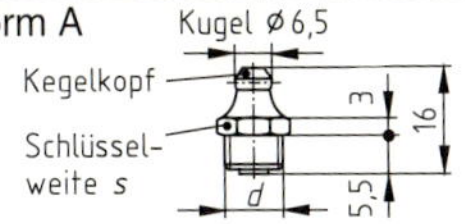

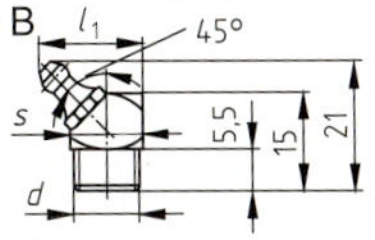

Kegelschmiernippel — DIN 71412

		M6	M8×1	M10×1
d	Metrisches ISO-Gewinde DIN 13	M6	M8×1	M10×1
	Kegeliges Gewinde DIN 158	M6 keg	M8×1 keg	M10×1 keg
	Selbstformendes kegeliges Gewinde	S6	S8×1	S10×1
	Kernlochbohrung für selbst geformtes kegeliges Gewinde	5,6	7,8	9,5
Form A	s	7	9	11
Form B	s	9	9	11
	l_1	10	10	11
Form C	s	9	9	11
	l_2	14,3	14,3	15,3

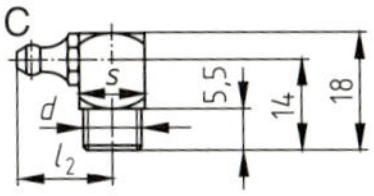

Bezeichnung eines Kegelschmiernippels Form A mit metrischem ISO-Gewinde M8×1: **Kegelschmiernippel DIN 71412-A M8×1**

Flachschmiernippel — DIN 3404

Form A

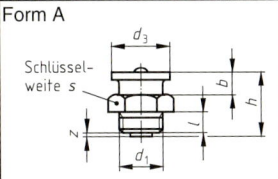

Metrisches ISO-Gewinde DIN 13	Rohrgewinde[1] DIN ISO 228	b	d_3	h	l	s	z
M10×1	$G^1/_8$ und $G^1/_4$	6,5	16	17,6	5,5	17	1
M16×1,5	$G^3/_8$	8,5	22	23,1	7,5	22	1,5

Bezeichnung eines Flachschmiernippels Form A; Gewinde M16×1,5 aus Stahl: **Flachschmiernippel DIN 3404-A M16×1,5-St**

[1] Nicht für Neuanlagen.

Öler — DIN 3410

Form C1 — Form F

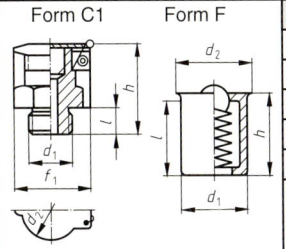

Kurzzeichen	d_1	d_2	f_1	h	l	Kurzz.	d_1[1]	d_2	h	l
C1 M5	M5	9	12,5	15	4	F5	5	5,5	6	4
C1 M8×1	M8×1	12	16	18,5	5	F6	6	6,5	7	5
C1 M10×1	M10×1	12	16	18,5	6	F8	8	9	9	7
C1 M12×1,5	M12×1,5	15	19	22	6	F10	10	11	11,5	9,5
						F14	14	15	16,5	14,5

Werkstoff: St oder CuZn.
Bezeichnung eines Einschlag-Kugelölers Form F; $d_1 = 8$ mm aus Stahl: **Öler DIN 3410-F8-St**

[1] Bohrung mit Toleranzfeld H11.

Stauferbüchsen — DIN 3411

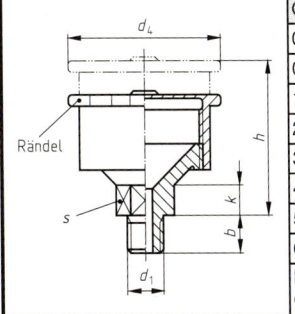

Größe	Gewinde d_1	d_4	b	h	k	s	
00	M6	–	14	6	26	6	7	Form A:
0	M8×1	$G^1/_8$	16	8	30	7	10	Kappe und Unterteil
1	M10×1		24	9	35	7	12	gezogen, Größe 1...6
2			28	11	38	10	17	Form B:
3			38	11	42	10	17	Kappe und Unterteil
4	M12×1,5	$G^1/_4$	45	11	45	10	17	gedreht, Größe 00...1
5			58	11	52	10	17	Form C:
6			66	11	56	10	17	Kappe gezogen, Unterteil gedreht, Größe 2...6

Bezeichnung einer Stauferbuchse Form B; metrisches Gewinde; Größe 2 aus Stahl: **Stauferbüchse DIN 3411-B 2 M-St**

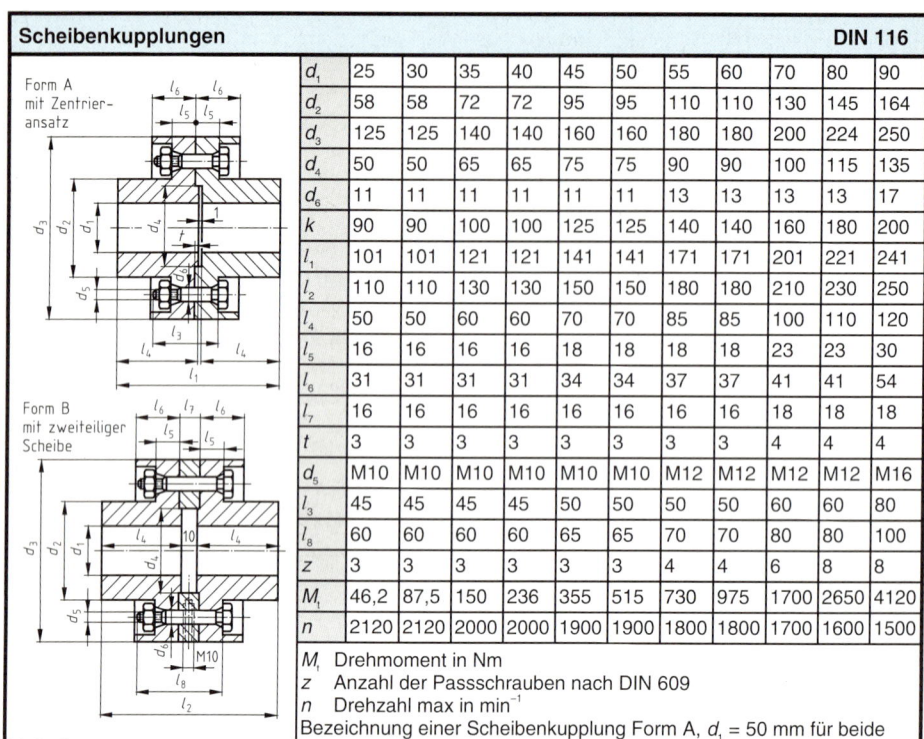

Scheibenkupplungen

DIN 116

d_1	25	30	35	40	45	50	55	60	70	80	90
d_2	58	58	72	72	95	95	110	110	130	145	164
d_3	125	125	140	140	160	160	180	180	200	224	250
d_4	50	50	65	65	75	75	90	90	100	115	135
d_6	11	11	11	11	11	11	13	13	13	13	17
k	90	90	100	100	125	125	140	140	160	180	200
l_1	101	101	121	121	141	141	171	171	201	221	241
l_2	110	110	130	130	150	150	180	180	210	230	250
l_4	50	50	60	60	70	70	85	85	100	110	120
l_5	16	16	16	16	18	18	18	18	23	23	30
l_6	31	31	31	31	34	34	37	37	41	41	54
l_7	16	16	16	16	16	16	16	16	18	18	18
t	3	3	3	3	3	3	3	3	4	4	4
d_5	M10	M10	M10	M10	M10	M10	M10	M12	M12	M12	M16
l_3	45	45	45	45	50	50	50	50	60	60	80
l_8	60	60	60	60	65	65	70	70	80	80	100
z	3	3	3	3	3	4	4	6	8	8
M_t	46,2	87,5	150	236	355	515	730	975	1700	2650	4120
n	2120	2120	2000	2000	1900	1900	1800	1800	1700	1600	1500

M_t Drehmoment in Nm
z Anzahl der Passschrauben nach DIN 609
n Drehzahl max in min^{-1}

Bezeichnung einer Scheibenkupplung Form A, d_1 = 50 mm für beide Wellenenden, GG-20: **Scheibenkupplung DIN 116-A50-GG-20**

Maße in mm

Schalenkupplungen

DIN 115

d_1	d_3	l	s	M_t in Nm	n_{max} in min^{-1}	Paßfeder DIN 6885
20	85	100	4	25	1700	–
25	100	130	4	40	1500	–
30	100	130	4	60	1500	–
35	110	160	4	80	1420	–
40	110	160	4	100	1420	–
45	120	190	4	125	1350	–
50	130	190	4	150	1300	–
55	150	220	4	500	1200	16×10×100
60	150	220	4	850	1200	18×11×100
65	170	250	4	1250	1120	18×11×110
70	170	250	4	1700	1120	20×12×110
80	190	280	4	2500	1060	22×14×125
90	215	310	4	3800	1000	25×14×140
100	250	350	4	5400	920	28×16×160
110	250	390	4	7500	920	28×16×180

Bezeichnung einer Schalenkupplung Form B mit d_2 = 55 mm und d_1 = 60 mm aus GG-20: **Kupplung B 55-60 DIN 115-GG-20**

Maße in mm

© Verlag Gehlen

Normal- und Schmalkeilriemen, Keilriemenscheiben DIN 2215, DIN 7753, DIN 2217, DIN 2211

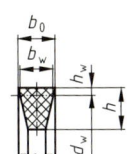

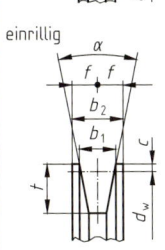

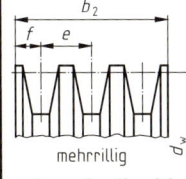

		Normalkeilriemen						Schmalkeilriemen			
	Kurzz.	10/Z	13/A	17/B	22/C	32/D	40/E	SPZ	SPA	SPB	SPC
	b_0	10	13	17	22	32	40	9,7	12,7	16,3	22
	b_w	8,5	11	14	19	27	32	8,5	11	14	19
	h	6	8	11	14	20	25	8	10	13	18
	h_w	2,5	3,3	4,2	5,7	8,1	12	–	–	–	–
	b_1	9,7	12,7	16,3	22	32	40	9,7	12,7	16,3	22
	c	2	2,8	3,5	4,8	8,1	12	2	2,8	3,5	4,8
	e	12	15	19	25,4	37	44,5	12	15	19	25,5
	f	8	10	12,5	17	24	29	8	10	12,5	17
	t	11	14	18	24	33	38	11	13,8	17,5	23,8
	d_{wmin} [1]	50	71	112	180	355	500	63	90	140	224
	d_{wmin} [2]	80	112	180	315	500	630	80	118	190	315
	L_i von	300	560	670	1180	2000	3000	–	–	–	–
	bis	2800	5300	7100	18000	18000	18000	–	–	–	–
	L_w von	–	–	–	–	–	–	630	800	1250	2000
	bis	–	–	–	–	–	–	3550	4500	8000	12500

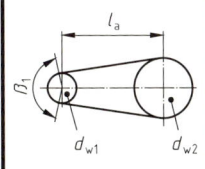

Maße in mm

Riemenlängen sind nach der Normzahlreihe R40 gestuft.
Bezeichnung eines Keilriemens mit Profil 17 und Innenlänge L_i = 800 mm:
Keilriemen 17×800 DIN2215
Bezeichnung einer Keilriemenscheibe mit Profil 32; d_w = 500 mm;
Rillenzahl z = 3, Nabenbohrung d_2 = 80 mm mit Passfedernut:
Scheibe 32-500×3×80 PN DIN 2217
Bezeichnung eines Schmalkeilriemens mit Profil SPZ und Wirklänge
L_w = 800 mm:
Schmalkeilriemen DIN 7753-SPZ 800
Bezeichnung einer Keilriemenscheibe Profil SPZ; Wirkdurchmesser
d_w = 160 mm; Rillenzahl z = 2 und Nabenbohrung 30 mm mit Passfedernut:
Scheibe DIN 2211-SPZ-160×2×30 PN

$$L_w = 2 \cdot l_a \cdot \sin\frac{\beta_1}{2} + \frac{\pi}{2} \cdot (d_{w1} + d_{w2}) + \frac{\pi \cdot (180° - \beta_1)}{360°} \cdot (d_{w2} - d_{w1})$$

L_w Riemenwirklänge
l_a Achsabstand 0,7...2 · ($d_{w1}+d_{w2}$)
β_1 Umschlingungswinkel an kleiner Scheibe 140°...180°
d_{w1} Durchmesser der treibenden Scheibe
d_{w2} Durchmesser der getriebenen Scheibe

Winkelfaktor c_1	1	1,02	1,05	1,08	1,12	1,16	1,22	1,28	1,37	1,47
Umschlingungswinkel β	180°	170°	160°	150°	140°	130°	120°	110°	100°	90°

Betriebsfaktor c_2 für tägliche Betriebsdauer			Betriebsart	Arbeitsmaschine
bis 10 Std.	über 10 bis 16 Std.	über 16 Std.		
1,0	1,1	1,2	leicht	Ventilatoren, Kreiselpumpen, Verdichter
1,1	1,2	1,3	mittel	Werkzeugmaschinen, Druckmaschinen
1,2	1,3	1,4	schwer	Kolbenpumpen, Mahlwerke
1,3	1,4	1,5	sehr schwer	Bagger, Mischer, Steinbrecher, Krane

[1] α = 34°; [2] α = 38°.

© Verlag Gehlen

Berechnung von Normal- und Schmalkeilriemen

Bestimmen des Riemenprofils

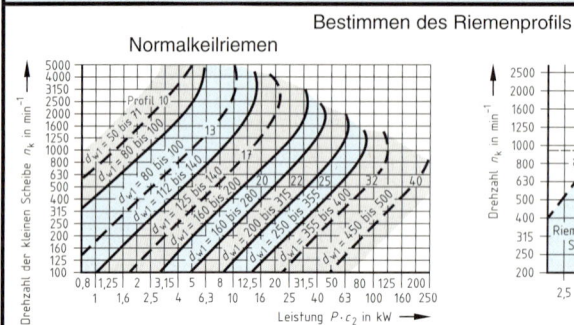

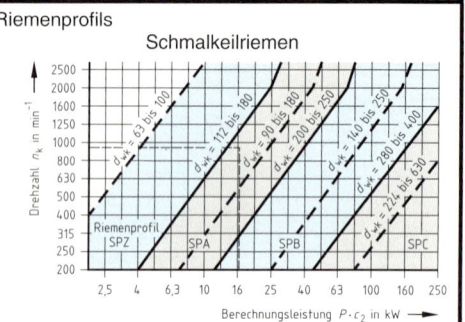

Normalkeilriemen / **Schmalkeilriemen**

$$z = \frac{P \cdot c_1 \cdot c_2}{P_N}$$

- z Anzahl der Riemen
- P zu übertragende Leistung
- c_1 Winkelfaktor s. S. 209
- P_N Nennleistung für einen Riemen
- c_2 Betriebsfaktor s. S. 209

Nennleistung P_N für Normalkeilriemen in kW

Riemen-profil	d_{wmin}	Riemengeschwindigkeit v in m/s												
		2	4	6	8	10	12	14	16	18	20	22	24	26	28
10/Z	50	0,14	0,27	0,40	0,53	0,64	0,74	0,81	0,88	0,88	0,96	0,88	0,81	0,74	0,66
13/A	63	0,27	0,54	0,81	1,01	1,28	1,48	1,62	1,76	1,91	1,98	1,98	1,91	1,84	1,69
17/B	112	0,51	0,96	1,40	1,84	2,27	2,65	2,94	3,16	3,38	3,54	3,54	3,46	3,30	3,01
22/C	180	0,81	1,69	2,50	3,23	3,90	4,50	5,15	5,50	5,89	6,01	6,10	6,01	5,72	5,21
32/D	355	1,76	3,45	5,13	6,78	8,16	9,40	10,3	11,6	12,2	12,6	12,7	12,5	10,9	10,4
40/E	500	2,72	5,42	8,10	10,3	12,5	14,7	16,2	17,7	19,1	19,8	19,8	19,1	18,4	16,9

Nennleistung P_N für Schmalkeilriemen in kW

Riemenprofil		SPZ			SPA			SPB			SPC		
d_{wk}		63	100	180	90	160	250	140	250	400	224	400	630
n_k in min⁻¹	400	0,35	0,79	1,71	0,75	2,04	3,62	1,92	4,86	8,64	5,19	12,56	21,42
	700	0,54	1,28	2,81	1,17	3,30	5,88	3,02	7,84	13,82	8,13	19,79	32,37
	950	0,68	1,66	3,65	1,48	4,27	7,60	8,83	10,04	17,39	10,19	24,52	37,37
	1450	0,93	2,36	5,19	2,02	6,01	10,53	5,19	13,66	22,02	13,22	29,46	31,74
	2000	1,17	3,05	6,63	2,49	7,60	12,85	6,31	16,19	22,07	14,58	25,81	–
	2800	1,45	3,90	8,20	3,00	9,24	14,13	7,15	16,44	9,37	11,89	–	–

Synchronriemenscheiben

DIN 7721-2

Zahn-lücken	Scheibendurchmesser d_0				Zahn-lücken	Scheibendurchmesser d_0				Zahn-lücken	Scheibendurchmesser d_0			
	T2,5	T5	T10	T20		T2,5	T5	T10	T20		T2,5	T5	T10	T20
10	7,4	15,0	–	–	17	13,0	26,2	52,2	105,4	32	24,9	50,1	100,0	200,8
11	8,2	16,6	–	–	18	13,8	27,8	55,4	111,7	36	28,1	56,4	112,7	226,3
12	9,0	18,2	36,3	–	19	14,6	29,4	58,6	118,1	40	31,3	62,8	125,4	251,8
13	9,8	19,8	39,5	–	20	15,4	31,0	61,8	124,5	48	37,7	75,5	150,9	302,7
14	10,6	21,4	42,7	–	22	17,0	34,1	68,2	137,2	60	47,2	94,6	189,1	379,1
15	11,4	23,0	45,9	92,6	25	19,3	38,9	77,7	156,3	72	56,8	113,7	227,3	455,5
16	12,2	24,6	49,1	99,0	28	21,7	43,7	87,2	175,4	84	66,3	132,8	265,5	531,9

Fortsetzung s. S. 211.

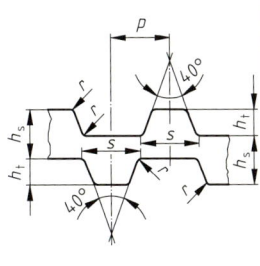

Synchronriemenscheiben · Synchronriemen **211**

Synchronriemenscheiben (Fortsetzung) — DIN 7721-2

Zahnlückenmaße

Wirkdurchmesser $d = d_0 + 2a$
Form SE für ≤ 20 Zahnlücken
Form N > 20 Zahnlücken

Scheibenmaße

mit Bordscheiben / ohne Bordscheibe

Maße in mm

Teilung Kurzzeichen	Zahnlückenmaße						
	Form SE		Form N		Formen SE und N		
	b_r	h_g	b_r	h_g	r_b	r_t	$2a$
T2,5	1,75	0,75	1,83	1	0,2	0,3	0,6
T5	2,96	1,25	3,32	1,95	0,4	0,6	1
T10	6,02	2,6	6,57	3,4	0,6	0,8	2
T20	11,65	5,2	12,6	6	0,8	1,2	3

Teilung Kurzzeichen	Riemenbreite b	Scheibenbreite		Teilung Kurzzeichen	Riemenbreite b	Scheibenbreite	
		m. Bord b_f	o. Bord b_f'			m. Bord b_f	o. Bord b_f'
T2,5	4	5,5	8	T10	16	18	21
	6	7,5	10		25	27	30
	10	11,5	14		32	34	37
T5	6	7,5	10	T20	32	34	38
	10	11,5	14		50	52	56
	16	17,5	20		75	77	81

Bezeichnung eines Zahnlückenprofils mit b = 6 mm; Kurzzeichen T5; 25 Zahnlücken; Form N:
Zahnlückenprofil DIN 7721-6 T5×25 N

Synchronriemen (Zahnriemen) — DIN 7721-1

Einfachverzahnung

Doppelverzahnung

Maße in mm

Teilung Kurzzeichen	Zahnteilung p	Maße der Zähne			Nenndicke h_s	Synchronriemenbreite b		
		s	h_t	r				
T2,5	2,5	1,5	0,7	0,2	1,3	–	4	6	10
T5	5	2,7	1,2	0,4	2,2	6	10	16	25
T10	10	5,3	2,5	0,6	4,5	16	25	32	50
T20	20	10,2	5,0	0,8	8,0	32	50	75	100

Wirklänge l	Zähnezahl für		Wirklänge l	Zähnezahl für		Wirklänge l	Zähnezahl für	
	T2,5	T5		T5	T10		T10	T20
120	48	–	480	96	–	900	–	–
150	–	30	500	100	–	920	92	–
160	64	–	530	–	53	960	96	–
200	80	40	560	112	56	990	–	–
245	98	49	610	122	61	1010	101	–
270	–	54	630	126	63	1080	108	–
285	114	–	660	–	66	1150	115	–
305	–	61	700	–	70	1210	121	–
330	132	66	720	144	72	1250	125	–
390	–	78	780	156	78	1320	132	–
420	168	84	840	168	84	1390	139	–
455	–	91	880	–	88	1460	146	73

Bezeichnung eines Synchronriemens mit Doppelverzahnung (D);
Kurzzeichen T5; b = 6 mm; l = 900 mm:
Riemen DIN 7721-6 T5×900 D

© Verlag Gehlen

Verzahnung der Kettenräder — DIN 8196

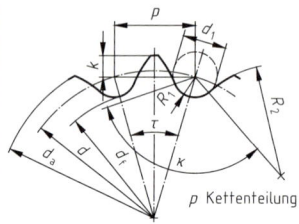

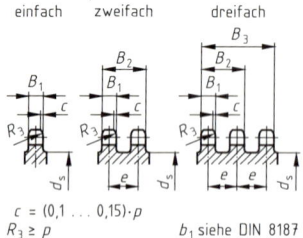

$$d = \frac{p}{\sin\frac{\tau}{2}}$$

$$\tau = \frac{360°}{z}$$

$$d_f = d - d_1$$

$$d_s = p \cdot \cot\frac{\tau}{2} - 1{,}05 \cdot g - 2 \cdot R_4 - 1$$

$$d_{amax} = d + 1{,}25 \cdot p - d_1$$

$$d_{amin} = d + \left(1 - \frac{1{,}6}{z}\right) \cdot p - d_1$$

$$k_{max} = \left(0{,}315 + \frac{0{,}8}{z}\right) \cdot p - 0{,}5 \cdot d_1$$

$$k_{min} = \left(0{,}25 + \frac{0{,}8}{z}\right) \cdot p - 0{,}5 \cdot d_1$$

$$R_{1max} = 0{,}505 \cdot d_1 + 0{,}069 \cdot \sqrt[3]{d_1}$$

$$R_{1min} = 0{,}505 \cdot d_1$$

$$R_{2max} = 0{,}008 \cdot d_1 \cdot (z^2 + 180)$$

$$R_{2min} = 0{,}12 \cdot d_1 \cdot (z + 2)$$

$$\chi_{min} = 120° - \frac{90°}{z}$$

$$\chi_{max} = 140° - \frac{90°}{z}$$

	Einfachkettenrad	Zwei- und Dreifachkettenrad
$p \le 12{,}7$	Zahnbreite $B_1 = 0{,}93 \cdot b_1$	Zahnbreite $B_1 = 0{,}91 \cdot b_1$
$p > 12{,}7$	Zahnbreite $B_1 = 0{,}95 \cdot b_1$	Zahnbreite $B_1 = 0{,}93 \cdot b_1$

$c = (0{,}1 \ldots 0{,}15) \cdot p$
$R_3 \ge p$
b_1 siehe DIN 8187

- d Teilkreisdurchmesser
- d_1 Rollendurchmesser
- d_f Fußkreisdurchmesser
- d_a Kopfkreisdurchmesser
- k Zahnhöhe über Teilungspoligon
- R_1 Rollenbettradius
- R_2 Zahnflankenradius
- g Laschenhöhe
- τ Teilungswinkel
- d_s Durchmesser der Freidrehung
- c Abfasung der Zahnbreite $(0{,}1 \ldots 0{,}15) \cdot p$
- R_3 Zahnfasenradius $\ge p$
- R_4 Radfasenradius $0{,}4 \ldots 1$
- χ Rollenbettwinkel
- z Zähnezahl

Rollenketten — DIN 8187

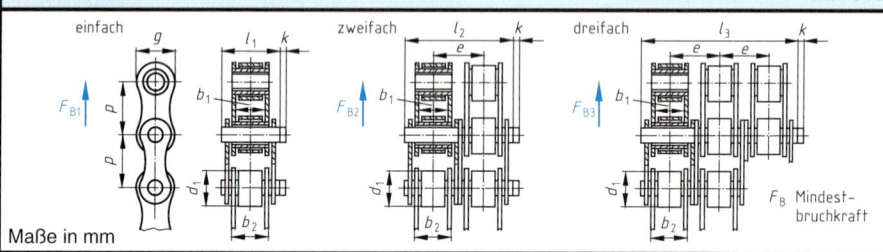

F_B Mindestbruchkraft

Maße in mm

Ketten-Nr.	p	b_1 min	b_2 max	d_1 max	e	g max	k max	l_1 max	F_{B1} in kN	l_2 max	F_{B2} in kN	l_3 max	F_{B3} in kN
05B	8	3	4,77	5	5,64	7,1	3,1	8,6	5	14,3	7,5	19,9	13,2
06B	9,525	5,72	8,53	6,35	10,24	8,2	3,3	13,5	9	23,8	16	34	23,6
08B	12,7	7,75	11,3	8,51	13,92	11,8	3,9	17	18	31	32	44,9	47,5
10B	15,875	9,65	13,3	10,16	16,59	14,7	4,1	19,6	22,4	36,2	40	52,8	60
12B	19,05	11,68	15,6	12,07	19,46	16,1	4,6	22,7	29	42,2	53	61,7	80
16B	25,4	17,02	25,4	15,88	31,88	21	5,4	36,1	60	68	106	99,9	160
20B	31,75	19,56	29	19,05	36,45	26,4	6,1	43,2	95	79	170	116	250
24B	38,1	25,4	37,9	25,4	48,36	33,4	6,6	53,4	160	101	280	150	425

Bezeichnung einer Rollenkette Nr. 24B mit 94 Gliedern, zweifach: **Rollenkette DIN8187-24B-2×94**

© Verlag Gehlen

Stirnräder mit Geradverzahnung

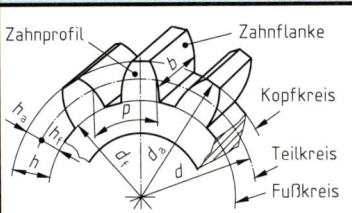

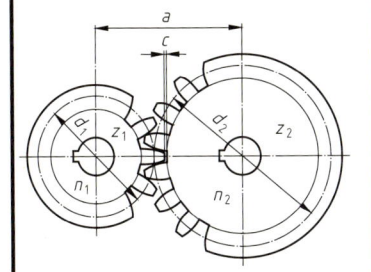

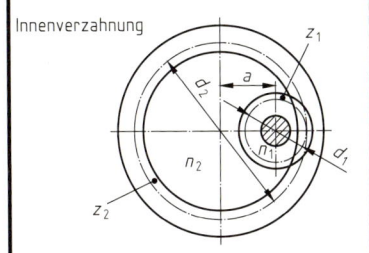

$m = \dfrac{p}{\pi} = \dfrac{d}{z}$	$z = \dfrac{d}{m}$
$d = m \cdot z = \dfrac{z \cdot p}{\pi}$	$p = m \cdot \pi$
$d_a = d + 2 \cdot m = m \cdot (z+2)$	$d_f = d - 2 \cdot (m+c)$
$h = 2 \cdot m + c$	$h_f = m + c$
$h_a = m$	$c = (0{,}1 \ldots 0{,}3) \cdot m$ $c = 0{,}167 \cdot m$ häufig
$a = \dfrac{d_1 + d_2}{2} = \dfrac{m \cdot (z_1 + z_2)}{2}$	$a = \dfrac{d_2 - d_1}{2} = \dfrac{m \cdot (z_2 - z_1)}{2}$ für Gegenrad innen
$b = (10 \ldots 15) \cdot m$ Zähne geschnitten	$b = (15 \ldots 30) \cdot m$ Zähne geschliffen
$i = \dfrac{n_1}{n_2} = \dfrac{z_2}{z_1} = \dfrac{d_2}{d_1}$	$i = \dfrac{n_a}{n_e} = \dfrac{z_2 \cdot z_4 \ldots}{z_1 \cdot z_3 \ldots}$ mehrstufig $i = i_1 \cdot i_2$

m	Modul
d	Teilkreisdurchmesser
d_a	Kopfkreisdurchmesser
h	Zahnhöhe
h_a	Zahnkopfhöhe
a	Achsabstand
b	Zahnbreite
z	Zähnezahl
p	Teilung
d_f	Fußkreisdurchmesser
h_f	Zahnfußhöhe
c	Kopfspiel
i	Übersetzungsverhältnis

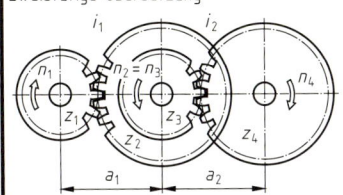

Modulreihen   DIN 780-1

Reihe 1	0,1	0,12	0,16	0,2	0,25	0,3	0,4	0,5	0,6	0,7	0,8	0,9	1	1,25	1,5
	2	2,5	3	4	5	6	8	10	12	16	20	25	32	40	50
Reihe 2	0,11	0,14	0,18	0,22	0,28	0,35	0,45	0,55	0,65	0,75	0,85	0,95	1,125	1,375	1,75
	2,25	2,75	3,5	4,5	5,5	7	9	11	14	18	22	28	36	45	55

Reihe 1 bevorzugt angewendet   Maße in mm

Fräsersatz bis $m = 9$ mm bestehend aus 8 Modul-Scheibenfräsern

Fräser-Nr.	1	2	3	4	5	6	7	8
Zähnezahl	12…13	14…16	17…20	21…25	26…34	35…54	55…134	135…

Für Zahnräder ab $m > 9$ mm wird ein Fräsersatz bestehend aus 15 Modul-Scheibenfräsern verwendet.

© Verlag Gehlen

Stirnräder mit Schrägverzahnung

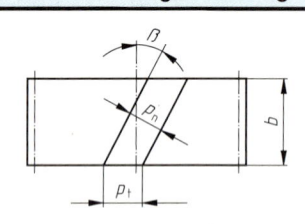

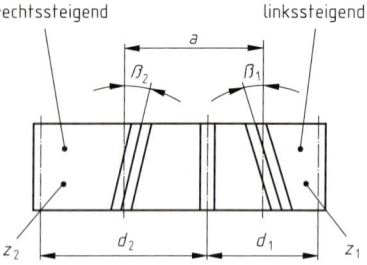

$m_t = \dfrac{m_n}{\cos \beta} = \dfrac{p_t}{\pi}$	$p_t = \dfrac{p_n}{\cos \beta} = \dfrac{\pi \cdot m_n}{\cos \beta}$
$m_n = \dfrac{p_n}{\pi} = m_t \cdot \cos \beta$	$d = m_t \cdot z = \dfrac{z \cdot m_n}{\cos \beta}$
$p_n = \pi \cdot m_n = p_t \cdot \cos \beta$	$d_a = d + 2 \cdot m_n$
$z = \dfrac{d}{m_t} = \dfrac{\pi \cdot d}{p_t}$	$a = \dfrac{d_1 + d_2}{2}$

m_t Stirnmodul
m_n Normalmodul
p_n Normalteilung
z Zähnezahl
p_t Stirnteilung
d Teilkreisdurchmesser
d_a Kopfkreisdurchmesser
a Achsabstand

Stirnmodul und Stirnteilung sind Rechengrundlage. Schrägungswinkel β, in der Regel zwischen 8° und 25° liegend, ist für beide Räder gleich. Modulreihen, Zahnhöhe, Zahnkopfhöhe, Zahnfußhöhe und Kopfspiel wie bei Geradverzahnung.

Kegelräder mit Geradverzahnung

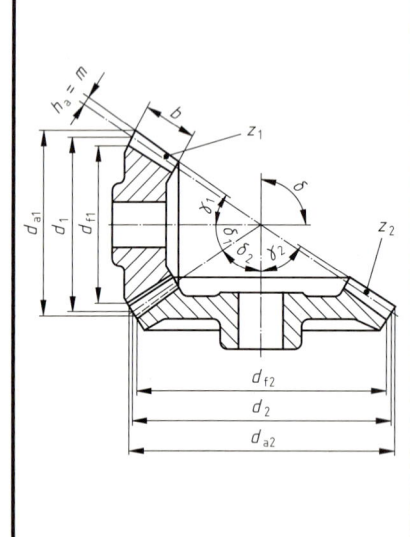

$d = m \cdot z$	$d_a = d + 2 \cdot m \cdot \cos \delta$
$d_f = d - 2 \cdot (m + c) \cdot \cos \delta$	$\delta = \delta_1 + \delta_2$
$\tan \delta_1 = \dfrac{d_1}{d_2} = \dfrac{z_1}{z_2}$	$\tan \delta_2 = \dfrac{d_2}{d_1} = \dfrac{z_2}{z_1}$
$\tan \gamma_1 = \dfrac{z_1 + 2 \cdot \cos \delta_1}{z_2 - 2 \cdot \sin \delta_1}$	$\tan \gamma_2 = \dfrac{z_2 + 2 \cdot \cos \delta_2}{z_1 - 2 \cdot \sin \delta_2}$

d Teilkreisdurchmesser
d_a Kopfkreisdurchmesser
d_f Fußkreisdurchmesser
δ Achsenwinkel
δ_1 Teilkreiswinkel Rad 1
δ_2 Teilkreiswinkel Rad 2
γ_1 Kegelwinkel Rad 1
γ_2 Kegelwinkel Rad 2
c Kopfspiel

Modul m und Teilung p werden am größten Teilkreisdurchmesser d (außen) gemessen. Es dürfen nur die beiden aufeinander abgestimmten Kegelräder gepaart werden, denn mit der Zähnezahl ändern sich auch die davon abhängigen Abmessungen. Zahnbreite $b \leq 15 \cdot m$ entsprechend der Qualität der Lagerung und Steifigkeit von Unterbau und Wellen. Der Achsenwinkel δ ist oft 90°; er kann aber größer oder kleiner sein. Modulreihen, Zahnhöhe, Zahnkopfhöhe, Zahnfußhöhe und Kopfspiel wie bei Stirnrädern.

Schneckentrieb · Modulreihe 215

Schneckentrieb

$p_x = m \cdot \pi$	$m_n = m \cdot \cos \gamma_m$
$p_n = p_x \cdot \cos \gamma_m$	$h = 2 \cdot m + c$
$h_a = m$	$h_f = m + c$
$c = (0,1 \ldots 0,3) \cdot m$	

- p_x Axialteilung
- p_n Normalteilung
- h_a Kopfhöhe
- c Kopfspiel
- m Modul
- m_n Normalmodul
- h Zahnhöhe
- h_f Fußhöhe
- γ_m Mittensteigungswinkel der Schnecke
- a Achsabstand

Schnecke

$p_z = p_x \cdot z_1$	$d_{m1} = \dfrac{z_1 \cdot m}{\tan \gamma_m}$
$d_{a1} = d_{m1} + 2 \cdot m$	$d_{f1} = d_{m1} - 2 \cdot (m + c)$

- p_z Steigungshöhe
- d_{a1} Kopfkreisdurchmesser
- z_1 Zähnezahl
- d_{m1} Mittenkreisdurchmesser
- d_{f1} Fußkreisdurchmesser

Schneckenrad

$d_2 = m \cdot z_2$	$d_{a2} = d_2 + 2 \cdot m$
$d_{f2} = d_2 - 2 \cdot (m + c)$	$d_A = d_{a2} + m$
$R_K = \dfrac{d_{m1}}{2} - m$	$a = \dfrac{d_{m1} + d_2}{2}$

- d_2 Teilkreisdurchmesser
- d_{f2} Fußkreisdurchmesser
- R_k Kopfradius
- z_2 Zähnezahl
- d_{a2} Kopfkreisdurchmesser
- d_A Außendurchmesser

Schnecken sind ein- oder mehrgängig, d. h., sie haben einen Zahn oder mehrere Zähne, die um die Schneckenachse gewunden sind.

Wenn sich die Achsen von Schnecke und Schneckenrad unter 90° kreuzen, dann ist
$\gamma_m = \beta_0$
γ_m aus $\tan \gamma_m = \dfrac{p_z}{d_{m1} \cdot \pi}$
β_0 Schrägungswinkel des Schneckenrades
Zähnezahl $z_1 = $ Gangzahl g

Die Zähnezahl der Schnecke wird zweckmäßig in Abhängigkeit vom Übersetzungsverhältnis i gewählt:
$i = \dfrac{n_1}{n_2} = \dfrac{z_2}{z_1}$

i	5...10	>10...15	>15...30	>30
z_1	4	3	2	1

Modulreihe DIN 780-2

0,1	0,12	0,16	0,2	0,25	0,3	0,4	0,5	0,6	0,7	0,8	0,9	1
1,25	1,6	2	2,5	3,15	4	5	6,3	8	10	12,5	16	20

© Verlag Gehlen

Morsekegel und Metrische Kegel — DIN 228

Form A Kegelschaft mit Anzugsgewinde
Form B Kegelschaft mit Austreiblappen
Form C Kegelhülse für Kegelschäfte mit Anzugsgewinde
Form D Kegelhülse für Kegelschäfte mit Austreiblappen

Bezeichnung eines Morsekegelschaftes (MK), Form B, Größe 3 und Kegelwinkel-Toleranzqualität AT6:
Kegelschaft DIN 228-MK-B 3 AT6
Bezeichnung einer metrischen Kegelhülse (ME), Form D, Größe 6 und Kegelwinkel-Toleranzqualität AT6:
Kegelhülse DIN 228-ME-D 6 AT6

	Metrische Kegel (ME)				Morsekegel (MK)					
	4	6	80	100	0	1	2	3	4	5	6
d_1	4	6	80	100	9,045	12,065	17,780	23,825	31,267	44,399	63,348
d_2	4,1	6,2	80,4	100,5	9,2	12,2	18	24,1	31,6	44,7	63,8
d_3	2,9	4,4	70,2	88,4	6,4	9,4	14,6	19,8	25,9	37,6	53,9
d_4	–	–	M30	M36	–	M6	M10	M12	M16	M20	M24
d_5	–	–	69	87	6,1	9	14	19,1	25,2	36,5	52,4
a	2	3	8	10	3	3,5	5	5	6,5	6,5	8
l_1	23	32	196	232	50	53,5	64	81	102,5	129,5	182
l_2	–	–	220	260	56,5	62	75	94	117,5	149,5	210
d_6	3	4,6	71,5	90	6,7	9,7	14,9	20,2	26,5	38,2	54,8
d_7	–	–	33	39	–	7	11,5	14	18	23	27
l_3	25	34	202	240	52	56	67	84	107	135	188
l_4	20	28	170	200	45	47	58	72	92	118	164
Verjüngung			1:20	1:19,212	1:20,047	1:20,020	1:19,922	1:19,254	1:19,002	1:19,180
$\alpha/2$			1°25′56″	1°29′27″	1°25′43″	1°25′50″	1°26′16″	1°29′15″	1°30′26″	1°29′36″

Steilkegelschäfte für Werkzeuge und Spannzeuge — DIN 2080

Form A

Nr.	d_1	d_2	d_3	d_4	l_1	a	b	k
30	31,75	17,4	M12	50	68,4	1,6	16,1	8
40	44,45	25,3	M16	63	93,4	1,6	16,1	10
45	57,15	32,4	M20	80	106,8	3,2	19,3	12
50	69,85	39,6	M24	97,5	126,8	3,2	25,7	12
60	107,95	60,2	M30	156	206,8	3,2	25,7	16

Bezeichnung eines Steilkegelschaftes Nr. 50, Form A, mit Kegelwinkel-Toleranzqualität AT4:
Steilkegelschaft DIN 2080-A 50 AT4

Maße in mm

© Verlag Gehlen

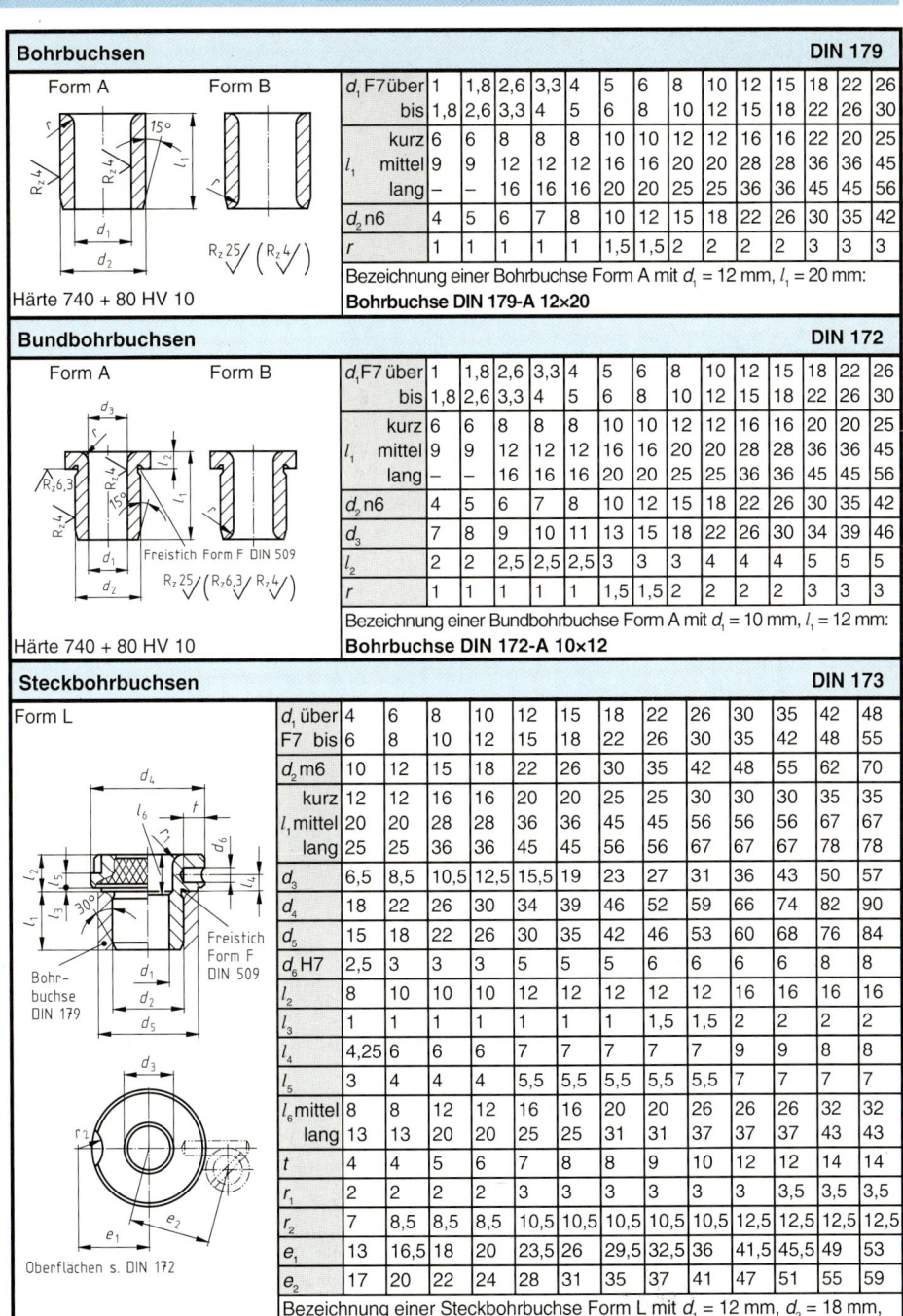

Bohrbuchsen — Bundbohrbuchsen — Steckbohrbuchsen

Bohrbuchsen — DIN 179

Form A, Form B

d_1 F7	über	1	1,8	2,6	3,3	4	5	6	8	10	12	15	18	22	26
	bis	1,8	2,6	3,3	4	5	6	8	10	12	15	18	22	26	30
l_1	kurz	6	6	8	8	8	10	10	12	12	16	16	22	20	25
	mittel	9	9	12	12	12	16	16	20	20	28	28	36	36	45
	lang	–	–	16	16	16	20	20	25	25	36	36	45	45	56
d_2 n6		4	5	6	7	8	10	12	15	18	22	26	30	35	42
r		1	1	1	1	1	1,5	1,5	2	2	2	2	3	3	3

Bezeichnung einer Bohrbuchse Form A mit $d_1 = 12$ mm, $l_1 = 20$ mm:
Bohrbuchse DIN 179-A 12×20

Härte 740 + 80 HV 10

Bundbohrbuchsen — DIN 172

Form A, Form B

d_1 F7	über	1	1,8	2,6	3,3	4	5	6	8	10	12	15	18	22	26
	bis	1,8	2,6	3,3	4	5	6	8	10	12	15	18	22	26	30
l_1	kurz	6	6	8	8	8	10	10	12	12	16	16	20	20	25
	mittel	9	9	12	12	12	16	16	20	20	28	28	36	36	45
	lang	–	–	16	16	16	20	20	25	25	36	36	45	45	56
d_2 n6		4	5	6	7	8	10	12	15	18	22	26	30	35	42
d_3		7	8	9	10	11	13	15	18	22	26	30	34	39	46
l_2		2	2	2,5	2,5	2,5	3	3	3	4	4	4	5	5	5
r		1	1	1	1	1	1,5	1,5	2	2	2	2	3	3	3

Freistich Form F DIN 509

Bezeichnung einer Bundbohrbuchse Form A mit $d_1 = 10$ mm, $l_1 = 12$ mm:
Bohrbuchse DIN 172-A 10×12

Härte 740 + 80 HV 10

Steckbohrbuchsen — DIN 173

Form L

d_1 F7	über	4	6	8	10	12	15	18	22	26	30	35	42	48
	bis	6	8	10	12	15	18	22	26	30	35	42	48	55
d_2 m6		10	12	15	18	22	26	30	35	42	48	55	62	70
l_1	kurz	12	12	16	16	20	20	25	25	30	30	30	35	35
	mittel	20	20	28	28	36	36	45	45	56	56	56	67	67
	lang	25	25	36	36	45	45	56	56	67	67	67	78	78
d_3		6,5	8,5	10,5	12,5	15,5	19	23	27	31	36	43	50	57
d_4		18	22	26	30	34	39	46	52	59	66	74	82	90
d_5		15	18	22	26	30	35	42	46	53	60	68	76	84
d_6 H7		2,5	3	3	3	5	5	5	6	6	6	6	8	8
l_2		8	10	10	10	12	12	12	12	12	16	16	16	16
l_3		1	1	1	1	1	1	1,5	1,5	2	2	2	2	2
l_4		4,25	6	6	6	7	7	7	7	7	9	9	8	8
l_5		3	4	4	4	5,5	5,5	5,5	5,5	5,5	7	7	7	7
l_6	mittel	8	8	12	12	16	16	20	20	26	26	26	32	32
	lang	13	13	20	20	25	25	31	31	37	37	37	43	43
t		4	4	5	6	7	8	8	9	7	10	12	14	14
r_1		2	2	2	2	3	3	3	3	3	3,5	3,5	3,5	3,5
r_2		7	8,5	8,5	8,5	10,5	10,5	10,5	10,5	10,5	12,5	12,5	12,5	12,5
e_1		13	16,5	18	20	23,5	26	29,5	32,5	36	41,5	45,5	49	53
e_2		17	20	22	24	28	31	35	37	41	47	51	55	59

Freistich Form F DIN 509

Oberflächen s. DIN 172

Bezeichnung einer Steckbohrbuchse Form L mit $d_1 = 12$ mm, $d_2 = 18$ mm, und $l_1 = 28$ mm: **Bohrbuchse DIN 173-L 12×18×28**

Härte 740 + 80 HV 10

© Verlag Gehlen

Mechanische Bauelemente

Flachkopfschrauben · Muttern für T-Nutensteine · Lose Nutensteine

Flachkopfschrauben — DIN 173

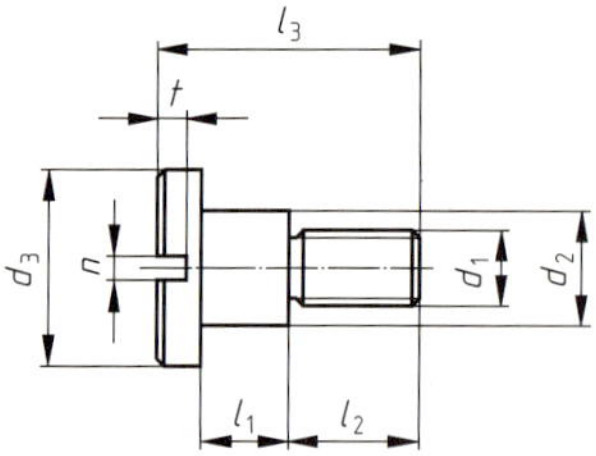

d_1	l_1 kurz	l_1 lang	l_2	l_3 kurz	l_3 lang	d_2	d_3	n	t
M5	3	6	9	15	18	7,5	13	1,6	2
M6	4	8	10	18	22	9,5	16	2	2,5
M8	5,5	10,5	11,5	22	27	12	20	2,5	3
M10	7	13	18,5	32	38	15	24	2,5	3

Maße in mm
Festigkeitsklasse 10.9
Anwendung mit Steckbohrbuchsen nach DIN 173
Bezeichnung einer Flachkopfschraube mit Gewinde M5 und Ansatzlänge $l_1 = 6$ mm:
Schraube DIN 173-M5×6

T-Nuten und Muttern für T-Nuten — DIN 650 und DIN 508

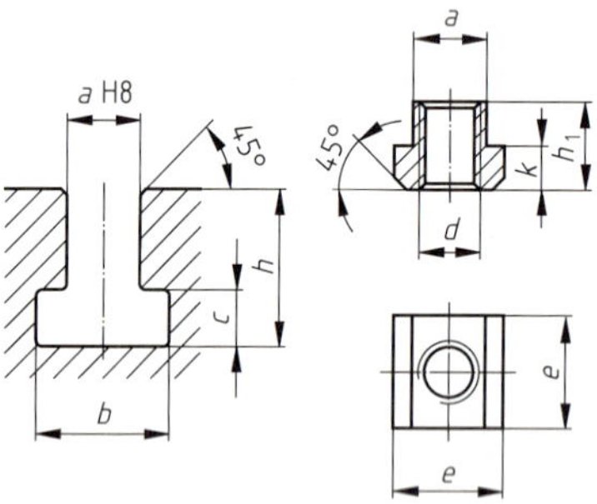

a	8	10	12	14	18	22	28	36	42
b	14,5	16	19	23	30	37	46	56	68
c	7	7	8	9	12	16	20	25	32
h max	18	21	25	28	36	45	56	71	85
h min	15	17	20	23	30	38	48	61	74
d	M6	M8	M10	M12	M16	M20	M24	M30	M36
e	13	15	18	22	28	35	44	54	65
h_1	10	12	14	16	20	28	36	44	52
k	6	6	7	8	10	14	18	22	26

Maße in mm
Bezeichnung einer Mutter für T-Nuten mit d = M12 und a = 14 mm:
Mutter DIN 508-M12×14

Lose Nutensteine — DIN 6323

Form A: $b_1 > b_2$
Form B: $b_1 = b_2$
Form C: $b_1 < b_2$

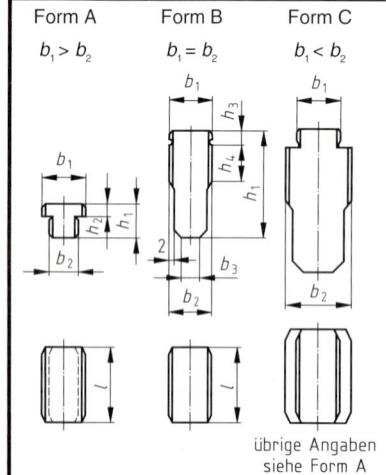

b_1 h6	b_2 h6	Form	b_3	h_1	h_2	h_3	h_4	l
12	6	A	–	12	3,6	–	–	20
	8							
	10							
	12	B	5	28,6	–	5,5	9	20
20	12	A	–	14	5,5	–	–	32
	14							
	18							
	22	C	9	50,5	–	7	18	40
	28		12	61,5	–		24	40
	36		16	76,5	–		30	50
	42		19	90,5	–		36	50

übrige Angaben siehe Form A

Maße in mm
Bezeichnung eines losen Nutensteines Form A mit b_1 = 20 mm und b_2 = 14 mm:
Nutenstein DIN 6323-A 20×14

© Verlag Gehlen

Schrauben für T-Nuten — DIN 787

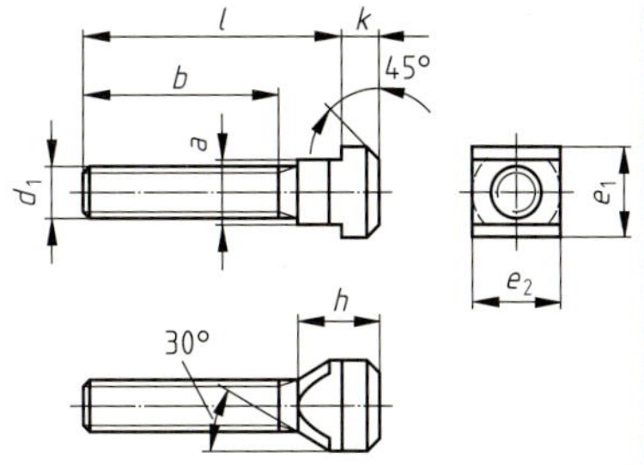

a	8	10	12	14	18	22	28	36
b von	22	30	35	35	45	55	70	80
bis	50	60	120	120	150	190	240	300
d_1	M8	M10	M12	M12	M16	M20	M24	M30
e_1	13	15	18	22	28	35	44	54
h	12	14	16	20	24	32	41	50
k	6	6	7	8	10	14	18	22

bis M12×12 $a < d_1$
ab M12×14 $a \geq d_1$

Nennlängen l: 25; 32; 40; 50; 63; 80; 100; 125; 160; 200; 250; 315; 400; 500 mm

$e_2 \geq e_1$ nach Bedarf

Bezeichnung einer Schraube für T-Nuten mit d_1 = M12, a = 14 mm, l = 80 mm und Festigkeitsklasse 8.8:
Schraube DIN 787-M12×14×80-8.8

Kugelscheiben und Kegelpfannen — DIN 6319

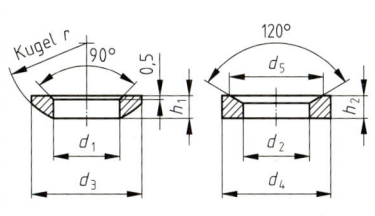

Kugelscheibe Form C
Kegelpfanne Form D: $d_4 = d_3$
Form G: $d_4 > d_3$

d_1	d_2	d_3	d_4 D	d_4 G	d_5	h_1	h_2 D	h_2 G	r Kugel
6,4	7,1	12	12	17	11	2,3	2,8	4	9
8,4	9,6	17	17	24	14,5	3,2	3,5	5	12
10,4	12	21	21	30	18,5	4	4,2	5	15
13	14,2	24	24	36	20	4,6	5	6	17
17	19	30	30	44	26	5,3	6,2	7	22
21	23,2	36	36	50	31	6,3	7,5	8	27

Bezeichnung einer Kugelscheibe Form C mit d_1 = 17 mm:
Kugelscheibe DIN 6319-C17

Bezeichnung einer Kegelpfanne Form D mit d_2 = 19 mm:
Kegelpfanne DIN 6319-D19

Vorsteckscheiben — DIN 6372

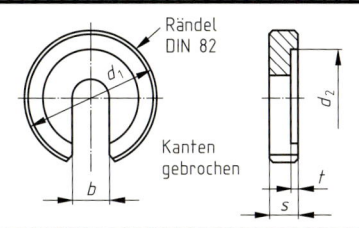

Rändel DIN 82, Kanten gebrochen

Größe	6	8	10	12	16	20
b		6,4	8,4	10,5	13	17	21
d_1		22	28	34	40	56	64
d_2		16	21	25	30	37	45
s		6	7	8	9	12	14
t		0,8	1	1,2	1,8	1,8	2

Bezeichnung einer Vorsteckscheibe Größe 16:
Scheibe DIN 6372-16

Füße mit Gewindezapfen — DIN 6320

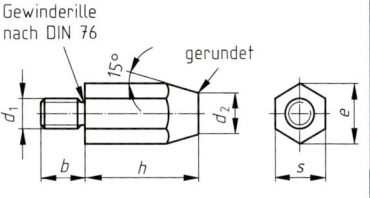

Gewinderille nach DIN 76, gerundet

h	d_1	b	d_2	e	s
10	M6	11	8	11,5	10
20	M6	11	6	11,5	10
15	M8	13	10	15	13
30	M8	13	9	15	13
20	M10	16	13	19,6	17
40	M10	16	13	19,6	17

Bezeichnung eines Fußes mit h = 20 mm und Gewinde M6:
Fuß DIN 6320-20×M6

Mechanische Bauelemente

© Verlag Gehlen

Druckstücke · Gewindestifte mit Druckzapfen · Rändelmuttern

Druckstücke — DIN 6311

Form S mit Sprengring

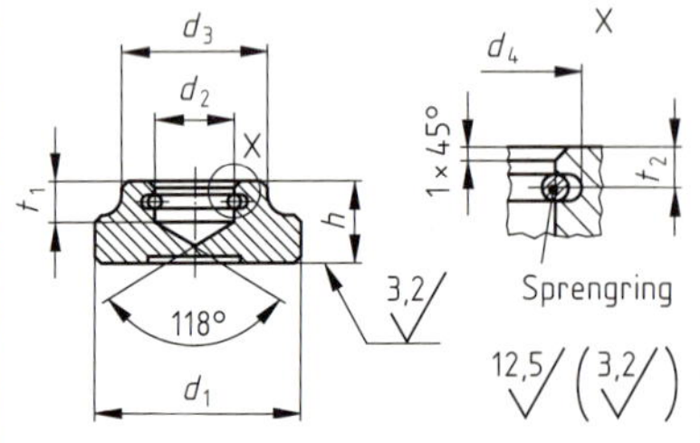

d_1	d_2 H12	d_3	d_4	h	t_1	t_2	Sprengring DIN 7993	Gewindestift DIN 6332
12	4,6	10	5,6	7	4	1,8	–	M6
16	6,1	12	7,7	9	5	2	–	M8
20	8,1	15	9,7	11	6	2	8	M10
25	8,1	18	9,7	13	7	3	8	M12
32	12,1	22	14,2	15	7,5	3,5	12	M16
40	15,6	28	19,8	16	8	3,5	16	M20

Bezeichnung eines Druckstückes Form S mit d = 25 mm und Sprengring: **Druckstück DIN 6311-S 25**

Gewindestifte mit Druckzapfen — DIN 6332

Form S

d_1	M6	M8	M10	M12	M16
d_2	4,5	6	8	8	12
d_3	4	5,4	7,2	7,2	11
r	3	5	6	6	9
l_1	30 50	40 60	60 80	60 80 100	80 100 125
l_2	6	7,5	9	10	12
l_3	2,5	3	4,5	4,5	5
l_4	20 40	27 47	44 64	40 60 80	– – –
l_5	22 42	30 50	48 68	– – –	– – –
d_4	32	40	50	63	–
d_5	24	30	36	–	–

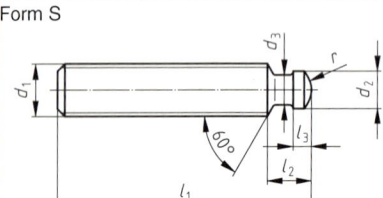

Anwendungsbeispiele
mit Kreuzgriff DIN 6335 oder mit Sterngriff DIN 6336 M6 bis M12
mit Rändelmutter DIN 6303 M6 bis M10

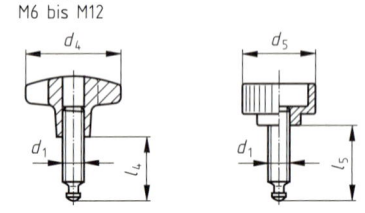

Bezeichnung eines Gewindestiftes Form S mit Gewinde d_1 = M8 und l_1 = 60 mm:
Gewindestift DIN 6332-S M8×60

Rändelmuttern — DIN 6303

Form A
Form B mit Stiftloch
Rändel DIN 82
übrige Maße siehe Form A

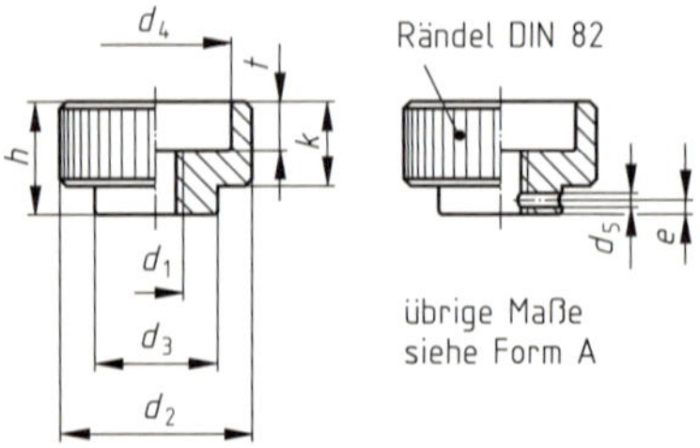

d_1	M5	M6	M8	M10
d_2	20	24	30	36
d_3	14	16	20	28
d_4	15	18	24	30
d_5 H7	1,5	1,5	2	3
e	2,5	2,5	3	4
h	12	14	17	20
k	8	10	12	14
t	5	6	7	8
Zylinderstift DIN EN 22338	1,5×14	1,5×16	2×20	3×28

Bezeichnung einer Rändelmutter mit d_1 = M8, Form A, Stahl:
Rändelmutter DIN 6303-A M8-St

© Verlag Gehlen

Kegelgriffe · Kugelgriffe · Kugelknöpfe **221**

Kegelgriffe — DIN 99

l	50	63	80	100	125	160	200
a	4	5	6	7,5	10	12,5	18
b	9,5	12	14,5	18,5	24	30	40
d_1	8	10	13	16	20	25	32
d_2	12	16	20	25	32	40	50
d_3	5	8	9	11	15	18	22
d_4 H7	6	8	10	12	16	20	24
d_5	M6	M8	M10	M12	M16	M20	M24
h	24	30,5	38	47	59,5	75,5	97

Form K und M, Form L und N, Einzelheit X (Form K und L, Form M und N)

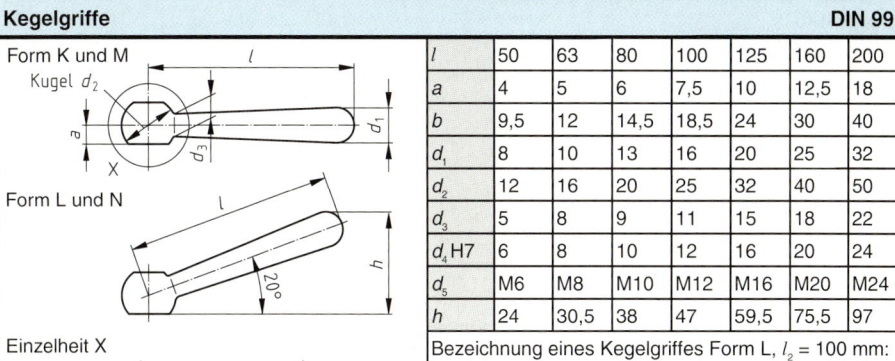

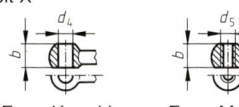

Bezeichnung eines Kegelgriffes Form L, $l_2 = 100$ mm:
Kegelgriff DIN 99-L 100

Kugelgriffe — DIN 6337

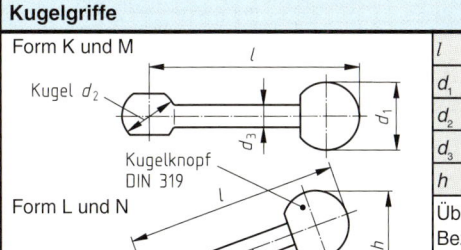

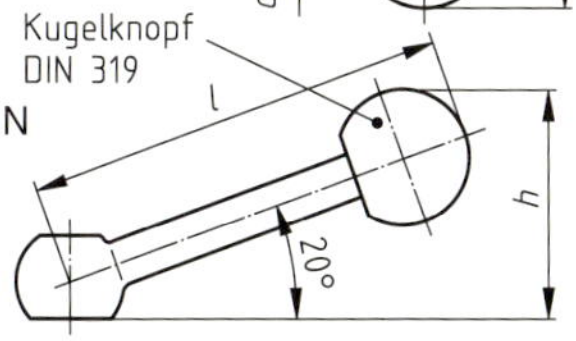

l	63	80	100	125	160	200
d_1		20	20	25	32	40	50
d_2		16	20	25	32	40	50
d_3		8	9	11	15	18	22
h		33	40	50	63	80	103

Form K und M, Kugel d_2, Kugelknopf DIN 319, Form L und N

Übrige Maße siehe DIN 99.
Bezeichnung eines Kugelgriffes Form M, $l = 80$ mm:
Kugelgriff DIN 6337-M 80

Kugelknöpfe — DIN 319

Form C mit Gewinde, Form L mit Klemmhülse, 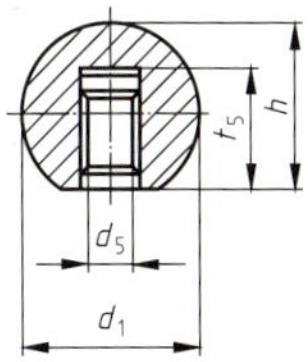 Form K und KN mit zyl. Bohrung, 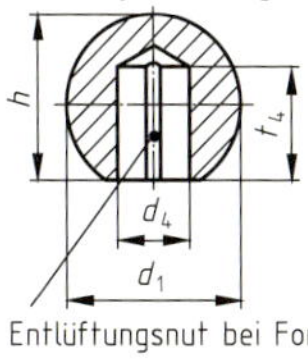 Form E mit Gewindebuchse, Entlüftungsnut bei Form KN

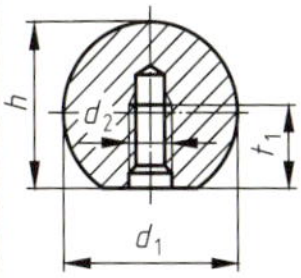

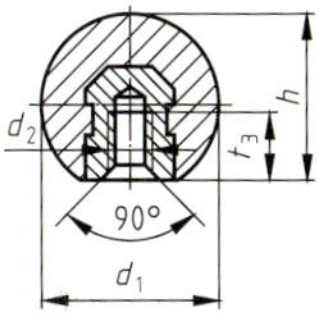

d_1	16	20	25		32		40		50	
d_2	M4	M5	M6		M8		M10		M12	
t_1	7,2	9,1	11		14,5		18		21	
t_3	6	7,5	9		12		15		18	
d_4	6	8	10		12		16		20	
t_4	10	12	16		20		25		32	
d_5	4	5	6	8	8	10	10	12	12	16	20
t_5	11	13	16	15	15	20	20	23	23	20	23	28
h	15	18	22,5		29		37		46	

Werkstoff	Form	Kugelkörper aus
St	C, K, KN	Stahl
FS	C, K, KN, L	Kunststoff (FS), DIN 7708 schwarz
	E	Einpressmutter ST oder CuZn

Bezeichnung eines Kugelknopfes Form C, $d_1 = 32$ mm aus Kunststoff (FS): **Kugelknopf DIN 319-C 32 FS**

© Verlag Gehlen

Kreuzgriffe — DIN 6335

Metallgriffe — Form A Rohteil, Form C, Form B mit durchgehender Bohrung, Form E, Form D mit durchgehender Bohrung, t_2 Gewindelänge

Kreuzgriffe aus Formstoff — Rohteil, Form K, Form L

Maße für Kreuzgriffe aus Metall / Maße für Kreuzgriffe aus Formstoff

d_1	d_2	d_3	d_4	d_5	h_1	h_2	h_3	t_1	t_2	d_1	d_5	d_7	h_3	h_4	l	t_3
20	–	–	–	–	–	–	–	–	–	11,5	M4	10	6	13	15	20	6,5
25	–	–	–	–	–	–	–	–	–	15	M5	12	8	16	15	20	9,5
32	12	18	6	M6	21	20	10	12	10	18	M6	14	10	20	20	30	12
40	14	21	8	M8	26	25	14	15	13	21	M8	18	13	25	20	30	14
50	18	25	10	M10	34	32	20	18	16	25	M10	22	20	32	25	30	18
63	20	32	12	M12	42	40	25	22	20	32	M12	26	25	40	30	40	22
80	25	40	16	M16	52	50	30	28	20	40	M16	35	30	50	30	40	30
100	32	48	20	M20	65	63	38	36	25	–	–	–	–	–	–	–	–

Bezeichnung eines Kreuzgriffes Form C mit d_1 = 40 mm aus Grauguss: **Kreuzgriff DIN 6335-C40 GG**
Bezeichnung eines Kreuzgriffes Form L mit d_1 = 50 mm und l = 30 mm: **Kreuzgriff DIN 6335-L50×30**

Sterngriffe — DIN 6336

Metallgriffe — Form A Rohteil, Form C, Form B mit durchgehender Bohrung, 7 Griffmulden, Form E, Form D mit durchgehender Bohrung, t_2 Gewindelänge

Sterngriffe aus Formstoff — Rohteil, Form K, 7 Griffmulden, Form L

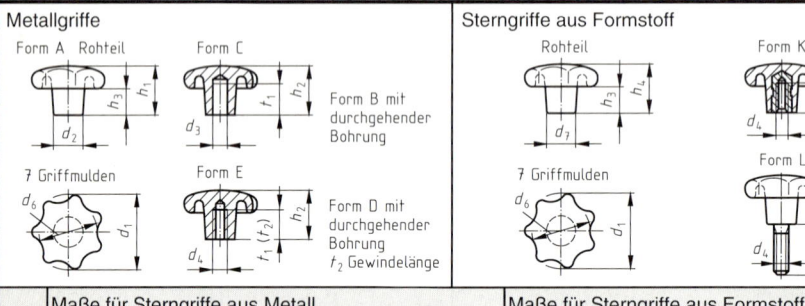

Maße für Sterngriffe aus Metall / Maße für Sterngriffe aus Formstoff

d_1	d_2	d_3	d_4	d_6	h_1	h_2	h_3	t_1	t_2	d_4	d_6	d_7	h_3	h_4	l	t_3
20	–	–	–	–	–	–	–	–	–	M4	16	10	7	13	15	20	6,5
25	–	–	–	–	–	–	–	–	–	M5	20	12	8	16	15	20	9,5
32	12	6	M6	26	21	20	10	12	10	M6	26	14	10	20	20	30	12
40	14	8	M8	34	26	25	13	15	13	M8	34	18	13	25	20	30	14
50	18	10	M10	42	34	32	17	18	16	M10	42	22	17	32	25	30	18
63	20	12	M12	52	42	40	21	22	20	M12	52	26	21	40	30	40	22
80	25	16	M16	64	52	50	25	28	20	M16	64	35	25	50	30	40	30

Bezeichnung eines Sterngriffes Form B mit d_1 = 32 mm aus Gusseisen: **Sterngriff DIN 6336-B32 GG**
Bezeichnung eines Sterngriffes Form L mit d_1 = 40 mm und l = 30 mm: **Sterngriff DIN 6336-L40×30**

© Verlag Gehlen

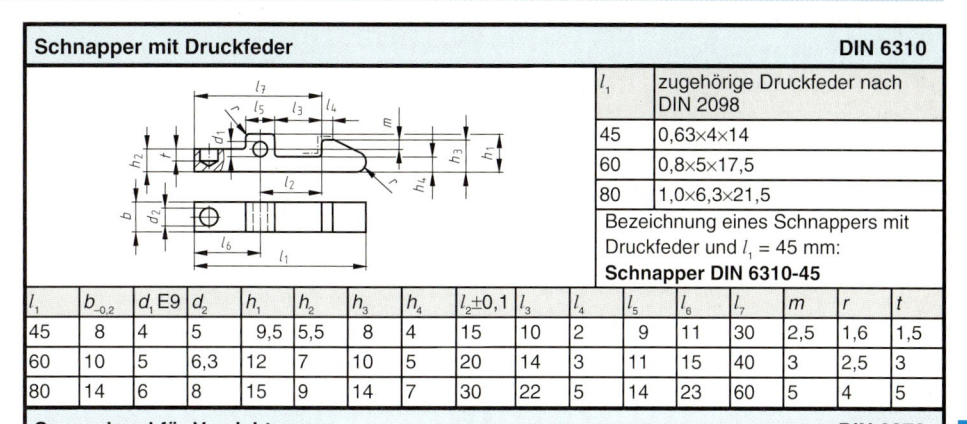

Schnapper · Spannriegel · Flachkopfschrauben · Aufnahme- und Auflagebolzen

Schnapper mit Druckfeder — DIN 6310

l_1	zugehörige Druckfeder nach DIN 2098
45	0,63×4×14
60	0,8×5×17,5
80	1,0×6,3×21,5

Bezeichnung eines Schnappers mit Druckfeder und l_1 = 45 mm:
Schnapper DIN 6310-45

l_1	$b_{-0,2}$	d_1 E9	d_2	h_1	h_2	h_3	h_4	$l_2\pm 0{,}1$	l_3	l_4	l_5	l_6	l_7	m	r	t
45	8	4	5	9,5	5,5	8	4	15	10	2	9	11	30	2,5	1,6	1,5
60	10	5	6,3	12	7	10	5	20	14	3	11	15	40	3	2,5	3
80	14	6	8	15	9	14	7	30	22	5	14	23	60	5	4	5

Spannriegel für Vorrichtungen — DIN 6376

b	12	16	20		25
h	6	8	10	12	16
d_1	7,4	8,4	10,5	10,5	14
d_2	8	9	11	11	14
l_1	50	75	100	125	160
l_2	7	9	11	11	13
l_3	65	95	125	150	190
Schraube DIN 923	M5	M6	M8	M8	M10

Bezeichnung eines Spannriegels mit b = 20 mm und h = 12 mm: **Spannriegel DIN 6376-20×12**

Flachkopfschrauben mit Schlitz und Ansatz — DIN 923

Gewindefreistich DIN 76-A

Längen l_e empfohlen zur Anwendung mit Spannriegel nach DIN 6376

d	b	d_K	d_s	k	n	r	l_e	l
M4	6	8,5	5,5	2,4	1	0,2	5	2...10
M5	7	11	7	2,7	1,2	0,2	6	2,5...16
M6	9	13	8	3,1	1,6	0,25	8	3...25
M8	11	16	10	3,8	2	0,4	10	4...25
M8	11	16	10	3,8	2	0,4	12	4...25
M10	13,5	20	13	4,6	2,5	0,4	16	5...25

Bezeichnung einer Flachkopfschraube mit d = M8 und l = 12 mm: **Flachkopfschraube DIN 923-M8×12-5.8**

Aufnahme- und Auflagebolzen — DIN 6321

Form A · Form B · Form C
Freistich DIN 509-F
übrige Maße siehe Form A

d_1 g6 h9	l_1 Form A kurz	l_1 Form B und C lang	b	d_2 n6	l_2	l_3	l_4
6	5	7	12	1	4	6	1,2	4
8	–	10	16	1,6	6	8	1,6	6
10	6	10	18	2,5	6	9	1,6	6
12	–	10	18	2,5	6	9	1,6	6
16	8	13	22	3,5	8	12	2	8
20	–	15	25	5	12	18	2,5	9
25	10	15	25	5	12	18	2,5	9

Bezeichnung eines Bolzens Form A mit d_1 = 12 mm und l_1 = 18 mm: **Bolzen DIN 6321-A 12×18**

Mechanische Bauelemente

© Verlag Gehlen

Säulengestelle mit mittigstehenden Führungssäulen — DIN 9812

mit rechteckiger Arbeitsfläche

Form CG

Form C ohne Gewinde

Maße in mm

$a_1 \times b_1$	c_1	c_2	c_3	d_2	$d_3 \times P$	e	l
80×63	50	30	80	19	M20×1,5	125	160
100×63	50	30	80	19	M20×1,5	145	160
100×80	50	30	80	25	M20×1,5	155	160
125×80	50	30	80	25	M20×1,5	180	160
160×80	50	30	80	25	M20×1,5	215	160
125×100	50	40	90	25	M24×1,5	180	170
160×100	50	40	90	25	M24×1,5	215	170
200×100	56	40	90	32	M24×1,5	265	180
250×100	56	40	90	32	M24×1,5	315	180
160×125	56	40	90	32	M24×1,5	225	180
200×125	56	40	90	32	M24×1,5	265	180
250×125	56	40	90	32	M24×1,5	315	180
315×125	56	40	90	32	M24×1,5	380	180
200×160	56	50	100	32	M30×2	265	200
250×160	56	50	100	32	M30×2	315	200
315×160	63	50	100	40	M30×2	395	220
250×200	63	50	100	40	M30×2	330	220
315×200	63	50	100	40	M30×2	395	220
315×250	63	50	100	40	M30×2	395	220

P Steigung

Bezeichnung eines Säulengestelles Form CG mit $a_1 \times b_1 = 125\,mm \times 100\,mm$ aus Grauguss:

Säulengestell DIN 9812-CG 125×100 GG

mit runder Arbeitsfläche:

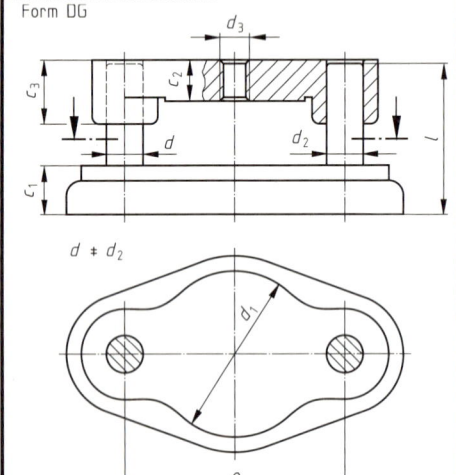

Form DG

Form D ohne Gewinde

Maße in mm

d_1	c_1	c_2	c_3	d_2	$d_3 \times P$	e	l
50	40	25	65	16	M16×1,5	80	125
63	40	25	65	16	M16×1,5	95	140
80	50	30	80	19	M20×1,5	125	160
100	50	30	80	25	M20×1,5	155	160
125	50	30	80	25	M20×1,5	180	160
160	56	40	90	32	M24×1,5	225	180
180	56	40	90	32	M24×1,5	245	180
200	56	40	90	32	M24×1,5	265	190
250	56	50	100	40	M30×2	330	200
315	63	50	100	40	M30×2	395	220

P Steigung

Bezeichnung eines Säulengestelles Form D mit $d_1 = 80\,mm$ aus Grauguss:

Säulengestell DIN 9812-D 80 GG

Säulengestelle · Einspannzapfen · Runde Schneidstempel — 225

Säulengestelle mit übereckstehenden Führungssäulen — DIN 9819

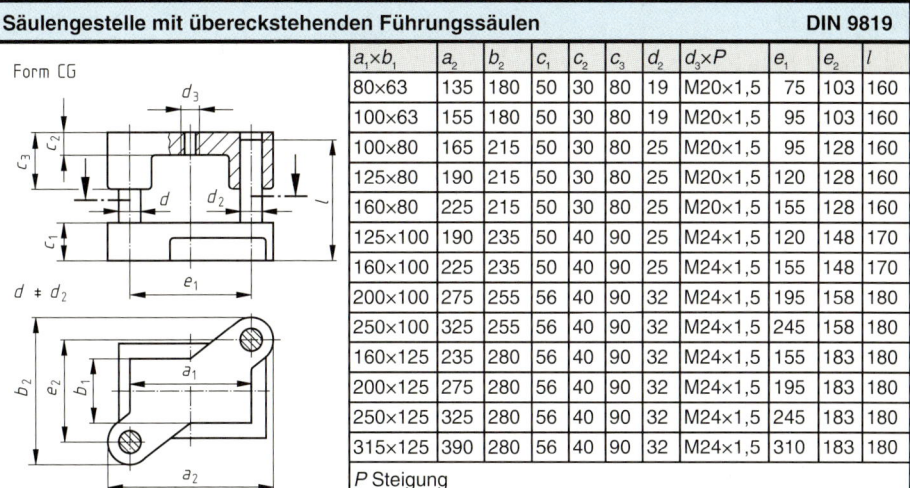

Form CG
Form C ohne Gewindebohrung

$a_1 \times b_1$	a_2	b_2	c_1	c_2	c_3	d_2	$d_3 \times P$	e_1	e_2	l
80×63	135	180	50	30	80	19	M20×1,5	75	103	160
100×63	155	180	50	30	80	19	M20×1,5	95	103	160
100×80	165	215	50	30	80	25	M20×1,5	95	128	160
125×80	190	215	50	30	80	25	M20×1,5	120	128	160
160×80	225	215	50	30	80	25	M20×1,5	155	128	160
125×100	190	235	50	40	90	25	M24×1,5	120	148	170
160×100	225	235	50	40	90	25	M24×1,5	155	148	170
200×100	275	255	56	40	90	32	M24×1,5	195	158	180
250×100	325	255	56	40	90	32	M24×1,5	245	158	180
160×125	235	280	56	40	90	32	M24×1,5	155	183	180
200×125	275	280	56	40	90	32	M24×1,5	195	183	180
250×125	325	280	56	40	90	32	M24×1,5	245	183	180
315×125	390	280	56	40	90	32	M24×1,5	310	183	180

P Steigung
Bezeichnung eines Säulengestelles Form C aus Grauguss mit $a_1 \times b_1$ = 125 mm×100 mm: **Säulengestell DIN 9819-C 125×100 GG**

Einspannzapfen mit Gewindeschaft — DIN 9859

Form CE
Gewindefreistich nach DIN 76

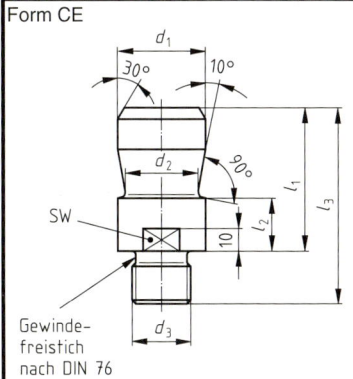

d_1 d9	d_2	$d_3 \times P$	l_1	l_2	l_3	SW
20	15	M16×1,5	40	12	58	17
25	20	M16×1,5	45	16	68	21
25	20	M20×1,5	45	16	68	21
32	25	M20×1,5	56	16	79	27
32	25	M24×1,5	56	16	79	27
40	32	M24×1,5	70	26	93	36
40	32	M27×2	70	26	93	36
40	32	M30×2	70	26	93	36
50	42	M30×2	80	26	108	41

P Steigung
Bezeichnug eines Einspannzapfens der Form CE, mit d_1 = 32 mm und $d_3 \times P$ = M24×1,5: **Einspannzapfen DIN 9859-CE 32-M24×1,5**

Runde Schneidstempel — DIN 9861

Form D

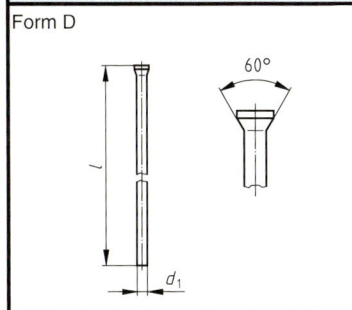

d_1 h6 von...bis	Stufung	$l_0^{+0,5}$			Härte des Schneidstempels in HRC aus	
					HWS[1]	HSS[2]
0,5...0,95	0,05	71	80	–	Schaft 62±2	64±2
1,0....2,9	0,1	71	80	–	Schaft 62±2	64±2
3,0...6,4	0,1	71	80	100	Kopf 50±5	50±0,5
6,5...20	0,5	71	80	100	Kopf 50±5	50±0,5

Bezeichnung eines Schneidstempels Form D mit d_1 = 9,4 mm und l = 71 mm aus Werkzeugstahl der Legierungsgruppe HSS[2]: **Schneidstempel DIN 9861-D 9,4×71 HSS**

[1] HWS hochlegierte Kaltarbeitsstähle; [2] HSS hochlegierte Schnellarbeitsstähle.

Mechanische Bauelemente

© Verlag Gehlen

Messfehler

Messfehler = Istwert − Sollwert	$F = I - S$		$F_R = \dfrac{I - S}{S}$
F Absoluter Fehler		S Sollwert	
I Istwert		F_R Relativer Fehler	

Toleranzen DIN ISO 286

Längenmaßtoleranzen, Grundbegriffe

| $G_o = N + ES\,(es)$ | $G_u = N + EI\,(ei)$ | $T = ES\,(es) - EI\,(ei)$ | $T = G_o - G_u$ |

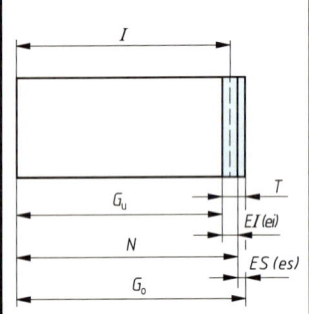

N **Nennmaß**: Zahlenwert der linearen Größe (Durchmesser, Länge usw.), in den gewählten Maßeinheiten.

I **Istmaß**: Maß, das durch Messen mit dem zulässigen Fehler festgestellt wird.

Grenzmaße. Zwei zulässige Maße, zwischen denen sich das Istmaß befinden muss oder denen es gleich sein kann. Es werden Höchstmaß und Mindestmaß unterschieden.

G_o Höchstmaß. Größeres der beiden Grenzmaße. Es entsteht als algebraische Summe von Nennmaß und oberem Grenzabmaß.

G_u Mindestmaß. Kleineres der beiden Grenzmaße. Es entsteht als algebraische Summe von Nennmaß und unterem Grenzabmaß.

Grenzabmaße. Algebraische Differenz zwischen Grenz- und Nennmaß. Es werden oberes und unteres Grenzabmaß unterschieden.

$ES\,(es)$ Oberes Grenzabmaß für Bohrung(Welle); früher A_o

$EI\,(ei)$ Unteres Grenzabmaß für Bohrung(Welle); früher A_u

T Maßtoleranz: Differenz zwischen Höchst- und Mindestmaß

Maßtoleranzfeld und Nulllinie

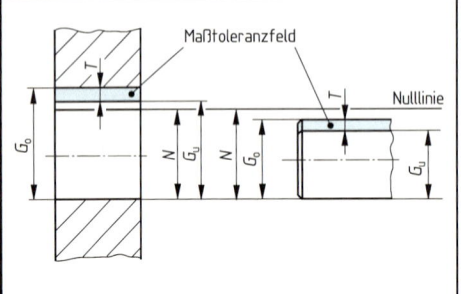

Maßtoleranzfeld. Schaubildliche Darstellung des Feldes, das durch die Linien von Höchst- und Mindestmaß begrenzt ist.

Die Nulllinie ist die dem Nennmaß entsprechende Bezugslinie für die Grenzabmaße.

Das Maßtoleranzfeld gibt sowohl die **Lage** als auch die **Größe** der Maßtoleranz an.

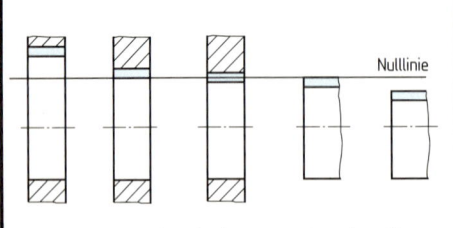

Maßtoleranzfeldlagen (allgemein)

vollkommen darüber | anliegend von oben | teils darüber teils darunter | anliegend von unten | vollkommen darunter

Maßtoleranzfeldlagen nach ISO

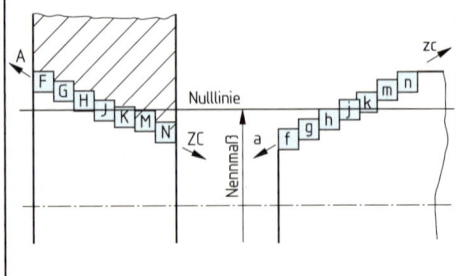

© Verlag Gehlen

Grundtoleranzen — DIN ISO 286

Nennmaß-bereiche in mm über ... bis	Grundtoleranzgrade(IT)																	
	1	2	3	4	5	6	7	8	9	10	11	12	13	14	15	16	17	18
	Feinmech. Geräte					Allgem. Maschinenbau						Walz- und Schmiedeerzeugnisse						
	Grundtoleranzen in µm											Grundtoleranzen in mm [1]						
... 3	0,8	1,2	2	3	4	6	10	14	25	40	60	0,10	0,14	0,25	0,40	0,6	1,0	1,4
3... 6	1	1,5	2,5	4	5	8	12	18	30	48	75	0,12	0,18	0,30	0,48	0,75	1,2	1,8
6... 10	1	1,5	2,5	4	6	9	15	22	36	58	90	0,15	0,22	0,36	0,58	0,9	1,5	2,2
10... 18	1,2	2	3	5	8	11	18	27	43	70	110	0,18	0,27	0,43	0,70	1,1	1,8	2,7
18... 30	1,5	2,5	4	6	9	13	21	33	52	84	130	0,21	0,33	0,52	0,84	1,3	2,1	3,3
30... 50	1,5	2,5	4	7	11	16	25	39	62	100	160	0,25	0,39	0,62	1,00	1,6	2,5	3,9
50... 80	2	3	5	8	13	19	30	46	74	120	190	0,30	0,46	0,74	1,20	1,9	3,0	4,6
80... 120	2,5	4	6	10	15	22	35	54	87	140	220	0,35	0,54	0,87	1,40	2,2	3,5	5,4
120... 180	3,5	5	8	12	18	25	40	63	100	160	250	0,40	0,63	1,00	1,60	2,5	4,0	6,3
180... 250	4,5	7	10	14	20	29	46	72	115	185	290	0,46	0,72	1,15	1,85	2,9	4,6	7,2
250... 315	6	8	12	16	23	32	52	81	130	210	320	0,52	0,81	1,30	2,10	3,2	5,2	8,1
315... 400	7	9	13	18	25	36	57	89	140	230	360	0,57	0,89	1,40	2,30	3,6	5,7	8,9
400... 500	8	10	15	20	27	40	63	97	155	250	400	0,63	0,97	1,55	2,50	4,0	6,3	9,7
500... 630	9	11	16	22	32	44	70	110	175	280	440	0,70	1,10	1,75	2,80	4,4	7,0	11
630... 800	10	13	18	25	36	50	80	125	200	320	500	0,80	1,25	2,00	3,20	5,0	8,0	12,5
800...1000	11	15	21	28	40	56	90	140	230	360	560	0,90	1,40	2,30	3,60	5,6	9,0	14,0
1000...1250	13	18	24	33	47	66	105	165	260	420	660	1,05	1,65	2,60	4,20	6,6	10,5	16,5
1250...1600	15	21	29	39	55	78	125	195	310	500	780	1,25	1,95	3,10	5,00	7,8	12,5	19,5
1600...2000	18	25	35	46	65	92	150	230	370	600	920	1,50	2,30	3,70	6,00	9,2	15,0	23,0
2000...2500	22	30	41	55	78	110	175	280	440	700	1100	1,75	2,80	4,40	7,00	11,0	17,5	28,0
2500...3150	26	36	50	68	96	135	210	330	540	860	1350	2,10	3,30	5,40	8,60	13,5	21,0	33,0

[1] Bei den Grundtoleranzgraden IT14 bis IT18 Nennmaß nicht bis 1 mm.

© Verlag Gehlen

Auswahl von Grenzabmaßen für Innenmaße (Bohrungen) in µm — DIN ISO 286

Nennmaßbereiche in mm über ... bis	H5	H9	H10	H12	H13	JS6	JS8	J8	JS9	JS10	N9	P9
... 3	+4 / 0	+25 / 0	+40 / 0	+100 / 0	+140 / 0	+3 / –3	+7 / –7	+6 / –8	+12,5 / –12,5	+20 / –20	–4 / –29	–6 / –31
3 ... 6	+5 / 0	+30 / 0	+48 / 0	+120 / 0	+180 / 0	+4 / –4	+9 / –9	+10 / –8	+15 / –15	+24 / –24	0 / –30	–12 / –42
6 ... 10	+6 / 0	+36 / 0	+58 / 0	+150 / 0	+220 / 0	+4,5 / –4,5	+11 / –11	+12 / –10	+18 / –18	+29 / –29	0 / –36	–15 / –51
10 ... 18	+8 / 0	+43 / 0	+70 / 0	+180 / 0	+270 / 0	+5,5 / –5,5	+13,5 / –13,5	+15 / –12	+21,5 / –21,5	+35 / –35	0 / –43	–18 / –61
18 ... 30	+9 / 0	+52 / 0	+84 / 0	+210 / 0	+330 / 0	+6,5 / –6,5	+16,5 / –16,5	+20 / –13	+26 / –26	+42 / –42	0 / –52	–22 / –74
30 ... 50	+11 / 0	+62 / 0	+100 / 0	+250 / 0	+390 / 0	+8 / –8	+19,5 / –19,5	+24 / –15	+31 / –31	+50 / –50	0 / –62	–26 / –88
50 ... 80	+13 / 0	+74 / 0	+120 / 0	+300 / 0	+460 / 0	+9,5 / –9,5	+23 / –23	+28 / –18	+37 / –37	+60 / –60	0 / –74	–32 / –106
80 ... 120	+15 / 0	+87 / 0	+140 / 0	+350 / 0	+540 / 0	+11 / –11	+27 / –27	+34 / –20	+43,5 / –43,5	+70 / –70	0 / –87	–37 / –124
120 ... 180	+18 / 0	+100 / 0	+160 / 0	+400 / 0	+630 / 0	+12,5 / –12,5	+31,5 / –31,5	+41 / –22	+50 / –50	+80 / –80	0 / –100	–43 / –143
180 ... 250	+20 / 0	+115 / 0	+185 / 0	+460 / 0	+720 / 0	+14,5 / –14,5	+36 / –36	+47 / –25	+57,5 / –57,5	+92,5 / –92,5	0 / –115	–50 / –165
250 ... 315	+23 / 0	+130 / 0	+210 / 0	+520 / 0	+810 / 0	+16 / –16	+40,5 / –40,5	+55 / –26	+65 / –65	+105 / –105	0 / –130	–56 / –186
315 ... 400	+25 / 0	+140 / 0	+230 / 0	+570 / 0	+890 / 0	+18 / –18	+44,5 / –44,5	+60 / –29	+70 / –70	+115 / –115	0 / –140	–62 / –202
400 ... 500	+27 / 0	+155 / 0	+250 / 0	+630 / 0	+970 / 0	+20 / –20	+48,5 / –48,5	+66 / –31	+77,5 / –77,5	+125 / –125	0 / –155	–68 / –223

© Verlag Gehlen

Auswahl von Grenzabmaßen für Außenmaße (Wellen) in µm — DIN ISO 286

Grenzabmaße für Wellen

Nennmaßbereiche in mm über ... bis	h3	h4	h7	h8	h10	h12	h13	js6	j7	js8	js9
... 3	0 / −2	0 / −3	0 / −10	0 / −14	0 / −40	0 / −100	0 / −140	+3 / −3	+6 / −4	+7 / −7	+12,5 / −12,5
3 ... 6	0 / −2,5	0 / −4	0 / −12	0 / −18	0 / −48	0 / −120	0 / −180	+4 / −4	+8 / −4	+9 / −9	+15 / −15
6 ... 10	0 / −2,5	0 / −4	0 / −15	0 / −22	0 / −58	0 / −150	0 / −220	+4,5 / −4,5	+10 / −5	+11 / −11	+18 / −18
10 ... 18	0 / −3	0 / −5	0 / −18	0 / −27	0 / −70	0 / −180	0 / −270	+5,5 / −5,5	+12 / −6	+13,5 / −13,5	+21,5 / −21,5
18 ... 30	0 / −4	0 / −6	0 / −21	0 / −33	0 / −84	0 / −210	0 / −330	+6,5 / −6,5	+13 / −8	+16,5 / −16,5	+26 / −26
30 ... 50	0 / −4	0 / −7	0 / −25	0 / −39	0 / −100	0 / −250	0 / −390	+8 / −8	+15 / −10	+19,5 / −19,5	+31 / −31
50 ... 80	0 / −5	0 / −8	0 / −30	0 / −46	0 / −120	0 / −300	0 / −460	+9,5 / −9,5	+18 / −12	+23 / −23	+37 / −37
80 ... 120	0 / −6	0 / −10	0 / −35	0 / −54	0 / −140	0 / −350	0 / −540	+11 / −11	+20 / −15	+27 / −27	+43,5 / −43,5
120 ... 180	0 / −8	0 / −12	0 / −40	0 / −63	0 / −160	0 / −400	0 / −630	+12,5 / −12,5	+22 / −18	+31,5 / −31,5	+50 / −50
180 ... 250	0 / −10	0 / −14	0 / −46	0 / −72	0 / −185	0 / −460	0 / −720	+14,5 / −14,5	+25 / −21	+36 / −36	+57,5 / −57,5
250 ... 315	0 / −12	0 / −16	0 / −52	0 / −81	0 / −210	0 / −520	0 / −810	+16 / −16	+26 / −26	+40,5 / −40,5	+65 / −65
315 ... 400	0 / −13	0 / −18	0 / −57	0 / −89	0 / −230	0 / −570	0 / −890	+18 / −18	+29 / −28	+44,5 / −44,5	+70 / −70
400 ... 500	0 / −15	0 / −20	0 / −63	0 / −97	0 / −250	0 / −630	0 / −970	+20 / −20	+31 / −32	+48,5 / 48,5	+77,5 / −77,5

© Verlag Gehlen

Allgemeintoleranzen für Gussrohteile aus Grauguss — DIN 1685, DIN 1686

Längenmaße in mm über ... bis	Genauigkeitsgrade GTB 20	GTB 19	GTB 18	GTB 17	GTB 16	GTB 15
... 18	±4,5	±4,5	±2,9	±1,8	±1,1	±0,85
18 ... 30	±7,5	±4,7	±3	±1,9	±1,2	±0,95
30 ... 50	±8	±5	±3,2	±2	±1,3	±1
50 ... 80	±8,5	±5,5	±3,4	±2,1	±1,4	±1,1
80 ... 120	±9	±6	±3,7	±2,3	±1,5	±1,2
120 ... 180	±10	±6,5	±4,1	±2,5	±1,6	±1,3
180 ... 250	±11	±7	±4,4	±2,7	±1,8	±1,4
250 ... 315	±11	±7,5	±4,7	±2,9	±1,9	±1,5
315 ... 400	±12	±8	±5	±3,1	±2	±1,6
400 ... 500	±13	±8,5	±5,5	±3,3	±2,1	±1,7
500 ... 630	±14	±9,5	±6	±3,5	±2,3	±1,8
630 ... 800	±15	±10	±6,5	±3,8	±2,4	±1,9
800 ... 1000	±16	±11	±7	±4,1	±2,6	±2
1000 ... 1250	±18	±12	±7,5	±4,4	±2,8	±2,2
1250 ... 1600	±19	±13	±8,5	±4,9	±3,1	±2,3
1600 ... 2000	±21	±14	±9	±5,5	±3,4	±2,5
2000 ... 2500	±23	±15	±10	±6	±3,6	–
2500 ... 3150	±25	±17	±11	±6,5	±3,9	–
3150 ... 4000	±27	±19	±12	±7	±4,3	–
4000 ... 6300	±33	±27	–	–	–	–
6300 ... 10000	±39	–	–	–	–	–

Dickenmaße in mm über ... bis	Genauigkeitsgrade GTB 20	GTB 19	GTB 18	GTB 17	GTB 16	GTB 15
... 6	–	–	–	±1,5	±1,5	±0,95
6 ... 10	–	–	±2,5	±2,5	1,8	±1
10 ... 18	–	±4,5	±4,5	±2,9	±1,8	±1,1
18 ... 30	±7,5	±7,5	±4,7	±3	±1,9	±1,2
30 ... 50	±11	±8	±5	±3,2	±2	±1,3
50 ... 80	±12	±8,5	±5,5	±3,4	±2,1	±1,4
80 ... 120	±13	±9	±6	±3,7	±2,3	–
120 ... 180	±14	±10	±6,5	–	–	–

© Verlag Gehlen

Allgemeintoleranzen für Gussrohteile aus Stahlguss — DIN 1683

Längennennmaß-bereich in mm über ... bis	Genauigkeitsgrade							
	GTB 20	GTB 19/5	GTB 19	GTB 18/5	GTB 18	GTB 17/5	GTB 17	GTB 16/5
	Allgemeintoleranzen in mm							
... 30	±7,5	±6	±4,5	±3,7	±3	±2,4	±1,9	±1,5
30 ... 50	±8	±6,5	±5	±3,9	±3,2	±2,5	±2	±1,6
50 ... 80	±8,5	±7	±5,5	±4,2	±3,4	±2,7	±2,1	±1,7
80 ... 120	±9	±7,5	±6	±4,5	±3,7	±2,9	±2,3	±1,8
120 ... 180	±10	±8	±6,5	±5	±4,1	±3,2	±2,5	±2
180 ... 250	±11	±9	±7	±5,5	±4,4	±3,5	±2,7	±2,2
250 ... 315	±11	±9,5	±7,5	±6	±4,7	±3,7	±2,9	–
315 ... 400	±12	±10	±8	±6,5	±5	±4	±3,1	–
400 ... 500	±13	±11	±8,5	±7	±5,5	±4,3	±3,3	–
500 ... 630	±14	±11	±9,5	±7,5	±6	±4,6	–	–
630 ... 800	±15	±12	±10	±8	±6,5	±5	–	–
800 ... 1000	±16	±13	±11	±8,5	±7	–	–	–
1000 ... 1250	±18	±14	±12	±9,5	–	–	–	–
1250 ... 1600	±19	±16	±13	±10	–	–	–	–
1600 ... 2000	±21	±17	±14	±11	–	–	–	–
2000 ... 2500	±23	±19	±15	–	–	–	–	–
2500 ... 3150	±25	±21	±17	–	–	–	–	–
3150 ... 4000	±27	±23	±19	–	–	–	–	–
Dickennennmaß-bereich in mm über ... bis	**Genauigkeitsgrade**							
	GTB 20	GTB 19/5	GTB 19	GTB 18/5	GTB 18	GTB 17/5	GTB 17	GTB 16/5
	Allgemeintoleranzen in mm							
... 18	±4,5	±4,5	±4,5	±4,5	±4,5	±3,6	±2,9	±2,3
18 ... 30	±7,5	±7,5	±7,5	±6	±4,7	±3,7	±3	±2,4
30 ... 50	±11	±9,5	±8	±6,5	±5	±3,9	±3,2	±2,5
50 ... 80	±12	±10	±8,5	±7	±5,5	±4,2	±3,4	–
80 ... 120	±13	±11	±9	±7,5	±6	±4,5	–	–
120 ... 180	±14	±12	±10	±8	±6,5	–	–	–
180 ... 250	±15	±13	±11	±9	–	–	–	–
250 ... 315	±17	±14	±11	–	–	–	–	–
315 ... 400	±18	±15	–	–	–	–	–	–
400 ... 500	±19	–	–	–	–	–	–	–

© Verlag Gehlen

Toleranzen für Kunststoff-Formteile — DIN 16901

Nennmaßbereich in mm über... bis	Toleranzgruppe 160		150		140		130	
	Kennbuchstaben (A für nicht werkzeuggebundene Maße; B für werkzeuggebundene Maße)							
	A	B	A	B	A	B	A	B
	Allgemeintoleranzen in mm							
0 ... 1	±0,28	±0,18	±0,23	±0,13	±0,20	±0,10	±0,18	±0,08
1 ... 3	±0,30	±0,20	±0,25	±0,15	±0,21	±0,11	±0,19	±0,09
3 ... 6	±0,33	±0,23	±0,27	±0,17	±0,22	±0,12	±0,20	±0,10
6 ... 10	±0,37	±0,27	±0,30	±0,20	±0,24	±0,14	±0,21	±0,11
10 ... 15	±0,42	±0,32	±0,34	±0,24	±0,27	±0,17	±0,23	±0,13
15 ... 22	±0,49	±0,39	±0,38	±0,28	±0,30	±0,20	±0,25	±0,15
22 ... 30	±0,57	±0,47	±0,43	±0,33	±0,34	±0,24	±0,27	±0,17
30 ... 40	±0,66	±0,56	±0,49	±0,39	±0,38	±0,28	±0,30	±0,20
40 ... 53	±0,78	±0,68	±0,57	±0,47	±0,43	±0,33	±0,34	±0,24
53 ... 70	±0,94	±0,84	±0,68	±0,58	±0,50	±0,40	±0,38	±0,28
70 ... 90	±1,15	±1,05	±0,81	±0,71	±0,60	±0,50	±0,44	±0,34
90 ... 120	±1,40	±1,30	±0,97	±0,87	±0,70	±0,60	±0,51	±0,41
120 ... 160	±1,80	±1,70	±1,20	±1,10	±0,85	±0,75	±0,60	±0,50
160 ... 200	±2,20	±2,10	±1,50	±1,40	±1,05	±0,95	±0,70	±0,60
200 ... 250	±2,70	±2,60	±1,80	±1,70	±1,25	±1,15	±0,90	±0,80
250 ... 315	±3,30	±3,20	±2,20	±2,10	±1,55	±1,45	±1,10	±1,00
315 ... 400	±4,10	±4,00	±2,80	±2,70	±1,90	±1,80	±1,30	±1,20
400 ... 500	±5,10	±5,00	±3,40	±3,30	±2,30	±2,20	±1,60	±1,50
500 ... 630	±6,30	±6,20	±4,30	±4,20	±2,90	±2,80	±2,00	±1,90
630 ... 800	±7,90	±7,80	±5,30	±5,20	±3,60	±3,50	±2,50	±2,40
800 ... 1000	±10,00	±9,90	±6,60	±6,50	±4,50	±4,40	±3,00	±2,90

Nennmaßbereich in mm über... bis	Toleranzgruppe 160		150		140		130		120		110		Feinwerkt.	
	Kennbuchstaben (A für nicht werkzeuggebundene Maße; B für werkzeuggebundene Maße)													
	A	B	A	B	A	B	A	B	A	B	A	B	A	B
	Toleranzen für Maße mit direkt eingetragenen Abmaßen													
0 ... 1	0,56	0,36	0,46	0,26	0,40	0,20	0,36	0,16	0,32	0,12	0,18	0,08	0,10	0,05
1 ... 3	0,60	0,40	0,50	0,30	0,42	0,22	0,38	0,18	0,34	0,14	0,20	0,10	0,12	0,06
3 ... 6	0,66	0,46	0,54	0,34	0,44	0,24	0,40	0,20	0,36	0,16	0,22	0,12	0,14	0,07
6 ... 10	0,74	0,54	0,60	0,40	0,48	0,28	0,42	0,22	0,38	0,18	0,24	0,14	0,16	0,08
10 ... 15	0,84	0,64	0,68	0,48	0,54	0,34	0,46	0,26	0,40	0,20	0,26	0,16	0,20	0,10
15 ... 22	0,98	0,78	0,76	0,56	0,60	0,40	0,50	0,30	0,42	0,22	0,28	0,18	0,22	0,12
22 ... 30	1,14	0,94	0,86	0,66	0,68	0,48	0,54	0,34	0,46	0,26	0,30	0,20	0,24	0,14
30 ... 40	1,32	1,12	0,98	0,78	0,76	0,56	0,60	0,40	0,50	0,30	0,32	0,22	0,26	0,16
40 ... 53	1,56	1,36	1,14	0,94	0,86	0,66	0,68	0,48	0,54	0,34	0,36	0,26	0,28	0,18
53 ... 70	1,88	1,68	1,36	1,16	1,00	0,80	0,76	0,56	0,60	0,40	0,40	0,30	0,31	0,21
70 ... 90	2,30	2,10	1,62	1,42	1,20	1,10	0,88	0,68	0,68	0,48	0,44	0,34	0,35	0,25
90 ... 120	2,80	2,60	1,94	1,74	1,40	1,20	1,02	0,82	0,78	0,58	0,50	0,40	0,40	0,30
120 ... 160	3,60	3,40	2,40	2,20	1,70	1,50	1,20	1,00	0,90	0,70	0,58	0,48	0,50	0,40
160 ... 200	4,40	4,20	3,00	2,80	2,10	1,90	1,50	1,30	1,06	0,86	0,68	0,58	—	—
200 ... 250	5,40	5,20	3,60	3,40	2,50	2,30	1,80	1,60	1,24	1,04	0,80	0,70	—	—
250 ... 315	6,60	6,40	4,40	4,20	3,10	2,90	2,20	2,00	1,50	1,30	0,96	0,86	—	—
315 ... 400	8,20	8,00	5,60	5,40	3,80	3,60	2,60	2,40	1,80	1,60	1,16	1,06	—	—
400 ... 500	10,20	10,00	6,80	6,60	4,60	4,40	3,30	3,20	2,20	2,00	1,40	1,30	—	—
500 ... 630	12,50	12,30	8,60	8,40	5,80	5,60	3,90	3,70	2,60	2,40	1,70	1,60	—	—
630 ... 800	15,80	15,60	10,60	10,40	7,20	7,00	4,90	4,70	3,20	3,00	2,10	2,00	—	—
800 ... 1000	20,00	19,80	13,20	13,00	9,00	8,80	6,00	5,80	4,00	3,80	2,60	2,50	—	—

© Verlag Gehlen

Allgemeintoleranzen für Längenmaße (Neukonstruktionen) — DIN ISO 2768

Toleranzklasse		Grenzabmaße in mm für Nennmaßbereiche in mm							
Zeichen	Bezeichnung	ab 0,5 bis 3	über 3 bis 6	über 6 bis 30	über 30 bis 120	über 120 bis 400	über 400 bis 1000	über 1000 bis 2000	über 2000 bis 4000
f	fein	±0,05	±0,05	±0,1	±0,15	±0,2	±0,3	±0,5	–
m	mittel	±0,1	±0,1	±0,2	±0,3	±0,5	±0,8	±1,2	±2
c	grob	±0,2	±0,3	±0,5	±0,8	±1,2	±2	±3	±4
v	sehr grob	–	±0,5	±1	±1,5	±2,5	±4	±6	±8

Allgemeintoleranzen für gebrochene Kanten und Winkelmaße (Neukonstruktionen) — DIN ISO 2768

Toleranzklasse		Allgemeintoleranzen							
		Rundungshalbmesser/Fasenhöhen			für Winkelmaße				
		Nennmaßbereiche in mm			Nennmaßbereiche für kürzeren Winkelschenkel in mm				
Zeichen	Bezeichnung	ab 0,5 bis 3	über 3 bis 6	über 6	bis 10	über 10 bis 50	über 50 bis 120	über 120 bis 400	über 400
		Grenzabmaße in mm			Grenzabmaße in Grad und Minuten				
f	fein	±0,2	±0,5	±1	±1°	±0°30′	±0°20′	±0°10′	±0°5′
m	mittel								
c	grob	±0,4	±1	±2	±1°30′	±1°	±0°30′	±0°15′	±0°10′
v	sehr grob				±3°	±2°	±1°	±0°30′	±0°20′

Allgemeintoleranzen für Form und Lage (Neukonstruktionen) — DIN ISO 2768

	Nennmaßbereiche in mm					Nennmaßbereiche für kürzeren Winkelschenkel in mm				Nennmaßbereiche in mm			
	bis 10	über 10 bis 30	über 30 bis 100	über 100 bis 300	über 300 bis 1000	über 1000 bis 3000	bis 100	über 100 bis 300	über 300 bis 1000	über 1000 bis 3000	bis 100	über 100 bis 300	über 300 bis 1000	über 1000 bis 3000
	Toleranzen für Geradheit und Ebenheit in mm						Rechtwinklichkeitstoleranzen in mm				Symmetrietoleranzen in mm			
H	0,02	0,05	0,1	0,2	0,3	0,4	0,2	0,3	0,4	0,5	0,5			0,1
K	0,05	0,1	0,2	0,4	0,6	0,8	0,4	0,6	0,8	1	0,6		0,8	1	0,2
L	0,1	0,2	0,4	0,8	1,2	1,6	0,6	1	1,5	2	0,6	1	1,5	2	0,5

Toleranzklasse — Lauftoleranz in mm

Allgemeintoleranzen für Längenmaße (keine Neukonstruktionen) — DIN 7168

Toleranzklasse		Nennmaßbereich in mm								
Zeichen	Bezeichnung	ab 0,5 bis 3	über 3 bis 6	über 6 bis 30	über 30 bis 120	über 120 bis 400	über 400 bis 1000	über 1000 bis 2000	über 2000 bis 4000	über 4000 bis 8000
		Grenzabmaße in mm								
f	fein	±0,05	±0,05	±0,1	±0,15	±0,2	±0,3	±0,5	±0,8	–
m	mittel	±0,1	±0,1	±0,2	±0,3	±0,5	±0,8	±1,2	±2	±3
g	grob	±0,15	±0,2	±0,5	±0,8	±1,2	±2	±3	±4	±5
sg	sehr grob	–	±0,5	±1	±1,5	±2	±3	±4	±6	±8

© Verlag Gehlen

Allgemeintoleranzen für gebrochene Kanten und Winkelmaße (keine Neukonstruktionen) DIN 7168

Toleranzklasse		Allgemeintoleranzen								
		für Rundungshalbmesser/Fasenhöhen				für Winkelmaße				
		Nennmaßbereiche in mm				Nennmaßber. für kürz. Winkelschenkel in mm				
Zeichen	Bezeichnung	ab 0,5 bis 3	über 3 bis 6	über 6 bis 30	üb. 30 bis 120	üb. 120 bis 400	bis 10	üb. 10 bis 50	üb. 50 bis 120	üb. 120 bis 400	über 400
		Grenzabmaße in mm					Grenzabmaße in Grad und Minuten				
f	fein	±0,2	±0,5	±1	±2	±4	±1°	±0°30′	±0°20′	±0°10′	±0°5′
m	mittel										
c	grob	±0,4	±1	±2	±4	±8	±1°30′	±1°	±0°30′	±0°15′	±0°10′
v	sehr grob						±3°	±2°	±1°	±0°30′	±0°20′

Allgemeintoleranzen für Form und Lage (keine Neukonstruktionen) DIN 7168

Toleranzklassen	Nennmaßbereiche in mm							Symmetrie in mm	Rund- und Planlauf in mm
	bis 6	über 6 bis 30	über 30 bis 120	über 120 bis 400	über 400 bis 1000	über 1000 bis 2000	über 2000 bis 4000		
	Toleranzen für Geradheit und Ebenheit in mm								
R	0,004	0,01	0,02	0,04	0,07	0,1	–	0,3	0,1
S	0,008	0,02	0,04	0,08	0,15	0,2	0,3	0,5	0,2
T	0,025	0,06	0,12	0,25	0,4	0,6	0,9	1	0,5
U	0,1	0,25	0,5	1	1,5	2,5	3,5	2	1

Passungen — DIN ISO 286

Spielpassung — **Übergangspassung** — **Übermaßpassung**

$P_{SH} = G_{ol} - G_{uA}$
$G_{ol} = N + ES$
P_{SH} Höchstspiel
G_{ol} Höchstmaß (Bohrung)

$P_{SM} = G_{ul} - G_{oA}$
$G_{ul} = N + EI$
P_{SM} Mindestspiel
G_{ul} Mindestmaß (Bohrung)

$P_{ÜH} = G_{ul} - G_{oA}$
$G_{oA} = N + es$
$P_{ÜH}$ Höchstübermaß
G_{oA} Höchstmaß (Welle)

$P_{ÜM} = G_{ol} - G_{uA}$
$G_{uA} = N + ei$
$P_{ÜM}$ Mindestübermaß
G_{uA} Mindestmaß (Welle)

ISO-Passsystem Einheitsbohrung (EB) — **ISO-Passsystem Einheitswelle (EW)**

Grenzabmaße im System Einheitsbohrung **235**

Grenzabmaße in μm im Passungssystem Einheitsbohrung (Auswahl) — DIN 7154

Nennmaß in mm über...bis	Spiel- H6	Übergangs- Toleranzfelder			Übermaß-	H7	Spiel- Toleranzfelder			Übergangs- Toleranzfelder				Übermaß-	
		h5	j6	k6	n6	r6		f7	g6	h6	j6	k6	m6	n6	r6	s6
1... 3	+6 / 0	0 / −4	+4 / −2	+6 / 0	+8 / +4	+14 / +10	+10 / 0	−6 / −16	−2 / −8	0 / −6	+4 / −2	+6 / 0	+8 / +2	+10 / +4	+16 / +10	+20 / +14
3... 6	+8 / 0	0 / −5	+6 / −2	+9 / +1	+13 / +8	+20 / +15	+12 / 0	−10 / −22	−4 / −12	0 / −8	+6 / −2	+9 / +1	+12 / +4	+16 / +8	+23 / +15	+27 / +19
6... 10	+9 / 0	0 / −6	+7 / −2	+10 / +1	+16 / +10	+25 / +19	+15 / 0	−13 / −28	−5 / −14	0 / −9	+7 / −2	+10 / +1	+15 / +6	+19 / +10	+28 / +19	+32 / +23
10... 14 / 14... 18	+11 / 0	0 / −8	+8 / −3	+12 / +1	+20 / +12	+31 / +23	+18 / 0	−16 / −34	−6 / −17	0 / −11	+8 / −3	+12 / +1	+18 / +7	+23 / +12	+34 / +23	+39 / +28
18... 24 / 24... 30	+13 / 0	0 / −9	+9 / −4	+15 / +2	+24 / +15	+37 / +28	+21 / 0	−20 / −41	−7 / −20	0 / −13	+9 / −4	+15 / +2	+21 / +8	+28 / +15	+41 / +28	+48 / +35
30... 40 / 40... 50	+16 / 0	0 / −11	+11 / −5	+18 / +2	+28 / +17	+45 / +34	+25 / 0	−25 / −50	−9 / −25	0 / −16	+11 / −5	+18 / +2	+25 / +9	+33 / +17	+50 / +34	+59 / +43
50... 65	+19 / 0	0 / −13	+12 / −7	+21 / +2	+33 / +20	+54 / +41	+30 / 0	−30 / −60	−10 / −29	0 / −19	+12 / −7	+21 / +2	+30 / +11	+39 / +20	+60 / +41	+72 / +53
65... 80						+56 / +43									+62 / +43	+78 / +59
80...100	+22 / 0	0 / −15	+13 / −9	+25 / +3	+38 / +23	+66 / +51	+35 / 0	−36 / −71	−12 / −34	0 / −22	+13 / −9	+25 / +3	+35 / +13	+45 / +23	+73 / +51	+93 / +71
100...120						+69 / +54									+76 / +54	+101 / +79
120...140	+25 / 0	0 / −18	+14 / −11	+28 / +3	+45 / +27	+81 / +63	+40 / 0	−43 / −83	−14 / −39	0 / −25	+14 / −11	+28 / +3	+40 / +15	+52 / +27	+88 / +63	+117 / +92
140...160						+83 / +65									+90 / +65	+125 / +100
160...180						+86 / +68									+93 / +68	+133 / +108
180...200	+29 / 0	0 / −20	+16 / −13	+33 / +4	+51 / +31	+97 / +77	+46 / 0	−50 / −96	−15 / −44	0 / −29	+16 / −13	+33 / +4	+46 / +17	+60 / +31	+106 / +77	+151 / +122
200...225						+100 / +80									+109 / +80	+159 / +130
225...250						+104 / +84									+113 / +84	+169 / +140
250...280	+32 / 0	0 / −23	+16 / −16	+36 / +4	+57 / +34	+117 / +94	+52 / 0	−56 / −108	−17 / −49	0 / −32	+16 / −16	+36 / +4	+52 / +20	+66 / +34	+126 / +94	+190 / +158
280...315						+121 / +98									+130 / +98	+202 / +170
315...355	+36 / 0	0 / −25	+18 / −18	+40 / +4	+62 / +37	+133 / +108	+57 / 0	−62 / −119	−18 / −54	0 / −36	+18 / −18	+40 / +4	+57 / +21	+73 / +37	+144 / +108	+226 / +190
355...400						+139 / +114									+150 / +114	+244 / +208
400...450	+40 / 0	0 / −27	+20 / −20	+45 / +5	+67 / +40	+153 / +126	+63 / 0	−68 / −131	−20 / −60	0 / −40	+20 / −20	+45 / +5	+63 / +23	+80 / +40	+166 / +126	+272 / +232
450...500						+159 / +132									+171 / +132	+292 / +252

© Verlag Gehlen

236 Grenzabmaße im System Einheitsbohrung

Grenzabmaße in μm im Passungssystem Einheitsbohrung (Auswahl) — DIN 7154

Nennmaß in mm über…bis	H8	Spiel-Toleranzfelder d9	e8	f7	f8	h9	Übermaß- s8	u8	x8	H11	Spiel-Toleranzfelder a11	c11	d9	h9	h11	x11
1…3	+14 / 0	−20 / −45	−14 / −28	−6 / −16	−6 / −20	0 / −25	+28 / +14	—	+34 / +20	+60 / 0	−270 / −330	−60 / −120	−20 / −45	0 / −25	0 / −60	—
3…6	+18 / 0	−30 / −60	−20 / −38	−10 / −22	−10 / −28	0 / −30	+37 / +19	—	+46 / +28	+75 / 0	−270 / −345	−70 / −145	−30 / −60	0 / −30	0 / −75	—
6…10	+22 / 0	−40 / −76	−25 / −47	−13 / −28	−13 / −35	0 / −36	+45 / +23	—	+56 / +34	+90 / 0	−280 / −370	−80 / −170	−40 / −76	0 / −36	0 / −90	—
10…14	+27 / 0	−50 / −93	−32 / −59	−16 / −34	−16 / −43	0 / −43	+55 / +28	—	+67 / +40	+110 / 0	−290 / −400	−95 / −205	−50 / −93	0 / −43	0 / −110	—
14…18	+27 / 0	−50 / −93	−32 / −59	−16 / −34	−16 / −43	0 / −43	+55 / +28	—	+72 / +45	+110 / 0	−290 / −400	−95 / −205	−50 / −93	0 / −43	0 / −110	—
18…24	+33 / 0	−65 / −117	−40 / −73	−20 / −41	−20 / −53	0 / −52	+68 / +35	—	+87 / +54	+130 / 0	−300 / −430	−110 / −240	−65 / −117	0 / −52	0 / −130	—
24…30	+33 / 0	−65 / −117	−40 / −73	−20 / −41	−20 / −53	0 / −52	+68 / +35	+81 / +48	+97 / +64	+130 / 0	−300 / −430	−110 / −240	−65 / −117	0 / −52	0 / −130	—
30…40	+39 / 0	−80 / −142	−50 / −89	−25 / −50	−25 / −64	0 / −62	+82 / +43	+99 / +60	+119 / +80	+160 / 0	−310 / −470	−120 / −280	−80 / −142	0 / −62	0 / −160	—
40…50	+39 / 0	−80 / −142	−50 / −89	−25 / −50	−25 / −64	0 / −62	+82 / +43 (+109/+70)	+109 / +70	+136 / +97	+160 / 0	−320 / −480	−130 / −290	−80 / −142	0 / −62	0 / −160	—
50…65	+46 / 0	−100 / −174	−60 / −106	−30 / −60	−30 / −76	0 / −74	+99 / +53	+133 / +87	+168 / +122	+190 / 0	−340 / −530	−140 / −330	−100 / −174	0 / −74	0 / −190	+312 / +122
65…80	+46 / 0	−100 / −174	−60 / −106	−30 / −60	−30 / −76	0 / −74	+105 / +59	+148 / +102	+192 / +146	+190 / 0	−360 / −550	−150 / −340	−100 / −174	0 / −74	0 / −190	+336 / +146
80…100	+54 / 0	−120 / −207	−72 / −126	−36 / −71	−36 / −90	0 / −87	+125 / +71	+178 / +124	+232 / +178	+220 / 0	−380 / −600	−170 / −390	−120 / −207	0 / −87	0 / −220	+398 / +178
100…120	+54 / 0	−120 / −207	−72 / −126	−36 / −71	−36 / −90	0 / −87	+133 / +79	+198 / +144	+264 / +210	+220 / 0	−410 / −630	−180 / −400	−120 / −207	0 / −87	0 / −220	+430 / +210
120…140	+63 / 0	−145 / −245	−85 / −148	−43 / −83	−43 / −106	0 / −100	+155 / +92	+233 / +170	+311 / +248	+250 / 0	−460 / −710	−200 / −450	−145 / −245	0 / −100	0 / −250	+498 / +248
140…160	+63 / 0	−145 / −245	−85 / −148	−43 / −83	−43 / −106	0 / −100	+163 / +100	+253 / +190	+343 / +280	+250 / 0	−520 / −770	−210 / −460	−145 / −245	0 / −100	0 / −250	+530 / +280
160…180	+63 / 0	−145 / −245	−85 / −148	−43 / −83	−43 / −106	0 / −100	+171 / +108	+273 / +210	+373 / +310	+250 / 0	−580 / −830	−230 / −480	−145 / −245	0 / −100	0 / −250	+560 / +310
180…200	+72 / 0	−170 / −285	−100 / −172	−50 / −96	−50 / −122	0 / −115	+194 / +122	+308 / +236	+422 / 350	+290 / 0	−660 / −950	−240 / −530	−170 / −285	0 / −115	0 / −290	+640 / +350
200…225	+72 / 0	−170 / −285	−100 / −172	−50 / −96	−50 / −122	0 / −115	+202 / +130	+330 / +258	+457 / +385	+290 / 0	−740 / −1030	−260 / −550	−170 / −285	0 / −115	0 / −290	+675 / +385
225…250	+72 / 0	—	—	—	—	—	+212 / +140	+356 / +284	+497 / +425	+290 / 0	−820 / −1110	−280 / −570	—	0	—	+715 / +425
250…280	+81 / 0	−190 / −320	−110 / −191	−56 / −108	−56 / −137	0 / −130	+239 / +158	+396 / +315	+556 / +475	+320 / 0	−920 / −1240	−300 / −620	−190 / −320	0 / −130	0 / −320	+795 / +475
280…315	+81 / 0	−190 / −320	−110 / −191	−56 / −108	−56 / −137	0 / −130	+251 / +170	+431 / +350	+606 / +525	+320 / 0	−1050 / −1370	−330 / −650	−190 / −320	0 / −130	0 / −320	+845 / +525
315…355	+89 / 0	−210 / −350	−125 / −214	−62 / −119	−62 / −151	0 / −140	+279 / +190	+479 / +390	+679 / +590	+360 / 0	−1200 / −1560	−360 / −720	−210 / −350	0 / −140	0 / −360	+950 / +590
355…400	+89 / 0	−210 / −350	−125 / −214	−62 / −119	−62 / −151	0 / −140	+297 / +208	+524 / +435	—	+360 / 0	−1350 / −1710	−400 / −760	−210 / −350	0 / −140	0 / −360	+1020 / +660
400…450	+97 / 0	−230 / −385	−135 / −232	−68 / −131	−68 / −165	0 / −155	+329 / +232	+587 / +490	—	+400 / 0	−1500 / −1900	−440 / −840	−230 / −385	0 / −155	0 / −400	+1140 / +740
450…500	+97 / 0	−230 / −385	−135 / −232	−68 / −131	−68 / −165	0 / −155	+349 / +259	+637 / +540	—	+400 / 0	−1650 / −2050	−480 / −880	−230 / −385	0 / −155	0 / −400	+1220 / +820

© Verlag Gehlen

Grenzabmaße in μm im Passungssystem Einheitswelle (Auswahl) — DIN 7155

Nennmaß in mm über...bis	h5	Spiel- G6	Übergangs-Toleranzfelder J6	M6	N6	Übermaß- P6	h6	Spiel- F7	F8	G7	Übergangs-Toleranzfelder J7	K7	M7	N7	Übermaß- R7	S7
1... 3	0 / −4	+8 / +2	+2 / −4	−2 / −8	−4 / −10	−6 / −12	0 / −6	+16 / +6	+20 / +6	+12 / +2	+4 / −6	0 / −10	−2 / −12	−4 / −14	−10 / −20	−14 / −24
3... 6	0 / −5	+12 / +4	+5 / −3	−1 / −9	−5 / −13	−9 / −17	0 / −8	+22 / +10	+28 / +10	+16 / +4	+6 / −6	+3 / −9	0 / −12	−4 / −16	−11 / −23	−15 / −27
6... 10	0 / −6	+14 / +5	+5 / −4	−3 / −12	−7 / −16	−12 / −21	0 / −9	+28 / +13	+35 / +13	+20 / +5	+8 / −7	+5 / −10	0 / −15	−4 / −19	−13 / −28	−17 / −32
10... 14	0 / −8	+17 / +6	+6 / −5	−4 / −15	−9 / −20	−15 / −26	0 / −11	+34 / +16	+43 / +16	+24 / +6	+10 / −8	+6 / −12	0 / −18	−5 / −23	−16 / −34	−21 / −39
14... 18																
18... 24	0 / −9	+20 / +7	+8 / −5	−4 / −17	−11 / −24	−18 / −31	0 / −13	+41 / +20	+53 / +20	+28 / +7	+12 / −9	+6 / −15	0 / −21	−7 / −28	−20 / −41	−27 / −48
24... 30																
30... 40	0 / −11	+25 / +9	+10 / −6	−4 / −20	−12 / −28	−21 / −37	0 / −16	+50 / +25	+64 / +25	+34 / +9	+14 / −11	+7 / −18	0 / −25	−8 / −33	−25 / −50	−34 / −59
40... 50																
50... 65	0 / −13	+29 / +10	+13 / −6	−5 / −24	−14 / −33	−26 / −45	0 / −19	+60 / +30	+76 / +30	+40 / +10	+18 / −12	+9 / −21	0 / −30	−9 / −39	−30 / −60	−42 / −72
65... 80																−32 / −62	−48 / −78
80...100	0 / −15	+34 / +12	+16 / −6	−6 / −28	−16 / −38	−30 / −52	0 / −22	+71 / +36	+90 / +36	+47 / +12	+22 / −13	+10 / −25	0 / −35	−10 / −45	−38 / −73	−58 / −93
100...120																−41 / −76	−66 / −101
120...140	0 / −18	+39 / +14	+18 / −7	−8 / −33	−20 / −45	−36 / −61	0 / −25	+83 / +43	+106 / +43	+54 / +14	+26 / −14	+12 / −28	0 / −40	−12 / −52	−48 / −88	−77 / −117
140...160																−50 / −90	−85 / −125
160...180																−53 / −93	−93 / −133
180...200	0 / −20	+44 / +15	+22 / −7	−8 / −37	−22 / −51	−41 / −70	0 / −29	+96 / +50	+122 / +50	+61 / +15	+30 / −16	+13 / −33	0 / −46	−14 / −60	−60 / −106	−105 / −151
200...225																−63 / −109	−113 / −159
225...250																−67 / −113	−123 / −169
250...280	0 / −23	+49 / +17	+25 / −7	−9 / −41	−25 / −57	−47 / −79	0 / −32	+108 / +56	+137 / +56	+69 / +17	+36 / −16	+16 / −36	0 / −52	−14 / −66	−74 / −126	−138 / −190
280...315																−78 / −130	−150 / −202
315...355	0 / −25	+54 / +18	+29 / −7	−10 / −46	−26 / −62	−51 / −87	0 / −36	+119 / +62	+151 / +62	+75 / +18	+39 / −18	+17 / −40	0 / −57	−16 / −73	−87 / −144	−169 / −226
355...400																−93 / −150	−187 / −244
400...450	0 / −27	+60 / +20	+33 / −7	−10 / −50	−27 / −67	−55 / −95	0 / −40	+131 / +68	+165 / +68	+83 / +20	+43 / −20	+18 / −45	0 / −63	−17 / −80	−103 / −166	−209 / −272
450...500																−109 / −172	−229 / −292

© Verlag Gehlen

Grenzabmaße im System Einheitswelle

Grenzabmaße in μm im Passungssystem Einheitswelle (Auswahl) — DIN 7155

Nennmaß in mm über...bis	h9	Spiel-Toleranzfelder				Übg.	Übermaß-		h11	Spiel-Toleranzfelder					Übermaß-	
		C11	D10	E9	F8	P9	X9	ZC9		A11	C11	D9	D10	D11	X11	ZC11
1...3	0 / −25	+120 / +60	+60 / +20	+39 / +14	+20 / +6	−6 / −31	−20 / −45	−60 / −85	0 / −60	+330 / +270	+120 / +60	+45 / +20	+60 / +20	+80 / +20	−	−60 / −120
3...6	0 / −30	+145 / +70	+78 / +30	+50 / +20	+28 / +10	−12 / −42	−28 / −58	−80 / −110	0 / −75	+345 / +270	+145 / +70	+60 / +30	+78 / +30	+105 / +30	−	−80 / −155
6...10	0 / −36	+170 / +80	+98 / +40	+61 / +25	+35 / +13	−15 / −51	−34 / −70	−97 / −133	0 / −90	+370 / +280	+170 / +80	+76 / +40	+98 / +40	+130 / +40	−	−97 / −187
10...14	0 / −43	+205 / +95	+120 / +50	+75 / +32	+43 / +16	−18 / −61	−40 / −83	−130 / −173	0 / −110	+400 / +290	+205 / +95	+93 / +50	+120 / +50	+160 / +50	−	−130 / −240
14...18							−45 / −88	−150 / −193							−	−150 / −260
18...24	0 / −52	+240 / +110	+149 / +65	+92 / +40	+53 / +20	−22 / −74	−54 / −106	−188 / −240	0 / −130	+430 / +300	+240 / +110	+117 / +65	+149 / +65	+195 / +65	−	−188 / −318
24...30							−64 / −116	−218 / −270							−	−218 / −348
30...40	0 / −62	+280 / +120	+180 / +80	+112 / +50	+64 / +25	−26 / −88	−80 / −142	−274 / −336	0 / −160	+470 / +310	+280 / +120	+142 / +80	+180 / +80	+240 / +80	−	−274 / −434
40...50		+290 / +130					−97 / −159	−325 / −387		+480 / +320	+290 / +130				−	−325 / −485
50...65	0 / −74	+330 / +140	+220 / +100	+134 / +60	+76 / +30	−32 / −106	−122 / −196	−405 / −479	0 / −190	+530 / +340	+330 / +140	+174 / +100	+220 / +100	+290 / +100	−122 / −312	−405 / −595
65...80		+340 / +150					−146 / −220	−		+550 / +360	+340 / +150				−146 / −336	−480 / −670
80...100	0 / −87	+390 / +170	+260 / +120	+159 / +72	+90 / +36	−37 / −124	−178 / −265	−	0 / −220	+600 / +380	+390 / +170	+207 / +120	+260 / +120	+340 / +120	−178 / −398	−585 / −805
100...120		+400 / +180					−210 / −297	−		+630 / +410	+400 / +180				−210 / −430	−690 / −910
120...140	0 / −100	+450 / +200	+305 / +145	+185 / +85	+106 / +43	−43 / −143	−248 / −348	−	0 / −250	+710 / +460	+450 / +200	+245 / +145	+305 / +145	+395 / +145	−248 / −498	−800 / −1050
140...160		+460 / +210					−280 / −380	−		+770 / +520	+460 / +210				−280 / −530	−900 / −1150
160...180		+480 / +230					−310 / −410	−		+830 / +580	+480 / +230				−310 / −560	−1000 / −1200
180...200	0 / −115	+530 / +240	+355 / +170	+215 / +100	+122 / +50	−50 / −165	−350 / −465	−	0 / −290	+950 / +660	+530 / +240	+285 / +170	+355 / +170	+460 / +170	−350 / −640	−1150 / −1440
200...225		+550 / +260					−385 / −500	−		+1030 / +740	+550 / +260				−385 / −675	−1250 / −1540
225...250		+570 / +280					−425 / −540	−		+1110 / +820	+570 / +280				−425 / −715	−1350 / −1640
250...280	0 / −130	+620 / +300	+400 / +190	+240 / +110	+137 / +56	−56 / −186	−475 / −605	−	0 / −320	+1240 / +920	+620 / +300	+320 / +190	+400 / +190	+510 / +190	−475 / −795	−1550 / −1870
280...315		+650 / +330					−525 / −655	−		+1370 / +1050	+650 / +330				−525 / −845	−1700 / −2020
315...355	0 / −140	+720 / +360	+440 / +210	+265 / +125	+151 / +62	−62 / −202	−590 / −730	−	0 / −360	+1560 / +1200	+720 / +360	+350 / +210	+440 / +210	+570 / +210	−590 / −950	−1900 / −2260
355...400		+760 / +400					−660 / −800	−		+1710 / +1350	+760 / +400				−660 / −1020	−2100 / −2400
400...450	0 / −155	+840 / +440	+480 / +230	+290 / +135	+165 / +68	−68 / −223	−740 / −895	−	0 / −400	+1900 / +1500	+840 / +440	+385 / +230	+480 / +230	+630 / +230	−740 / −1140	−2400 / −2800
450...500		+880 / +480					−820 / −975	−		+2050 / +1650	+880 / +480				−820 / −1220	−2600 / −3000

Passungsauswahl · System Einheitsbohrung (EB) · System Einheitswelle (EW)

Passungsauswahl — DIN 7157

Syst. EB	Darstellg.	Syst. EW	Darstellg.	Merkmale/Montageregeln	Anwendungsbeispiele
Spielpassungen					
H11/a11	H11 / a11	A11/h11	A11 / h11	Teile mit sehr großem Spiel und großen Herstellungstoleranzen.	Lager mit starker Verschmutzung und mangelhafter Schmierung; Land- und Baumaschinen.
H11/c11	H11 / c11	C11/h11 **C11/h9**	C11 / h11	Teile mit großem Spiel und großen Herstellungstoleranzen.	Lager mit starker Erwärmung; Land- und Baumaschinen, Drehzapfen, Steckbolzen.
H11/d9 H8/d9	H11 / d9	D10/h9 D10/h11	D10 / h9	Teile mit reichlichem Spiel, sie sind sehr leicht ineinander beweglich.	Lagerungen und Führungen mit Erwärmung und schlechter Schmierung; Gleitlager, Hebel, Bolzen.
H8/e8	H8 / e8	E9/h9	E9 / h9	Teile mit merklichem Spiel; sie sind ineinander leicht beweglich.	Kurbelwellenlager, Kolben in Zylindern, Seilrollen, Hebellager.
H7/f7 **H8/f7**	H7 / f7	**F8/h6** **F8/h9**	F8 / h9	Teile mit kleinem Spiel; sie sind ineinander spürbar beweglich.	Gleitlager, Achsbuchsen, Umsteckräder, Schieberäder, Führungen.
H7/g6	H7 / g6	G7/h6	G7 / h6	Teile mit geringem Spiel; sie lassen sich leicht, ohne merkliches Spiel bewegen.	Lager hoher Anforderungen, Arbeitsspindeln, verschiebbare Kupplungen.
H7/h6 **H8/h9** H11/h11	H7 / h6	**H7/h6** **H8/h9** H11/h11	H7 / h6	Teile mit geringstem Spiel; sie lassen sich bei Verwendung von Schmiermitteln von Hand verschieben.	Distanzbuchsen, Stellringe, Reitstockpinole, Werkzeuge auf Dornen, Säulenführungen.
Übergangspassungen					
H6/j6 H7/j6	H6 / j6	Nicht festgelegt		Teile eher mit Spiel als mit Übermaß; sie lassen sich mit leichten Hammerschlägen, oft mit Hand fügen.	Zusätzliches Sichern von Teilen gegen Verdrehen, Zahnräder, Riemenscheiben, Lagerbuchsen.
H6/k6 H7/k6	H6 / k6	Nicht festgelegt		Teile gleichermaßen mit Spiel bzw. Übermaß, sind mit Hammerschlägen fügbar; sie haften aufeinander.	Kupplungsteile, Zahnräder, Riemenscheiben, Handräder u. -hebel, Passstifte, -bolzen, -schrauben
H7/n6	n6 / H7			Teile eher mit Übermaß als mit Spiel; sie sind mit mittlerem Druck fügbar.	Hebel, Kurbel, Zahnräder und Kupplungen auf Wellen, Lagerbuchsen.
Übermaßpassungen					
H7/r6	r6 / H7			Teile mit kleinem Übermaß; sie sind mit größerem Druck fügbar.	Kupplungen, Buchsen in Gehäusen und Radnaben, Zahnkränze.
H7/s6	s6 / H7	Nicht festgelegt		Teile mit großem Übermaß; sie sind nur mit großem Druck fügbar.	Zahnkränze, Radkränze, Laufräder auf Achsen.
H8/u8	u8 / H8			Teile mit sehr großem Übermaß; durch Schrumpfen oder Dehnen fügbar.	Zapfen, Rad- und Zahnkränze, Räder auf Achsen, Schrumpfringe.

Fettgedruckte Passungen sind bevorzugt anzuwenden.

© Verlag Gehlen

Richtwerte für die Rauheit von Oberflächen — DIN 4766

Fertigungsverfahren	Arithmetischer Mittenrauwert R_a in µm			gemittelte Rautiefe [1] R_z in µm		
	bei großer Sorgfalt $\geq$	allgemeine Erfahrungswerte von ... bis	bei grober Ferigung $\leq$	bei großer Sorgfalt $\geq$	allgemeine Erfahrungswerte von ... bis	bei grober Fertigung $\leq$
Urformen						
Sandformgießen	–	12,5...125	–	25	63...250	1000
Kokillengießen	–	3,2...50	–	10	25...160	250
Druckgießen	–	0,8...33	–	4,0	10...100	160
Feingießen	0,8	1,6...4,3	6,3	4,0	6,3...25	40
Umformen						
Gesenkschmieden	0,8	2,7...12,5	25	10	63...400	1000
Tiefziehen von Blechen	0,2	1,1...3,2	6,3	0,4	4,0...10	16
Fließ- und Strangpressen	0,8	3,2...12,5	25	4,0	25...100	400
Prägen	0,2	1,6...3,2	6,3	1,6	10...16	25
Walzen von Formteilen	0,13	1,6...8,3	25	1,0	10...40	100
Trennen						
Längsdrehen	0,2	0,8...12,5	50	1,0	4,0...63	250
Plandrehen	0,4	1,6...12,5	50	2,5	10...63	250
Einstechdrehen	2,1	4,2...12,5	25	4,0	10...63	160
Hobeln	0,2	1,3...25	50	1,0	6,3...100	250
Stoßen	0,4	1,6...8,35	25	2,5	10...40	100
Schaben	0,2	1,6...6,3	12,5	1,6	6,3...25	40
Bohren	1,6	6,3...12,5	25	16	40...160	250
Senken	0,8	1,6...6,3	12,5	6,3	10...25	40
Reiben	0,2	0,8...2,1	6,3	0,4	4,0...10	25
Umfangs- und Stirnfräsen	0,4	1,6...12,5	25	1,6	10...63	160
Räumen	0,4	1,6...10,35	25	0,63	2,5...10	25
Feilen	0,4	1,1...6,3	25	2,5	6,3...40	100
Rund-Längsschleifen	0,012	0,2...0,8	6,3	0,1	1,6...4,0	25
Rund-Einstechschleifen	0,1	0,2...0,8	1,6	0,63	1,6...4,0	10
Flach-Umfangschleifen	0,13	0,4...1,6	6,3	1,0	2,5...6,3	25
Polierschleifen	0,012	0,05...0,1	0,4	0,06	0,4...1,0	2,5
Langhubhonen	0,006	0,13...0,65	0,16	0,04	1,0...11	15
Kurzhubhonen	0,006	0,02...0,17	0,34	0,04	0,1...1,0	2,5
Rund-, Flachläppen	0,006	0,025...0,2	0,21	0,04	0,20...1,6	10
Polierläppen	–	0,006...0,033	0,05	–	0,04...0,25	0,4
Strahlen	2,1	3,2...12,5	50	10	16...63	400
Brennschneiden	3,2	8,3...16,6	50	16	40...100	1000

[1] Die unteren Rauheitswerte der jeweiligen Bereiche dürfen nicht als Grenzwerte in Zeichnungsangaben verwendet werden.

© Verlag Gehlen

Grafische Symbole in der Längenprüftechnik — DIN 2258

Allgemeine Symbole

Symbol	Erläuterung	Symbol	Erläuterung
	Prüfgegenstände, z. B. Zylinder, Kegel (Darstellung mit extrem dicken Körperkanten)		Messstelle
			Schaltpunkt, Kraftangriffspunkt
	Lineare Bewegung aus einer Begrenzung		Lineare Bewegung aus einem Bezugspunkt
	Lineare Bewegung in zwei Richtungen	10 µm	Skalenteilungs- bzw. Ziffernschrittwert, mit Wertangabe
	Drehbewegung aus einer Begrenzung		Drehbewegung in zwei Richtungen
	Einmalige Umdrehung		Mehrmalige Umdrehung

Symbole für Prüfmittel-Bauelemente

Symbol	Erläuterung	Symbol	Erläuterung
	Mögliche Querschnitte für Lineal, Messstäbe, Winkel		Messeinsätze Planfläche - Kugel - Spitze Kegel - Kimme - Teller
	Kugel, Zylinder		Bügel
	Anschlag		Skalen
	Ablesemarke		Hebel
	Gleit-, Wälzführungen		Drehlager
	Schneidenlager		Federgelenk
	Pneumatische Messdüse		Taster
	Prüfprisma		Messtisch Plan-, Rillen-, Kugelfläche
	Messtisch, schwimmend		Messtisch höhenverstell-, dreh-, kippbar
	Messständer		Signalwandler
	Optischer Filter		Planspiegel
	Lichtquelle		Optische Ablesung

Grafische Symbole in der Längenprüftechnik (Fortsetzung) — DIN 2258

Symbol	Erläuterung	Symbol	Erläuterung
Symbole für Maßverkörperungen			
	Parallelendmaß, -satz		Kugelendmaß
	Stichmaß		Strichmessstab
	Einstellring, Messdorn(-stift)		Lineal
	Flach-, Anschlag-, Haarwinkel		Sinus-Lineal
	Kreisteilungsnormale Strichteil-, Loch-, Rastenscheibe		Spiegelpolygon
Symbole für Messgeräte			
	Messschieber, Tiefenmessschieber		Bügelmessschraube (Außenmessschraube, links), Innenmessschraube (unten), Messschraubeneinsatz (rechts)
	Messuhr, Feinzeiger		Fühlhebelmessgerät
von der Seite	Koordinatenmesstisch, von der Seite	von oben	Koordinatenmesstisch, von oben
von der Seite	Richtwaage, von der Seite	von oben	Richtwaage, von oben
	Winkelmesser, mechanisch		Winkelmesser, optisch
Symbole für Messgerätezubehör			
	Messwertanzeiger, analog		Messwertanzeiger, digital
	Drucker		Schreiber

Zulässige Abweichungen bei Meßstäben, Einsatz

Arten	Zul. Abweichung in µm auf 500 mm Länge	Ablesung	Anwendung
Gliedermessstab	±1000	direkt, ohne optische Zusatzeinrichtungen	Einfache Werkstattmessungen
Messband	±100		
Stahlmessstab	±75		
Arbeitsmessstab	±30		
Prüfmessstab	±15	Lupe	Prüfen von Maßverkörperungen, Einbau in Messgeräten und Werkzeugmaschinen
Vergleichsmessstab/ Urmessstab	±0,1 ... 4	Mikroskop	
Inkrementalmessstab	±0,5 ... 20	Ziffernanzeige entsprechend Messkopfweg	Einbau in Messgeräten, Werkzeugmaschinen
Absolutmessstab			

Zulässige Abweichungen bei Parallelendmaßen — DIN 861

Genauigkeitsgrad/ Kennzeichen		Zulässige Abweichungen	Nennmaßbereiche in mm													
			bis 10	über 10 bis 25	über 25 bis 50	über 50 bis 75	über 75 bis 100	über 100 bis 150	über 150 bis 200	über 200 bis 250	über 250 bis 300	über 300 bis 400	über 400 bis 500	über 500 bis 600	über 600 bis 700	über 700 bis 800	über 800 bis 900	über 900 bis 1000
00	00	±t_n	0,06	0,07	0,10	0,12	0,14	0,20	0,25	0,30	0,35	0,45	0,50	0,60	0,70	0,80	0,90	1,00
		t_s	0,05	0,05	0,06	0,06	0,07	0,08	0,09	0,10	0,10	0,12	0,14	0,16	0,18	0,20	0,20	0,25
0	0	±t_n	0,12	0,14	0,20	0,25	0,30	0,40	0,50	0,60	0,70	0,90	1,10	1,30	1,50	1,70	1,90	2,00
		t_s	0,10	0,10	0,10	0,12	0,12	0,14	0,16	0,16	0,18	0,20	0,25	0,25	0,30	0,30	0,35	0,40
1	–	±t_n	0,20	0,30	0,40	0,50	0,60	0,80	1,00	1,20	1,40	1,80	2,20	2,60	3,00	3,40	3,80	4,20
		t_s	0,16	0,16	0,18	0,18	0,20	0,20	0,25	0,25	0,25	0,30	0,35	0,40	0,45	0,50	0,50	0,60
2	=	±t_n	0,45	0,60	0,80	1,00	1,20	1,60	2,00	2,40	2,80	3,60	4,40	5,00	6,00	6,50	7,50	8,00
		t_s	0,30	0,30	0,30	0,35	0,35	0,40	0,40	0,45	0,50	0,50	0,60	0,70	0,70	0,80	0,90	1,00
K	K	±t_n	0,20	0,30	0,40	0,50	0,60	0,80	1,00	1,20	1,40	1,80	2,20	2,60	3,00	3,40	3,80	4,20
		t_s	0,05	0,05	0,06	0,06	0,07	0,08	0,09	0,10	0,10	0,12	0,14	0,16	0,18	0,20	0,20	0,25

t_n Zulässige Abweichungen vom Nennmaß in µm
t_s Toleranzen für Abweichungsspanne in µm

Einsatz der Parallelendmaße — DIN 861

Genauigkeitsgrad/ Kennzeichen		Anwendung	Parallelendmaßsatz (Normalsatz)		
			Maßbildungsreihe	Endmaße in mm	Stufung der Blöcke in mm
00	00	Hauptnormal	1	1,001...1,009	0,001
0	0	Arbeitsnormal	2	1,01...1,09	0,01
1	–	Einstellnormal in der Kontrolle	3	1,1...1,9	0,1
2	=	Einstellnormal an Werkzeugmaschinen	4	1,0...9,0	1
K	K	Hauptnormal zum Kalibrieren (auf genaues Maß bringen)	5	10,0...90,0	10

© Verlag Gehlen

Lehrenmaße für Nennmaßbereich bis 180 mm — DIN 7162

Lehrenart Darstellung	Lehrenteil	Arbeitslehre Sollmaß	Herstelltoleranz	Prüflehre Sollmaß	Herstelltoleranz
Lehren für Innenmaße (Bohrungen)	Ausschussseite	G_o	$\pm \frac{H}{2}$ bzw. $\frac{H_s}{2}$	nicht festgelegt	
	Gutseite, neu	$G_u + z$	$\pm \frac{H}{2}$		
	Gutseite, abgenutzt	$G_u - y$	—		
Lehren für Außenmaße (Wellen)	Gutseite, abgenutzt	$G_o + y_1$	—	$G_o + y_1$	$\pm \frac{H_p}{2}$
	Gutseite, neu	$G_o - z_1$	$\pm \frac{H_1}{2}$	$G_o - z_1$	$\pm \frac{H_p}{2}$
	Ausschussseite	G_u	$\pm \frac{H_1}{2}$	G_u	$\pm \frac{H_p}{2}$

Lehrenmaße für Nennmaßbereich über 180 mm — DIN 7162

Lehrenart Darstellung	Lehrenteil	Arbeitslehre Sollmaß	Herstelltoleranz	Prüflehre Sollmaß	Herstelltoleranz
Lehren für Innenmaße (Bohrungen)	Ausschussseite	$G_o - \alpha$	$\pm \frac{H_s}{2}$ bzw. $\frac{H}{2}$[1]	nicht festgelegt	
	Gutseite, neu	$G_u + z$	$\pm \frac{H}{2}$ bzw. $\frac{H_s}{2}$		
	Gutseite, abgenutzt	$G_u - y + \alpha$	—		
Lehren für Außenmaße (Wellen)	Gutseite, abgenutzt	$G_o + y_1 - \alpha_1$	—	$G_o + y_1 - \alpha_1$	$\pm \frac{H_p}{2}$
	Gutseite, neu	$G_o - z_1$	$\pm \frac{H_1}{2}$	$G_o - z_1$	$\pm \frac{H_p}{2}$
	Ausschussseite	$G_u + \alpha_1$	$\pm \frac{H_1}{2}$	$G_u + \alpha_1$	$\pm \frac{H_p}{2}$

[1] Gilt nur, wenn keine Kugelendmaße verwendet werden.

H Herstelltoleranz der Arbeitslehren für Innenmaße (außer Kugelendmaße)
H_1 Herstelltoleranz der Arbeitslehren für Außenmaße
H_s Herstelltoleranz der Arbeitslehren für Kugelendmaße
H_p Herstelltoleranz der Prüflehren
y und y_1 Bestimmungsgrößen der Abnutzungsgrenze
z und z_1 Bestimmungsgrößen zum Sollmaß der Gutseite
α und α_1 Sicherheitszone für Messunsicherheit
G_o Höchstmaß
G_u Mindestmaß

© Verlag Gehlen

Herstelltoleranzen und zulässige Abnutzung für Arbeits- und Prüflehren — DIN 7162

Werte für Herstelltoleranzen und zulässige Abnutzung bei Lehren

Nennmaße in mm	Zeichen	\multicolumn{16}{c}{Toleranzgrad des Werkstückes}
		5		6		7		8		9		10		11		12	
		\multicolumn{16}{c}{Lehren für Bohrung (B) und Welle (W)}
		B	W	B	W	B	W	B	W	B	W	B	W	B	W	B	W
		\multicolumn{16}{c}{Herstelltoleranzen und zulässige Abnutzung in µm}
über 1 bis 3	$H/2, H_1/2$	–	0,6	0,6	1	1	1	1	1,5	1	1,5	1	1,5	2	2	2	2
	$H_s/2$	–	–	–	–	–	–	–	–	–	–	–	–	–	–	–	–
	$H_p/2$	–	0,4	–	0,4	–	0,4	–	0,6	–	0,6	–	0,6	–	0,6	–	0,6
	y, y_1	–	1	1	1,5	1,5	1,5	3	3	0	0	0	0	0	0	0	0
	z, z_1	–	1	1	1,5	1,5	1,5	2	2	5	5	5	5	10	10	10	10
über 3 bis 6	$H/2, H_1/2$	–	0,75	0,75	1,25	1,25	1,25	1,25	2	1,25	2	1,25	2	2,5	2,5	2,5	2,5
	$H_s/2$	–	–	–	–	–	–	–	–	–	–	–	–	–	–	–	–
	$H_p/2$	–	0,5	–	0,5	–	0,5	–	0,75	–	0,75	–	0,75	–	0,75	–	0,75
	y, y_1	–	1	1	1,5	1,5	1,5	3	3	0	0	0	0	0	0	0	0
	z, z_1	–	1	1,5	2	2	2	3	3	6	6	6	6	12	12	12	12
über 6 bis 10	$H/2, H_1/2$	–	0,75	0,75	1,25	1,25	1,25	1,25	2	1,25	2	1,25	2	3	3	3	3
	$H_s/2$	–	–	0,75	–	0,75	–	0,75	–	0,75	–	0,75	–	2	–	2	–
	$H_p/2$	–	0,5	–	0,5	–	0,5	–	0,75	–	0,75	–	0,75	–	0,75	–	0,75
	y, y_1	–	1	1	1,5	1,5	1,5	3	3	0	0	0	0	0	0	0	0
	z, z_1	–	1	1,5	2	2	2	3	3	7	7	7	7	14	14	14	14
über 10 bis 18	$H/2, H_1/2$	–	1	1	1,5	1,5	1,5	1,5	2,5	1,5	2,5	1,5	2,5	4	4	4	4
	$H_s/2$	–	–	1	–	1	–	1	–	1	–	1	–	2,5	–	2,5	–
	$H_p/2$	–	0,6	–	0,8	–	0,6	–	1	–	1	–	1	–	1	–	1
	y, y_1	–	1,5	1,5	2	2	2	4	4	0	0	0	0	0	0	0	0
	z, z_1	–	1,5	2	2,5	2,5	2,5	4	4	8	8	8	8	16	16	16	16
über 18 bis 30	$H/2, H_1/2$	–	1,25	1,25	2	2	2	2	3	2	3	2	3	4,5	4,5	4,5	4,5
	$H_s/2$	–	–	1,25	–	1,25	–	1,25	–	1,25	–	1,25	–	3	–	3	–
	$H_p/2$	–	0,75	–	0,75	–	0,75	–	1,25	–	1,25	–	1,25	–	1,25	–	1,25
	y, y_1	–	2	1,5	3	3	3	4	4	0	0	0	0	0	0	0	0
	z, z_1	–	1,5	2	3	3	3	5	5	9	9	9	9	19	19	19	19
über 30 bis 50	$H/2, H_1/2$	–	1,25	1,25	2	2	2	2	3,5	2	3,5	2	3,5	5,5	5,5	5,5	5,5
	$H_s/2$	–	–	1,25	–	1,25	–	1,25	–	1,25	–	1,25	–	3,5	–	3,5	–
	$H_p/2$	–	0,75	–	0,75	–	0,75	–	1,25	–	1,25	–	1,25	–	1,25	–	1,25
	y, y_1	–	2	2	3	3	3	5	5	0	0	0	0	0	0	0	0
	z, z_1	–	2	2,5	3,5	3,5	3,5	6	6	11	11	11	11	22	22	22	22
über 50 bis 80	$H/2, H_1/2$	–	1,5	1,5	2,5	2,5	2,5	2,5	4	2,5	4	2,5	4	6,5	6,5	6,5	6,5
	$H_s/2$	–	–	1,5	–	1,5	–	1,5	–	1,5	–	1,5	–	4	–	4	–
	$H_p/2$	–	1	–	1	–	1	–	1,5	–	1,5	–	1,5	–	1,5	–	1,5
	y, y_1	–	2	2	3	3	3	5	5	0	0	0	0	0	0	0	0
	z, z_1	–	2	2,5	4	4	4	7	7	13	13	13	13	25	25	25	25

Prüftechnik

© Verlag Gehlen

Herstelltoleranzen und zulässige Abnutzung für Arbeits- und Prüflehren (Forts.) DIN 7162

Nennmaße in mm	Zeichen	\multicolumn{14}{c}{Toleranzgrad des Werkstückes}													
		\multicolumn{2}{c}{5}	\multicolumn{2}{c}{6}	\multicolumn{2}{c}{7}	\multicolumn{2}{c}{8}	\multicolumn{2}{c}{9}	\multicolumn{2}{c}{10}	\multicolumn{2}{c}{11}	\multicolumn{2}{c}{12}
		\multicolumn{14}{c}{Lehren für Bohrung (B) und Welle (W)}													
		B	W	B	W	B	W	B	W	B	W	B	W	B	W
		\multicolumn{14}{c}{Herstelltoleranzen und zulässige Abnutzung in μm}													
über 80 bis 120	$H/2, H_1/2$	–	2	2	3	3	3	5	3	5	3	5	7,5	7,5	7,5	7,5
	$H_s/2$	–	–	2	–	2	–	2	–	2	–	2	–	5	–	5	–
	$H_p/2$	–	1	–	1	–	1	–	1,5	–	1,5	–	1,5	–	1,5	–	1,5
	y, y_1	–	3	3	4	4	4	6	6	0	0	0	0	0	0	0	0
	z, z_1	–	2,5	3	5	5	5	8	8	15	15	15	15	28	28	28	28
über 120 bis 180	$H/2, H_1/2$	–	2,5	2,5	4	4	4	6	4	6	4	6	9	9	9	9
	$H_s/2$	–	–	2,5	–	2,5	–	2,5	–	2,5	–	2,5	–	6	–	6	–
	$H_p/2$	–	1,75	–	1,75	–	1,75	–	2,5	–	2,5	–	2,5	–	2,5	–	2,5
	y, y_1	–	3	3	4	4	4	6	6	0	0	0	0	0	0	0	0
	z, z_1	–	3	4	6	6	6	9	9	18	18	18	18	32	32	32	32
über 180 bis 250	$H/2, H_1/2$	–	3,5	3,5	5	5	5	5	7	5	7	5	7	10	10	10	10
	$H_s/2$	–	–	3,5	–	3,5	–	3,5	–	3,5	–	3,5	–	7	–	7	–
	$H_p/2$	–	2,25	–	2,25	–	2,25	–	3,5	–	3,5	–	3,5	–	3,5	–	3,5
	y, y_1	–	3	5	5	7	6	9	7	0	0	0	0	0	0	0	0
	z, z_1	–	4	6	7	8	7	14	12	24	21	27	24	45	40	50	45
	α, α_1	–	1	5	2	7	3	9	4	9	4	14	7	20	10	35	15
über 250 bis 315	$H/2, H_1/2$	–	4	4	6	6	6	8	6	8	6	8	11,5	11,5	11,5	11,5
	$H_s/2$	–	–	4	–	4	–	4	–	4	–	4	–	8	–	8	–
	$H_p/2$	–	3	–	3	–	3	–	4	–	4	–	4	–	4	–	4
	y, y_1	–	3	5	6	7	6	9	9	0	0	0	0	0	0	0	0
	z, z_1	–	5	6	8	8	8	14	14	24	24	27	27	45	45	50	50
	α, α_1	–	1	4	2	6	3	7	4	7	4	11	7	15	10	30	15
über 315 bis 400	$H/2, H_1/2$	–	4,5	4,5	6,5	6,5	6,5	9	6,5	9	6,5	9	12,5	12,5	12,5	12,5
	$H_s/2$	–	–	4,5	–	4,5	–	4,5	–	4,5	–	4,5	–	9	–	9	–
	$H_p/2$	–	3,5	–	3,5	–	3,5	–	4,5	–	4,5	–	4,5	–	4,5	–	4,5
	y, y_1	–	3	6	6	8	7	9	9	0	0	0	0	0	0	0	0
	z, z_1	–	6	7	10	10	10	16	16	28	28	32	32	50	50	65	65
	α, α_1	–	2,5	4	4	6	5	7	7	7	7	11	11	15	15	30	30
über 400 bis 500	$H/2, H_1/2$	–	5	5	7,5	7,5	7,5	10	7,5	10	7,5	10	13,5	13,5	13,5	13,5
	$H_s/2$	–	–	5	–	5	–	5	–	5	–	5	–	10	–	10	–
	$H_p/2$	–	4	–	4	–	4	–	5	–	5	–	5	–	5	–	5
	y, y_1	–	4	7	7	9	9	11	11	0	0	0	0	0	0	0	0
	z, z_1	–	7	8	11	11	11	18	18	32	32	37	37	55	55	70	70
	α, α_1	–	3	5	5	7	7	9	9	9	9	14	14	20	20	35	35

© Verlag Gehlen

Empfehlungen für die Gestaltung von Lehren

Nennmaßbereich in mm	Lehren für Innenmaße (Bohrungen)		Lehren für Außenmaße (Wellen)
	Gutseite	Ausschussseite	Gut- und Ausschussseite
bis 100	Lehrdorn	Lehrdorn oder Meßkörper mit verminderter Berührungsfläche	Rachenlehre, Lehrring
über 100 bis 250	Flachlehrdorn mit großer Berührungsfläche	Kugelendmaß oder ähnliche Messmittel mit verminderter Berührungsfläche	
über 250 bis 315	Kugelendmaß		
über 315 bis 500			

Kombinierbare Winkelendmaße / Einstellbares Winkelendmaß (Sinuslineal)

Winkelbildung in Stufen	Größe der Winkelendmaße	Anzahl	Achsabstand der Stützzylinder l in mm	Winkelunsicherheit U_a bei Einstellwinkel α			
				15°	30°	45°	60°
10″	20″; 30″	2					
1′	1′; 3′; 5′; 10′; 25′; 40′	6	100	4	5	7	11
1°	1°; 3°; 5°; 15°; 30°; 45°	6	200	3	4	6	10

Fehlergrenzen bei Messschiebern — DIN 862

Noniuswert NW Ziffernschrittwert ZW	Zu messende Länge in mm														
	50	100	200	300	400	500	600	700	800	900	1000	1100	1400	1600	1800	2000
	Fehlergrenzen in µm														
NW 0,1/0,05	50	50	50	50	60	70	80	90	100	110	120	140	160	180	200	220
0,02	20	20	30	30	30	30	30	40	40	40	40	50	50	60	60	60
ZW 0,01	20	20	30	30	30	30	40	40	40	40	–	–	–	–	–	–

Zulässige Abweichungen bei Messschrauben — DIN 863

Messbereich in mm über ... bis	...50	50 ...100	100 ...150	150 ...200	200 ...250	250 ...300	300 ...350	350 ...400	400 ...450	450 ...500
Abweichungsspanne der Anzeige f_{max} in µm	4	5	6	7	8	9	10	11	12	13
Parallelitätstoleranz der Messflächen in µm	2	3	3	4	4	5	5	6	6	7

Zulässige Abweichungen bei Messuhren — DIN 878

Messspanne in mm	f_e in µm	f_t in µm	f_{ges} in µm	f_w in µm	f_u in µm
0,4	7	5	9	3	3
0,8	7	5	9	3	3
3	10	5	12	3	3
5	12	5	14	3	3
10	15	5	17	3	3

f_e Abweichungsspanne
f_t Abweichungsspanne in der Teilmessspanne
f_{ges} Gesamtabweichungsspanne
f_w Wiederholbarkeit
f_u Messwertumkehrspanne

© Verlag Gehlen

Zulässige Abweichungen bei Feinzeigern — DIN 879

Feinzeiger	Skt		f_e	f_t	f_{ges}	f_u	f_W	f_{gw}	f_{gu}
mit mechanischer	Skw	bis 1 µm	1,0	0,7	1,2	0,5	0,5	–	–
Anzeige		über 1µm							
mit elektrischen	in µm	bis 1µm	1,0	–	1,8	1,0	1,0	0,5	0,5
Grenzkontakten		über 1µm			0,5	0,5	0,5	0,3	

Skt Skalenteilungswert
Skw Skalenwert

f_e Abweichungsspanne
f_t Abweichungsspanne in der Teilmessebene
f_{ges} Gesamtabweichungsspanne
f_u Messwertumkehrspanne
f_W Wiederholbarkeit
f_{gw} Schaltunsicherheit
f_{gu} Schaltumkehrspanne

Prüfanweisungen zur Prüfmittelüberwachung — VDI/VDE/DGQ 2618

Nr.	Arbeits-/Prüfvorgang	Beschreibung/Erläuterung
1	Lieferung/Bestellung	Übereinstimmung von Lieferung und Bestellung bezüglich Typ, Anzahl und Zubehör
2	Vorbereitung	Reinigen, Entmagnetisieren (bei Bedarf), visuelle Prüfungen auf Beschädigungen, Nacharbeit leichter Beschädigungen, Aussortieren nicht einsatzfähiger Prüfmittel, Feststellen der Beschriftung, sicherheitsgerechte Ausführung, Temperieren des Prüflings, Justieren der Prüfeinrichtungen
3	Prüfung	Prüfen auf Sicht, Funktion, Härte, Abmessungen, Oberflächengüte und Temperatur; Ermittlung von Kennwerten
4	Auswertung/Prüfentscheid	Auswertehinweise festhalten, Prüfentscheid, z. B. einwandfreie Prüfmittel freigegeben, ggf. Rückstufung in andere Genauigkeitsklassen, Veranlassen der Instandsetzung bzw. Verschrottung, evt. Ersatzteilbeschaffung
5	Dokumentation	Protokollieren von Datum, Prüfer und Daten, Beschriften des Prüflings mit Identitäts-Nr. und ggf. mit Kennwert (Istmaß oder Abweichung), Prüfvermerk, z. B. Plakette, Farbe; Marke anbringen
6	Konservierung	

Messräume — VDI/VDE 2627

Güteklasse	Klassifizierung	Zuordnung zu Toleranzgraden	Messaufgabenbeispiele
0	Sondermessraum	–	Messungen mit besoderen Anforderungen, z. B. Messungen in der Mikroelektronik
1	Präzisionsmessraum	ab IT 01	Prüfen von Messstäben
2	Feinmessraum	ab IT 2	Messung von Einzelstücken und Präzisionsteilen
3	Standardmessraum	ab IT 5	Messen zur Prozessüberwachung, Messen von Vorrichtungen, Werkzeugen und Prüfmitteln
4	Fertigungsnaher Messraum	ab IT 7	
5	Fertigungsmessplatz	ab IT 9	Messen in der Produktion

Arten von Prüfbescheinigungen — DIN EN 10204

Nichtspezifische Prüfungen
Bei nichtspezifischer Prüfung wird das Verfahren zur Prüfung der Erzeugnisse vom Hersteller bestimmt.

Bescheinigungsart	Normbezeichnung	Bestätigung durch	Lieferbedingungen	Inhalt
Werksbescheinigung	2.1	den Hersteller	nach den Lieferbedingungen der Bestellung oder amtlichen Vorschriften und den zugehörigen Technischen Regeln, falls diese verlangt werden	die gelieferten Erzeugnisse entsprechen den Vereinbarungen der Bestellung ohne Angabe von Prüfergebnissen
Werkszeugnis	2.2	den Hersteller		wie oben mit Angaben von Prüfergebnissen

Spezifische Prüfungen
Bei spezifischer Prüfung werden die festgelegten Anforderungen der Bestellung an zu liefernden Erzeugnissen oder an Teilen der gleichen Charge ermittelt.

Bescheinigungsart	Normbezeichnung	Bestätigung durch	Lieferbedingungen	Inhalt
Werksprüfzeugnis	2.3	den Hersteller, wenn er keine von der Fertigung unabhängige Prüfabteilung hat, sonst muss 3.1.B erstellt werden	nach den Lieferbedingungen der Bestellung oder amtlichen Vorschriften und Technischen Regeln	die gelieferten Erzeugnisse entsprechen den Vereinbarungen der Bestellung mit Angaben von Prüfergebnissen aus spezifischer Prüfung
Abnahmeprüfzeugnis 3.1.A	3.1.A	den in den amtlichen Vorschriften genannten Sachverständigen	nach den amtl. Vorschriften und den zugehörigen Technischen Regeln	
Abnahmeprüfzeugnis 3.1.B	3.1.B	den Werksachverständigen (vom Hersteller beauftragter, von der Fertigungsabteilung unabhängiger Sachverständiger)	nach den Lieferbedingungen der Bestellung oder amtlichen Vorschriften und Technischen Regeln	
Abnahmeprüfzeugnis 3.1.C	3.1.C	den vom Besteller beauftragten Sachverständigen	nach den Lieferbedingungen der Bestellung	
Abnahmeprüfprotokoll	3.2	sowohl vom Werksachverständigen, als auch dem vom Besteller beauftr. Sachverständigen	nach den Lieferbedingungen der Bestellung	

Übersetzungen der Begriffe der Prüfbescheinigungen

Deutsch	Englisch	Französisch
Werksbescheinigung	certificate of compliance with the order	attestation de conformité à la commande
Werkszeugnis	test report	relevé de contrôle
Werksprüfzeugnis	specific test report	relevé de contrôle spécifique
Abnahmeprüfzeugnis	inspection certificate	certificat de réception
Abnahmeprüfprotokoll	inspection report	procès-verbal de réception

© Verlag Gehlen

Qualitätsmanagement	DIN EN ISO 9000 bis 9004

Die internationalen Normen der ISO-9000-Familie beschreiben, welche Elemente ein **Qualitätsmanagement-System** (QM-System) enthalten soll, unabhängig von spezifischen Industrie- und Wirtschaftsbereichen.
Das **QM-System** legt Organisationsstrukturen, Verfahren, Prozesse und Mittel zur Absicherung der **Qualität** fest.

Qualitätsmanagement und Darlegung von QM-System nach DIN EN ISO 9000

Diese Norm ist ein Leitfaden zur Auswahl und Anwendung der Normen DIN EN ISO 9001 bis 9004. Bezüglich des Produktes wird unterschieden in Hardware, Software, verfahrenstechnisches Produkt und Dienstleistung.
Für Organisationen (z. B. Unternehmungen) werden qualitätsbezogene Schlüsselziele und Verantwortlichkeiten ausgewiesen:
1. Erfüllen der Qualitätsanforderungen, Produktqualität ständig aufrechtzuerhalten und zu verbessern.
2. Verbessern der eigenen Arbeitsweisen um festgelegte Erfordernisse aller Kunden u. a. Interessenpartner zu erfüllen.
3. Schaffen von Vertrauen durch die Leitung und andere Mitarbeiter, dass die Qualitätsanforderungen erfüllt und diese Erfüllung ständig aufrechterhalten wird.
4. Vertrauensbildung beim Kunden, dass geliefertes Produkt oder gelieferte Dienstleistung Qualitätsanforderungen erfüllt.
5. Ständig Vertrauen schaffen, dass Forderungen an die Darlegung des QM-Systems erfüllt sind.

Qualitätsmanagement-System (QM-System) nach DIN EN ISO 9001 bis 9004

DIN EN ISO 9001:
Modell zur Qualitätssicherung/QM-Darlegung in Design, Entwicklung, Produktion, Montage und Wartung. Umfangreichste Darstellung eines QM-Systems. Es ist anzuwenden, wenn durch den Lieferanten/Auftragnehmer die Erfüllung festgelegter Forderungen zu sichern ist.
Forderungen an die Qualitätssicherung/QM-Darlegung:
- Verantwortung der Leitung
- QM-System
- Vertragsüberprüfung
- Designlenkung
- Lenkung der Dokumente und Daten
- Beschaffung
- Vom Auftraggeber bereitgestellte Produkte
- Identifikation und Rückverfolgbarkeit von Produkten
- Prozesslenkung
- Prüfungen
- Prüfmittelüberwachung
- Prüfstatus
- Lenkung fehlerhafter Produkte
- Korrektur- und Vorbeugungsmaßnahmen
- Handhabung, Lagerung, Verpackung, Schutz und Versand
- Lenkung von Qualitätsaufzeichnungen
- Interne Qualitätsaudits
- Schulung
- Kundendienst
- Statistische Methoden

DIN EN ISO 9002:
Modell zur Qualitätssicherung/QM-Darlegung in Produktion, Wartung und Montage. Es ist bei Betrieben anzuwenden, die sich mit dem Produzieren oder Installieren und dem Prüfen nach detaillierten Kundenunterlagen/Normen beschäftigen. Diese Betriebe haben keine eigene Konstruktion/Projektierung.

DIN EN ISO 9003:
Modell zur Qualitätssicherung/QM-Darlegung bei der Endprüfung. Es ist anzuwenden, wenn durch den Lieferanten/Auftragnehmer die Erfüllung festgelegter Forderungen nur bei der Endprüfung zu sichern ist.

DIN EN ISO 9004:
Umfassende Beschreibung aller Elemente eines Qualitätsmanagement-Systems und ihrer Zielsetzungen. Es gibt Anleitungen und Empfehlungen zur Gestaltung eines QM-Systems.

Allgemeine Begriffe · Qualitätsbegriff · Qualitätsmanagementsbegriff 251

Begriffe für Qualitätssicherung/Qualitätsmanagement	DIN EN ISO 8402
Allgemeine Begriffe	
Einheit	Kann einzeln beschrieben und betrachtet werden. Einheit kann sein: • Tätigkeit oder Prozess • Organisation • Produkt • Kombinationen daraus.
Prozess	Gesamtheit von in Wechselbeziehungen stehenden Mitteln (Personal, Finanzen, Anlagen, Einrichtungen, Techniken und Methoden)
Verfahren	Festgelegte Art und Weise eine Tätigkeit auszuführen.
Produkt	Ergebnis von Tätigkeiten und Prozessen.
Dienstleistung	An der Schnittstelle zwischen **Lieferant** und **Kunde** sowie durch interne Tätigkeiten des Lieferanten erbrachtes Ergebnis zur Erfüllung der Erfordernisse des Kunden.
Organisation	Gesellschaft, Körperschaft, Betrieb, Unternehmen, Institution oder Teil davon, eingetragen oder nicht, öffentlich oder privat, mit eigenen Funktionen und Verwaltung.
Kunde	Empfänger des vom Lieferanten bereitgestellten Produkts oder einer Dienstleistung.
Lieferant	Organisation, die dem Kunden ein Produkt oder eine Dienstleistung bereitstellt.
Auftraggeber	Kunde in einer Vertragssituation.
Auftragnehmer	Lieferant in einer Vertragssituation.
Qualitätsbezogene Begriffe	
Qualität	**Gesamtheit** von **Merkmalen** (und Merkmalswerten) einer Einheit bezüglich ihrer Eignung festgelegte und vorausgesetzte **Erfordernisse** zu erfüllen. Erfordernisse werden vorwiegend in Merkmale(Qualitätsmerkmale) mit vorgegebenen Werten umgesetzt. Erfordernisse können sein: • Leistung, Brauchbarkeit • Umwelt • Zuverlässigkeit (Verfügbarkeit, Funktionsfähigkeit, Instandhaltbarkeit) • Wirtschaftlichkeit und Ästhetik • Sicherheit.
Qualitäts- forderung	Formulierung der Erfordernisse oder deren Umsetzung in eine Serie von quantitativ oder qualitativ festgelegten Forderungen an die Merkmale einer Einheit zum Ermöglichen ihrer Realisierung und Prüfung. • Qualitätsforderung muss die festgelegten und vorausgesetzten Erfordernisse des Kunden voll widerspiegeln. • Quantitativ festgelegte Forderung an die Merkmale enthalten z. B. Nennwerte, Bemessungswerte, Grenzabweichungen und Toleranzen. • Qualitätsforderungen sollten in funktionalen Bedingungen ausgedrückt und dokumentiert werden.
Anspruchsklasse	Kategorie oder Rang unterschiedlicher Qualitätsforderungen an Einheiten für den gleichen funktionellen Gebrauch.
Begriffe zum Qualitätsmanagement-System (QM-System)	
Qualitätspolitik	Umfassende Absichten und Zielsetzungen einer Organisation zur Qualität, wie sie durch die oberste Leitung ausgedrückt und genehmigt wird.
Qualitäts- management	Alle Tätigkeiten des Gesamtmanagement, die im Rahmen des QM-Systems die Qualitätspolitik, die Ziele und Verantwortungen festlegen sowie diese durch Mittel wie **Qualitätsplanung, Qualitätslenkung,** Qualitätssicherung/QM-Darlegung und **Qualitätsverbesserung** verwirklichen.
Qualitätsplanung	Tätigkeiten, welche die Ziele und Qualitätsforderungen sowie die Forderungen für die Anwendung der Elemente des QM-Systems festlegen.
Qualitätslenkung	Arbeitstätigkeiten und Techniken, die zur Erfüllung von Qualitätsanforderungen angewendet werden.
QM-System	Zur Verwirklichung des Qualitätsmanagements erforderliche Organisationsstruktur, Verfahren, Prozesse und Mittel.
Qualitätssicherung/ QM-Darlegung	Alle geplanten und systematischen Tätigkeiten, die innerhalb des QM-Systems verwirklicht sind und zur Vertrauensbildung beitragen.
QM-Handbuch	Dokument, in dem die Qualitätspolitik festgelegt und das QM-System einer Organisation beschrieben ist.

© Verlag Gehlen

Qualitätssicherung und Statistik (Begriffe) — DIN 55350

Qualitätsprüfung: Feststellen, inwieweit eine Einheit die Qualitätsforderungen erfüllt.

Zuverlässigkeitsprüfung	Vollständige Prüfung	100-%-Prüfung	Statistische Prüfung
Qualitätsprüfung hinsichtlich der Erfüllung von Zuverlässigkeitsforderungen	Qualitätsprüfung hinsichtlich aller festgelegten Qualitätsmerkmale	Qualitätsprüfung an allen Einheiten eines Prüfloses	Qualitätsprüfung, bei der statistische Methoden angewendet werden

Annahmestichprobenprüfung: Qualitätsprüfung anhand einer oder mehrerer Stichproben zur Beurteilung eines Prüfloses nach einer Stichprobenanweisung.

Normalverteilung von Stichproben

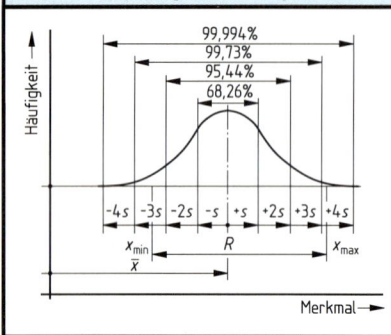

$$\overline{x} = \frac{x_1 + x_2 + \ldots + x_n}{n} \qquad s_n = \sqrt{\frac{\sum_{i=1}^{n}(x_i - \overline{x})^2}{n-1}} \qquad R = x_{max} - x_{min}$$

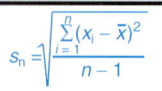

$\overline{x}$ Arithmetischer Mittelwert (x-quer)
x_i Wert vom messbaren Merkmal, z. B. Einzelwerte x_1, x_2
n Stichprobenumfang
R Spannweite, Differenz zwischen größtem und kleinstem Wert einer Stichprobe
s_n Standardabweichung

Qualitätsregelkarten für messbare Merkmale

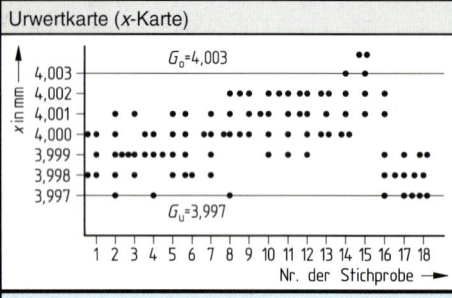

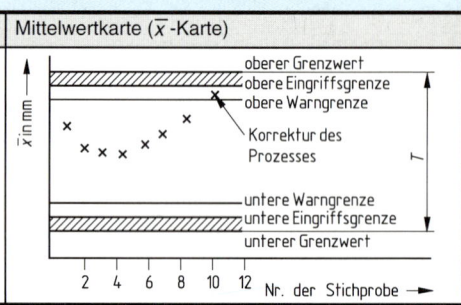

Urwertkarte (x-Karte)

$G_o = 4{,}003$
$G_u = 3{,}997$

Mittelwertkarte ($\overline{x}$-Karte)

oberer Grenzwert
obere Eingriffsgrenze
obere Warngrenze
Korrektur des Prozesses
untere Warngrenze
untere Eingriffsgrenze
unterer Grenzwert

Annahmestichprobenplan

Losgröße	Annehmbare Qualitätsgrenzlage (AQL) für Stichprobenpläne								
	0,04	0,065	0,10	0,15	0,25	0,40	0,65	1,0	1,5
2... 8	Σ	Σ	Σ	Σ	Σ	Σ	Σ	Σ	Σ
9... 15	Σ	Σ	Σ	Σ	Σ	Σ	Σ	Σ ∨ 13-0	8-0
16... 25	Σ	Σ	Σ	Σ	Σ	Σ	Σ ∨ 20-0	13-0	8-0
26... 50	Σ	Σ	Σ	Σ	Σ	Σ ∨ 32-0	20-0	13-0	8-0
51... 90	Σ	Σ	Σ	Σ ∨ 80-0	50-0	32-0	20-0	13-0	8-0
91... 150	Σ	Σ	Σ ∨ 125-0	80-0	50-0	32-0	20-0	13-0	32-1
151... 280	Σ	Σ ∨ 200-0	125-0	80-0	50-0	32-0	20-0	50-1	32-1
281... 500	Σ ∨ 315-0	200-0	125-0	80-0	50-0	32-0	80-1	50-1	50-2
501...1200	315-0	200-0	125-0	80-0	50-0	125-1	80-1	80-2	80-3

Erläuterung: Σ Prüfung der vollständigen Losgröße   ∨ oder
Erste Zahl: Stichprobenumfang, Anzahl der zu prüfenden Werkstücke
Zweite Zahl: Annahmezahl, Anzahl der geduldeten fehlerhaft mitgelieferten Werkstücke

© Verlag Gehlen

Bearbeitungszugaben (BZ) für Gussrohteile — DIN 1683, DIN 1685, DIN 1686

Nennmaß-bereich (größtes Außennennmaß) in mm	BZ für Gusseisen mit Lamellengraphit (DIN 1686) in mm				BZ für Gusseisen mit Kugelgraphit (DIN 1685) in mm				BZ für Stahlguss (DIN 1683) mm	
	Gussstücke bis 1000 kg, Wanddicke bis 50 mm		geminderte BZ, z. B. für Serien		Gussstücke bis 1000 kg, Wanddicke bis 50 mm		geminderte BZ, z. B. für Serien		Allgemeine BZ	geminderte BZ, z. B. für Serien
	Lage der Fläche in der Gießform									
über ... bis	unten seitlich	oben	unten seitlich	oben	unten seitlich	oben	unten seitlich	oben		
... 50	2	2,5	1	1,5	2	2,5	1	1,5	2	1
50 ... 120	2	2,5	1	1,5	2,5	3	1	1,5	3	1,5
120 ... 250	2,5	3	1,5	1,5	3	4	1,5	1,5	4	2
250 ... 400	2,5	3	1,5	1,5	3,5	5	1,5	2	5	2,5
400 ... 500									6	3
500 ... 800	3,5	4,5	–	–	4	7	–	–	7	–
800 ... 1000									8	–
1000 ... 1600	4	5	–	–	6	8	–	–	9	–
1600 ... 2500									10	–
2500 ... 4000	–	–	–	–	–	–	–	–	11	–
4000 ... 10000	–	–	–	–	–	–	–	–	12	–

Mindestwerte für Innenrundungen aus Stahlguss

Wanddicke s in mm	bis 10	über 10 bis 30	über 30
Innenrundung r_{min} in mm	6	10	$0{,}33 \times s$

Schwindrichtmaße (S) — DIN 1511

Gusswerkstoff	S in %	Gusswerkstoff	S in %	Gusswerkstoff	S in %	Gusswerkstoff	S in %
GG	1,9	GTS	0,5	G-Zn-Legierung	1,3	G-CuZn (Mn,Al)	2,0
GGG, ungeglüht	1,2	GTW	1,6	G-CuSn-Leg.	1,5	G-CuAl (Ni,Fe)	1,9
GGG, geglüht	0,5	G-Al-Legierung	1,2	G-CuZn-Leg.	1,2	G-Cu-Werkst.	1,9
GS	2,0	G-Mg-Legierung	1,2	G-CuSnZn-Leg.	1,3	G-Gleitlager	0,5

Formschrägen (FS) bei Modellen — DIN 1511

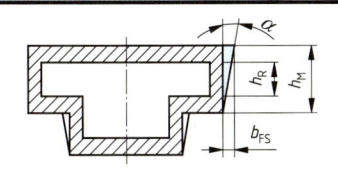

$b_{FS} = \tan\alpha \cdot h_M \qquad h_M = h_R + h_R \cdot S$

- b_{FS} Breite der Formschräge
- α Winkel der Formschräge
- h_M Höhe der Formschräge
- h_R Höhe Gussrohteil
- S Schwindmaß

Formschrägen für innere und äußere Flächen an Modellen

h_M in mm über ... bis	α in °	h_M in mm über ... bis	b_{FS} in mm	h_M in mm über ... bis	b_{FS} in mm
... 10	3	180 ... 250	1,5	800 ... 1000	5,5
10 ... 18	2	250 ... 315	2	1000 ... 1250	7
18 ... 30	1,5	315 ... 400	2,5	1250 ... 1600	9
30 ... 50	1	400 ... 500	3	1600 ... 2000	11
50 ... 80	0,75	500 ... 630	3,5	2000 ... 2500	13,5
80 ... 180	0,5	630 ... 800	4,5	2500 ... 3150	17

Formschrägen für Kernmarken	h_M bis 70 mm	$\alpha = 3°$	h_M über 70 mm	$\alpha = 5°$

© Verlag Gehlen

Farbanstriche von Modellen — DIN 1511

Gusswerkstoff	Fläche bzw. Flächenteil					
	Unbearbeitet bleibende Flächen am Gussteil, Ziehkanten	Zu bearbeitende Flächen am Gussteil	Sitzstellen loser Modellteile	Stellen für Abschreckplatten, Marken für Dorne	Kernmarken, Kernlage	Verlorene Köpfe oder Aufgüsse
GG	Rot			Blau		schwarze Streifen mit entsprechender Beschriftung
GGG	Lila			Rot		
GS	Blau	gelbe Striche	schwarz umrandet	Rot	Schwarz	
GTW, GTS	Grau			Rot		
G-Leichtmetall	Grün			Blau		
G-Schwermet.	Gelb	rote Striche		Blau		

Zulässige Maßabweichungen bei Modellen — DIN 1511

Güteklassen (in Klammern Anzahl der Abformungen bei günstigen Kleinmodellformen)

Nennmaßbereich in mm	Holzmodelle			Metallmodelle		Kunststoffmodelle	
	H1a; H1 (1000); (500)	H2; (50)	H3 (5)	M1 (1000)	M2 (1000)	K1 (1000)	K2 (50)
über ... bis	Maßabweichungen bei Modellen in mm						
... 30	±0,2	±0,4		±0,10	±0,15	±0,15	±0,25
30 ... 50	±0,3	±0,5		±0,15	±0,20	±0,20	±0,30
50 ... 80	±0,3	±0,6		±0,15	±0,25	±0,25	±0,35
80 ... 120	±0,4	±0,7		±0,20	±0,30	±0,30	±0,45
120 ... 180	±0,5	±0,8		±0,20	±0,30	±0,30	±0,50
180 ... 250	±0,6	±0,9		±0,25	±0,35	±0,35	±0,60
250 ... 315	±0,6	±1		±0,25	±0,40	±0,40	±0,65
315 ... 400	±0,7	±1,1		±0,30	±0,45	±0,45	±0,70
400 ... 500	±0,8	±1,2		±0,30	±0,50	±0,50	±0,80
500 ... 630	±0,9	±1,4		±0,4	±0,6	±0,6	±0,9
630 ... 800	±1,0	±1,6		±0,4	±0,6	±0,6	±1,0
800 ... 1000	±1,1	±1,8		±0,5	±0,7	±0,7	±1,1
1000 ... 1250	±1,3	±2,1		±0,5	±0,8	±0,8	±1,3
1250 ... 1600	±1,5	±2,5		±0,6	±1,0	±1,0	±1,5
1600 ... 2000	±1,8	±3,0		±0,7	±1,1	±1,1	±1,8
2000 ... 2500	±2,2	±3,5		±0,8	±1,4	±1,4	±2,2
2500 ... 3150	±2,7	±4,3		±1,0	±1,6	±1,6	±2,7
3150 ... 4000	±3,2	±5,0		±1,3	±2,0	±2,0	±3,2

© Verlag Gehlen

Kräfte beim Gießen

Kräfte beim Gießen ohne Kern

Bodenkraft F_B, Seitenkraft F_S

$$F_B = A_B \cdot h_B \cdot \varrho_G \cdot g \qquad F_S = A_S \cdot h_S \cdot \varrho_G \cdot g$$

F_B	Bodenkraft
F_S	Seitenkraft
A_B	Gussstückbodenfläche
A_S	Seitenflächenprojektion
h_B	Abstand Oberkante Einguss – Boden
h_S	Abstand Oberkante Einguss – Schwerpunkt Seitenfläche
ϱ_G	Dichte des Gießmetalls
g	Fallbeschleunigung

Gießmetallkraft, Oberkastenkraft

$$F_G = A_G \cdot h_B \cdot \varrho_G \cdot g \qquad F_{OK} = A_{OK} \cdot h_{OK} \cdot \varrho_{FS} \cdot g$$

F_G	Gießmetallkraft
F_{OK}	Oberkastenkraft
A_G	Fläche des Gussstücks in der Formteilung
A_{OK}	Oberkastenfläche
h_G	Abstand Oberkante Einguss – Formteilungsfläche
h_{OK}	Oberkastenhöhe, kann mit h_G übereinstimmen
ϱ'_G	Dichte des Gießmetalls
ϱ_{FS}	Dichte des Formsandes
g	Erdbeschleunigung

Kräfte beim Gießen mit Kern

Kernauftriebskraft, Kerngewichtskraft

$$F_{AK} = V_{GK} \cdot \varrho_G \cdot g \qquad F_K = V_K \cdot \varrho_G \cdot g \qquad F_{KO} = F_{AK} - F_K$$

F_{AK}	Kernauftriebskraft
F_K	Kerngewichtskraft
F_{KO}	Kraft des Kerns gegen den Oberkasten
V_{GK}	Durch Kern verdrängtes Gießmetallvolumen
V_K	Kernvolumen
ϱ	Dichte des Gießmetalls
ϱ_K	Dichte des Kernmaterials
g	Erdbeschleunigung

Gesamtkraft, Belastungskraft

$F_{ges} = F_{GK} - F_{OK}$ ohne Kern $\qquad F_{ges} = F_G + F_{KO} - F_{OK}$ mit Kern $\qquad F_{BE} = F_{ges} \cdot k \qquad k = 1{,}2 \ldots 1{,}8$

F_{ges}	Gesamtkraft	F_G	Gießmetallkraft
F_{BE}	Belastungskraft	F_{OK}	Oberkastenkraft
k	Sicherheitsfaktor	F_{KO}	Kraft des Kerns gegen Oberkasten

© Verlag Gehlen

Zuschnittdurchmesser kreisrunder Teile beim Tiefziehen

Tiefziehteile		Zuschnittdurchmesser D
	ohne Rand d_2	$D = \sqrt{d_1^2 + 4 \cdot d_1 \cdot h}$
	mit Rand d_2	$D = \sqrt{d_2^2 + 4 \cdot d_1 \cdot h}$
	ohne Rand d_3	$D = \sqrt{d_2^2 + 4 \cdot (d_1 \cdot h_1 + d_2 \cdot h_2)}$
	mit Rand d_3	$D = \sqrt{d_3^2 + 4 \cdot (d_1 \cdot h_1 + d_2 \cdot h_2)}$
	ohne Rand d_3	$D = \sqrt{d_1^2 + 2 \cdot l \cdot (d_1 + d_2)}$
	mit Rand d_3	$D = \sqrt{d_1^2 + 2 \cdot l \cdot (d_1 + d_2) + d_3^2 - d_2^2}$
	ohne Rand d_3	$D = \sqrt{d_1^2 + 4 \cdot d_2 \cdot h + 2 \cdot l \cdot (d_1 + d_2)}$
	mit Rand d_3	$D = \sqrt{d_1^2 + 4 \cdot d_2 \cdot h + 2 \cdot l \cdot (d_1 + d_2) + d_3^2 - d_2^2}$
	ohne Rand d_3	$D = \sqrt{d_1^2 + 4 \cdot d_2 \cdot h + 2 \cdot \pi \cdot r \cdot d_1 + 8 \cdot r^2}$
	mit Rand d_3	$D = \sqrt{d_1^2 + 4 \cdot d_2 \cdot h + 2 \cdot \pi \cdot r \cdot d_1 + 8 \cdot r^2 + d_3^2 - d_2^2}$
	ohne Rand d_2	$D = \sqrt{2 \cdot d_1^2 + 4 \cdot d_1 \cdot h}$
	mit Rand d_2	$D = \sqrt{2 \cdot d_1^2 + 4 \cdot d_1 \cdot h + d_2^2 - d_1^2}$
	ohne Rand d_2	$D = \sqrt{d_1^2 + 4 \cdot h_1^2 + 4 \cdot d_1 \cdot h_2}$
	mit Rand d_2	$D = \sqrt{d_2^2 + 4 \cdot h_1^2 + 4 \cdot d_1 \cdot h_2}$
	ohne Rand d_2	$D = \sqrt{d_1^2 + 4 \cdot h^2}$
	mit Rand d_2	$D = \sqrt{d_2^2 + 4 \cdot h^2}$
	ohne Rand d_2	$D = \sqrt{2 \cdot d_1^2}$
	mit Rand d_2	$D = \sqrt{d_1^2 + d_2^2}$

Durchmesser d_1, d_2, d_3, d_4 sind Innenmaße.

Tiefziehen · Ziehspalt · Ziehringradius · Ziehstempelradius · Ziehverhältnis · Kräfte

Abmessungen am Tiefziehwerkzeug

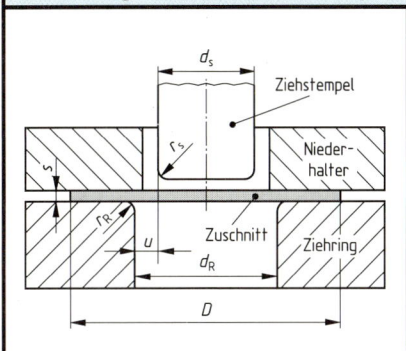

d_s Ziehstempeldurchmesser
d_R Ziehringdurchmesser
D Zuschnittsdurchmesser
r_S Ziehstempelradius
r_R Ziehringradius
u Ziehspalt
s Blechdicke

Ziehspalt u

$$u = s + f \cdot \sqrt{10 \cdot s}$$

u Ziehspalt in mm
s Blechdicke in mm
f Werkstofffaktor (ohne Einheit)

Werkstoff	Werkstofffaktor f
Sonderstähle	0,2
Stahl	0,07
Aluminium	0,02
Sonstige NE-Metalle	0,04

Ziehringradius r_R für den 1. Zug[1)]

$$r_R = 0{,}035 \cdot (50 + D - d_S) \cdot \sqrt{s}$$

r_R Ziehringradius in mm
s Blechdicke in mm
D Zuschnittsdurchmesser in mm
d_S Ziehstempeldurchmesser in mm

Ziehstempelradius r_S

$$r_S = 3 \cdot s \text{ bis } r_S = 5 \cdot s \quad \text{mit} \quad r_S > r_R$$

r_S Ziehstempelradius
s Blechdicke

[1)] Für jeden weiteren Zug ist r_R um 20 bis 40 % zu verkleinern.

Ziehverhältnis β und Ziehstufen

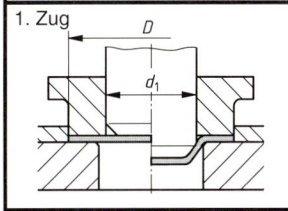

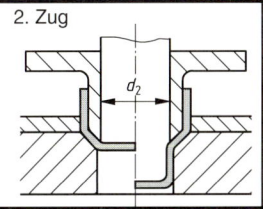

1. Zug: $\beta_1 = \dfrac{D}{d_1}$ 2. Zug: $\beta_2 = \dfrac{d_1}{d_2}$

D Zuschnittsdurchmesser
d_1 Stempeldurchmesser 1. Zug
d_2 Stempeldurchmesser 2. Zug
β_1 Ziehverhältnis 1. Zug
β_2 Ziehverhältnis 2. Zug

Kräfte beim Tiefziehen

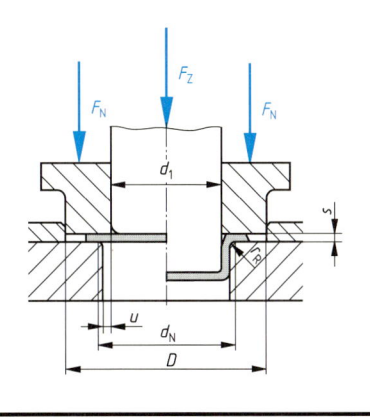

$$F_Z = \pi \cdot (d_1 + s) \cdot s \cdot R_m \cdot 1{,}2 \cdot \frac{\beta - 1}{\beta_{max} - 1}$$

$$F_N = \frac{\pi}{4} (D^2 - d_N^2) \cdot p \quad \text{mit} \quad d_N = d_1 + 2 \cdot (r_R + u)$$

F_Z Tiefziehkraft
d_1 Stempeldurchmesser
s Blechdicke
R_m Zugfestigkeit
β_{max} maximales Ziehverhältnis
F_N Niederhalterkraft
D Zuschnittdurchmesser
d_N Auflagedurchmesser des Niederhalters
p Niederhalterdruck
d_1 Stempeldurchmesser
r_R Ziehringradius
u Ziehspalt

© Verlag Gehlen

Tiefziehen · Biegen

Maximale Ziehverhältnisse beim Tiefziehen

Werkstoff	Ziehverhältnis[1]			Werkstoff	Ziehverhältnis[1]		
	β_1	β_2	β_{2Z}		β_1	β_2	β_{2Z}
St 10	1,7	1,2	1,5	St 12	1,8	1,2	1,6
St 13	1,9	1,25	1,65	St 14	2,0	1,3	1,7
Cu	2,1	1,3	1,9	CuZn30w	2,2	1,4	2,0
CuZn37h	1,9	1,2	1,7	CuSn2w	1,9	1,25	1,7
Al99,5w	2,1	1,6	2,0	AlMg2w	2,0	1,5	1,9
AlCuMg1w	2,0	1,5	1,8	AlCuMg2k	1,7	1,3	1,5

[1] Die Werte wurden für $d_1 = 100$ mm und $s = 1$ mm ermittelt. Sie gelten bis zum Verhältnis $d_1 : s = 300$. β_{2Z} ist das maximale Ziehverhältnis nach vorangegangenem Zwischenglühen.

Niederhalterdruck p beim Tiefziehen

Werkstoff	p in N/mm²	Werkstoff	p in N/mm²	Werkstoff	p in N/mm²
St 10	2,8	Cu	2,0	Al99,5w	1,0
St 12	2,6	CuZn30w	2,2	AlMg2w	1,5
St 13	2,5	CuZn37h	2,4	AlCuMg1w	1,0
St 14	2,4	CuSn2w	2,2	AlCuMg2k	1,2

Zuschnittlänge für Biegeteile mit 90°-Biegewinkel — DIN 6935

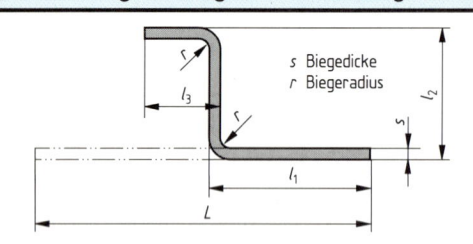

$L = l_1 + l_2 + l_3 - i \cdot v$

L Gestreckte Länge
l_1, l_2, l_3 Teillängen
i Anzahl der Biegestellen
v Ausgleichswert
s Blechdicke
r Biegeradius

Ausgleichswerte v für 90°-Biegewinkel — DIN 6935

Dicke s in mm	Biegeradius r in mm									
	1	1,6	2,5	4	6	10	16	20	25	32	40	50
	Ausgleichswert v in mm									
0,4	1,0	1,3	1,6								
0,6	1,3	1,6	2,0	2,5							
0,8	1,7	1,8	2,2	2,8	3,4						
1	1,9	2,1	2,4	3,0	3,8	5,5	8,1	9,7	11,9	14,9	18,4	22,7
2		2,9	3,2	3,7	4,5	6,1	9,3	11,0	13,2	16,2	19,6	23,9
3			6,0	6,7	8,1	10,5	12,2	14,4	17,4	20,8	25,1
4				8,3	9,6	11,9	13,4	15,6	18,6	22,0	26,3
5				9,9	11,2	13,3	14,9	16,8	19,8	23,2	27,5
6					12,7	14,8	16,3	18,2	21,0	24,5	28,8
7					14,3	16,3	17,8	19,6	22,4	25,7	30,0
8						17,8	19,3	21,1	23,8	26,9	31,2
9						19,4	20,8	22,6	25,2	28,3	32,4
10						21,0	22,3	24,1	26,7	29,7	33,6
11							23,8	25,6	28,1	31,1	35,0
12							25,4	27,1	29,6	32,6	36,4

© Verlag Gehlen

Biegen · Zuschnittlänge · Biegeradius · Biegekraft

Zuschnittlänge für Biegeteile mit beliebigem Biegewinkel — DIN 6935

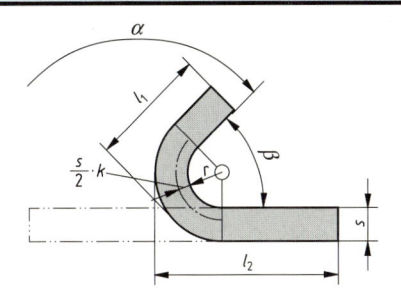

Gestreckte Länge L

$$L = l_1 + l_2 - v$$

l_1, l_2 Teillängen
v Ausgleichswert

Ausgleichswert v für $\beta = 0°$ bis $90°$

$$v = 2 \cdot (r+s) - \pi \cdot \left(\frac{180° - \beta}{180°}\right) \cdot \left(r + \frac{s}{2} \cdot k\right)$$

Ausgleichswert v für $\beta > 90°$ bis $165°$

$$v = 2 \cdot (r+s) \cdot \tan\frac{180° - \beta}{2} - \pi \cdot \left(\frac{180° - \beta}{180°}\right) \cdot \left(r + \frac{s}{2} \cdot k\right)$$

Ausgleichswert v für $\beta > 165°$ bis $180°$

$v = 0$

s Blechdicke
r Biegeradius
α Biegewinkel
β Öffnungswinkel
k Korrekturfaktor

Korrekturfaktor k

$r:s$	0,5	1,0	2,0	3,0	4,0	5,0	6,0
k	0,5	0,65	0,8	0,91	0,95	1,0	1,08

Biegekraft

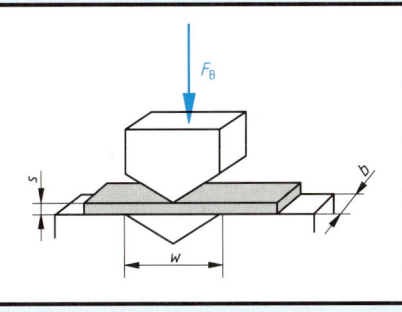

$$F_B = \frac{R_m \cdot b \cdot s^2}{w} \cdot c \text{ in N}$$

F_B Biegekraft
b Werkstückbreite
R_m Zugfestigkeit
w Werkstückweite
c Prägefaktor
$\quad c = 1$ ohne Prägeschlag
$\quad c = 2,5$ mit Prägeschlag

Kleinster zulässiger Biegeradius r für das Kaltbiegen von Stahl — DIN 6935

Zugfestigkeit der Stähle R_m in N/mm²	Blechdicke s in mm[1]												
	bis 1	1 bis 1,5	1,5 bis 2,5	2,5 bis 3	3 bis 4	4 bis 5	5 bis 6	6 bis 7	7 bis 8	8 bis 10	10 bis 12	12 bis 14	14 bis 16	16 bis 18	18 bis 20
	Kleinster zulässiger Biegeradius r in mm[2]												
< 390	1	1,6	2,5	3	5	6	8	10	12	16	20	25	28	36	40
> 390...490	1,2	2	3	4	5	8	10	12	16	20	25	28	32	40	45
> 490...640	1,6	2,5	4	5	6	8	10	12	16	20	25	32	36	45	50

[1] Blechdicken s gelten für einen Bereich über ... bis ...
[2] Tabellenwerte r gelten für Biegewinkel $\alpha \leq 120°$ und Biegen quer zur Walzrichtung. Für Biegewinkel $\alpha > 120°$ und Biegen längs zur Walzrichtung ist die nächstgrößere Blechdicke zu wählen.

© Verlag Gehlen

Biegen · Biegeradius · Rückfederung

Kleinster zulässiger Biegeradius r für das Biegen von Leichtmetallen — DIN 5520

Werkstoff	Blechdicke s in mm											
	über 0,8 bis 0,8	über 1 bis 1	über 1,5 bis 1,5	über 2 bis 2	über 3 bis 3	über 4 bis 4	über 5 bis 5	über 6 bis 6	über 7 bis 7	über 8 bis 8	über 10 bis 10	über 12 bis 12
	Kleinster zulässiger Biegeradius r in mm [1]											
Al99,5F9 k	0,8	1	1,2	1,6	2,5	4	5	6				
AlMg3W19 w	1	1,2	2	2,5	4	6	8	10				
AlMg3F22 k	1,6	2	3	4	6	8	12	16				
AlMg2Mn0,8W19 w	1	1,6	2	2,5	4	6	8	10				
AlMgSi1F32 wh	2,5	4	5	8	12	16	20	25	28	32	40	
AlZn45Mg1F35 wh [2]	1,2	1,6	3	4	5	6	8	10	12	16	20	25	40

[1] Tabellenwerte gelten für das Biegen von Aluminium und Aluminium-Knetlegierungen längs quer zur Walzrichtung und einem Biegewinkel von 90°.
[2] Das Halbzeug ist vor dem Biegen kurzfristig auf 350 bis 480 °C zu erwärmen, an bewegter Luft abzukühlen und innerhalb von 8 Stunden umzuformen.

Rückfederung beim Biegen

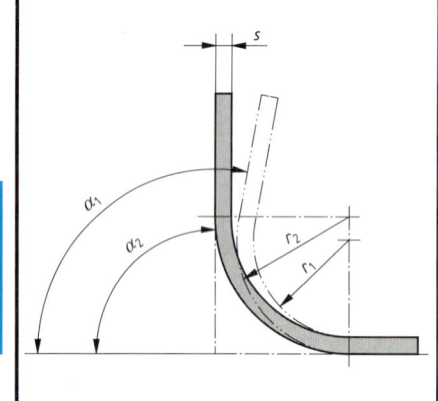

Winkel am Werkzeug:
$$\alpha_1 = \frac{\alpha_1}{k_F}$$

Radius am Werkzeug:
$$r_1 = k_F \cdot (r_2 + 0{,}5 \cdot s) - 0{,}5 \cdot s$$

1 Biegeteil beim Biegen
2 Biegeteil nach dem Biegen
r_1 Radius am Werkzeug
r_2 Radius am Biegeteil
α_1 Winkel am Werkzeug
α_2 Winkel am Biegeteil
$\Delta\alpha$ Winkelunterschied infolge der Rückfederung

Werkstoff	Rückfederungsfaktor k_F für das Verhältnis $r_2 : s$									
	1	1,6	2,5	4	6,3	10	16	25	40	63	100
Al 99 w	0,99	0,99	0,99	0,99	0,99	0,99	0,98	0,97	0,96	0,95	0,93
AlCuMg w	0,99	0,99	0,99	0,98	0,98	0,97	0,96	0,94	0,91	0,87	0,83
AlCuMg h	0,92	0,91	0,88	0,85	0,79	0,69	0,63				
E-Cu 57	0,99	0,98	0,98	0,97	0,95	0,93	0,90	0,85	0,75	0,73	0,60
CuZn 33	0,98	0,97	0,97	0,96	0,94	0,92	0,90	0,87	0,83	0,78	0,73
St 37	0,99	0,99	0,99	0,98	0,97	0,96	0,93	0,90	0,86	0,78	0,67
St 44	0,99	0,99	0,99	0,98	0,98	0,97	0,96	0,94	0,92	0,87	0,83
C 15	0,98	0,98	0,98	0,98	0,94	0,91	0,86	0,78	0,67		
X 12 CrNi 18.8	0,99	0,98	0,97	0,95	0,93	0,90	0,85	0,76	0,65		

Richtwerte für Keilwinkel beim Keilschneiden

Werkstoff	Keilwinkel β	Werkstoff	Keilwinkel β
Gummi, Kunstleder, Textilien	8°...12°	Kupfer, Zink	40°...50°
Leder, Papier, Pappe, Filz, Kork	16°...18°	Bronze, Messing	50°...65°
Kunstharz, Hartpapier, Weichkupfer	20°	Grauguss, Stahlguss	65°...75°
Blei, Aluminium	30°...40°	Hartguss, legierter Stahl	75°...85°

Werkstoffstreifenausnutzung beim Scherschneiden

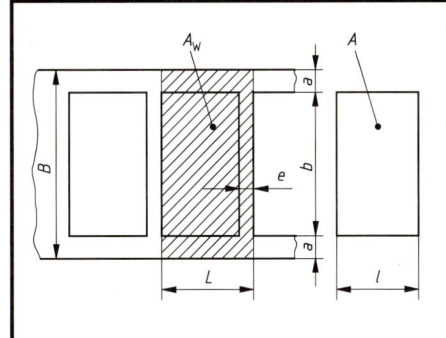

Werkstoffbedarf je Streifenfläche		
$A_W = B \cdot L$	$B = b + 2 \cdot a$	$L = l + e$

Werkstoffbedarf je Werkst.	Ausnutzungsgrad
$A = l \cdot b$	$\eta = \dfrac{n \cdot A}{B \cdot L}$

A_W Werkstoffbedarf je Streifenfläche
B Streifenbreite L Streifenvorschub
b Werkstückbreite l Werkstücklänge
a Randbreite e Stegbreite
A Werkstückfläche n Anzahl der Reihen
η Ausnutzungsgrad

Steg-, Rand- und Seitenschneiderbreite für Metallwerkstoffe

Streifen-breite B in mm	Steglänge l_e in mm oder Randlänge l_a in mm	Blechdicke s in mm Stegbreite e (oben) in mm Randbreite a (unten) in mm									
		0,1	0,3	0,5	0,75	1	1,25	1,5	1,75	2	2,5	3

Streifenbreite B in mm	Steglänge/Randlänge	0,1	0,3	0,5	0,75	1	1,25	1,5	1,75	2	2,5	3
bis 100	bis 10 oder runde Teile	0,8 / 1,0	0,8 / 0,9	0,8 / 0,9	0,9 / 0,9	1,0 / 1,0	1,2 / 1,2	1,3 / 1,3	1,5 / 1,5	1,6 / 1,6	1,9 / 1,9	2,1 / 2,1
bis 100	11 bis 50	1,6 / 1,9	1,2 / 1,5	0,9 / 1,0	1,0 / 1,0	1,1 / 1,1	1,4 / 1,4	1,4 / 1,4	1,6 / 1,6	1,7 / 1,7	2,0 / 2,0	2,3 / 2,3
bis 100	51 bis 00	1,8 / 2,2	1,4 / 1,7	1,0 / 1,2	1,2 / 1,2	1,3 / 1,3	1,6 / 1,6	1,6 / 1,6	1,8 / 1,8	1,9 / 1,9	2,2 / 2,2	2,5 / 2,5
bis 100	über 100	2,0 / 2,4	1,6 / 1,9	1,2 / 1,5	1,4 / 1,4	1,5 / 1,5	1,8 / 1,8	1,8 / 1,8	2,0 / 2,0	2,1 / 2,1	2,4 / 2,4	2,7 / 2,7
bis 100	Seitenschneiderbreite i	1,5	1,5	1,5	1,5	1,8	2,2	2,5	3,0	3,5	4,5	
über 100 bis 200	bis 10 oder runde Teile	0,9 / 1,2	1,0 / 1,1	1,0 / 1,1	1,0 / 1,0	1,1 / 1,1	1,3 / 1,3	1,4 / 1,4	1,6 / 1,6	1,7 / 1,7	2,0 / 2,0	2,3 / 2,3
über 100 bis 200	11 bis 50	1,8 / 2,2	1,4 / 1,7	1,0 / 1,2	1,2 / 1,2	1,3 / 1,3	1,6 / 1,6	1,6 / 1,6	1,8 / 1,8	1,9 / 1,9	2,2 / 2,2	2,5 / 2,5
über 100 bis 200	51 bis 100	2,0 / 2,4	1,6 / 1,9	1,2 / 1,4	1,4 / 1,4	1,5 / 1,5	1,8 / 1,8	1,8 / 1,8	2,0 / 2,0	2,1 / 2,1	2,4 / 2,4	2,7 / 2,7
über 100 bis 200	über 100	2,2 / 2,7	1,8 / 2,2	1,4 / 1,7	1,6 / 1,6	1,7 / 1,7	2,0 / 2,0	2,0 / 2,0	2,2 / 2,2	2,3 / 2,3	2,6 / 2,6	2,9 / 2,9
über 100 bis 200	Seitenschneiderbreite i	1,5	1,5	1,5	1,5	1,8	2,0	2,5	3,0	3,5	4,0	5,0

© Verlag Gehlen

Schneidplattendurchbruch- und Schneidstempelmaße — VDI 3368

Schneidverfahren	Schneidplattendurchbruchmaß	Stempelmaß
Ausschneiden	$Sch = G_o - 2 \cdot R$	$St = Sch - 2 \cdot u$
Lochen	$Sch = St + 2 \cdot u$	$St = G_u + 2 \cdot R$
Abschneiden	$Sch = G_o - R$	$St = Sch - u$

Sch Schneidplattendurchbruchmaß
St Stempelmaß
G_o Höchstmaß des Werkstückes
G_u Mindestmaß des Werkstückes
u Schneidspalt
R Rückfederung ($R = 1/3 \cdot T$)
T Werkstücktoleranz (auch aus DIN 7168 Allgemeintoleranzen)
s Blechdicke
α Freiwinkel ($s \leq 1$ mm $\Rightarrow \alpha = 12'...18'$; $s > 1$ mm $\Rightarrow \alpha = 30'...35'$)

Richtwerte für Schneidspalt u — VDI 3368

Blech-dicke s in mm	Schneidplattendurchbruch mit Freiwinkel α				Schneidplattendurchbruch ohne Freiwinkel α			
	Scherfestigkeit τ_{aB} in N/mm²							
	bis 250	251...400	401...600	über 600	bis 250	251...400	401...600	über 600
	Schneidspalt u in mm							
0,1	0,002	0,003	0,004	0,005	0,003	0,004	0,005	0,006
0,2	0,003	0,005	0,007	0,010	0,006	0,008	0,010	0,012
0,3	0,005	0,008	0,011	0,015	0,009	0,012	0,015	0,018
0,4...0,6	0,010	0,015	0,020	0,025	0,015	0,020	0,025	0,030
0,7...0,8	0,015	0,020	0,030	0,040	0,025	0,030	0,040	0,050
0,9...1,0	0,020	0,030	0,040	0,050	0,030	0,040	0,050	0,060
1,5...2,0	0,030	0,04...0,05	0,05...0,07	0,07...0,09	0,050	0,06...0,08	0,08...0,10	0,09...0,12
2,5...3,0	0,040	0,06...0,07	0,09...0,10	0,11...0,13	0,080	0,10...0,12	0,13...0,15	0,15...0,18
3,5...4,0	0,05...0,06	0,08...0,09	0,11...0,13	0,15...0,17	0,10...0,12	0,14...0,16	0,18...0,20	0,21...0,24
4,5...5,0	0,07...0,08	0,11...0,13	0,15...0,17	0,19...0,21	0,14...0,16	0,18...0,20	0,22...0,25	0,27...0,30

Scherfestigkeit τ_{aB} ausgewählter Werkstoffe

Werkstoffe	τ_{aB} in N/mm²	Werkstoffe	τ_{aB} in N/mm²	Werkstoffe	τ_{aB} in N/mm²
Aluminium	60 ...150	Klingerit	40 ...60	Pappe, weich	20
Al-Cu-Mg-Legierung	200 ...450	Kunstharz	25 ...30	Pappe, hart	40
Al-Mg-Mn-Legierung	200 ...350	Kunstharzgewebe	90 ...120	Platin (Pt)	300
Al-Mg-Si-Legierung	200 ...350	Kunstharzpapier	100 ...130	Sperrholz	20 ...40
Al-Mn-Legierung	100 ...160	Kupfer (E-Cu)	220 ...370	Silber (Ag)	280
Blei	20 ...30	Cu-Ni-Zn-Pb-Leg.	600 ...620	Stahl (St 33...St 70)	360 ...750
Glimmer	50 ...80	Cu-Zn-Pb-Leg.	400 ...630	Stahl (0,1...1,0 % C)	320 ...1000
Gold (Au)	110	Cu-Zn-Legierung	350 ...640	Stahl, niedrig legiert	500 ...600
Gummi	6 ...160	Cu-Sn-Legierung	450 ...800	Stahl, hoch legiert	600 ...750
Holz	10 ...30	Leder	15	Zink (Zn)	120 ...200
Holzpapier	20 ...30	Nickel (Ni)	450	Zinn (Sn)	30 ...40

© Verlag Gehlen

Lage des Einspannzapfens bei Schneidstempeln

Schneidstempelform mit bekanntem Schwerpunkt

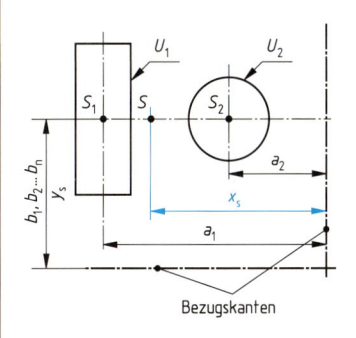

$$x_S = \frac{U_1 \cdot a_1 + U_2 \cdot a_2 + \ldots + U_n \cdot a_n}{U_1 + U_2 + \ldots + U_n} \qquad y_S = \frac{U_1 \cdot b_1 + U_2 \cdot b_2 + \ldots + U_n \cdot b_n}{U_1 + U_2 + \ldots + U_n}$$

Die Lage des Einspannzapfens wird mit Hilfe der Flächenschwerpunkte ermittelt.

x_S, y_S	Abstände von der gewählten Bezugskante bis zur Lage des Einspannzapfens
$a_1, a_2, \ldots a_n$	Abstände von der Bezugskante in x-Richtung bis Stempelflächenschwerpunkte
$b_1, b_2, \ldots b_n$	Abstände von der Bezugskante in y-Richtung bis Stempelschwerpunkte
$S_1, S_2, \ldots S_n$	Flächenschwerpunkte der jeweiligen Stempel
S	Lage des Einspannzapfens (Gesamtflächenschwerpunkt)
$U_1, U_2, \ldots U_n$	Umfänge der einzelnen Stempelformen

Schneidstempelform mit unbekanntem Schwerpunkt

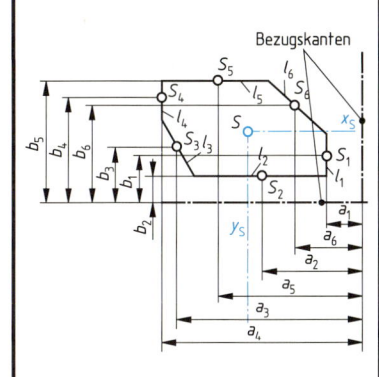

$$x_S = \frac{l_1 \cdot a_1 + l_2 \cdot a_2 + \ldots + l_n \cdot a_n}{l_1 + l_2 + \ldots + l_n} \qquad y_S = \frac{l_1 \cdot b_1 + l_2 \cdot b_2 + \ldots + l_n \cdot b_n}{l_1 + l_2 + \ldots + l_n}$$

Die Lage des Einspannzapfens erfolgt über die Ermittlung der Linienschwerpunkte.

x_S, y_S	Abstände der Bezugskante zum Mittelpunkt des Einspannzapfens
$a_1, a_2, \ldots a_n$	Abstände von der Bezugskante in x-Richtung bis Linienschwerpunkte der Teilschnittlinien
$b_1, b_2, \ldots b_n$	Abstände von der Bezugskante in y-Richtung bis Linienschwerpunkte der Teilschnittlinien
$l_1, l_2, \ldots l_n$	Teilschnittlinienlängen
$S_1, S_2, \ldots S_n$	Linienschwerpunkte der einzelnen Teilschnittlinien
S	Lage des Einspannzapfens (Gesamtflächenschwerpunkt)

Schneidkraft, Schneidarbeit

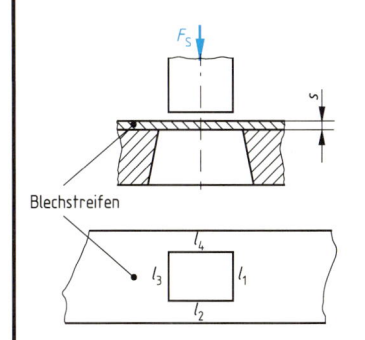

$F_S = A_S \cdot \tau_{aB}$	$A_S = U_S \cdot s$	$U_S = l_1 + l_2 + \ldots l_n$	$\tau_{aB} \approx 0{,}8\, R_m$

$W = F_S \cdot s \cdot \kappa$	großer Schneidspalt: $\kappa = 0{,}3 \ldots 0{,}4$ kleiner Schneidspalt: $\kappa = 0{,}5 \ldots 0{,}6$

F_S	Schneidkraft
A_S	Scherfläche
U_S	Scherumfang
s	Blechdicke
$l_1, l_2, \ldots l_n$	Teilschnittlinienlängen
τ_{aB}	Scherfestigkeit
R_m	Zugfestigkeit
W	Schneidarbeit
κ	Beiwert

Kräfte beim Spanen

Schnittkraft

$$F_c = A \cdot k_c \cdot K_{ver} \cdot K_v \cdot K_\gamma \cdot K_{sch} \qquad A = b \cdot h = a_p \cdot f \text{ mit } h = f \cdot \sin\kappa_r \text{ und } b = \frac{a_p}{\sin\kappa_r} \qquad k_c = \frac{k_{c1.1}}{h^m} \text{ in N/mm}^2$$

F_c Schnittkraft in N
k_c spezifische Schnittkraft in N/mm²
m Werkstoffkonstante
$k_{c1.1}$ Hauptwert der spezifischen Schnittkraft in N/mm²
A Spanungsquerschnitt in mm²
h Spanungsdicke in mm
b Spanungsbreite in mm
f Vorschub in mm
a_p Schnitttiefe in mm
K_{ver} Korrekturfaktor für den Verschleiß
K_v Korrekturfaktor für die Schnittgeschwindigkeit
K_γ Korrekturfaktor für den Spanwinkel
K_{sch} Korrekturfaktor für den Schneidstoff

Spezifische Schnittkräfte[1]

Werkstoff	m	$k_{c1.1}$ in N/mm²	Spezifische Schnittkraft k_c in N/mm² bei der Spanungsdicke h in mm									
			0,05	0,1	0,16	0,2	0,32	0,4	0,63	1,25	1,6	2,0
St 34, St 42	0,17	1780	2960	2630	2430	2340	2170	2080	1930	1710	1640	1580
St 50	0,26	1990	4340	3620	3210	3020	2690	2530	2250	1880	1760	1660
St 60	0,17	2110	3510	3120	2880	2770	2570	2470	2280	2030	1950	1880
C 15	0,22	1820	3520	3020	2720	2590	2350	2230	2020	1730	1640	1560
C 35	0,20	1860	3390	2950	2680	2570	2340	2230	2040	1780	1690	1620
Ck 45	0,14	2220	3380	3070	2870	2780	2610	2520	2370	2150	2080	2020
Ck 60	0,18	2130	3650	3220	2960	2850	2620	2510	2320	2050	1960	1880
15 CrMo 5	0,17	2290	3810	3390	3130	3010	2790	2680	2480	2210	2110	2040
16 MnCr 5	0,26	2100	4580	3820	3380	3190	2840	2660	2370	1980	1860	1750
18 CrNI 6	0,30	2260	5550	4510	3920	3660	3200	2980	2600	2120	1960	1840
20 MnCr 5	0,25	2140	4530	3810	3380	3200	2860	2690	2400	2020	1900	1800
25 CrMo 4	0,25	2070	4380	3680	3270	3100	2760	2600	2320	1960	1840	1740
30 CrNiMo 8	0,20	2600	4730	4120	3750	3590	3280	3120	2850	2490	2370	2260
34 CrMo 4	0,21	2240	4200	3630	3290	3140	2860	2720	2470	2140	2030	1940
37 MnV 7	0,26	1810	3940	3290	2920	2750	2440	2300	2040	1710	1600	1510
37 MnSi 5	0,20	2260	4120	3580	3260	3120	2850	2720	2480	2160	2060	1970
50 CrV 4	0,26	2220	4840	4040	3580	3370	3000	2820	2500	2100	1970	1850
55 NiCrMoV 6	0,24	1740	3570	3020	2700	2560	2300	2170	1940	1650	1560	1470
GG15	0,21	950	1780	1540	1400	1330	1210	1150	1050	910	860	820
GG20	0,25	1020	2160	1810	1610	1530	1360	1280	1150	960	910	860
GG25	0,26	1160	2530	2110	1870	1760	1570	1470	1310	1100	1030	970
GGG-40	0,25	1005	2138	1794	1595	1500	1340	1272	1129	948	897	845
GGG-60	0,48	1050	4423	3171	2530	2273	1828	1630	1311	943	838	753
GGG-80	0,44	1132	4230	3118	2535	2298	1882	1694	1387	1026	920	834
GS-23-45	0,17	1600	2660	2370	2190	2104	1950	1870	1730	1540	1480	1420
GS-26-52	0,17	1780	2960	2630	2430	2340	2170	2080	1930	1710	1640	1580

[1] Die spezifischen Schnittkräfte sind unter Verwendung der Korrekturfaktoren wie folgt anwendbar: Schnittgeschwindigkeit v_c = 20...600 m/min; Spanwinkel γ_0 = –20...+30°; Schneide mit Verschleiß; Spanungsdicke h = 0,05...2,5 mm; Schneidstoff Hartmetall, Schneidkeramik; Verfahren: Drehen, Hobeln, Bohren, Senken, Fräsen, Sägen, Räumen, Schleifen.

© Verlag Gehlen

Kräfte und Leistungen beim Spanen

Korrekturfaktoren zur Berechnung der Schnittkraft

Korrekturfaktor K_v für die Schnittgeschwindigkeit v_c in m/min		1,25	1,20	1,15	1,11	1,05	1,00	0,97	0,95	0,93	0,88
		20	30	40	50	70	100	150	220	300	600
Korrekturfaktor K_γ für	kurzspanend	1,33	1,18	1,09	1,03	0,94	0,88	0,81	0,73	0,65	0,58
	langspanend	1,39	1,24	1,17	1,09	1,00	0,94	0,87	0,79	0,71	0,64
Spanwinkel γ_0 in Grad		–20	–10	–6	0	+6	+10	+15	+20	+25	+30
Korrekturfaktor K_{ver} für den		1,3...1,5		1,25...1,4		1,3		1,3...1,5		1,2...1,4	
Werkzeugverschleiß beim		Drehen		Bohren		Senken		Hobeln		Fräsen	
Korrekturfaktor K_{sch} Schneidstoff		K_{sch} = 0,9...0,95 Schneidkeramik; K_{sch} = 1 Hartmetall, SS-Stähle									

Drehen

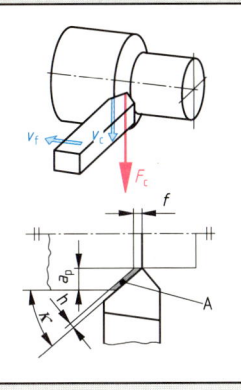

$$F_c = A \cdot k_c \cdot K_{ver} \cdot K_v \cdot K_\gamma \cdot K_{sch}$$

$$A = b \cdot h = a_p \cdot f$$

$$h = f \cdot \sin \kappa_r$$

$$P_c = F_c \cdot v_c$$

$$Q = A \cdot v_c$$

- F_c Schnittkraft
- A Spanungsquerschnitt
- b Spanungsbreite
- h Spanungsdicke
- a_p Schnitttiefe
- f Vorschub
- κ_r Einstellwinkel
- k_c spezifische Schnittkraft
- $K_{ver}, K_v, K_\gamma, K_{sch}$ Korrekturfaktor
- P_c Schnittleistung
- v_c Schnittgeschwindigkeit
- Q Zeitspanungsvolumen

Bohren

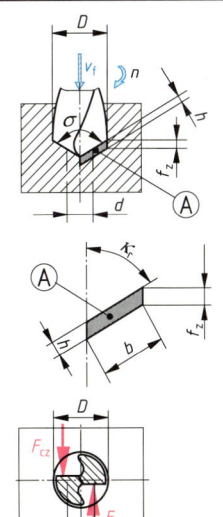

$$F_{cz} = A \cdot k_c \cdot K_{ver}$$

$$A = b \cdot h = a_p \cdot f_z \quad \text{mit} \quad f_z = f/2$$

$$h = f_z \cdot \sin \kappa_r \quad \text{mit} \quad \kappa_r = \sigma/2$$

$$b = \frac{D - d}{2 \cdot \sin \sigma/2} \quad \text{für Aufbohren}$$

$$b = \frac{D}{2 \cdot \sin \sigma/2} \quad \text{für Bohren ins Volle}$$

$$M_c = \frac{D + d}{2} \cdot F_{cz} \quad \text{für Aufbohren}$$

$$M_c = \frac{D}{2} \cdot F_{cz} \quad \text{für Bohren ins Volle}$$

$$P_c = M_c \cdot 2 \cdot \pi \cdot n$$

$$v_c = D \cdot \pi \cdot n$$

$$Q = A \cdot v_c$$

- F_{cz} Schnittkraft an der Schneide
- A Spanungsquerschnitt
- b Spanungsbreite
- h Spanungsdicke
- D Bohrerdurchmesser
- d vorgebohrter Durchmesser
- σ Spitzenwinkel
- f_z Vorschub je Schneide
- f Vorschub je Umdrehung
- a_p Schnitttiefe
- k_c spezifische Schnittkraft
- K_{ver} Verschleißkorrektur
- M_c Schnittmoment
- P_c Schnittleistung
- n Bohrerdrehzahl
- v_c Schnittgeschwindigkeit
- Q Zeitspanungsvolumen

© Verlag Gehlen

Kräfte und Leistungen beim Spanen

Fräsen

Stirnfräsen

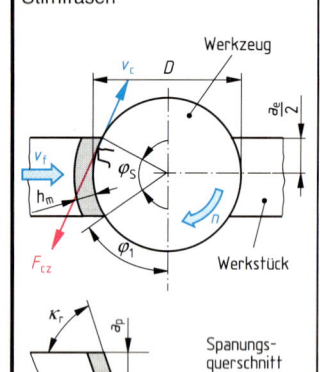

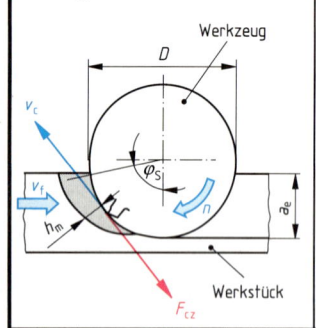

$F_{czm} = A \cdot k_c \cdot K_{ver} \cdot K_v \cdot K_\gamma$

$F_{cm} = F_{czm} \cdot z_{iE}$

$h_m = \dfrac{2}{\varphi_S} \cdot \dfrac{a_e}{D} \cdot f_z \cdot \sin\kappa_r$

$k_c = \dfrac{k_{c1.1}}{h_m^m}$

$b = \dfrac{a_p}{\sin\kappa_r}$

Schnittbogenwinkel beim Stirnfräsen:
$\varphi_S = \pi - 2 \cdot \varphi_1$ mit $\cos\varphi_1 = D/a_e$

beim Umfangsfräsen:

$\varphi_S = \arccos\left(1 - \dfrac{2 \cdot a_e}{D}\right)$

$z_{iE} = \dfrac{\varphi_S \cdot z}{2 \cdot \pi}$

$P_c = F_{cm} \cdot v_c$

$Q = a_p \cdot a_e \cdot v_f$

$v_f = f_z \cdot n \cdot z$

$n = \dfrac{v_c}{D \cdot \pi}$

- F_{czm} Mittlere Schnittkraft je Schneide
- F_{cm} Mittlere Schnittkraft am Fräser
- z_{iE} Anzahl der Schneiden im Eingriff
- K_{ver}, K_v, K_γ Korrekturfaktor
- h_m Mittlere Spanungsdicke
- b Spanungsbreite
- φ_S Schnittbogenwinkel in Bogenmaß
- φ_1 Eingriffswinkel in Bogenmaß
- a_e Arbeitseingriff
- a_p Schnitttiefe
- D Fräserdurchmesser
- z Gesamtschneidenzahl des Fräsers
- κ_r Einstellwinkel
- k_c spezifische Schnittkraft
- $k_{c1.1}$ Hauptwert der spezifischen Schnittkraft
- m Werkstoffkonstante
- P_c Schnittleistung
- v_c Schnittgeschwindigkeit
- v_f Vorschubgeschwindigkeit
- n Fräserdrehzahl
- f_z Vorschub je Schneide
- Q Zeitspanvolumen

Spanungsquerschnitt A

Umfangsfräsen

Sägen

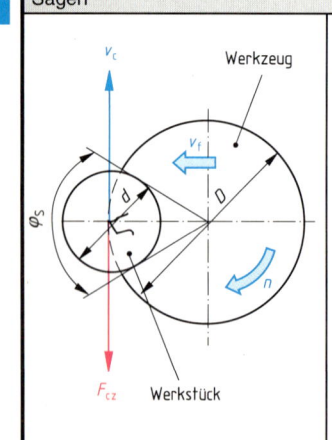

$F_{cz} = a_p \cdot f_z \cdot k_c \cdot f_{Sä} \cdot K_{ver}$

$f_z = \dfrac{A_s \cdot D \cdot \pi}{d \cdot v_c \cdot z}$

$k_c = \dfrac{k_{c1.1}}{f_z^m}$

$Z_{iE} = \dfrac{\varphi_S \cdot z}{2 \cdot \pi}$

$P_c = F_{cz} \cdot v_c \cdot z_{iE}$

- F_{cz} Schnittkraft an der Schneide
- a_p Schnitttiefe = Breite des Sägeblattes
- f_z Vorschub je Schneide
- k_c spezifische Schnittkraft
- $f_{Sä}$ Verfahrensfaktor: $f_{Sä} = 1{,}15$
- K_{ver} Verschleißkorrekturfaktor
- A_s spezifische Schnittfläche in mm²/min (s. S. 280)
- D Sägeblattdurchmesser
- z Zähnezahl des Sägeblattes
- z_{iE} Zähnezahl im Eingriff
- φ_s Schnittbogenwinkel in Bogen
- d Werkstückdicke
- v_c Schnittgeschwindigkeit
- P_c Schnittleistung

© Verlag Gehlen

Bezeichnung von Wendeschneidplatten — DIN 4987

Bezeichnungsbeispiele:
Schneidplatte DIN 4969 T   N   G   N   16   04   12   T   -P30
Schneidplatte DIN 6590 S   P   K   N   15   04   ED   R   -K20
                        |1.| |2.| |3.| |4.| |5.| |6.| |7.| |8.| |9.| |10.|

1. Grundform	H	O	P	R	S	T	C 80°	D 55°	
	E 75°	M 86°	V 35°	W 80°	L	A	B 82°	K 55°	

2. Normal-Freiwinkel α_n		A	B	C	D	E	F	G	N	P	O
	α_n	3°	5°	7°	15°	20°	25°	30°	0°	11°	andere α_n

3. Toleranzklassen, zul. Abweichung von d, m, s in mm		A	F	C	H	E	G
	d	±0,025	±0,013	±0,025	±0,013	±0,025	
	m	±0,005		±0,013		±0,025	
	s	±0,025		±0,025		±0,025	±0,005...0,13
		J	K	L	M	N	U
	d	±0,05...0,15			±0,05...0,15		±0,008...0,25
	m	±0,005	±0,013	±0,025	±0,08...0,20		±0,13...0,38
	s	±0,025			±0,05...0,13	±0,025	±0,013

4. Spanflächenausführung und Befestigungsmerkmale				
N		G		B
R		W		H
F		T		C
A		Q		J
M		U		X bes. Angaben

5. Plattengröße: Kennzahl entspicht der Schneidenlänge, bei runden Platten dem Durchmesser, bei ungleichseitigen Platten der längeren Seite.

6. Plattendicke: Kennzahl entspricht der Plattendicke in mm ohne Dezimalstellen.

7. Ausführung der Schneidenecke: Kennzahl mit dem Faktor 0,1 multipliziert ergibt den Eckenradius r_ε.

1. Kennbuchstabe für den Einstellwinkel κ_r	A	D	E	F	P			
	45°	60°	75°	85°	90°			

2. Kennbuchstabe für den Freiwinkel α_n' a. d. Fase	A	B	C	D	E	F	G	N	P
	3°	5°	7°	15°	20°	25°	30°	0°	11°

8. Schneide	F	E	T	S	K	P
	scharf	gerundet	gefast	gerundet und gefast	doppelgefast	doppelgefast und gerundet

9. Schneidrichtung	R	L	N
	rechtsschneidend	linksschneidend	rechts- u. linksschneidend

10. Schneidstoff: Kennzeichnung für Hartmetalle und Schneidkeramik (s. S. 109)

© Verlag Gehlen

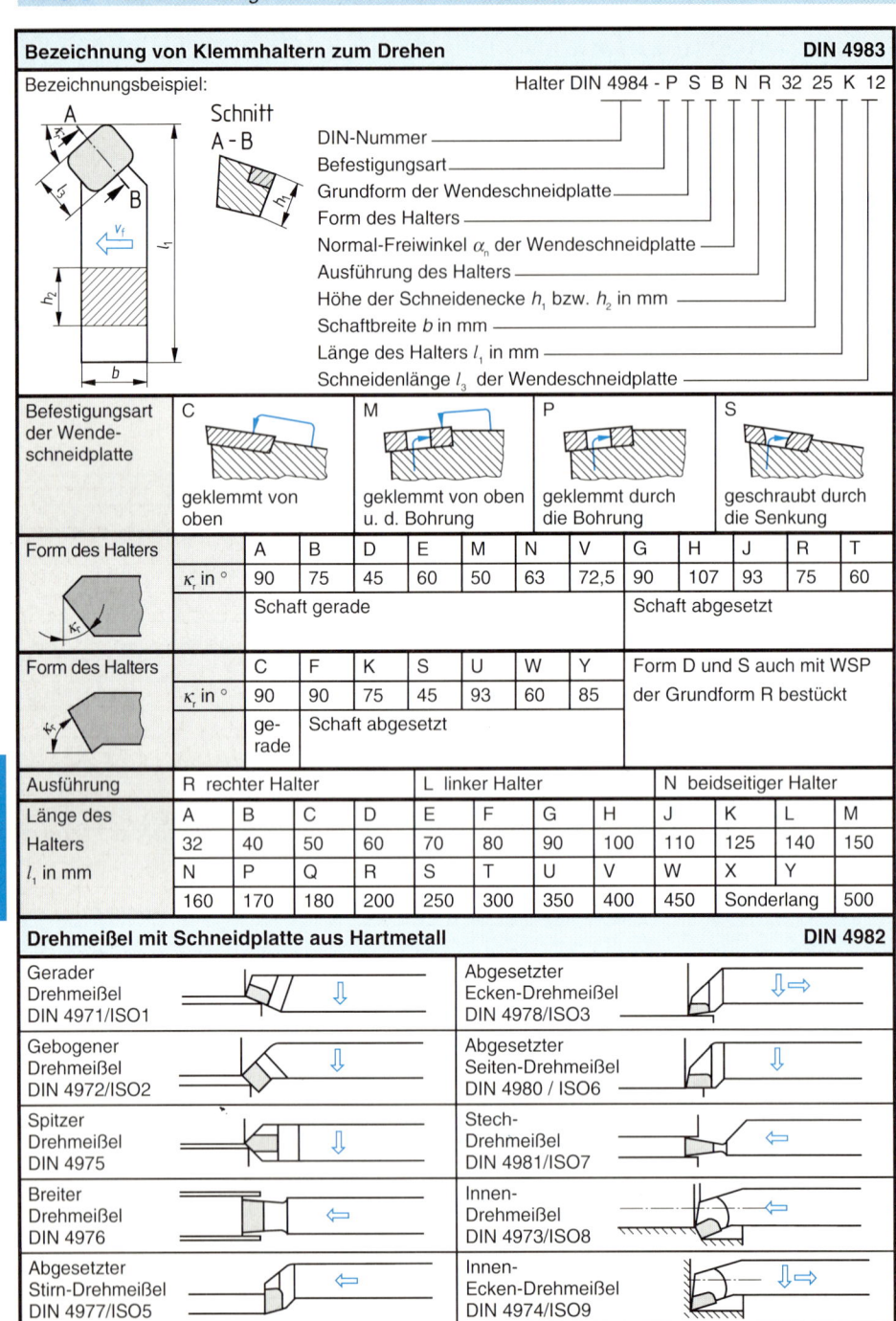

Bezeichnung von Klemmhaltern zum Drehen — DIN 4983

Bezeichnungsbeispiel: Halter DIN 4984 - P S B N R 32 25 K 12

- DIN-Nummer
- Befestigungsart
- Grundform der Wendeschneidplatte
- Form des Halters
- Normal-Freiwinkel α_n der Wendeschneidplatte
- Ausführung des Halters
- Höhe der Schneidenecke h_1 bzw. h_2 in mm
- Schaftbreite b in mm
- Länge des Halters l_1 in mm
- Schneidenlänge l_3 der Wendeschneidplatte

Befestigungsart der Wendeschneidplatte	C	M	P	S
	geklemmt von oben	geklemmt von oben u. d. Bohrung	geklemmt durch die Bohrung	geschraubt durch die Senkung

Form des Halters		A	B	D	E	M	N	V	G	H	J	R	T
	κ_r in °	90	75	45	60	50	63	72,5	90	107	93	75	60
		Schaft gerade							Schaft abgesetzt				

Form des Halters		C	F	K	S	U	W	Y	Form D und S auch mit WSP der Grundform R bestückt
	κ_r in °	90	90	75	45	93	60	85	
		gerade	Schaft abgesetzt						

Ausführung	R rechter Halter			L linker Halter			N beidseitiger Halter		

Länge des Halters l_1 in mm	A	B	C	D	E	F	G	H	J	K	L	M
	32	40	50	60	70	80	90	100	110	125	140	150
	N	P	Q	R	S	T	U	V	W	X	Y	
	160	170	180	200	250	300	350	400	450	Sonderlang	500	

Drehmeißel mit Schneidplatte aus Hartmetall — DIN 4982

- Gerader Drehmeißel DIN 4971/ISO1
- Gebogener Drehmeißel DIN 4972/ISO2
- Spitzer Drehmeißel DIN 4975
- Breiter Drehmeißel DIN 4976
- Abgesetzter Stirn-Drehmeißel DIN 4977/ISO5
- Abgesetzter Ecken-Drehmeißel DIN 4978/ISO3
- Abgesetzter Seiten-Drehmeißel DIN 4980/ISO6
- Stech-Drehmeißel DIN 4981/ISO7
- Innen-Drehmeißel DIN 4973/ISO8
- Innen-Ecken-Drehmeißel DIN 4974/ISO9

© Verlag Gehlen

Werkzeugwinkel am Drehmeißel

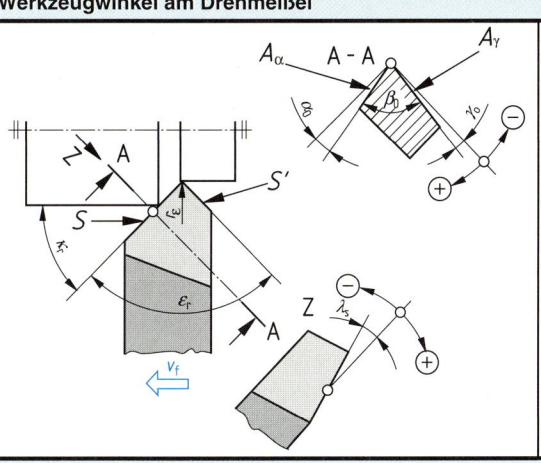

- α_o Freiwinkel
- β_o Keilwinkel
- γ_o Spanwinkel
- κ_r Einstellwinkel
- ε_r Eckenwinkel
- λ_s Neigungswinkel
- A_α Freifläche
- A_γ Spanfläche
- S Hauptschneide
- S' Nebenschneide
- r_ε Eckenradius

Abmessungen der Spanleitstufen beim Drehen von Stahl mit Hartmetallschneiden

$\varpi = 55...60°$
$t = 0{,}70...0{,}75$ mm
$r \leq 0{,}5$ mm

Schnitttiefe a_p in mm	Vorschub f in mm/U							
	0,1	0,125	0,16	0,2	0,25	0,32	0,4	0,5	0,63
	Breite der Spanleitstufe b in mm [1]							
1	0,9	1,0	1,2	1,6	1,9	2,4	–	–	–
2	1,0	1,2	1,4	1,9	2,3	2,8	3,5	–	–
3	–	–	1,6	2,1	2,5	3,1	3,8	4,7	–
4	–	–	–	2,2	2,7	3,3	4,1	4,9	6,0
5	–	–	–	2,3	2,8	3,5	4,4	5,3	6,3
6	–	–	–	–	3,0	3,7	4,5	5,5	6,6
8	–	–	–	–	3,2	4,0	4,9	6,0	7,3

[1] Die Werte gelten für Stähle mit einer Zugfestigkeit $R_m = 700$ N/mm². Bei anderen Zugfestigkeiten sind folgende Umrechnungsfaktoren K_b zu verwenden:

R_m in N/mm²	>300... ≤400	>400... ≤500	>500... ≤600	>700... ≤800	>800... ≤900	>900... ≤1000
K_b	1,32	1,18	1,08	0,94	0,88	0,84

Richtwerte für die Oberflächenrauheit beim Drehen

Rautiefe R_m in µm	Eckenradius r_ε in mm	Schnittgeschwindigkeit v_c in m/min		
		80...100	100...130	>130
		Vorschub f in mm/U		
20...40	0,5	0,55...0,49	0,55...0,49	0,55...0,49
	1,0	0,65...0,57	0,65...0,57	0,65...0,57
	2,0	0,69...0,67	0,69...0,67	0,69...0,67
10...20	0,5	0,32...0,26	0,38...0,33	0,41...0,37
	1,0	0,45...0,35	0,46...0,40	0,46...0,42
	2,0	0,53...0,46	0,54...0,48	0,54...0,48
6,3...10	0,5	0,16...0,13	0,21...0,17	0,25...0,21
	1,0	0,22...0,17	0,29...0,23	0,34...0,25
	2,0	0,30...0,23	0,37...0,30	0,39...0,35

© Verlag Gehlen

Schnittgeschwindigkeiten beim Drehen

Richtwerte für die Schnittgeschwindigkeiten beim Drehen mit Hartmetall

Werkstoff		Hartmetall-Sorte		Vorschub f in mm/U				
Gruppe	Kurzname	Firmen-kurzname[1]	ISO-Gruppe	0,16	0,25	0,4	0,63	1,0
				Schnittgeschwindigkeit v_c in m/min [2]				
1	C10, C15, Ck10, Ck15	TN25	P10, P20, P30	412	389	366	345	325
		TTX	P10, P20	368	349	350	312	–
		TTM/TTS	P20, P30	327	303	280	259	239
2	St42-2, St50, C35, Ck35, GS45, 20MnCr5, 15CrNi6	TN25	P10, P20, P30	299	271	244	221	200
		TTX	P10, P20	276	201	227	207	–
		TTM/TTS	P20, P30	239	212	186	165	146
3	St42-2, St50, St60, C35, Ck35, GS52, 18CrNi8, 46Cr2, 37Cr4	TN25	P10, P20, P30	288	258	229	204	182
		TTX	P10, P20	253	227	203	182	–
		TTM/TTS	P20, P30	217	190	165	144	125
4	St60, St70 C45, C55, GS60, 31CrNi14, 41Cr4, 42CrMo4, 20CrMo4	TN25	P10, P20, P30	262	232	203	179	157
		TTX	P10, P20	227	202	179	159	–
		TTM/TTS	P20, P30	197	169	144	123	105
5	St70, C60, GS72, Ck60V, 50CrNi13, 36CrNiMo4, 28Mn6, 17NiCrMo6, 50CrV4	TN25	P10, P20, P30	230	200	173	150	130
		TTX	P10, P20	207	182	159	139	–
		TTM/TTS	P20, P30	177	150	126	106	90
6	GG-15, GGG-40, GTS-45	HK150	K01, K10, K20	252	234	216	200	185
		THM-F	K01, K10	195	182	170	–	–
		THR	K30, K40	172	154	137	122	109
7	GG-20, GGG-40.3, GTS-50, GTW-35	HK150	K01, K10, K20	212	196	180	166	153
		THM-F	K01, K10	165	153	141	–	–
		THR	K30, K40	112	99	88	77	69
8	GG-25, GGG-50, GTS-55, GTS-65, GTW-S38	HK150	K01, K10, K20	175	160	147	135	123
		THM-F	K01, K10	137	126	115	–	–
		THR	K30, K40	91	80	70	62	54
9	GG-30, GGG-60, GTS-65, GTS-70, GTW-40, GTW-45	HK150	K01, K10, K20	146	133	121	110	100
		THM-F	K01, K10	112	102	93	–	–
		THR	K30, K40	73	64	55	48	42
10	hochlegierte Stähle, X10Cr13, X12CrNi18 8, X45CrMoV15 u. a.	TTX	P10, P20	200	180	160	–	–
		TN25	P10, P20, P30	200	180	160	150	–

Standzeit		Umrechnungsfaktor K_T für folgende Werkstoffgruppe			
	1	2 bis 5	6	7 bis 9	10
$T = 8$ min	1,25	1,15	1,20	1,13	1,25
$T = 30$ min	0,80	0,85	0,80	0,88	0,80
$T = 60$ min	0,60	0,70	0,67	0,77	0,60

Beispiel:
Die korrigierte Schnittgeschwindigkeit v_c' beim Drehen von GGG-60 mit der Hartmetall-Sorte THM-F und $f = 0{,}16$ mm/U beträgt für $T = 30$ min: $v_c' = K_T \cdot v_c = 0{,}88 \cdot 112$ m/min ≈ 100 m/min.

[1] Krupp-Hartmetallsorten; [2] v_c bei $T = 15$ min und $a_p = 4$ mm.

Schnittgeschwindigkeiten beim Drehen

Richtwerte für Schnittgeschwindigkeit beim Drehen mit Hartmetall, Umrechnungsfaktoren[1]

Spanungsbedingung	Faktor	Spanungsbedingung	Faktor
Stabile Werkstücke	1,05..1,2	Schmiede-, Walz- und Gusshaut	0,7...0,8
Instabile Werkstücke	0,8...0,95	Innendrehen	0,75...0,85
Guter Maschinenzustand	1,05..1,2	Unterbrochene Schnitte/Anschnitte	0,8...0,9
Schlechter Maschinenzustand	0,8...0,95		

[1] Bei den gegebenen Spanungsbedingungen sind die v_c-Werte (s. S. 270) mit den Umrechnungsfaktoren zu multiplizieren.

Richtwerte für die Schnittgeschwindigkeit beim Drehen mit Schneidkeramik

Werkstoff	Zugfestigkeit R_m in N/mm² / Härte	Vorschub f in mm/U		Schnittgeschwindigk. v_c in m/min	
		Schruppen	Schlichten	Schruppen	Schlichten
Baustahl,	500...800	0,3...0,5	0,1...0,3	300...100	500...200
Vergütungsstahl	800...1000	0,2...0,4	0,1...0,3	250...100	400...200
	1000...1200	0,2...0,4	0,1...0,3	200...100	350...200
Stahlguss	500...600	0,3...0,6	0,1...0,3	300...100	500...200
Warmarbeitsst.	45...55 HRC	Fertigdrehen	0,05...0,2	Fertigdrehen	150...50
Kaltarbeitsstahl	55...60 HRC		0,05...0,15		80...30
Schnellarbeitsst.	60...65 HRC		0,05...0,1		50...20
Grauguss	1400...2200 HB	0,3...0,8	0,1...0,3	300...100	400...200
legiert. Grauguss	2200...3500 HB	0,2...0,6	0,1...0,3	250...80	300...100
Messing	800 HB	0,3...0,8	0,1...0,3	500...300	1000...400
Al-Legierung	600...1200 HB	0,3...0,8	0,1...0,3	1000...600	2000...800

Richtwerte für die Schnittgeschwindigkeit beim Drehen mit Schnellarbeitsstahl

Werkstoff	Zugfestigkeit R_m in N/mm² / Härte	Schnellarbeitsstahl	v_c in m/min	f in mm/U	a_p in mm	T in min
Allg. Baustahl,		S 10-4-3-10	75...60	0,1	0,5	
Einsatzstahl,	< 500	S 10-4-3-10	65...50	0,5	3	60
Vergütungsstahl,		S 18-1-2-10	50...35	1,0	6	
Werkzeugstahl,		S 10-4-3-10	70...50	0,1	0,5	
Stahlguss	500...700	S 10-4-3-10	50...30	0,5	3	60
		S 18-1-2-10	35...25	1,0	6	
Automatenstahl		S 10-4-3-10	90...60	0,1	0,5	
	< 700	S 18-1-2-10	75...50	0,5	3	240
		S 18-1-2-10	55...35	1,0	6	
Grauguss		S 12-1-4-5	40...32	0,1	0,5	
	< 250 HB	S 12-1-4-5	32...23	0,5	3	60
		S 12-1-4-5	23...15	1,0	6	
Al, Al-Legierung	< 90 HB	S 10-4-3-10	180...120	0,6	6	240
Cu, Cu-Legierung		S 10-4-3-10	150...100	0,3	3	120
		S 10-4-3-10	120...80	0,6	6	
Duro- und Thermoplaste ohne Füllstoff		S 12-1-4-5	250...150	0,2	3	480
		S 12-1-4-5	400...200	0,2	3	

v_c Schnittgeschwindigkeit, f Vorschub, a_p Schnitttiefe, T Standzeit

© Verlag Gehlen

Werkzeugwinkel beim Drehen mit Schnellarbeitsstahl und Hartmetall

Werkstoff	Zugfestigkeit R_m in N/mm² bzw. HB	Schnellarbeitsstahl		Hartmetall			
		α_o in °	γ_o in °	α_o in °	γ_o in °	γ_{of} in °	λ_s in °
Baustahl, Einsatzstahl, Vergütungsstahl	400...500	8	14	6...8	12...18	6	–4
	500...800	8	12	6...8	12	3	–4
	750...900	8	10	6...8	12	0...3	–4
Werkzeug-, Vergütungsstahl	850...1000	8	10	6...8	8...12	0	–4
Vergütungsstahl	1000...1400	8	6	6...8	6	–3	–4
Stahlguss	300...350	8	10	6...8	12	–3	–4
Grauguss	1400...1800 HB	8	0	6...8	8...12	0...3	–4
	2000...2200 HB	8	0	6...8	6...12	0...3	–4
Kupferlegierungen	800...1200 HB	8	0	10	12	–	0
Aluminiumlegierungen	600...1000 HB	12	16	10	12	–	–4

Kegeldrehen

Abmessungen am Kegel

DIN ISO 3040

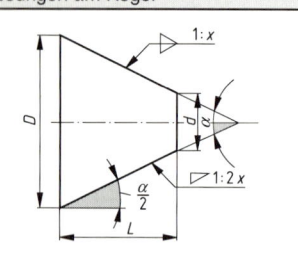

- D   großer Kegeldurchmesser
- d   kleiner Kegeldurchmesser
- L   Kegellänge
- α   Kegelwinkel
- C   Kegelverjüngung
- 1 : x   Kegelverjüngung
- 1 : 2x   Neigung
- α/2   Neigungswinkel
- C/2   Kegelneigung

Kegeldrehen durch Oberschlittenverstellung

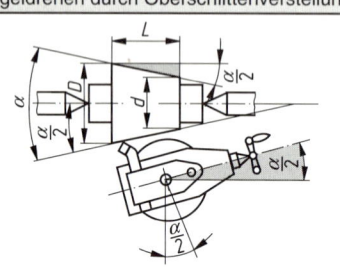

$$\tan\frac{\alpha}{2} = \frac{D-d}{2 \cdot L} \quad \text{oder} \quad \tan\frac{\alpha}{2} = \frac{C}{2} \qquad C = \frac{D-d}{L} \quad \text{oder} \quad C = 1:x$$

- α/2   Einstellwinkel
- D   großer Kegeldurchmesser
- d   kleiner Kegeldurchmesser
- L   Kegellänge
- C   Kegelverjüngung
- 1 : x   Kegelverjüngung

Kegeldrehen durch Reitstockverstellung

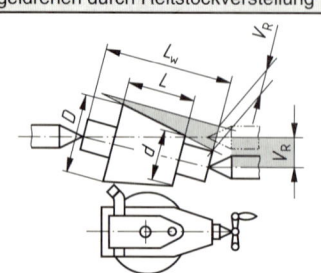

$$V_R = \frac{C}{2} \cdot L_w \quad \text{oder} \quad V_R = \frac{D-d}{2 \cdot L} \cdot L_w \qquad V_{Rmax} \leq \frac{L_w}{50}$$

- V_R Reitstockverstellung
- C   Kegelverjüngung
- L_w Werkstücklänge
- D   großer Kegeldurchmesser
- d   kleiner Kegeldurchmesser
- $V_{R\,max}$ maximale Reitstockverstellung

Werkzeug-Anwendungsgruppen zum Spanen — DIN 1836

Zu bearbeitender Werkstoff		Zugfestigkeit R_m in N/mm² bzw. Härte HB	Werkzeug-Anwendungsgruppe[1]					
			N	H	W	NF	NR	HF HR
Allgemeiner Baustahl		< 600	•		⊗	•	•	
		500...900	•			•	•	
Einsatzstahl	unlegiert	< 600	•		⊗	•	•	
	legiert	500...800	•			•	•	
Automatenstahl		370...600	•		⊗	•	•	
		550...1000	•	⊗		•	•	⊗
Nichtrostender Stahl, Stahlguss		450...950	•			•	•	
Nitrierstahl	weichgeglüht	700...900	•			•	•	
	vergütet	800...1250	•	⊗		•	•	•
Vergütungsstahl	normalgeglüht	500...750	•			•	•	
	unlegiert, vergütet	700...1000	•			•	•	
	legiert, vergütet	700...1000	•			•	•	
	legiert, vergütet	900...1250	•	⊗		•	•	•
Werkzeugstahl	legiert, vergütet	900...1250	•	⊗		•	•	•
	unleg./legiert, weichgeglüht	180...240 HB	•			•	•	
	hochgekohlt, weichgeglüht und/oder hochlegiert	220...300 HB	⊗	•		⊗	⊗	•
Gusseisen	Lamellengraphit	100...240 HB	•	•		•	•	
		230...320 HB	⊗			•	⊗	•
Gusseisen	Kugelgraphit	100...240 HB	•			•	⊗	⊗
		230...320 HB	⊗	•		•	•	
Temperguss		100...270 HB	•			•	⊗	⊗
Aluminium-Legierung	Si ≤ 10 %	< 180	⊗		⊗			
	Si > 10 %	150...250	•		⊗			
Kupfer		200...400	⊗		⊗			
Kupfer-Legierung	geringe Festigkeit	200...550	⊗		⊗			
	hohe Festigkeit	250...850	•		⊗			
	Pb-,Te-,Ph-Zusätze	250...500	⊗	•				
Magnesium-Legierung		150...300	•		⊗			
Titan-Legierung	mittlere Festigkeit	< 700	•		⊗	•	•	
	hohe Festigkeit	600...1100	⊗	•		⊗		•

• Regelfall   ⊗ Sonderfall

Allgemeine Spanungsbedingungen

N	Spanen von Werkstoffen mit normaler Festigkeit und Härte	
H	Spanen von harten, zähharten und/oder kurzspanenden Werkstoffen	
W	Spanen von weichen, zähen und/oder langspanenden Werkstoffen	

Anwendungsbereich für Schruppfräser[2]

NF	Schneide mit flachem Spanteilerprofil
HF	
NR	Schneide mit rundem Spanteilerprofil
HR	

[1] Anwendungsgruppen für Bohrer, Reibahlen, Fräser und Kreissägeblätter aus Schnellarbeitsstahl.
[2] Gruppe N für Werkstoffe mit normaler Festigkeit und Härte, H für kurzspanende bzw. harte Werkstoffe.

© Verlag Gehlen

Schneidengeometrie am Spiralbohrer — DIN 1412, DIN 1414

Schneiden, Flächen und Werkzeugwinkel am Spiralbohrer

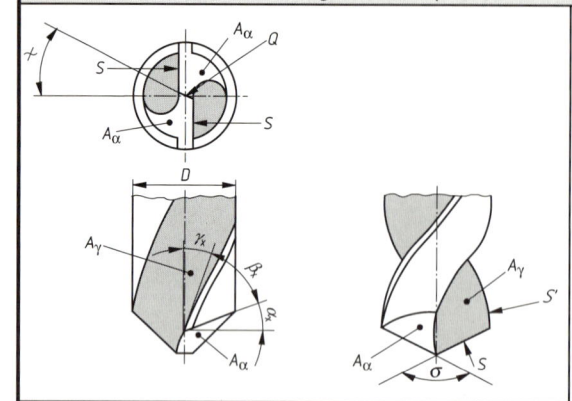

- α_x Seitenfreiwinkel
- β_x Seitenkeilwinkel
- γ_x Seitenspanwinkel
- σ Spitzenwinkel
- ψ Querschneidenwinkel
- S Hauptschneide
- S' Nebenschneide
- Q Querschneide
- D Bohrerdurchmesser
- A_α Freifläche
- A_γ Spanfläche

Werkzeugwinkel am Spiralbohrer — DIN 1414

Bohrertyp	γ_x in °	σ in °	Anwendung
H	10	80	Duroplaste, Schichtpressstoffe, Hartgummi, Schiefer
	bis	118	weiche Kupfer-Zink-Legierung
	13	140	Austenitischer Stahl, Magnesium-Legierung
N	16	118	unleg. Stahl R_m = 400...700 N/mm², Temperguss
	bis	130	legierter Stahl und Stahlguss R_m = 700...1000 N/mm²
	30	140	nichtrostender Stahl, kurzspanende Al-Leg., Kupfer
W	35	80	Duroplaste, Pressstoffe
	bis	118	Zink-Legierung
	40	140	langspanende Al-Leg., Kupfer mit $D \leq 30$ mm

Schnittwerte für das Bohren mit Vollhartmetall-Werkzeugen

Werkstoff	R_m in N/mm² bzw. Härte	v_c [1] in m/min	Vorschub f in mm/U für Bohrer-⌀ in mm					Hartmetall-sorte
			3	5	8	12	16	
unleg. St. C<0,2 %	500	100	0,05	0,07	0,10	0,14	0,17	P40
C = 0,2...0,4 %	600...700	90	0,05	0,08	0,11	0,16	0,20	P40
C = 0,4...0,5 %	800	70	0,05	0,07	0,10	0,14	0,17	P40/K20
legierte Stähle	800	70	0,05	0,07	0,10	0,14	0,17	P40/K20
	800...900	60	0,04	0,06	0,08	0,12	0,15	P40/K20
	1000	50	0,03	0,04	0,06	0,08	0,10	P40/K20
gehärteter Stahl	48...64 HRC	15...30	0,02	0,02	0,03	0,05	0,06	K20
Gusseisen GG	150...200 HB	70	0,08	0,12	0,18	0,26	0,32	K20
GGG	220...250 HB	60	0,08	0,11	0,16	0,24	0,30	K20
GTS	250...320 HB	50	0,07	0,10	0,15	0,21	0,26	K20
Cu-Zn-, Cu-Sn-Leg.	–	<150	0,06	0,09	0,13	0,19	0,22	K20
Al-Knetlegierung	–	<150	0,04	0,06	0,08	0,12	0,14	K20
Al-Leg. Si <10 %	–	<180	0,06	0,09	0,13	0,19	0,22	K20
Al-Leg. Si >10 %	–	<140	0,06	0,09	0,13	0,19	0,22	K20

[1] Die Richtwerte für die Schnittgeschwindigkeit v_c sind je nach Bohrtiefe L und Bohrerdurchmesser D mit dem Faktor K zu multiplizieren: $K = 1{,}1$ bei $L = 1 \cdot D$; $K = 0{,}8$ bei $L = 2{,}5 \cdot D$.

Schnittwerte beim Bohren

Schnittwerte für Spiralbohrer mit Wendeschneidplatten aus Hartmetall[1]

Werkstoff	R_m in N/mm² bzw. Härte	v_c in m/min	Vorschub f in mm/U für Bohrer-∅ in mm				
			16	25	40	54	80
unleg. St. C<0,3 %	<600	200...300	0,06	0,06	0,12	0,14	0,20
C = 0,2...0,4 %	700	300...180	0,06	0,08	0,12	0,14	0,20
C = 0,4...0,5 %	800	250...150	0,06	0,08	0,12	0,14	0,20
legierte Stähle	800	250...150	0,06	0,08	0,12	0,14	0,20
	900	220...150	0,06	0,10	0,14	0,16	0,20
	1000	150...80	0,06	0,10	0,14	0,16	0,20
säure-, rost-, hitze-	600	200...120	0,04	0,06	0,08	0,10	0,10
beständiger Stahl	900	60...30	0,03	0,04	0,06	0,08	0,10
Gusseisen GG	150...200 HB	180...150	0,10	0,14	0,20	0,20	0,30
GGG	220...250 HB	150...120	0,08	0,14	0,20	0,20	0,30
GTS	250...320 HB	120...100	0,08	0,14	0,20	0,20	0,30
Titan, Titan-Leg.	–	30...50	0,04	0,05	0,06	0,08	0,12
Kupfer	–	< 500	0,03	0,03	0,04	0,06	0,08
Kupfer-Legierung	–	350...250	0,10	0,16	0,25	0,30	0,50
Al-Knetlegierung	–	600...400	0,03	0,04	0,08	0,10	0,16
Al-Leg. Si <10 %	–	600...400	0,03	0,04	0,08	0,10	0,16
Al-Leg. Si >10 %	–	450...300	0,03	0,04	0,08	0,10	0,16
Magnesium-Leg.	–	600...300	0,03	0,04	0,08	0,10	0,16

[1] Für die Stahlzerspanung werden TiN-beschichtete Hartmetalle der Gruppe P10 bis P30 verwendet, für alle anderen Werkstoffe die Hartmetallsorte K10.

Schnittwerte für Spiralbohrer aus Schnellarbeitsstahl

Werkstoff	R_m in N/mm² bzw. Härte	v_c in m/min	Vorschub f in mm/U für Bohrer-∅ in mm							
			2	4	6	10	16	25	40	63
unleg. St. C<0,3 %	<600	30...25	0,05	0,10	0,12	0,20	0,25	0,40	0,50	0,80
C = 0,2...0,4 %	700	30...25	0,05	0,10	0,12	0,20	0,25	0,40	0,50	0,80
C = 0,4...0,5 %	800	30...20	0,03	0,06	0,08	0,12	0,16	0,25	0,30	0,50
legierte Stähle	800	25...15	0,03	0,06	0,08	0,12	0,16	0,25	0,30	0,50
	900	20...15	0,02	0,04	0,05	0,08	0,10	0,16	0,20	0,30
	1000	20...10	0,02	0,04	0,05	0,08	0,10	0,16	0,20	0,30
säure-, rost-, hitze-	600	10...6	0,02	0,04	0,05	0,08	0,12	0,16	0,20	0,30
beständiger Stahl	900	10...6	0,02	0,04	0,05	0,08	0,10	0,16	0,20	0,30
Gusseisen GG	150...200 HB	25...18	0,05	0,10	0,12	0,20	0,25	0,40	0,50	0,80
GGG	220...250 HB	18...12	0,04	0,08	0,10	0,16	0,20	0,30	0,40	0,60
GTS	250...320 HB	15...5	0,03	0,06	0,08	0,12	0,16	0,25	0,30	0,50
Titan, Titan-Leg.	–	6...3	0,02	0,04	0,05	0,08	0,16	0,20	0,30
Kupfer, Cu-Leg.	–	60...20	0,05	0,10	0,12	0,20	0,25	0,40	0,50	0,80
Al-Knetlegierung	–	< 100	0,05	0,10	0,12	0,20	0,25	0,40	0,50	0,80
Al-Leg. Si <10 %	–	< 65	0,05	0,10	0,12	0,20	0,25	0,40	0,50	0,80
Al-Leg. Si >10 %	–	< 30	0,05	0,10	0,12	0,20	0,25	0,40	0,50	0,80
Magnesium-Leg.	–	< 100	0,08	0,10	0,12	0,16	0,20	0,30	0,50	0,80

© Verlag Gehlen

Schnittwerte für Maschinenreibahlen aus Schnellarbeitsstahl

Werkstoff	R_m in N/mm² bzw. Härte	v_c in m/min	Vorschub f in mm/U für Durchmesser D in mm							
			5	8	10	15	20	25	30	40	50
Stähle	< 700	8...12	0,10	0,15	0,20	0,25	0,30	0,30	0,30	0,40	0,50
	700...900	6...8	0,10	0,15	0,20	0,25	0,30	0,30	0,30	0,40	0,50
	> 900	4...6	0,08	0,10	0,15	0,20	0,25	0,25	0,30	0,35	0,40
Stahlguss	< 900	4...6	0,08	0,10	0,15	0,20	0,25	0,25	0,30	0,35	0,40
	> 900	2...4	0,06	0,10	0,15	0,20	0,25	0,25	0,30	0,32	0,40
Gusseisen	< 250 HB	6...10	0,15	0,20	0,25	0,30	0,32	0,40	0,50	0,60	0,70
	> 250 HB	4...6	0,10	0,15	0,20	0,25	0,25	0,32	0,40	0,50	0,60
Kupfer	–	8...12	0,15	0,20	0,20	0,25	0,30	0,32	0,35	0,40	0,50
spröde Cu-Zn-Leg.	–	8...12	0,20	0,25	0,30	0,35	0,40	0,40	0,45	0,50	0,60
zähe Cu-Zn-Leg.	–	8...12	0,15	0,20	0,25	0,30	0,35	0,35	0,40	0,45	0,50
Titan-Legierung	–	4...6	0,06	0,10	0,15	0,18	0,20	0,25	0,30	0,32	0,40
Al-Knetlegierung	–	14...20	0,15	0,18	0,20	0,25	0,30	0,30	0,35	0,40	0,40
Al-Gusslegierung	–	8...12	0,15	0,18	0,20	0,25	0,30	0,30	0,35	0,40	0,40
harte Kunststoffe	–	4...6	0,20	0,25	0,30	0,35	0,40	0,45	0,45	0,50	0,50
weiche Kunststoffe	–	6...10	0,25	0,30	0,35	0,40	0,45	0,50	0,55	0,60	0,60

Schnittwerte für Maschinenreibahlen aus Hartmetall

Werkstoff	R_m in N/mm² bzw. Härte	v_c in m/min	Vorschub f in mm/U für Durchmesser D in mm							
			5	8	10	15	20	25	30	40	50
Stähle	< 700	10...15	0,15	0,18	0,20	0,25	0,30	0,30	0,35	0,40	0,50
	700...900	8...12	0,12	0,15	0,15	0,18	0,20	0,20	0,25	0,30	0,40
	> 900	6...10	0,08	0,10	0,12	0,15	0,18	0,20	0,25	0,30	0,40
Stahlguss	< 900	6...10	0,12	0,15	0,18	0,20	0,25	0,25	0,30	0,35	0,40
	> 900	4...6	0,10	0,12	0,15	0,18	0,20	0,20	0,25	0,30	0,35
Gusseisen	< 250 HB	8...12	0,20	0,25	0,30	0,35	0,40	0,45	0,50	0,60	0,70
	> 250 HB	6...10	0,15	0,20	0,25	0,30	0,30	0,35	0,40	0,50	0,60
Kupfer	–	20...30	0,30	0,35	0,40	0,45	0,50	0,50	0,55	0,60	0,70
Kupfer-Legierung	–	14...20	0,20	0,25	0,30	0,35	0,40	0,40	0,45	0,45	0,50
Leichtmetalle	–	14...20	0,20	0,25	0,30	0,35	0,40	0,40	0,45	0,45	0,50
Kunststoffe	–	14...20	0,30	0,35	0,40	0,45	0,50	0,50	0,55	0,60	0,70

Bearbeitungszugaben beim Reiben

Werkstoff	Bearbeitungszugabe in mm für Durchmesser D in mm					Schneidstoff
	< 10	10...18	18...30	30...50	> 50	
St, GS, GG	0,08...0,20	0,20...0,30	0,30...0,35	0,35...0,50	0,50...0,70	Schnell- arbeitsstahl
NEM	0,10...0,25	0,25...0,40	0,40...0,60	0,60...0,80	0,80...1,00	
St, GS, GG	0,12...0,25	0,25...0,30	0,30...0,35	0,35...0,45	0,45...0,60	Hartmetall
NEM	0,15...0,30	0,30...0,35	0,35...0,45	0,45...0,55	0,55...0,70	

Richtwerte für maschinelles Gewindebohren

Werkstoff	R_m in N/mm²	v_c in m/min	Hilfsstoff	Werkstoff	v_c in m/min	Hilfsstoff
Stahl, unleg.	450...700	12...15	Schneidöl, Bohrölemul- sion	GG, HB≤200	10...12	ohne oder Schneidöl Bohrölemul.
	700...900	7...10		HB>200	5...8	
Stahl, legiert	900...1000	3...7		Temperguß	10...12	

© Verlag Gehlen

Fräser aus Schnellarbeitsstahl · Werkzeugwinkel am Fräser · Schnittwerte beim Fräsen **277**

Fräser aus Schnellarbeitsstahl (Auswahl)

Fräserart	Typ	Zähnezahl z beim Fräserdurchmesser D in mm									
		10	20	30	40	50	63	80	100	125	160	200
Walzenfräser DIN 884	N	–	–	–	6	6	8	8	10	10	10	–
	H	–	–	–	10	12	12	14	16	16	16	–
	W	–	–	–	4	4	4	5	6	6	6	–
Walzenstirn- fräser DIN 842	N	–	–	–	8	8	10	12	14	14	16	–
	H	–	–	–	12	14	16	18	20	22	24	–
	W	–	–	–	4	5	6	6	7	8	8	–
Scheiben- fräser DIN 885	N	–	–	–	–	8	10	12	14	16	18	20
	H	–	–	–	–	14	16	18	20	22	24	26
	W	–	–	–	–	6	6	6	8	8	10	10
Schaftfräser DIN 844 DIN 845	N	4	6	6	6	–	–	–	–	–	–	–
	H	6	8	10	10	–	–	–	–	–	–	–
	W	4	4	5	5	–	–	–	–	–	–	–

Werkzeugwinkel für Fräser aus Schnellarbeitsstahl

Werkstoff	Werkzeugwinkel in Grad									
	Walzenfräser			Walzenstirnfräser			Scheibenfräser			Schaftfräser		
	α_o	γ_o	λ_s	α_o	γ_o	λ_s	α_o	γ_o	λ_s	α_o	γ_o	λ_s
Stahl	6	12	40	6	12	25	6	12	15	7	10	20
Stahlguss	5	12	40	5	10	20	5	10	20	6	10	30
Grauguss	6	12	40	6	12	20	6	12	15	7	12	30
Temperguss	5	12	40	5	12	20	5	12	20	6	12	30
Kupferlegierung	6	15	45	6	12	20	6	15	20	6	12	35
Aluminium	8	25	50	8	25	35	8	25	30	10	25	40

Schnittwerte für Schaftfräser aus Vollhartmetall[1]

Werkstoff	R_m in N/mm²	v_c in m/min	Vorschub f_z in mm/z beim Fräserdurchmesser D in mm			
			2,5...4	5...8	9...16	17...20
Stahl	< 600	60...100	0,005...0,02	0,02...0,04	0,02...0,06	0,02...0,06
	600...900	50...90	0,005...0,02	0,02...0,04	0,02...0,06	0,02...0,06
	> 900	40...80	0,005...0,02	0,02...0,04	0,02...0,06	0,02...0,06
nichtrostender, warmfest. Stahl	450...900	30...70	0,005...0,02	0,02...0,04	0,02...0,06	0,02...0,06
Titan	600...800	20...50	0,005...0,02	0,03...0,08	0,03...0,1	0,03...0,1
Aluminium, Kupfer	350	150...450	0,005...0,02	0,02...0,04	0,02...0,06	0,02...0,008
Gusseisen	< 330 HB	40...80	0,02	0,03...0,06	0,03...0,08	0,03...0,1
glasfaserverst. Kunststoffe	–	80...150	0,02	0,01...0,03	0,01...0,03	0,01...0,03

Anmerkung:
Für Schaftfräser betragen die maximalen Schnitttiefen $a_p = 1{,}5 \times D$.
Für Langlochschaftfräser betragen die maximalen Schnitttiefen $a_p = 1{,}5 \times D$.

[1] Für alle Werkstoffe werden die Hartmetallsorten K10 und K40 verwendet.

© Verlag Gehlen

Schnittwerte für das Fräsen mit Schnellarbeitsstählen[1]

Werkstoff	R_m in N/mm²	Walzenfräser f_z	a_p	v_c	Walzenstirnfräser f_z	a_p	v_c	Scheibenfräser f_z	B	v_c	Schaftfräser f_z	D	v_c
Bau-, Einsatz-, Vergütungs- Stahl	< 500	0,22	1	33	0,22	1	30	0,12	≤ 20	16	0,10	≤ 20	28
			8	24		8	20					> 20	24
	500...800	0,18	1	33	0,18	1	30	0,12	≤ 20	14	0,08	≤ 20	24
			8	20		8	18					> 20	20
	750...900	0,12	1	28	0,12	1	25	0,09	≤ 20	12	0,06	≤ 20	12
			8	15		8	14					> 20	18
	850...1000	0,12	1	25	0,12	1	18	0,08	≤ 20	16	0,08	≤ 20	20
			8	10		8	9					> 20	16
	1000...1400	0,09	1	13	0,09	1	12	0,07	≤ 20	10	0,06	≤ 20	24
			8	8		8	7					> 20	20
Stahlguss	450...520	0,18	1	16	0,12	1	14	0,09	≤ 20	12	0,08	≤ 20	20
			8	12		8	10					> 20	18
Gusseisen	100...300	0,22	1	25	0,22	1	22	0,12	≤ 20	14	0,08	≤ 20	20
			8	15		8	13					> 20	18
	250...400	0,22	1	18	0,18	1	16	0,09	≤ 20	12	0,07	≤ 20	18
			8	10		8	9					> 20	14
Kupfer, Kupferleg.	–	0,22	1	75	0,18	1	70	0,08	≤ 20	40	0,08	≤ 20	60
			8	35		8	32					> 20	50
Al, Al-Leg. Si < 10 %	–	0,12	1	200	0,12	1	180	0,09	≤ 20	180	0,06	≤ 20	240
			8	80		8	70					> 20	200

[1] f_z in mm/z sind Werte für das Schruppen, für das Schlichten gilt 0,5 × f_z bis 0,6 × f_z;
v_c in m/min für den Standweg L = 15 m;
a_p Schnitttiefe in mm, D Fräserdurchmesser bzw. B Fräserbreite in mm.

Schnittwerte für Fräsköpfe mit Hartmetall-Wendeschneidplatten

Werkstoff	R_m in N/mm²	a_p in mm	v_c in m/min bei f_z in mm/z							Hart-metall
			0,05	0,1	0,2	0,3	0,5	0,8	1,2	1,6	
unlegierter Stahl	< 500	< 3	220	220	190	180	170	–	–	–	
		5	230	200	180	170	160	140	130	120	P20
	< 900	< 3	180	170	150	140	135	120	–	–	
		5	170	160	135	125	115	110	105	100	
legierter Stahl	< 900	3	135	130	120	115	105	95	–	–	
		5	130	120	105	100	90	85	80	–	P20
	< 1400	3	120	115	105	95	85	80	–	–	
		5	110	105	95	85	80	70	–	–	
Sonderstahl	< 1000	3	60	55	45	45	–	–	–	–	P20
Gusseisen	< 260 HB	5	125	120	110	105	100	95	90	85	
	< 330 HB	3	100	95	90	80	75	–	–	–	K10
		5	95	90	80	75	70	–	–	–	
Al, Al-Leg.	v_c = 1000...3000 m/min bei f_z = 0,01...0,15 mm/z										K10

© Verlag Gehlen

Fräsen · Teilen mit dem Teilkopf · Drallnutfräsen **279**

Teilen mit dem Teilkopf

Direktes Teilen

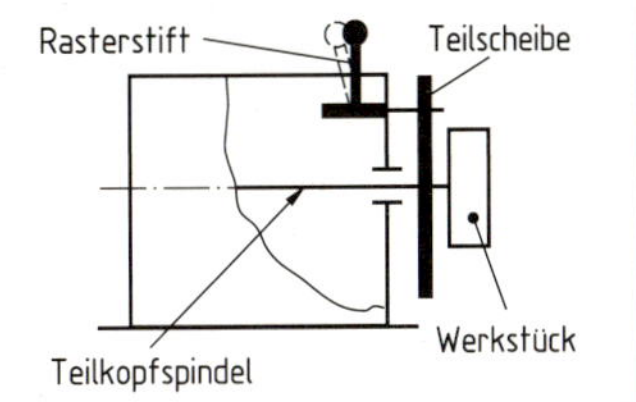

Die Teilkopfspindel wird mit der Teilscheibe und dem Werkstück direkt um den gewünschten Teilungsschritt gedreht.

$$n_l = \frac{n_L}{T} \qquad n_l = \frac{n_L \cdot \alpha}{360°}$$

T Teilzahl
α Werkstückteilwinkel
n_L Anzahl der Löcher der Teilscheibe
n_l Anzahl der weiterzuschaltenden Lochabstände; Teilschritt

Indirektes Teilen

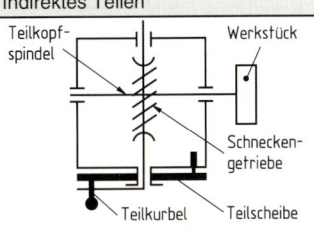

Die Teilkopfspindel wird über ein Schneckengetriebe angetrieben. Die Teilscheibe ist auf der Schneckenspindel fest gestellt.

$$n_K = \frac{i}{T} \qquad n_K = \frac{i \cdot \alpha}{360°}$$

T Teilzahl
α Werkstückteilwinkel
i Übersetzungsverhältnis des Teilkopfes
n_K Anzahl der Teilkurbelumdrehungen pro Teilschritt

Ausgleichsteilen

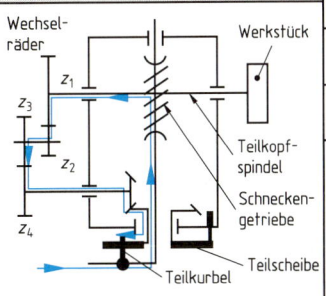

Die Teilkopfspindel wird über ein Schneckengetriebe angetrieben und die Teilscheibe über Teilkopfspindel und Wechselräder mitgedreht.

$$n_K = \frac{i}{T_h} \qquad \frac{z_t}{z_g} = \frac{i}{T_h} \cdot (T_h - T)$$

$T_h > T$ gleicher Drehsinn für Teilkurbel und Teilscheibe
$T_h < T$ entgegengesetzter Drehsinn für Teilkurbel und Teilscheibe

T Teilzahl, T_h Hilfsteilzahl
α Werkstückteilwinkel
i Übersetzungsverhältnis des Teilkopfes
n_K Anzahl der Teilkurbelumdrehungen pro Teilschritt
z_t Zähnezahl der treibenden Räder (z_1, z_3)
z_g Zähnezahl der getriebenen Räder (z_2, z_4)

Drallnutfräsen

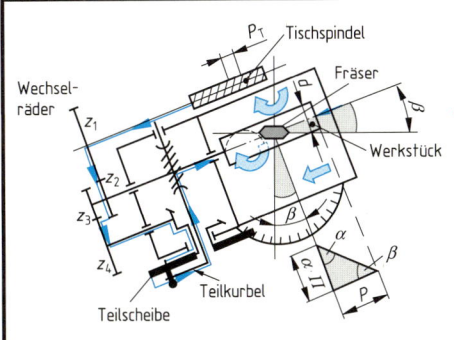

$$P = \pi \cdot d \cdot \tan\alpha \qquad \frac{z_t}{z_g} = \frac{P_T \cdot i \cdot i_K}{P}$$

$$\tan\alpha = \frac{P}{d \cdot \pi} \text{ und } \tan\beta = \frac{d \cdot \pi}{P} \text{ und } \beta = 90° - \alpha$$

α Steigungswinkel
d Werkstückdurchmesser
β Einstellwinkel
P Steigung der Drallnut
P_T Steigung der Tischspindel
i Übersetzungsverhältnis des Schneckengetriebes
i_K Übersetzungsverhältnis der Kegelräder
z_t Zähnezahl der treibenden Zahnräder (z_1, z_3)
z_g Zähnezahl der getriebenen Zahnräder (z_2, z_4)

Lochkreise der Teilscheiben							Zähnezahl der Wechselräder						
15	16	17	18	19	20	21	23	27	24	24	28	32	36	40	44	48
29	31	33	37	39	41	43	47	49	56	64	72	80	84	86	96	100

© Verlag Gehlen

Schnittwerte für das Sägen mit Hochleistungs-Kreissägeblätter

Werkstoff	Zugfestigkeit R_m in N/mm²	Spez. Schnittfl. A_s in cm²/min	Schnittgeschw. v_c in m/min	Zähnezahl je Segment z	Spanwinkel γ_0 in Grad
Unlegierter Bau-, Einsatz- und Vergütungs- Stahl	340...420	150	26...28	3...4	22
	420...500	130	24...26	3...4	22
	500...600	120	22...24	3...4	22
	600...700	100	18...20	3...4	20
	700...850	80	14...16	3...4	20
Legierter Stahl, geglüht	750...800	80	14...16	3...4	20
	800...850	60	12...15	3...4	20
	900...950	50	10...14	3...4	18
Legierter Stahl, vergütet	900...1050	40	9...12	3...4	18
	1000...1200	30	8...10	3...4	14
Stahlguss	400...500	100	18...20	3...4	20
	500...600	80	14...16	3...4	20
	> 600	40	8...10	3...4	15
Grauguss	150...220	100	14...18	3...4	15
	220...300	60	12...15	2...4	15
Normalprofil	500...600	100	24...28	4...6	15
Stahlrohr	500...600	60	24...28	6...10	20
Schienen	weich	90	18...20	4...6	20
	hart	60	14...16	4...6	15

Schnittwerte für das Hobeln und Stoßen

Werkstoff	R_m in N/mm² bzw. HB	Schneidstoff: Hartmetall Werkzeugwinkel: $\alpha_0 = 8°$; $\lambda_s = -10°$				Schneidstoff: Schnellarbeitsstahl Werkzeugwinkel: $\alpha_0 = 8°$; $\lambda_s = 8°$		
		HM	v_c [1]	f [2]	γ_0 [3]	v_c [1]	f [2]	γ_0 [3]
Bau-, Einsatz-, Vergütungs- Stahl	500	P30	60...45	0,4...1,2	15	18...12	0,4...1,0	14
		P50	55...35	0,4...1,2	20	12...8	1,0...2,5	14
	600	P40	45...35	1,2...2,0	20	12...8	0,4...1,0	12
		P50	38...30	1,2...2,0	20	8...6	1,0...2,5	12
	700	P50	30...32	2,0...2,5	20	11...7	0,4...1,0	10
		P30	45...30	0,4...1,0	10	7...5	1,0...2,5	10
	700...1000	P50	22...18	1,6...2,0	20	–	–	–
Stahlguss	< 700	P30	45...30	0,4...1,2	15	11...7	0,4...1,0	10
		P40	28...22	1,2...2,0	20	7...5	1,0...2,5	10
		P50	16...12	2,0...2,5	20	–	–	–
Grauguss	180...220 HB	K10	50...35	0,4...1,0	10	18...13	0,4...1,0	8
		P40	25...20	1,6...2,5	20	13...10	1,0...2,5	8
	220...250 HB	K10	35...25	0,4...1,0	10	11...9	0,4...1,0	6
		K20	22...18	1,0...1,6	5...10	9...7	1,0...2,5	6
Legierter Grauguss	250...450 HB	K10	26...20	0,4...0,8	10	11...9	0,4...1,0	6
		P30	20...15	0,5...1,2	10	9...7	1,0...2,5	6

[1] v_c Schnittgeschwindigkeit in m/min; [2] f Vorschub in mm/Doppelhub; [3] γ_0 in Grad.

Schnittwerte beim Schleifen 281

Schnittwerte beim Schleifen

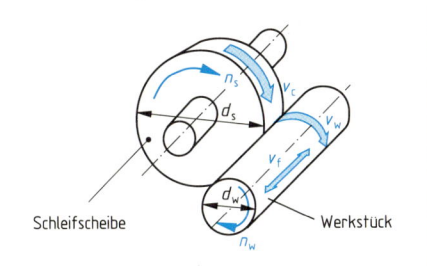

Außenrund-Längsschleifen

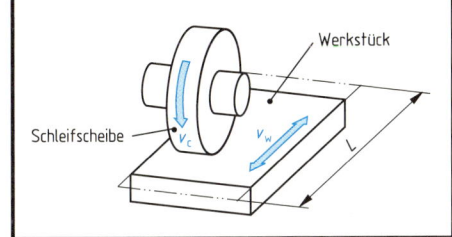

$v_c = d_s \cdot \pi \cdot n_s$

$q = \dfrac{v_c}{v_w}$

Beim Außenrund-Längsschleifen: $v_w = d_w \cdot \pi \cdot n_w$
Beim Umfangs-Planschleifen: $v_w = L \cdot n_H$

v_c	Schnittgeschwindigkeit
n_s	Drehzahl der Schleifscheibe
d_s	Schleifscheibendurchmesser
b	Schleifscheibenbreite (Schnittbreite)
q	Geschwindigkeitsverhältnis
a_e	Zustellung (Arbeitseingriff)
v_w	Werkstückgeschwindigkeit
n_w	Werkstückdrehzahl
d_w	Werkstückdurchmesser
L	Weg des Werkstückhubes
n_H	Hubzahl des Werkstückes
v_f	Längs- bzw. Seitenvorschub

Umfangs-Planschleifen

Richtwerte für Geschwindigkeiten

| Werkstoff | Rundschleifen | | | | | | Planschleifen | | | | | |
| | Außenschleifen | | | Innenschleifen | | | Umfangsschleifen | | | Stirnschleifen | | |
	v_c m/s	v_w m/min	q	v_c m/s	v_w m/min	q	v_c m/s	v_w m/min	q	v_c m/s	v_w m/min	q
Stahl, weich	30	13	130	25	19	80				6...	250...	
Stahl, hart	35	16	130	25	23	65	30	10...	180...	25	25	60
Grauguss	25	13	115	25	23	65		35	50		6...30	50
Cu-Legierung	30	19	95	25	24	60	25	15...	40...	18	40...	60...
Al-Legierung	20	35	35	20	35	35	20	40	100	20	45	27
Hartmetall	8	5	100	8	8	60	8	4	115	25	4	115

Richtwerte für Vorschübe und Zustellungen

| Werkstoff | Art der Bearbeitung | Rundschleifen | | Umfangs-Planschleifen | | |
| | | Außen- | Innen- | Längsvor- | Zustellung | Seitenvor- |
		Zustellung a_e in µm		schub f in mm/U	a_e in µm	schub f in Hub/mm
Stahl	Schruppen	20...40	10...30	$\dfrac{2}{3} \cdot b ... \dfrac{3}{4} \cdot b$	30...100	$\dfrac{2}{3} \cdot b ... \dfrac{4}{5} \cdot b$
Gusseisen	Schruppen	40...80	20...60	$\dfrac{2}{3} \cdot b ... \dfrac{3}{4} \cdot b$	60...200	$\dfrac{2}{3} \cdot b ... \dfrac{4}{5} \cdot b$
Stahl	Schlichten	2...10	2...5	$\dfrac{1}{4} \cdot b ... \dfrac{1}{2} \cdot b$	2...10	$\dfrac{1}{2} \cdot b ... \dfrac{2}{3} \cdot b$
Gusseisen	Schlichten	4...20	4...10	$\dfrac{1}{4} \cdot b ... \dfrac{1}{2} \cdot b$	4...20	$\dfrac{1}{2} \cdot b ... \dfrac{2}{3} \cdot b$

© Verlag Gehlen

Bezeichnung und Übersicht der Schleifkörper

Bezeichnung von Schleifkörpern aus gebundenem Schleifmittel — DIN 69100

Beispiel: Schleifscheibe DIN 69120 - 400 × 50 × 127 - A 60 K 5 V - 60

- DIN-Norm[1]
- Durchmesser D
- Tiefe T
- Durchmesser H
- Schleifmittel[2]
- Körnung
- Härte
- Gefüge
- Bindung[2]
- $v_{c\,max}$

Schleif-mittel[2]	Elektrokorund A	Siliciumcarbid C	Bornitrid B	Diamant D	Schmirgel SL
Kör-nung	grob 4; 5; 6; 7; 8; 10; 12; 14; 16; 20; 22; 24	mittel 30; 36; 46; 54; 60	fein 70; 80; 90; 100; 120; 150; 180; 220	sehr fein 230; 240; 280; 320; 360; 400; 500; 600; 800; 1000; 1200	bei D und B in µm: von 46 (fein) bis 1181 (grob)

Härte	äußerst weich A B C D	sehr weich E F G	weich H I J ot K	mittel L M N O	hart P Q R S	sehr hart T U V W	äußerst hart X Y Z
	für Tief- u. Stirnschleifen harter Werkstoffe		übliches Schleifen von Metallen		für Außenrundschleifen weicher Werkstoffe		

Gefüge	sehr dicht 1; 2	dicht 3; 4	mittel 5; 6; 7; 8	offen 9; 10; 11	porös 12; 13; 14

Bin-dung[2]	V keramische Bindung B Kunstharzbindung, BF faserstoffverstärkt	G galvanische Bindung R Gummibindung, RF faserstoffverstärkt	M Metallbindung E Schellackbindung Mg Magnesitbindung

$v_{c\,max}$ Angabe der zulässigen Höchstumfangsgeschwindigkeit in m/s, z. B. $v_{c\,max}$ = 60 m/s.

[1] DIN-Norm s. u. Übersicht der Schleifkörper; [2] siehe auch Seite 110 Schleif- bzw. Bindemittel.

Übersicht der Schleifkörper aus gebundenem Schleifmittel (Auswahl) — DIN 69111

Schleif-körper Form	Gerade Schleif-scheiben		Konische Schleif-scheiben		Schleifzylinder und Tragscheiben		Topf- und Teller-schleifscheiben	
DIN-Norm	69120	69125	69146	69147	69138	69139	69139	69148
ISO-Form	1	5	–	–	–	2	6	11

Schleif-körper Form	Gekröpfte Schleif-scheiben	Schleifsegmente	Schleifstifte	Abziehsteine, Schleifstäbe
DIN-Norm	69143	69140	69170	69171
ISO-Form	27	–	–	–

▷ Wirkfläche des Schleifkörpers

Höchstumfangsgeschwindigkeit und Auswahl der Schleifkörper

Höchstumfangsgeschwindigkeiten für Schleifkörper — DSA 101[1)]

Art der Maschine	Anwendung	Schleifverfahren	Allgemeine Höchstumfangsgeschwindigkeit $v_{c\,max}$ in m/s für Bindung				Erhöhte Umfangsgeschwindigkeit $v_{c\,max}$ in m/s für Bindung				
			V	B, BF	R,E, RF	Mg	V	B	BF	R	RF
ortsfeste Schleifmaschinen	zwangsweise Führung	Umfangsschleifen	35	35[2)] 50[3)]	35	25[4)] 15[5)]	80	80	80	80	80
		Seitenschleifen	30	35	30	20[4)]	63	80	–	63	–
	Schleifen handgeführt	Umfangsschleifen	30	30[2)] 45[3)]	30	20[4)] 15[5)]	–	63	80	–	–
		Seitenschleifen	25	30	25	15[4)]	–	50	–	–	–
Handschleifmaschinen	Freihandschleifen	Umfangsschleifen	30	45	30	–	50	63	80	50	80
		Seitenschleifen	25	30	25	–	–	50	80		
Trennschleifmaschinen	zwangsweise Führung	Umfangsschleifen	–	35[2)] 50[3)]	35	–	–	80	100	80	100
	Trennschleifen, handgeführt	Seitenschleifen	–	30[2)] 45[3)]	30	–	–	80	100	80	100
	Freihandschleifen	Umfangsschleifen	–	45	30	–	–	–	–	100	–

Farbkennzeichnung für erhöhte Umfangsgeschwindigkeiten — DSA 103

Farbstreifen	Blau	Gelb	Rot	Grün	Grün+Blau	Grün+Gelb	Grün+Rot
$v_{c\,max}$ in m/s	45	60	80	100	125	140	160

[1)] DSA Deutscher Schleifscheiben-Ausschuss: Gebundene Schleifscheiben mit erhöhter Umfangsgeschwindigkeit sind zulassungspflichtig. Ihre Kennzeichnung erfolgt durch eine Zulassungsnummer und mit einem 5 mm breiten Farbstreifen. Bindemittel siehe Seite 110.
[2)] Für d_1 > 500 mm oder b > 75 mm;   [3)] für $d_1 \leq 500$ mm und $b \leq 75$ mm;   [4)] für $d_1 \leq 1$ m;   [5)] für d_1 > 1 m.

Kennzeichen für Verwendungseinschränkungen (VE) der Schleifkörper — DSA 101

VE 1	Nicht zulässig für Freihand- und handgeführtes Schleifen	VE 4	Zulässig nur für geschlossenen Arbeitsbereich (besondere Schutzvorrichtung)
VE 2	Nicht zulässig für Freihandtrennschleifen	VE 4	Nicht zulässig ohne besond. Absaugung
VE 3	Nicht zulässig für Nassschleifen	VE 6	Nicht zulässig für Schruppschleifen

Auswahl der Schleifkörper mit keramischer Bindung

Werkstoff	Außenschleifen	Rundschleifen Innenschleifen bei Schleifscheiben-⌀ in mm			Planschleifen		
		⌀ <16	⌀ 16...36	⌀ 36...80	Umfangsschleifen ⌀ < 200	Stirnschleifen Topfscheibe ⌀ 200...350	Segmente
Stahl, ungehärtet	A50M6	A80M6	A60L6	A46K6	A46K14	A36K10	A24K10
Stahl, vergütet	A50L6	A60L6	A60K6	A46Jot6	A46Jot12	A36I10	A36Jot10
Stahl, gehärtet	A50L6	A80L5	A60K5	A46Jot6	A46I4	A30Jot10	A30Jot10
SS-St., gehärtet	A50Jot6	A80Jot6	C60I6	A46H6	A46G11	A36G10	A30I10
Hartmetall	C60H	C80M	C60L	C46K	C60G	C50G	C50H
Gusseisen	A50Jot6 C50Jot6	C80K6	C60Jot6	C46I8	A46I12 C46I12	A36I10 C36I10	A30Jot8 C30Jot8

Angaben in der Tabelle bedeuten: Schleifmittel – Körnung – Härte – Gefüge (siehe auch Seite 282).

© Verlag Gehlen

Geschwindigkeitsverhältnisse beim Honen

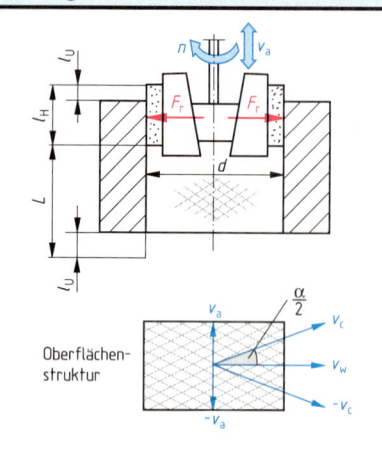

$$v_c = \sqrt{v_a^2 + v_u^2} \qquad n = \frac{v_u}{d \cdot \pi} \qquad L = l_B - \frac{l_H}{3}$$

$$\tan \frac{\alpha}{2} = \frac{v_a}{v_u} \qquad n_H = \frac{v_a}{2 \cdot L} \qquad l_U = \frac{1}{3} \cdot l_H$$

v_c	Schnittgeschwindigkeit
v_a	Axialgeschwindigkeit
v_u	Umfangsgeschwindigkeit
α	Schnittwinkel
n	Honspindeldrehzahl
n_H	Honspindelhubzahl
d	Bohrungsdurchmesser
L	Vorschubschnittweg
l_B	Bohrungslänge
l_H	Honsteinlänge
l_U	An- und Überlauf
F_r	Radialkraft
A	Anlagefläche der Honsteine

Spezifischer Anpressdruck p_s der Honsteine

$$p_s = \frac{F}{A}$$

F_r Radialkraft
A Anlagefläche der Honsteine

Honverfahren	keramischge-bundene Honsteine	kunststoffge-bundene Honsteine	Diamant-Honleisten	Bornitrid-Honleisten
	Spezifischer Anpressdruck p_s in N/cm²			
Vorhonen	150...250	250...500	300...800	200...400
Fertighonen	80...120	100...150	150...300	100...200

Schnittwerte für Schnittgeschwindigkeiten und Bearbeitungszugaben beim Honen[1]

Werkstoff	Vorhonen			Fertighonen			Bearbeitungszugabe
	v_a m/min	v_u m/min	v_c m/min	v_a m/min	v_u m/min	v_c m/min	in µm[2]
ungehärt. Stahl	9...12	18...28	20...30	12	25...31	< 33	20...60
gehärteter Stahl	5...8	14...21	15...32	10	28	< 30	5...30
legierter Stahl	10...12	23...25	25...28	11...13	25...28	27...31	20...50
Gusseisen	9...12	27...32	22...30	12...14	27...32	30...35	20...60
Cu-Zn-Legierung	9...15	15...26	18...30	13	48	< 50	20...50
Al-Legierung	12...15	21...26	25...30	18	30	< 35	20...80

[1] Die Honsteine sind aus Siliciumcarbid und Korund. [2] Bearbeitungszugaben sind ⌀-bezogen.

Oberflächenrauheit beim Honen

Werkstoff, Härte	Vorhonen			Fertighonen		
	Körnung	Bindung: V[1]	Bindung: B[2]	Körnung	Bindung: V[1]	Bindung: B[2]
		Rauheit R_z in µm			Rauheit R_z in µm	
Stahl, 50 HRC	120 / 220	7...9 / 3...5	6...8 / 2...4	400 / 1000	2...4 / 0,5...1	1...2 / 0,2...0,5
Stahl, 62 HRC	120 / 220	4...6 / 2...4	3...4 / 1,5...2,5	400 / 1000	2...3 / 0,2...1	1...2 / –
Gusseisen, 180 HB	120 / 220	7...9 / 4...6	– / 2...4	400 / 1000	2...4 / –	1...3 / 0,5
Gusseisen, 250 HB	120 / 220	4...6 / 2...4	– / 1...2	400 / 1000	1,3 / –	0,5...1,5 / 0,3...0,8

[1] V keramische Bindung; [2] B Kunstharzbindung.

Thermisches Abtragen

Richwerte für das Senkerodieren

Arbeitsstrom I_e in A[1]	Funkenspalt S_i in µm	Abtragvolumen Q_W in mm³/min	Mittenrauwert R_a in µm	Mittlere Rauheit R_z in µm
Werkstück: X 210 CrW 12; Elektrode: Kupfer; Dielektrikum: Mineralöl				
2	31	1,6	1,25	9
4	44	12	2,7	17
6	59	25	4	25
8	82	59	8	34
10	129	159	10	44
12	165	217	14	55
14	210	327	17	70
16	260	626	19	74
Werkstück: 56 NiCrMoV 7; Elektrode: Graphit; Dielektrikum: Mineralöl				
2	1,5	29	2,2	14
4	3,8	52	4	25
6	8	75	6,3	31
8	13	99	8,5	38
10	20	116	9	42
12	29	133	12	50
14	47	157	15	58
16	67	220	18	71
Werkstück: HM G 20; Elektrode: Kupfer; Dielektrikum: Mineralöl				
3	28	2,5	2,5	10

Richwerte für das Drahterodieren

Schnittart	Schnittdicke H in mm	Arbeitsstrom I_e in A	Vorschubgeschw.[2] v_f in mm/min	Abtragrate A_c in mm²/min	R_a / R_z in µm
Werkstück: X 210 Cr 12; Kupferdraht, Drahtdurchmesser 0,25 mm; Dielektrikum: Wasser, entsalzt					
Schnellschnitt	10	15	12,50	125	1,8 / 10
	20		7,20	144	
	30		5,30	159	
	50		3,55	177	
	70		2,15	150	
	100		1,30	130	
Präzisionsschnit	10	15	8,5	3,45	1,4 / 7,5
	20		5,5	2,63	
	30		4,0	1,88	
	50		2,5	1,25	
	70		1,7	0,94	
	100	11	0,95	0,60	

[1] Der Arbeitsstrom stellt sich bei optimalen Erodierverhältnissen unter den entsprechenden Einstellwerten ein. Die Spannung U beträgt 135 V.
[2] Die Drahtgeschwindigkeit beträgt $v_d = 200$ m/min.

© Verlag Gehlen

Drehen und Bohren der Kunststoffe — VDI 2003

Kunststoff Bezeichnung	Kurzzeichen	Schneidstoff	Drehen v_c in m/min / f in mm / a_p in mm	Drehen α_o in Grad / γ_o in Grad / κ_r in Grad	Bohren v_c in m/min / f in mm	Bohren α_f in Grad / γ_f in Grad / σ in Grad
Duroplaste						
Press- und Schichtstoffe mit organischen Füllstoffen	EP, MF PF, UF Hp, Hgw	SS	≤ 80 / 0,05...0,5 / < 10	5...10 / 15...25 / 45...60	30...40 / 0,04...0,6	6...8 / 6...10 / 100...120
		HM	< 400 / 0,05...0,5 / < 10	5...10 / 15...25 / 45...60	100...120 / 0,04...0,6	6...8 / 6...10 / 100...120
Press- und Schichtstoffe mit anorganischen Füllstoffen	EP, MF PF, UF Hp, Hgw	HM Diamant	< 40 / 0,05...0,5 / < 10	5...11 / 0...12 / 45...60	20...40 / 0,04...0,6	6...8 / 0...6 / 80...100
Thermoplaste						
Polymethylmethacrylat	PMMA	SS	200...300 / 0,1...0,2 / < 6	5...10 / 0... -4 / ≈15	20...60 / 0,1...0,5	3...8 / 0...4 / 60...90
Polystyrol und Styrol-Copolymere	PS, SB	SS	50...60 / 0,1...0,2 / < 2	5...10 / 0...2 / ≈15	20...60 / 0,1...0,5	3...8 / 3...5 / 60...90
	ABS, SAN	SS	50...60 / 0,1...0,2 / < 2	5...10 / 0...2 / ≈15	30...80 / 0,1...0,5	5...8 / 3...5 / 60...90
Polyoximethylen	POM	SS	200...500 / 0,1...0,5 / < 6	5...10 / 0...5 / 45...60	50...100 / 0,1...0,5	5...8 / 3...5 / 60...90
Polycarbonat	PC	SS	200...300 / 0,1...0,5 / < 6	5...10 / 0...5 / 45...60	50...120 / 0,2...0,5	5...8 / 3...5 / 60...90
Polytetraflourethylen	PTFE	SS	100...300 / 0,05...0,25 / < 6	10...15 / 15...20 / 9...11	100...300 / 0,1...0,3	16 / 3...5 / 130
Polyvinylchlorid	PVC	SS	200...500 / 0,1...0,2 / < 6	5...10 / 0...5 / 45...60	30...80 / 0,1...0,5	8...10 / 3...5 / 80...110
Polyamid, Polyethylen	PA, PE	SS	200...500 / 0,1...0,2 / < 6	5...15 / 0...5 / 45...60	50...100 / 0,2...0,5	10...12 / 3...5 / 60...90

Bearbeitungshinweise

Drehen
- Die Schnittwerte gelten für das Lang- und Querdrehen, wobei mit großen Spanungsquerschnitten und Vorschüben gedreht werden soll.
- Die Endform und Oberfläche des Werkstückes soll möglichst in einem Arbeitsgang erreicht werden.

Bohren
- Als Bohrer können Spiral- und Flachbohrer verwendet werden.
- Für dünnwandige Teile aus Duroplast mit Durchmesser zwischen 10 und 150 mm werden Hohlbohrer mit einer Diamantkrone eingesetzt.

© Verlag Gehlen

Kunststoffbearbeitung

Fräsen und Sägen der Kunststoffe — VDI 2003

Kunststoff Bezeichnung	Kurzzeichen	Schneidstoff	Fräsen v_c in m/min / f_z in mm	Fräsen α_o in Grad / γ_o in Grad	Sägen[2] v_{cK} in m/min / v_{cB} in m/min / t in mm	Sägen[2] α_o in Grad / γ_K in Grad / γ_B in Grad
Duroplaste						
Press- und Schichtstoffe mit organischen Füllstoffen	EP, MF PF, UF Hp, Hgw	SS	< 80 < 0,5	15 15...25	< 3000 < 2000 4...8	30...40 5...8 5...8
		HM	< 1000 < 0,5	< 10 5...15	< 5000 – 8...18	10...15 3...6 –
Press- und Schichtstoffe mit anorganischen Füllstoffen	EP, MF PF, UF Hp, Hgw	HM Diamant	< 1000 < 1500 [1] < 0,5	< 10 5...15	1000...2000 300 –	– – –
Thermoplaste						
Polymethylmethacrylat	PMMA	SS HM	< 2000 < 0,5	2...10 1...5	< 3000 < 3000 2...8	30...40 5...8 0...8
Polystyrol und Styrol-Copolymere	PS, SB	SS HM	– –	– –	< 3000 < 3000 2...8	30...40 5...8 0...8
	ABS, SAN	SS HM	– –	– –	< 3000 < 3000 2...8	30...40 5...8 0...8
Polyoximethylen	POM	SS HM	< 400 < 0,5	5...10 < 10	< 3000 < 3000 2...8	30...40 5...8 0...8
Polycarbonat	PC	SS HM	< 1000 < 0,5	5...10 < 10	< 3000 < 3000 2...8	30...40 5...8 0...8
Polytetraflourethylen	PTFE	SS HM	< 1000 < 0,5	5...10 < 10	< 3000 < 3000 2...8	30...40 5...8 0...8
Polyvinylchlorid	PVC	SS HM	< 1000 < 0,5	5...10 < 10	< 3000 < 3000 2...8	30...40 5...8 0...8
Polyamid, Polyethylen	PA, PE	SS HM	< 1000 < 0,5	5...10 < 10	< 3000 < 3000 2...8	30...40 5...8 0...8

Bearbeitungshinweise	
Fräsen	• Beim Stirnfräsen möglichst große Spanungsquerschnitte und geringe Schnittgeschwindigkeiten wählen. • Für das Umfangsfräsen von Thermoplasten Werkzeuge mit maximal zwei Schneiden verwenden; Duroplaste mit mehrschneidigen Werkzeugen fräsen.
Sägen	Sägen mit starker Schränkung oder gutem Hohlschliff verwenden.

[1] v_c für Diamant-Schneidstoff.
[2] Indizes K bzw. B für das Kreis- bzw. Bandsägen. Werkzeugwinkel für Hartmetallkreissägen bei Thermoplasten: $\alpha_o = 10...15°$; $\gamma_K = 0...5°$.

© Verlag Gehlen

Ermittlung von Drehzahlen an Werkzeugmaschinen

Drehzahlberechnung

$v_c = d \cdot \pi \cdot n$ $\qquad n = \dfrac{v_c}{d \cdot \pi}$

v_c Schnittgeschwindigkeit
d Werkstück- bzw. Werkzeugdurchmesser
n Werkstück- bzw. Werkzeugdrehzahl, die innerhalb des Drehzahlbereiches der Werkzeugmaschinen stufenlos oder geometrisch gestuft eingestellt werden kann (s. S. 289).

Drehzahldiagramm

Aus dem Drehzahldiagramm kann unmittelbar bei der gegebenen Schnittgeschwindigkeit v_c und der Größe des Werkstück- bzw. Werkzeugdurchmessers d die Drehzahl n abgelesen werden.
Beispiel: $d = 70$ mm; $v_c = 100$ m/min; aus dem Diagramm $n = 450$ min^{-1}.

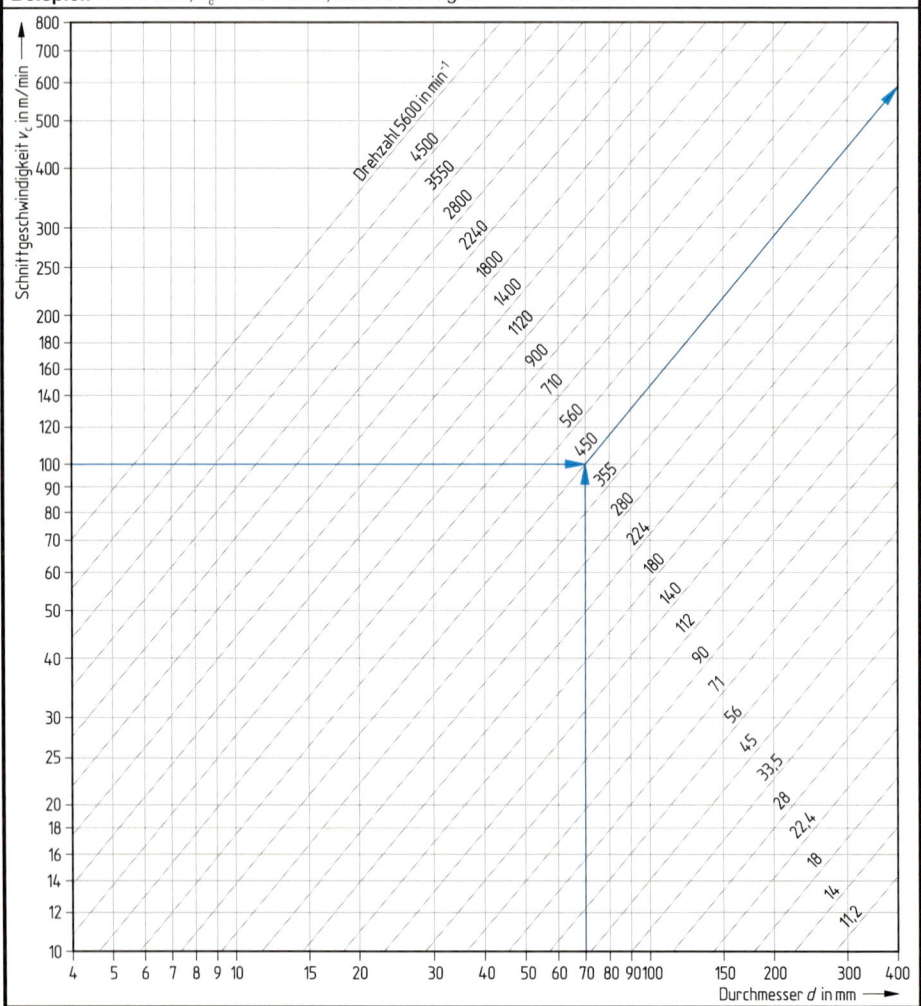

Drehzahlen und Drehzahlbereiche an Werkzeugmaschinen

Lastdrehzahlen an Werkzeugmaschinen — DIN 804

Nennwerte der Lastdrehzahlen[1] in min^{-1}						Grenzwerte der Grundreihe[3] R 20 in min^{-1}			
Grund-reihe	Abgeleitete Reihen[2]					mechanische Abweichung		mech. u. elektr. Abweichung	
R 20 $\varphi = 1{,}12$	R 20/2 $\varphi = 1{,}25$	R 20/3 $\varphi = 1{,}4$	R 20/4 $\varphi = 1{,}6$	R 20/4 $\varphi = 1{,}6$	R 20/6 $\varphi = 2{,}0$	−2 %	+3 %	−2 %	+6 %
100						98	103	98	106
112	112	11,2		112	11,2	110	116	110	119
125		125				123	130	123	133
140	140	1400	140		1400	138	145	138	150
160		16				155	163	155	168
180	180	180		180	180	174	183	174	188
200		2000				196	206	196	212
224	224	22,4	224		22,4	219	231	219	237
250		250				246	259	246	266
280	280	4000		280	2800	276	290	276	299
315		31,5				310	326	310	335
355	355	355	355		355	348	365	348	376
400		5600				390	410	390	422
450	450	45		450	45	438	460	438	473
500		500				491	516	491	531
560	560	5600	560		5600	551	579	551	596
630		63				618	650	618	699
710	710	710		710	710	649	729	649	750
800		8000				778	818	778	842
900	900	90	900		90	873	918	873	945
1000		1000				980	1030	980	1060

[1] Die Lastdrehzahlen an Arbeitsspindeln der Werkzeugmaschinen sind geometrisch gestuft. Es sind nach DIN 323 (s. S. 388) geometrisch gestufte Normzahlen. Der Stufensprung der jeweiligen Reihe beträgt: $\varphi = 1{,}12;\ 1{,}25;\ 1{,}40;\ 1{,}60$ und $2{,}00$.

[2] Die Grundreihe ist R 20. Aus ihr werden die abgeleiteten Reihen R 20/2; R 20/3; R 20/4 und R 20/6 gebildet. Die abgeleiteten Reihen können bei jedem Wert der Grundreihe beginnen; es wird aber jeweils nur der 2., 3., 4. oder 6. verwendet (siehe Beispiele in der Tabelle). Durch Multiplikation oder Division mit 10; 100 usw. der Grundreihe lassen sich die Drehzahlbereiche erweitern.

[3] Die Grenzwerte enthalten die zulässigen Abweichungen der Nenndrehzahlen. Die mechanischen Abweichungen ergeben sich aus den Abweichungen der Übersetzungen einzelner Getriebestufen. Die elektrischen Abweichungen berücksichtigen den unterschiedlichen Vollastschlupf der Motoren.

Berechnung des Stufensprunges und des Drehzahlbereiches

Stufensprung	Drehzahlbereich	
$\varphi = \sqrt[z-1]{\dfrac{n_g}{n_k}}$	allgemein: $n_g = \varphi \cdot n_{z-1} = \varphi^{z-1} \cdot n_k$	$n_2 = \varphi \cdot n_k$ $n_3 = \varphi \cdot n_2 = \varphi^2 \cdot n_k$ $n_4 = \varphi \cdot n_3 = \varphi^3 \cdot n_k$

n_g größte Drehzahl des Drehzahlbereiches
n_k kleinste Drehzahl des Drehzahlbereiches
φ Stufensprung
z Anzahl der Drehzahlen des Drehzahlbereiches

© Verlag Gehlen

Schweißen von Metallen — DIN EN 24063

Benennung	Kurzzeichen	Kennzahl	Benennung	Kurzzeichen	Kennzahl
Lichtbogenhandschweißen	E	111	Buckelschweißen	RB	23
Unterpulverschweißen	UP	12	Abbrennstumpfschweißen	RA	24
Metallschutzgasschweißen	MSG	13	Pressstumpfschweißen	RPS	25
Metall-Inertgasschweißen	MIG	131	Gasschmelzschweißen	G	3
Metall-Aktivgasschweißen	MAG	135	Ultraschallschweißen	US	41
Wolfram-Schutzgasschweißen	WSG	14	Reibschweißen	FR	42
Wolfram-Inertgasschweißen	WIG	141	Feuerschweißen	FS	43
Wolfram-Wasserstoffschweißen	WHG	149	Diffusionsschweißen	D	45
Plasmaschweißen	WP	15	Gaspressschweißen	GP	47
Widerstandspunktschweißen	RP	21	Elektroschlackeschweißen	RES	72
Rollennahtschweißen	RR	22	Laserstrahlschweißen	LA	751

Schweißen von Kunststoffen — DIN 1910

Benennung	Kurzzeichen	Benennung	Kurzzeichen
Heizelementeschweißen	H	Ultraschallschweißen	US
Warmgasschweißen	W	Reibschweißen	FR
Lichtstrahlschweißen	LI	Hochfrequenzschweißen	HF

Schweißpositionen — DIN 1912

Benennung	Kurzzeichen DIN 1912	Kurzzeichen ISO 6947	Erläuterungen
Wannenposition	w	PA	Waagerechtes Arbeiten. Nahtmittellinie senkrecht. Decklage oben.
Horizontalposition	h	PB	Horizontales Arbeiten. Decklage oben
Querposition	q	PC	Waagerechtes Arbeiten. Nahtmittellinie horizontal.

© Verlag Gehlen

Schweißpositionen (Fortsetzung)

Benennung	Kurzzeichen DIN 1912	Kurzzeichen ISO 6947	Erläuterungen
Überkopfposition	ü	PE	Waagerechtes Arbeiten, Nahtmittellinie senkrecht Überkopf, Decklage nach unten
Horizontalüberkopfposition	hü	PD	Horizontales Arbeiten, Überkopf, Decklage nach unten
Steigposition	s	PF	Steigendes Arbeiten
Fallposition	f	PG	Fallendes Arbeiten

Schweißtoleranzen – Allgemeintoleranzen für Maße und Winkel — DIN 8570

Toleranzklasse	Nennmaße l in mm							
	2 bis 30	>30 bis 120	>120 bis 400	>400 bis 1000	>1000 bis 2000	>2000 bis 4000	>4000 bis 8000	>8000 über 12000
	Grenzabmaße in mm							
A	±1	±1	±1	±2	±3	±4	±5	±6
B	±1	±2	±2	±3	±4	±6	±8	±10
C		±3	±4	±6	±8	±11	±14	±18
D		±4	±7	±9	±12	±16	±21	±27

Toleranzklasse	Nennmaße $l^{1)}$ in mm		
	bis 400	>400 bis 1000	>1000
	Grenzabmaße für Winkel		
A	±20′	±15′	±10′
B	±45′	±30′	±20′
C	±1°	±45′	±30′
D	±1°30′	±1°45′	±1°

[1] Länge des kürzeren Schenkels.

© Verlag Gehlen

Druckgasflaschen

Gasart	Kennfarbe	Anschluss-gewinde	Volumen V_0 in l	Fülldruck p in bar	Füllmenge
Sauerstoff	Blau	R 3/4	20 40 50	200 150 200	4 m³ 6 m³ 10 m³
Acetylen	Gelb	Spannbügel	20 40 50	18 19 19	3,2 kg 6,3 kg 10 kg
Propan	Rot	W21, 80×1/14 links	22 66	8,3 8,3	11 kg 33 kg
Wasserstoff	Rot	W21, 80×1/14 links	10 50	200 200	2 m³ 10 m³
Edelgase	Grau	W21, 80×1/14	10 50	200 200	2 m³ 10 m³
Kohlendioxid	Grau	W21, 80×1/14	10 50	58 58	7,5 kg 20 kg
Stickstoff	Grau	W24, 32×1/14	10 40 50	200 200 200	2 m³ 6 m³ 10 m³
Mischgase	Grau	W24, 32×1/14	10 20 50	200 200 200	2 m³ 4 m³ 10 m³

Mengenberechnung für Gasbetriebsstoffe

Nutzbarer Flascheninhalt		Gasverbrauch	
Sauerstoff	Acetylen [1]	Sauerstoff	Acetylen [1]
$V = V_0 \cdot p_e$	$V = V_A \cdot 25 \cdot \dfrac{l}{l \cdot bar} \cdot p_e$	$\Delta V = V_0 \cdot (p_1 - p_2)$	$\Delta V = V_A \cdot 25 \cdot \dfrac{l}{l \cdot bar} \cdot (p_1 - p_2)$

V nutzbares Gasvolumen der Flasche in l
V_0 Volumen der Gasflasche in l
V_A Acetoninhalt der Acetylenflasche in l
p_e Flaschendruck in bar

ΔV Gasverbrauch in l
p_1 Flaschendruck vor dem Schweißen
p_2 Flaschendruck nach dem Schweißen

[1] Acetoninhalt beträgt je nach der Größe der Acetylenflasche $V_A = 13$ l oder $V_A = 16$ l.

Maximale Acetylenentnahme bei Gasflaschen mit $V_0 = 40$ l und $V_0 = 50$ l

Schweißarbeit	Kurzbetrieb	Einschichtbetrieb	Dauerbetrieb
Gasentnahme in l/h	1000	500	350

Kenngrößen von technischen Gasen

Gasart	1 l flüssiges Gas ergeben bei 20 °C Gas in m³	1 kg flüssiges Gas ergeben bei 20 °C Gas in m³	Relative Dichte Gas zu Luft
Acetylen C_2H_4	–	≈0,9 [1]	0,91
Argon Ar	≈0,82	–	1,38
Erdgas 80...90 % CH_4	–	–	0,55 [2]
Kohlendioxid CO_2	–	≈0,5	1,53
Propan C_3H_8	–	≈0,5	1,56
Sauerstoff O_2	≈0,86	–	1,11

[1] Gelöst in Aceton; [2] Wert für CH_4.

Schweißen · Nahtvorbereitung

Nahtvorbereitung — DIN EN 29692 DIN 8551

Benennung Symbol	Fugenform Schnitt	Ausführung Bemerkungen	Werkstückdicke s in mm	Spalt b in mm	Winkel α in °	Schweißverfahren[1]
Bördelnaht ⊔		einseitig, ohne Zusatzwerkstoff	bis 2	–	–	G, E, WIG, MIG, MAG
I-Naht ‖		einseitig, ohne Nahtvorbereitung	bis 4	≈ s	–	G, E, WIG
				0...s	–	MIG, MAG
		beidseitig, ohne Nahtvorbereitung	bis 8	≈ $s/2$	–	E, WIG
				0...$s/2$	–	MIG, MAG
V-Naht V		einseitig oder beidseitig, Verbindung unterschiedlicher Blechdicken	3 bis 10	0...3	≈ 60	G
			3 bis 40		≈ 60	E, WIG
					40...60	MIG, MAG
Y-Naht Y		beidseitig; Steghöhe c = 2 bis 4 mm	über 10	0...3	≈ 60	E, WIG
					40...60	MIG, MAG
U-Naht ⊻		einseitig oder beidseitig, Maß c = 4,6 mm + 0,14 · s	über 12	0...3	≈ 8	E, WIG, MIG, MAG
HV-Naht V		einseitig oder beidseitig	3 bis 40	0...4	40...60	E, WIG, MIG, MAG
DHV-Naht K		beidseitig, Maß h = 1/2 · s oder h = 2/3 · s	über 10	0...4	40...60	E, WIG, MIG, MAG

[1] E Lichtbogenhandschweißen; G Gasschmelzschweißen; MIG Metall-Inertgasschweißen; MAG Metall-Aktivgasschweißen; WIG Wolfram-Inertgasschweißen.

© Verlag Gehlen

Zeichnerische Darstellung und Symbole von Schweiß- und Lötnähten — DIN EN 22553

Nahtart Benennung Symbol	Darstellung erläuternd	Darstellung symbolhaft	Nahtart Benennung Symbol	Darstellung erläuternd	Darstellung symbolhaft
Grundsymbole (Auswahl)					
Bördelnaht ⋏			Y-Naht Y		
I-Naht ‖			HY-Naht ͳ		
			U-Naht Y		
			HU-Naht ⌓		
V-Naht V			Kehlnaht ⊿		
HV-Naht ⌵			Lochnaht ⊓		
			Punktnaht ○		
Kombinationen von Grundsymbolen (Auswahl)					
V-Naht mit Gegenlage			Doppel-Y-Naht		
Doppel-V-Naht X			Doppel-U-Naht		
Doppel-HV-Naht K			Doppel-Kehlnaht		

© Verlag Gehlen

Gasschmelzschweißen · Schweißstäbe · Schutzgase

Schweißstäbe für das Gasschmelzschweißen — DIN 8554

Grundwerkstoffe			Geeignete Schweißstabklasse (+ gut geeignet)					
Stahlart	Norm	Stahlsorte	G I	G II	G III	G IV	G V	G VI
Allgemeine Baustähle	DIN EN 10025	S185	+	+	+	+		
		S235JR, S235JRG1 S275JR		+	+	+		
		S235JO, S275JO S355JO			+	+		
Stahlrohre	DIN 1626 DIN 1629	St 37.0, St 44.0 St 52.0	+	+	+	+		
	DIN 1628 DIN 1630	St 37.4, St 44.4 St 52.4			+	+		
Rohre	DIN 17175	St 35.8 St 45.8			+	+ +		
Warmfeste Rohre	DIN 17177	St 37.8 St 42.8, 15 Mo 3			+	+ +		
Bleche, Bänder	DIN EN 10028	P235GH P265GH			+	+		
Bleche, Bänder, Rohre	DIN EN 10028 DIN 17175	P295GH, 16 Mo 3 13 CrMo 4 4 10 CrMo 9 10				+	+[1]	+[1]

[1] Bei Mehrlagenschweißung.

Schweißverhalten und Klassenkennzeichnung

Schweißstabklasse	G I	G II	G III	G IV	G V	G VI	G VII
Fließverhalten	dünnfließend	weniger dünnfließend	zähfließend				
Spritzer	viel	wenig	keine				
Porenneigung	ja	ja	nein	nein			gering
Einprägung	I	II	III	IV	V	VI	VII
Farbe	–	Grau	Gold	Rot	Gelb	Grün	Silber

Bezeichnung: **Schweißstab DIN 8554-G II-2**
Schweißstab der Klasse G II, Nenndurchmesser 2 mm, Länge 1000 mm

Schutzgase zum Lichtbogenschweißen und Schneiden — DIN EN 439

Gasart	Chemisches Symbol	Dichte in kg/m³ bei 0 °C und 1,013 bar	Siedetemperatur in °C bei 1,013 bar	Reaktionsverhalten beim Schweißen
Argon	Ar	1,784	−185,9	inert
Helium	He	0,178	−268,9	inert
Kohlendioxid	CO_2	1,977	−78,5	oxidierend
Sauerstoff	O_2	1,429	−183,0	oxidierend
Stickstoff	N_2	1,251	−195,8	reaktionsträge
Wasserstoff	H_2	0,090	−252,9	reduzierend

© Verlag Gehlen

Einteilung der Schutzgase — DIN EN 439

Gruppe[1]	Kenn-zahl	Komponenten in Volumenprozenten	Reaktionsverhalten	Schweißverfahren
R	1	0...15 H_2, Rest Ar[2]	reduzierend	WIG, Wurzelschutz,
	2	>15...35 H_2, Rest Ar[2]		Plasmaschweißen[3]
I	1	100 Ar	inert	WIG, MIG
	2	100 He		Plasmaschweißen
	3	0...95 He, Rest Ar		Wurzelschutz
M1	1	> 0...5 CO_2, Rest Ar[2]	schwach oxidierend	
	2	> 0...5 CO_2, Rest Ar[2]		
	3	> 0...3 O_2, Rest Ar[2]		
	4	> 0...5 CO_2, > 0...3 O_2, Rest Ar[2]		
M2	1	> 5...15 CO_2, Rest Ar[2]		MAGM
	2	> 3...10 O_2, Rest Ar[2]		
	3	> 0...5 CO_2, > 3...10 O_2, Rest Ar[2]		
	4	> 5...25 CO_2, >0...8 O_2, Rest Ar[2]		
M3	1	> 25...50 CO_2, Rest Ar[2]		
	2	> 10...15 O_2, Rest Ar[2]		
	3	> 8...15 O_2, > 5...50 CO_2, Rest Ar[2]		
C	1	100 CO_2	stärker oxidierend	MAGC
	2	> 0...30 O_2, Rest CO_2		
F	1	100 N_2	reaktionsträge	Wurzelschutz
	2	> 0...50 H_2, Rest N_2	reduzierend	Plasmaschneiden

Bezeichnung des Mischgases M24 mit 10 % CO_2, 3 % O_2, Rest Ar : **Schutzgas EN 439-M24**

[1] Kurzzeichen: R Reduktionsgas, I Inertgas, M Mischgas, C Kohlendioxid, F Formiergas
[2] Argon kann bis zu 95 % durch Helium ersetzt werden.
[3] Plasmaschneiden.

Schweißzusätze zum Schutzgasschweißen von Stählen[1] — DIN EN 440

Bezeichnungsbeispiel einer Drahtelektrode

EN 440-G 46 3 M G3Si1

- Norm-Nummer
- Metall-Schutzgasschweißen
- Kennziffer für die Festigkeit und Bruchdehnung
- Kennzeichen für die Kerbschlagarbeit
- Kurzzeichen für die chemische Zusammensetzung
- Kennzeichen für das Schutzgas

Kennzeichen für die Kerbschlagarbeit		Kennziffer für Festigkeits- und Dehnungseigenschaften			
Kennzeichen	Temperatur für Mindestschlagarbeit 47J in °C	Kennziffer	Streckgrenze R_{eL} in N/mm^2	Zugfestigkeit R_m in N/mm^2	Dehnung A in %
Z	keine Anforderungen	35	355	440...570	22
A	+ 20	38	380	470...600	20
0	0	42	420	500...600	20
2	−20	46	460	530...680	20
3	−30	50	500	560...720	18
4	−40	Bei nicht eindeutig ausgeprägter Streckgrenze R_{eL} ist die 0,2 %-Grenze ($R_{p0,2}$) anzuwenden. Bei der Dehnung beträgt die Messlänge 5 × Probendurchmesser.			
5	−50				
6	−60				

[1] Unlegierte Stähle und Feinkornstähle.

Schweißzusätze zum Schutzgasschweißen von Stählen (Fortsetzung) — DIN EN 440

Kurzzeichen für die chemische Zusammensetzung für Drahtelektroden

Kurz-zeichen	Chemische Zusammensetzung in Massenprozenten								
	C	Si	Mn	P	S	Ni	Mo	Al	Ti+Zr
G0	Jede andere vereinbarte Zusammensetzung								
G2Si1	0,06...0,14	0,50...0,80	0,90...1,30	0,025	0,025	0,15	0,15	0,02	0,15
G3Si1	0,06...0,14	0,70...1,00	1,30...1,60	0,025	0,025	0,15	0,15	0,02	0,15
G4Si1	0,06...0,14	0,80...1,20	1,60...1,90	0,025	0,025	0,15	0,15	0,02	0,15
G3Si2	0,06...0,14	1,00...1,30	1,30...1,60	0,025	0,025	0,15	0,15	0,02	0,15
G2Ti	0,04...0,14	0,40...0,80	0,90...1,40	0,025	0,025	0,15	0,15	0,05...0,20	0,05...0,25
G3Ni1	0,06...0,14	0,50...0,90	1,00...1,60	0,020	0,020	0,80...1,50	0,15	0,02	0,15
G2Ni2	0,06...0,14	0,40...0,80	0,80...1,40	0,020	0,020	2,10....2,70	0,15	0,02	0,15
G2Mo	0,08...0,12	0,30...0,70	0,90...1,30	0,020	0,020	0,15	0,40...0,60	0,02	0,15
G4Mo	0,06...0,14	0,50...0,80	1,70...2,10	0,025	0,025	0,15	0,40...0,60	0,02	0,15
G2Al	0,08...0,14	0,30....0,50	0,90...1,30	0,025	0,025	0,15	0,15	0,35....0,75	0,15

[1] Falls nicht festgelegt: Cr ≤ 0,15, Cu ≤ 0,35 und V ≤ 0,03. Der Kupferanteil im Stahl plus Umhüllung darf 0,35 % nicht überschreiten. Die Einzelwerte der Tabelle sind Höchstwerte.

Kennzeichen für Schutzgase

Kennzeichen	Bemerkung
M und C	Anwendung entsprechend der Angaben für Schutzgase nach DIN EN 439.
M	Anwendung für Mischgase EN 439-M2, jedoch ohne Helium.
C	Anwendung für Schutzgase EN DIN 439-C1, Kohlendioxid.

Richtwerte für das Gasschmelzschweißen

Werkstoff: unlegierter Baustahl
Schweißzusatz: Schweißstab nach DIN 8554
Schweißposition: Wannenposition w (PA)

Betriebsdruck:
Sauerstoff 2,5 bar
Acetylen 0,03...0,8 bar

Nahtvorbereitung			Einstellwerte		Verbrauchswerte[1]				Bemer-kung
Nahtart	Blech-dicke s in mm	Spalt-breite b in mm	Stab-$\varnothing$ d in mm	Brenner-größe	Sauer-stoff in l/h	Acety-len in l/h	Schweiß-zeit in min/m	Schweiß-leistung in m/h	
Bördel-naht	0,5	0	–	0,5...1	80	80	4	15	NLS[2]
	1	0	–	0,5...1	80	80	9	6,7	
	1,5	0	–	1...2	160	160	10	6	
I-Naht	1	≈1	1	1...2	160	160	10	6	NRS[3]
	2	≈1	2	1...2	160	160	11	5,5	
	3	≈2	2	2...4	315	315	12	5	
V-Naht 60°	4	2...4	3	2...4	315	315	15	4	
	6	2...4	4	4...6	500	500	22	2,7	
	8	2...4	5	6...9	800	800	28	2,1	
	10	2...4	6	9...14	1250	1250	35	1,7	

[1] Verbrauchswerte können ±10 % abweichen.
[2] NLS Nachlinksschweißen.
[3] NRS Nachrechtsschweißen.

© Verlag Gehlen

Schweißzusätze für Aluminium und Aluminiumlegierungen — DIN 1732

Kurzzeichen	Nummer	Schmelzbereich in °C	Al99,8	Al99	AlMn1	AlMnCu	AlMg3	AlMg4Mn	AlMgSi1	AlMgSi1Cu	G-AlSi12	G-AlSi10Mg	G-AlSi5Mg	G-AlSi5Cu4	G-AlMg5	G-AlMg5Si	G-AlMg3
SG-Al99,8[1]	3.0286	658	+														
SG-Al99,5[1]	3.0259	647...658	±	+													
SG-Al99,5Ti[1]	3.0805	647...658		+													
SG-AlMn1[1]	3.0516	648...657			+	+											
SG-AlMg3[1]	3.3536	610...642					+										
SG-AlMg5	3.3535	575...633					+	+	+	+					+	+	+
SG-AlMg4,5Mn	3.3548	547...638					±	+	+						+	+	
SG-AlSi10Mg	3.2385	570...610									+	+					
SG-AlSi12[1]	3.2585	573...585									+	±	±	±			

Kombination Schweißzusatz/Grundwerkstoff: + gut geeignet; ± möglich
SG gekennzeichnete Schweißzusätze haben eine metalisch blanke Oberfläche.
Kennzeichnung für umhüllte Stabelektroden EL: EL-Al99,5; EL-Al99,8; EL-Al99,5Ti; EL-AlSi12
[1] Schweißzusätze sind für das Gasschmelzschweißen geeignet.

Schweißzusätze für Kupfer und Kupferlegierengen — DIN 1733

Werkstoff			Beispiele der Anwendung			
Kurzzeichen	Nummer	Schmelzbereich in °C	Grundwerkstoff	Schweißverfahren		
				G	WIG	MIG
SG-CuSn	2.1006	1020...1050	Sauerstofffreies Kupfer	±	+	+
SG-CuSi3	2.1461	910...1025	Cu-Si- und Cu-Zn-Legierung[1]	–	+	+
SG-CuSn6	2.1022	910...1040	Kupfer-Zinn-Legierung	±	+	+
SG-CuSn12	2.1056	825...990	Kupfer-Zinn-Legierung	±	+	+
SG-CuZn40Si	2.0366	890...910	Kupfer-Zink-Legierung	+	±	–
SG-CuAl8	2.0921	1030...1040	Kupfer-Aluminium-Legierung[2]	–	+	+
SG-CuAl8Ni6	2.0923	1075...1045	Kupfer-Aluminium-Nickel-Leg.	–	+	+
SG-CuNi30Fe	2.0837	1180...1240	Kupfer-Nickel-Legierung	–	+	+

Umhüllte Stabelektroden für Kupfer und Kupferlegierungen

Kurzzeichen	Nummer	Schmelzbereich in °C	Grundwerkstoff
EL-CuMn2	2.1363	1000...1050	Sauerstofffreies Kupfer
EL-CuSn7	2.1025	910...1040	Kupfer-Zinn- und Kupfer-Zinn-Zink-Blei-Legierungen
EL-CuAl9	2.0926	1020...1050	Kupfer-Aluminium- und Kupfer-Zink-Legierungen[2]
EL-CuAl9Ni2Fe	2.0930	1030...1050	Kupfer-Aluminium-Legierungen
EL-CuMn14Al	2.1368	940...980	Mangan- und nickelhaltige Kupfer-Aluminium-Leg.
EL-CuNi10Mn	2.0877	1100...1145	Kupfer-Nickel-Legierungen
EL-CuNi10Mn	2.0838	1180...1240	Kupfer-Nickel-Legierungen

Für die Eignung des Schweißverfahrens bedeuten: – nicht geeignet; ± geeignet; + empfohlen
Die Schweißzusätze werden als Drahtelektroden, Schweißdrähte und Schweißstäbe geliefert.
G Gasschmelzschweißen, WIG Wolfram-Inertgasschweißen; MIG Metall-Inertgasschweißen.
[1] Sauerstofffreies Kupfer. [2] Auftragschweißen von ferritisch-perlitischen Stählen.

Schutzgasschweißen · Richtwerte

Richtwerte für das Schutzgasschweißen

Nahtart	\	Nahtvorbereitung	\	Einstellwerte	\	\	\	\	Verbrauchswerte	\	\
	s in mm	b in mm	Lagen L	d in mm	U in V	I in A	v_s in[1] m/min	Q in l/min	M in g/m	Q_s in l/m	t_h in min/m

WIG-Schweißen mit Wechselstrom

Fertigungsart: manuelles Schweißen; Grundwerkstoff: nicht aushärtbarer Al-Werkstoff;
Schweißposition: w (PA); Schweißzusatz: SG-AlMg5; Schutzgas EN 439-I1

Nahtart	s	b	L	d	U	I	v_s	Q	M	Q_s	t_h
I-Naht	1	0	1	3	–	75	0,26	5	19	19	3,8
	1,5	0	1	3	–	90	0,23	5	22	21	4,3
	2	0	1	3	–	110	0,21	6	28	28	4,8
	3	0	1	3	–	125	0,17	6	28	35	5,9
	4	0	1	3	–	160	0,15	8	38	53	6,7
	5	0	1	3	–	185	0,14	10	47	71	7,1
	6	0	1	3	–	310	0,08	10	47	125	12,5
V-Naht 70°	5	0	1. 2.	4	–	165	0,14 0,17	12	104	154	13
	6	0	1. 2.	4	–	185	0,10 0,15	12	133	192	16

MIG-Schweißen

Fertigungsart: teilmechanisches Schweißen; Grundwerkstoff: Al und Al-Legierungen;
Schweißposition: w (PA); Schweißzusatz: SG-AlMg5; Schutzgas EN 439-I1

Nahtart	s	b	L	d	U	I	v_s	Q	M	Q_s	t_h
I-Naht	3	0	1	1,6	25	140	4,3	18	77	60	3,3
	6	0	1	1,6	26	230	7,1	18	147	69	3,9
V-Naht 70°	5	0	1	1,6	22	160	5,6	18	126	75	4,2
	6	0	1	1,6	22	170	6,0	18	147	81	4,6
	8	0	2	1,6	26	220	6,8	18	183	90	5,0
V-Naht 60°	10	0	1. 2. G[2]	1,6 1,6 1,6	26 24 26	220 170 230	6,2 6,0 7,2	20 20 20	191	109	1,9 1,6 1,9
	12	0	1. 2.	2,4 2,4	27 27	260 280	3,6 3,9	25 25	346	189	4,0 3,6

MAG-Schweißen

Fertigungsart: teilmechanisches Schweißen; Grundwerkstoff: unlegierter Baustahl;
Schweißposition: w (PA); Schweißzusatz: Drahtelektrode E DIN 8559-W2; Schutzgas EN 32526-M21

Nahtart	s	b	L	d	U	I	v_s	Q	M	Q_s	t_h
I-Naht	1,5	0,5	1	0,8	18	110	5,9	10	39	17	1,7
	2	1,0	1	1	18,5	125	4,2	10	51	19	1,9
	3	1,5	1	1	19	130	47	10	69	24	2,4
	4	2,0	1	1	19	135	48	10	103	35	3,5
V-Naht[3] 50°	5	2,0	2	1,0	21	200	8	12	221	78	6,5
	6	2,0	2	1,0	21	205	8,3	10	249	78	6,5
	8	2,0	3	1,2	27,5	270	8,1	bis 15	374	100	8,3
	10	2,5	3	1,2	28	290	9		591	134	10,6
	12	2,5	4	1,2	28	290	9		791	168	12,7

s Blechdicke; b Spaltbreite; L Anzahl der Lagen; d Drahtdurchmesser; U Spannung; I Stromstärke; v_s Schweißgeschwindigkeit; Q, Q_s Schutzgasmenge; M Schweißzusatz; t_h Hauptzeit

[1] Beim MAG- und WIG-Schweißen: v_s Drahtvorschubgeschwindigkeit.
[2] G Gegenlage.
[3] Einstellwerte beziehen sich auf die Mittel- und Decklage, für die Wurzellage sind sie kleiner.

© Verlag Gehlen

Richtwerte für das Brennschneiden[1]

Blechdicke s in mm	Einstellwerte		Verbrauchswerte		
	Schneidgeschw. in mm/min	Sauerstoffdruck in bar	Sauerstoff in m³/h Schneiden	Heizen	Brenngas in m³/h
Brenngas: Acetylen					
3	740	2...4	0,8	0,4	0,35
5	690	2...4	1,0	0,4	0,35
10	620	3...5	2,5	0,5	0,4
15	550	4...5	2,5	0,5	0,4
20	480	4...5	3,0	0,5	0,4
30	420	4...5	3,5	0,5	0,4
40	375	4...5	4,5	0,5	0,4
60	315	5...6	6,5	0,5	0,5
100	250	5...6	12	0,7	0,6

Brenngas: Erdgas (96 % Methan) oder Propan

s	Erdgas	Propan	Erdgas	Propan	Erdgas	Propan	Erdgas	Propan	Erdgas	Propan
3	590	620	2	2	1,3	1,5	1,4	1,1	0,8	0,30
5	560	590	2	2	1,3	1,5	1,4	1,1	0,8	0,30
10	500	525	3	3	1,7	2,8	1,5	1,3	0,9	0,35
15	440	470	3,5	3,5	2,0	2,5	1,5	1,3	0,9	0,35
20	380	410	4	4	2,3	3,0	1,5	1,3	0,9	0,35
30	340	360	4,5	4	3,0	3,5	1,5	1,3	0,9	0,35
40	300	320	4,5	4,5	4,5	4,5	1,5	1,3	0,9	0,35
60	250	270	5	5	6,0	6,5	1,5	1,5	0,9	0,40
100	200	210	5,5	5,5	10	12	1,7	2,2	1,0	0,60

[1] Werkstoff: unlegierter Baustahl (C ≤ 0,3 %); Schneiddüse: Standardausführung.

Richtwerte für das Plasmaschneiden[1]

Blechdicke s in mm	Lichtbogen- Strom I in A	Spannung U in V	Düsen-⌀ in mm	Brennerabstand in mm	Schneidgas in l/min			Schneidgeschwindigkeit in mm/min
					Ar	H_2	N_2	
2	120	95	1,4	4	10	–	14	2300
6	120	100	1,4	6	15	–	15	1200
10	120	110	1,4	6	20	20	–	850
20	200	120	2,0	8	25	15	–	680
30	200	120	2,9	8	30	18	–	520
40	250	130	2,5	9	25	12	8	320

[1] Werkstoff: hochlegierter Baustahl; vollmechanische Fertigung mit Argon-Wasserstoff-Technik.

Richtwerte für das Laserstrahlschneiden[1]

Blechdicke s in mm	Schneidgeschwindigkeit in m/min	Gasdruck in bar
1	6,2...4,0	10
2	3,2...2,4	14
3	1,8...1,5	14

[1] Werkstoff: hochlegierter Baustahl; Hochdruckschneiden mit Stickstoff und 1,2-kW-Laser.

Lichtbogenschweißen · Stabelektroden · Kennzeichnung 301

Stabelektroden für un- und niedriglegierte Stähle

Bezeichnungsbeispiel einer Stabelektrode

DIN 1913 ist im Januar 1995 durch DIN EN 499 ersetzt worden. Während einer Übergangszeit wird von Elektrodenherstellern die Bezeichnung von Stabelektroden nach beiden Normen vorgenommen.

Stabelektrode DIN 1913-E 51 32 RR 11 160

- Benennung
- DIN-Hauptnummer
- Kurzzeichen für das Lichtbogenhandschweißen
- Kennzahl für Zugfestigkeit, Streckgrenze und Dehnung
- Erste Kennziffer für Kerbschlagarbeit mindestens 28 J
- Zweite Kennziffer für erhöhte Kerbschlagarbeit mindestens 47 J
- Typ-Kurzzeichen für die Umhüllung
- Kennziffer der Klasse
- Kennzahl für das Ausbringen

Klasseneinteilung

Klasse	Elektrodentyp	Schweißposition	Stromeignung	Umhüllungsdicke in %[1]
2	A2 R2	1 1	5 5	≤ 120
3	R3 R(C)3	2 (1) 1	2 2	> 120 ≤ 155
4	C4	1	0⁺ (6)	> 120 ≤ 155
5	RR5 RR(C5)	2 1	2 2	> 155 ≤ 165
6	RR6 RR(C)6	2 1	2 2	> 165
7	A7 AR7 RR(B)7	2 2 2	5 5 5	> 155
8	RR8 RR(B)8	2 2	2 5	> 155
9	B9 B(R)9	1 1	0⁺ (6) 6	> 155
10	B10 B(R)10	2 2	0⁺ (6) 6	> 155
11	RR11 AR11	4 (3) 4 (3)	5 5	> 155
12	B12 B(R)12	4 (3) 4 (3)	0⁺ (6) 0⁺ (6)	> 155

[1] Bezogen auf den Kernstab-Nenndurchmesser: dünnumhüllt Gesamtdicke < 120 %; mitteldickumhüllt >120 bis 155 % ; dickumhüllt über 155 %.

Typ-Kurzzeichen für die Umhüllung

A	saureumhüllt	R(C)	rutilzellulose-umhüllt (mitteldick)
R	rutilumhüllt (dünn oder mitteldick)	RR(C)	rutilzellulose-umhüllt (dick)
RR	rutilumhüllt (dick)	B	basischumhüllt
AR	rutilsauer-umhüllt (Mischtyp)	B(R)	basischumhüllt mit nichtbasischen Anteilen
C	zelluloseumhüllt	RR(B)	rutilbasisch-umhüllt (dick)

© Verlag Gehlen

Stabelektroden für un- und niedriglegierte Stähle (Fortsetzung)

Kennziffer für die Schweißposition

Kennziffer	Schweißposition	Kennziffer	Schweißposition
1	w (PA), h (PB), hü (PD), s (PF) f (PG), q (PC), ü (PE)	3	Stumpfnaht w (PA) Kehlnaht w (PA), h (PB)
2	w (PA), h (PB), hü (PD), s (PF) q (PC), ü (PE)	4	Stumpfnaht w (PA) Kehlnaht w (PA)

Kennziffer für die Stromeignung

Polung der Stabelektrode	Gleichstrom	Gleich- oder Wechselstrom Leerlaufspannung bei Wechselstrom		
		50 V	70 V	80 V
jede Polung	0	1	4	7
negativ	0⁻	2	5	8
positiv	0⁺	3	6	9

Kennzahl für die Zugfestigkeit, Streckgrenze und Dehnung

Kennzahl	R_m in N/mm²	R_e in N/mm²	Dehnung A in %	
43	430 bis 550	≥ 355	22	bei ≈ 20 °C
51	510 bis 650	≥ 380		

Kennzahl für die Kerbschlagarbeit

Erste Kennzahl	Mindest-Kerbschlagarbeit[1] 28 J bei °C	Zweite Kennzahl	Mindest-Kerbschlagarbeit[1] 47 J bei °C
0	keine Angaben	0	keine Angaben
1	+20	1	+20
2	0	2	0
3	−20	3	−20
4	−30	4	−30
5	−40	5	−40

[1] ISO Spitzkerbprobe.

Zuordnung von Schweißgut zur Stahlsorte

Stahlart	Grundwerkstoff Stahlsorte	Kennzahl des mechanischen Gütewertes	
		Zugfestigkeit	Kerbschlagarbeit
Baustähle	S285JR, S285RG1, S275JR	43	10
	S235JO, S275JO, S355JO	43	30
	E295, E335, E360[1]	51	30
Rohrstähle	USt 37.0, St 37.0, St 44.0, St 52.0	43	00
	St 37.4, St 44.4, St 52.4	43	11
	StE 210.7, StE 290.7 StE 320.7, StE 360.7	43	22
	StE 385.7, StE 415.7 StE 415.7 TM, StE 480.7 TM	51	22
Warmfeste Stähle	UH I, St 37.8, St 42.8	43	00
	P235GH, P265GH, St 35.8, St 45.8	43	22
	P295GH, P355GH	43	22

[1] Schweißen unter Vorwärmen und mit basischumhüllter Stabelektrode.

Zuordnung von Schweißgut zur Stahlsorte (Fortsetzung)

Stahlart	Grundwerkstoff Stahlsorte	Kennzahl des mechanischen Gütewertes Zugfestigkeit	Kerbschlagarbeit
Feinkornbaustähle	P275N, P275NH P355N, P355NH	43	32
Schiffbaustähle Gütegrade	A	43	11
	B, D	43	22
	E	43	33
	A 32, A 36, D 32, D 36	51	22
	E 32, E 36	51	33

Normbezeichnung einer Stabelektrode — DIN EN 499

Beispiel: Stabelektrode EN 499-E 46 3 1Ni B 4 5 H5

- Norm-Nummer
- Kurzzeichen für umhüllte Stabelektrode/Lichtbogenhandschweißen
- Kennziffer für Festigkeits- und Dehnungseigenschaften des Schweißgutes
- Kennzeichen für Kerbschlagarbeit des Schweißgutes
- Kurzzeichen für die chemische Zusammensetzung des Schweißgutes
- Kurzzeichen für Umhüllungstyp[2]
- Kennziffer für das Ausbringen und die Stromart
- Kennziffer für die Schweißposition[1]
- Kennzeichen für den Wasserstoffgehalt des Schweißgutes

Kennziffer für Festigkeits- und Dehnungseigenschaften

Kennziffer	R_{eL} in N/mm^2	R_m in N/mm^2	A in %	Bemerkung
35	355	440...570	22	R_{eL} untere Streckgrenze; bei nicht eindeutig ausgeprägter Streckgrenze ist $R_{p0,2}$ anzuwenden.
38	380	470...600	20	
42	420	500...640	20	
46	460	530...680	20	
50	500	560...720	18	

Kurzzeichen für chemische Zusammensetzung

Legierungskurzzeichen	Chemische Zusammensetzung in Massen-%[3]		
	Mn	Mo	Ni
keine	2,0	–	–
Mo	1,4	0,3...0,6	–
MnMo	>1,4...2,0	0,3...0,6	–
1Ni	1,4	–	0,6...1,2
2Ni	1,4	–	1,8...2,6
3Ni	1,4	–	>2,6...3,8
Mn1Ni	>1,4...2,0	–	0,6...1,2
1NiMo	1,4	0,3...0,6	0,6...1,2
Z	Jede andere vereinbarte Zusammensetzung		

Kennzeichen für Kerbschlagarbeit

Kennzeichen	Temperatur °C für Mindestkerbschlagarbeit 47J
Z	keine Anforderungen
A	+20
0	0
2	–20
3	–30
4	–40
5	–50
6	–60

[1] Siehe Seite 302 und 304.
[2] Siehe Seite 301.
[3] Falls nicht festgelegt: Mo < 0,2; Ni < 0,3; Cr < 0,2; V < 0,05; Cu < 0,3.

© Verlag Gehlen

Normbezeichnung einer Stabelektrode (Fortsetzung) — DIN EN 499

Kennziffer für Ausbringen und Stromart			Kennzeichen für Wasserstoffgehalt	
Kennziffer	Ausbringen in %	Stromart	Kennzeichen	Wasserstoffgehalt in ml/100g Schweißgut
1	≤105	Wechsel- und Gleichstrom		
2	≤105	Gleichstrom	H5	5
3	>105 ≤125	Wechsel- und Gleichstrom	H10	10
4	>105 ≤125	Gleichstrom	H15	15
5	>125 ≤160	Wechsel- und Gleichstrom	Kennziffer für Schweißposition	
6	>125 ≤160	Gleichstrom	Ziffer	Schweißposition
7	>160	Wechsel- und Gleichstrom	1 bis 4	Siehe Tabelle Seite 302
8	>160	Gleichstrom	5	Fallposition u. Positionen wie 3

Richtwerte für das Lichtbogenhandschweißen

Nahtart	Blechdicke s in mm[1]	Spalt	Lagenart[2]	Elektrodenabmessung $l \times d$ in mm	Elektrodenaufwand n in Stück je m	Abschmelzzeit je Elektrode t_s in s	Schweißzusatz m_z in g/m
Werkstoff: unlegierter Baustahl (St 52-3) **Stabelektrode: DIN 1913-E 51 54 B 10 bzw. EN 499 E 42 3 B 42 H10** **Schweißposition: w (PA)**							
V-Naht 60°	6	1		3,25 × 450	7,2	88	210
	10	2	WL	3,25 × 450	4	88	608
				4,0 × 450	10,8	93	
	15	2	WL	3,25 × 450	4	85	1256
				4,0 × 450	25,3	93	
	20	2	WL	4,0 × 450	4	96	2127
				5,0 × 450	30,2	103	
Werkstoff: Blech P265GH **Stabelektrode: DIN 1913-E 43 32 AR 7 bzw. EN 499 E 38 2 RA 12** **Schweißposition: w (PA)**							
V-Naht 60°	4	1		2,5 × 350	8,5	58	103
	5	1		3,25 × 450	5,5	79	151
	6	1	WL	3,25 × 450	4	79	209
				4,0 × 450	2,5	98	
	7	1,5	WL	3,25 × 450	4	79	304
				4,0 × 450	4,5	98	
	8	1,5	WL	3,25 × 450	4	79	382
				4,0 × 450	6,5	96	
Werkstoff: unleg. Baustahl (St 52-3) **Stabelektrode: DIN 1913-E 51 54 B 10 bzw. EN 499 E 42 3 B 42 H10** **Schweißposition: w (PA)**							
Kehlnaht 90°	3	–	1 L	4,0 × 450	2,3	103	102
	4	–	1 L	4,0 × 450	3,4	103	155
	5	–	1 L	5,0 × 450	3,7	113	245
	8	–	1 WL 1 DL	5,0 × 450	8,6	113	575
	10	–	1 WL 2 DL	5,0 × 450	13,6	113	905

[1] Nahtdicke a in mm bei Kehlnähten. [2] 1L einlagig, WL Wurzellage, DL Decklage.

Lichtbogenhandschweißen · Elektrodenbedarf **305**

Elektrodenbedarf beim Lichtbogenhandschweißen

Kehlnaht

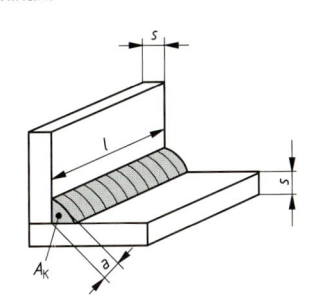

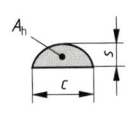

$A_k = a^2$

$A_v = s \cdot b + s^2 \cdot \tan \dfrac{\alpha}{2}$

$A_h = \dfrac{2}{3} \cdot c \cdot h$

$A = A_k + A_h$
bzw.
$A = A_v + A_h$

$V_N = A \cdot l$

$V_E = \dfrac{V_E'}{f_L}$

$i = \dfrac{V_N}{V_E \cdot f_A}$

$f_A = 0{,}8 \ldots 2{,}1$

V-Naht

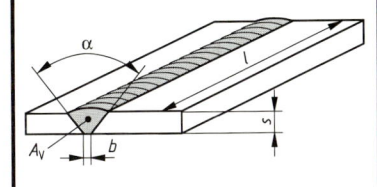

A	Nahtquerschnitt
A_k	Nahtquerschnitt der Kehlnaht
A_v	Nahtquerschnitt der V-Naht
A_h	Querschnitt der Nahtüberhöhung
α	Nahtöffnungswinkel
a	Nahtdicke
b	Nahtspaltbreite
c	Nahtbreite
f_A	Ausbringungsfaktor
f_L	Korrekturfaktor für die Elektrodenrestlänge
h	Nahtüberhöhung
i	Anzahl der Elektroden
l	Nahtlänge
s	Blechdicke
V_N	Nahtvolumen
V_E	genutztes Elektrodenvolumen unter Berücksichtigung der Elektrodenrestlänge
V_E'	gesamtes Elektrodenvolumen

Querschnitt der Nahtüberhöhung

Korrekturfaktoren f_L für die Elektrodenrestlänge

Elektrodenlänge in mm	Elektrodenrestlänge in mm							
	30	40	50	60	70	80	90	100
250	0,91	0,95	1,00	1,05	1,11	1,18	1,25	1,34
350	0,94	0,97	1,00	1,04	1,07	1,11	1,16	1,20
450	0,95	0,98	1,00	1,03	1,05	1,08	1,11	1,14

Elektrodenabmessungen

Durchmesser × Länge in mm	gesamtes Elektrodenvolumen V_E' in mm³	Durchmesser × Länge in mm	gesamtes Elektrodenvolumen V_E' in mm³
2,0 × 250	785	4,0 × 350	4398
2,0 × 350	1100	4,0 × 450	5655
2,5 × 250	1227	5,0 × 350	6872
2,5 × 350	1718	5,0 × 450	8836
3,25 × 350	2904	6,0 × 450	12723
3,25 × 450	3733	8,0 × 450	22619

© Verlag Gehlen

Weichlote				DIN EN 29 453	
Legierungsbasis	Leg.-Nummer	Legierungs-kurzzeichen	Schmelz-temp. in °C [2]	Verwendung	
Zinn-Blei	1	S-Sn63Pb37[1]	183	Elektro-, Feinwerk-, Miniaturtechnik
	2	S-Sn60Pb40[1]	183...190	Verzinnen, gedruckte Schaltungen
	3	S-Pb50Sn50[1]	183...215	Verzinnen, Elektrotechnik
	4	S-Pb55Sn45	183...226	Feinblecharbeiten, Metallwaren
	5	S-Pb60Sn40	183...235	
	6	S-Pb65Sn35	183...245	Installationsarbeiten
	7	S-Pb70Sn30	183...255	verzinkte Feinbleche
	8	S-Pb90Sn10	268...302	
	9	S-Pb92Sn8	280...305	
	10	S-Pb98Sn2	320...325	Kühlerbau
Zinn-Blei mit Antimon	11	S-Sn63Pb37Sb	183	Feinwerktechnik
	12	S-Sn60Pb40Sb	183...190	Verzinnen, Feinlöten
	13	S-Pb50Sn50Sb	183...216	Verzinnen, Feinblecharbeiten
	14	S-Pb58Sn40Sb2	185...231	Verzinnen, Installationsarbeiten
	15	S-Pb69Sn30Sb1	185...250	Bleilötungen
	16	S-Pb74Sn25Sb1	185...263	Kühlerbau, Schmierlot
	17	S-Pb78Sn20Sb2	189...270	Karosseriebau, Schmierlot
Zinn-Antimon	18	S-Sn95Sb5	230...240	Kältetechnik
Zinn-Blei-Wismuth	19	S-Sn60Pb38Bi2	180...185	Feinlöten
	20	S-Pb49Sn48Bi3	178...205	
Wismuth-Zinn	21	S-Bi57Sn43	138	Niedertemperaturlot
Zinn-Blei-Cadmium	22	S-Sn50Pb32Cd18	145	Feinlöten, Zinnwaren, Kondensatoren, Schmelzsicherungen
Zinn-Kupfer	23	S-Sn99Cu1	230...240	Kupferrohrinstallation
Zinn-Blei-Kupfer	24	S-Sn97Cu3	230...250	Installationsarbeiten
	25	S-Sn60Pb38Cu2	183...190	gedruckte Schaltungen, Elektrotechnik
	26	S-Sn50Pb49Cu1	183...215	Elektrogerätebau
Zinn-Indium	27	S-Sn50In50	117...125	Glas-Metall-Lötungen
Zinn-Silber	28	S-Sn96Ag4	221	Kupferrohrinstallation
Zinn-Blei-Silber	29	S-Sn97Ag3	221...230	
	30	S-Sn62Pb36Ag2	178...190	Elektrogerätebau, Miniaturtechnik
	31	S-Sn60Pb36Ag4	178...180	gedruckte Schaltungen
Blei-Silber	32	S-Pb98Ag2	304...365	Elektrotechnik
	33	S-Pb95Ag5	304...365	für hohe Betriebstemperaturen
	34	S-Pb93Sn5Ag2	296...301	Elektrotechnik, Elektronik

In der Norm DIN EN 29 453 sind nicht alle Weichlote zum Löten von Schwer- und Leichtmetallen erfasst; diese sind im Normenentwurf E DIN 1707 enthalten.

[1] Zusatz "E" bedeutet eine höhere Reinheit; Lote werden in der Elektronik-Industrie verwendet; zum Beispiel: S-Sn63Pb37E.
[2] Der untere Temperaturwert entspricht der Solidus-, der obere der Liquidustemperatur.

Hartlöten · Hartlote

Hartlote — DIN 8513

Werkstoff-gruppe	Werkstoff-nummer	Kurzzeichen	Schmelz-bereich in °C[1]	Verwendungshinweise Lotzufuhr[2]	Verwendungshinweise Lötstelle[2]	Grund-werkstoff
Silberhaltige Hartlote für Schwermetalle						
Silbergehalt unter 20 % A	2.1207	L-Ag12	800...830	a, e	S	St, GT, Ni, Ni- und Cu-Legierung
	2.1205	L-Ag5	820...870	a, e	S, F	
	2.1210	L-Ag15P	650...800	a, e	S	Rotguss, Cu, Cu-Zn-Legierung, Cu-Sn-Legierung
	2.1466	L-Ag5P	650...810	a, e	S, F	
	2.1467	L-Ag2P	650...810	a, e	S, F	
Silbergehalt über 20 % B	2.5143	L-Ag50Cd	620...640	a, e	S	Edelmetalle, St, Cu-Legierung
	2.5146	L-Ag45Cd	620...635			
	2.5141	L-Ag40Cd	595...630	a, e	S	St, GT, Cu, Cu-Legierung, Ni, Ni-Legierung
	2.5145	L-Ag30Cd	600...690			
	2.1218	L-Ag25Cd	605...720			
	2.5158	L-Ag45Sn	640...680			
	2.5165	L-Ag40Sn	630...730			
	2.5167	L-Ag30Sn	680...765			
Sonderlote C	2.1217	L-Ag27	680...830	a, e	S	[3] [4]
	2.5160	L-Ag50CdNi	645...690			[3] Cu
	2.5162	L-Ag56InNi	620...730			[5]
Hartlote für Schwermetalle						
Kupfer-basislote D	2.0091	L-SFCu	1083	e	S	Stähle
	2.1055	L-CuSn12	825...990	e	S	Fe- und Ni-Leg.
	2.0367	L-CuZn40	890...900	e	S, F	St, GT, Cu, Ni, Cu- und Ni-Leg.
	2.0533	L-CuZn38Sn	870...890	a, e	S, F	
				a	F	Gusseisen
	2.0413	L-CuZn46	880...890	e	S	St, GT, Cu-Leg.
	2.1465	L-CuP8	710...750	a, e	S	Cu, Cu-Zn- und Cu-Sn-Legierung
Hartlote für Aluminiumlegierungen						
Aluminium-basislote E	3.2280	L-AlSi7,5	575...615	a, e	S	Al u. Al-Leg. unter Vakuum od. Schutzgas
	3.2282	L-AlSi10	575...595			
	3.2285	L-AlSi12	575...590			
Hartlote zum Hochtemperaturlöten						
Nickel-basislote F	2.4140	L-Ni1	977...1038	a, e	S	Ni, Co, Co-Legierung, unlegierter und legierter Stahl
	2.4142	L-Ni2	971...999			
	2.4143	L-Ni3	982...1038			
	2.4147	L-Ni4	982...1066			

[1] Obere bzw. untere Temperatur Liquidus- bzw. Solidustemperatur; Arbeitstemperatur an oberer Grenze.
[2] Lotzufuhr: a Lot angesetzt, e Lot eingelegt; Lötstelle: S Spaltlöten, F Fugenlöten.
[3] Hartmetall auf Stahl.
[4] W- und Mo-Werkstoffe.
[5] Cr- und Cr-Ni-Stähle.

© Verlag Gehlen

Löten · Flussmittel

Flussmittel zum Weichlöten — DIN EN 29454

Einteilung nach den Hauptbestandteilen				Einteilung nach der Wirkung		
Flussmittel-typ	Flussmittel-basis	Flussmittel-aktivator	Flussmittel-art	Kurzzeichen DIN EN	Kurzzeichen DIN 8511	Wirkung der Rückstände
1 Harz	1 Kolophonium 2 ohne Kolophonium	1 ohne 2 aktiviert mit Halogenen 3 aktiviert ohne Halogene		3.2.2 3.1.1 3.2.1	F-SW-11 F-SW-12 F-SW-13	korrodierend
2 organisch	1 wasserlöslich 2 nicht wasserlöslich		A flüssig	3.1.1 3.1.2 2.1.3 1.2.2	F-SW-21 F-SW-22 F-SW-23 F-SW-28	
3 anorganisch	1 Salze	1 mit Ammoniumchlorid 2 ohne Ammoniumchlorid	B fest C Paste			bedingt korrodierend
	2 Säuren	1 Phosphorsäure 2 andere Säuren		1.1.1 1.1.3 1.2.3 2.2.3	F-SW-31 F-SW-32 F-SW-33 F-SW-34	nicht korrodierend
	3 alkalisch	1 Amine u./o. Ammoniak				

Beispiel für die Bezeichnung eines Flussßmittels:
Flussmittel ISO 9454-3.1.1.B
Erläuterung: vom Flussmitteltyp anorganisch (3), Flussmittelbasis Salz (1), mit Aminen aktiviert (1), fester Lieferzustand (B)

Flussmittel zum Hartlöten — DIN 8511

Gruppe	Typ	Wirktemperatur in °C	Anwendung	Wirkung der Rückstände[1]
Flussmittel zum Hartlöten von Schwermetallen	F-SH1	550...800	Automobilbau	korrodierend
	F-SH2	750...1100	Kühlerbau	nicht
	F-SH3	1000...1250	Reaktorbau	korrodierend
	F-SH4	600...1000		korrodierend
Flussmittel zum Hartlöten von Leichtmetallen	F-LH1	–	[2]	korrodierend
	F-LH2	–		nicht korrodierend

Beispiel für die Bezeichnung eines Flussmittels:
Flussmittel DIN 8511-F-SH1
Erläuterung: F für Flussmittel, S für Schwermetalle bzw. L für Leichtmetalle, H für Hartlöten

[1] Korrodierend wirkende Rückstände müssen mechanisch entfernt oder abgebeizt werden.
[2] Die Auswahl erfolgt nach der Möglichkeit des Entfernens der Rückstände.

© Verlag Gehlen

Eigenschaften von Klebstoffen für Metalle

Klebstoff		Verarbeitung[1]		Eigenschaften[2]			
Stoffbasis	Komponenten	Temperatur °C	Druck N/cm^2	Festigkeit	Verformbarkeit	Alterungsbeständgk.	Wärmebest. bis °C
Epoxidharz	2	20	–	1...2	2	3	60...80
	1	120	–	1	2	2	200
Phenolharz	2	150	80	1...2	3	1	200
Polyurethanharz	2	20	–	2...3	1	3...4	60...80
Mischpolymerisate	2	20	–	2...3	2	2...3	60...80
Epoxid-Phenolharz	1	150	80	1	2...3	1...2	250
Epoxid-Polyamid	1	150	5	1	1	1...3	80
Polyamidharz	1	180	50	2...3	3	1	400
Zyanatharz	1	180	–	2...3	3	2	200
Zyanacrylat	1	20	–	2	3...4	3	80
Diacrylsäureester	1	20	–	2	3	3	80...120
PVC	1	200	–	3...4	2	2	80...100
Heißschmelzkleber	1	100	1	3...4	1	2	80...100

[1] Für die richtige Verarbeitung sind die Vorschriften der Hersteller zu beachten.
[2] Vergleichende Bewertung: 1 sehr gut; 2 gut; 3 mittel; 4 schlecht.

Beanspruchung von Klebverbindungen VDI 2229

Gruppe	Umgebung	Verwendung
Niedrige Beanspruchung Zugscherfestigkeit bis 5 N/mm^2	Klima in geschlossenen Räumen Kein Kontakt mit Feuchtigkeit	Feinmechanik, E-Technik, einfache Klebverbindungen
Mittlere Beanspruchung Zugscherfestigkeit bis 10 N/mm^2	Kontakt mit Ölen und Treibstoffen	Maschinenbau Fahrzeugbau
Hohe Beanspruchung Zugscherfestigkeit > 10 N/mm^2	Direkte Berührung mit wässrigen Lösungen, Ölen, Treibstoffen	Fahrzeugbau, Flugzeugbau Schiffsbau, Behälterbau

Vorbehandlung der Oberflächen für Klebverbindungen VDI 2229

Werkstoff	Beanspruchung		
	niedrige	mittlere	hohe
Aluminiumlegierungen	keine Behandlung	1. Beizen 2. Schleifen oder Bürsten	1. Strahlen und 2. Beizen in 27,5 % konzentrierter Schwefelsäure, 7,5 % Natriumdichromat, Rest Wasser bei 60 °C und 30 min und 3. Chemische Vorbehandlung in 6 % phosphathaltiger wässriger Lösung bei 80...95 °C und 0,5...1 min und 4. Pickling-Beize und anodische Oxydation.
Gusseisen	Gusshaut entfernen	Schmirgeln, Schleifen	Strahlen
Kupfer, Messing	keine Behandlung	Schmirgeln, Schleifen	Strahlen
Magnesium	keine Behandlung	Schmirgeln, Schleifen	1. Strahlen und 2. Beizen in Salpetersäurekaliumdichromatlösung 20 % von 70%iger HNO_3, 15 % $K_2Cr_2O_7$, Rest Wasser.

© Verlag Gehlen

Vorbehandlung der Oberflächen für Klebverbindungen (Fortsetzung) — VDI 2229

Werkstoff	Beanspruchung		
	niedrige	mittlere	hohe
Stahl	keine Behandlung	Schmirgeln, Schleifen	Strahlen
Stahl, verzinkt	keine Behandlung	keine Behandlung	keine Behandlung
Stahl, brüniert	sehr gründlich entfetten	sehr gründlich entfetten	Strahlen
Titan	keine Behandlung	Bürsten mit Stahlbürste	Beizen in Flusssäurelösung 15 % von 50%ige HF, Rest Wasser 3 min.
Zink	Bei allen Beanspruchungen keine Behandlung oder schwaches Aufrauen.		

Anmerkung: Für alle in der Übersicht nicht genannten Metalle wird eine zufriedenstellende Klebverbindung erreicht, wenn die Oberfläche metallisch blank oder mechanisch aufgeraut ist. Bei schnell oxydierenden Metallen wie Blei muss der Klebstoff unmittelbar nach dem Aufrauen aufgetragen werden.

Wirksamkeit des abschließenden Spülvorganges

schlecht	ausreichend	gut
Wässern in ruhendem Wasser ohne Erneuerung des Wassers.	Mehrmaliges Tauchen oder Bewegen der Teile im Wasser bei kontinuierlichem Zulauf.	Nachspülen durch Abspritzen mit voll entsalztem Wasser.

Prüfnormen für das Metallkleben (Auswahl)

DIN-Norm	Inhalt
53281	Prüfung von Metallklebstoffen und Metallklebungen: Probekörper, Vorbehandlung der Klebfläche; Zusammenstellung empfehlenswerter Behandlungsverfahren wichtiger Metalle
53282	Winkelschälversuch: Ermittlung des Widerstandes einer Klebverbindung gegen abschälende Kräfte
53283	Zugversuch: Bestimmen der Bindefestigkeit von einschnittig überlappten Klebungen
53284	Zeitstandversuch: Bestimmen der Zeitstand- und Dauerfestigkeit von einschnittig überlappten Klebungen
53285	Dauerschwingversuch: Ermitteln der Schwellfestigkeit bei Zugschwellbeanspruchung
53288	Zugversuch: Bestimmen der Zugfestigkeit senkrecht zur Klebefläche
54451	Zugscherversuch: Ermitteln des Schubspannungs-Gleitungs-Diagramms eines Klebstoffes in einer Klebverbindung, daraus lassen sich u. a. Schubmodul, Schubfestigkeit, Bruchgleitung ableiten.
54452	Druckscherversuch: Bestimmen der Scherfestigkeit

Zugscherfestigkeiten von Klebverbindungen — VDI 2229

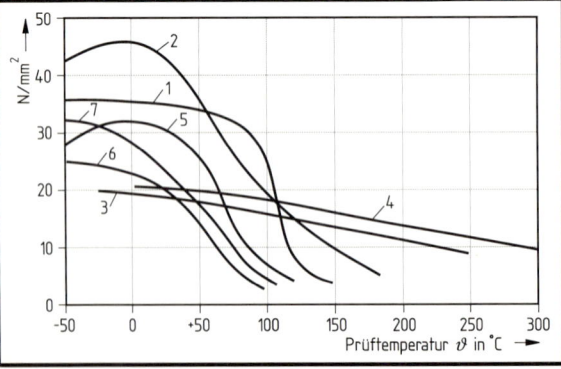

Warmbindende Klebstoffe:
1 Epoxid
2 Epoxid-Polyamid
3 Epoxid-Phenol
4 Polyamid
5 Epoxid-Polyaminoamid
Kaltbindende Klebstoffe:
6 Epoxid
7 Methacrylat

(Diagramm: Zugscherfestigkeit in N/mm^2 über Prüftemperatur ϑ in °C, Bereich −50 bis 300 °C)

Struktur der Arbeitsvorbereitung

```
          Entwicklung und Konstruktion
                     ↕
              Arbeitsvorbereitung
          ┌──────────┴──────────┐
   Fertigungsplanung      Fertigungssteuerung / -lenkung
          └──────────┬──────────┘
              Arbeitsdurchführung
```

Aufgaben der Fertigungsplanung

Ablaufplanung. Sie umfasst Arbeits-, Zeit-, Materialfluss- und Transportplanung.
- **Arbeitsplanung**
  Wichtigster Teil der Fertigungsplanung, Grundlagen bilden Zeichnungen und Stücklisten aus der Konstruktion, Ausstattungen des Betriebes mit Maschinen, Werkzeugen, Prüfmitteln, Vorrichtungen und Transporteinrichtungen. Das Ergebnis ist der **Arbeitsplan**.
  Im Einzelnen wird Folgendes festgelegt:
  Kostenstellen: Bezeichnung der Fertigungsstellen, welche die jeweiligen Arbeitsgänge ausführen.
  Arbeitsvorgänge: Art und Reihenfolge der zum Arbeitsablauf notwendigen Arbeitsgänge.
  Betriebsmittel: Bestimmen der einzusetzenden Maschinen, Vorrichtungen, Werkzeuge und Prüfmittel.
  Lohngruppen: Werden durch Arbeitsbewertung ermittelt, erleichtern Auswahl der Arbeitskräfte.
  Rüst-/Ausführungszeiten: Werden durch Arbeitszeitstudien, Erfahrungswerte und Schätzungen ermittelt. Summe von Rüst- und Ausführungszeiten ergeben die Auftragszeit.
- **Zeitplanung**
  Ermittelt den Zeitbedarf für alle Arbeitsvorgänge (Durchlaufzeit). Festgehalten in **Fristenplänen**, dargestellt als Balkendiagramm oder Netzplan.
- **Materialfluss- und Transportplanung**
  Rationelle Gestaltung des Arbeitsflusses zwischen den Arbeitsplätzen. Festgehalten im **Materialflussbogen**.

Bedarfsplanung. Sie umfasst Personal-, Material- und Betriebsmittelplanung.
- **Personalplanung**
  Ermitteln von Art und Anzahl der benötigten Arbeitskräfte.
- **Materialplanung**
  Ermitteln des Bedarfs an Roh-, Hilfs- und Betriebsstoffen sowie an fremdbezogenen und selbst gefertigten Teilen.
- **Betriebsmittelplanung**
  Festlegen von Art und Anzahl der notwendigen Gebäude und Fahrzeuge sowie der Maschinen, Vorrichtungen, Werkzeuge und Prüfmittel.

Aufgaben der Fertigungssteuerung/-lenkung

Einleiten der Fertigung
- Bestimmen der Losgröße (= je Fertigungsgang erstellte Erzeugnismenge)
  Mit der Wahl wird auf die Höhe der Rüst- und Lagerkosten eingewirkt. Wenn die Summe der Rüst- und Lagerkosten ein Minimum erreicht, entsteht die optimale Losgröße.
- Vordisponieren der Fertigung
  Vorbereiten der Fertigungsstellen, Bereitstellen des Materials.

Terminplanung und Terminüberwachung des Arbeitsfortschritts

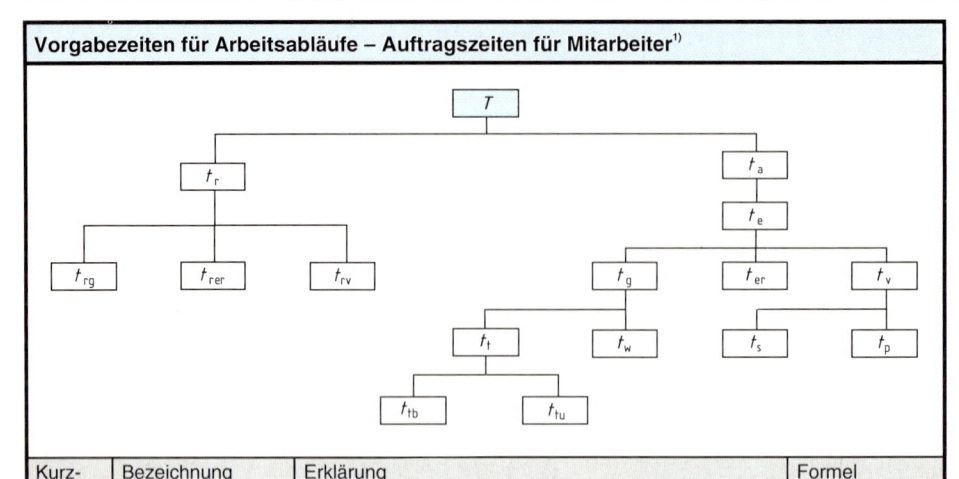

Vorgabezeiten für Arbeitsabläufe – Auftragszeiten für Mitarbeiter[1]

```
                            T
            ┌───────────────┴───────────────┐
           t_r                              t_a
     ┌──────┼──────┐                        │
    t_rg  t_rer  t_rv                      t_e
                            ┌────────┬──────┼──────┐
                           t_g      t_er   t_v
                      ┌─────┴─────┐
                     t_t         t_w         t_s    t_p
                  ┌───┴───┐
                 t_tb    t_tu
```

Kurz-zeichen	Bezeichnung	Erklärung	Formel
T	Auftragszeit	Vorgabezeit für den arbeitsausführenden Mitarbeiter	$T = t_r + t_a$
t_r	Rüstzeit	Vorgabezeit für Vor- und Nachbereitungsarbeiten an Maschinen, Vorrichtungen, Werkzeugen und Prüfmitteln	$t_r = t_{rg} + t_{rer} + t_{rv}$
t_{rg}	Rüstgrundzeit	Vorgabezeit für das planmäßige Rüsten ohne Rüsterholungs- und Rüstverteilzeiten	
t_{rer}	Rüsterholungszeit	Planmäßige Erholung während des Rüstens	
t_{rv}	Rüstverteilzeit	Unvorhergesehene und unregelmäßige Zeiten, die über das planmäßige Rüsten hinausgehen	
t_a	Ausführungzeit	Vorgabezeit für die Arbeitsausführung an allen Einheiten m des Auftrages ohne Rüstzeiten	$t_a = m \cdot t_e$
m	Mengeneinheit	Anzahl der innerhalb des Auftrags zu fertigenden Einheiten (Stückzahl)	
t_e	Zeit für eine Einheit	Vorgabezeit für den arbeitsausführenden Mitarbeiter an einer Einheit des Auftrags	$t_e = t_g + t_{er} + t_v$
t_g	Grundzeit	Vorgabezeit für das planmäßige Ausführen des Auftrags	$t_g = t_t + t_w$
t_t	Tätigkeitszeit	Haupttätigkeitszeit zur Auftragsausführung, ohne Wartezeit	$t_t = t_{tb} + t_{tu}$
t_{tb}	Tätigkeitszeit, beeinflussbar	Vorgabezeit, die der arbeitsausführende Mitarbeiter durch hohe Anstrengung und Geschicklichkeit beeinflussen kann	
t_{tu}	Tätigkeitszeit, unbeeinflussbar	Vorgabezeit, die der arbeitsausführende Mitarbeiter nicht beeinflussen kann	
t_w	Wartezeit	Vorgabezeit, in der ein Mitarbeiter fertigungsbedingt wartet	
t_{er}	Erholungszeit	Planmäßige Erholungszeit während der Auftragsausführung	
t_v	Verteilzeit	Zeit, die unregelmäßig und unvorhersehbar auftritt	$t_v = t_s + t_p$
t_s	Verteilzeit, sachlich	Unvorhersehbare und gelegentlich auftretende Zeit, die sachlich begründet ist	
t_p	Verteilzeit, persönlich	Unvorhersehbare und gelegentlich auftretende Zeit, die persönlich bedingt ist	

[1] Nach REFA: Verband für Arbeitsstudien und Betriebsorganisation e. V.

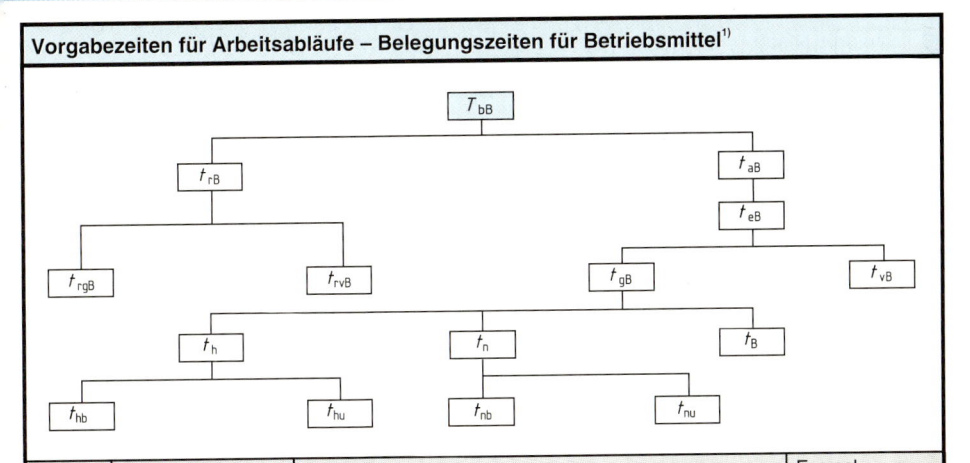

Belegungszeiten für Betriebsmittel · Betriebsmittelausführungszeit · Betriebsmittelrüstzeit

Vorgabezeiten für Arbeitsabläufe – Belegungszeiten für Betriebsmittel[1]

Baumstruktur:
- T_{bB}
  - t_{rB}
    - t_{rgB}
    - t_{rvB}
      - t_h
        - t_{hb}
        - t_{hu}
      - t_n
        - t_{nb}
        - t_{nu}
      - t_B
  - t_{aB}
    - t_{eB}
      - t_{gB}
      - t_{vB}

Kurz-zeichen	Bezeichnung	Erklärung	Formel
T_{bB}	Betriebsmittel-Belegungszeit	Vorgabezeit für das zu belegende Betriebsmittel	$T_{bB} = t_{rB} + t_{aB}$
t_{rB}	Betriebsmittel-Rüstzeit	Vorgabezeit für das Vor- und Nachbereiten des Betriebsmittels	$t_{rB} = t_{rgB} + t_{rvB}$
t_{rgB}	Betriebsmittel-Rüstgrundzeit	Vorgabezeit für das planmäßige Rüsten des Betriebsmittels	
t_{rvB}	Betriebsmittel-Rüstverteilzeit	Unvorhergesehene und unregelmäßige Zeiten, die über Rüsten hinausgehen	In der Regel: $t_{rvB} = t_{rv}$
t_{aB}	Betriebsmittel-Ausführungszeit	Vorgabezeit für das Betriebsmittel zur Arbeitsausführung an allen Einheiten des Auftrags	$t_{aB} = m \cdot t_{eB}$
t_{eB}	Zeit je Einheit	Vorgabezeit für das Betriebsmittel an einer Einheit	$t_{eB} = t_{gB} + t_{vB}$
t_{gB}	Betriebsmittel-Grundzeit	Vorgabezeit für das planmäßige Belegen des Betriebsmittels während der Fertigung	$t_{gB} = t_h + t_n + t_b$
t_{vB}	Betriebsmittel-Verteilzeit	Unvorhergesehene und unregelmäßige Zeiten, die über die planmäßige Belegung des Betriebsmittels hinausgehen	
t_h	Hauptnutzungszeit	Vorgabezeit, in der der Auftrag durch Arbeitsfortschritt am Werkstück vorangebracht wird	$t_h = t_{hb} + t_{hu}$
t_{hb}	beeinflussbare Hauptnutzungszeit	Vorgabezeit, die der Mitarbeiter durch hohe Anstrengung und Geschicklichkeit beeinflussen kann	
t_{hu}	unbeeinflussbare Hauptnutzungszeit	Vorgabezeit, die der Mitarbeiter nicht beeinflussen kann	
t_n	Nebennutzungszeit	Vorgabezeit für die planmäßige Vorbereitung, Beschickung, Entleerung oder Unterbrechung des Betriebsmittels	$t_n = t_{nb} + t_{nu}$
t_{nb}	beeinflussbare Nebennutzungszeit	Vorgabezeit, die der Mitarbeiter durch hohe Anstrengung und Geschicklichkeit beeinflussen kann	
t_{nu}	unbeeinflussbare Nebennutzungszeit	Vorgabezeit, die der Mitarbeiter nicht beeinflussen kann	
t_b	Brachzeit	Vorgabezeit für verfahrens- und erholungsbedingte Unterbrechungen in der planmäßigen Nutzung des Betriebsmittels	

[1] Nach REFA: Verband für Arbeitsstudien und Betriebsorganisation e. V.

© Verlag Gehlen

Betriebsmittelhauptnutzungszeit

Unbeeinflussbare Hauptnutzungszeit = $\dfrac{\text{Vorschubweg}}{\text{Vorschubgeschwindigkeit}}$ $t_{hu} = \dfrac{L}{v_f}$ $v_f = f \cdot n$ $t_{hu} = \dfrac{L \cdot i}{f \cdot n}$

t_{hu}	Unbeeinflussbare Hauptnutzungszeit	L	Vorschubweg
i	Anzahl gleichartiger Bearbeitungsvorgänge	v_f	Vorschubgeschwindigkeit
f	Vorschub	n	Drehzahl oder Hubzahl

Betriebsmittelhauptnutzungszeit beim Bohren, Senken, Reiben und Gewindebohren

$t_{hu} = \dfrac{L \cdot i}{f \cdot n}$

t_{hu}	Unbeeinflussbare Hauptnutzungszeit	L	Vorschubweg
f	Vorschub je Umdrehung	n	Drehzahl des Bohrers, Senkers, der Reibahle oder des Gewindebohrers
i	Anzahl der Bohrungen		

Verfahren

Bohren	Senken (Zapfens.)	Reiben	Gewindebohren
$L = l_t + l_s + l_a + l_ü$	$L = l_t + l_a$	$L = l_t + l_s + l_a + l_ü$	$L = l_t + l_s + l_a + l_ü$
$l_s = \dfrac{d}{2 \cdot \tan\dfrac{\sigma}{2}}$	–	$l_s = \dfrac{d}{2 \cdot \tan\dfrac{\gamma}{2}}$	$l_s = g \cdot P$
Bei Grundlochbohrung: $l_ü = 0$ sonst $l_a \approx l_ü = 2$ mm	$l_a = 2$ mm $l_ü = 0$	$l_a + l_ü \approx d$	–

l_s	Anschnitt (Spitzenlänge)	l_a	Anlauf	$l_ü$	Überlauf
l_t	Werkstückdicke	γ	Spitzenwinkel der Reibahle	σ	Spitzenwinkel des Bohrers
d	Werkzeugdurchm.	g	Gangzahl	P	Steigung

Betriebsmittelhauptnutzungszeit beim Hobeln und Stoßen

$t_{hu} = \dfrac{B \cdot i}{f \cdot n}$ $t_{hu} = \left(\dfrac{L}{v_c} + \dfrac{L}{v_r}\right) \cdot \dfrac{B \cdot i}{f}$

$B = b_w + b_a + b_ü$ $L = l_w + l_a + l_ü$

t_{hu}	Unbeeinflussbare Hauptnutzungszeit
B	Hobel- oder Stoßbreite
L	Hobel- oder Stoßlänge (= Hublänge)
i	Anzahl der Schnitte
f	Vorschub je Doppelhub
n	Doppelhubzahl
v_c	Schnittgeschwindigkeit (Vorlauf)
v_r	Rücklaufgeschwindigkeit
l_w	Werkstücklänge
l_a	Anlauf $l_ü$ Überlauf
b_w	Werkstückbreite
b_a	Anlaufbreite $b_ü$ Überlaufbreite

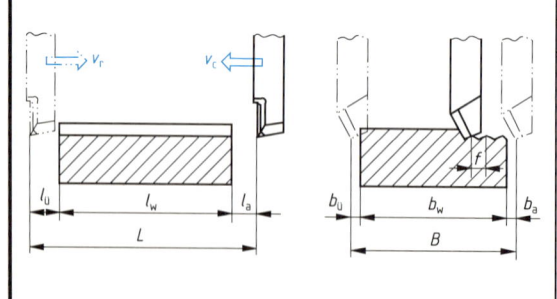

Beim Hobeln/Stoßen von Absätzen fällt $b_ü$ weg.

© Verlag Gehlen

Betriebshauptnutzungszeit für Längs-Runddrehen / Quer-Plandrehen / Gewindedrehen **315**

Betriebsmittelhauptnutzungszeit beim Drehen

$$t_{hu} = \frac{L \cdot i}{f \cdot n}$$

t_{hu}	Unbeeinflussbare Hauptnutzungszeit	L	Vorschubweg
i	Anzahl der Schnitte	f	Vorschub je Umdrehung
n	Drehzahl		

Verfahren

Längs-Runddrehen		Quer-Plandrehen		
Vollzylinder glatt	Vollzyl. abgesetzt	Vollzylinder glatt	Vollzyl. abgesetzt	Hohlzylinder
$L = l_w + l_a + l_ü$	$L = l_w + l_a$	$L = \frac{d_2}{2} + l_a$	$L = \frac{d_2 - d_1}{2} + l_a$	$L = \frac{d_2 - d_1}{2} + l_a + l_ü$
$n = \frac{v_c}{\pi \cdot d_2}$		$n = \frac{v_c}{\pi \cdot d_m}$		
—		$d_m = \frac{d_2}{2}$	$d_m = \frac{d_2 + d_1}{2}$	

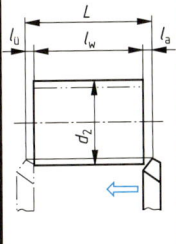

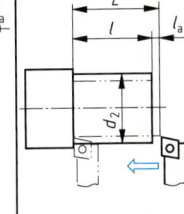

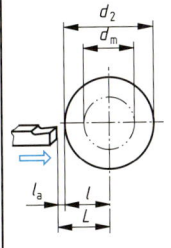

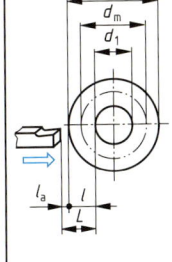

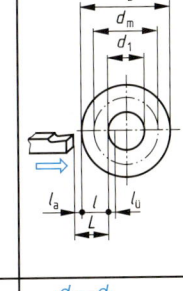

l_w Drehlänge
l_a Anlauf
$l_ü$ Überlauf
d_2 Außendurchmesser des Werkstückes
d_1 Innendurchmesser des Werkstückes
d_m Mittlerer Durchmesser des Werkstückes
v_c Schnittgeschwindigkeit (bezogen auf d_2)
n Drehzahl (konstant betrachtet)

Gewindedrehen

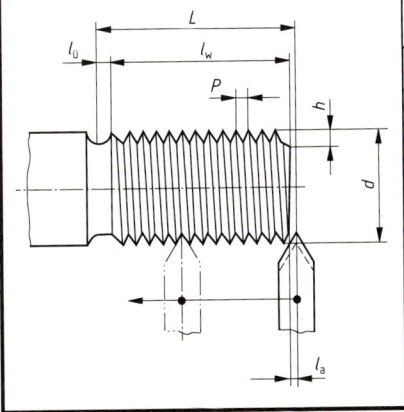

$$t_{hu} = \frac{L \cdot i \cdot g}{P \cdot n} \qquad t_{hu} = \frac{L \cdot i \cdot g \cdot \pi}{P \cdot v_c} \qquad i = \frac{h}{a} \qquad L = l_w + l_a + l_ü$$

t_{hu} Unbeeinflussbare Hauptnutzungszeit
L Vorschubweg
i Anzahl der Schnitte
g Gewindegangzahl
P Gewindesteigung
n Drehzahl
d Gewindenenndurchmesser
v_c Schnittgeschwindigkeit
h Gewindetiefe
a Schnitttiefe
l_w Gewindelänge
l_a Anlauf
$l_ü$ Überlauf

© Verlag Gehlen

Betriebsmittelhauptnutzungszeit beim Fräsen

$$t_{hu} = \frac{L \cdot i}{v_f} \qquad v_f = f \cdot n \qquad f = f_z \cdot z$$

t_{hu}	Unbeeinflussbare Hauptnutzungszeit	L	Vorschubweg
v_f	Vorschubgeschwindigkeit	i	Anzahl der Schnitte
f	Vorschub je Fräserumdrehung	n	Drehzahl
f_z	Vorschub je Fräserzahn	z	Zähnezahl des Fräsers

Verfahren

Umfangs-Planfräsen

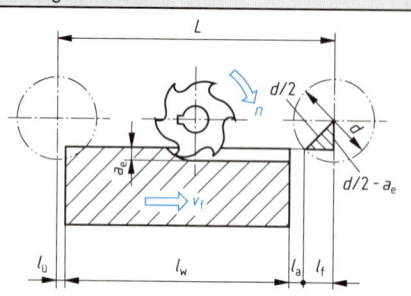

Stirn-Umfangs-Planfräsen

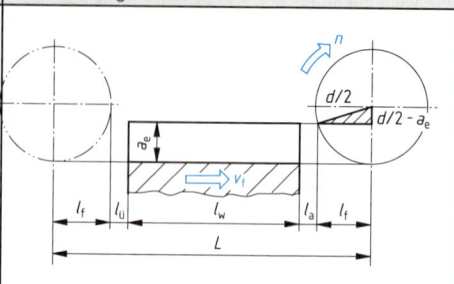

Schruppen oder Schlichten	Schruppen	Schlichten
$L = l_w + l_a + l_ü + l_f$	$L = l_w + l_a + l_ü + l_f$	$L = l_w + l_a + l_ü + 2 \cdot l_f$
$l_f = \sqrt{d \cdot a_e - a_e^2}$	$l_f = \sqrt{d \cdot a_e - a_e^2}$	
$l_a = l_ü \approx 1{,}5$ mm	$l_a = l_ü \approx 1{,}5$ mm	

Stirn-Planfräsen

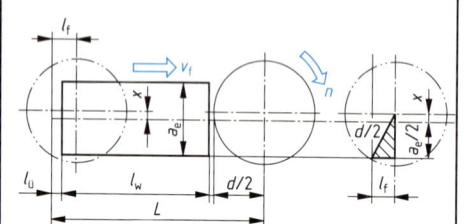

Nutenfräsen

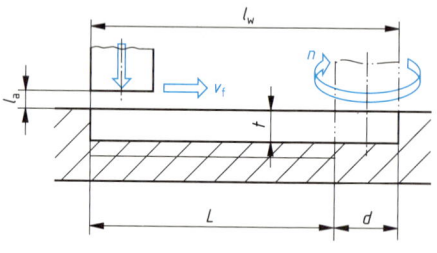

Schruppen	Schlichten	Einseitig offene Nut	Geschlossene Nut
$L = l_w + l_a + l_ü + \frac{d}{2} - l_f$	$L = l_w + l_a + l_ü + d$	$L = l_w + l_ü - \frac{d}{2}$	$L = l_w - d$

Außermittig	Mittig		
$l_f = \sqrt{\frac{d^2}{4} - \left(\frac{a_e}{2} + x\right)^2}$	$l_f = \frac{1}{2} \cdot \sqrt{d^2 - a_e^2}$	$i = \frac{t + l_a}{a_e}$	
$l_a = l_ü \approx 1{,}5$ mm		$l_a = l_ü \approx 1{,}5$ mm	

l_w	Werkstücklänge	l_a	Anlauf	$l_ü$	Überlauf
l_f	Anschnitt (Fräserzugabe)	d	Fräserdurchmesser	a_e	Arbeitseingriff
x	Exzenterwert	t	Nuttiefe	i	Anzahl Zustellungen

© Verlag Gehlen

Betriebsmittelhauptnutzungszeit beim Schleifen

Verfahren

Plan-Umfangs-Längsschleifen (Flachschleifen)		Außenrund-Umfangs-Längsschleifen (Rundschl.)	
Ohne Absatz	Mit Absatz	Ohne Absatz	Mit Absatz
$t_{hu} = \dfrac{L \cdot B \cdot i}{v_w \cdot f}$ mit $v_w = L \cdot n$ oder $t_{hu} = \dfrac{B \cdot i}{n \cdot f}$		$t_{hu} = \dfrac{d_0 \cdot \pi \cdot L \cdot i}{v_w \cdot f}$ oder $t_{hu} = \dfrac{L \cdot i}{n_w \cdot f}$ oder $t_{hu} = \dfrac{L \cdot i}{v_f}$	
$L = l_w + l_a + l_{ü}$		$L = l_w - \dfrac{b_s}{3}$	$L = l_w - \dfrac{2 \cdot b_s}{3}$
$B = b_w - \dfrac{b_s}{3}$	$B = b_w - \dfrac{2 \cdot b_s}{3}$	—	
$i = \dfrac{t}{a_e} + 8^{2)}$		$i = \dfrac{(d_0 - d)^{1)}}{2 \cdot a_e} + 8^{2)}$	
$l_a = l_{ü} \approx 10$ mm			

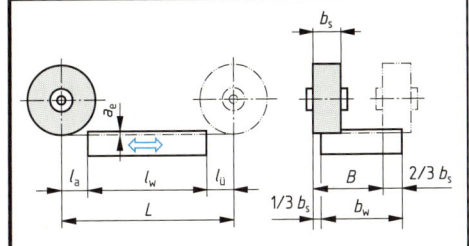

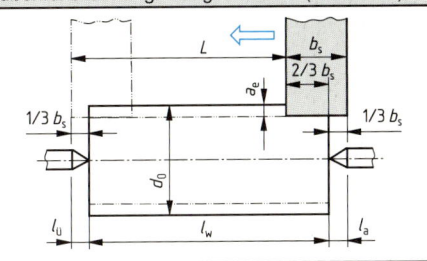

Plan-Stirn-Längsschleifen (Stirnschleifen)	Außenrund-Umfangs-Querschleifen (Einstechschl.)
$t_{hu} = \dfrac{L \cdot i}{v_w}$ mit $v_w = L \cdot n$	$t_{hu} = \dfrac{L}{v_f}$ oder $t_{hu} = \dfrac{L}{n_w \cdot f_r}$
$L = l_w + d_s + l_a + l_{ü}$	$L = a_e + l_a$ mit $a_e = \dfrac{d_0 - d}{2}$
$i = \dfrac{t}{a_p}$	i ist abhängig von der Länge der Welle
$l_a = l_{ü} \approx 2 \dots 3$ mm	$l_a \approx 0{,}1 \dots 0{,}3$ mm

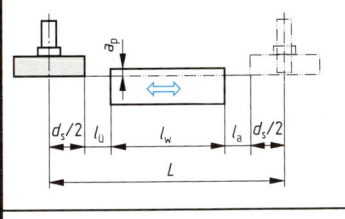

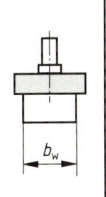

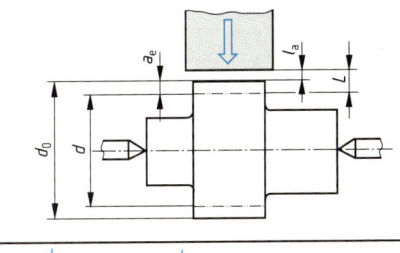

t_{hu}	Unbeeinflussbare Hauptnutzungszeit	L	Vorschubweg/Schleiflänge	i	Anzahl der Schliffe
f	Vorschub je Hub	n	Hubzahl/Drehzahl des Werkst.	d	Fertigdurchmesser
f_r	Radialvorschub je Umdrehung	n_w	Drehzahl des Werkstückes	l_a	Anlauf
v_f	Vorschubgeschwindigkeit	l_w	Werkstücklänge	$l_{ü}$	Überlauf
v_w	Werkstückgeschwindigkeit	t	Scheifzugabe, -aufmaß	a_e	Arbeitseingriff
d_0	Ausgangsdurchmesser	d_s	Schleifscheibendurchmesser	a_p	Schnitttiefe
B	Schleifbreite	b_s	Schleifscheibenbreite	b_w	Werkstückbreite

[1)] Innenrundschleifen: $(d - d_0)$; [2)] 8 Schliffe zum Ausfeuern

© Verlag Gehlen

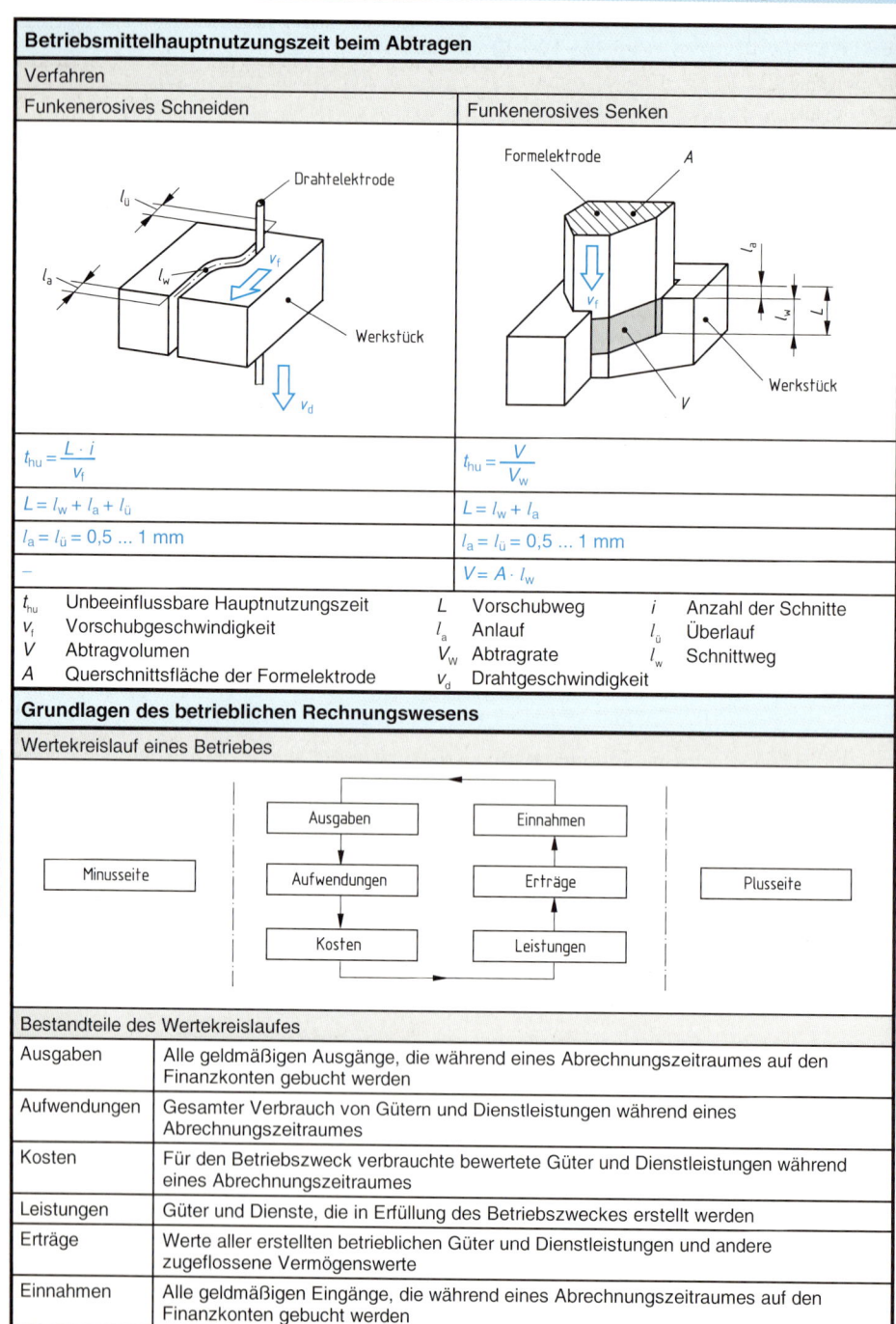

Betriebsmittelhauptnutzungszeit beim Abtragen

Verfahren

Funkenerosives Schneiden	Funkenerosives Senken
$t_{hu} = \dfrac{L \cdot i}{v_f}$	$t_{hu} = \dfrac{V}{V_w}$
$L = l_w + l_a + l_ü$	$L = l_w + l_a$
$l_a = l_ü = 0{,}5 \dots 1$ mm	$l_a = l_ü = 0{,}5 \dots 1$ mm
–	$V = A \cdot l_w$

t_{hu}	Unbeeinflussbare Hauptnutzungszeit	L	Vorschubweg	i	Anzahl der Schnitte
v_f	Vorschubgeschwindigkeit	l_a	Anlauf	$l_ü$	Überlauf
V	Abtragvolumen	V_w	Abtragrate	l_w	Schnittweg
A	Querschnittsfläche der Formelektrode	v_d	Drahtgeschwindigkeit		

Grundlagen des betrieblichen Rechnungswesens

Wertekreislauf eines Betriebes

Minusseite: Ausgaben → Aufwendungen → Kosten
Plusseite: Einnahmen → Erträge → Leistungen

Bestandteile des Wertekreislaufes

Ausgaben	Alle geldmäßigen Ausgänge, die während eines Abrechnungszeitraumes auf den Finanzkonten gebucht werden
Aufwendungen	Gesamter Verbrauch von Gütern und Dienstleistungen während eines Abrechnungszeitraumes
Kosten	Für den Betriebszweck verbrauchte bewertete Güter und Dienstleistungen während eines Abrechnungszeitraumes
Leistungen	Güter und Dienste, die in Erfüllung des Betriebszweckes erstellt werden
Erträge	Werte aller erstellten betrieblichen Güter und Dienstleistungen und andere zugeflossene Vermögenswerte
Einnahmen	Alle geldmäßigen Eingänge, die während eines Abrechnungszeitraumes auf den Finanzkonten gebucht werden

Selbstkosten je Erzeugniseinheit – Kalkulation (Kostenträgerstückrechnung)

Einfache (kumulative) Zuschlagskalkulation

Einzelkosten werden direkt je Einheit errechnet. Gemeinkosten ergeben sich prozentual aus Material- und Fertigungslohnkosten oder aus einer vorwiegenden Kostenart als Zuschlag. Anwendung erfolgt in Kleinbetrieben und bei einfacher Fertigung.
Der Gemeinkosten-Prozentsatz muss für jeden Betrieb ermittelt werden.

Bezugsgröße Material- und Fertigungslohnkosten	Vorwiegend Bezugsgröße Materialkosten	Vorwiegend Bezugsgröße Fertigungslohnkosten
Materialkosten + Fertigungslohnkosten + Gemeinkostenzuschlag in % der Material- und Fertigungslohnkosten	Materialkosten + Fertigungslohnkosten + Gemeinkostenzuschlag in % der Materialkosten	Materialkosten + Fertigungslohnkosten + Gemeinkostenzuschlag in % der Fertigungslohnkosten
= Selbstkosten + Gewinn in % d. Selbstkosten	= Selbstkosten + Gewinn in % d. Selbstkosten	= Selbstkosten + Gewinn in % d. Selbstkosten
= Verkaufspreis ohne MwSt	= Verkaufspreis ohne MwSt	= Verkaufspreis ohne MwSt

Erweiterte (zergliederte) Zuschlagskalkulation – Kalkulationsschema

Sie findet Anwendung in Mittel- und Großbetrieben mit einer Vielzahl von Erzeugnissen.

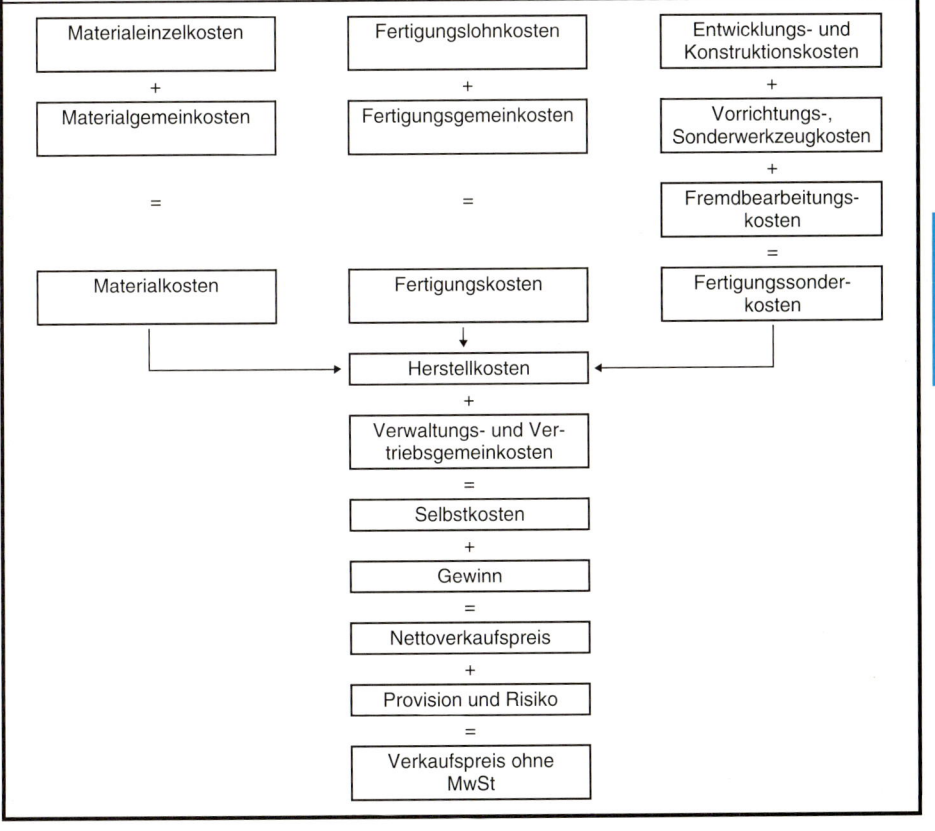

Materialeinzelkosten	Fertigungslohnkosten	Entwicklungs- und Konstruktionskosten
+	+	+
Materialgemeinkosten	Fertigungsgemeinkosten	Vorrichtungs-, Sonderwerkzeugkosten
		+
		Fremdbearbeitungskosten
=	=	=
Materialkosten	Fertigungskosten	Fertigungssonderkosten

→ Herstellkosten
+ Verwaltungs- und Vertriebsgemeinkosten
= Selbstkosten
+ Gewinn
= Nettoverkaufspreis
+ Provision und Risiko
= Verkaufspreis ohne MwSt

Erweiterte Kalkulation – Einzelheiten	
Fertigungskosten in DM/Stück	$= \dfrac{\text{Auftragszeit } T \times \text{Arbeitsplatzkosten}}{60 \times \text{Auftragsmenge}}$
Herstellkosten in DM/Stück	= Materialkosten/Stück + Fertigungskosten/Stück
Selbstkosten in DM/Stück	= Herstellkosten/Stück + Verwaltungs- und Vertriebskosten/Stück
Stückkosten in DM/Stück	= Selbstkosten/Stück + Gewinn/Stück
Arbeitsplatzkosten in DM/h	= Maschinenstundensatz + Lohn je Stunde + Restgemeinkosten
Zeitlohn, Verdienst in DM	= Zeitlohn in DM/Stunde Arbeitszeit in Stunden
Geldakkord, Verdienst in DM	= Akkordrichtsatz[1] in DM/Stück Stückzahl
Zeitakkord, Verdienst in DM	= Vorgabe-(Auftrags-)zeit in Minute/Stück Minutenfaktor[2] in DM/Minute
Prämienlohn, Verdienst in DM/h	= Prämiengrundlohn in DM/h + Prämienzuschlag in DM/h
Maschinenstundensatz in DM/h	$= \dfrac{\text{Maschinenkosten}}{\text{Nutzungszeit}}$
Maschinenkosten in DM/Jahr	= Kalkulatorische Abschreibung + Kalkulatorische Zinsen + anteilige Raumkosten + Energiekosten + Instandhaltungskosten
Kalkulatorische Abschreibung in DM/Jahr	$= \dfrac{\text{Wiederbeschaffungswert}}{\text{Abschreibungszeit}}$
Wiederbeschaffungswert in DM	= Anschaffungswert + eingetretene Preissteigerung
Anschaffungswert in DM (verteilt z. B. auf 10 Jahre)	= Einkaufspreis + Verpackungskosten + Transportkosten + Aufstellungskosten
Kalkulatorische Zinsen in DM/Jahr	= 1/2 Wiederbeschaffungswert × kalkulatorischem Zinssatz
Anteilige Raumkosten in DM/Jahr	= Belegte Fläche × Kosten je Flächeneinheit und Zeiteinheit × Belegungszeit
Energiekosten in DM/Jahr	= Anschlusswert der Maschine in kW × Strompreis in DM/kWh × Belegungszeit in h/Jahr
Instandhaltungskosten in DM/Jahr	= Anschaffungswert in DM/Jahr × Instandhaltungsprozentsatz

[1] Der Akkordrichtsatz ist im Allgemeinen Stundenlohn + 15 % Zuschlag.
[2] Der Minutenfaktor errechnet sich aus dem Akkordrichtsatz/60 Minuten.

Grundbegriffe der Steuerungs- und Regelungstechnik — DIN 19226

Steuerung – offener Wirkungsablauf

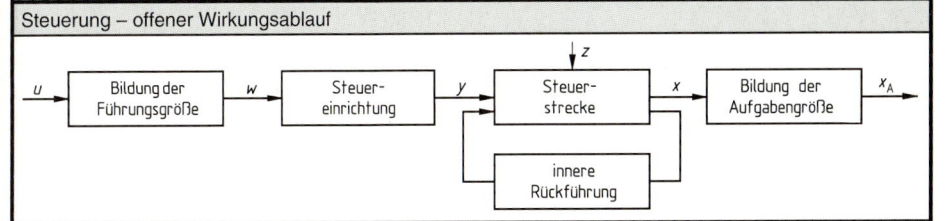

```
u → [Bildung der Führungsgröße] —w→ [Steuereinrichtung] —y→ [Steuerstrecke] ←z   —x→ [Bildung der Aufgabengröße] —x_A→
                                                              ↑
                                                     [innere Rückführung]
```

Regelung – geschlossener Wirkungsablauf

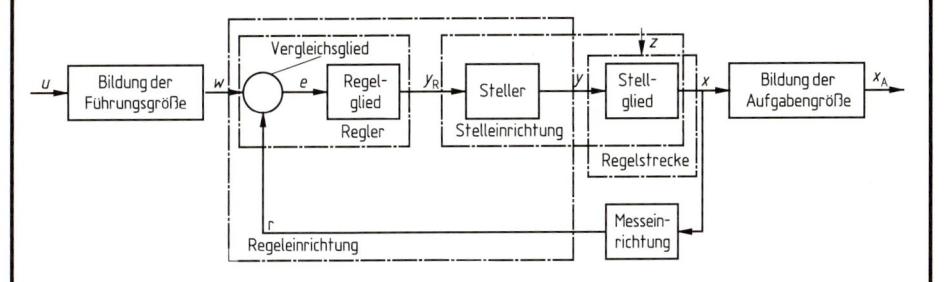

```
u → [Bildung der Führungsgröße] —w→ ⊗(Vergleichsglied) —e→ [Regelglied] —y_R→ [Steller] —y→ [Stellglied] ←z  —x→ [Bildung der Aufgabengröße] —x_A→
                                     ↑                         Regler            Stelleinrichtung      Regelstrecke
                                     r ←─────────────────────────────────── [Messeinrichtung] ←─────────
                                     Regeleinrichtung
```

- **Steuern/Steuerung.** Vorgang, bei dem eine oder mehrere Ausgangsgrößen durch eine oder mehrere Eingangsgrößen nach vorgegebenen Gesetzmäßigkeiten beeinflusst werden.
- **Steuerkette.** Anordnung von Systemen, die in Reihenstruktur aufeinander einwirken.
- **Steuer-/Regelstrecke.** Aufgabengemäß zu beeinflussender Teil des Systems.
- **Regeln/Regelung.** Vorgang, bei dem fortlaufend eine Größe (Regelgröße) mit einer anderen Größe (Führungsgröße) verglichen und an diese korrigierend angepasst wird.
- **Steuer-/Regeleinrichtung.** Teil des Wirkungsweges, der die aufgabengemäße Beeinflussung der Regel-/Steuerstrecke über das Stellglied bewirkt.
- **Messeinrichtung.** Funktionseinheit, die zum Aufnehmen, Weitergeben, Anpassen und Ausgeben von Größen bestimmt ist.
- **Regler.** Funktionseinheit, die aus Vergleichsglied und Regelglied besteht.
- **Steller.** Funktionseinheit, in der die für die Beeinflussung des Stellgliedes verantwortliche Größe (Stellgröße y) gebildet wird.
- **Stellglied.** Am Eingang der Steuer-/Regelstrecke angeordnete und zu ihr gehörende Funktionseinheit, die in den Massenstrom und Energiefluss eingreift.
- **Vergleichsglied.** Funktionseinheit, die die Regeldifferenz e aus der Führungsgröße w und der Rückführgröße r bildet.
- **Eingangsgröße u.** Größe, die für die Bildung der Führungsgröße notwendig ist.
- **Führungsgröße w.** Eine von außen zugeführte Größe, der die Ausgangsgröße der Steuer-/Regeleinrichtung folgen soll.
- **Stellgröße y.** Ausgangsgröße der Steuer-/Regeleinrichtung, zugleich Eingangsgröße der Steuer-/Regelstrecke.
- **Regelgröße x.** Ausgangsgröße der Regelstrecke, zugleich Eingangsgröße der Messeinrichtung.
- **Aufgabengröße x_A.** Größe, die aufgabengemäß von der Steuerung/Regelung zu beeinflussen ist.
- **Rückführgröße r.** Größe, die aus der Messung der Regelgröße hervorgegangen ist und zum Vergleichsglied des Reglers zurückgeführt wird.
- **Regeldifferenz e.** Differenz zwischen Führungsgröße w und Rückführgröße r.
- **Reglerausgangsgröße y_R.** Eingangsgröße der Stelleinrichtung.
- **Störgröße z.** Eine von außen wirkende Größe, die die beabsichtigte Beeinflussung in der Steuerung/Regelung beeinträchtigt.

© Verlag Gehlen

Allgemeine Bildzeichen für EMSR-Technik[1]   DIN 19 227

Bildzeichen	Erklärung	Bildzeichen	Erklärung
\multicolumn{4}{l}{Grundbildzeichen für Geräteblöcke}			
(Rechteck)	Aufnehmer und Ausgeber (Rechteck mit Seitenverhältnis von 1 : 2)	(Quadrat mit Signalzeichen)	Anpasser- bzw. Bediengerätefunktion mit Software (Quadrat mit Signalzeichen)
(Rechteck mit Signalzeichen)	Aufnehmer- bzw. Ausgeberfunktion mit Software (Rechteck mit Signalzeichen)	(Quadrat mit Dreieck)	Regler (Quadrat mit Ausgangsseite – Dreieck)
(Quadrat)	Anpasser und Bediengeräte (Quadrat)	(Quadrat mit Dreieck und Signalzeichen)	Reglerfunktion mit Software (Quadrat mit Ausgangsseite – Dreieck mit Signalzeichen)

Kennbuchstaben für Messgrößen

D	Dichte	R	Strahlungsgrößen
E	Elektrische Größen	S	Geschwindigkeit, Drehzahl, Frequenz
F	Durchfluss, Durchsatz	T	Temperatur
G	Abstand, Länge, Stellung, Dehnung	U	Zusammengesetzte Größen
H	Handeingabe, Handeingriff	V	Viskosität
K	Zeit	W	Gewichtskraft, Masse
L	Stand (z. B. Füllstand)	X	Sonstige Größen
M	Feuchte	Z	Noteingriff, Schutzeinrichtung
P	Druck	$+$ bzw. $-$	Oberer bzw. unterer Grenzwert
Q	Stoffeigenschaft, Qualitätsgrößen	/	Zwischenwert

Ausführungsart wird durch Symbole aus anderen Normen oder durch Beschriftung gekennzeichnet

Bildzeichen für Aufnehmer

Bildzeichen	Erklärung	Bildzeichen	Erklärung
F	Aufnehmer für Durchfluss, allgemein	T	Widerstandsthermometer
F	Blende, Normblende	P	Aufnehmer für Druck, allgemein
F	Induktiver Durchflussaufnehmer	P	Widerstandsaufnehmer für Druck
FQ	Volumenzähler mit Impulsgeber	P	Membranaufnehmer für Druck
T	Aufnehmer für Temperatur, allgemein	L	Aufnehmer für Stand (Niveau), allgemein
T	Thermoelement	L	Kapazitiver Aufnehmer

[1] EMSR-Technik – Elektro-, Mess-, Steuerungs- und Regelungstechnik.

Bildzeichen für Aufnehmer/Anpasser/Regler/Steuergeräte

Allgemeine Bildzeichen für EMSR-Technik – Fortsetzung — DIN 19227

Bildzeichen für Aufnehmer

Bildzeichen	Erklärung	Bildzeichen	Erklärung
	Aufnehmer für Stand mit Schwimmer		Aufnehmer für pH-Wert
	Aufnehmer für Stand, akustisch (Sender und Empfänger)		Aufnehmer für Gewichtskraft, Messdose mit Widerstandsänderung
	Membranaufnehmer mit Stand		Aufnehmer für Gewichtskraft, Masse, Waage, anzeigend
	Widerstandsaufnehmer für Stand		Aufnehmer für Geschwindigkeit, Drehzahl, mit Tachogenerator
	Aufnehmer für CO_2-Gehalt		Aufnehmer für Abstand, Stellung, Länge, mit Widerstandsgeber

Bildzeichen für Anpasser

Bildzeichen	Erklärung	Bildzeichen	Erklärung
	Signal- oder Messumformer, allgemein		Messumformer für Differenzdruck mit pneumatischen Einheitssignalausgang
	Signal- oder Messumformer mit galvanischer Trennung		Messumformer für Stand mit pneumatischem Einheitssignalausgang
	Signal- oder Messumformer mit galv. Trennung, mit Zündschutzart „Eigensicherheit"		Analog-Digital-Umsetzer
	wie oben mit Zündschutzart „Eigensicherheit" am Ein- und Ausgang		Umsetzer für elektrische Einheitssignale in pneumatische Einheitssignale
	Messumformer mit elektrischem Signalausgang		Signalverstärker
	Messumformer mit pneumatischem Signalausgang		Signalspeicher

Bildzeichen für Regler und Steuergeräte

Bildzeichen	Erklärung	Bildzeichen	Erklärung
	PID-Regler mit steigendem Ausgangssignal bei steigendem Eingangssignal		Schreibender Regler
	PI-Regler mit fallendem Ausgangssignal bei steigendem Eingangssignal		Regler als Software-Funktion mit Kennzeichnung der Eingangs- und Ausgangsgrößen
	Anzeigender Regler		Steuergerät

© Verlag Gehlen

Allgemeine Bildzeichen für EMSR-Technik – Fortsetzung

DIN 19227

Bildzeichen für Stellgeräte und Zubehör

Erklärung	Erklärung
Stellort, Stellglied / Stellantrieb, allgemein	Kolben-Stellantrieb / Motor-Stellantrieb
Stellgerät / Membran-Stellantrieb	Magnet-Stellantrieb / Feder-Stellantrieb
Bei Hilfsenergieausfall nimmt Stellgerät Stellung für maximalen (li.) oder minimalen (re.) Massenstrom bzw. Energiefluss ein	Ventil-Stellglied / Klappen-Stellglied mit Magnetantrieb

Bildzeichen für Ausgeber

Erklärung	Erklärung
Anzeiger, allgemein	Schreiber, analog; Anzahl der Kanäle, z. B. 4
Anzeiger, analog	Schreiber, digital
Anzeiger, digital	Drucker
Grenzsignalgeber für unteren (links) und oberen (rechts) Grenzwert	Leuchtmelder
Zähler	Leuchtmelder, sechsfach
Registriergerät, allgemein	Zähler als Software-Funktion mit Grenzsignalgeber

Bildzeichen für Bediengeräte

Erklärung	Erklärung
Einsteller, allgemein	Schaltgerät, allgemein
Signaleinsteller für elektrisches Einheitssignal mit Anzeiger	Automatische Messstellenabfrage, Schalter für 12 Stellen

Bildzeichen für Leitungen, Leitungsverbindungen, Anschlüsse und Signale

Erklärung	Erklärung
EMSR-Leitung, Linienbreite = 0,25 mm / Rohrleitung, Linienbreite ≥ 1 mm	Lichtwellenleiter / Geschirmte Leitung
Einheitssignalleitung, elektr. / Einheitssignalleitung, pneum.	Koaxialleitung / Wirkungslinie mit -richtung
Einheitssignalleitung, hydr. / Kapillarleitung	Kreuzung ohne Verbindung / Leitungsverbindung mit -stelle
Einheitssignal, elektr. / Einheitssignal, pneum. / Analogsignal	Digitalsignal / Binärsignal / Impulsgeber

© Verlag Gehlen

Einteilung der Steuerungen **325**

Unterscheidungsmerkmale für Steuerungen					DIN 19237
Steuerungsarten nach Signalverarbeitung					
Synchrone Steuerung		Asynchrone Steuerung	Verknüpfungssteuerung		Ablaufsteuerung
Signalverarbeitung erfolgt synchron zu einem Taktsignal		Signaländerungen erfolgen taktunabhängig nur durch Änderung der Eingangssignale	Ausgangssignalen werden durch logische Verknüpfungen definierte Zustände der Eingangssignale zugeordnet		Zwangsläufig schrittweiser Ablauf; Weiterschalten von einem Schritt auf den programmgemäß folgenden ist von Weiterschaltbedingungen abhängig
Steuerungsarten nach Informationsdarstellung					
Analoge Steuerung		Binäre Steuerung		Digitale Steuerung	
Arbeitet innerhalb der Signalverarbeitung vorwiegend mit analogen (stetig wirkenden) Signalen		Arbeitet innerhalb der Signalverarbeitung überwiegend mit binären (zweiwertigen) Signalen		Arbeitet innerhalb der Signalverarbeitung vorwiegend mit digitalen (verschlüsselten – codierten) Signalen	
Steuerungsarten nach hierarchischem Aufbau					
Einzelantriebssteuerung	Einzelsteuerungsebene		Gruppensteuerung	Gruppensteuerungsebene	Leitsteuerung
Funktionseinheit zum Steuern eines einzelnen Stellgliedes	Gesamtheit aller Einzel- bzw. Antriebssteuerungen		Funktionseinheit zum Steuern eines zusammenhängenden Teilprozesses; sie ist den Einzel- und Antriebssteuerungen übergeordnet	Gesamtheit aller Gruppensteuerungen	Funktionseinheit zum Steuern des Gesamtprozesses; sie ist der Gruppensteuerungsebene übergeordnet
Steuerungsarten nach Programmverwirklichung					
Verbindungsprogrammierte Steuerung (VPS)			Speicherprogrammierbare Steuerung (SPS)		
Fest programmierbar	Umprogrammierbar		Austauschprogrammierbar		Frei programmierbar
VPS, bei der Programmänderungen nicht vorgesehen sind	VPS, bei der Programmänderungen vorgesehen und in einfacher Weise möglich sind		SPS mit Nur-Lese-Speicher, dessen Inhalt nach erfolgter Programmierung nur durch mechanische Eingriffe verändert werden kann		SPS mit Schreib-Lese-Speicher (RAM), dessen Inhalt ohne mechanische Eingriffe in beliebig kleinem Umfang verändert werden kann
Steuerungsarten nach Energieträger					
Mechanische Steuerungen	Elektr./Elektronische Steuerungen		Pneumatische Steuerungen		Hydraulische Steuerungen
Mechanische Bauelemente	Elektrische Ladungsträger		Druckluft		Druckflüssigkeiten

Steuerungs- und Regelungstechnik

© Verlag Gehlen

Entwickeln und Entwerfen von Steuerungen

Problemanalyse

Sie ist die Analyse des Steuerungsproblems (der Steuerungsaufgabe) und umfasst
- Formulieren der Aufgabenstellung ⇒ **Textdarstellung**
- Entwickeln des Technologieschemas ⇒ **Lageplan**
- Entwerfen des Schaltplans der vorläufig gewählten Technik ⇒ **Schaltplan**
- Bestimmen/Benennen der Eingabe-/Ausgabeelemente (Sensoren/Aktoren) ⇒ **Zuordnungsliste**
- Verschiedene technische Gestaltungslösungen entwerfen und vergleichen ⇒ **Variantenvergleich**
Entscheidungshilfen können vergleichbare Auswahlkriterien sein.

Steuerungsplanung

Sie verläuft unabhängig von der später auszuwählenden technischen Ausführung der Steuerung.
Grundlage bildet der ⇒ **Funktionsplan**
Der Funktionsplan wird für Verknüpfungs- und Ablaufsteuerungen grafisch mit Schritt- und Befehlssymbolen dargestellt.

Realisierung

Umsetzen der geplanten Steuerung in die festgelegte technische Ausführung. Der Planungsablauf muss nochmals korrigiert werden, z. B.
- **Textdarstellung** um die entsprechende technische Realisierung erweitern
- **Lageplan** durch konkrete Baueinheiten ergänzen
- **Schaltplan** entsprechend der konkret gewählten Technik entwerfen
- **Zuordnungsliste** überprüfen
- **Funktionsplan** entsprechend der entwickelten Verknüpfungs- oder Ablaufsteuerung ergänzen
- **Bauelemente, Baugruppen und Geräte** entsprechend gewählter Technik konkret berechnen, bemessen und bestimmen

Vergleich von Steuerungsarten

Auswahlkriterien	verbindungsprogrammiert (VPS)				speicherprogrammiert (SPS)
	pneumatisch	hydraulisch	elektromechanisch	elektronisch	
Häufigste Bauelemente	Wegeventile	Wege-/Sitzventile	Relais/Schütz	integrierte Bauelemente	veränderbare Software
Einsatzbedingungen/Umwelteinflüsse	unempfindlich		empfindlich gegen Staub und Feuchtigkeit	sehr empfindlich, z. B. gegen Feuchtigkeit und Störfelder	
Kosten für Installation bei umfangreichen Steuerungen	hoch	sehr hoch (Kosten für Bauelemente)	hoch	mittel	gering
Zuverlässigkeit, Lebensdauer	abhängig v. Sauberkeit der Druckluft	bei intensiver Wartung sehr hoch	abhängig vom Schaltspiel	bei entsprechender Kühlung unbegrenzt	
Wartungsaufwand	gering	hoch	gering	wartungsfrei	
Platzbedarf	sehr groß		groß	sehr gering	
Signalgeschwindigkeit	niedrig		hoch	sehr hoch	

Schaltzeichen für Betätigungsarten/Kontakte/Schalter/Sensoren 327

Elektrotechnische Schaltzeichen für Kontakte, Schalter, Elektromech. Antriebe — DIN 40 900

Bildzeichen	Erklärung	Bildzeichen	Erklärung
Betätigungsarten		**Kontakte**	
	von Hand, allgemein		Schließer (Einschaltglied) mit Kontaktbezeichnungen
	durch Drücken		Öffner (Ausschaltglied) mit Kontaktbezeichnungen
	durch Ziehen		Wechsler (Umschaltglied) mit Kontaktbezeichnungen
	durch Kippen	**Schalter und Sensoren (Auswahl)**	
	durch Drehen		Schließer, handbetätigt / verzögert bet. / rollenbetätigt
	durch Rolle oder Nocken		Öffner, rollenbetätigt / Öffner im betätigten Zustand / Wechsler, rollenbetätigt
	durch Hebel		
	durch Pedal		Kapazitiver Sensor
	durch Annäherung		
	durch Berührung		Induktiver Sensor
	durch pneumatischen oder hydraulischen Druck		
	durch Schaltuhr		Magnetischer Sensor
	durch Notschalter		
	durch thermischen Antrieb, z. B. Bimetall		Optischer Sensor
	durch elektromagnetischen Antrieb		
Schaltverhalten		**Elektromechanische Antriebe**	
	Raste; Einrasten bei Betätigung, Ausrasten bei erneuter Betätigung		Elektromechanisch, allgemein
	Sperre in einer Richtung		Elektomechanischer Antrieb mit Rückfallverzögerung
	Sperre in zwei Richtungen		Elektomechanischer Antrieb mit Ansprechverzögerung
	Verzögerung nach links		Elektrom. Antr. mit Ansprech- und Rückfallverzögerung
	Verzögrung nach rechts		Wechselstromrelais
	Darstellung im betätigten Zustand (Betriebszustand)		Thermorelais

© Verlag Gehlen

Grafische Symbole der Fluidtechnik (Energieumformung/-speicherung) DIN ISO 1219

Bildzeichen	Erklärung	Bildzeichen	Erklärung
Pumpen und Motoren			
	Kompressor (Pneumatikpumpe) mit einer Volumenstromrichtung und einer Antriebswelle		Pneumatikmotor mit wechselnder Volumenstromrichtung, konstantem Schluckvolumen und zwei Drehrichtungen
	Hydropumpe mit einer Volumenstromrichtung und einer Antriebswelle		Hydromotor mit einer Volumenstromrichtung, veränderlichem Schluckvolumen, externer Leckstromleitung, einer Drehrichtung und zwei Wellenenden
	Pneumatikmotor mit einer Volumenstromrichtung		Hydropumpe/-motor mit einer Volumenstromrichtung, konstantem Verdrängungs-/Schluckvolumen und einer Drehrichtung
	Hydromotor mit einer Volumenstromrichtung		Pneumatischer Schwenkantrieb (Drehantrieb) mit begrenztem Schwenkwinkel und zwei Volumenstromrichtungen
Zylinder			

Ausführlich	Vereinfacht	Erklärung
		Einfach wirkender Pneumatikzylinder, Vorhub durch Druckbeaufschlagung, mit nicht definierter Rückhubmethode, einseitiger Kolbenstange; Kolbenringraum mit Atmospäre, bei Hydrozylindern mit Behälter verbunden
		Einfach wirkender Hydraulikzylinder, Vorschub durch Feder, Rückhub durch Druckbeaufschlagung, einseitige Kolbenstange, Kolbenraum mit Behälter verbunden
		Doppelt wirkender Pneumatikzylinder mit zweiseitiger Kolbenstange
2:1	2:1	Doppelt wirkender Hydraulikzylinder mit einseitiger Kolbenstange, einstellbarer Dämpfung auf beiden Kolbenseiten, Flächenverhältnis 2 : 1
		Einfachwirkende Pneumatik-, zweifach wirkender Hydraulik-Teleskopzylinder
		Einfach wirkende und kontinuierliche Druckmittelwandler, die einen pneumatischen in einen hydraulischen Druck umwandeln oder umgekehrt
y x	x y	Einfach wirkende und kontinuierliche Druckübersetzer(-wandler), die einen pneumatischen Druck x in einen hydraulischen Druck y umwandeln

© Verlag Gehlen

Grafische Symbole der Fluidtechnik · Speicher/Energiequellen/Leitungen/Verbindungen

Grafische Symbole der Fluidtechnik (Energieumformung/-speicherung) — DIN ISO 1219

Bildzeichen	Erklärung	Bildzeichen	Erklärung
Speicher, Gasflaschen und Behälter			
	Speicher ohne Vorspannung (wird nur in senkrechter Position dargestellt)		Gasflasche (wird nur in senkrechter Position dargestellt), zusätzliche Gaskapazität zur Erhöhung der Kapazität in dem zugehörigen Speicher
	Speicher (wird nur in senkrechter Position dargestellt) mit Gasvorspannung, die Flüssigkeit wird durch komprimiertes Gas vorgespannt		Luftbehälter
Energiequellen			
	Hydraulische Energiequelle		Elektromotor
	Pneumatische Energiequelle		Nichtelektrische Antriebseinheit

Grafische Symbole der Fluidtechnik (Leitungen und Leitungsverbindungen) — DIN ISO 1219

Bildzeichen	Erklärung	Bildzeichen	Erklärung
Leitungen			
	Arbeitsleitung, Rückflussleitung, Elektrische Leitung		Steuerleitung, Steuerfluidversorgungs-, Leckstrom-, Spül- oder Entlüftungsleitung
	Flexible Leitung / Kreuzung, nicht verbunden	0,2 l_1	Verbindung, Verbindung, doppelt (Größendarstellung: l_1 Grundlänge)
Leitungsverbindungen			
	Entlüftung, kontinuierlich / Entlüftung, zeitweise		Luftauslassöffnung, mit Anschlussmöglichkeit
	Luftauslassöffnung; glatt, ohne Anschlussmöglichkeit		Winkel- und Drehverbindung, Einwege-Verbindung
			Winkel- und Drehverbindung, konzentrische Dreiwege-Verbindung

Steuerungs- und Regelungstechnik

© Verlag Gehlen

Grafische Symbole der Fluidtechnik (Energiesteuerung und -regelung) — DIN ISO 1219

Bildzeichen	Erklärung	Bildzeichen	Erklärung
Wegeventile			
Benennung: Die erste Ziffer gibt die Anzahl der Anschlüsse (ohne Steuer- und Leckstromleitung), die zweite Ziffer die Anzahl der Schaltstellungen an, z. B. 4/2-Wegeventil.			
	2/2-Wegeventil; zwei Anschlüsse, zwei Schaltstellungen (Sperr-Ruhestellung)		4/3-Wegeventil; vier Anschlüsse, drei Schaltstellungen (Sperr-Mittelstellung)
	2/2-Wegeventil; zwei Anschlüsse, zwei Schaltstellungen (Durchfluss-Ruhestellung)		4/3-Wegeventil; vier Anschlüsse, drei Schaltstellungen (Schwimm-Mittelstellung)
	3/2-Wegeventil; drei Anschlüsse, zwei Schaltstellungen (Sperr-Ruhestellung)		5/2-Wegeventil; fünf Anschlüsse, zwei Schaltstellungen
	3/2-Wegeventil; drei Anschlüsse, zwei Schaltstellungen (Durchfluss-Ruhestellung)		5/3-Wegeventil; fünf Anschlüsse, drei Schaltstellungen (Sperr-Mittelstellung)
	3/3-Wegeventil; drei Anschlüsse, drei Schaltstellungen (Sperr-Mittelstellung)		Stetigventil; negative Überdeckung (alle Anschlüsse in Mittelstellung verbunden)
	4/2-Wegeventil; vier Anschlüsse, zwei Schaltstellungen		Stetigventil; positive Überdeckung (alle Anschlüsse in Mittelstellung verschlossen)
Sperrventile			
	Rückschlagventil, unbelastet		Entsperrbares Rückschlagventil, schließt ohne Rückstellfeder (Steuerdruck)
	Rückschlagventil, federbelastet		Entsperrbares Rückschlagventil, öffnet gegen Rückstellfeder (Steuerdruck)
	Wechselventil (ODER-Funktion)		Zweidruckventil (UND-Funktion)
Stromventile			
	Einstellbares Drosselventil, ohne Angabe der Verstelleinrichtung oder Ventilart		Zwei-Wege-Stromregelventil mit veränderlichem Auslassstrom
	Absperrventil mit einer gesperrten Stellung		Zwei-Wege-Stromregelventil mit Temperaturkompensation
	Einstellbares Drosselventil mit Rollenstößelbetätigung, federbelastet		Drei-Wege-Stromregelventil mit veränderlichem Auslassstrom und Entlastungsöffnung zum Behälter
	Drosselrückschlagventil, veränderbarer Ausgangsstrom, freier Volumenstrom in einer, gedrosselt in anderer Richtung		Stromteiler

© Verlag Gehlen

Grafische Symbole der Fluidtechnik (Energiesteuerung und -regelung) — DIN ISO 1219

Druckventile

Bildzeichen	Erklärung	Bildzeichen	Erklärung
	Einstufiges, direkt wirkendes Druckbegrenzungsventil; Einlassdruck wird durch Öffnen der Ablass-/Auslassöffnung von Gegenkraft (z. B. Feder) gesteuert		Einstufiges, direkt wirkendes Zwei-Wege-Druckreduzierventil; federbelastet
	Zweistufiges, vorgesteuertes Druckbegrenzungsventil mit Fernsteuerung		Zweistufiges, vorgesteuertes Zwei-Wege-Druckreduzierventil; Vorsteuerventil federbelastet, Hauptventil hydraulisch betätigt, externe Steuerölrückführung
	Einstufiges, direkt wirkendes Folgeventil; federbelastet, Auslassanschluss kann Druck halten, externer Leckstromanschluss		Drei-Wege-Druckreduzierventil; wenn Auslassdruck den eingestellten Druck übersteigt, öffnet das Ventil den Anschluss zur Atmosphäre (pneumatisch)

Grafische Symbole der Fluidtechnik (Betätigunseinrichtungen) — DIN ISO 1219

Mechanische Bauteile

Bildzeichen	Erklärung	Bildzeichen	Erklärung
	Stange; Bauteil mit linearer Bewegung in 2 Richtungen		Raste; erhält die vorgegebene Position aufrecht
	Welle; Bauteil mit Drehbewegung in 2 Richtungen		Sprungwerk; verhindert die Totpunktstellung

Muskelkraftbetätigung

Bildzeichen	Erklärung	Bildzeichen	Erklärung
	Allgemeines Symbol; ohne Angabe der Betätigungsart		Druck-/Zugknopf, zwei Betätigungsrichtungen
	Druckknopf, eine Betätigungsrichtung		Hebel
	Zugknopf, eine Betätigungsrichtung		Pedal, eine Betätigungsrichtung

Mechanische Betätigung

Bildzeichen	Erklärung	Bildzeichen	Erklärung
	Stößel, eine Betätigungsrichtung		Feder, zwei Betätigungsrichtungen
	Stößel mit einstellbarer Hubbegrenzung		Rollenstößel/-hebel

© Verlag Gehlen

Grafische Symbole der Fluidtechnik (Betätigunseinrichtungen) – Forts.   DIN ISO 1219

Bildzeichen	Erklärung	Bildzeichen	Erklärung
Elektrische Betätigung			
	Elektrische Betätigung, z. B. Magnet, linear, eine Wicklung		Elektrische Betätigung, wie vorher und stufenlos veränderbar
	Elektrische Betätigung, zwei Wicklungen wirken gegeneinander		Elektromotor
Betätigung durch Druckbeaufschlagung oder Druckentlastung			
	Direkt wirkende Betätigung durch Druck oder Druckentlastung		Direkt wirkende Betätigung durch unterschiedlich große, sich gegenüberliegende Steuerflächen
	Direkt wirkende Betätigung, interner Steuerkanal		Direkt wirkende Betätigung, externer Steuerkanal
	Indirekt wirkende Betätigung durch pneumatische Betätigung einer Vorsteuerstufe		Indirekt wirkende Betätigung durch pneumatische Entlastung einer Vorsteuerstufe
	Indirekt wirkende Betätigung durch hydraulische Betätigung in zwei aufeinander folgenden Vorsteuerstufen		Indirekt wirkende Betätigung durch zweistufige Betätigung, z. B. durch elektropneumatische Vorsteuerstufe
	Indirekt wirkende Betätigung durch zweistufige Betätigung, z. B. durch pneumatisch-hydraulische Vorsteuerstufe		Indirekt wirkende Betätigung (Elektromagnet und hydraulisch betätigtes Vorsteuerventil)
Rückführung			
	Externe Rückführung; Allgemeines Symbol, Sollwert und Istwert werden außerhalb des Ventils erfasst	Kolben, Zylinder	Interne Rückführung; bewegliches Steuergerät (hydraulisch) in Verbindung mit dem beweglichen Teil eines gesteuerten Elements (hydraulischer Zylinder und Kolben)
Kombinierte Betätigungsarten (Beispiele)			
	Elektrisch betätigtes Pneumatik-Vorsteuerventil zur Steuerung des Hauptventils		Pneumatisch betätigtes Hydraulik-Vorsteuerventil zur Steuerung des Hauptventils
	Elektrisch betätigtes Hydraulik-Vorsteuerventil zur Steuerung des Hauptventils		Druckzentriertes Pneumatik-Ventil
	Elektrisch betätigtes oder handbetätigtes Ventil		Elektrisch betätigtes und mechanisch (Feder) entlastetes Ventil

© Verlag Gehlen

Grafische Symbole Fluidtechnik · Hydrobehälter/Aufbereiter/Messgeräte/Anzeigegeräte

Grafische Symbole der Fluidtechnik (Druckmittelaufbereitung/-bewahrung) — DIN ISO 1219

Bildzeichen	Erklärung	Bildzeichen	Erklärung
Hydrobehälter			
	Belüfteter Behälter mit Rücklaufleitung unter dem Flüssigkeitsspiegel endend, mit Luftfilter versehen		Seperate Leckstrom- oder Rücklaufleitung
	Geschlossener Behälter (vorgespannter oder abgedichteter Behälter) mit Leitungen unter dem Flüssigkeitsspiegel endend, ohne Verbindung zur Atmosphäre		
Aufbereiter			
	Filter, allgemeines Symbol		Lufttrockner
	Filter mit zusätzlichem magnetischen Element		Öler
	Filter mit Verschmutzungsanzeiger		Aufbereitungseinheit, z. B. bestehend aus Filter, Abscheider, Druckreduzierventil, Manometer, Öler
	Abscheider, Ablassventil mit manueller Entwässerung		Wärmetauscher – Kühler mit Volumenstromlinien für die Fließrichtung des Kühlmediums
	Abscheider, Ablassventil mit automatischer Entwässerung		Wärmetauscher – Heizer
	Filter mit Abscheider, manuelle Entwässerung		Wärmetauscher – Temperaturregler

Grafische Symbole der Fluidtechnik (Zusatzausrüstung) — DIN ISO 1219

Mess- und Anzeigegeräte

Bildzeichen	Erklärung	Bildzeichen	Erklärung	Bildzeichen	Erklärung	Bildzeichen	Erklärung
	Druckanzeige		Manometer		Thermometer		Volumenstrommesser
	Differenzdruckmanometer		Flüssigkeitsniveau-Messgerät		Tachometer		Drehmomentmesser

Weitere Geräte

Bildzeichen	Erklärung	Bildzeichen	Erklärung	Bildzeichen	Erklärung	Bildzeichen	Erklärung
	Druckschalter		Grenzschalter		Analogwandler		Schalldämpfer (Pneumatik)

© Verlag Gehlen

Schaltalgebraische Grundlagen — DIN 66000

Mathematische Zeichen und Sinnbilder

Symbol	Benennung	Schreibweise	Sprechweise	Symbol	Benennung	Schreibweise	Sprechweise
$\neg$	Negation, NICHT-Verknüpfung	$\neg\,a$ oder $\neg\,(a \vee b)$	nicht a, nicht (a $\vee$ b)	$\overline{\vee}$	NOR-Verknüpfung	$a\,\overline{\vee}\,b$	a nor b
$\wedge$	Konjunktion, UND-Verknüpfung	$a \wedge b$	a und b	$\rightarrow$	Subjunktion, Implikation	$a \rightarrow b$	a Pfeil b
$\vee$	Adjunktion, ODER-Verknüpfung	$a \vee b$	a oder b	$\leftrightarrow$	Äquijunktion, Äquivalenz	$a \leftrightarrow b$	a Doppelpfeil b
$\overline{\wedge}$	NAND-Verknüpfung	$a\,\overline{\wedge}\,b$	a nand b	$\leftrightarrow$	Antivalenz, XOR-Verknüpfung	$a \leftrightarrow b$	a xor b

Rechenregeln

Regeln, Gesetze	Konjunktion (UND-Verknüpfung) — Schreibweise	Disjunktion (ODER-Verknüpfung) — Schreibweise
Grundregeln	$x = a \wedge 0 = 0$	$x = a \vee 0 = a$
	$x = a \wedge 1 = a$	$x = a \vee 1 = 1$
	$x = a \wedge a = a$	$x = a \vee a = a$
	$x = a \wedge \overline{a} = 0$	$x = a \vee \overline{a} = 1$
Negation	$x = \overline{0} = 1$	$x = \overline{1} = 0$
Vertauschungsgesetz	$x = a \wedge b = b \wedge a$	$x = a \vee b = b \vee a$
Verbindungsgesetz	$x = a \wedge b \wedge c = (a \wedge b) \wedge c$	$x = a \vee b \vee c = (a \vee b) \vee c$
Verteilungsgesetz	$x = (a \wedge b) \vee (a \wedge c) = a \wedge (b \vee c)$	$x = (a \vee b) \wedge (a \vee c) = a \vee (b \wedge c)$

© Verlag Gehlen

Logische Funktionen · Logiksymbole · Funktionstabellen 335

Logische Verknüpfungen — DIN 19226, DIN 40900

Logische Funktion	Logische Gleichung	Fkt.-glied/ Logiksymbol	E1	E2	A	Steuerungstechnische Realisierung elektrisch	pneum./hydraulisch
UND	$A = E1 \wedge E2$	E1, E2, & → A	0	0	0		
			0	1	0		
			1	0	0		
			1	1	1		
ODER	$A = E1 \vee E2$	E1, E2, ≥1 → A	0	0	0		
			0	1	1		
			1	0	1		
			1	1	1		
NICHT	$A = \overline{E1}$	E1, 1 → A	0	–	1		
			1	–	0		
Identität	$A = E1$	E1, 1 → A	0	–	0		
			1	–	1		
UND-NICHT (NAND)	$A = \overline{E1} \vee \overline{E2}$ $A = \overline{E1 \wedge E2}$	E1, E2, & → A (neg.)	0	0	1		
			0	1	1		
			1	0	1		
			1	1	0		
ODER-NICHT (NOR)	$A = \overline{(E1 \vee E2)}$ $A = (\overline{E1} \wedge \overline{E2})$	E1, E2, ≥1 → A (neg.)	0	0	1		
			0	1	0		
			1	0	0		
			1	1	0		
ÄQUIVALENZ	$A = (E1 \wedge E2)$ $\vee (\overline{E1} \wedge \overline{E2})$	E1, E2, = → A	0	0	1		
			1	0	0		
			0	1	0		
			1	1	1		
ANTIVALENZ (XOR)	$A = (\overline{E1} \wedge E2)$ $\vee (E1 \wedge \overline{E2})$	E1, E2, =1 → A	0	0	0		
			1	0	1		
			0	1	1		
			1	1	0		
INHIBITION/ Sperrgatter	$A = E1 \wedge \overline{E2}$	E1, E2, & → A	0	0	0		
			1	0	1		
			0	1	0		
			1	1	0		
IMPLIKATION/ Sperrg. Verneing	$A = \overline{E1} \vee E2$	E1, E2, ≥1 → A	0	0	1		
			1	0	0		
			0	1	1		
			1	1	1		

Steuerungs- und Regelungstechnik

© Verlag Gehlen

Funktionsplan — DIN 40719

Der Funktionsplan ist die grafische Darstellung einer Steuerungsaufgabe, unabhängig von der technischen Ausführung der Steuerung. Er besteht im Wesentlichen aus Schritt-, Übergänge-, Wirkverbindungs- und Befehlssymbolen.

Schritte

∗	Schritt, allgemein (∗ Kurzzeichen, z. B. für Schritt-Nr.)
∗	Anfangsschritt, allgemein
1	Anfangsschritt 1
∗ •	Schritt, gesetzt, allgemein
3 •	Schritt 3, gesetzt

Befehle (Aktionen)

Grundsymbol, einem Schritt zugeordnet: ∗ — | a | b | c |

Feld a: Kennbuchstaben oder Kombination von Kennbuchstaben, die angeben, wie das binäre Signal vom Schritt verarbeitet wird

Kennbuchstabe	Bedeutung
S	gespeichert (**s**tored)
D	verzögert (**d**elayed)
L	zeitbegrenzt (time **l**imited)
P	pulsförmig (**p**ulse shaped), Ersatz für L, wenn L sehr kurz
C	bedingt (**c**onditional)
F	freigabebedingt
N	nicht gespeichert
SC	gespeicherte und bedingte Aktion
SL	gespeicherte und zeitlich begrenzte Aktion
SD	gespeicherte und verzögerte Aktion
ND	nicht gespeicherte, aber zeitlich verzögerte Aktion

Feld b: Symbolische oder textliche Aussage zur Beschreibung des Befehls (der Aktion)

Feld c: Hinweiszeichen auf die zugehörige Rückmeldung nach Befehlsaufführung

Hinweiszeichen	Bedeutung
A	Befehl ausgegeben
R	Befehlswirkung erreicht
X	Störungsmeldung, Befehlswirkung nicht erreicht

Wirkverbindungen

↓	Ablauf von oben nach unten
↑	Ablauf von unten nach oben

Übergänge

Schritt
Übergang
— ∗ — Übergangssymbol
Übergang
Schritt

Übergangsbedingungen (∗) als
- Text
- Bool'sche Gleichung
- grafische Symbole, z. B. Schaltzeichen

Bildungsregel: Schritt → Übergang → Übergang → Schritt muss für jeden Ablauf eingehalten werden.

Funktionsplan – Fortsetzung DIN 40719

Freigeben und Auslösen von Übergängen

Übergang nicht freigegeben	Übergang freigegeben	Übergang ausgelöst
Übergangsbedingungen erfüllt oder nicht erfüllt	Übergangsbedingungen nicht erfüllt	Übergangsbedingungen erfüllt
Übergang 12 – 13 nicht freigegeben, weil Schritt 12 nicht gesetzt ist. Die zugehörige Übergangsbedingung darf erfüllt oder nicht erfüllt sein.	Übergang 12 – 13 ist freigegeben, kann aber nicht ausgelöst werden, weil die zugehörige Übergangsbedingung nicht erfüllt ist.	Übergang 12 – 13 wird jetzt ausgelöst, weil die zugehörige Übergangsbedingung erfüllt ist.

Grundformen der Schrittabläufe

Ablaufkette (Sequenzieller Betrieb)	Ablaufauswahl (Alternativ-Betrieb)	Gleichzeitige Abläufe (Parallel-Betrieb)
Die Ablaufkette besteht aus einer Reihe von Schritten, die nacheinander gesetzt werden. Jedem Schritt folgt nur ein Übergang und jeder Übergang wird durch einen Schritt freigegeben.	Bei der Ablaufauswahl verzweigt sich die Schrittkette in zwei oder mehrere Abläufe.	Die Schrittkette verzweigt sich in zwei oder mehrere Abläufe, die unabhängig voneinander verlaufen, aber gleichzeitig ausgelöst werden. Wenn alle Verzweigungen durchlaufen sind, wird der nächste Schritt innerhalb der Einzel-Schrittkette ausgelöst.

© Verlag Gehlen

Speicherprogrammierte Steuerungen (SPS)

Symbol	Erklärung	Symbol	Erklärung
SPS-Programmierung durch Kontaktplan (nicht genormt, Herstellerangaben)			
⊣ ⊢	Eingang, kehrt Signal nicht um (betätigter Schließer/unbet. Öffner)	―(S)⊢	Ausgang setzen
⊣/⊢	Negierter Eingang, kehrt Signal um (unbetät. Schließer/ betät. Öffner)	―(/)⊢	Negierter Ausgang
―( )⊢	Ausgang, allgemein	―(R)⊢	Ausgang rücksetzen
SPS-Programmierung durch Logikplan (nicht genormt, Herstellerangaben)			
E1, E2 & A	UND-Verknüpfung	E1, E2 ≥1 A	ODER-Verknüpfung
SPS-Programmierung durch Anweisungsliste (nicht genormt, Herstellerangaben)			

Operationsteil		Operandenteil	
Operationen zur Signalverarbeitung	Operationen zur Programmorganisation	Operandenkennzeichen	Parameter (herstellerabhängig)

Operationen zur Signalverarbeitung		Operationen zur Programmorganisation		Operandenkennzeichen	
Zeichen	Beschreibung	Zeichen	Beschreibung	Zeichen	Beschreibung
U	UND-Verknüpfung, erfolgt, wenn Abfrage Signalzustand 1 ergibt	NOP	Nulloperation: Leerstelle programmieren	E	Eingang (input), ergänzen mit Nr. des Geräteeingangs
O	ODER-Verknüpfung, erfolgt, wenn Abfrage Signalzustand 1 ergibt	SP	Unbedingter Sprung: Sprungadresse angeben	A	Ausgang (output), ergänzen mit Nr. des Geräteausgangs
N	NICHT/Negation	SPB	Bedingter Sprung	M	Merker (memory), Ergänzen mit Nr. des Merkers im SPS-Gerät
UN	UND-NICHT-Verknüpfg. erfolgt, wenn Abfrage Signalzustand 0 ergibt	BA	Baustein-Aufruf: Nummer des Bausteins angeben		
ON	ODER-NICHT-Verknüpf. erfolgt, wenn Abfrage Signalzustand 0 ergibt	BAB	Bedingter Baustein-Aufruf: Nummer des Bausteins angeben	T	Zeitglied (timer), ergänzen mit Nr. des Timers im Gerät
XO	Exklusiv-ODER	BE	Baustein-Ende: Steht am Schluss (keine Nr.)	Z	Zähler (counter), ergänzen mit Nr. des Zählers im Gerät
=	Zuweisung				
S	Setzen	PE	Programm-Ende: Steht am Schluss (keine Nr.)		
R	Rücksetzen				
ADD	Addieren	L	Laden: Beginn einer Anweisungsfolge	K	Konstante (constant), Eingabe einer Konstanten, Zeit oder Zählerstand
SUB	Subtrahieren				
MUL	Multiplizieren	(	Klammer AUF: dient Verknüpfung, nicht allein stehend		
DIV	Dividieren			P	Programmbaustein, ergänzen mit Nr.
ZV, ZR	Vor-/Rückwärtszählen	)	Klammer ZU: kann allein stehen	F	Funktionsbaustein, ergänzen mit Nr.
SE, SA	Einschalt-/Ausschaltverzögerung				

© Verlag Gehlen

Programmierbeispiele für SPS-Steuerungen

Einfache Beispiele zur SPS-Programmierung (alte Norm)

Logikfunktion	Logikplan	Kontaktplan	Anweisungsliste
UND	E1.0, E1.1 → & → A1.0	E1.0 —] [— E1.1 —] [— ( ) A1.0	U E1.0 U E1.1 = A1.0
ODER	E1.0, E1.1 → ≥1 → A1.0	E1.0 —] [— ( ) A1.0 E1.1 —] [—	O E1.0 O E1.1 = A1.0
NICHT	E1.0 → ○ — Am Eingang	E1.0 —]/[—	N E1.0
	A1.0 — Am Ausgang	—(/)— A1.0	N A1.0
Exlusiv-ODER	E1.0, E1.1 → =1 → A1	E1.0 —]/[— E1.1 —]/[— ( ) A1.0 E1.0 —]/[— E1.1 —]/[—	XO E1.0 XO E1.1
Zuweisung	A1.0	—( )— A1.0	= A1.0
Setzen	S — A1.0	—(S)— A1.0	S A1.0
Rücksetzen	R — M1	—(R)— M1	R M1.0
UND mit 3 Eingängen	E1.0, E1.1, E1.2 → & → A1.0	E1.0 —] [— E1.1 —]/[— E1.2 —] [— ( ) A1.0	U E1.0 UN E1.1 U E1.2 = A1.0
ODER mit 3 Eingängen	E1.0, E1.1, E1.2 → ≥1 → A10	E1.0 —] [— ( ) A1.0 E1.1 —] [— E1.2 —] [—	U E1.0 O E1.1 O E1.2 = A1.0
UND vor ODER (mit Zwischenmerker)	E1.0, E1.1 → & → M1; E1.2, E1.3 → & ; → ≥1 → A1.0	E1.0 —] [— E1.1 —] [— ( ) M1 E1.2 —] [— E1.3 —] [— ( ) A1.0 M1 —] [—	U E1.0 U E1.1 = M1 U E1.2 U E1.3 O M1 = A1.0
ODER vor UND (mit Zwischenmerker)	E1.0, E1.1 → ≥1 → M1; E1.2, E1.3 → ≥1 ; → & → A1.0	E1.0 —] [— ( ) M1 E1.1 —] [— E1.2 —] [— M1 —] [— ( ) A1.0 E1.3 —] [—	U E1.0 O E1.1 = M1 U E1.2 O E1.3 U M1 = A1.0

© Verlag Gehlen

Programmiersprachen für speicherprogrammierte Steuerungen (SPS) — DIN EN 61131

Übersicht

1. Textsprachen	2. Grafische Sprachen	3. Ablaufsprache (AS)
• Anweisungsliste (AWL)	• Kontaktplan (KOP)	
• Strukturierter Text (ST)	• Funktionsbaustein-Sprache	

Gemeinsame Elemente

Gedruckte Zeichen	Daten	Datentypen	Variable
Zeichensatz	Numerische Literale	Elementare Datentypen	Einzel-Element-Variable
Bezeichner	Zeichenfolge-Literale	Allgemeine Datentypen	Multi-Element-Variable
Schlüsselwörter	Zeit-Literale	Abgeleitete Datentypen	
Leerzeichen			
Kommentare			

Gedruckte Zeichen

Zeichensatz (Beispiele)	Bezeichnung	Bezeichner (Beispiele)	Beschreibung
#, $, %, &, '	Geforderter Zeichensatz nach DIN 66 003	QX75	Großbuchstaben und Zahlen
a, b, c,...	Kleinbuchstaben	wie oben aufgeführte und LIM_sw_5Lim sw5 abcd ab_Cd	Groß- und Kleinbuchstaben, Zahlen, eingebettete Unterstriche
# oder £	Nummern- oder Pfundzeichen		
$	Dollar- oder Währungszeichen		
I oder !	Senkrechter Strich oder Ausrufungszeichen	wie oben aufgeführte und _MAIN._12V7	Groß- und Kleinbuchstaben, Zahlen, führende und eingebettete Unterstriche
[ ] oder ( )	Indizierungsbegrenzer, linke und rechte eckige oder runde Klammer		

Begrenzungszeichen (Beispiele)	Schlüsselwörter (Beispiele)	Leerzeichen	Kommentare
:	ACTION...END_ACTION	können innerhalb des SPS-Programm-Textes, aber nicht innerhalb von Schlüsselwörtern, Literalen oder Bezeichnern auftreten	Anwender-Kommentare müssen am Anfang und Ende mit einer besonderen Zeichenkombination (* bzw. *) begrenzt werden, z. B. (*Kommentar*)
:=	ARRAY...OF		
( )	EXIT		
'	FALSE		
;			
%			

Elementare Datentypen

Schlüsselwort	Datentyp	Bits	Schlüsselwort	Datentyp	Bits
BOOL	boolesche	1	LREAL	lange, reelle Zahl	64
SINT	kurze, ganze Zahl	8	TIME	Zeitdauer	
INT	ganze Zahl	16	DATE	Datum	
DINT	doppelte, ganze Zahl	32	TIME_OF_DAY(TOD)	Uhrzeit	
LINT	lange, ganze Zahl	64	DATE_END_TIME(TD)	Datum und Uhrzeit	
USINT	vorzeichenlose, ganze Zahl	8	STRING	variabel-lange Zeichenfolge	
UINT	vorzeichenlose, ganze Zahl	16	BYTE	Bit-Folge d. Länge 8	8
UDINT	vorzeichenl., doppelte Zahl	32	WORD	Bit-Folge d. Länge 16	16
ULINT	vorzeichl., lange, ganze Zahl	64	DWORD	Bit-Folge d. Länge 32	32
REAL	reelle Zahl	32	LWORD	Bit-Folge d. Länge 64	64

© Verlag Gehlen

Programmiersprachen für speicherprogrammierte Steuerungen (SPS) — DIN EN 61131

Gemeinsame Elemente (Fortsetzung)

Allgemeine Datentypen (ANY)		Einzelelement-Variablen	
Hierarchie		Präfix für Speicherort	Bedeutung
ANY		I	Speicherort Eingang
1. ANY_NUM		Q	Speicherort Ausgang
• ANY_REAL		M	Speicherort Merker
– LREAL		X	(Einzel-) Bit-Größe
– REAL		kein	(Einzel-) Bit-Größe
• ANY_INT		B	Byte-(16 bit) Größe
– LINT, DINT, INT, SINT		W	Wort-(16 bit) Größe
– ULINT, UDINT, UINT, USINT		D	Doppelwort-(32 bit) Größe
2. ANY_BIT		L	Langwort-(64 bit) Größe
• LWORD, DWORD, WORD, BYTE, BOOL		Die Darstellung der Einzel-Element-Variablen erfolgt durch Aneinanderreihen von Prozentzeichen (%), Präfix für Speicherort (s. o.) und Größe, vorzeichenlose ganze Zahlen – durch Punkte voneinander getrennt.	
3. STRING			
4. ANY_DATE			
• DATE_AND_TIME			
• DATE			
• TIME_OF_DAY		**Beispiel:**	
5. TIME		% IW 2.5.7.1	

Schlüsselwörter für Variablen-Deklaration

Schlüsselwörter	Gebrauch
VAR	Innerhalb der Organisationseinheit
VAR_INPUT	Von außerhalb geliefert
VAR_OUTPUT	Von der Organisationseinheit nach außen geliefert
VAR_IN_OUT	Von außerhalb geliefert
VAR_EXTERNAL	Von der Konfiguration geliefert
VAR_GLOBAL	Deklaration von globalen Variablen
VAR_ACCESS	Deklaration von einem Zugriffspfad
RETAIN	Gepufferte Variable
CONSTANT	Konstante
AT	Zuweisung des Speicherorts

Textsprachen — DIN EN 61131

Gemeinsame Elemente

TYPE...END_TYPE	FUNCTION...END_FUNCTION
VAR...END_VAR	FUNCTION_BLOC...END_FUNCTION_BLOC
VAR_INPUT...END_VAR	PROGRAM...END_PROGRAM
VAR_OUTPUT...END_VAR	STEP...END_STEP
VAR_IN_OUT...END_VAR	TRANSITION...END_TRANSITION
VAR_EXTERNAL...END_VAR	ACTION...END_ACTION

Textsprachen – AWL (Anweisungsliste) — DIN EN 61131

Die Anweisungsliste besteht aus einer Folge von Anweisungen. Jede Anweisung muss in einer neuen Zeile beginnen und enthält einen **Operator** mit möglichen, zusätzlichen Modifizierern und falls erforderlich einen oder mehrere **Operanden**, die durch Komma getrennt sind.
Der Anweisung kann eine identifizierende **Marke** mit Doppelpunkt vorangestellt werden. Ein möglicher **Kommentar** muss letztes Element der Zeile sein.

	Marke	Operator mit Modifizierer	Operand	Kommentar
Anweisung:				
Beispiel:	START:	LD	%IX1	(∗Drucktaster∗)

Operatoren und Operanden

Operatoren mit Modifizierern	Operand	Bedeutung	Operatoren mit Modifizierern	Operand	Bedeutung
LD	N	1)	Setzt aktuelles Ergebnis dem Operanden gleich	DIV	(	1)	Division
				GT	(	1)	Vergleich: >
ST	N	1)	Speichert aktuelles Ergebnis auf Operandenadresse	GE	(	1)	Vergleich: > =
				EQ	(	1)	Vergleich: =
S	2)	BOOL	Setzt bool. Oper. auf 1	NE	(	1)	Vergleich: < >
R	2)	BOOL	Setzt bool. Oper. auf 0 zur.	LE	(	1)	Vergleich: < =
AND	N, (	BOOL	Boolesches UND	LT	(	1)	Vergleich: <
&	N, (	BOOL	Boolesches UND	JMP	C, N	MARKE	Sprung zur Marke
OR	N, (	BOOL	Boolesches ODER	CAL	C, N	NAME	Aufruf Funktionsbaust.
XOR	N, (	BOOL	Boolesches Exklusiv-ODER	RET	C, N		Rücksprung vom Funktionsbaustein
ADD	(	1)	Addition				
SUB	(	1)	Subtraktion	)			Bearbeitung zurückgestellter Operation
MUL	(	1)	Multiplikation				

Erläuterungen:
N Boolesche Negation
Eine linke Klammer „(" bewirkt, dass die Auswertung des Operators solange zurückgestellt wird, bis eine rechte Klammer „)" erscheint.
1) Operationen müssen überladen oder mit Typ angegeben werden.
2) Operationen werden nur dann ausgeführt, wenn der Wert des Ergebnisses boolesche 1.

Textsprachen – ST (Strukturierter Text) — DIN EN 61131

Hauptbestandteil dieser Sprache ist der **Ausdruck**. Bei Auswertung entsteht ein Wert, der einem Datentypen entspricht.

Operatoren				Anweisungen	
Symbol	Operation	Symbol	Operation	Zuweisung	FOR
(Ausdruck)	Klammerung	+	Addition	Funktionsbaustein-Aufruf	WHILE
Bezeichner (Argumentliste)	Funktionsauswertung	−	Subtraktion		REPEAT
		<, >, <=, >=	Vergleich	RETURN	EXIT
∗∗	Potenzierung	=	Gleichheit	IF	Leer-Anweisung
−	Negation	<>	Ungleichheit	CASE	
NOT	Komplement	&, AND	Boolesches UND	Anweisungen werden durch Semikolon abgeschlossen, z. B. END IF; Exit;	
∗	Multiplikation	XOR, OR	Boolesches Exklusiv-ODER bzw. ODER		
MOD	Modulo				

© Verlag Gehlen

Grafische Sprachen — DIN EN 61131

Gemeinsame Elemente – Linien und Blöcke

Darstellungselemente	Erklärung	Darstellungselemente	Erklärung
`------`	Horizontale Linien (Minus-Zeichen)	`|`	Vertikale Linien (Vertikallinien-Zeichen)

`|`
`--+--`
`|`
	Horizontale/vertikale Verbindung (Plus-Zeichen)	`| |`
		`--------|----`
		`| |`
			Linienkreuzungen ohne Verbindung

`----+-+-+----` `|	|`	Verbundene Ecken	`| |` `----+  +----`	Nichtverbundene Ecken

`|`
`+--------+`
`---|    |`
`|    |---`
`---|    |`
`+--------+`
`|`
	Block mit Verbindungslinien	`---------->...>`
		`>...>----------`
			Konnektoren

Grafische Sprachen – KOP (Kontaktplan) — DIN EN 61131

Stromschienen

Symbol	Erläuterung

`|`
`+---`
`|`
	Linke Stromschiene mit angebundener horizontaler Verbindung

`|`
`---+`
`|`
	Rechte Stromschiene mit angebundener horizontaler Verbindung

Verbindungselemente

Symbol	Erläuterung
`----------`	Horizontale Verbindung

`|`
`----+----`
`|`
`----+`
`|`
`+----`
	Vertikale Verbindung mit angebundenen horizontalen Verbindungen

Kontakte (∗∗∗ Kennzeichnung)

Symbol	Erläuterung

∗∗∗
`--| |--`
oder
∗∗∗
`--! !--`
	Schließer
	Zustand linker Verbindung wird auf rechte Verbindung kopiert, wenn Zustand zugehöriger boolescher Variablen (∗∗∗) EIN ist. Anderenfalls ist Zustand rechter Verbindung AUS.

∗∗∗
`--|/|--`
oder
∗∗∗
`--!/!--`
	Öffner
	Zustand linker Verbindung wird auf rechte Verbindung kopiert, wenn Zustand zugehöriger boolescher Variablen (∗∗∗) AUS ist. Anderenfalls ist Zustand rechter Verbindung AUS.

∗∗∗
`--|P|--`
oder
∗∗∗
`--!P!--`
	Kontakt zur Erkennung von positivem Übergang
	Zustand rechter Verbindung ist von einer Auswertung dieses Elements zur nächsten EIN, wenn ein Übergang der zugehörigen Variablen von AUS nach EIN erkannt wird, und zwar zur selben Zeit, in der der Zustand der linken Verbindung EIN ist. Der Zustand der rechten Verbindung muss in allen anderen Zeiten AUS sein.

∗∗∗
`--|N|--`
oder
∗∗∗
`--!N!--`
	Kontakt zur Erkennung von negativem Übergang
	Zustand rechter Verbindung ist von einer Auswertung dieses Elements zur nächsten EIN, wenn ein Übergang der zugehörigen Variablen von EIN nach AUS erkannt wird, und zwar zur selben Zeit, in der der Zustand der linken Verbindung EIN ist. Der Zustand der rechten Verbindung muss in allen anderen Zeiten AUS sein.

© Verlag Gehlen

Grafische Sprachen – KOP (Kontaktplan) — DIN EN 61131

Spulen (*** Kennzeichnung)

Symbol	Erläuterung
``` *** ``` ``` --( )-- ```	**Spule** Der Zustand der linken Verbindung wird auf die zugehörige boolesche Variable und die rechte Verbindung kopiert.
``` *** ``` ``` --(/)-- ```	**Negative Spule** Der Zustand der linken Verbindung wird auf die rechte Verbindung kopiert. Die Invertierung des Zustands der linken Verbindung wird auf die zugehörige boolesche Variable kopiert, d. h., falls der Zustand der linken Verbindung AUS ist, dann ist der Zustand der zugehörigen Variablen EIN und umgekehrt.
``` *** ``` ``` --(S)-- ```	**SETZE-Spule** Die zugehörige boolesche Variable wird auf den Zustand EIN gesetzt, wenn die linke Verbindung im EIN-Zustand ist, und bleibt gesetzt, bis sie duch eine RÜCKSETZE-Spule zurückgesetzt wird.
``` *** ``` ``` --(R)-- ```	**RÜCKSETZE-Spule** Die zugehörige boolesche Variable wird auf den Zustand AUS gesetzt, wenn die linke Verbindung im EIN-Zustand ist, und bleibt zurückgesetzt, bis sie durch eine SETZE-Spule gesetzt wird.
``` *** ``` ``` --(M)-- ```	**Gepufferte (Speicher)-Spule**
``` *** ``` ``` --(SM)-- ```	**SETZE-gepufferte-(Speicher)-Spule**
``` *** ``` ``` --(RM)-- ```	**RÜCKSETZE-gepufferte-(Speicher)-Spule**
``` *** ``` ``` --(P)-- ```	**Spule zur Erkennung von positivem Übergang** Der Zustand der zugehörigen booleschen Variablen ist von einer Auswertung des Elements zur nächsten EIN, wenn ein Übergang der linken Verbindung von AUS nach EIN erkannt wird. Der Zustand der linken Verbindung wird immer auf die rechte Verbindung kopiert.
``` *** ``` ``` --(N)-- ```	**Spule zur Erkennung von negativem Übergang** Der Zustand der zugehörigen booleschen Variablen ist von einer Auswertung des Elements zur nächsten EIN, wenn ein Übergang der linken Verbindung von EIN nach AUS erkannt wird. Der Zustand der linken Verbindung wird immer auf die rechte Verbindung kopiert.

Grafische Elemente zur Ausführungssteuerung

Symbol	Erläuterung	Symbol	Erläuterung

``	```
	 ``` +---->>... ```
	 ``
		``	Unbedingter Sprung	```	```
					 ``` +-| |--->>... ```
					 ``
						``	Bedingter Sprung

Beispiel: Bedingter Sprung

Symbol	Erläuterung	Symbol	Erläuterung

``	%IX20 %MX50 ```
	 ``` +---| |-----| |--->>NEXT ```
	 ``
		``	Sprungbedingung	``` NEXT: ```
				 ``
					%IX25 %QX100	```
						 ``` +----| |----+----( )---+ ```
						 ``
							%MX60	```
								 ``` +----| |----+ ```
								 ``
									``	Sprungziel

© Verlag Gehlen

Grafische Sprachen – FBS (Funktionsbaustein-Sprache) — DIN EN 61131

Grafische Elemente zur Ausführungssteuerung

Symbol	Erläuterung	Symbol	Erläuterung
1 – – – >>...	Unbedingter Sprung	X – – – >>...	Bedingter Sprung

Beispiel: Bedingter Sprung

Symbol	Erläuterung	Symbol	Erläuterung
| ```
        +---+
%IX20---|   |
        | & |--->>NEXT
%IX50---|   |
        +---+
``` | Sprung-bedingung | ```
NEXT:   +---+
%IX25---|   |
        |>=1|---%QX100
%IX60---|   |
        +---+
``` | Sprung-ziel |

Ablaufsprache – AS — DIN EN 61131

Aufbau

Die Elemente der Ablaufsprache sind **Schritte** und **Übergänge** (Transitionen), die durch gerichtete **Verbindungen** miteinander verbunden sind. Zu jedem Schritt gehören eine Menge von **Aktionen** und zu jedem Übergang eine **Übergangsbedingung**.

```
                  +-----+    +------+---------------+---+
(Schrittblock)    |STEP |----| „a“  |     „b“       |„c“|
                  +-----+    +------+---------------+---+  (Aktionsblock)
                     |       |                      |   |
(Übergangs- - - +            |          „d“         |   |
 bedingung)     |            +----------------------+---+
```

„a" Bestimmungszeichen; „b" Aktionsname, z. B. AKTION 1; „c" boolesche „Anzeige"-Variable;
„d" Aktion in AWS, ST, KOP oder FBS

Schritte

Symbol	Erklärung
| ```
     |
+-----+
| *** |
+-----+
     |
``` | Schritt, grafische Form mit gerichteten Verbindungen, *** Schrittname |
| ```
     | 1)
+=====+
| *** |
+=====+
     |
``` | Anfangsschritt, grafische Form mit gerichteten Verbindungen, *** Anfangs-Schrittname |
STEP ***: END_STEP	Schritt, Textform, ohne gerichtete Verbindungen, *** Anfangs-Schrittname
INITIAL_STEP ***: END_STEP	Anfangsschritt, Textform, ohne gerichtete Verbindungen, *** Anfangs-Schrittname
***. X	Schritt-Merker, allgemeine Form, *** Schrittname, ***. X boolesche 1, wenn *** aktiv ist, sonst boolesche 0
| ```
     |
+-----+
| *** |
+-----+
     |
``` | Schritt-Merker, grafische Form mit gerichteten Verbindungen, direkte Verbindung der booleschen Variablen ***. X mit der rechten Seite des Schritts *** |
| ***. T | Verstrichene Schrittzeit, allgemeine Form |

[1] Die obere gerichtete Verbindung entfällt, wenn der Anfangsschritt keine Vorgänger hat.

Bestimmungszeichen für Aktionen (Auswahl)

N	nicht gespeichert	S	Setzen-gespeichert	D	zeitverzögert	SD	gespeichert, zeitverzögert
R	vorrangiges Rücks.	L	zeitbegrenzt	P	Impuls (Flanke)	DS	verzögert, gespeichert

© Verlag Gehlen
```

Regelungstechnik — DIN 19225

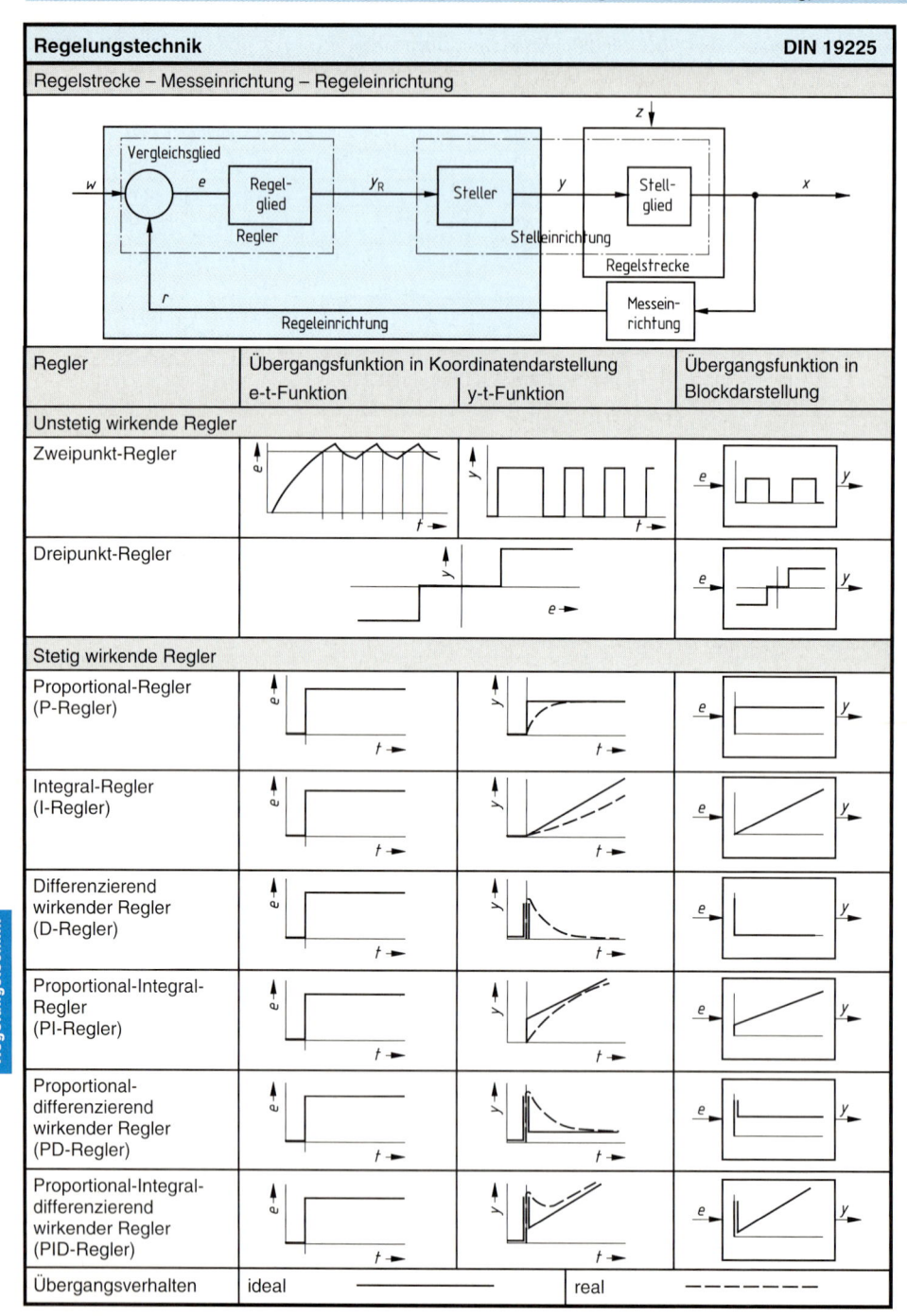

Regelstrecke – Messeinrichtung – Regeleinrichtung

Regler	Übergangsfunktion in Koordinatendarstellung		Übergangsfunktion in Blockdarstellung
	e-t-Funktion	y-t-Funktion	
Unstetig wirkende Regler			
Zweipunkt-Regler			
Dreipunkt-Regler			
Stetig wirkende Regler			
Proportional-Regler (P-Regler)			
Integral-Regler (I-Regler)			
Differenzierend wirkender Regler (D-Regler)			
Proportional-Integral-Regler (PI-Regler)			
Proportional-differenzierend wirkender Regler (PD-Regler)			
Proportional-Integral-differenzierend wirkender Regler (PID-Regler)			
Übergangsverhalten	ideal ————		real – – – – –

Werkzeugmaschinensymbole · Allg. Vorgänge · Betätigungen · Bearbeitungsverfahren

Bildzeichen für den Maschinenbau – Werkzeugmaschinen — DIN 24900

Symbol	Erklärung	Symbol	Erklärung	Symbol	Erklärung	Symbol	Erklärung
Allgemeine Vorgänge und Betätigungen				**Bearbeitungsverfahren – Trennen (Zerteilen/Spanen)**			
	Vorschub, allgemein		Vorschub, längs		Scherschneiden		Hinterer Anschlag an Scheren
	Vorschub, quer		Schneller Vorschub		Längsdrehen		Plandrehen
	Vorschub-Unterbrechung		Einrichten		Außendrehen		Innendrehen, Ausdrehen
	Positionieren		Längsspannen		Gewinde herstellen		Dreh-, Hobelmeißel
	Spannen in vorbestimmter Lage		Zweihand-Betätigung		Werkzeugkühlung mit Flüssigkeit an einer Dreh-/Hobelmasch.		Werkzeugbruch an einer Dreh- oder Hobelmaschine
Bearbeitungsverfahren – Umformen							
	Pressenstößel		Pressen-Ziehkissen, gesperrt		Schlitten mit Werkzeugträger		Mehrfach-Meißelhalter
	Gegenhalter durch Ziehkissen		Werkzeug für Pressen		Revolverkopf		Spindel
	Schwenkbiegen		Oberwange senken		Spindelumdrehung, Spindeldrehzahl		Spindelumdrehung in Pfeilrichtung/rechts
	Biegewange schwenken		Biegen, 3 Walzen		Spindelumdrehung in Pfeilrichtung/links		Drehspindel ausgerichtet, still gesetzt
	Oberwalze zustellen an Dreiwalzenmaschinen		Unterwalzen zustellen an Dreiwalzenmaschinen		Spindelträger		Werkstoffführung, Stangenführung
	Biegen, vier Walzen		Unterwalzen zustellen an Vierwalzenmaschinen		Werkstoffstangenführung, 1 Stange aufgebraucht		Werkstoffstangenführung, alle Stangen aufgebraucht

Steuerungs- und Regelungstechnik

Bildzeichen für den Maschinenbau – Werkzeugmaschinen (Fortsetzung) — DIN 24900

Bearbeitungsverfahren – Trennen (Zerteilen und Spanen)

Symbol	Erklärung	Symbol	Erklärung	Symbol	Erklärung	Symbol	Erklärung
	Spannzange		Material-, Stangenvorschub bis Anschlag		Fräsen im Gegenlauf		Messerkopf, Messerwelle
	Stangenende, Stangenvorschub Ende		Werkstoffanschlag, Stangenanschlag vor		Traghülse, Pinole		Werkzeugmagazin, zentralgeführt
	Werkstoffanschlag, Stangenanschl. zurück		Greifspindel		Werkzeugmagazin, Kettensystem		Werkzeug-Wechselarm, ein-, zweiarmig
	Drehfutter, Spannfutter		Planscheibe		Werkzeug einsetzen		Werkzeug ausstoßen
	Spannbacken-Wechselposition		Spindelstock		Werkzeug klemmen		Werkzeug lösen
	Reitstock		Reitstockpinole		Nachform-Vorrichtung		Hobel
	Setzstock		Kreuzschlitten		Senkrecht-Stoßen		Waagerecht-Stoßen
	Oberschlitten		Werkzeugschlitten		Außenräumen mit Außenräumwerkzeug		Innenräumen mit Innenräumwerkzeug
	Bettschlitten		Schlossmutter		Kreissägeblatt, Scheibenfräser		Sägeblatt
	Bohren mit Wendel- oder Spiralbohrer		Gewindebohren mit Gewindebohrer		Sägekette		Bürste, rotierend
	Reiben mit Reibahle		Spanntisch, rechteckig		Schleifen, allgemein		Planschleifen
	Spanntisch, rund		Fräsen im Gleichlauf		Außenrundschleifen		Innenrundschleifen

Steuerungs- und Regelungstechnik

© Verlag Gehlen

Bildzeichen für den Maschinenbau – Werkzeugmaschinen (Fortsetzung) — DIN 24900

Symbol	Erklärung	Symbol	Erklärung	Symbol	Erklärung	Symbol	Erklärung
Bearbeitungsverfahren – Trennen (Zerteilen/Spanen)				Werkstückhandhabung (Fortsetzung)			
	Einstechschleifen		Spitzenloses Schleifen, Schleifscheibe		Werkstück einsetzen		Werkstück auswerfen
	Spitzenloses Schleifen, Regelscheibe		Tragscheibe mit Schleifscheibe		Werkstück zentrieren		Werkstück ausrichten, in Lage bringen
	Schleifteller		Schleifspindelstock		Werkstück-Handhabungseinrichtung		Werkstück-Greifvorrichtung
	Radienschleifvorrichtung		Umfang abrichten mit Abrichtwerkzeug		Werkstück-Ladefutter		Werkstück-Transport
	Plan abrichten mit Abrichtwerkzeug		Abrichten mit Abrichtrolle		Werkstück-Bunkerelevator		Werkstück-Senkrechtförderer
	Abrichten mit Diamant-Abrichtrolle		Magnettisch, rechteckig		Werkstück-Taktsenkrechtförderer		Werkstück weiterschieben
	Magnettisch, rund		Schleifband		Werkstück vereinzeln, Werkst. Einlaufsperre		Werkstück vereinzeln, Werkst. Auslaufsperre
	Außenhonen		Innenhonen		Werkstück-Auslaufsperre öffnen		Werkstück-Auslaufsperre schließen
	Läppen		Polierscheibe, Polierplatte		Werkstückweiche öffnen		Werkstückweiche schließen
Werkstückhandhabung					Werkstückzulauf voll		Werkstückzulauf leer
	Werkstück, allgemein		Werkstück-Fertigteil		Werkstückablauf voll		Werkstück ablauf leer
	Werkstück nicht vorhanden (fehlt)		Werkstückhalter, Werkstückbefestigung	Werkstoffabfall-/-transport			
					Beispiel: Späne		Beispiel: Spänetransport

Symbole für NC-Werkzeugmaschinen

Bildzeichen für NC-Werkzeugmaschinen — DIN 55003

Symbol	Erklärung	Symbol	Erklärung	Symbol	Erklärung
Grundbildzeichen					
	Richtungspfeil		Funktionspfeil		
	Datenträger		Satz		Speicher
	Programm ohne Maschinenfunktionen		Bezugspunkt		Ändern
	Programm mit Maschinenfunktionen		Korrektur		Wechsel
Funktionsbildzeichen					
	Programm-Anfang		Handeingabe		Satznummer-Suche rückwärts, ohne Maschinenfunktionen
	Programm-Einlesen ohne Maschinenfunktionen		Datenträger-Vorlauf ohne Einlesen, ohne Maschinenfunktionen		Programmierter Halt, entspricht Zusatzfunktion M00
	Satzweises Einlesen ohne Maschinenfunktionen, Auslösen durch Handbetätigung		Datenträger-Rücklauf ohne Einlesen, ohne Maschinenfunktionen		Wahlweiser programmierter Halt, entspricht Zusatzfunktion M01
	Programm-Ende		Hauptsatz-Suche vorwärts		Daten-Eingabe eines Programms von externer Einrichtung
	Programm-Ende mit Datenträgerrücklauf zum Programm-Anfang ohne Masch'fkt.		Hauptsatz-Suche rückwärts		Datenträger Eingabe von externen Geräten
	Suchlauf rückwärts zum Programm-Anfang, ohne Maschinenfunktionen		Suchlauf vorwärts auf bestimmte Daten, ohne Maschinenfunktionen		Programmspeicher
	Programm-Einlesen mit Maschinenfunktionen		Suchlauf rückwärts auf bestimmte Daten, ohne Maschinenfunktionen		Programm verändern
	Satzweises Einlesen mit Maschinenfunktionen, Auslösen durch Handbetätigung		Satznummer-Suche vorwärts, ohne Maschinenfunktionen		Satzunterdrückung

© Verlag Gehlen

Symbole für NC-Werkzeugmaschinen

Bildzeichen für NC-Werkzeugmaschinen (Fortsetzung) — DIN 55003

Symbol	Erklärung	Symbol	Erklärung	Symbol	Erklärung
	Funktionsbildzeichen				
	Unterprogramm		Speicherfehler		Werkzeugdurchmesser-Korrektur
	Unterprogramm-Speicher		Achssteuerung normal (Maschine folgt dem Programm)		Werkzeugschneidenradius-Korrektur
	Daten-Eingabe in einen Speicher		Achssteuerung spiegelbildlich (Maschine spiegelt das Programm)		Position
	Daten-Ausgabe aus einem Speicher		Maschinen-Nullpunkt		Positions-Istwert
	Daten im Speicher verändern		Werkstück-Nullpunkt		Positionsfehler
	Speicher-Inhalt löschen		Referenzpunkt		Positions-Sollwert programmiert
	Speicher-Inhalt rücksetzen		Nullpunkt-Verschiebung		Positioniergenauigkeit, fein
	Zwischenspeicher		Absolute Maßangaben		Positioniergenauigkeit, mittel
	Fehlerhafte Programmdaten		Inkrementale Maßangaben		Positioniergenauigkeit, grob
	Fehlerhafte Datenträger		Werkzeug-Korrektur		Grundstellung Rücksetzen
	Speicherüberlauf		Werkzeuglängen-Korrektur		Löschen
	Vorwarnung Speicherüberlauf		Werkzeugradius-Korrektur		Kontur wiederanfahren

© Verlag Gehlen

Lagestimmung an CNC-Maschinen — DIN 66217

Grundlage ist ein rechtshändiges, rechtwinkliges Koordinatensystem X, Y, und Z, das vom aufgespannten Werkstück ausgeht und auf die Hauptführungsbahnen der Maschine ausgerichtet ist.

Vereinbarung: **Werkstück** bewegt sich nicht, **Werkzeug** führt alle notwendigen Bewegungen aus

Koordinatensystem

Auf Werkstück bezogen

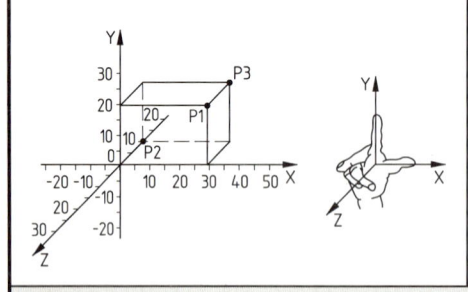

Auf Werkzeugmaschine bezogen

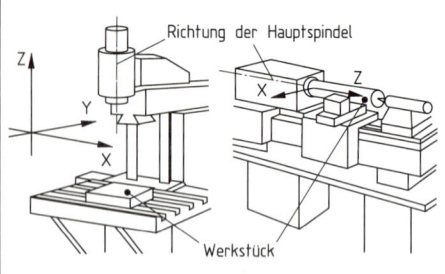

Koordinatenachsen

Z-Achse	X-Achse	Y-Achse
Liegt parallel zur Arbeitsspindelachse bzw. fällt mit ihr zusammen, die positive Richtung verläuft vom Werkstück zum Werkzeug.	Sie ist die Hauptachse in der Positionierebene, liegt parallel zur Werkstück-Aufspannfläche und verläuft weitgehend horizontal.	Sie ergibt sich durch Ergänzung im rechtwinkligen Koordinatensystem.

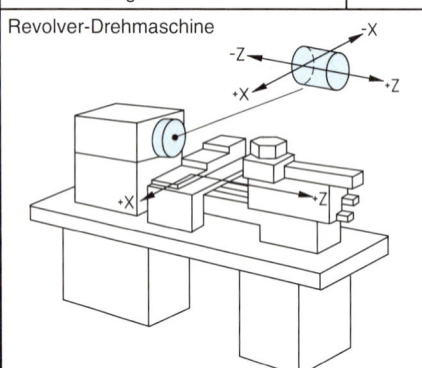

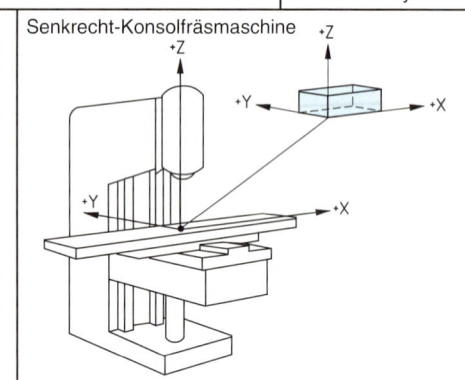

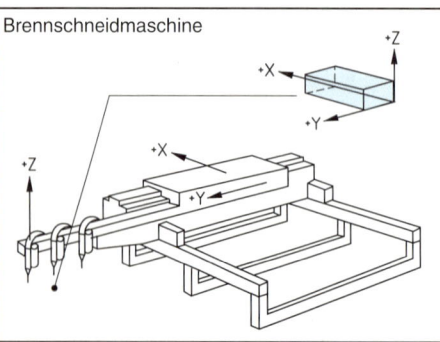

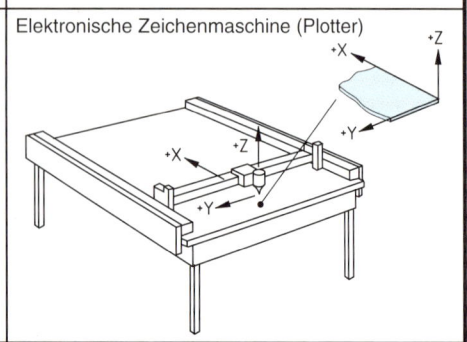

Revolver-Drehmaschine

Senkrecht-Konsolfräsmaschine

Brennschneidmaschine

Elektronische Zeichenmaschine (Plotter)

© Verlag Gehlen

Lagestimmung an CNC-Maschinen (Fortsetzung) — DIN 66217

Drehbewegungen um die Achsen

Die Drehbewegungen A, B, und C verlaufen parallel zu den Achsen X, Y und Z. Der Drehsinn ist positiv, wenn diese Drehbewegung bei Blickrichtung in die positive Koordinatenachse im Uhrzeigersinn erfolgt (bei stillstehend gedachtem Werkstück).

Zusätzliche Achsen

Wenn zu den Koordinatenachsen X, Y, und Z weitere Koordinatenachsen parallel zusätzlich vorhanden sind, so werden sie mit U bzw. P (parallel zu X), V bzw. Q (parallel zu Y) und W bzw. R (parallel zu Z) gekennzeichnet. X, Y und Z liegen vorzugsweise der Hauptspindel am nächsten.

Maßangaben im kartesischen Koordinatensystem

Maßangaben im Polarkoordinatensystem

Bezugspunkte im Koordinatensystem

CNC-Fräsmaschine	Symbol	Erklärung	CNC-Drehmaschine
	⊕	Maschinennullpunkt (M)	
	⊕	Werkstücknullpunkt (W)	
	⊕	Referenzpunkt (R)	
	⊕	Werkzeugaufnahmepunkt (N)	
	⊕	Werkzeugeinstellpunkt (E)	
	⊕	Werkzeugwechselpunkt (R)	

Maschinennullpunkt (M)	Konstruktionsmäßig festgelegter Nullpunkt im Messsystem der Werkzeugmaschine; er liegt häufig außerhalb oder am Rande des Arbeitsbereiches einer Werkzeugmaschine.
Werkstücknullpunkt (W)	Ursprung des Werkstück-Koordinatensystems; er bezieht sich auf den Maschinennullpunkt. Die Lage des Werkstücknullpunktes kann frei gewählt werden, Umrechnungen sollten vermieden werden.
Referenzpunkt (R)	Steht im festen Messbezug zum Maschinennullpunkt, dient der Eichung und Kontrolle des Wegmesssystems an den Verfahrachsen. Maschinennullpunkt und Referenzpunkt können zusammenfallen.
Werkzeugaufnahmepunkt (N)	Bezugspunkt für die Voreinstellung der Werkzeuge.
Werkzeugeinstellpunkt (E)	Mittelpunkt bei Werkzeugrevolvern.
Werkzeugwechselpunkt (R)	Koordinatenpunkt der Scheidenspitze bei Werkzeugwechsel.

© Verlag Gehlen

Programmierung von CNC-Maschinen — DIN 66025

Programmaufbau

Ein CNC-Programm besteht aus
- dem Zeichen für **Programmanfang**
- einer Folge von **Programmsätzen** (vergleichbar mit Arbeitsschritten bzw. Fertigungsfolgen) und
- dem **Programmende**

Programmsatzaufbau – Reihenfolge der Wörter eines Programmsatzes

Programmanfang, Programmname

Progamm-technische Information	Geometrische Informationen oder Weginformationen			Technologische Informationen oder Schaltinformationen			
Satz-Nr.	Weg-bedingung	Koordina-tenachsen	Interpolations-parameter	Vorschub	Spindel-drehzahl	Werkzeug-Nr. und Korrektur	Zusatz-inform.
N	G	X, Y, Z U, V, W P, Q, R A, B, C	I, J, K	F, E	S	T, D	M

Verzeichnis der (Adress-)Buchstaben

Buchstabe	Erklärung	Buchstabe	Erklärung	Buchstabe	Erklärung
A	Drehbewegung um X-Achse	K	Interpolationsparameter oder Gewindesteigung parallel zur Z-Achse	S	Spindeldrehzahl
B	Drehbewegung um Y-Achse			T	Werkzeug
C	Drehbewegung um Z-Achse			U	Zweite Bewegung parallel zur X-Achse
D	Werkzeugkorrekturspeicher	L	(frei verfügbar)		
E	Zweiter Vorschub	M	Zusatzfunktion	V	Zweite Bewegung parallel zur Y-Achse
F	Vorschub	N	Satznummer		
G	Wegbedingung	O	(frei verfügbar)	W	Zweite Bewegung parallel zur Z-Achse
H	(frei verfügbar)	P	Dritte Bewegung parallel zur X-Achse		
I	Interpolationsparameter oder Gewindesteigung parallel zur X-Achse			X	Bewegung in Richtung der X-Achse
		Q	Dritte Bewegung parallel zur Y-Achse	Y	Bewegung in Richtung der Y-Achse
J	Interpolationsparameter oder Gewindesteigung parallel zur Y-Achse	R	Dritte Bewegung parallel zur Z-Achse oder Bewegung im Eilgang in Richtung der Z-Achse	Z	Bewegung in Richtung der Z-Achse

Zeichen	Bedeutung
Abdruckbare Zeichen	
%	Programmanfang; auch unbedingter Stopp beim Programm-Rücksetzen
(...)	Anmerkungsbeginn ... Anmerkungsende
+ ... – ... ,	Plus ... Minus ... Komma
. ... /	Dezimalpunkt ... Satzunterdrückung
:	Hauptsatz; bedingter Stopp beim Programm-Rücksetzen
Nichtabdruckbare Zeichen, werden (außer LF/NL) von Steuerung ignoriert	
LF / NL	Satzende, Zeilenvorschub (Line Feed) / Zeilenvorschub mit Wagenrücklauf (New Line)
HT / CR	Tabulator / Wagenrücklauf (Carriage Return)
SP / DEL	Zwischenraum (Space) / Löschen (Delete)
NUL / BS	Leerzeichen (Null) / Rückwärtsschritt-Backspace

© Verlag Gehlen

Programmierung von CNC-Maschinen (Fortsetzung) — DIN 66025

Wegbedingungen (Adreßbuchstabe G)

Wegbedingung	Bedeutung	Wirksamkeit gespeichert	Wirksamkeit satzweise
G00	Positionierung im Eilgang; Punktsteuerungsverhalten	•	
G01	Geraden-Interpolation mit programmiertem Vorschub, Einschaltzustand	•	
G02	Kreis-Interpolation im Uhrzeigersinn	•	
G03	Kreis-Interpolation im Gegenuhrzeigersinn	•	
G04	Verweilzeit, zeitlich vorbestimmt; im Allgemeinen unter X programmiert		
G05	Vorläufig zur freien Verfügung	•	•
G06	Parabel-Interpolation	•	
G07	Vorläufig zur freien Verfügung	•	•
G08	Geschwindigkeitszunahme		•
G09	Geschwindigkeitsabnahme		•
G10 bis G16	Vorläufig zur freien Verfügung	•	•
G17	Ebenenauswahl XY	•	
G18	Ebenenauswahl ZX	•	
G19	Ebenenauswahl YZ	•	
G20 bis G24	Vorläufig zur freien Verfügung	•	•
G25 bis G29	Ständig zur freien Verfügung	•	•
G30 bis G32	Vorläufig zur freien Verfügung	•	
G33	Gewindeschneiden, gleichbleibende Steigung	•	
G34	Gewindeschneiden, konstant zunehmende Steigung	•	
G35	Gewindeschneiden, konstant abnehmende Steigung	•	
G36 bis G39	Ständig zur freien Verfügung	•	
G40	Aufheben der Werkzeugkorrektur (Unwirksammachen von G41 bis G44)	•	
G41	Werkzeugbahnkorrektur, links	•	
G42	Werkzeugbahnkorrektur, rechts	•	
G43	Werkzeugkorrektur, positiv	•	
G44	Werkzeugkorrektur, negativ	•	
G45 bis G52	Vorläufig zur freien Verfügung	•	•
G53	Aufheben der Verschiebung, z. B. der Nullpunktverschiebung	•	
G54 bis G59	Verschiebung 1 bis 6	•	
G60 bis G62	Vorläufig zur freien Verfügung	•	
G63	Gewindebohren; Positionieren mit Stillsetzen der Arbeitsspindel nach Erreichen der Position (kein Arbeitszyklus G84 Gewindebohren !)		•

© Verlag Gehlen

Wegbedingungen des Adressbuchstabens G

Programmierung von CNC-Maschinen (Fortsetzung)		DIN 66025	
Wegbedingungen (Adressbuchstabe G)			
Wegbe-dingung	Bedeutung	Wirksamkeit	
		gespei-chert	satz-weise
G64 bis G69	Vorläufig zur freien Verfügung	•	•
G70	Maßangaben in inch	•	
G71	Maßangaben in mm	•	
G72 und G73	Vorläufig zur freien Verfügung	•	•
G74	Anfahren der Referenzpunkte in den Koordinaten, deren Adressbuchsta-ben im betreffenden Satz programmiert sind		•
G75 bis G79	Vorläufig zur freien Verfügung	•	•
G80	Aufheben Arbeitszyklus	•	
G81 bis G89	Arbeitszyklen 1 bis 9; Arbeitszyklus entspricht einem in der Steuerung festgelegten Ablauf von Einzelschritten beim Fräsen und Bohren (z. B. Fräs-Taschen-Zyklus, Tiefbohr-Zyklus, Lochkreis-Zyklus), Drehen (z. B. Schrupp-Zyklus, Gewinde-Zyklus usw.)	•	
G90	Absolute Maßangaben	•	
G91	Inkrementale Maßangaben	•	
G92	Setzen oder Ändern von Speicherinhalten, bei Verarbeitung des Pro-grammsatzes findet keine Bewegung in den Achsen statt		•
G93	Zeitreziproke Vorschub-Verschlüsselung	•	
G94	Direkte Angabe der Vorschubgeschwindigkeit in mm/min bzw. in inch/min	•	
G95	Direkte Angabe des Vorschubes in mm je Umdrehung bzw. in inch/Umdr.	•	
G96	Konstante Schnittgeschwindigkeit; im Wort der Spindeldrehzahl wird die Schnittgeschwindigkeit in m/min bzw. feet/min programmiert. Spindel-drehzahl wird auf den programmierten Wert geregelt.	•	
G97	Aufheben von G96; Angabe Spindeldrehzahl in 1/min direkt oder ver-schlüsselt	•	
G98 und G99	Vorläufig zur freien Verfügung	•	•
Systematik der Zusatzfunktionen (M)			
Klasse	Anwendung		
0	Universelle Zusatzfunktion, gilt für alle Klassen		
1	Fräs- und Bohrmaschinen, Lehrenbohrwerke, Bearbeitungszentren		
2	Drehmaschinen, Dreh-Bearbeitungszentren		
3	Schleifmaschinen, Messmaschinen		
4	Brenn-, Plasma-, Laser-, Wasserstrahl-Schneidmaschinen, Drahterodiermaschinen		
5	Optimierung, Adaptive Steuerung (AC)		
6	Maschinen mit Mehrfach-Schlitten, mehreren Spindeln und zugeordneter Handhabungs-Ausrüstung		
7	Stanz- und Nibbelmaschinen		
8	Ständig zur freien Verfügung, für individuelle Anwendungen		
9	Für Erweiterungen, neuen Anwendungen vorbehalten		

© Verlag Gehlen

Programmierung von CNC-Maschinen (Fortsetzung) — DIN 66025

Zusatzfunktionen (Adressbuchstabe M)

Zusatz-funktion	Bedeutung	Wirksamkeit sofort	Wirksamkeit später	Wirksamkeit gespeichert	Wirksamkeit satzweise
\multicolumn{6}{l}{Zusatzfunktionen für Drehmaschinen und Dreh-Bearbeitungszentren (Klasse 2) – Fortsetzung}					
M00	Programmierter Halt		•		•
M01	Wahlweiser Halt		•		•
M02	Programmende		•		•
M06	Werkzeugwechsel				•
M10	Klemmen			•	
M11	Lösen			•	
M30	Programmende mit Rücksetzen		•		•
M48	Überlagerungen wirksam		•	•	
M49	Überlagerungen unwirksam	•		•	
M60	Werkstückwechsel		•		
\multicolumn{6}{l}{Zusatzfunktionen für Fräs- und Bohrmaschinen, Lehrenbohrwerke, Bearbeitungszentren (Klasse 1)}					
M03	Spindel im Uhrzeigersinn	•		•	
M04	Spindel im Gegenuhrzeigersinn	•		•	
M05	Spindel Halt		•	•	
M07	Kühlschmiermittel 2 Ein	•		•	
M08	Kühlschmiermittel 1 Ein	•		•	
M09	Kühlschmiermittel Aus		•	•	
M19	Spindel Halt mit definierter Endstellung		•	•	
M34	Spanndruck normal	•		•	
M35	Spanndruck reduziert	•		•	
M40	Automatische Getriebeschaltung		•	•	
M41 bis M45	Getriebestufe 1 bis Getriebestufe 5		•	•	
M50	Kühlschmiermittel 3 Ein		•	•	
M51	Kühlschmiermittel 4 Ein		•	•	
M71 bis M78	Indexpositionen des Drehtisches		•	•	
\multicolumn{6}{l}{Zusatzfunktionen für Drehmaschinen und Dreh-Bearbeitungszentren (Klasse 2)}					
M03	Spindel im Uhrzeigersinn	•		•	
M04	Spindel im Gegenuhrzeigersinn	•		•	
M05	Spindel Halt		•	•	
M07	Kühlschmiermittel 2 Ein	•		•	
M08	Kühlschmiermittel 1 Ein	•		•	
M09	Kühlschmiermittel Aus		•	•	
M19	Spindel Halt mit definierter Endstellung		•	•	
M34	Spanndruck normal	•		•	
M35	Spanndruck reduziert	•		•	
M40	Automatische Getriebeschaltung	•		•	
M41 bis M45	Getriebestufe 1 bis Getriebestufe 5	•		•	

© Verlag Gehlen

Steuerungs- und Regelungstechnik

Zusatzfunktionen für Dreh-/Schleif-/Mess-/Abtrag-/Erodiermaschinen

Programmierung von CNC-Maschinen (Fortsetzung) — DIN 66025

Zusatzfunktionen (Adressbuchstabe M)

Zusatz-funktion	Bedeutung	Wirksamkeit sofort	später	gespeichert	satzweise
\multicolumn{6}{l}{Zusatzfunktionen für Drehmaschinen und Dreh-Bearbeitungszentren (Klasse 2) – Fortsetzung}					
M50	Kühlschmiermittel 3 Ein		•	•	
M51	Kühlschmiermittel 4 Ein		•	•	
M54	Reitstockpinole zurück		•	•	
M55	Reitstockpinole vor		•	•	
M56	Reitstock mitschleppen Aus		•	•	
M57	Reitstock mitschleppen Ein		•	•	
M58	Konstante Spindeldrehzahl Aus		•	•	
M59	Konstante Spindeldrehzahl Ein		•	•	
M80	Lünette 1 öffnen		•	•	
M81	Lünette 1 schließen		•	•	
M82	Lünette 2 öffnen		•	•	
M83	Lünette 2 schließen		•	•	
M84	Lünette mitschleppen Aus		•	•	
M85	Lünette mitschleppen Ein		•	•	

Zusatzfunktionen für Schleifmaschinen, Messmaschinen (Klasse 3)
Vorläufig wurden noch keine Normen festgelegt.

Zusatzfunktionen für Brenn-, Plasma-, Laser-, Wasserstrahl-Schneidmaschinen und Drahterodiermaschinen (Klasse 4)

Zusatz-funktion	Bedeutung	sofort	später	gespeichert	satzweise
M03	Schneiden Aus		•	•	
M04	Schneiden Ein	•		•	
M14	Höhenregelung Aus		•	•	
M15	Höhenregelung Aus	•		•	
M16	Schneidkopf zurück		•	•	
M17	Powder Marker Swirl Off		•	•	
M18	Signiereinrichtung Aus		•	•	
M19	Signiereinrichtung Ein	•		•	
M20	Plasmabrenner Aus		•	•	
M21	Plasmabrenner Ein		•	•	
M22	Linker Schrägbrenner Ein		•	•	
M23	Linker Schrägbrenner Aus	•		•	
M24	Rechter Schrägbrenner Aus		•	•	
M25	Rechter Schrägbrenner Ein		•	•	
M26	Mittelbrenner Aus		•	•	
M27	Mittelbrenner Ein		•	•	
M28	Automaten-Tangentialsteuerung für Schrägbrenner	•		•	
M29	Programmierbare Winkelstellung für Schrägbrenner	•		•	
M33	Zeitglied Eckenverzögerung		•		•
M63	Hilfsgas Luft	•		•	

© Verlag Gehlen

Zusatzfunktionen für Abtrag-/Erodier-/Stanz-/Nibbelmaschinen/AC-Steuerung

Programmierung von CNC-Maschinen (Fortsetzung) — DIN 66025

Zusatzfunktionen (Adressbuchstabe M)

Zusatz-funktion	Bedeutung	sofort	später	gespei-chert	satz-weise
\multicolumn{6}{l}{Zusatzfunktionen für Brenn-, Plasma-, Laser-, Wasserstrahl-Schneidmaschinen und Drahterodiermaschinen (Klasse 4) – Fortsetzung}					
M64	Hilfsgas Sauerstoff	•		•	
M80	Aufheben M81, M82 und M83	•			
M90	Vorheizen Links Aus		•	•	
M91	Vorheizen Links Ein	•		•	
M92	Vorheizen Mitte Aus		•	•	
M93	Vorheizen Mitte Ein	•		•	
M94	Vorheizen Rechts Aus		•	•	
M95	Vorheizen Rechts Ein	•		•	•
\multicolumn{6}{l}{Zusatzfunktionen für Optimierung, Adaptive Steuerung – AC (Klasse 5)}					
\multicolumn{6}{l}{Vorläufig wurden noch keine Normen festgelegt.}					
\multicolumn{6}{l}{Zusatzfunktionen für Maschinen mit Mehrfach-Schlitten, mehreren Spindeln und Handhabungsausrüstung (Klasse 6)}					
M12	Synchronisation	•			
M70	Unbedingter Start aller Systeme	•			•
M71 bis M79	Unbedingter Start des Systems 1... bis System 9	•			•
M87	Status-Anzeige „Bearbeitung"	•			•
M88	Status-Anzeige „Ruhestellung"		•		•
M89	Status-Anzeige „Ruhestellung für alle Systeme"		•		•
M90	Bedingter Start, Abfrage aller Systeme		•		•
M91 bis M99	Bedingter Start, Abfrage von System 1 bis 9		•		•
\multicolumn{6}{l}{Zusatzfunktionen für Stanz- und Nibbelmaschinen (Klasse 7)}					
M07	Körner Aus		•	•	
M08	Körner Ein Dauerlauf	•		•	
M09	Körner Ein Einzelhub	•		•	
M34	Bohrzyklus				
M70	Stanzen Aus				
M71	Stanzen Ein				
M72	Niedrige Hubzahl				
M73	Hohe Hubzahl				
M74	Pratzen nachsetzen	•			•
M76	Verzögerte Stanzauslösung Aus				
M77	Verzögerte Stanzauslösung Ein				

Für die Klassen 8 und 9 wurden gegenwärtig noch keine Zusatzfunktionen festgelegt. Die Klasse 8 ist ständig frei verfügbar und für individuelle Anwendungen vorgesehen. Klasse 9 ist Erweiterungen vorbehalten.

© Verlag Gehlen

Vergleich von Adressbuchstaben ausgewählter CNC-Steuerungen

	DIN 66025	Traub TX 8F (Drehen)	BOSCH Alpha 2 (Drehen)	Deckel DALOG 4 (Fräsen)	Siemens SINUMERIK 810M (Fräs.)	Heidenhain TNC 135 (Fräsen)
A	Drehbewegung um X-Achse	Winkeleingabe/UP-Nr.		Abstand bei An- u. Wegfahranweisg.		A Absolutwertprogrammierung
B	Drehbewegung um Y-Achse	Zusatzfunkt.				
C	Drehbewegung um Z-Achse	Fasenbreite				
D	Werkzeugkorrekturspeicher	Schnitttiefe				
E	Zweiter Vorschub					
F	Vorschub, auch Verweilzeit	Vorschub	Vorschub	Vorschubgeschwindigkeit Verweilzeit	Vorschubgeschwindigkeit Verweilzeit	Vor.-geschw. Verweilzeit CYCL DEF
G	Wegbedingung	Wegbedingg.	Wegbedingg.	Wegbedingg.	Wegbedingg.	
I	Interpolationsparameter/ Gewindesteigung parallel X-Achse	X-Abstand		Interpolationsparameter zur X-Achse	Interpolationsparameter zur X-Achse	Inkrementalprogrammierung
J	Interpolationsparameter/ Gewindesteigung parallel Y-Achse			Interpolationsparameter zur Y-Achse	Interpolationsparameter zur Y-Achse	
K	Interpolationsparameter/ Gewindesteigung parallel Z-Achse	Z-Abstand		Interpolationsparameter zur Z-Achse	Interpolationsparameter zur Z-Achse	
L	(zur freien Verfügung)			Programmteilwiederholg. (L)	Unterprogramm (L)	Unterprogr. LABL SET
M	Zusatzfunktion	Zusatzfunkt.	Zusatzfunkt.	Zusatzfunkt.	Zusatzfunkt.	Zusatzfunkt.
N	Satznummer	Satz-Nr.	Satz-Nr.	Satz-Nr.	Satz-Nr.	
P	Dritte Bewegung parallel zur X-Achse	Beginn Konturbeschreibg.		Parameter		
Q	Dritte Bewegung parallel zur Y-Achse	Ende Konturbeschreibung				
R	Dritte Bewegung parallel zur Z-Achse oder Bewegung Eilgang in Richtung Z-Achse	Übergangsradius, Kreisbogenradius	Konturradius/ Steigung bei G33/G83	Übergangselement (Radius, Fase)		R+/R Werkzeugbahnkorrektur
S	Spindeldrehzahl	Drehzahl		Spindeldrehz.		
T	Werkzeug	Werkzeug	WZ-Längenkorrektur	Werkzeug-Nummer (T)	Werkzeug-Nummer (D)	TOOL DEF
U	Zweite Bewegung parallel zur X-Achse	X-Abstand Start ⇒ Ziel			U− Radius U+ Fase	
V	Zweite Bewegung parallel zur Y-Achse					
W	Zweite Bewegung parallel zur Z-Achse	Z-Abstand Start ⇒ Ziel				
X	Bewegung in Richtung der X-Achse	Durchmessermaß	Durchmesser/Radius	Beweg. Richtung X-Achse	Beweg. Richtung X-Achse	Beweg. Richtung X-Achse
Y	Bewegung in Richtung der Y-Achse			Beweg. Richtung Y-Achse	Beweg. Richtung Y-Achse	Beweg. Richtung Y-Achse
Z	Bewegung in Richtung der Z-Achse	Längenmaß v. Werkst. 0-Pkt.	Angaben für Z-Achse	Beweg. Richtung Z-Achse	Beweg. Richtung Z-Achse	Beweg. Richtung Y-Achse

© Verlag Gehlen

Vergleich der Wegbedingungen (G) ausgewählter CNC-Steuerungen

DIN 66025		Traub TX 8F (Drehen)	BOSCH Alpha 2 (Drehen)	Deckel DIALOG 4 (Fräsen)	Slemens SINUMERIK 810M (Fräsen)	Heidenhain TNC 135 (Fräsen)
G00	Positionierung Eilgang, Punktsteuerungverhalten	G00 Gerade im Eilgang	G0 Positionieren im Eilgang	G0 Verfahren im Eilgang	G00 Verfahren im Eilgang	F 9999 Verfahren im Eilgang
G01	Geraden-Interpolation mit programmiertem Vorschub	G01 Gerade im Vorschub	G1 Lineare Interpolation	G1 Geradeninterpolation	G01 Geradeninterpolation	F Geradeninterpolation
G02	Kreis-Interpolation im Uhrzeigersinn	G02 Kreisbogen im Uhrzeigersinn	G2/G3 Zirkulare Interpolation mit beliebigem	G2 Kreis-Interpolation im Uhrzeigersinn	G02 Kreis-Interpolation im Uhrzeigersinn	
G03	Kreis-Interpolation Gegenuhrzeigersinn	G03 Kreisbogen im Gegenuhrzeigersinn	Kreiseintritt	G3 Kreis-Interpolation gegen Uhrzeigersinn	G03 Kreis-Interpolation gegen Uhrzeigersinn	
G04	Verweilzeit, zeitlich vorbestimmt	G04 Verweilzeit in Sekunden	G4 Verweilzeit	G4 Verweilzeit	G04 Verweilzeit	CYCL DEF 9 Verweilzeit
G05	Vorläufig zur freien Verfügung		G5/G2/G3 ohne R, Zirk. Interpol. mit tangent. Eintritt			
G07	Vorläufig zur freien Verfügung		G7 Zugang zu parametr. Funktionen	G7 Übergangselemente, Radius	U+ Übergangselemente, Radius	
G08	Geschwindigkeitszunahme			G8 Übergangselemente, Fase	U− Übergangselemente, Fase	
G09	Geschwindigkeitsabnahme			G9 Geradeninterpolation mit Polarkoordinat.		CYCL DEF 5,6 Polarkoordinaten
G10 bis G16	vorläufig frei verfügbar				G10... G13 Programmierung mit Polarkoordinaten	
G17	Ebenenauswahl XY			G17 Ebenenwahl Z-Achse	G17 Ebenenanwahl XY	
G18	Ebenenauswahl ZX			G18 Ebenenwahl Y-Achse	G18 Ebenenanwahl ZX	
G19	Ebenenauswahl YZ			G19 Ebenenwahl ±X-Achse	G19 Ebenenanwahl YZ	
G20 bis G24	Vorläufig zur freien Verfügung	G22 Unterprogrammaufruf, G24/G25/G26/G27 Rücklauf im Eilgang zum Werkzeugwechselpunkt	G20 Unbedingter Sprung, G21 Bedingter Sprung, G22 UP-Aufruf, G23 Bedingter UP-Aufruf, G24 Spindeldrehz. begrenz.			

© Verlag Gehlen

Wegbedingungen G25 bis G53 verschiedener CNC-Steuerungen

Vergleich der Wegbedingungen (G) ausgewählter CNC-Steuerungen – Fortsetzung

DIN 66025		Traub TX 8F (Drehen)	BOSCH Alpha 2 (Drehen)	Deckel DIALOG 4 (Fräsen)	Siemens SINUMERIK 810M (Fräsen)	Heidenhain TNC 135 (Fräsen)
G25 bis G29	Ständig zur freien Verfügung	G28 Referenzpunkt anfahren	Arbeitsfeldbegrenzung: G25 Minimalwerte setzen, G26 Maximalwerte setzen			
G30 bis G32	Vorläufig zur freien Verfügung	G27 Begrenzung löschen				
G33	Gewindeschneiden, konstante Steigung	G33 Gewindedrehen	G33 Gewindeschneiden			
G35	Gewindeschneiden, konstant abnehmende Steigung		G35 Automatischer Werkzeugwechsel			
G36 bis G39	Ständig zur freien Verfügung	G37/G36 Werkzeug, G38/G36 Parameter setzen				
G40	Aufheben der Werkzeugkorrektur, Unwirksam G41...G44	G40 Abwahl der Schneidenkompensation	G40 Abwahl der Schneidenradius-Korrektur (SRK)	G40 Werkzeugbahnkorrektur löschen	G40 Abwahl der Fräserradius-Bahn-Korrektur (FRK)	
G41	Werkzeugbahnkorrektur, links		G41 SRK, mit Werkzeug links vom Drehteil in Bewegungsrichtung	G41 Werkzeug arbeitet in Fräsrichtung links von der Kontur	G41 FRK mit Werkzeug in Bewegungsrichtung links vom Werkstück	R+ Werkzeugradiuskorrektur, bewirkt Verlängerung der Verfahrstrecke
G42	Werkzeugbahnkorrektur, rechts		G42 SRK, mit Werkzeug rechts vom Drehteil in Bewegungsrichtung	G42 Werkzeug arbeitet in Fräsrichtung rechts von der Kontur	G42 FRK mit Werkzeug in Bewegungsrichtung rechts vom Werkstück	R– Werkzeugradiuskorrektur, bewirkt Verkürzung der Verfahrstrecke
G45 bis G52	Vorläufig zur freien Verfügung	G46 Anwahl Schneidenkompensation		G45 Anfahren konturparallel G46 Anfahren im Halbkreis G47 Anfahren im Viertelkreis		
G53	Aufheben der Verschiebung, z. B. Nullpunktverschiebung	G53 Bezug auf Schneidennullpunkt			G53 Abwahl der Nullpunktverschiebungen	

Wegbedingungen G54 bis G80 verschiedener CNC-Steuerungen

Vergleich der Wegbedingungen (G) ausgewählter CNC-Steuerungen – Fortsetzung

DIN 66025		Traub TX 8F (Drehen)	BOSCH Alpha 2 (Drehen)	Deckel DIALOG 4 (Fräsen)	Siemens SINUMERIK 810M (Fräsen)	Heidenhain TNC 135 (Fräsen)
G54 bis G59	Verschiebung 1 bis 6	G54/G55/G56/G57 Werkstücknullpunkt setzen G59 Prgramm additive Nullpunktverschiebung		G52 Referenzpunkt anfahren G53 Rücksprung auf Programmnullpunkt setzen G54 Istwert setzen G55 Additive Verschiebung/Drehung des Koordinatensystems G56 Absolute Verschiebung/Drehung des Koordinatensystems G60/G61/G64 Kontur-Fahrverhalten	G54...G57 Einstellbare Nullpunktverschiebungen je Achse G58/G59 Programmierbare Nullpunktverschiebungen G60 in Verbindung mit G09 Genauhalt G64 Bahnsteuerbetrieb	
G60 bis G62	Vorläufig zur freien Verfügung		G61 Lineare Interpolation G62 Zirkulare Interpolation im Uhrzeigersinn G63 Zirkulare Interpolation im Gegenuhrzeigersinn G65 Zirkulare Interpolation mit tangentialem Eintritt			
G63	Gewindebohren; Positionieren mit Stillsetzen der Arbeitsspindel nach Erreichen der Position (kein Arbeitszyklus G84 Gewindebohren!)					
G64 bis G69	Vorläufig zur freien Verfügung		G66 VS-Stufenschalter EIN (wirkt selbsthaltend) G67 VS-Stufenschalter AUS (löscht G66)			
G70	Maßangaben in inch					
G71	Maßangaben in mm	G71 Längsschrupp-Zyklus		Rechteck-Taschenfräsen G71 Schruppen im Gegenlauf G72 Schruppen im Gleich- und Gegenlauf G73 Schlichten auf Fertigmaß G74 Eckenradius programmierbar	L903 Rechtecktasche fräsen (Unterprogramm)	CYCL DEF 4 Rechtecktaschenfräsen
G72 und G73	Vorläufig zur freien Verfügung	G72 Planschrupp-Zyklus G73 Konturparalleler Schrupp-Zyklus				
G74	Anfahren der Referenzpunkte	G74 Längszyklus mit unterbrochenem Schnitt	G74 Referenzpunkt anfahren			
G75 bis G79	Vorläufig zur freien Verfügung	G75 Planzyklus mit unterbrochenem Schnitt G76/G78	G75 Meßtaster-Eingang G78 Hauptprogramm-Kennzeichnung			
G80	Aufheben Arbeitszyklus	Gewindedrehzyklus	G79 Sprungziel (Label)			

© Verlag Gehlen

Vergleich der Wegbedingungen (G) ausgewählter CNC-Steuerungen – Fortsetzung

DIN 66025		Traub TX 8F (Drehen)	BOSCH Alpha 2 (Drehen)	Deckel DIALOG 4 (Fräsen)	Siemens SINUMERIK 810M (Fräsen)	Heidenhain TNC 135 (Fräsen)
G81 bis G89	Arbeitszyklen 1 bis 9; Arbeitszyklus entspricht einem in der Steuerung festgelegten Ablauf von Einzelschritten beim Fräsen, Bohren, Drehen	G77/G79 Fasenzyklus, G81 Mehrfachzyklus, G82 Gewindeschneidzyklus, G83 Bohrzyklus	Abspanen längs: G81 Zustellung in X– G82 Zustellung in X+ Gewindezyklen: G83 Zustellung in X– G84 Zustellung in X+ G85 Abspanen plan, Zustellung längs G86 Fase drehen G87 Ecke runden	Bohrzyklen: G81 Bohren G82 Bohren mit Spanbrechen G83 Tiefbohren G84 Gewindebohren G85 Reiben G86 Bohren mit Rückzug Werkzeug bei stehender Spindel	G81...G84 Bearbeitungszyklen für Bohren u. Fräsen, Beispiel für abgespeichertes Unterprogramm: L81 Bohren/Zentrieren L82 Bohren/Plansenken L83 Tieflochbohren L84 Gewindebohren	Bohren CYCL DEF 1, CYCL DEF 2 Arbeitszyklus-Tiefbohren, Arbeitszyklus-Gewindebohren
G90	Absolute Maßangaben		G90 Absolutmaß-Eingabe	G90 Absolute Maßangabe	G90 Absolute Maßangabe	ABSOLUTE MASSANGABE A
G91	Inkrementale Maßangaben		G91 Inkrementalmaß-Eingabe	G91 Inkrementale Maßangabe	G91 Inkrementale Maßangabe	INKREMENTALE MASSANGABE I
G92	Setzen/Ändern von Speicherinhalten	G92 Drehzahlbegrenzung	G92 Istwert setzen			
G93	Zeitreziproke Vorschub-Verschlüsselung		Vorschubprogrammierung			
G94	Direkte Angabe Vorschubgeschwindigkeit	G94/G95 Vorschub	G94 Direkt in mm/min			
G95	Direkte Angabe Vorschub		G95 Vorschub in mm/U			
G96	Konstante Schnittgeschwindigkeit	G96 Konstante Schnittgeschwindigkeit	G96 Konstante Schnittgeschwindigkeit			
G97	Aufheben von G96; Angabe Spindeldrehzahl	G97 Drehzahl	G97 Spindeldrehzahl in U/min			
G98 und G99	Vorläufig zur freien Verfügung		G98/G99 Beginn/Ende eines Unterprogramms			

© Verlag Gehlen

M-Funktionen ausgewählter CNC-Steuerungen

Vergleich der Zusatzfunktionen (M) ausgewählter CNC-Steuerungen

DIN 66025		Traub TX 8F (Drehen)	BOSCH Alpha 2 (Drehen)	Deckel DIALOG 4 (Fräsen)	Siemens SINUMERIK 810M (Fräsen)	Heidenhain TNC 135 (Fräsen)
M00	Programmierter Halt	M00 Programmierter Halt	M0 Programm Halt nach Satzausführung	M0 Programmierter Halt		
M01	Wahlweiser Halt	M01 Wahlweise Halt (wenn M01 gedrückt)				
M02	Programmende	M02 Programmende ohne Rücksprung	M2 Hauptprogramm-ENDE	M2 Programmende	M02 Programmende	M02 Programmende
M03	Spindel im Uhrzeigersinn	M03 Spindel im Uhrzeigersinn	M3 Spindel-Rechtslauf	S+ Spindel im Uhrzeigersinn	M03 Spindel im Uhrzeigersinn	M03 Spindel im Uhrzeigersinn
M04	Spindel im Gegenuhrzeigersinn	M03 Spindel im Gegenuhrzeigersinn	M4 Spindel-Linkslauf	S– Spindel im Gegenuhrzeigersinn	M04 Spindel im Gegenuhrzeigersinn	M04 Spindel im Gegenuhrzeigersinn
M05	Spindel Halt	M05 Spindel Halt	M5 Spindel Stopp	S0 Spindel Halt	M05 Spindel Halt	M05 Spindel Halt
M06	Werkzeugwechsel	M06 Ersatzwerkzeug folgt	Steuerung erlaubt die Anwendung aller M-Codes von M00 bis M99. Es kann jede M-Funktion genutzt werden, die von der jeweiligen Werkzeugmaschine ausgewertet werden kann. M-Code mit interner Wirkung: M0, M2, M3, M4, M5, M30 C...	T Werkzeugwechsel	M06 Werkzeugwechsel	M06 Werkzeugwechsel
M07	Kühlschmiermittel 2 EIN	M07 Kühlmittel EIN Hochdr. II				
M08	Kühlschmiermittel 1 EIN	M08 Kühlmittel EIN Niederdr. I		M8 Kühlmittel EIN	M08 Kühlmittel EIN	M08 Kühlmittel EIN
M09	Kühlschmiermittel AUS	M09 Kühlmittel AUS		M9 Kühlmittel EIN	M09 Kühlmittel EIN	M09 Kühlmittel EIN
M10	Klemmen	M10 Werkstück spannen				
M11	Lösen	M11 Werkstück lösen				
M13		M13 Letztes Ersatzwerkzeug				M13 Spindel i. Uhrzeigersinn, Kühlmittel EIN
M14						M13 Spindel im Gegenuhrzeigersinn, Kühlmittel EIN
M17					M17UP-ENDE	LBL SETO
M19	Spindel Halt mit definierter Endstellung	M19 Hauptspindel positionieren				
M20		M20 Messen aktivieren				
M28		M28 Pinole vor				
M29		M29 Pinole zurück				
M30	Programmende mit Rücksetzen	M30 Programmende mit Rücksprung	M30 C... Programm-ENDE	M30 Programmende mit Rücksetzen	M30 Programmende mit Rücksetzen	M30 Programmende mit Rücksetzen

© Verlag Gehlen

Steuerungs- und Regelungstechnik

Vergleich der Zusatzfunktionen (M) ausgewählter CNC-Steuerungen – Fortsetzung

DIN 66025		Traub TX 8F (Drehen)	BOSCH Alpha 2 (Drehen)	Deckel DIALOG 4 (Fräsen)	Siemens SINUMERIK 810M (Fräsen)	Heidenhain TNC 135 (Fräsen)
M31		M31 Ausblendsätze AUS – auch Stangenendeprogr.	Weitere M-Codes mit interner Wirkung sind:			
M34	Spanndruck normal		M40, M41...44, M98 und M99			
M35	Spanndruck reduziert	M35 Übergangskegel EIN bei Gewinde				
M36		M36 Übergangskegel AUS bei Gew.				
M40	Automatische Getriebeschaltung	M40 Getriebestufe langsam I	M40 Automat. Getriebestufen-Auswahl			
M41 bis M45	Getriebestufe 1 bis Getriebestufe 5	M41 Getriebestufe schnell II	M41... M44 Feste Getriebestufen angewählt			
M48	Überlagerungen wirksam					
M49	Überlagerungen unwirksam		Weitere M-Codes sind maschinenspezifisch und vom Maschinenhersteller zu benennen, z. B. Kühlmittel EIN/AUS, Lünette spannen/lösen usw.			
M50	Kühlschmiermittel 3 EIN					
M51	Kühlschmiermittel 4 EIN					
M54	Reitstockpinole zurück					
M55	Reitstockpinole vor					
M56	Reitstock mitschleppen Aus					
M57	Reitstock mitschleppen Ein					
M58	Konstante Spindeldrehzahl Aus					
M59	Konstante Spindeldrehzahl Ein					
M60	Werkstückwechsel	M60 Stangenwechsel		M60 Konst. Vorschub an der Kontur		
M61		M61 Profilmaterial verarbeiten		M61 Konst. Vorschub an der Kontur, langsam an Außenecken		

© Verlag Gehlen

Vergleich der Zusatzfunktionen (M) ausgewählter CNC-Steuerungen – Fortsetzung

DIN 66025	Traub TX 8F (Drehen)	BOSCH Alpha 2 (Drehen)	Deckel DIALOG 4 (Fräsen)	Siemens SINUMERIK 810M (Fräsen)	Heidenhain TNC 135 (Fräsen)
M62			M62 Konst. V. des Fräser-Mittelpunktes		
M65	M65 Spanndr. wechseln				
M66	M66 Werkstoffgreifer AUF				
M67	M67 Werkstoffgreifer ZU				
M70			Satz wird überlesen und erst nach Bahnkorrekturaufruf berücksichtigt	M70 Spiegeln löschen	
M71 bis M77	Indexpositionen Drehtisch	M77 Arbeiten mit Stangenmaterial, Spannung AUF–ZU bei laufender Spindel	M71 Winkel im Kettenmaß M72 Winkel im Absolutmaß	M71 Spiegeln in X-Achse M72 Spiegeln in Y-Achse M73 Spiegel in Z-Achse	
M78		M77-Fkt. AUS			
M80	Lünette 1 öffnen	M80 Lünette I spannen	M80... M86 Spiegeln	M80 Zyklen frei	
M81	Lünette 1 schließen	M81 Lünette I lösen		M81 Zyklen gesperrt	
M82	Lünette 2 öffnen	M82 Lünette II spannen			
M83	Lünette 2 schließen	M83 Lünette II lösen			
M84	Lünette mitschleppen AUS				
M85	Lünette mitschleppen EIN				
M92		M92 Spänefförderer EIN			
M93		M93 Spänefförderer AUS			
M97		M97 Schwenkfutter schwenken			
M99		M99 Unterprogramm ENDE			

© Verlag Gehlen

Geometrische Grundkonstruktionen

Parallele ziehen

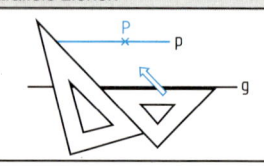

zur Geraden g durch Punkt P:
1. 45°-Zeichendreieck an g anlegen.
2. 60°-Zeichendreieck an 45°-Zeichendreieck anlegen.
3. 45°-Zeichendreieck am 60°-Zeichendreieck entlang bis P verschieben und die gesuchte Parallele p zeichnen.

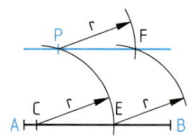

zur Strecke AB durch Punkt P:
1. Um beliebigen Punkt (C) auf Strecke AB Kreisbogen mit r gleich Strecke CP schlagen (E).
2. Mit gleicher Zirkelöffnung r um P und dann um Schnittpunkt E Kreisbogen schlagen (F).
3. Gerade durch P und F ist die gesuchte Parallele.

Strecke AB in mehrere gleiche Teile teilen (Verhältnisteilung)

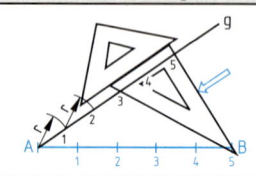

1. Strahl g unter beliebigem Winkel von A aus ziehen.
2. Auf dem Strahl von A aus so viele beliebig große, aber gleich große Teile mit r abtragen, wie auf Strecke AB Abschnitte gebildet werden sollen.
3. Letzten Punkt auf dem Strahl mit B verbinden.
4. Parallelen zu dieser Linie durch die anderen Teilpunkte zeichnen; sie teilen AB in die entsprechende Anzahl gleicher Teile.

Strecke AB halbieren (Errichten einer Mittelsenkrechten)

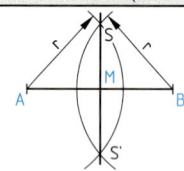

1. Kreisbogen um A und um B so schlagen, dass sie sich in S und S' schneiden.
2. Verbindungslinie zwischen S und S' steht senkrecht auf Strecke AB und halbiert sie im Punkt M.

Senkrechte auf eine Gerade errichten (Lot fällen)

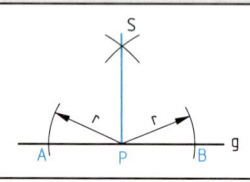

in P auf die Gerade g:
1. Um P mit dem Zirkel gleich große Strecken r auf g abtragen (A und B).
2. Um A und B Kreisbogen schlagen (S).
3. Verbindungslinie von S mit P ist die gesuchte Senkrechte.

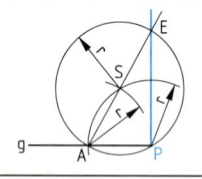

in P am Endpunkt der Geraden g:
1. Um P einen Kreisbogen r auf g schlagen (A).
2. Um A mit r Kreisbogen schlagen (B).
3. Die Sehne zu r einzeichnen, Sehne um r verlängern (E).
4. Verbindungslinie von E zu P ist die gesuchte Senkrechte.

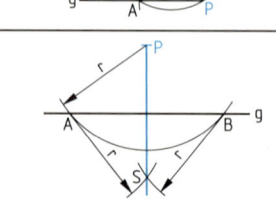

von P außerhalb der Geraden g:
1. Um P beliebigen Kreisbogen r auf g schlagen (A und B).
2. Um A und B Kreisbogen schlagen (S).
3. Verbindungslinie von P zu S ist das gesuchte Lot.

Geometrische Grundkonstruktionen (Fortsetzung)

Winkel halbieren

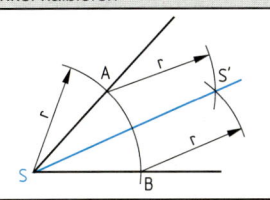

Winkel mit Scheitelpunkt
1. Um Scheitelpunkt S auf die Schenkel Kreisbogen abtragen (A und B).
2. Um A und um B Kreisbogen schlagen (S′).
3. Verbindungslinie von S mit S′ ist die gesuchte Winkelhalbierungslinie.

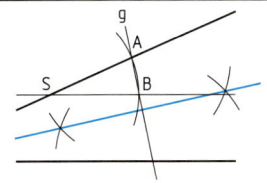

Winkel ohne Scheitelpunkt
1. Zu einem Schenkel im beliebigen Abstand eine Parallele ziehen, die den anderen Schenkel schneidet (S).
2. Um den Scheitelpunkt S mit beliebiger Zirkelöffnung Kreisbogen auf die Schenkel von S schlagen (A und B).
3. Durch A und B eine Gerade g ziehen.
4. Mittelsenkrechte auf g halbiert den gegebenen Winkel.

Winkel übertragen

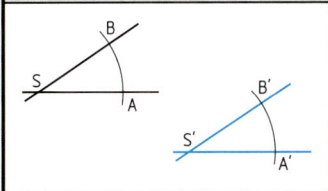

1. Kreisbogen um S und um S′ schlagen (A und B).
2. Winkelöffnung AB mit dem Zirkel abgreifen und auf den Bogen übertragen (A′ und B′).
3. Verbindungslinie von S′ durch B′ ist der zweite Schenkel des übertragenen Winkels.

Kreismittelpunkt bestimmen

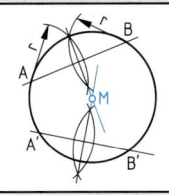

1. Zwei beliebige Sehnen am Kreisbogen antragen.
2. Mittelsenkrechte auf den Sehnen errichten.
3. Schnittpunkt der Mittelsenkrechten (M) ist der gesuchte Mittelpunkt des Kreises.

Umkreis eines Dreiecks zeichnen

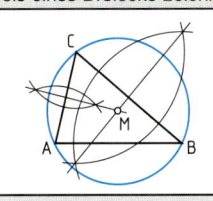

1. Auf zwei beliebigen Dreieckseiten die Mittelsenkrechte errichten.
2. Im Schnittpunkt der beiden Mittelsenkrechten (M) liegt der Mittelpunkt des Umkreises.

Inkreis eines Dreiecks zeichnen

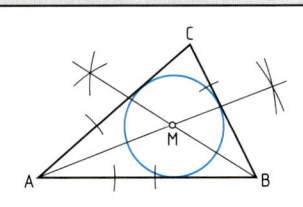

1. Zwei beliebige Winkel des Dreiecks halbieren.
2. Im Schnittpunkt der Winkelhalbierenden (M) liegt der Mittelpunkt des Inkreises.

© Verlag Gehlen

Geometrische Grundkonstruktionen (Fortsetzung)

Vieleck im Kreis

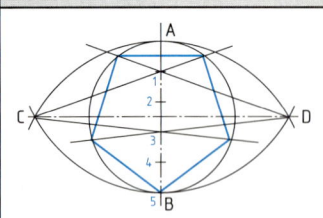

Universalkonstruktion für regelmäßiges Vieleck
1. Durchmesser des Kreises (Strecke AB) in n (hier fünf) gleiche Teile teilen.
2. Kreisbogen um A und um B mit Zirkelöffnung Strecke AB (C und D).
3. Linien ziehen von C und von D aus durch die mit geraden oder durch die mit ungeraden Zahlen versehenen Teilpunkte.
4. Schnittpunkte der Linien mit dem Kreis ergeben die Eckpunkte des n-Ecks.

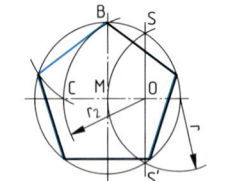

Fünfeck
1. Kreisbogen um A mit r schlagen (S und S′).
2. Gerade durch S und S′ zeichnen (O).
3. Kreisbogen um O mit r_2 schlagen (C).
4. Strecke BC ist die Länge einer Fünfeckseite.

Sechseck, Zwölfeck
1. Kreisbogen um A und B mit r auf den Kreis schlagen.
2. Die Schnittpunkte der Kreisbögen mit dem Kreis sind die Eckpunkte des regelmäßigen Sechsecks.
3. Die Halbierung der Sechseckseiten ergibt ein Zwölfeck.

Hinweis:
Beim einbeschriebenen Sechseck gilt $d = 1{,}155 \cdot SW$

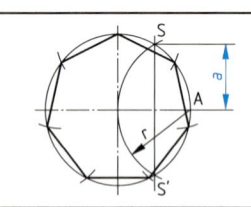

Siebeneck
1. Kreisbogen mit r um A auf den Kreis schlagen (S und S′).
2. Gerade durch S und S′ zeichnen.
3. Die Hälfte der Strecke SS′ (a) ist die Länge einer Seite des Siebenecks.

Tangente zum Kreis zeichnen

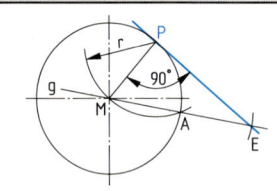

Tangente durch Kreispunkt P
1. Um P Kreisbogen mit r schlagen (A).
2. Gerade g durch Punkte A und M ziehen. Strecke AM von A aus auf g abtragen (E).
3. Gerade durch E und P ist die gesuchte Tangente.

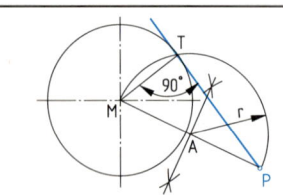

Tangente von einem Punkt P an den Kreis
1. Strecke MP halbieren (A).
2. Um A Kreisbogen mit r gleich Strecke AM schlagen (T).
3. Gerade von P durch T ist die gesuchte Tangente.

Kreisanschlusskonstruktion

Geometrische Grundkonstruktionen (Fortsetzung)

Kreisanschlüsse

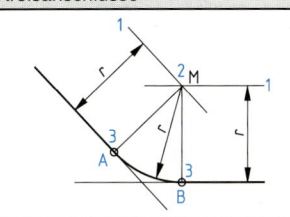

Lösungsschritte zur Konstruktion
1. **Parallelen** zu den zu verbindenden Linien bzw. Punkten im Abstand von r zeichnen.
2. **Schnittpunkt** der beiden Parallelen ist immer der Anschlussbogen-Mittelpunkt (M).
3. **Senkrechte** vom Anschlussbogen-Mittelpunkt (M) auf die zu verbindenden Linien bestimmen die Lage der Anschlusspunkte (A, B).

Kreisanschluss im Winkel

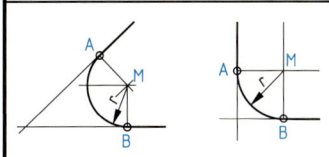

1. Parallelen innerhalb des Winkels zu beiden Schenkeln im Abstand r zeichnen.
2. Schnittpunkt der beiden Parallelen ist der Anschlussbogen-Mittelpunkt M.
3. Lote von M auf die Schenkel fällen; die so entstandenen Punkte A und B sind die gesuchten Anschlusspunkte.

Zwei Kreise verbinden

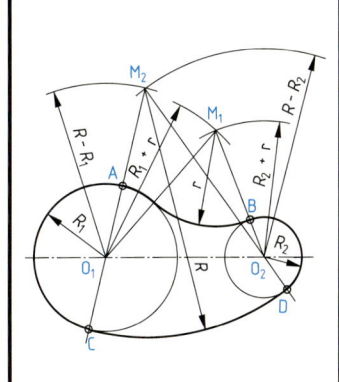

Innenkreis mit r:
1. Parallelen (Kreisbogen) zu beiden Kreismittelpunkten im Abstand von $R_1 + r$ bzw. $R_2 + r$ zeichnen.
2. Der Schnittpunkt der beiden Parallelen ist der Anschlussbogen-Mittelpunkt M_1.
3. Senkrechte auf die zu verbindenden Kreise zeichnen, d. h. Linien von M_1 zu den Kreismittelpunkten O_1 und O_2 ziehen; A und B sind die gesuchten Anschlusspunkte.

Außenkreis mit R:
1. Parallelen (Kreisbogen) zu beiden Kreismittelpunkten im Abstand von $R - R_1$ bzw. $R - R_2$ zeichnen.
2. Der Schnittpunkt der beiden Parallelen ist der Anschlussbogen-Mittelpunkt M_2.
3. Senkrechte auf die zu verbindenden Kreise zeichnen, d. h., Linien von M_2 durch die Kreismittelpunkte O_1 und O_2 bis auf diese Kreise ziehen; C und D sind die gesuchten Anschlusspunkte.

Eine Gerade mit einem Punkt verbinden

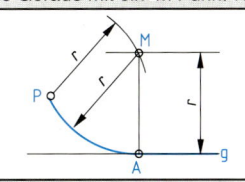

1. Parallele zur Geraden g im Abstand r zeichnen, Parallele um P im Abstand r zeichnen, d. h. einen Kreisbogen mit r auf die Parallele von g schlagen.
2. Der Schnittpunkt der beiden Parallelen ist der Anschlussbogen-Mittelpunkt M.
3. Lot auf die Gerade g von M aus fällen; A ist der gesuchte Anschlusspunkt.

Einen Kreis mit einem Punkt verbinden

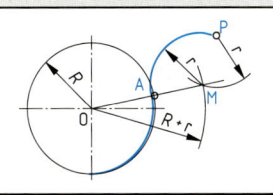

1. Parallele um Kreismittelpunkt O zeichnen, d. h. einen Kreisbogen mit Halbmesser $R + r$ zeichnen. Parallele um P zeichnen, d. h. einen Kreisbogen mit Halbmesser r zeichnen.
2. Der Schnittpunkt der beiden Parallelen ist der Anschlussbogen-Mittelpunkt M.
3. Auf der Verbindungslinie von O nach M befindet sich der gesuchte Anschlusspunkt A.

© Verlag Gehlen

Geometrische Kurvenkonstruktionen

Ellipse

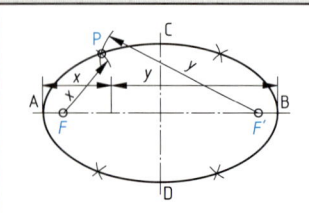

Fadenkonstruktion (Konstruktion mittels beider Achsen)
1. Um beide Brennpunkte (F und F') mit beliebigem Stück x der großen Achse Kreisbogen schlagen.
2. Mit dem restlichen Stück y der großen Achse ebenfalls um F und um F' Kreisbogen schlagen.
3. Die Schnittpunkte der Kreisbogen sind Ellipsenpunkte. Weitere Ellipsenpunkte werden durch die Schnittpunkte jeweils zweier, mit veränderter Zirkelöffnung geschlagener Kreisbogen gefunden.

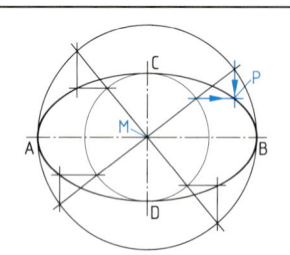

Scheitelpunktkonstruktion (Konstruktion mittels zweier Kreise)
1. Kreise um M mit den halben Achsen als Halbmesser zeichnen.
2. Beliebige Geraden so durch M zeichnen, dass sie beide Kreise schneiden.
3. Von ihren Schnittpunkten mit den Kreisen aus, Linien parallel zu den Ellipsenachsen so ziehen, dass sie sich schneiden. Diese Schnittpunkte sind Ellipsenpunkte.

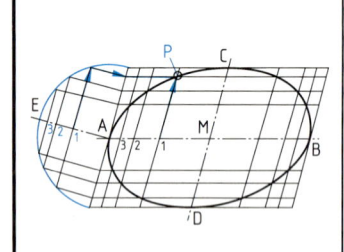

Konstruktion in einem Parallelogramm
1. Halbkreis mit Radius gleich Strecke MC um A ziehen.
2. Die halben Achsen (Strecken AM und BM) und den senkrecht auf der Seite des Parallelogramms stehenden Halbmesser Strecke AE) halbieren, vierteln und achteln (1, 2, 3).
3. Parallelen zu der geneigten Parallelogrammachse durch die Punkte 1, 2 und 3 ergeben Schnittpunkte am Halbkreis.
4. Von den Schnittpunkten auf dem Halbkreis aus Parallelen zu der Strecke AE zeichnen und verlängern als Parallelen zu Strecke AB.
5. Die Schnittpunkte mit den geneigten Parallen sind die Ellipsenpunkte.

Parabel

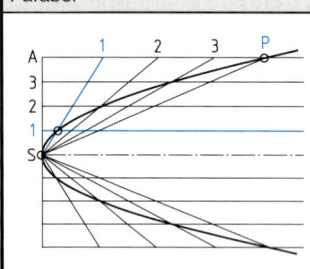

Strahlenkonstruktion (bei gegebener Achse mit Scheitelpunkt und einem Punkt P der Parabel)
1. Parallele zur Achse durch P und Senkrechte zur Achse durch S ziehen.
2. Strecken AP und AS in gleiche Anzahl jeweils unter sich gleiche Teile zerlegen.
3. Parallelen zur Achse durch die Teilpunkte der Strecke AS und von S aus Strahlen durch die Teilpunkte auf Strecke AP zeichnen. Die Schnittpunkte der Parallelen mit den Strahlen gleicher Nummern sind Punkte der gesuchten Parabel.

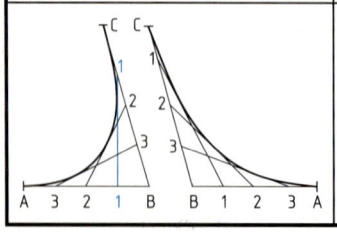

Hüllkonstruktion (bei gegebenen Tangenten)
1. Beide Tangenten (Strecken AB und CB) in beliebig viele, aber dieselbe Anzahl gleicher Teile zerlegen.
2. Die Teilpunkte auf den Tangenten von C nach B und von B nach A fortlaufend nummerieren.
3. Die Teilpunkte mit gleichen Zahlen durch Geraden miteinander verbinden.
4. Diese Geraden sind Tangenten der gesuchten Parabel.

Hyperbel · Spirale · Evolvente · Zykloide · Schraubenlinie

Geometrische Kurvenkonstruktionen (Fortsetzung)

Hyperbel

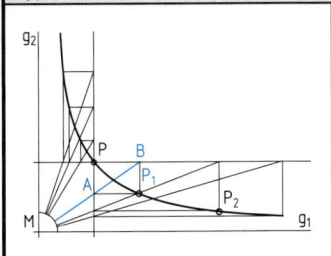

1. Parallelen zu den gegebenen Asymptoten g_1 und g_2 durch den gegebenen Hyperbelpunkt P ziehen.
2. Beliebige Strahlen von M aus ziehen (A und B).
3. Von den Schnittpunkten eines Strahles (A und B) aus Parallelen zu den Asymptoten ziehen (Hyperbelpunkt P_1).
4. Die Verbindungslinie der Schnittpunkte der Parallelen (P_1, P_2, ...) ist die gesuchte Hyperbel.
5. Der Krümmungsmittelpunkt der Kurve liegt auf der Halbierungslinie des Winkels, den die Asymptoten bilden (kürzeste Entfernung von M bis zur Hyperbel als Zirkelöffnung wählen).

Spirale (Näherungskonstruktion)

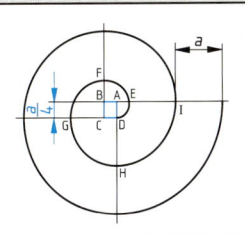

1. Quadrat ABCD mit der Seitenlänge $a/4$ zeichnen.
2. Seitenlängen über die Eckpunkte hinaus verlängern.
3. Viertelkreisbogen um A mit Radius AD schlagen (E).
4. Viertelkreisbogen um B mit Radius BE schlagen (F).
5. Viertelkreisbogen um C mit Radius CF schlagen (G).
6. Viertelkreisbogen um D mit Radius DG schlagen (H).
7. Viertelkreisbogen um A mit Radius AH schlagen (I) usw.

Hinweis: a Steigung

Evolvente (Abwicklungslinie)

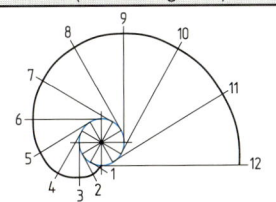

1. Kreis in beliebig viele, gleich lange Teile einteilen (1 bis 12).
2. Durch die Teilungspunkte Tangenten an den Kreis zeichnen.
3. Vom Teilungspunkt aus auf jeder Tangente die Länge des jeweils abgewickelten Kreisumfanges abtragen.
4. Die Verbindungslinie der Endpunkte ist die gesuchte Evolvente.

Zykloide (Radlinie)

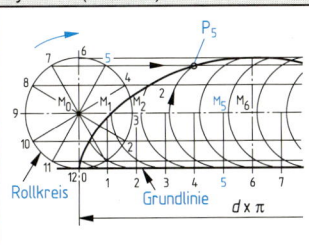

1. Rollkreis und Grundlinie (Umfang des Rollkreises = $\pi \cdot d$) jeweils in beliebig viele, gleich lange Teile (1 bis 12) einteilen.
2. Senkrechte in den Teilungspunkten der Geraden errichten.
3. Parallelen zur Geraden durch die Teilungspunkte des Kreises ziehen.
4. Um die Schnittpunkte der Senkrechten mit der Kreismittellinie (Rollkreismittelpunkte M_1 bis M_{12}) Hilfskreise schlagen.
5. Die Schnittpunkte dieser Hilfskreise mit den Parallelen durch die Rollkreispunkte (mit geicher Nummerierung) ergeben die Zykloidenpunkte.

Schraubenlinie (Wendel)

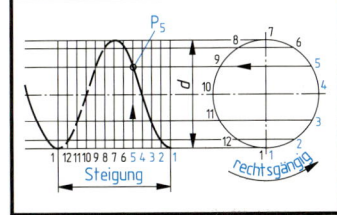

1. Kreisumfang und die Steigung einer Schraubenlinienwindung in die gleiche Anzahl Teile teilen (1 bis 12).
2. Mantellinien einzeichnen und fortlaufend nummerieren.
3. Die Schnittpunkte gleich benannter waagerechter und senkrechter Mantellinien sind Punkte der Schraubenlinie.

© Verlag Gehlen

Papier-Endformate — DIN 476

Aufbau

Formatgrößen, Maße in mm

	Hauptreihe		Zusatzreihe
A	Seitenlänge	B	Seitenlänge
A 0	841 × 1189	B 0	1000 × 1414
A 1	594 × 841	B 1	707 × 1000
A 2	420 × 594	B 2	500 × 707
A 3	297 × 420	B 3	353 × 500
A 4	210 × 297	B 4	250 × 353
A 5	148 × 210	B 5	176 × 250
A 6	105 × 148	B 6	125 × 176

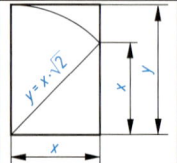

- **Hauptreihe A** für Zeichenblattformate; Seitenverhältnis $x : y = 1 : \sqrt{2}$
- Die Formatgrößen entstehen durch fortgesetztes Halbieren des Ausgangsformats. Die Maße beziehen sich auf die beschnittene Blattgröße; bei Format ≤ A3 mit Heftrand (20 mm), sonstige Umrandung für alle Formate gleich (5 mm).
- Schriftfeld und Stückliste immer in der unteren rechten Ecke.
- **Zusatzreihen B, C und E** sind Formate für Aktenordner, Briefumschläge u. Ä.; A 2.0, A 2.1, A 3.0 sind Streifenformate.

Faltung auf Ablageformat — DIN 824

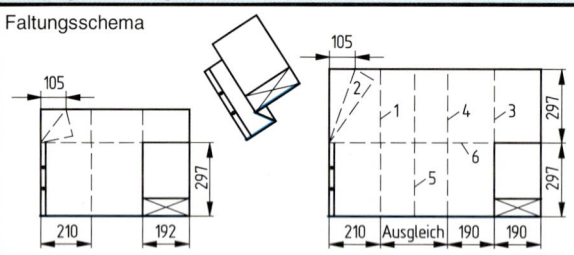

Faltungsschema

- Das Ablageformat hat die Maße von A4.
- Das Format so falten, dass das Schriftfeld auf der Deckseite in Leserichtung, in der unteren rechten Ecke liegt. Immer zuerst längs, dann quer falten.
- Für die Ablage mit Heftung muss das Ablageformat in geheftetem Zustand entfaltbar und wieder faltbar sein.

Beschriftung — DIN 6776-1

ABCDEFGHIJKLMNOPQRSTUVWXYZÄÖÜ   3/10·h
abcdefghijklmnopqrstuvwxyzäöüß   10/10·h
[(!?.:;"-=+×··√%&)]⌀1234567890IVX   7/10·h

- Zahlen und Wortangaben innerhalb einer Zeichnung **einheitlich** in Form und Größe schreiben.
- Die **Schriftformen** A und B dürfen senkrecht oder unter 15 Grad geneigt geschrieben werden.
  - Form A: Engschrift, für Mikroverfilmung und für Beschriftung mit Schablone bevorzugen; Linienbreite $1/14 \cdot h$
  - Form B: Mittelschrift, allgemein bevorzugt; Linienbreite $1/10 \cdot h$
- Genormte **Schriftgrößen** h in mm: 2,5; 3,5; 5; 7; 10; 14; 20. Höhe der Kleinbuchstaben ≈ 0,7 · h.

© Verlag Gehlen

Schriftfeld — DIN 6771

Grundschriftfeld für Zeichnungen

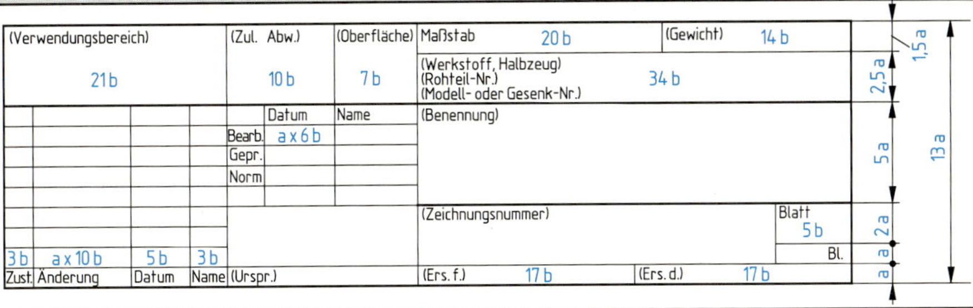

(Verwendungsbereich)		(Zul. Abw.)	(Oberfläche)	Maßstab 20 b		(Gewicht) 14 b	
21 b		10 b	7 b	(Werkstoff, Halbzeug) (Rohteil-Nr.) (Modell- oder Gesenk-Nr.) 34 b			
		Datum	Name	(Benennung)			
		Bearb. a x 6 b					
		Gepr.					
		Norm					
				(Zeichnungsnummer)		Blatt 5 b	
						Bl.	
3 b	a x 10 b	5 b	3 b				
Zust.	Änderung	Datum	Name	(Urspr.)	(Ers. f.) 17 b	(Ers. d.) 17 b	

Maße: 1,5 a · 2,5 a · 5 a · 13 a · 2 a · a

- Das **Grundschriftfeld** (187,2 mm × 55,25 mm) ist festgelegt für alle Benutzer. Zusatzfelder, z. B. für Prüfvermerke, Auftraggeber, Nachbaufirmen, sind möglich.
- Es sollten stets **Vordrucke** für Stücklisten und Zeichnungsformate verwendet werden!
- Die Größe der Felder ist in Rastermaßen angegeben:
  Zeilenhöhe a = 4,25 mm, Feldlänge b = 2,6 mm. Für jede Position ist eine Zeile mit der Teilung $2 \cdot a$ vorgesehen; doppelreihige Beschriftung ist möglich.

Stückliste — DIN 6771

- Vordrucke für Stücklisten sind zu bevorzugen – **lose Stückliste** (Form A).
  Das Stücklistenfeld wird von oben nach unten ausgefüllt (Spalten 1 bis 6).
- Die **aufgebaute Stückliste** befindet sich auf gleicher Zeichenfläche wie die dazugehörige Zeichnung. Sie wird von unten nach oben ausgefüllt.
- Die **Positionsnummer** (Pos.) ist das Bindeglied zwischen Zeichnung und Stückliste: Die für den in der Stückliste aufgeführte und die für den auf der Zeichnung dargestellten Gegenstand ist die gleiche.

Grundschriftfeld mit einem darüber angeordnetem Stücklistenfeld (Stückliste Form A)

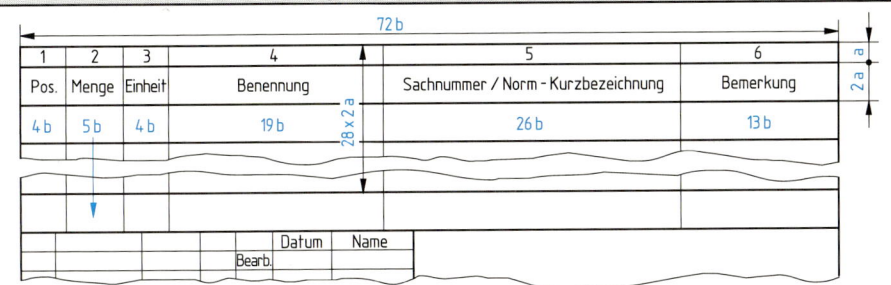

72 b gesamt

1	2	3	4	5	6
Pos.	Menge	Einheit	Benennung	Sachnummer / Norm - Kurzbezeichnung	Bemerkung
4 b	5 b	4 b	19 b	26 b	13 b

(28 x 2 a), 2 a

		Datum	Name		
		Bearb.			

Aufgebaute Stückliste

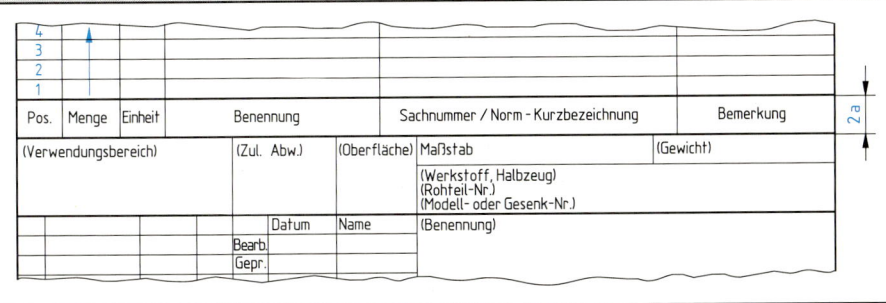

4					
3					
2					
1					
Pos.	Menge	Einheit	Benennung	Sachnummer / Norm - Kurzbezeichnung	Bemerkung
(Verwendungsbereich)		(Zul. Abw.)	(Oberfläche)	Maßstab	(Gewicht)
				(Werkstoff, Halbzeug) (Rohteil-Nr.) (Modell- oder Gesenk-Nr.)	
		Datum	Name	(Benennung)	
		Bearb.			
		Gepr.			

Zeichnungsbegriffe · Positionsnummern

Begriffe und Zeichnungsarten (Auswahl)			E DIN ISO 10209-1
Technische Zeichnung (Zeichnung)	Grafische Darstellung zusammenhängender technischer Informationen, maßstäblich und nach vereinbarten Regeln	Stückliste	Vollständig und formal aufgebaute Liste für Teile einer Gruppe oder für Einzelteile, die in einer Zeichnung dargestellt sind
Skizze	Zeichnung, meist freihändig, nicht unbedingt maßstäblich erstellt	Auftragsliste	Liste, die aus der Stückliste entstand und durch Auftragsdaten ergänzt ist (Auftrags-Verzeichnis)
Einzelteil-Zeichnung	Zeichnung eines Teils (nicht zerstörungsfrei zerlegbar) mit allen für dessen Bestimmung notwendigen Informationen	Fertigungs-Stückliste	Liste, die in ihrem Aufbau und Inhalt Gesichtspunkten der Fertigung Rechnung trägt
Sammel-Zeichnung	Zeichnung mehrerer gleichartiger Teile mit Angabe ihrer Größe, Ausführung sowie ihrer identifizierenden Nummern	Werkstoff	Wird durch die in Normen festgelegte Kurzbezeichnung od. Werkstoffnummer oder Werkstoffgattung (z. B. Holz) angegeben
Vordruck-Zeichnung	Zeichnung für Teile mit ähnlicher Form, aber unterschiedlichen Merkmalen	Rohteil	Gegossenes/umgeformtes Teil, welches einer weiteren materialabtragenden Bearbeitung bedarf
Zusammenbau-Zeichnung	Gruppenzeichnung mit allen Gruppen und Teilen des vollständigen Produkts	Halbzeug	Gegenstand mit bestimmter Form, bei dem mindestens noch ein Maß unbestimmt ist
Diagramm	grafische Darstellung im Koordinatensystem eines Verhältnisses zwischen zwei oder mehreren variablen Größen	Hilfsstoffe	Stoffe, die eine vorgegebene Funktion erfüllen und im Enderzeugnis enthalten sind (Lacke, Schmierstoffe, Fügewerkstoffe)
Nomogramm	Diagramm, aus dem ohne Berechnung der angenäherte numerische Wert einer oder mehrerer Größen bestimmbar ist	Schema	Zeichnung, die mithilfe von grafischen Symbolen die Funktion einzelner Teile eines Systems und ihre Beziehungen zueinander darstellt

Positionsnummern DIN ISO 6433

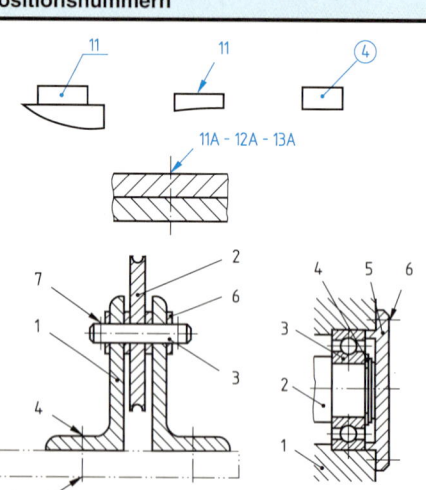

- Die Positionsnummern werden aus **arabischen Ziffern** gebildet, dürfen jedoch auch durch Großbuchstaben ergänzt werden.
- Die **Schriftgröße** ist die doppelte Größe der Maßzahlen, mindestens aber 5 mm Höhe.
- Die **Reihenfolge** sollte entsprechend der Zusammenbaufolge erfolgen.
- Auf der Zeichnung sind sie senkrecht untereinander oder in horizontalen Reihen anzuordnen.
- **Hinweislinien** verbinden die Positionsnummer mit dem zugehörigen Teil, sie sind so dick wie Maßlinien, gradlinig und möglichst schräg aus der Darstellung zu ziehen.
- Positionsnummern nur an sichtbaren Einzelteilen antragen – **Schnittdarstellung** anwenden.
- Unlösbar miteinander verbundene Teile (Wälzlager, Schweißgruppen) werden in Hauptzeichnungen wie **ein Teil** schraffiert und durch nur eine Positionsnummer angegeben.

Linienarten

Linien — E DIN ISO 12011-1

Grundtypen			Variationen [1]	Kombinationen
01	————————	Volllinie	gleichf. Wellenlinie	————————
02	– – – – –	Strichlinie	∿∿∿∿	
03	— — —	Strich-Lückenlinie		— — — —
04	—·—·—·—	Strichpunktlinie	gleichf. Spirallinie	
05	—··—··—	Strich-Zweipunktlinie	⌒⌒⌒⌒⌒⌒⌒	—■—■—■—
06	—···—···—	Strich-Dreipunktlinie		
07	··············	Punktlinie	gleichf. Zickzacklinie	▬▬▬▬▬▬▬▬
08	——·——	Strichstrichlinie	∧∧∧∧∧∧	
09	——··——	Strich-Zweistrichlinie		ⱽ ⱽ ⱽ ⱽ ⱽ
10	—··—··—	Strichpunktlinie	Freihandlinie	
11	——·——	Zweistrich-Punktlinie	~~~~~	─⋀─⋀─⋀─
12	——··——	Strich-Zweipunktlinie		
13	——··——	Zweistrich-Zweipunktlinie	[1] Hier sind nur Variationen des Grundtyps	
14	——···——	Strich-Dreipunktlinie	Nr. 01 dargestellt. Variationen aller anderen	
15	——···——	Zweistrich-Dreipunktlinie	Grundtypen sind in gleicher Weise möglich.	

Maße für Linien	Linientyp-Nr.	Maße [1]	Linienbreite d	
Punkt	0,4 bis 07 und 10 bis 15	$\leq 0{,}5 \cdot d$	• Die **Linienbreite** d ist abhängig von Art und Größe der Zeichnung.	
Lücke	02 und 04 bis 15	$3 \cdot d$	• **Auswahlreihe für d:** 0,13; 0,18; 0,25; 0,35; 0,5; 0,7; 1,0; 1,4; 2,0	
kurzer Strich	08 und 09	$6 \cdot d$	• **Verhältnis** der d ist: sehr breit : breit : schmal = 4 : 2 : 1	
Strich	02, 03 und 10 bis 15	$12 \cdot d$	• **Unveränderliche** Linienbreite soll im Verlauf einer Linie sein.	
langer Strich	04 bis 06 08 und 09	$24 \cdot d$	• **Abweichung** der Breite der Linie darf nicht größer als $\pm 0{,}1 \cdot d$ sein.	
Zwischenraum	03	$18 \cdot d$	• Der **Abstand** für nebeneinander liegende Linien soll min. 0,7 betragen.	

[1] Hier nur die Maße für manuelle Anfertigung der Zeichnung; für die Anfertigung von Zeichnungen mit CAD-Systemen sind die Maße mit Formeln zu ermitteln.

Anwendungsbeispiele

Volllinie, breit	Sichtbare Kanten und Umrisse, Rändel, Hauptdarstellungen in Diagrammen	Strichpunktlinie, schmal	Mittellinien, Symmetrielinien, Lochkreise, Teilungsebenen
Volllinie, schmal	Bemaßung, Hinweislinie, Schraffur, Einzelheiten und Prüfmaße	Strichpunktlinie breit	Kennzeichnung geforderter Behandlungen (einsatzgehärtet)
Strichlinie, breit	Kennzeichnung zulässiger Oberflächenbehandlung (möglichst nicht verwenden)	Strich-Zweipunktlinie, schmal	Umrisse angrenzender Teile, Grenzstellungen beweglicher Teile, ursprüngliche Umrisse (Rohteil), Schwerlinien
Strichlinie, schmal	Verdeckte Kanten und Umrisse	Freihand-/Zickzacklinie, schmal	Begrenzung von abgebrochen oder unterbrochen dargestellten Ansichten oder Schnitten, wenn die Begrenzung keine Mittellinie ist.

© Verlag Gehlen

Grafische Darstellung in Koordinatensystemen — DIN 461

Rechtwinkliges Koordinatensystem

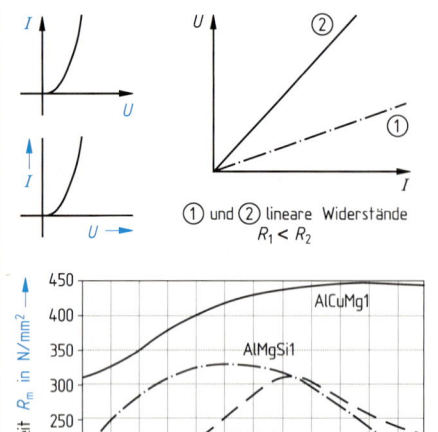

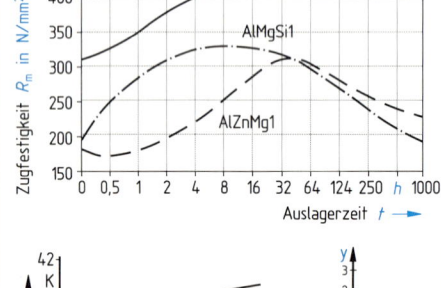

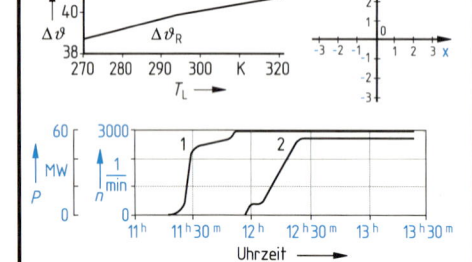

- Auf den **Koordinaten** (Abszisse und Ordinate) werden lineare Teilungen eingetragen. Pfeilspitzen am Ende der Koordinaten oder Pfeile parallel zu den Koordinaten zeigen an, in welcher Richtung die Koordinate wächst.
- Bei Teilungen, die zu einem **Koordinatennetz** ergänzt sind, sollen die einzelnen Netzlinien nicht über die das Netz begrenzenden Randlinien hinausgehen.
- Die **Linienbreiten** stehen im Etwaverhältnis:
  Netz : Koordinaten : Kurven = 1 : 2 : 4
  Schraffuren und Bezugsstriche haben die gleiche Breite wie die Netzlinien.
- Für alle Kurven (Kennlinien) ist die gleiche **Linienart** möglich, zur besseren Übersichtlichkeit sollten unterschiedliche Linienarten (Strichlinie, Strichpunktlinie) angewendet werden.
- Die **Beschriftung** steht in Leserichtung direkt an der Rastereinteilung mit Zahlenwerten; eine Veränderliche kann auch als Funktion angeschrieben werden.
- Die kursiv geschriebenen **Kurzzeichen** für die Größen stehen unter der bzw. links neben der Koordinatenspitze.
- Die **Einheitenzeichen** stehen am Ende der Koordinaten zwischen den letzten beiden Zahlen. Ausnahmen:
  – Bei Platzmangel dürfen sie anstelle der vorletzten Zahl oder hinter dem Größennamen bzw. dem Formelzeichen mit dem Wort „in" angegeben werden.
  – Für **Winkelangaben** (°, ′, ″) und **Zeitpunkte** (^{h}, ^{min} oder ^{s}) stehen sie an jedem Zahlenwert der Skale.
  Aber bei **Zeitspannen** wird die Einheit (s, min, h) nur einmal entsprechend der Regel angegeben.
- Positive Zahlenwerte können mit einem Pluszeichen (+), **negative Zahlenwerte** müssen mit dem Minuszeichen (−) versehen werden.

Polarkoordinatensystem

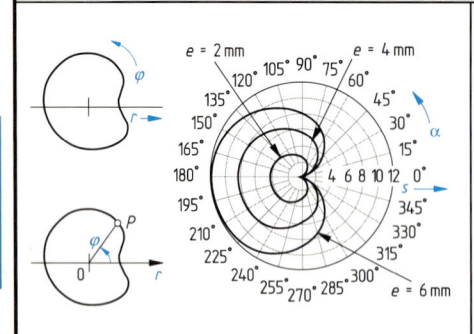

- Es wird meist der **waagerechten Achse** der Winkel Null zugeordnet.
- **Positive Winkel** werden entgegen dem Uhrzeigersinn, negative Winkel im Uhrzeigersinn angetragen (DIN 1312).
- Der **Radius** zeigt vom Nullpunkt (Pol) auf den zu bestimmenden Punkt.

Isometrie · Dimetrie · Planometrische/Kabinett-/Kavalier-Projektion · Zentralprojektion **379**

Axonometrische Darstellungen — E DIN ISO 5456-3

Isometrische Projektion
- $a:b:c = 1:1:1$
- $\alpha = 30°$; $\beta = 30°$
- Kreise erscheinen in allen Ansichten als Ellipsen.

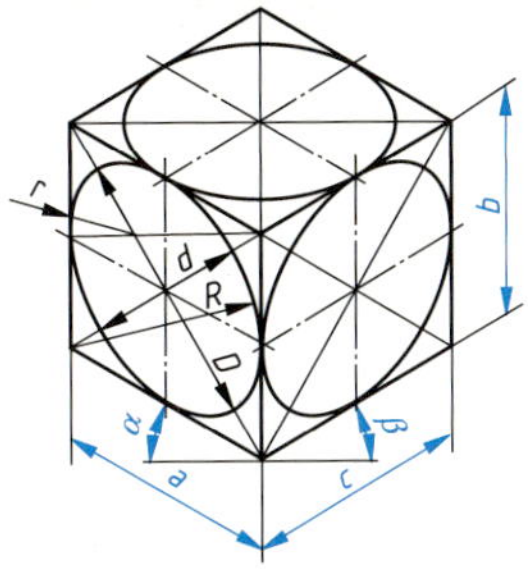

Dimetrische Projektion
- $a:b:c = 1:1:0{,}5$
  $\alpha = 7°$; $\beta = 42°$
- Ellipsen in der Vorderansicht können als Kreise gezeichnet werden.

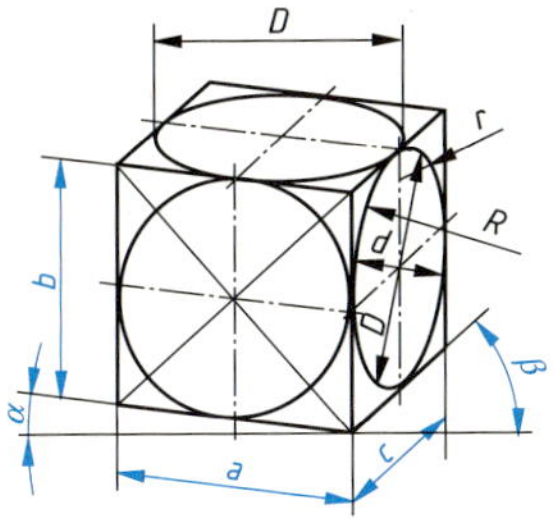

Näherungskonstruktion

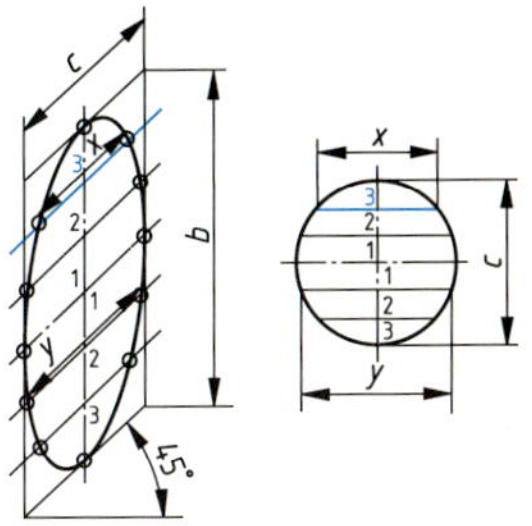

Isometrie	Dimetrie
$D = 1{,}22 \cdot a$	$D \approx 1{,}06 \cdot a$
$d = 0{,}7 \cdot a$	$d \approx D : 3$
$R \approx 1{,}06 \cdot a$	$R \approx 1{,}6 \cdot a$
$r \approx 0{,}3 \cdot a$	$r \approx 0{,}06 \cdot a$

Planometrische Projektion
- Horizontalperspektive, bisher „Militärperspektive"
- $a:b:c = 1:2/3\,a:1$
  β frei wählbar (30°, 45°, 60°)

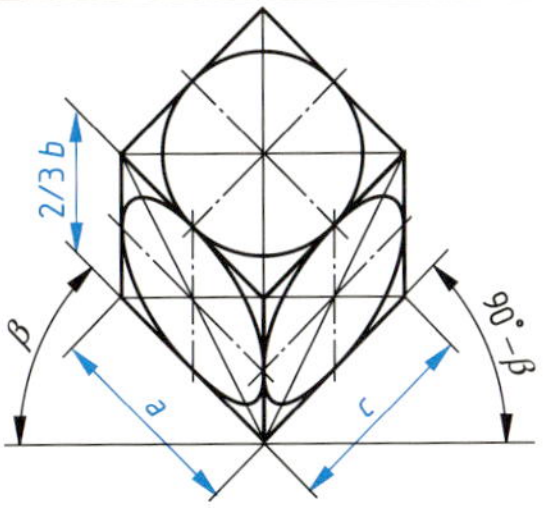

Kabinett-Projektion
- Frontalperspektive
- $a:b:c = 1:1:0{,}5$
  $\beta = 45°$

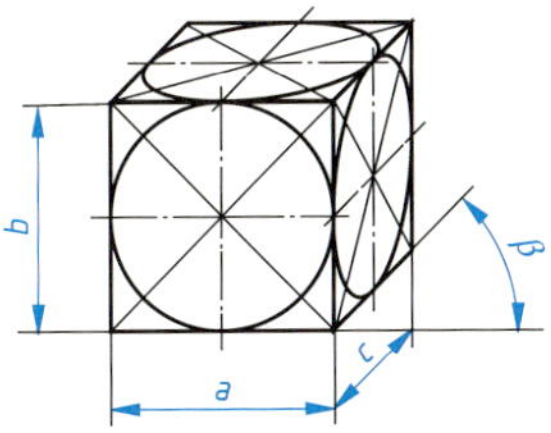

Kavalier-Projektion
- Frontalperspektive
- $a:b:c = 1:1:1$
  $\beta = 45°$

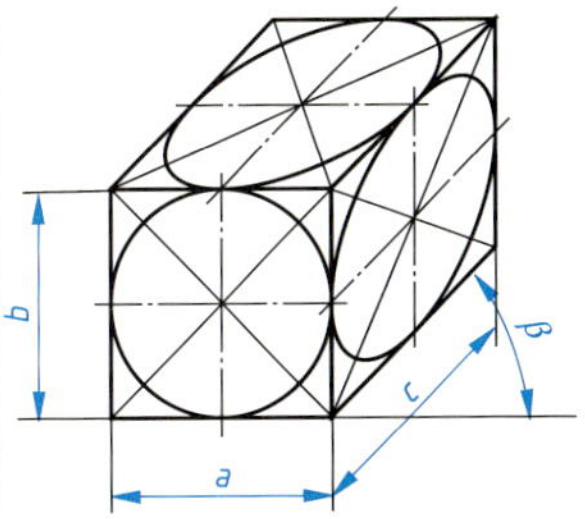

Zentralprojektion — E DIN ISO 5456-4

Ein-Punkt-Methode
Alle Linien, die rechtwinklig zur Projektionsebene liegen, laufen im **Fluchtpunkt** zusammen, **horizontale** Linien bleiben horizontal, **vertikale** Linien bleiben vertikal.

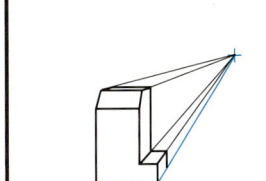

Zwei-Punkt-Methode
Vertikale Linien und Kanten liegen parallel zur Projektionsebene und bleiben **vertikal**, alle horizontalen Linien laufen im relativen **Fluchtpunkt** auf der Horizontlinie zusammen.

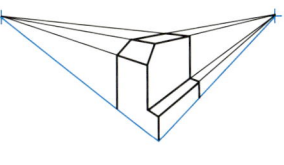

Drei-Punkt-Methode
Alle Flächen des Gegenstands sind zur Projektionsebene geneigt;
alle Umrisse oder Kanten verlaufen nicht parallel zur Projektionsebene, in drei **Fluchtpunkte**.

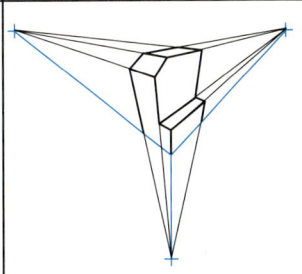

Technische Kommunikation

© Verlag Gehlen

Orthografische Darstellungen E DIN ISO 5456-2

Die Projektionsmethoden dienen **ausschließlich zur Information** und für das Lesen älterer Zeichnungen. Diese (bisher DIN 6) entsprechen nicht mehr dem Internationalen Standard E DIN ISO 11947-1.

Projektionsmethode 1

Projektionsmethode 3

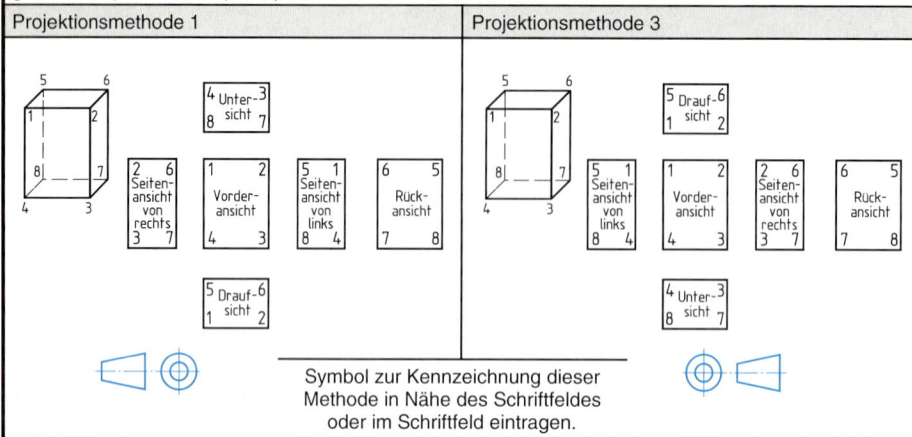

Symbol zur Kennzeichnung dieser Methode in Nähe des Schriftfeldes oder im Schriftfeld eintragen.

Pfeilmethode

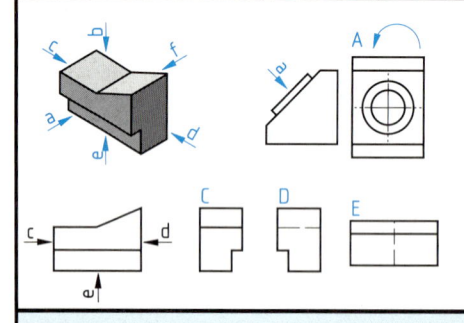

- Die Pfeilmethode bei Platzmangel anwenden!
- Alle anderen Ansichten als die Hauptansicht dürfen **beliebig** angeordnet werden.
- Die Zuordnung der **Ansichten** ist zu kennzeichnen:
  – an der Hauptansicht mit Blickrichtungspfeil und Kleinbuchstaben und
  – an der zugehörigen Ansicht (unmittelbar auf der linken Seite oberhalb der Ansicht) mit dem entsprechenden Großbuchstaben und
  ggf. zusätzlich ein Drehsymbol (evtl. mit Drehwinkel) 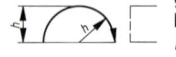
  h Schriftgröße

Darstellung in Ansichten (Allgemeine Grundsätze) E DIN ISO 11947-1

Diese Norm beschreibt die **Pfeilmethode** als einzige für alle Arten von technischen Zeichnungen (Maschinenbau, Elektrotechnik, Architektur, Bauwesen usw.) anwendbar!

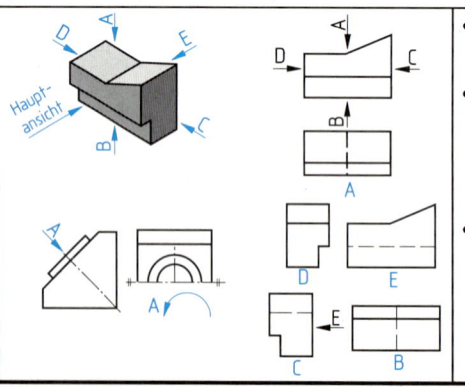

- Alle anderen Ansichten als die Hauptansicht (Vorderansicht) dürfen **beliebig angeordnet** werden.
- Die **Zuordnung der Ansichten** ist zu kennzeichnen:
  – an der Hauptansicht mit Blickrichtungspfeil und Großbuchstaben und
  – unmittelbar unterhalb der zugehörigen Ansicht mit Großbuchstaben.
- Beachte bei der **Auswahl der Ansichten**:
  – Die Hauptansicht ist die aussagefähigste Ansicht (Gebrauchslage, Fertigungs- und Einbaulage berücksichtigen).
  – Nur so viel Ansichten wie nötig darstellen.
  – Verdeckt darzustellende Umrisse und Kanten vermeiden.

© Verlag Gehlen

Querformat · Hochformat · Teilansicht · Wiederkehrende Formelemente **381**

Lage der Darstellung zum Schriftfeld

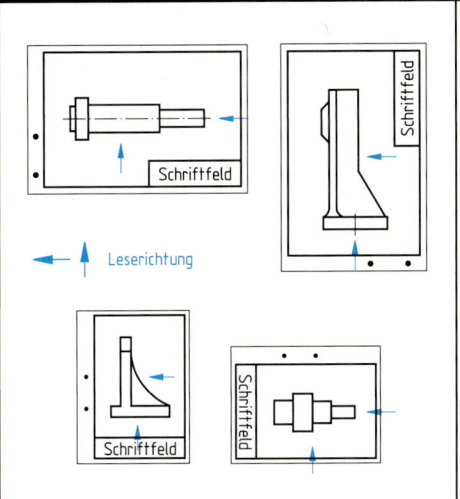

Querformate: Blattgrößen A0 bis A3 und A5
- **Normallage**: Vorzugsweise sind die Zeichnungen so anzuwenden, dass das Schriftfeld sich bei den Blattgrößen A0 bis A3 rechts unten und bei Blattgröße A5 unten befindet.
- **Hochlage** (hochgestelltes Querformat): Nur in Ausnahmefällen können Querformate in Hochlage angewendet werden, z. B. wenn für eine Teilzeichnung die Darstellung des Gegenstandes in Fertigungslage sonst die nächstgrößere Blattgröße erfordern würde.

Hochformat: Blattgröße A4
- **Normallage:** Das Schriftfeld befindet sich unten. Diese Lage ist vorzugsweise anzuwenden.
- **Querlage** (quergestelltes Hochformat)**:** Diese Lage sollte möglichst nicht angewendet werden. Als Ausweichlösung ist die Blattgröße A3 zu wählen.

Besondere Darstellungen
E DIN ISO 11947-1

Teilansichten

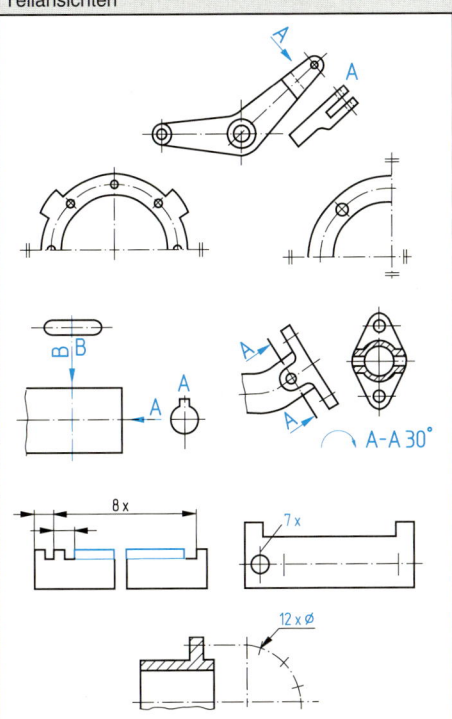

- Die Ansicht kann unvollständig dargestellt werden, sie wird mit einer **Bruchlinie** begrenzt.
- Bei symmetrischen Teilen darf die Ansicht an der Mittellinie enden; die Symmetrielinie ist durch zwei kurze parallele schmale Volllinien zu kennzeichnen.
- Zur Darstellung von Details ist es zulässig eine lokale Ansicht zu zeigen. Diese Ansicht ist zusätzlich zur üblichen Kennzeichnung mit der Vorderansicht durch eine Mittellinie zu verbinden.
- Ist die Ansicht in einer anderen Lage als durch den Pfeil angegeben, dargestellt (gedreht), dann ist dies durch ein **Drehsymbol** zu kennzeichnen.
  – Der Großbuchstabe steht an der Pfeilspitze des Drehsymbols.
  – Der Drehwinkel steht (wenn erforderlich) hinter dem Großbuchstaben.

h Schriftgröße

- **Regelmäßig wiederkehrende Formelemente** brauchen nur am Anfang und am Ende in ihrer Form dargestellt zu werden:
  Im mittleren Bereich werden die übrigen Elemente durch eine **schmale Volllinie** angedeutet.
- Die Mitten sich wiederholender Bohrungen sind durch **Mittellinienkreuze** darzustellen.
- Vor dem Durchmesser ist die **Anzahl** der sich wiederholenden Formelemente stets anzugeben.

© Verlag Gehlen

Besondere Darstellungen	DIN 6-1

Verdeutlichung eines Zusammenhanges

Die Kennzeichnung bestimmter Zusammenhänge, z. B.
- die Umrisse von angrenzenden Teilen,
- die Grenzstellung von beweglichen Teilen,
- die Fertigform des Rohteils (ursprüngliche Umrisse vor der Verformung),

erfolgt durch die Darstellung der Umrisse in **schmaler Strich-Zweipunktlinie**.

Einzelheit

- Den Bereich in der Gesamtdarstellung mit einer **schmalen Volllinie** (Kreis, Ellipse) einrahmen.
- Die vergrößerte Einzelheit in der Nähe der Darstellung anordnen.
- Den eingerahmten Bereich und die Einzelheit mit gleichem **Großbuchstaben** beschriften.
- Den **Vergrößerungsmaßstab** bei der Einzelheit zusätzlich angeben.
- Die Einzelheiten dürfen Darstellungselemente und Angaben enthalten, die in der Gesamtdarstellung nicht erscheinen. Umlaufende Kanten, Bruchlinien und Schraffur dürfen im Schnittbild entfallen.

Diagonalkreuz, Lichtkante, geringe Neigung

- Das Diagonalkreuz (**schmale Volllinie**) ist zur Kennzeichnung ebener Flächen zulässig.
- Das Diagonalkreuz ist immer anzuwenden, wenn sich dadurch weitere Ansichten erübrigen; es ist auch bei mehreren Ansichten zulässig und darf dann auch in jeder Ansicht eingetragen werden.

- Für Kanten an gerundeten Übergängen sind Lichtkanten zu verwenden.
- Lichtkanten sind in **schmaler Volllinie** an der Stelle darzustellen, an der sich bei scharfkantigem Übergang die Kante befände.
- Lichtkanten berühren die Umrisslinien nicht.

- Geringe Neigungen müssen in der Projektion nicht dargestellt werden.
- Es ist nur die Kante in **breiter Volllinie** darzustellen, die der Projektion des kleinen Maßes entspricht.

© Verlag Gehlen

Schmiedeteil · Biegeteil · Abwicklung 383

| Besondere Darstellungen (Fortsetzung) | DIN 6-1 |

Schmiedeteile

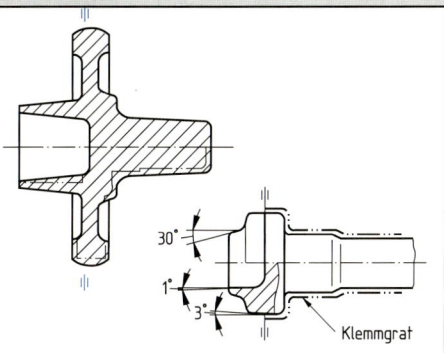

- Die **Gratnaht** wird mit dem Symbol

  in **schmaler Volllinie** gekennzeichnet.
- Die Seitenschrägen werden als Winkel oder als Neigung, z. B.

  $$\triangleleft\ 1:10$$

  angegeben.

Biegeteile

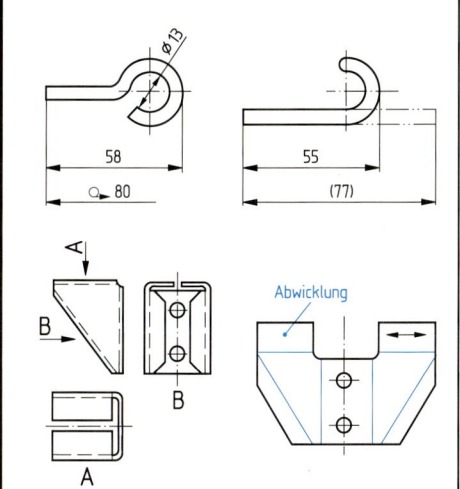

- Sie werden meist **nur im Endzustand** dargestellt. Wird die Ausgangsform von Biegeteilen nicht dargestellt, kann sie als **gestreckte Länge** in der Darstellung der Endform bemaßt werden. Vor der Maßzahl steht das Abwicklungssymbol.
- Die Umrisse der Ausgangsform können auch mit der Endform gemeinsam dargestellt (schmale Strich-Zweipunktlinie) und bemaßt (**Hilfsmaß**) werden.
- Ist die Darstellung des Zuschnitts erforderlich,
  - erhält sie den Hinweis „**Abwicklung**";
  - die **Biegelinien** sind als schmale Volllinien, die die Umrißlinien berühren, einzuzeichnen;
  - die **Faser- oder Walzrichtung** des Werkstoffs darf mit einem Doppelpfeil gekennzeichnet werden.

  h Schriftgröße

Prägungen, Rändel, Riffelungen

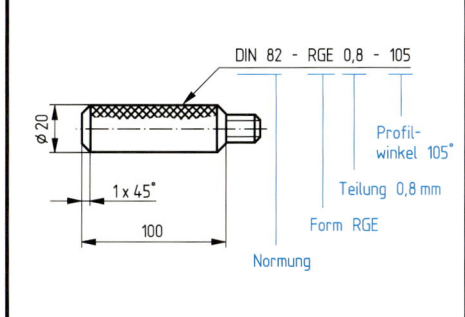

- Die **Struktur** wird in breiter Volllinie dargestellt. Es wird empfohlen sie nur am Flächenrand und ohne seitliche Begrenzungslinien anzudeuten.
- Die gerändelte Oberfläche wird mit der Normbezeichnung auf einer Hinweislinie bemaßt.
- Der **Profilwinkel** α ist nur anzugeben, wenn er nicht 90° beträgt (selten 105°).
- Zur **Auswahl** der Form und Bestimmung der Größe dienen die entsprechenden Wertetafeln nach DIN 82, genormte **Teilungen** t:
  0,5; 0,6; 0,8; 1,0; 1,2; 1,6
- Eintragungsbeispiel für Links-Rechtsrändel, Spitzen erhöht, mit Teilung $t = 0,8$ mm:
  DIN 82 - RGE 0,8

Schnittdarstellung — E DIN ISO 11947-2

- Die Lage der **Schnittebene**(n) wird durch eine schmale Strichpunktlinie gekennzeichnet:
  gerader Vollschnitt   Schnittlinie nur außerhalb der Ansicht
  weniger komplizierte Schnitte   Schnittlinie nur dort, wo sich die Lage der Schnittebene ändert
  komplizierte Schnitte   Schnittlinie wird voll durchgezeichnet.
- Die **Bezeichnung** der Schnittebene erfolgt durch Großbuchstaben oder Ziffern, diese ist auch direkt unter dem entsprechenden Schnitt (ggf. zusätzlich mit Drehsymbol und Drehwinkel) anzuordnen.
- Die **Betrachtungsrichtung** wird durch Pfeile gekennzeichnet, die Pfeilspitze zeigt auf die am Ende der Schnittlinie breite Volllinie.

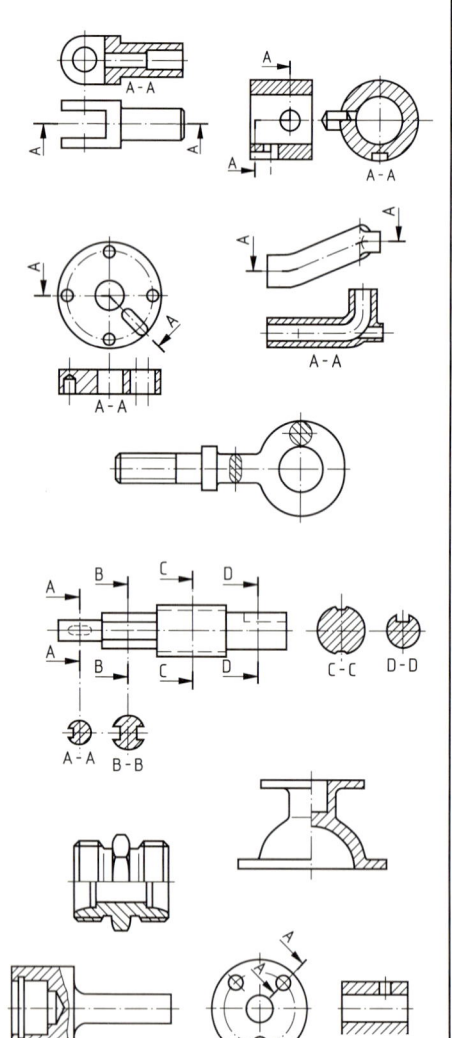

Vollschnitt: die Projektion eines vollständig geschnitten gezeichneten Gegenstandes.
- Schnitte **in einer Ebene** – in Richtung der oder senkrecht zur Längsachse – werden bevorzugt.
- Schnitte **in zwei parallelen Ebenen** sowie Schnitte **dreier benachbarter Ebenen** werden in einer Ebene liegend dargestellt.
- Schnitte in **zwei sich schneidenden Ebenen** werden in eine Projektionsebene gedreht dargestellt.
- **Profile** von Teilen dürfen innerhalb einer geeigneten Ansicht als **gedrehter Schnitt** in die Zeichenebene geklappt (schmale Volllinie) werden.
- Aus einer Ansicht **herausgezogene Schnitte** können direkt in der Nähe der Ansicht angeordnet werden, sie sind durch eine schmale Strichpunktlinie mit der Ansicht verbunden.
- Bei **aufeinander folgenden Schnitten** (meist Querschnitte) dürfen Umrisse und Kanten, die hinter der Schnittebene liegen, entfallen.

Halbschnitt: Darstellung eines Gegenstandes, der zur Hälfte als (Außen-)Ansicht gezeichnet ist.
- Nur für **symmetrische Körper** anwenden; die Mittellinie trennt die Ansichtshälfte von der Schnitthälfte; auf der Mittellinie liegende Körperkanten werden dargestellt.
- Lage der Schnitthälfte:
  unterhalb der Mittellinie   bei waagerechter M.
  rechts von der Mittellinie   bei senkrechter M.

Teilschnitt: Darstellung, bei der nur ein Teil des Gegenstandes im Schnitt gezeichnet ist.
- Die **Schnittflächenbegrenzung** erfolgt
  mit einer Bruchlinie   beim Ausbruch
  ohne Begrenzung   beim Ausschnitt
- Die Bruchlinie, als schmale Freihandlinie oder schmale Zickzacklinie dargestellt, darf sich nicht mit Kanten oder Hilfslinien decken.

© Verlag Gehlen

Schraffur

Darstellung von Schnittflächen — E DIN ISO 11947-3

- Im Normalfall werden die Schnittflächen ohne Rücksicht auf die Werkstoffart schraffiert, mit der **Grundschraffur**: schmale Volllinien unter 45° zur Körperachse oder zum Hauptumriss.
- Für gleiches Teil in allen Ansichten gleiche Schraffurrichtung und -weite verwenden.
- **Unterschiedliche** Schraffurrichtung und -weite ist für nebeneinander liegende Schnittflächen verschiedener Teile zu wählen.
- Schnittflächen paralleler Schnitte eines Teiles erhalten die gleiche Schraffur, welche aber an der Linie, die die Schnitte voneinander trennt, **versetzt** wird.
- Für Beschriftungen innerhalb der Schnittfläche wird die Schraffur **unterbrochen**.
- Schnittflächen können auch durch Schattierung (Punktraster) oder vollflächige **Tönung** gekennzeichnet werden.
- Besonders schmale Schnittflächen dürfen **geschwärzt** werden. Zwischen zwei geschwärzten Flächen sollte ein geringer Abstand gelassen werden (min. 0,7 mm).
- Schnittflächen dürfen durch einen besonders **breiten Umriss** hervorgehoben werden.
- **Keine Schraffur** im Schnittbild erhalten
  - Vollkörper (Stifte, Schrauben, Bolzen),
  - Normteile, die Hohlräume aufweisen (Scheiben, Muttern, Hohlniete),
  - massive Elemente, die sich von der Grundform abheben sollen (Rippen, Stege).

Schraffurarten (Beispiele) — DIN 201

Zur Kennzeichnung unterschiedlicher Stoffe sind unterschiedlichste Darstellungen möglich. Findet eine besondere Schraffur, Schattierung, Tönung oder Farbe Anwendung, so ist diese deutlich auf der Zeichnung zu erläutern (Bild mit Erklärung oder Verweis auf die entsprechende Norm).

	Stoff		Stoff		Stoff
	Werkstoff, allgemein		feste Stoffe		Naturstoffe
	Metalle		flüssige Stoffe		Kunststoffe
	Stahl, legiert		Öl		Elastomere, Gummi
	Stahl, unlegiert		gasförmige Stoffe		Duroplaste
	Gusseisen		Glas		Thermoplaste

© Verlag Gehlen

Durchdringungen

Die Darstellung der **Durchdringungslinie** erfolgt
- in breiter Volllinie für Körperkanten,
- als Lichtkante, wenn die Übergänge gerundet sind,
- entfällt, wenn der Kurvenverlauf wenig hervortritt (keine besondere Anschaulichkeit erforderlich).

geradliniger Kurvenverlauf	gekrümmter Kurvenverlauf	geradliniger/gekrümmter Kurvenverlauf

Konstruktion der Durchdringungslinie

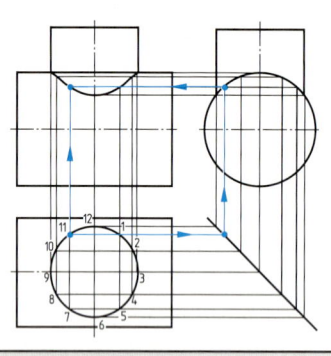

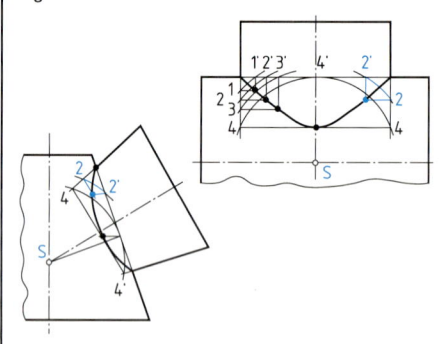

Hilfsschnittverfahren	Kugelschnittverfahren

Konstruktion der Abwicklung

- Bei dicken Blechen ist die neutrale Schicht zu berücksichtigen (Biegen von Metallen).
- Nach Möglichkeit sind alle Abwicklungen am kürzesten Stoß (Länge der Schweißnaht) zu trennen.

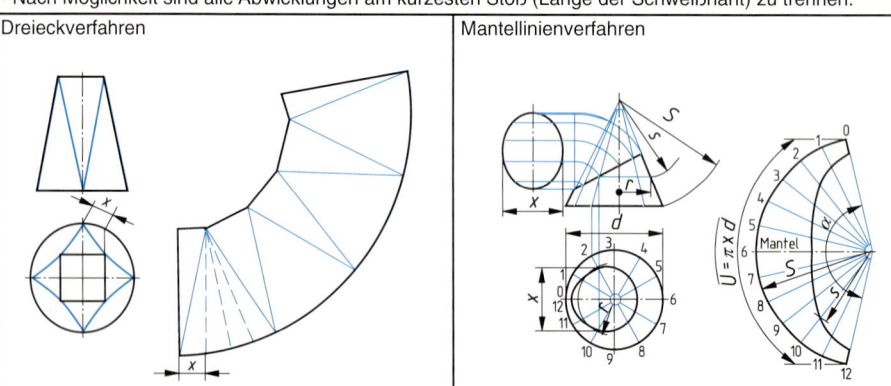

Dreieckverfahren	Mantellinienverfahren

© Verlag Gehlen

Elemente der Maßeintragung — DIN 406-11

Maßhilfslinie, Maßlinie mit Maßlinienbegrenzung

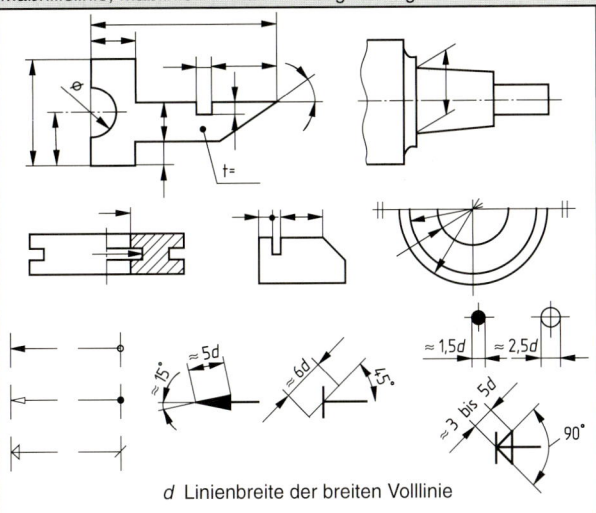

- **Maßhilfslinien** stehen parallel zueinander und meist unter 90° (selten 60°) zur Maßlinie.
- Ist eine Maßhilfslinie gleichzeitig Mittellinie, so ist sie außerhalb der Darstellung als schmale Volllinie zu zeichnen.
- Abgebrochene **Maßlinien** sind über den Mittelpunkt oder über die Symmetrielinie hinausgehend zu zeichnen.
- Maß- und Maßhilfslinien sollen andere Linien so wenig wie möglich schneiden.
- Ist die Maßhilfslinie ein **Kreisbogen**, so ist die Maßlinie senkrecht zur Maßhilfslinie in radialer Richtung einzutragen.
- Der Punkt als **Maßlinienbegrenzung** darf nur bei Platzmangel angewendet werden.

d Linienbreite der breiten Volllinie

Maßzahl

1 2 3 4 5 6 7 7 8 9 0

− = + × ± " I V X

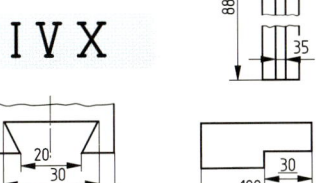

- Typ und Aufbau DIN 6776. Die **senkrechte** Mittelschrift bevorzugt anwenden.
- Schriftgröße nicht kleiner als 3,5 mm.
- Maßzahlen nicht durch Linien trennen oder durchstreichen.
- Bei parallelen Maßlinien die Maßzahlen versetzt eintragen.
- Bei unmaßstäblicher Darstellung die **Maßzahlen unterstreichen**; nicht so bei unterbrochen dargestellten Teilen.

Zwei Hauptleserichtungen

Maße, Symbole und Wortangaben sind von unten oder von rechts lesbar eingetragen.

Eine Leserichtung

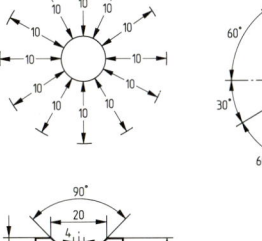

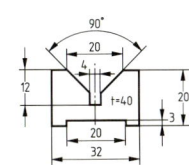

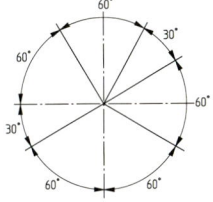

Maße, Symbole und Wortangaben sind in Leselage des Schriftfeldes eingetragen.

© Verlag Gehlen

Normzahlen und Normzahlreihen — DIN 323

R 5	R 10	R 20	R 40	R 5	R 10	R 20	R 40	Stufensprung
1,00	1,00	1,00	1,00	4,00	4,00	4,00	4,00	Die Normzahlen sind die gerundeten Werte geometrischer Reihen mit den Stufensprüngen:
			1,06				4,25	
		1,12	1,12			4,50	4,50	
			1,18				4,75	
	1,25	1,25	1,25		5,00	5,00	5,00	
			1,32				5,30	R 5: $\sqrt[5]{10} \approx 1{,}6$
		1,40	1,40			5,60	5,60	
			1,50				6,00	
1,6	1,60	1,60	1,60	6,30	6,30	6,30	6,30	R 10: $\sqrt[10]{10} \approx 1{,}25$
			1,70				6,70	
		1,80	1,80			7,10	7,10	R 20: $\sqrt[20]{10} \approx 1{,}12$
			1,90				7,50	
	2,00	2,00	2,00		8,00	8,00	8,00	R 40: $\sqrt[40]{10} \approx 1{,}06$
			2,12				8,50	
		2,24	2,24			9,00	9,00	
			2,36				9,50	
2,50	2,50	2,50	2,50	10,00	10,00	10,00	10,00	Normzahlen unter 1 und über 10 sind durch Teilen bzw. Vervielfachen der Hauptwerte mit 10, 100 usw. zu bilden.
			2,65					
		2,80	2,80					
			3,00					
	3,15	3,15	3,15					
			3,35					
		3,55	3,55					
			3,75					

Kombinationen mit der Maßzahl (Auswahl) — DIN 406-10

Maß	Bedeutung	Seite	Maß	Bedeutung	Seite
⌀ 50	Durchmesser 50 mm	390	50	Nicht maßstäblich dargestelltes Maß 50 mm	387
□ 50	Quadrat 50 mm	390	⌒ 98	Gestreckte Länge 98 mm	383
R 50	Radius 50 mm	390	[50]	Rohmaß 50 mm	393
S⌀ 50	Kugel-Durchmesser 50 mm (Spherical diameter)	389	(50)	Hilfsmaß 50 mm	393
SR 50	Kugel-Radius 50 mm (Spherical radius)	389	50	Theoretisch genaues Maß 50 mm	393
SW 13	Schlüsselweite 13 mm	389	(50 ± 0,02)	Prüfmaß 50 mm mit Toleranz ± 0,02 mm	393
M 20	Metrisches Gewinde mit Nenndurchmesser 20 mm	389	1:10	Kegelverjüngung 1 : 10	391
t = 2	Dicke 2 mm (thickness)	389	14 %	Neigung 14 %	391
h = 5	Tiefe oder Höhe 5 mm	392	A	Bezugsangabe für Bezugsfläche A	411
⌒ 50 / 123,456	Bogenmaß	391	①	Angabe der Messstelle Nr. 1	416

© Verlag Gehlen

Zeichen zur Maßzahl — DIN 406-11

Maßeinheit

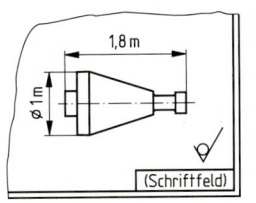

- Unabhängig vom Maßstab der Darstellung die **Maße der natürlichen Größe** eintragen.
- Alle **Längenmaße** werden ohne Angabe der Einheit in mm angegeben, abweichende Einheiten (cm, m) angeben.
- **Winkelangaben** erfolgen mit Maßeinheit in Grad (0,706°) oder mit Grad, Minuten und Sekunden (0°42′36″).

Kugel

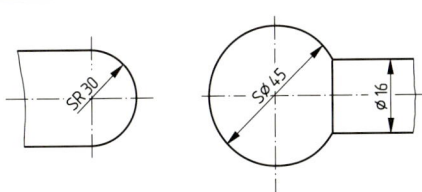

- Zur Kennzeichnung der Kugelform wird **in jedem Fall** der Großbuchstabe **S** angegeben.
- Eintragungsmöglichkeiten:
  SØ   Durchmesserangabe
  SR   Radiusangabe

Gewinde

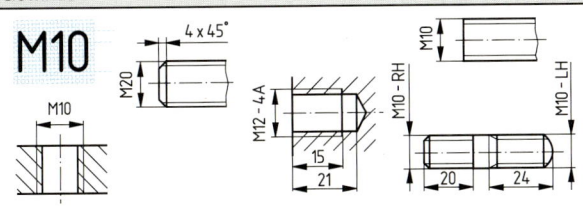

- **Kurzbezeichnungen** nach DIN 202 anwenden.
- Grundsätzlich die **nutzbare** Gewindelänge angeben.
- Wenn gleichzeitig Links- **und** Rechtsgewinde am Teil vorhanden, so ist zusätzlich zum Durchmesser die Angabe von LH und RH erforderlich.

Schlüsselweite

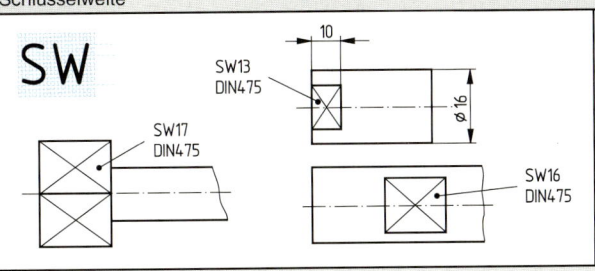

- Die Großbuchstaben SW kennzeichnen den Abstand von zwei parallelen gegenüberliegenden Flächen.
- SW ist in jedem Fall vor die Maßzahl zu setzen, wenn der Abstand der Schlüsselflächen nicht direkt bemaßt werden kann.
- Bei der Schlüsselweitenauswahl DIN 475 beachten.

Werkstückdicke

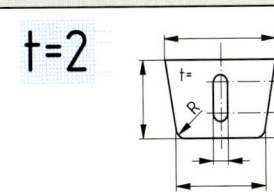

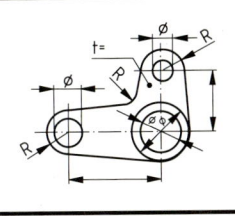

- Zur Einsparung von Ansichten kann das fehlende Maß des Erzeugnisses (Materialdicke)
  – innerhalb der Umrisslinie oder
  – an einer Hinweislinie
  eingetragen werden.
- Vor die Maßzahl ist der **Buchstabe t** und das Gleichheitszeichen zu setzen.

© Verlag Gehlen

| Buchstabe bzw. Symbol zur Maßzahl | DIN 406-11 |

Radius (Halbmesser)

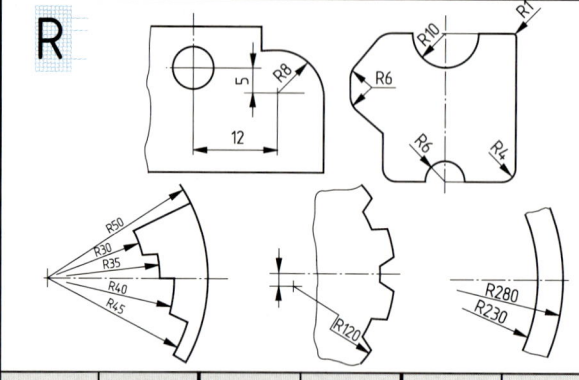

- Der **Großbuchstabe R** wird **in jedem Fall** vor die Maßzahl gesetzt.
- Der **Mittelpunkt** des Radius muss nur gekennzeichnet werden (Mittellinienkreuz), wenn seine Lage festgelegt sein muss.
- Für **große Radien** gilt: die Maßlinie zweifach rechtwinklig abgeknickt, der Maßlinienteil mit Maßpfeil und Maßzahl zeigt auf den Kreismittelpunkt oder
  Maßlinien verkürzt zeichnen – die Linie zeigt in ihrem Verlauf auf den Kreismittelpunkt.

Rundungshalbmesser DIN 250

Vorzugs-reihe	Neben-reihe	Vorzugs-reihe	Neben-reihe	Vorzugs-reihe	Neben-reihe
0,2	0,2	6,0	6,0	50	50
	0,3		8,0		56
0,4	0,4	10	10	63	63
	0,5		12		70
0,6	0,6	16	16	80	80
	0,8		18		90
1,0	1,0	20	20	100	100
	1,2		22		110
1,6	1,6	25	25	125	125
	2		28		140
2,5	2,5	32	32	160	160
	3,0		36		180
4,0	4,0	40	40	200	200
	5,0		45		

- Rundungshalbmesser entsprechen weitgehend den Normzahlen der Reihen R5, R10 und R20 (DIN 323).
- Für gefällige Formen und aus Fertigungsgründen, Rundungen an Guss- und Schmiedestücken, an Stanzteilen, für Wellen- und Schraubenkuppen.
- Um die Bruchgefahr an Werkstücken zu verringern, Rundungen für Wellenabsätze, Hohlkehlen.

Durchmesser

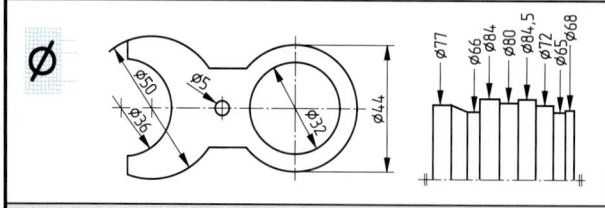

- Das Symbol wird **in jedem Fall** vor die Maßzahl gesetzt.
- Bei Platzmangel dürfen Durchmessermaße von außen an das Teil gesetzt werden.
- Kleine Bohrungen dürfen an einer **Hinweislinie** mit Pfeil am Kreisbogen bemaßt werden.

Quadrat

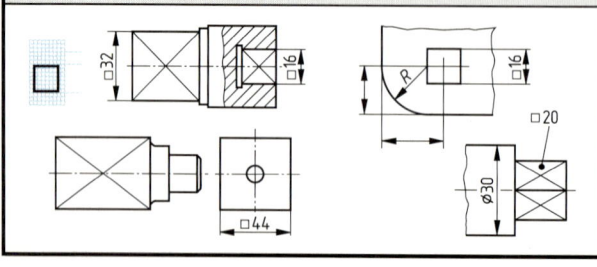

- Das Symbol wird **in jedem Fall** vor die Maßzahl gesetzt.
- Die quadratische Form möglichst in der Ansicht bemaßen, in der die **Form** erkennbar ist.
- Ist die quadratische Form in der Ansicht nicht erkennbar, so ist das **Diagonalkreuz** zur Kennzeichnung der ebenen Fläche zu ergänzen.

© Verlag Gehlen

Symbole zur Maßzahl — DIN 406-11

Rechteck

- Auf einer abgewinkelten Hinweislinie steht die Angabe **Seitenlänge · Seitenlänge**. Das Maß der Seite, an die die Hinweislinie angetragen ist, steht an erster Stelle.
- Die Kombination mit dem Maß der dritten Seite (**Dicke oder Tiefe**) ist zulässig, wenn diese in einer weiteren Ansicht erkennbar ist.

Bogen

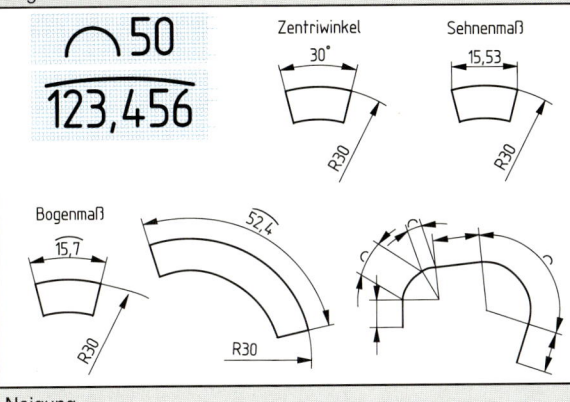

- Das Symbol wird **in jedem Fall vor** die Maßzahl gesetzt. Es darf auch in abgewandelter Form über die gesamte Breite der Zahl gesetzt werden.
- **Zentriwinkel bis 90°:** die Maßhilfslinien parallel zur Winkelhalbierenden und jedes Bogenmaß mit eigener Maßhilfslinie zeichnen!
- **Zentriwinkel über 90°:** die Maßhilflinien in Richtung zum Bogenmittelpunkt zeichnen! Aneinander anschließende Bogenmaße werden an einer Maßhilfslinie eingetragen.

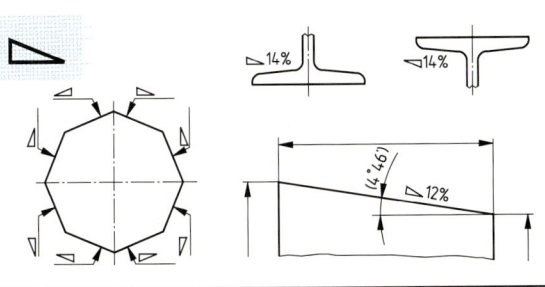

Neigung

- Das Symbol steht **in jedem Fall vor** der Maßzahl.
- Die Maßzahl als Verhältnis oder in Prozent angeben.
- Das Symbol ist an der geneigten Fläche (die Spitze des Zeichens in Richtung der Neigung) oder auf einer abgewinkelten Hinweislinie eingetragen.
- Der Neigungswinkel darf zusätzlich für die Fertigung als Hilfsmaß angegeben werden.

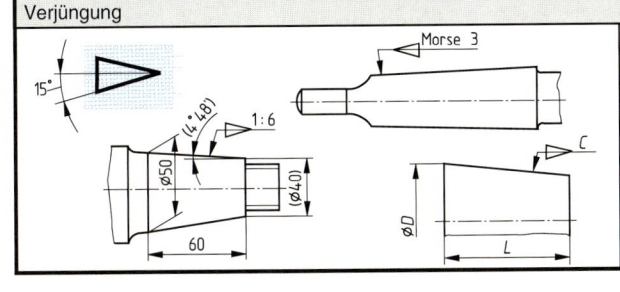

Verjüngung

- Das Symbol steht **in jedem Fall vor** der Maßzahl.
- Das Symbol ist **in einer** abgewinkelten Hinweislinie anzugeben; die Spitze des Zeichens zeigt in Richtung der Verjüngung.
- Die Maßzahl (als Verhältnis oder in Prozent) steht über der abgewinkelten Hinweislinie.

Vereinfachte Angabe von Maßen

DIN 406-11

Maße an Hinweislinien (Bezugslinien)

Hinweislinien enden
- **ohne** Begrenzung, wenn sie auf Linien (keine Körperkanten) zeigen,
- mit **Punkt**, wenn sie aus einer Fläche herausführen,
- mit **Pfeil**, wenn sie auf eine Körperkante zeigen.

Variable Maße

- Anstelle von Maßzahlen können an der Darstellung **Maßbuchstaben** eingetragen werden. Die Zahlenwerte der Maße stehen in einer **Tabelle**.
- Jedes Teil erhält eine Identnummer, jede Zeile der Tabelle gilt für **eine** Ausführung des Teiles.
- Maßbuchstaben sind in ISO 3898 festgelegt.

Teilungen

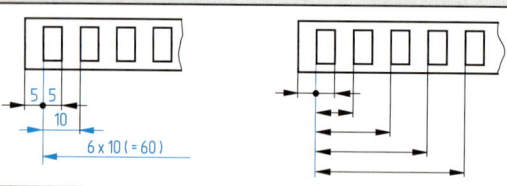

- Vereinfachte Bemaßung ist für Teilungen **gleicher** Formelemente, die untereinander gleiche Abstände haben, möglich.
- Bei ausführlicher Bemaßung wird jedes Formelement vom Bezugselement aus bemaßt.

Bohrungen auf dem Teilkreis

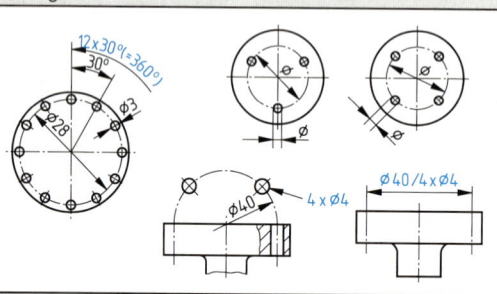

- Für mehrere **gleiche** Bohrungen sind die Lage- und Durchmessermaße nur einmal anzutragen.
- Sind drei oder vier Bohrungen **regelmäßig** auf einem Teilkreis angeordnet, dürfen die Maße 45°, 60°, 90° und 120° entfallen.
- **Vereinfachte** Darstellung und Bemaßung: Der Teilkreis wird als Teilansicht herausgezeichnet, zum Durchmesser ist auch die Anzahl der Bohrungen anzugeben.

Langloch/Passfedernut

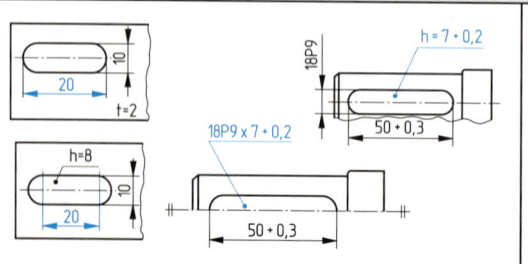

- **Länge des Langlochs** und Breite bemaßen, wenn ohne Anreißen gefertigt.
- **Achsabstand** des Werkzeuges und Breite bemaßen, wenn die Fertigung mit Anreißen erfolgt.
- **Passfedernut** vereinfacht bemaßen: auf abgewinkelter Hinweislinie die
  – Angabe der Nuttiefe mit dem Buchstaben h oder
  – Angabe von Nutbreite × Nuttiefe.

Prüfmaß · Hilfsmaß · Theoretisches Maß · Rohmaß · Informationsmaß · Bezugsmaß **393**

Kennzeichnung spezieller Maße — DIN 406-11

(...) Prüfmaße

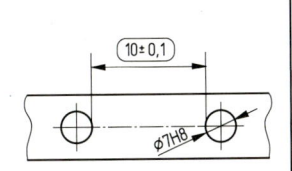

- Das sind Maße, die bei Festlegung des Prüfumfanges besonders beachtet werden.
- In Nähe des Schriftfeldes die Bedeutung erklären: z. B. (...) Funktion ist von Einhaltung dieser Maße abhängig, (...) Maße werden vom Besteller besonders geprüft.

(...) Hilfsmaße

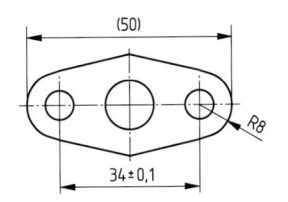

- Das sind maßliche Überbestimmungen, die
  - der Berechnung,
  - der Konstruktion oder
  - der Funktion dienen.
- Hilfsmaße werden als zusätzliche Maße zur Vermeidung geschlossener Maßketten eingetragen.

Theoretisch genaue Maße

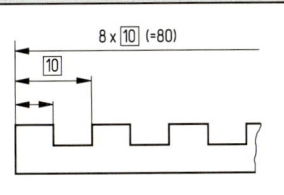

- Das sind Maße zur Bestimmung geometrisch idealer (theoretisch genauer) Oberflächenlagen.
- Die Maßzahl ohne Toleranzangabe eintragen (für die Toleranz der Lage der Oberfläche andere Angaben – z. B. Lagetoleranzen – erforderlich).

[...] Rohmaße

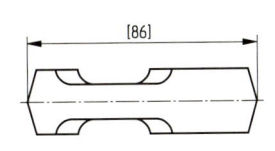

- Maße, die in keiner Rohteilzeichnung enthalten sind.
- In Nähe des Schriftfeldes die Bedeutung erklären: z. B. Maße in [...] berücksichtigen Schrumpfzugabe.
  Maße in [...] sind Rohgussmaße.
- „Ungefähr-Maße" ($\approx$) sind zu vermeiden.

Informationsmaße

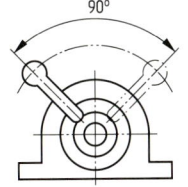

- Maße, die nur zur Orientierung dienen, werden ohne besondere Kennzeichnung eingetragen. z. B. Gesamtmaße, Anschlussmaße in Zusammenstellungszeichnungen.
- Diese Maße gelten nicht für die Herstellung, auch nicht für die Kontrolle des Erzeugnisses.

Bezugsmaße

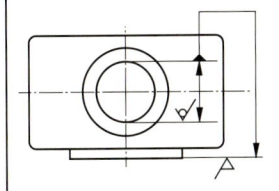

- Maße, die für erste materialabtrennende Bearbeitung gelten.
- Sie werden am Ursprung der Bearbeitung mit dem Bezugsdreieck (Ausgangspunkt für das Maßsystem) eingetragen; die Verbindung zwischen Bezug und Maß kann auch durch Bezugsbuchstaben im Bezugsrahmen erfolgen.

Messstellen

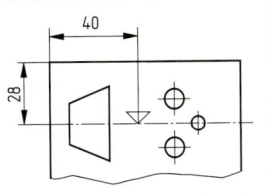

- Die Lage der Messstelle ist mit der Spitze des Symbols zu kennzeichnen.
- Die Maße werden an das Symbol angetragen.

Begrenzte Bereiche

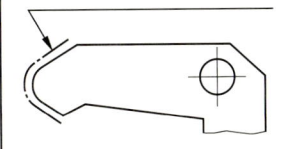

- Bereiche, für die besondere Bedingungen gelten, sind durch eine breite Strichpunktlinie angegeben.
- Bei rotationssymmetrischen Teilen ist die Kennzeichnung nur auf einer Seite zulässig.

Beschichtete Gegenstände

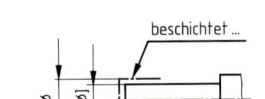

- Die Maße vor und nach der Beschichtung sind zulässig.
- Bei einer nach der Beschichtung erforderlichen Bearbeitung darf das Beschichtungsmaß in eckigen Klammern angegeben werden.

© Verlag Gehlen

Maßstäbe — DIN ISO 5455

Natürliche Größe	Vergrößerungen	Verkleinerungen			Zeichnungsangabe
1 : 1	2 : 1 5 : 1 10 : 1 20 : 1 50 : 1	1 : 2 1 : 20 1 : 200 1 : 20000	1 : 5 1 : 50 1 : 500 1 : 50000	1 : 10 1 : 100 1 : 1000 1 : 10000	Vom Hauptmaßstab abweichende Maßstäbe werden in der Nähe der entsprechenden Darstellung eingetragen.

Grundregeln zum Eintragen von Maßen

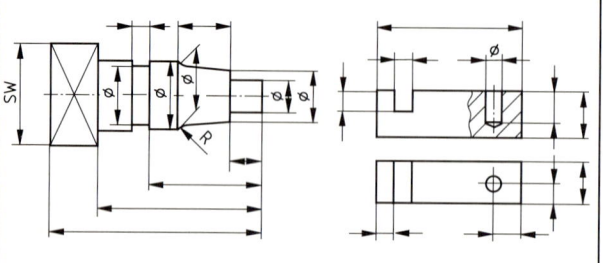

- Jedes Maß darf **nur einmal** eingetragen werden.
- Die Maße sind in der Ansicht anzutragen, in der die Zuordnung von Darstellung und Maß am deutlichsten ist.
- Maße möglichst aus der Darstellung **herausziehen**.
- **Nicht an verdeckten** Körperkanten bemaßen (Schnittdarstellung anwenden).

Auswahl der Maße

Funktionsbezogene Bemaßung	Fertigungsbezogene Bemaßung	Prüfbezogene Bemaßung
Gewährleistet die dem Einfluss des Maßes auf die Funktion des Gegenstandes größtmögliche Toleranz.	Sieht für die Fertigung ohne Umrechnung verwendbare Maße vor.	Ermöglicht eine direkte, ohne Umrechnung durchführbare Prüfung vorgegebener Maße und Toleranzen.

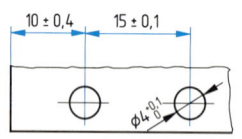

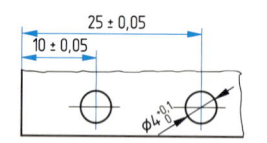

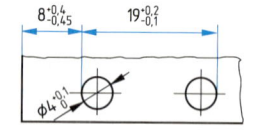

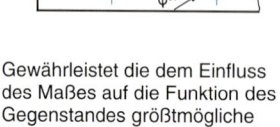

Maßbezugssysteme

Fläche – Fläche	Achse – Achse	Fläche – Achse
Von Bezugsflächen ausgehend. Wird überwiegend bei Lauf-, Anlage- und Auflageflächen angewendet.	Von Auflageflächen und von Symmetrieachsen ausgehend. Wird bei symmetrischen Teilen, die mit einer Fläche an einer anderen anliegen, angewendet.	Auf das Achsenkreuz bezogen werden Teile bemaßt, bei denen Bohrungen funktionsentscheidend sind. Auf Achse bezogene Maße über Mitte angetragen!

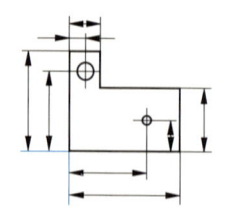

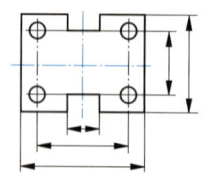

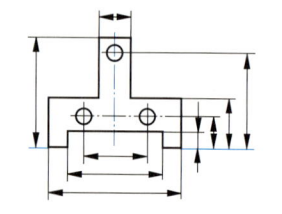

© Verlag Gehlen

Arten der Maßeintragung DIN 406-11

Parallelbemaßung

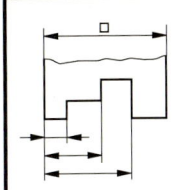

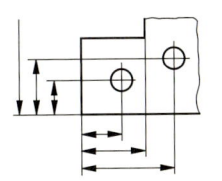

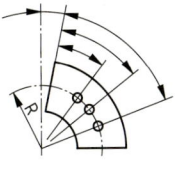

- Die Maßlinien werden **parallel** zueinander angetragen:
  – in einer Richtung bzw.
  – in zwei oder drei senkrecht zueinander stehenden Richtungen oder
  – konzentrisch zueinander.

Steigende Bemaßung

Bezugsbemaßung – absolutes Bemaßungssystem

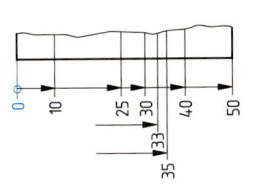

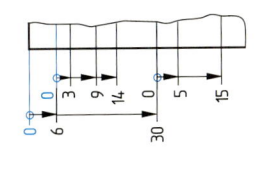

- Ausgehend von einem Ursprung wird im Regelfall nur **eine Maßlinie** eingetragen.
- Als Maßlinienbegrenzung wird ein Kreis für den **Ursprung** und ein Maßpfeil an der Maßhilfslinie eingetragen.
- Die **Maße** werden vom Ursprung ausgehend gemessen und in Verlängerung der Maßhilfslinie eingetragen.

Zuwachsbemaßung – Kettenbemaßung

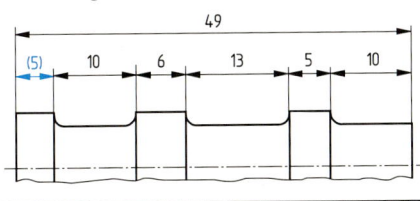

- Die Bemaßung erfolgt von Abstand zu Abstand – der Endpunkt des vorhergehenden Maßes ist der Bezugspunkt des folgenden Maßes.
- Ein Maß der Maßkette sollte mit Rücksicht auf die Toleranzsummierung als Hilfsmaß eingetragen werden.

Koordinatenbemaßung

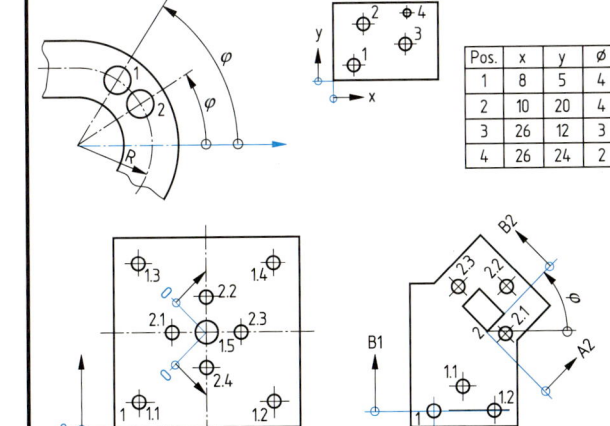

Pos.	x	y	ø
1	8	5	4
2	10	20	4
3	26	12	3
4	26	24	2

- Die **Polarkoordinaten** werden, ausgehend vom Ursprung, durch einen Radius und einen Winkel (entgegen dem Uhrzeigersinn gemessen) festgelegt.
- Die Koordinatenwerte werden in Tabellen eingetragen.
- Die **kartesischen Koordinaten** werden vom Ursprung ausgehend durch Längenmaße in zwei, im Winkel von 90° verlaufenden Richtungen festgelegt.
- Die Koordinatenwerte werden in Tabellen eingetragen oder direkt an den Koordinatenpunkten angegeben.
- Für die **Positionsnummer** eines Koordinatenpunktes gilt:
  1. Ziffer = Angabe des Nullpunktes
  2. Ziffer = fortlaufende Nummer der Punkte

© Verlag Gehlen

Fasen — DIN 406-11

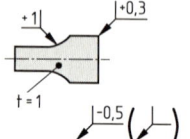

- Nur **funktionsbedingte Fasen** bemaßen! Fasen an Gewinden werden im Allgemeinen nicht bemaßt.
- Ist der **Fasenwinkel = 45°**, werden Fasenbreite × Fasenwinkel zusammengefasst.
- Ist der **Fasenwinkel ≠ 45°**, werden Fasenbreite und Fasenhöhe oder Fasenbreite und Fasenwinkel angegeben.

Werkstückkanten — DIN 6784

Kantenzustände mit **unbestimmter Form** werden mit dem Grundsymbol, dem Symbolelement und mit der Angabe des Kantenmaßes *a* (Größtmaß) in mm bemaßt (*h* Schrifthöhe).

Symbol mit Angaben	Kantenbereich einer Außenkante	Kantenbereich einer Innenkante

Kantenzustand	Symbolelement +	Symbolelement −	Symbolelement ±	Anordnung am Grundsymbol
Außenkante (scharfkantig, gratfrei, gratig; Abtragung, Überhang)	gratig	gratfrei	gratig oder gratfrei	• Form und Richtung sind beliebig • Größtmaß steht über dem Kleinstmaß
Innenkante (Übergang; Abtragung, scharfkantig)	Übergang	Abtragung	Übergang oder Abtragung	• Richtung ist vertikal • Richtung ist horizontal

- Auf diese Norm **im Schriftfeld** oder in dessen Nähe hinweisen: Werkstückkanten DIN 6784
- **Sammelangabe:** Vor der Klammer steht der allgemeine Zustand. In der Klammer zusätzliche Kantenzustände einzeln oder vereinfacht durch das Grundsymbol angeben.

Gewindedarstellung · Schraubenverbindung, vereinfachte Darstellung

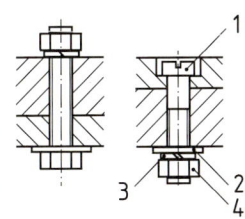

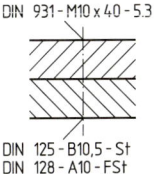

Gewindedarstellung — DIN ISO 6410

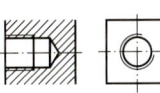

Außengewinde	Innengewinde	
		• Die Lage und Öffnung des 3/4-Kreises (**schmale Volllinie**) ist nicht zwingend vorgeschrieben.
Gewindegrundbohrung	Gewindeauslauf	• Die Darstellung verdeckt liegender Gewinde (**Strichlinien**) ist zu vermeiden!
		• Genormte Verbindungselemente werden in Längsrichtung nicht geschnitten dargestellt.
		• Für genormte Gewinde beziehen sich die Kurzbezeichnungen immer auf den Nenndurchmesser.
		• Der Gewindeauslauf wird nur gezeichnet, wenn er in das Maß der nutzbaren Gewindelänge einbezogen wird (für Stiftschraubenverbindungen).

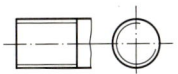

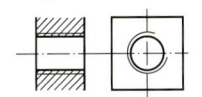

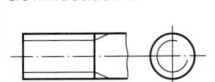

Schraubenverbindungen

Darstellung: Für zusammengebaute Gewindeteile gilt: Außengewinde geht stets vor Innengewinde!

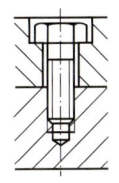

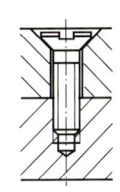

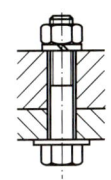

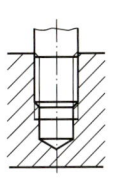

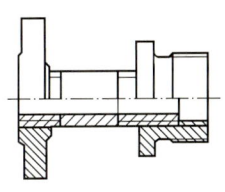

Vereinfachte Darstellung

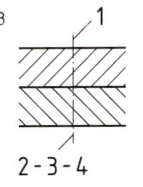

DIN 931 - M10 x 40 - 5.3
DIN 125 - B10,5 - St
DIN 128 - A10 - FSt
DIN 934 - M10 - Ms

2 - 3 - 4

- Schrauben und Muttern werden **ohne** Fasen gezeichnet, die Durchgangsbohrung entfällt.
- Weitere Vereinfachung ist möglich, indem die Mittellinie bzw. das Achsenkreuz mit den **Kurzbezeichnungen** beschriftet wird.
- Die Reihenfolge der eingetragenen Kurzbezeichnungen ist entsprechend der **Einbaufolge** vorzunehmen.

Konstruktion der Schraubenköpfe

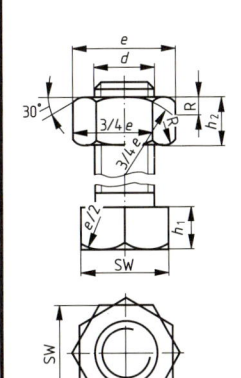

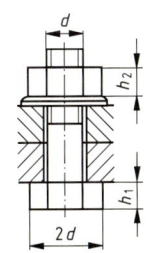

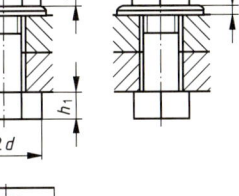

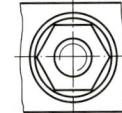

- **Richtwerte** für die Maße der Sechskantschraube in vereinfachter Darstellung:

$h_1 \approx 0{,}7 \cdot d$
$h_2 \approx 0{,}8 \cdot d$
$h_3 \approx 0{,}2 \cdot d$
$e \approx 2 \cdot d$
$SW \approx 0{,}86 \cdot e$

- Hinweis:

h_1	Schraubenkopfhöhe
h_2	Höhe der Mutter
h_3	Dicke der Scheibe
e	Eckmaß
SW	Schlüsselweite
d	Gewinde-Nenn-⌀
R	Radius

© Verlag Gehlen

Gewindeausläufe und Gewindefreistiche — DIN 76

- Diese Norm gilt für Schrauben und ähnliche Teile mit **Metrischem ISO-Gewinde** (Regel- und Feingewinde nach DIN 13 Teil 1 und 12).
- Die Zahlenwerte für die Größe der Ausläufe und Freistiche sind den Wertetafeln in DIN 13 zu entnehmen. Für **Feingewinde** sind die Maße der Gewindeausläufe und der Gewindefreistiche nach der Steigung P auszuwählen.
- Die Gewindesenkung wird im Regelfall (Winkel 120°; Durchmesser min. $1 \cdot d$; max. $1{,}05 \cdot d$) nicht bemaßt. Sonderfälle (90° oder 60°) sind vollständig zu bemaßen.

Vergrößerte Darstellung als Einzelheit

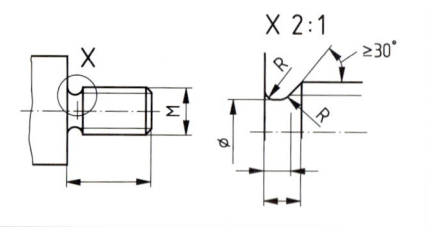

Vereinfachte Darstellung mit Normbezeichnung

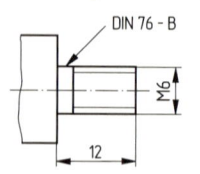

Eintragungsbeispiel für Gewindefreistich Form B:
DIN 76 - B

Senkungen für Schrauben — DIN 74

- Bei Anwendung von Maßeintragungen sind die Maße **mit** den in der Norm vorgeschriebenen Toleranzen (Passmaße, Abmaße) einzutragen.
- Bei Anwendung von Kurzbezeichnungen entfällt die Wortangabe „Senkung" in der Kurzbezeichnung.
- Die Eintragung der Kurzbezeichnung erfolgt am Ende einer Hinweislinie.

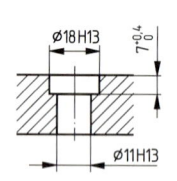

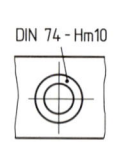

DIN 74 - H m 10

DIN 74	Senkung
H	Form für Zylinderschraube nach DIN 84, Gewinde-Schneidschrauben DIN 7513, Gewindefurchende Schrauben DIN 7500
m	Durchgangsloch mittel
10	für Gewinde-Nenn- $\varnothing$ 10 mm

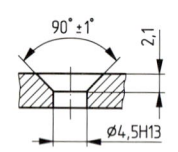

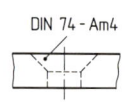

DIN 74 - A m 4

DIN 74	Senkung
A	Form für Senkschrauben DIN 963, DIN 965
m	Durchgangsloch mittel
4	für Gewinde-Nenn- $\varnothing$ 4 mm

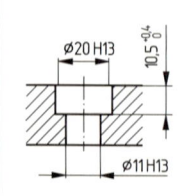

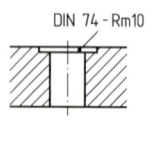

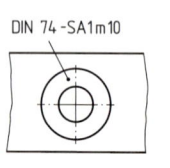

DIN 74 - SA 1 m 10 × 5

DIN 74	Senkung
SA 1	Form für Sechskantschrauben DIN 931, DIN 933, DIN 960, DIN 961
m	Durchgangsloch mittel
10	für Gewinde-Nenn- $\varnothing$ 10 mm
5	Senktiefe 5 mm

Die Senktiefe t wird nur angegeben, wenn sie eine andere als die in der Norm enthaltene ist.

Zentrierbohrung · Freistich 399

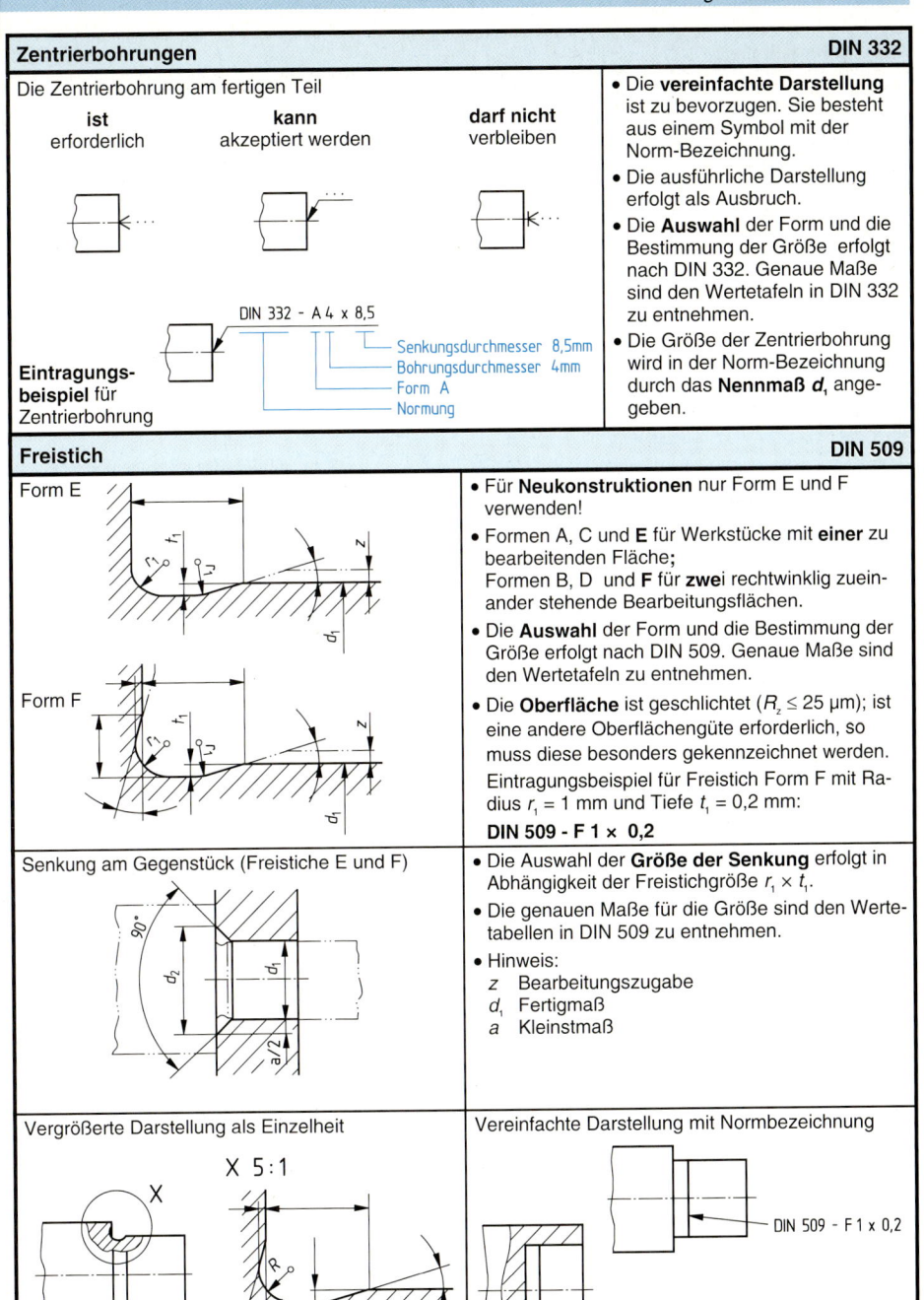

Zentrierbohrungen — DIN 332

Die Zentrierbohrung am fertigen Teil

| ist erforderlich | kann akzeptiert werden | darf nicht verbleiben |

- Die **vereinfachte Darstellung** ist zu bevorzugen. Sie besteht aus einem Symbol mit der Norm-Bezeichnung.
- Die ausführliche Darstellung erfolgt als Ausbruch.
- Die **Auswahl** der Form und die Bestimmung der Größe erfolgt nach DIN 332. Genaue Maße sind den Wertetafeln in DIN 332 zu entnehmen.
- Die Größe der Zentrierbohrung wird in der Norm-Bezeichnung durch das **Nennmaß** d_1 angegeben.

Eintragungsbeispiel für Zentrierbohrung:

DIN 332 - A 4 x 8,5
- Senkungsdurchmesser 8,5 mm
- Bohrungsdurchmesser 4 mm
- Form A
- Normung

Freistich — DIN 509

Form E

Form F

- Für **Neukonstruktionen** nur Form E und F verwenden!
- Formen A, C und **E** für Werkstücke mit **einer** zu bearbeitenden Fläche;
  Formen B, D und **F** für **zwei** rechtwinklig zueinander stehende Bearbeitungsflächen.
- Die **Auswahl** der Form und die Bestimmung der Größe erfolgt nach DIN 509. Genaue Maße sind den Wertetafeln in DIN 509 zu entnehmen.
- Die **Oberfläche** ist geschlichtet ($R_z \leq 25$ μm); ist eine andere Oberflächengüte erforderlich, so muss diese besonders gekennzeichnet werden.
  Eintragungsbeispiel für Freistich Form F mit Radius r_1 = 1 mm und Tiefe t_1 = 0,2 mm:
  DIN 509 - F 1 x 0,2

Senkung am Gegenstück (Freistiche E und F)

- Die Auswahl der **Größe der Senkung** erfolgt in Abhängigkeit der Freistichgröße $r_1 \times t_1$.
- Die genauen Maße für die Größe sind den Wertetabellen in DIN 509 zu entnehmen.
- Hinweis:
  z Bearbeitungszugabe
  d_1 Fertigmaß
  a Kleinstmaß

Vergrößerte Darstellung als Einzelheit

X 5:1

Vereinfachte Darstellung mit Normbezeichnung

DIN 509 - F 1 x 0,2
DIN 509 - E 1 x 0,2

© Verlag Gehlen

Zahnräder

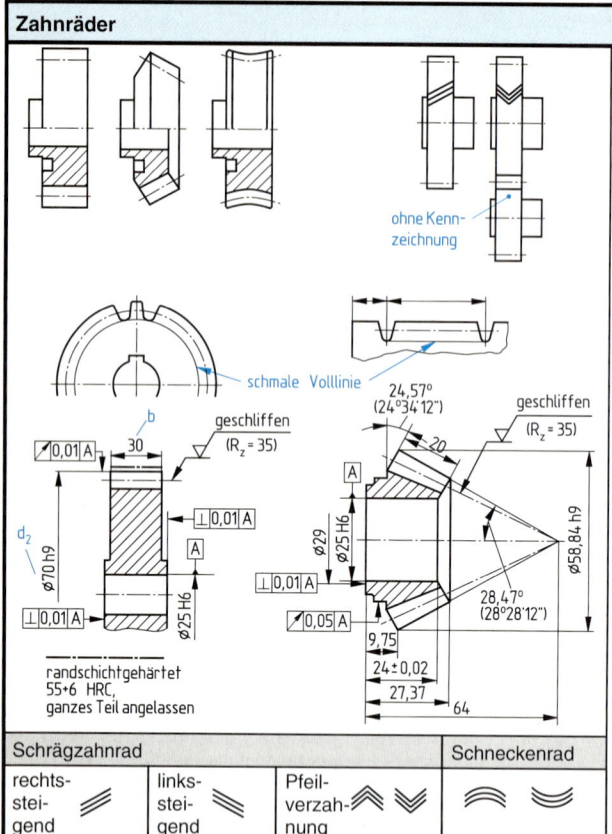

DIN ISO 2203

- Das **Zahnprofil** ist genormt und wird nicht dargestellt. Werden die Enden eines verzahnten Teilstückes oder die Lage der Zähne zu einer vorgegebenen Achsenfläche festgelegt, sind die Zähne in breiter Volllinie zu zeichnen.
- Die **Bezugsfläche** (Teilkreis) wird als schmale Strichpunktlinie gezeichnet.
- Die **Zahnfußfläche** wird nur im Schnitt dargestellt; selten ist sie in der Ansicht mit schmaler Volllinie erforderlich.
- Angetragen werden die **Maße**
  d_2 Kopfkreis-⌀ mit Abmaßen,
  d_1 Fußkreis-⌀, wenn in der Tabelle keine Zahnhöhe h angegeben ist,
  b Zahnbreite.
- Die **Verzahnung** ist „einsatzgehärtet und angelassen" oder „randschichtgehärtet".
- Die Oberflächenbeschaffenheit für die Zahnflanken ist auf der Teilkreislinie anzutragen.
- Rechengrößen für die Herstellung und Prüfung der Verzahnung stehen in einer Tabelle.
- **Flankenrichtung:**
  Bei Zahnradpaaren soll sie nur an einem Zahnrad dargestellt werden.

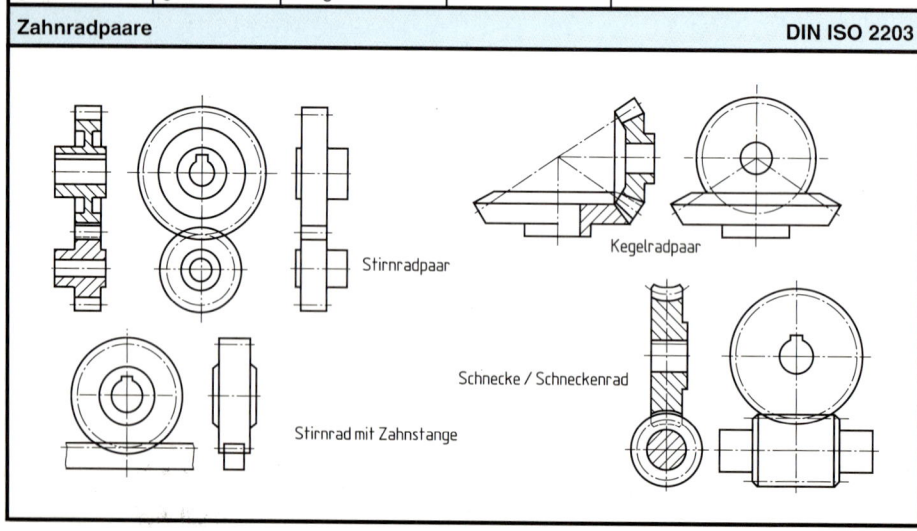

Schrägzahnrad: rechtssteigend, linkssteigend, Pfeilverzahnung

Schneckenrad

Zahnradpaare

DIN ISO 2203

Stirnradpaar

Kegelradpaar

Schnecke / Schneckenrad

Stirnrad mit Zahnstange

Sinnbildliche Darstellung von Getrieben

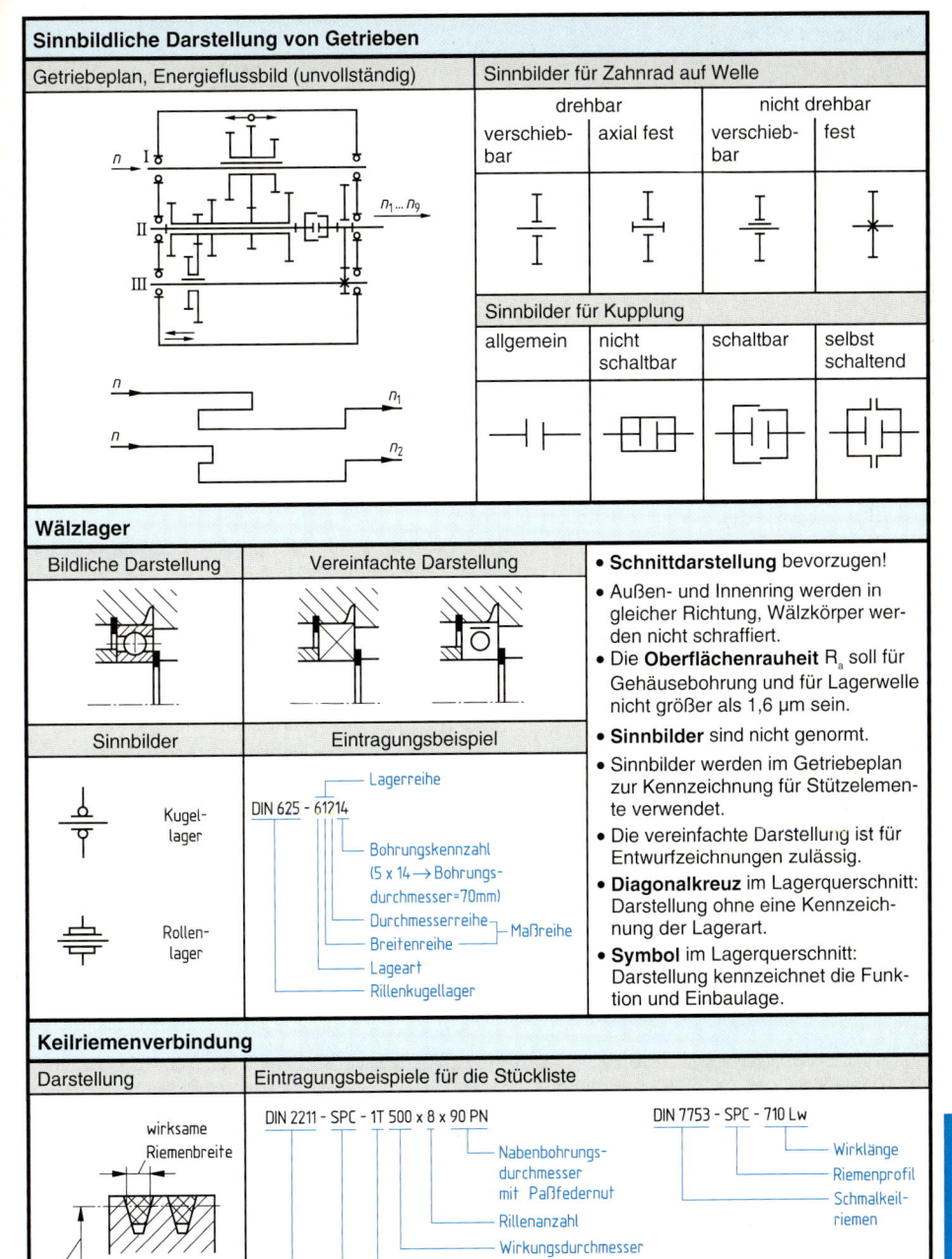

Getriebeplan, Energieflussbild (unvollständig)

Sinnbilder für Zahnrad auf Welle

	drehbar		nicht drehbar	
	verschiebbar	axial fest	verschiebbar	fest

Sinnbilder für Kupplung

allgemein	nicht schaltbar	schaltbar	selbst schaltend

Wälzlager

Bildliche Darstellung	Vereinfachte Darstellung

Sinnbilder	Eintragungsbeispiel
Kugellager	DIN 625 - 61214
Rollenlager	Lagerreihe / Bohrungskennzahl (5 x 14 → Bohrungsdurchmesser=70mm) / Durchmesserreihe / Breitenreihe / Lageart / Rillenkugellager — Maßreihe

- **Schnittdarstellung** bevorzugen!
- Außen- und Innenring werden in gleicher Richtung, Wälzkörper werden nicht schraffiert.
- Die **Oberflächenrauheit** R_a soll für Gehäusebohrung und für Lagerwelle nicht größer als 1,6 µm sein.
- **Sinnbilder** sind nicht genormt.
- Sinnbilder werden im Getriebeplan zur Kennzeichnung für Stützelemente verwendet.
- Die vereinfachte Darstellung ist für Entwurfzeichnungen zulässig.
- **Diagonalkreuz** im Lagerquerschnitt: Darstellung ohne eine Kennzeichnung der Lagerart.
- **Symbol** im Lagerquerschnitt: Darstellung kennzeichnet die Funktion und Einbaulage.

Keilriemenverbindung

Darstellung	Eintragungsbeispiele für die Stückliste
wirksame Riemenbreite / wirksamer Scheibendurchmesser	DIN 2211 - SPC - 1T 500 x 8 x 90 PN — Nabenbohrungsdurchmesser mit Paßfedernut / Rillenanzahl / Wirkungsdurchmesser / einteilig / Riemenprofil / Schmalkeilriemenscheibe DIN 7753 - SPC - 710 Lw — Wirklänge / Riemenprofil / Schmalkeilriemen

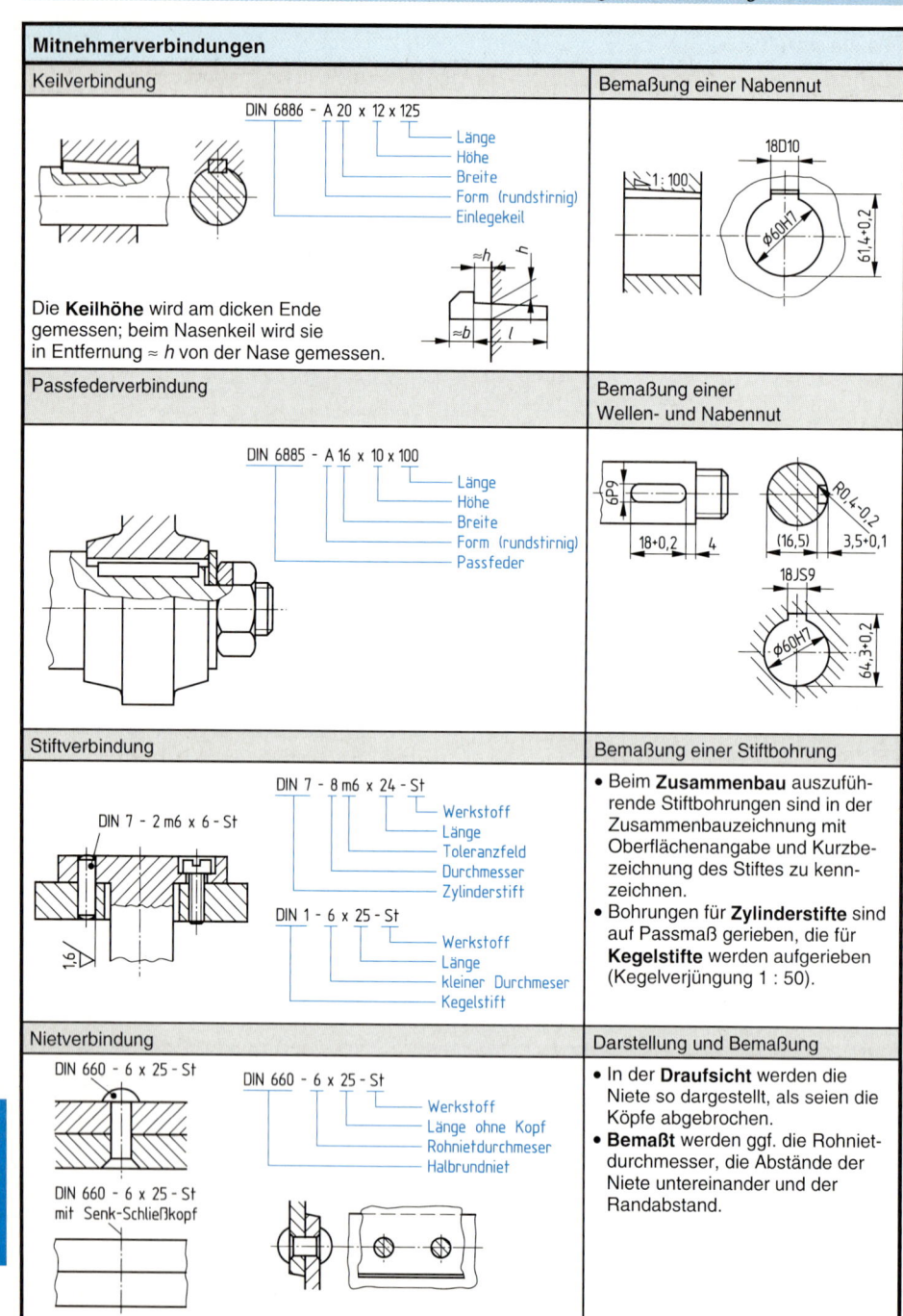

Mitnehmerverbindungen

Keilverbindung

DIN 6886 - A 20 x 12 x 125
- Länge
- Höhe
- Breite
- Form (rundstirnig)
- Einlegekeil

Die **Keilhöhe** wird am dicken Ende gemessen; beim Nasenkeil wird sie in Entfernung ≈ h von der Nase gemessen.

Bemaßung einer Nabennut

18D10; 1:100; Ø60H7; 61,4+0,2

Passfederverbindung

DIN 6885 - A 16 x 10 x 100
- Länge
- Höhe
- Breite
- Form (rundstirnig)
- Passfeder

Bemaßung einer Wellen- und Nabennut

6P9; 18+0,2; 4; (16,5); R0,4+0,2; 3,5+0,1; 18JS9; Ø60H7; 64,3+0,2

Stiftverbindung

DIN 7 - 2 m6 x 6 - St

DIN 7 - 8 m6 x 24 - St
- Werkstoff
- Länge
- Toleranzfeld
- Durchmesser
- Zylinderstift

DIN 1 - 6 x 25 - St
- Werkstoff
- Länge
- kleiner Durchmesser
- Kegelstift

Bemaßung einer Stiftbohrung

- Beim **Zusammenbau** auszuführende Stiftbohrungen sind in der Zusammenbauzeichnung mit Oberflächenangabe und Kurzbezeichnung des Stiftes zu kennzeichnen.
- Bohrungen für **Zylinderstifte** sind auf Passmaß gerieben, die für **Kegelstifte** werden aufgerieben (Kegelverjüngung 1 : 50).

Nietverbindung

DIN 660 - 6 x 25 - St

DIN 660 - 6 x 25 - St
- Werkstoff
- Länge ohne Kopf
- Rohnietdurchmesser
- Halbrundniet

DIN 660 - 6 x 25 - St mit Senk-Schließkopf

Darstellung und Bemaßung

- In der **Draufsicht** werden die Niete so dargestellt, als seien die Köpfe abgebrochen.
- **Bemaßt** werden ggf. die Rohnietdurchmesser, die Abstände der Niete untereinander und der Randabstand.

Elastische Federn — DIN ISO 2162

Darstellung	Zugfedern	Druckfedern	Drehfedern
Ansicht			
Schnitt			
Sinnbild			

Darstellung	Tellerfedern	Blattfedern	Spiralfedern
Ansicht			
Schnitt			
Sinnbild			

Besonderheiten für Darstellung und Bemaßung

- In der bildlichen Darstellung sind Beispiele für **rechtsgewickelte** Federn gezeigt; linksgewickelte Federn sind durch Wortangaben zu kennzeichnen.
- Die **Bezeichnung** der genormten Feder steht in der Stückliste oder am Bezugsstrich in der Zusammenstellungszeichnung.
- Für die Einzelfertigung von Federn sind ggf. Darstellung und Bemaßung mit **Federdiagramm** erforderlich (Vordrucke nach DIN 2099). Neben den Maßen sind zusätzliche Angaben in eine **Kenngrößentabelle** einzutragen.
- In der sinnbildlichen Darstellung der Druck- und Zugfedern ist zur Bemaßung der **Drahtquerschnitt** am Bezugsstrich mit Pfeil anzugeben. Möglichkeiten:

	Wortangabe	Rundstahl	Vierkantstahl	Flachstahl
Zeichen		Rd	4Kt	Fl
Symbol		⌀	□	▭

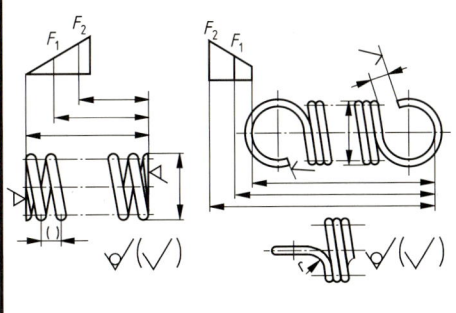

DIN 2098 - 2 x 20 x 94
- Druckfeder
- Drahtdurchmesser
- Mittlerer Windungsdurchmesser
- Länge der unbelasteten Feder

Schweiß- und Lötverbindungen — DIN EN 22553

Bezugszeichen mit Angaben

Beschriftung: Bezugsvolllinie, Nahtdicke, Symbol für Nahtart, Zusatzsymbol, Pfeillinie, Gabel, Bezugsstrichlinie, Angaben zur Naht (a5, 11/DIN 8563-CK/h)

- **Linienbreite.** Pfeillinie, Bezugslinie, Symbol und Beschriftung in schmaler Volllinie.
- **Lage der Pfeillinie.** Sie bestimmt die Lage der Naht. Sie soll schräg auf den Stoß und bevorzugt auf die obere Werkstückfläche zeigen.
- **Bezugslinie.** Für einseitig zu schweißende Nähte ist die doppelte Bezugslinie (====) zu verwenden. Sie soll waagerecht zur Zeichnungshauptlage verlaufen.
- **Gabel.** Zwischen den Schenkeln stehen zusätzliche Angaben zur Nahtart:
  - Verfahren (Kennzahlen DIN ISO 4063)
  - Bewertungsgruppe (DIN 8563)
  - Schweißposition (ISO 6947)
  - Schweißzusatzwerkstoff (DIN 1732)

Grundsymbole	Zusatzsymbole	Ergänzungssymbole	Angaben zur Naht
Naht ist geschweißt (nur mit offener Gabel)	Für die Form der Oberfläche	Für ringsum verlaufende Nähte	Angaben durch Schrägstrich getrennt (.../.../...)
Naht ist gelötet (zusätzlich Kennzahl 9)	Für die Ausführung der Naht	Für auf Baustellen ausgeführte Nähte	Bezugsangaben in Schriftfeldnähe erklärt (ABC)

Lage des Symbols zur Bezugslinie

Nahtoberfläche auf der Pfeilseite	Nahtoberfläche auf der Gegenseite	Nahtoberfläche von beiden Seiten

- Das Symbol steht **senkrecht** zur Bezugslinie.
- Das Symbol wird für **einseitige** Nähte entweder auf die Volllinie oder auf die Strichlinie gesetzt.
- Für **symmetrische** Nähte erfolgt die Symbolanordnung ohne Strichlinie.

Darstellung und Bemaßung

Vereinfachte Darstellung

Beispielmaße: 40 ; 10, 5, 10 ; 10, 5, 10, 5, 10 / 10, 5, 10

- **Vor** dem Symbol stehen die Hauptmaße bezüglich der Nahtdicke – **hinter** dem Symbol stehen die Längenmaße.
- Fehlt die Längenangabe, so verläuft die Naht über die gesamte Länge des Teils.

Symbolische Darstellung

a3 ⊿ 40 ; a3 ⊿ 2 x 10 (5) ; a3 ⊿ 3 x 10 / 5 ; a3 ⊿ 2 x 10 / 5

- Die **Kehlnahtdicke** ist vor das Hauptmaß zu schreiben:
  a Nahtdicke, z Schenkeldicke
  Die Angabe der Kehlnahtdicke a ist zu bevorzugen.
- Eine **Sammelangabe** ist möglich:
  Alle nichtbemaßten Nähte a = 4mm

Stäbe und Profile im Metallbau

DIN ISO 5261

Darstellung und Maßeintragung

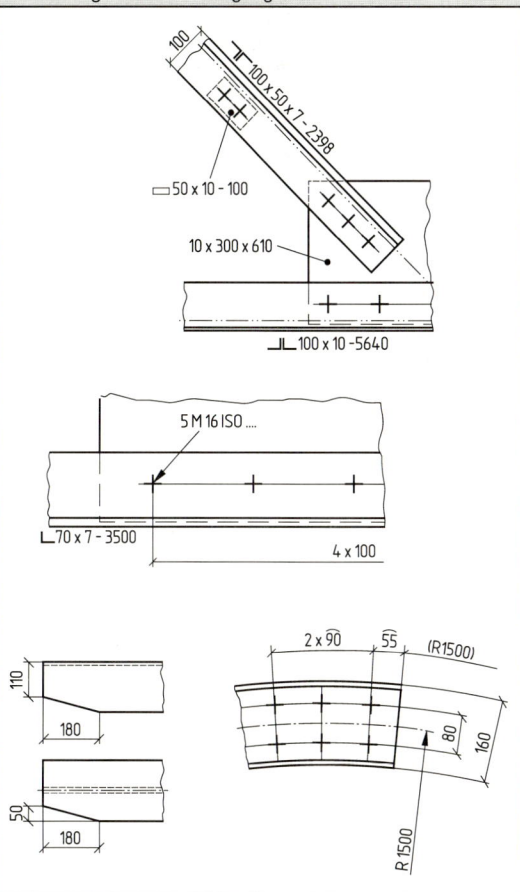

- **Anwendungsbereich** dieser Norm sind Zusammenbau- und Einzelteilzeichnungen bei Metallbau-Konstruktionen aus Blechen, Profilen und Zusammenbauten (z. B. Fachwerke); Hebe- und Transporteinrichtungen; Speicher- und Druckbehältern; Aufzügen, Fahrtreppen.
- An die Darstellung der Stäbe und Profile ist die **Normbezeichnung** zu schreiben; ggf. folgt zusätzlich hinter einem Mittenstrich die abgetrennte Schnittlänge.
- Wenn es keine Normbezeichnung gibt, werden grafische **Symbole und Maße** mit den wichtigsten Merkmalen angegeben; es dürfen in der Normbezeichnung anstelle des Symbols die Großbuchstaben L, T, I, U und Z verwendet werden.
- An eine **Hilfslinie mit Pfeil**, die auf die symbolische Darstellung gerichtet ist, wird das Durchmessermaß des Loches bzw. die Normbezeichnung des Verbindungselementes geschrieben.
  - ⌀ 13   Loch
  - M 12 × 50   Schraube mit metrischem Gewinde
  - ⌀ 12 × 50 Niet
- Eine Gruppe gleicher Elemente braucht nur einmal an einem äußeren Element angetragen zu werden: Die **Anzahl** der Löcher, Schrauben oder Niete wird vor die Bezeichnung gesetzt.
- **Bleche** werden mit der Dicke und den Maßen des umgebenden Rechteckes bezeichnet. **Schrägen** am Teil werden mit Längenmaßen angegeben.
- Bei gebogenen Teilen wird der **Krümmungsradius**, auf den sich die Maße beziehen, zusätzlich in Klammern hinter das Bogenmaß gesetzt.

Bezeichnung von Stäben und Profilen

Rundstahl	d	Sechskantstab	s
Rohr	d × t	Rohr, sechseckiger Querschnitt	s × t
quadrat. Stab	b	Dreikantstab	b
Rohr, quadratischer Querschnitt	b × t		
Flachstab	b × h	Halbkreis-Querschnitt	b × h
Rohr, rechteckiger Querschnitt	b × h × t		

Vereinfachte Darstellung von Verbindungselementen — DIN ISO 5845

Symbolische Darstellung – senkrecht zur Achse gesehen

	Schraube oder Niet				Loch			
	nicht gesenkt	Vorderseite gesenkt	Rückseite gesenkt	beide Seiten gesenkt	nicht gesenkt	Vorderseite gesenkt	Rückseite gesenkt	beide Seiten gesenkt
in der Werkstatt eingebaut bzw. gebohrt								
auf der Baustelle eingebaut bzw. gebohrt								
auf der Baustelle gebohrt und eingebaut					Die Lage wird durch ein Kreuz in **breiter** Volllinie dargestellt. Ein Punkt in der Mitte des Kreuzes ist zulässig. Weitere Symbole in **breiter** Volllinie darstellen.			

Symbolische Darstellung – parallel zur Achse gesehen

	Schraube oder Niet				Loch			
	nicht gesenkt	eine Seite gesenkt	beide Seiten gesenkt	Schraube mit Mutter	nicht gesenkt	eine Seite gesenkt	beide Seiten gesenkt	
in der Werkstatt eingebaut bzw. gebohrt								
auf der Baustelle eingebaut bzw. gebohrt								
auf der Baustelle gebohrt und eingebaut					Die Lage der Achse wird als horizontale Linie mit **schmaler** Volllinie gezeichnet. Zusätzliche Informationen durch weitere Symbole in **breiter** Volllinie darstellen.			

Schematische Darstellung für zusammengebaute Rahmen von Metallbau-Konstruktionen:
Die Schwerpunktlinien der Teile werden mit breiten Volllinien dargestellt und die Abstände zwischen den Schnittpunkten müssen direkt an den gezeichneten Teilen angegeben werden.

Stahlkonstruktion · Niete · Schrauben · Lochdurchmesser **407**

Sinnbilder bei Stahlkonstrukionen — DIN 407-1

Sinnbilder für Niete (Auswahl)

Rohnietdurchmesser in mm	8	10	12	16	20	22	24	27	30
Lochdurchmesser in mm	8,4	11	13	17	21	23	25	28	31
Niet mit beiderseits Halbrundkopf									
Senkköpfe versenkt — oben									
Senkköpfe versenkt — unten									
Senkköpfe versenkt — beiderseits									
auf Baustelle zu schlagende Niete									
auf Baustelle zu bohrende Nietlöcher									

Sinnbilder für Schrauben (Auswahl)

Gewindedurchmesser	M8	M10	M12	M16	M20	M22	M24	M27	M30
Schaftdurchmesser in mm	8	10	12	16	20	22	24	27	30
Kerndurchmesser in mm	31,9	50,9	74,3	141	220	276	317	419	509
Lochdurchmesser in mm	8,4	11	13	17	21	23	25	28	31

Gewindelöcher: Doppelkreis mit Maßangabe z. B. (M24)

Schrauben mit										
normalem Durchgangsloch										
anderen Durchgängslöchern	Kreis mit Angaben für Lochdurchmesser und Schraube z. B. (26)									
versenktem Kopf	z. B. M20 oben versenkt / M20 unten versenkt									
auf Baustelle einzuziehende Schrauben										
auf Baustelle zu bohrende Schraubenlöcher										

Sinnbilder für Lochdurchmesser (Auswahl)

Unterscheide **3 Grundzeichen**:
- □ Zeichen für Loch- ⌀ 13 mm
- △ Zeichen für Loch- ⌀ 17 mm
- ○ Zeichen für Loch- ⌀ 21 mm

- Für Lochdurchmesser unter 13 mm und über 26 mm ist das Sinnbild ein Kreis mit Angabe des Lochdurchmessers.
- Die übrigen Durchmesser innerhalb der Grenzen von 13 mm und 26 mm kennzeichnen ein Grundzeichen **mit einem Zusatzzeichen**:
  - $+$ = + 1 mm (14, 18, 22)
  - $/$ = + 2 mm (15, 19, 23)
  - $/$ und $+$ = + 3 mm (16, 20, 24)
  - $\times$ = + 4 mm (25)
  - $\times$ und $+$ = + 5 mm (26)

Lochdurchmesser	8,4	13	14	17	21	22	23	24	25	27
Sinnbild für Lochdurchmesser										

Senkung	oben	unten	Die Angaben „unten" und „oben" für die Senkungen beziehen sich auf die beschriftete Fläche.
Sinnbild für Versenkzeichen			Es empfiehlt sich auf den Fertigungszeichnungen die gewählten Sinnbilder in Nähe des Schriftfeldes zu erläutern.

© Verlag Gehlen

Eintragung von Toleranzen — E DIN 406-12

Grundregeln

− + ±

+0,1
⌀78 −0,2

345 ± 9

8 m + 0,01 m

- Alle Toleranzangaben gelten im **Endzustand**, einschließlich Oberflächenüberzüge; bei Farb- oder Lackschichten, die als Schutz- oder Kennfarbe dienen, gilt dieser Grundsatz nicht.
- Die **Schriftgröße** der Toleranzangabe wird vorzugsweise gleich der Schriftgröße der Nennmaße ausgeführt; sie darf auch eine Stufe kleiner als die der Nennmaße gewählt werden, jedoch nicht kleiner als 2,5 mm.
- Die Toleranzangabe ist in der gleichen **Einheit** wie die des Nennmaßes anzugeben; ist eine andere Einheit als **mm** erforderlich, so ist für das Nennmaß als auch für die Toleranzangabe die neue Einheit anzugeben.

Eintragung von Toleranzen für Längenmaße — E DIN 406-12

Allgemeintoleranzen (Freimaßtoleranzen)

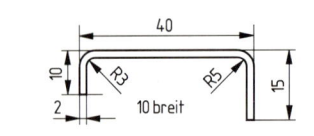

- Allgemeintoleranzen gelten für Maße, bei denen hinsichtlich der Sicherung und der Austauschbarkeit keine besonderen Genauigkeitsansprüche gefordert sind.
- Für Allgemeintoleranzen (DIN ISO 2768) erfolgt **keine Toleranzangabe** hinter der Maßzahl.
- Die geltende Norm mit der Toleranzklasse (f, m, g, sg), in welcher die Nennmaße ohne Toleranzangabe toleriert sind, wird meistens in dem dafür vorgesehenen Feld im Schriftfeld der Zeichnung angegeben, z. B. für Toleranzklasse mittel:
  DIN ISO 2768-m

Abmaße

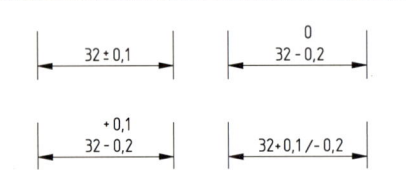

32 ± 0,1   0 / 32 − 0,2

+0,1 / 32 − 0,2   32 + 0,1 / − 0,2

- Beide Abmaße (≠ Null) sollen dieselbe Anzahl von Dezimalstellen haben.
- Ist eines der beiden **Abmaße Null**, so darf dieses durch die Ziffer 0 angegeben werden.
- Sind die Werte der Abmaße zahlenmäßig gleiche Abmaße mit unterschiedlichem Vorzeichen, so ist deren Wert nur einmal mit dem **Zeichen** ± anzugeben.

Kurzzeichen der Toleranzklassen

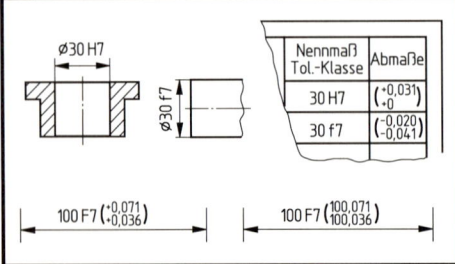

⌀30 H7   ⌀30 f7

Nennmaß Tol.-Klasse	Abmaße
30 H7	+0,031 / 0
30 f7	−0,020 / −0,041
100 F7	+0,071 / +0,036
100 F7	100,071 / 100,036

- Die den Kurzzeichen zugeordneten **Werte** der Abmaße sind DIN ISO 286 zu entnehmen.
- Die Werte der Abmaße oder die Grenzmaße dürfen zusätzlich angegeben werden:
  – entweder in Klammern hinter der Einzelangabe
  – oder, bei mehreren Angaben, in Form einer Tabelle in der Zeichnung.
- Die **Schriftgröße** der Kurzzeichen und der Abmaße ist gleich der der Schriftgröße des Nennmaßes; ggf. ist eine Stufe kleiner als die des Nennmaßes möglich (nicht kleiner als 2,5 mm),

© Verlag Gehlen

Besonderheiten bei der Eintragung von Toleranzen — E DIN 406-12

Grenzmaße

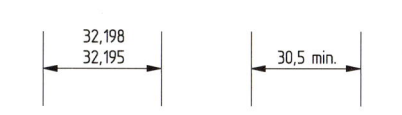

- Die Genzmaße dürfen als Höchstmaß und als Mindestmaß angegeben werden.
- Maße, die nur in einer Richtung begrenzt sind, werden durch den Zusatz zur Maßzahl „**min.**" oder „**max.**" angegeben.

Winkelmaße

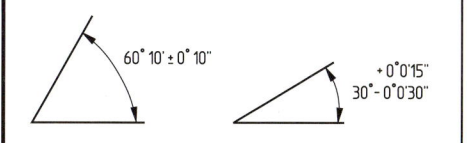

- Bei Abmaßen zu Winkelmaßen ist stets die **Einheit des Abmaßes** mit anzugeben.
- Sind die Werte der Abmaße für Grad und Sekunde Null, so dürfen diese weggelassen werden, z. B. 30°30″.

Baugruppen

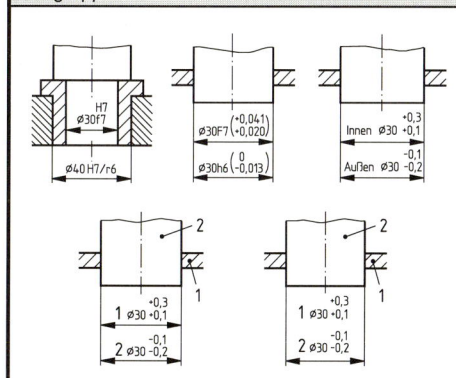

- Für zwei gefügt dargestellte Teile ist das Kurzzeichen der Toleranzklasse für das Innenmaß stets **vor** dem für das Außenmaß oder auch **darüber** einzutragen.
- Eine vereinfachte Bemaßung ist zulässig: Die Angaben werden über nur einer Maßlinie geschrieben.
- Erfolgt die Toleranzangabe mit Abmaßen, so ist die Positionsnummer voranzustellen.

Galvanische und chemische Überzüge — DIN 50960-2

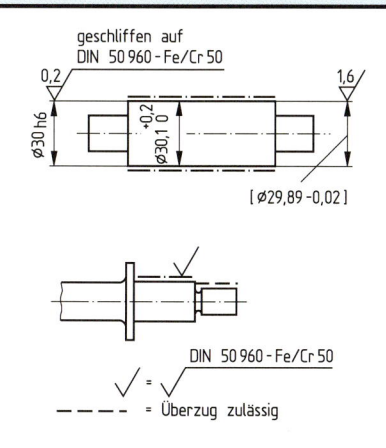

- **Maßbeschichtung:**
  Für Passmaße sind z. B. die Maße für die Vorbearbeitung und das Fertigmaß festzulegen. Vorbearbeitungsmaße sind Maße, die das Teil vor der vorgesehenen Beschichtung aufweist. Sie werden durch eckige Klammern gekennzeichnet.
- **Übermaßbeschichtung:**
  Das Maß für die Vorbearbeitung, die Übermaßbeschichtung und das Fertigmaß sind festzulegen.
- **Begrenzte Bereiche:**
  Sie werden durch folgende Linienarten gekennzeichnet:

Bereich **muss** einen Überzug erhalten.	Bereich **darf** einen Überzug haben.	Bereich darf **keinen** Überzug haben.

Besonderheiten bei der Eintragung von Toleranzen (Fortsetzung) — E DIN 406-12

Teilungen und Funktionsbereich

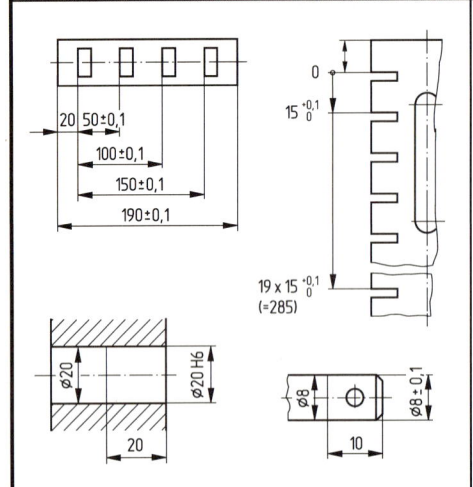

- Teilungen für eckige Löcher, Schlitze, Nuten sollten von Innenkante zu Innenkante und von einem gemeinsamen Bezugselement ausgehend bemaßt werden.
- Maßketten, d. h. Maße von Abstand zu Abstand, sind zu vermeiden, da sich sonst die Toleranzen der Einzelmaße summieren.
- Soll die Toleranzangabe nur für einen bestimmten Bereich (Funktionsbereich) gelten, so wird dieser Bereich mit einer schmalen Volllinie begrenzt dargestellt und bemaßt.

Eintragung von Toleranzen für Kegel — DIN ISO 3040

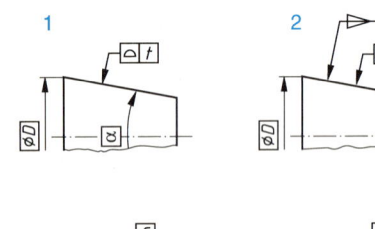

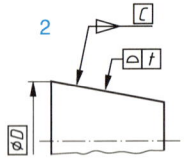

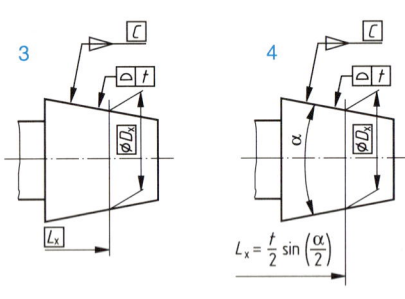

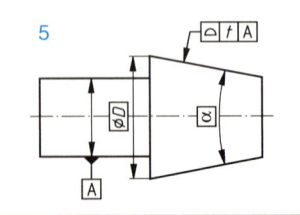

- Die Wahl der Tolerierungsmethode und der Toleranzwerte hängt von den Forderungen an die Funktion der zu fügenden Teile ab:
  - wenn nur Maßtoleranzen angegeben werden, ist die Form der Oberfläche nicht toleriert,
  - wenn Maßtoleranzen **und** Form- bzw. Lauftoleranzen angegen werden, sind die Kegelform und die Kegelmaße unabhängig voneinander toleriert.
- Zur Bestimmung eines Kegel werden die Eigenschaften und Maße des Kegels in zweckmäßigen Kombinationen angegeben.
  Unterscheide: die Kegeltolerierung
  1 bei festgelegtem Kegelwinkel α
  2 bei festgelegter Kegelverjüngung C
  3 bei der die Toleranzzone des Kegels gleichzeitig die axiale Lage des Kegel bestimmt
  4 unabhängig von der Toleranz der axialen Lage des Kegels
  5 einem Bezugselement zugeordnet
- Folgende Formelzeichen sind für die Eigenschaften und Maße von Kegeln festgelegt:
  C Kegelverjüngung
  α Kegelwinkel
  D großer Durchmesser
  d kleiner Durchmesser
  D_x Durchmesser in einem best. Querschnitt
  L Kegellänge
  L' Gesamtlänge einschließlich Kegellänge
  L_x Länge, bezogen auf einen Querschnitt, auf den sich D_x bezieht

$$L_x = \frac{t}{2} \sin\left(\frac{\alpha}{2}\right)$$

Toleranzrahmen · Bezugspfeil · Bezugselement · Toleranzzone **411**

Form- und Lagetoleranzen — E DIN ISO 1101

Toleranzrahmen

- **Linienbreite** wie für Schrift der Maße
- **Größe** in Abhängigkeit von der Schrifthöhe h
- **Aufbau** in Abhängigkeit von den erforderlichen Angaben (Toleranzeigenschaft, Toleranzwert, Bezugselement e)

Anordnung des Bezugspfeils

Toleranz für Fläche oder Linie

Bezugspfeil ist **deutlich versetzt** von der Maßlinie angeordnet

Toleranz für die Achse oder die Mittelebene

Bezugspfeil ist in **direkter Verlängerung** zur Maßlinie angeordnet

Toleranz für alle Achsen oder alle Mittelebenen

Bezugspfeil zeigt **auf die Mittellinie,** durch die alle Achsen oder Mittelebenen gemeinsam dargestellt sind.

Toleranz für vorgeschriebenen Bereich

Bezugspfeil zeigt **auf die breite Strichpunktlinie,** die den Bereich kennzeichnet.
Sind **Bohrungsmitten** mit Positionstoleranzen angegeben, werden die Abstandsmaße als theoretisch genaue Maße eingetragen.

Kennzeichnung des Bezuges

Bezugsbuchstabe
Bezugslinie
Bezugsdreieck
Bezugselement

Der Bezugspfeil wird durch ein Bezugsdreieck ersetzt (90°-Dreieck, ausgefüllt und leer zulässig) und ist mit dem Bezugsrahmen und Bezugsbuchstaben (Großbuchstaben) verbunden.

Toleranzzonen

Die Weite der Toleranzzone liegt in Richtung des Pfeiles der Bezugslinie, der den Toleranzrahmen mit dem tolerierten Element verbindet.

Die Richtung der Weite der Toleranzzone ist im Allgemeinen senkrecht zur geometrischen Form des Teiles. Eine von der Senkrechten abweichende Richtung ist mit Winkelangabe festzulegen.

© Verlag Gehlen

Eintragungsbeispiele für Form- und Lagetoleranzen — E DIN ISO 1101

Kennzeichnung des Bezuges

Die Anordnung der Bezugslinie mit dem Bezugsdreieck erfolgt in gleicher Weise wie die Anordnung der Bezugslinie mit Bezugspfeil.	Der Bezugsbuchstabe kann entfallen, wenn der Toleranzrahmen direkt mit dem Bezug verbunden wird.	Angabe mehrerer Toleranzeigenschaften für ein toleriertes Maß: Bezugspfeil ist mit den untereinander gesetzten Toleranzrahmen verbunden.

Formtoleranzen

Tolerierte Eigenschaft	Toleranzzone	Zeichnungsangabe	Erklärung
Geradheit —		⌀0,03	Die Achse des zylindrischen Teiles des Bolzens muss innerhalb eines Zylinders vom Durchmesser t (= 0,03 mm) liegen.
Ebenheit ▱		0,05	Die tolerierte Fläche muss zwischen zwei parallelen Ebenen vom Abstand t (= 0,05 mm) liegen.
Rundheit (Kreisform) ○		○ 0,02	Die Umfanglinie jedes Querschnittes muss in einem Kreisring von der Breite t (= 0,02 mm) enthalten sein.
Zylinderform ⌭		⌭ 0,05	Die tolerierte Fläche muss zwischen zwei koaxialen Zylindern liegen, die einen radialen Abstand von t (= 0,05 mm) haben.
Profil einer beliebigen Linie ⌒		⌒ 0,04	Das tolerierte Profil muss zwischen zwei Linien liegen, die Kreise mit t (= 0,04 mm) Durchmesser berühren. Die Mittelpunkte der Kreise liegen an der geometrisch idealen Profillinie.
Profil einer beliebigen Fläche ⌓		⌓ 0,1	Die tolerierte Fläche muss zwischen zwei Flächen liegen, die Kugeln mit t (= 0,1 mm) Durchmesser berühren. Die Mittelpunkte der Kugeln liegen an der geometrisch idealen Fläche.

© Verlag Gehlen

Eintragungsbeispiele für Lagetoleranzen — E DIN ISO 1101

Lauftoleranzen

Tolerierte Eigenschaft	Toleranzzone	Zeichnungsangabe	Erklärung
Rundlauf ↗		↗ 0,1 A B	Bei Drehung um die Bezugsachse AB darf die Rundlaufabweichung in jeder Messebene senkrecht zur Achse t (= 0,1 mm) nicht überschreiten.
Planlauf ↗		↗ 0,1 D	Bei Drehung um die Bezugsachse D darf die Planlaufabweichung in jedem Maßzylinder t (= 0,1 mm) nicht überschreiten.

Richtungstoleranzen

Tolerierte Eigenschaft	Toleranzzone	Zeichnungsangabe	Erklärung
Parallelität //		// 0,01	Die tolerierte Fläche muss zwischen zwei zur Bezugsfläche parallelen Ebenen vom Abstand t (= 0,01 mm) liegen.
Rechtwinkligkeit ⊥		⊥ 0,05 A	Die tolerierte Achse muss zwischen zwei parallelen, zur Bezugsfläche A und zur Pfeilrichtung senkrechten Ebenen vom Abstand t (= 0,05 mm) liegen.
Neigung ∠		∠ 0,1 A 75°	Die tolerierte Fläche muss zwischen zwei parallelen Ebenen vom Abstand t (= 0,1 mm) liegen, die um 75° zur Bezugsfläche A geneigt sind.

Ortstoleranzen

Tolerierte Eigenschaft	Toleranzzone	Zeichnungsangabe	Erklärung
Position ⊕		⊕ ⌀0,05	Die Achse der Bohrung muss innerhalb eines Zylinders vom Durchmesser t (= 0,05 mm) liegen, dessen Achse sich am geometrisch idealen Ort (mit eingerahmten Maßen) befindet.
Koaxialität, Konzentrität ◎		◎ ⌀0,03 A	Die Achse des tolerierten Teiles der Welle muss innerhalb eines Zylinders vom Durchmesser t (= 0,03 mm) liegen, dessen Achse mit der Achse des Bezugselementes fluchtet.
Symmetrie ≡		≡ 0,08 A	Die tolerierte Mittelebene der Nut muss zwischen zwei parallelen Ebenen vom Abstand t (= 0,08 mm) liegen, die symmetrisch zur Mittelebene des Bezugselementes A liegen.

© Verlag Gehlen

Oberflächenbeschaffenheit — DIN ISO 1302

Symbole zur Kennzeichnung der Oberflächenbeschaffenheit

Grundsymbol	Ergänztes Grundsymbol
Seine Linienbreite ist gleich 1/10 der Schriftgröße der Maßzahl: Linienbreite d 0,35 0,5 0,7 Höhe H_1 5 7 10 Höhe H_2 10 14 20	Grundsymol mit Querlinie schreibt vor, die Oberfläche **materialabtrennend** (spanend) zu bearbeiten.
Es wird benutzt, wenn das Fertigungsverfahren **freigestellt** ist oder wenn seine Bedeutung durch eine weitere Angabe in der Nähe des Schriftfeldes erklärt wird.	Grundsymbol mit Kreis schreibt vor, dass für die Oberfläche **keine spanende** Bearbeitung zu gelassen ist oder die Oberfläche soll im Anlieferungszustand verbleiben.

Grundsymbol mit besonderen Angaben

- a   Rauheitswert für R_a in µm
- b   Fertigungsverfahren in ungekürzter Wortangabe (Oberflächenbehandlung, Beschichtung oder andere Wortangaben)
- c   Bezugsstrecke in mm
- d   Rillenrichtung durch Symbol
- e   Bearbeitungszugaben in mm
- f   andere Rauheitsmeßgröße als R_a, z. B.:
  R_z (µm) gemittelte Rauhtiefe
  R_{max} (µm) maximale Rauhtiefe
  (die Angabe in Klammern ist möglich)

Symbole für die Rillenrichtung

Eintragung	=	⊥	×	M	C	R
Verlauf der Spuren	parallele Linien	senkrechte Linien	gekreuzt	vielrichtungs	konzentrisch	radial
Bearbeitungs-spuren	**Parallel** zur Projektionsebene der Ansicht, in der das Symbol angewendet wird	**Senkrecht** zur Projektionsebene der Ansicht, in der das Symbol angewendet wird	**Gekreuzt** in zwei schrägen Richtungen zur Projektionsebene	In **mehreren** Richtungen verlaufend	Ungefähr **kreisförmig** verlaufend, bezogen auf die Mitte der gekennzeichneten Fläche	Ungefähr **radial** verlaufend, bezogen auf die Mitte der gekennzeichneten Fläche

Oberflächenbeschichtung

- **Art der Oberflächenbehandlung.** Sie wird durch eine Wortangabe, z. B. verchromt, vernickelt, auf der waagerechten Verlängerung des längeren Schenkels des Grundsymbols genannt.
- **Oberflächenbeschaffenheit.** Wenn die Angabe der Oberflächenrauheit vor bzw. nach der Beschichtung erforderlich ist, wird diese durch den Zahlenwert angegeben.

© Verlag Gehlen

Oberflächenbeschaffenheit (Fortsetzung) — DIN ISO 1302

Möglichkeiten zur Angabe der Oberflächenbeschaffenheit

Zwischen den Rauheitskenngrößen R_z und R_a besteht keine direkte Beziehung, da sich das Verhältnis von R_z und R_a in Abhängigkeit vom Fertigungsverfahren ändern kann.

$\sqrt{R_z 100}$	**Gemittelte Rautiefe** R_z in µm	Stufung der Zahlenwerte im Stufensprung 1,6 ...160 100 6,3 4,0 2,5 1,6 1,0 0,63 0,4 0,25 0,16...
3,2 /	**Arithmetischer Mittenrauwert** R_a in µm	Stufung der Zahlenwerte im Stufensprung 2 50 25 12,5 6,3 3,2 1,6 0,8 0,4 0,2 0,1 0,05 0,025
N8 /	**Rauheitsklasse** N	N12 N11 N10 N9 N8 N7 N6 N5 N4 N3 N2 N1

Oberflächenzeichen nach zurückgezogener DIN 3141 (für Neukonstruktionen nicht mehr zulässig)

altes Symbol	⌒	▽	▽▽	▽▽▽
Forderung an die Oberfläche	Große Gleichmäßigkeit **gekratzt**	Deutlich sichtbare Riefen **geschruppt**	Sichtbare Riefen **geschlichtet**	Noch sichtbare Riefen **feingeschlichtet**
Rautiefe	R_a \ R_z	R_a \ R_z	R_a \ R_z	R_a \ R_z
Reihe 1	6,3 \ 63	25 \ 160	6,3 \ 40	1,6 \ 16
Reihe 2	6,3 \ 63	12,5 \ 100	3,2 \ 25	0,8 \ 6,3
Reihe 3	6,3 \ 63	6,3 \ 63	1.6 \ 16	0,4 \ 4
Reihe 4	6,3 \ 63	3,2 \ 25	1,6 \ 10	0,2 \ 2,5

Eintragung in Zeichnungen

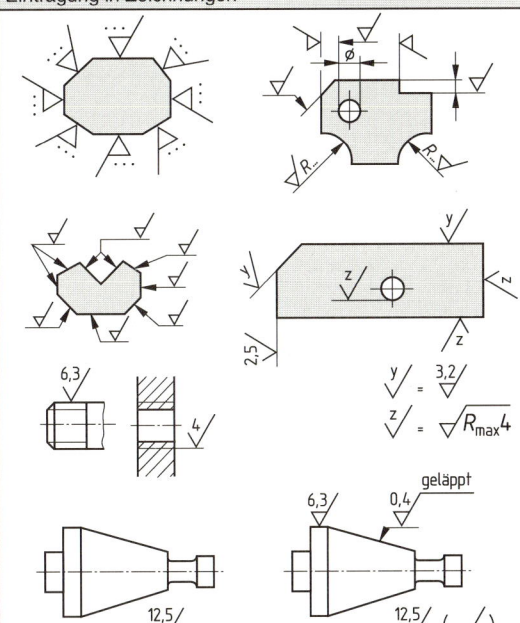

Symbol
- **Symbolspitze.** Zeigt von außen auf die Körperkante oder die Maßhilfslinie; das Symbol darf auf einer Bezugslinie mit Maßpfeil stehen.
- **Längerer Schenkel.** Er befindet sich immer rechts vom Symbol.
- **Leserichtung.** Eintragungen am Symbol von unten oder von rechts lesbar.

Symbolanordnung
- In der Nähe der Bemaßung, an allen Flächen einzeln angetragen.
- **Vereinfachte Eintragung.** Am Teil steht das Grundsymbol mit Buchstabe, die Erläuterung steht in der Nähe des Teiles oder des Schriftfeldes.
- **Sammelangabe.** Sie erfolgt, wenn
  – die Oberflächen am Teil alle gleich sind oder
  – überwiegend gleich sind
  (in Klammern steht die abweichende Oberflächenbeschaffenheit oder nur ein Grundsymbol).
- **Gewindeprofil.** Das Symbol für die Oberflächenrauheit wird am Nenndurchmesser angetragen.

© Verlag Gehlen

Härteangaben — DIN 6773

- Aus technologischen Gründen erforderliche Wärmebehandlungen sind **nicht** auf der Zeichnung anzugeben.
- Wärmebehandlungsangaben kennzeichnen den **Endzustand** des Werkstücks. Neben der **Wortangabe** (z. B. gehärtet, gehärtet und angelassen, einsatzgehärtet und angelassen, vergütet) ist der Härtewert mit einer entsprechenden Plus-Toleranz zu versehen.
- Die **Härtewerte** werden als Rockwellhärte (HRC), als Vickershärte (HV) oder in Sonderfällen als Brinellhärte (HB) angegeben.
- Selten sind ergänzende Angaben für die Wärmebehandlung erforderlich; sie sind ggf. in speziellen Fertigungsunterlagen beizufügen: Wärmebehandlungsanweisungen **WBA** oder Wärmebehandlungsplan **WBP**.

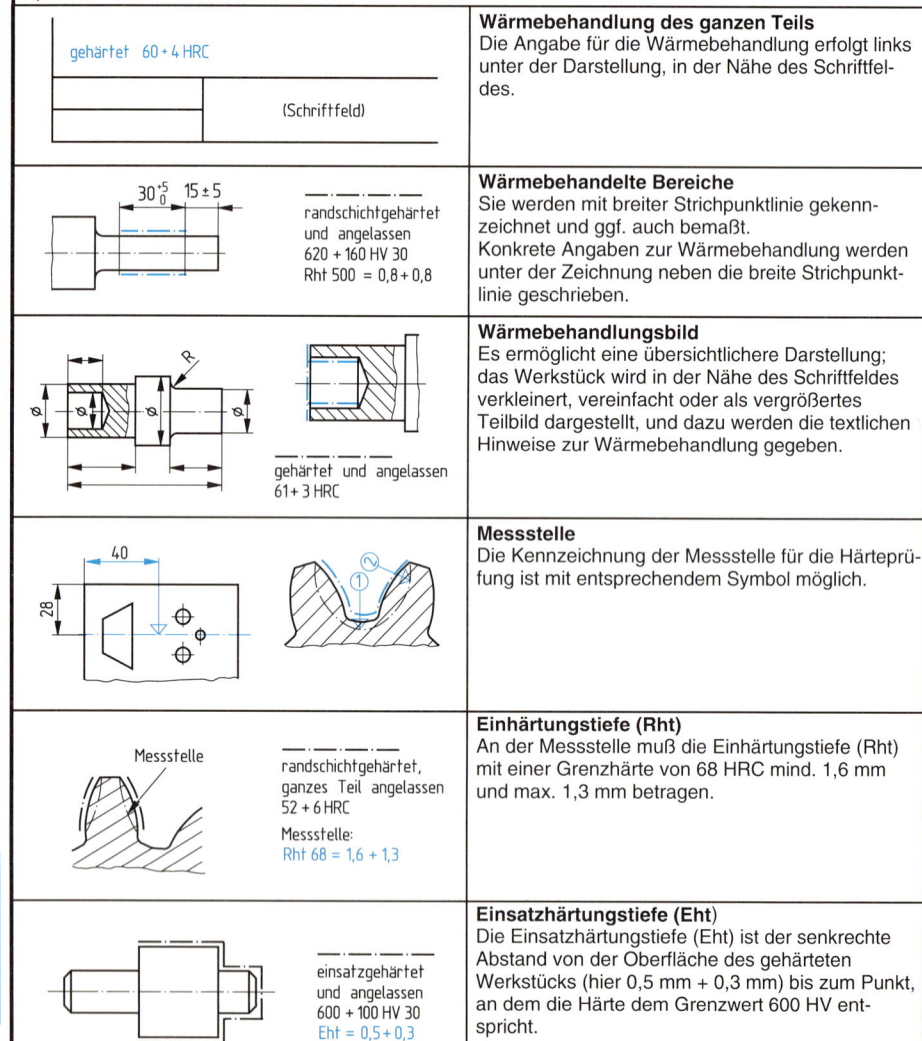

gehärtet 60 + 4 HRC (Schriftfeld)	**Wärmebehandlung des ganzen Teils** Die Angabe für die Wärmebehandlung erfolgt links unter der Darstellung, in der Nähe des Schriftfeldes.
randschichtgehärtet und angelassen 620 + 160 HV 30 Rht 500 = 0,8 + 0,8	**Wärmebehandelte Bereiche** Sie werden mit breiter Strichpunktlinie gekennzeichnet und ggf. auch bemaßt. Konkrete Angaben zur Wärmebehandlung werden unter der Zeichnung neben die breite Strichpunktlinie geschrieben.
gehärtet und angelassen 61 + 3 HRC	**Wärmebehandlungsbild** Es ermöglicht eine übersichtlichere Darstellung; das Werkstück wird in der Nähe des Schriftfeldes verkleinert, vereinfacht oder als vergrößertes Teilbild dargestellt, und dazu werden die textlichen Hinweise zur Wärmebehandlung gegeben.
	Messstelle Die Kennzeichnung der Messstelle für die Härteprüfung ist mit entsprechendem Symbol möglich.
randschichtgehärtet, ganzes Teil angelassen 52 + 6 HRC Messstelle: Rht 68 = 1,6 + 1,3	**Einhärtungstiefe (Rht)** An der Messstelle muß die Einhärtungstiefe (Rht) mit einer Grenzhärte von 68 HRC mind. 1,6 mm und max. 1,3 mm betragen.
einsatzgehärtet und angelassen 600 + 100 HV 30 Eht = 0,5 + 0,3	**Einsatzhärtungstiefe (Eht)** Die Einsatzhärtungstiefe (Eht) ist der senkrechte Abstand von der Oberfläche des gehärteten Werkstücks (hier 0,5 mm + 0,3 mm) bis zum Punkt, an dem die Härte dem Grenzwert 600 HV entspricht.

© Verlag Gehlen

Arbeitsumwelt

Die Verzahnung der Bereiche Arbeitsschutz und Umweltschutz wird durch den Begriff Arbeitsumwelt umschrieben.

Arbeitsschutz s. S. 418 — Arbeitsumwelt — Umweltschutz

Umweltrechtliche Gesetze und Rechtsverordnungen

Atom- und Strahlenschutzrecht

Allgemeines Umweltstrafrecht
- Umweltgrundlagenrecht
- Umweltorganisationsrecht
- Umweltverwaltungsrecht
- Umweltfinanzrecht
- Umweltprivatrecht

Gewässerschutzrecht
- Wasserwirtschaft- und Wasserreinhaltungsrecht
- Bundeswasserstraßenrecht
- Binnenschifffahrtsrecht
- Seerecht

Naturpflegerecht
- Wildrecht
- Naturschutzrecht
- Jagd- und Fischereirecht
- Tierrecht

Raumnutzungsrecht
- Baurecht
- Raumordnungsrecht
- Landwirtschaftliches Bodenrecht

Immissionsschutzrecht
- Allgemeines Immissionsschutzrecht
- Baulärmrecht
- Benzinbleirecht
- Straßen- und Straßenverkehrsrecht
- Eisenbahnrecht
- Luftverkehr- und Fluglärmrecht
- Gewerberecht

UMWELTRECHT

Gefahrstoffrecht
- Allgemeines Gefahrstoffrecht
- Pflanzenschutz- und Schädlingsbekämpfungsrecht
- Dünge- und Futtermittelrecht
- Lebensmittel- und Bedarfsgegenständerecht
- Arzneimittelrecht
- Transportrecht

Energie- und Bergrecht
- Energierecht
- Bergrecht

Abfallrecht
- Allgemeines Abfallrecht
- Besonderes Abfallrecht

Gentechnikrecht

Wichtige Gesetze und Rechtsverordnungen (Auswahl)

Abkürzung	Bezeichnung	Stichworte zum Inhalt
AbfG	Abfallgesetz	Allgemeines und Definitionen
BImSchG	Bundes-Immissionsschutzgesetz	Schutz vor schädlichen Umwelteinwirkungen durch Luftverunreinigungen, Geräusche, Erschütterungen und ähnliche Vorgänge
BImSchV	Verordnung zur Durchführung des BImSchG	Verordnungen zu Feuerungsanlagen: Begrenzung von Emissionen
AbwasserVwV	Verwaltungsvorschrift über Mindestanforderungen an das Einleiten von Abwasser in Gewässer	Benennung der maximalen Konzentrationen von wassergefährdenden Stoffen für die verschiedenen Verarbeitungs- und Herstellungsprozesse
TA-Abfall	Technische Anleitung Abfall	Verwaltungsvorschrift zur Lagerung etc. v. Abfällen
TA-Lärm	TA zum Schutz gegen Lärm	Immissionsrichtwerte; Ermittlung der Immissionsw.
TA-Luft	Technische Anleitung zur Reinhaltung der Luft	Begrenzung von Emissionen; Angabe der entsprechenden Prüfvorschriften; Ausbreitungsklassen
UVPG	Umweltverträglichkeitsprüfungsgesetz	Anlagengenehmigung m. erheblicher U-Gefährdung
VwVwS	Verwaltungsvorschrift wassergefährdende Stoffe	Einstufung in Wassergefährdungsklassen WGK von 0 (allg. nicht gefährdend) bis 3 (stark gefährdend)
WHG	Wasserhaushaltsgesetz	Allgemeine Benutzung von Wasser; Abwasser

© Verlag Gehlen

Schematisches System des Arbeitsschutzes

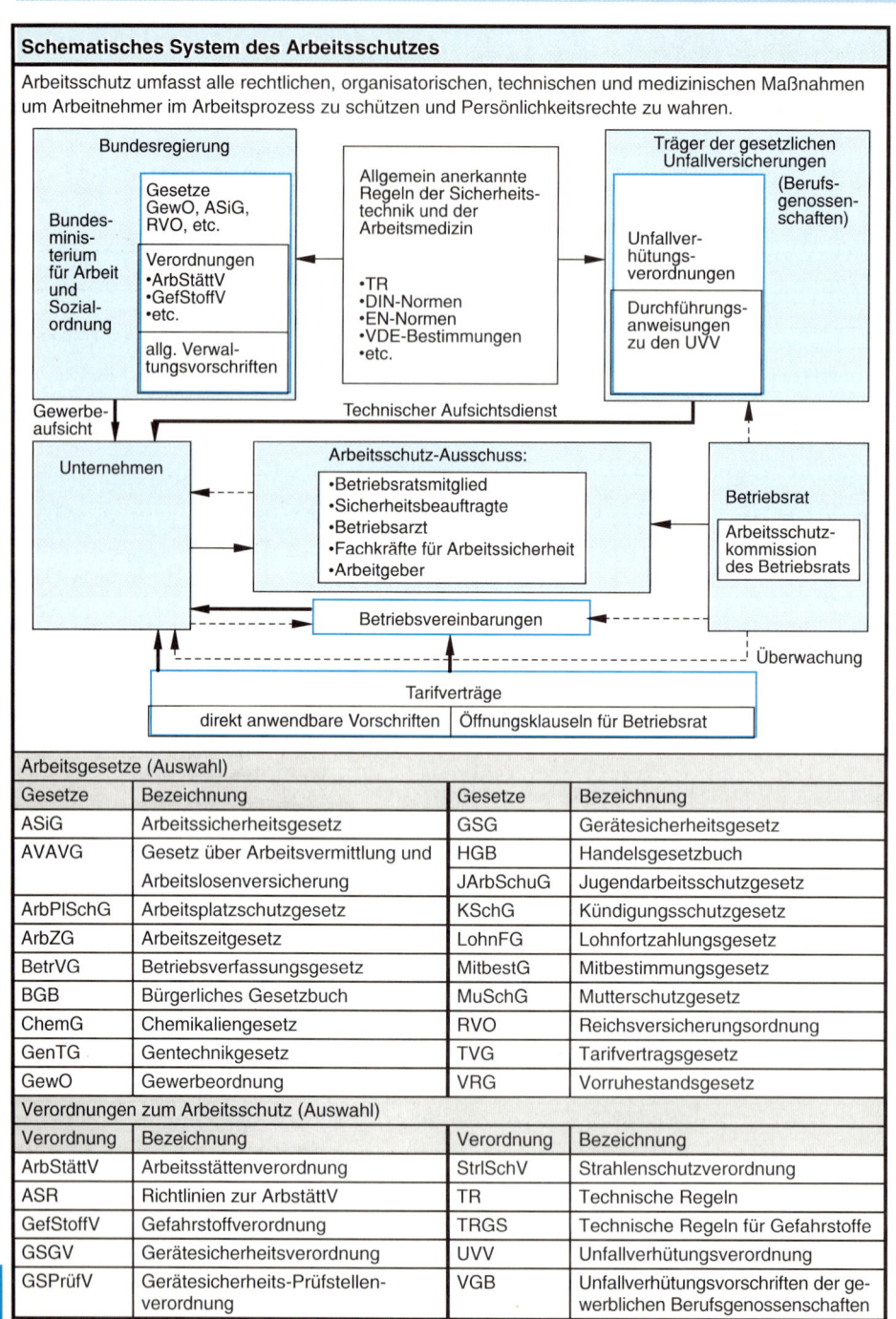

Arbeitsschutz umfasst alle rechtlichen, organisatorischen, technischen und medizinischen Maßnahmen um Arbeitnehmer im Arbeitsprozess zu schützen und Persönlichkeitsrechte zu wahren.

```
                                Bundesregierung                                            Träger der gesetzlichen
                                                                                           Unfallversicherungen
                         ┌──────────────────────┐    Allgemein anerkannte                                       (Berufs-
                         │ Gesetze              │    Regeln der Sicherheits-                                    genossen-
  Bundes-                │ GewO, ASiG,          │    technik und der                ┌──────────────────┐        schaften)
  minis-                 │ RVO, etc.            │    Arbeitsmedizin                 │ Unfallver-       │
  terium                 ├──────────────────────┤                                   │ hütungs-         │
  für Arbeit             │ Verordnungen         │                                   │ verordnungen     │
  und                    │ •ArbStättV           │    •TR                            ├──────────────────┤
  Sozial-                │ •GefStoffV           │    •DIN-Normen                    │ Durchführungs-   │
  ordnung                │ •etc.                │    •EN-Normen                     │ anweisungen      │
                         ├──────────────────────┤    •VDE-Bestimmungen              │ zu den UVV       │
                         │ allg. Verwal-        │    •etc.                          └──────────────────┘
                         │ tungsvorschriften    │
                         └──────────────────────┘
  Gewerbe-
  aufsicht                          Technischer Aufsichtsdienst

                                    Arbeitsschutz-Ausschuss:
                                    •Betriebsratsmitglied
     Unternehmen                    •Sicherheitsbeauftragte                         Betriebsrat
                                    •Betriebsarzt                                   Arbeitsschutz-
                                    •Fachkräfte für Arbeitssicherheit               kommission
                                    •Arbeitgeber                                    des Betriebsrats

                                      Betriebsvereinbarungen
                                                                                              Überwachung
                                            Tarifverträge
                              direkt anwendbare Vorschriften │ Öffnungsklauseln für Betriebsrat
```

Arbeitsgesetze (Auswahl)

Gesetze	Bezeichnung	Gesetze	Bezeichnung
ASiG	Arbeitssicherheitsgesetz	GSG	Gerätesicherheitsgesetz
AVAVG	Gesetz über Arbeitsvermittlung und Arbeitslosenversicherung	HGB	Handelsgesetzbuch
		JArbSchuG	Jugendarbeitsschutzgesetz
ArbPlSchG	Arbeitsplatzschutzgesetz	KSchG	Kündigungsschutzgesetz
ArbZG	Arbeitszeitgesetz	LohnFG	Lohnfortzahlungsgesetz
BetrVG	Betriebsverfassungsgesetz	MitbestG	Mitbestimmungsgesetz
BGB	Bürgerliches Gesetzbuch	MuSchG	Mutterschutzgesetz
ChemG	Chemikaliengesetz	RVO	Reichsversicherungsordnung
GenTG	Gentechnikgesetz	TVG	Tarifvertragsgesetz
GewO	Gewerbeordnung	VRG	Vorruhestandsgesetz

Verordnungen zum Arbeitsschutz (Auswahl)

Verordnung	Bezeichnung	Verordnung	Bezeichnung
ArbStättV	Arbeitsstättenverordnung	StrlSchV	Strahlenschutzverordnung
ASR	Richtlinien zur ArbStättV	TR	Technische Regeln
GefStoffV	Gefahrstoffverordnung	TRGS	Technische Regeln für Gefahrstoffe
GSGV	Gerätesicherheitsverordnung	UVV	Unfallverhütungsverordnung
GSPrüfV	Gerätesicherheits-Prüfstellen-verordnung	VGB	Unfallverhütungsvorschriften der gewerblichen Berufsgenossenschaften

© Verlag Gehlen

Arbeitsschutzmaßnahmen am Arbeitsplatz – allgemeine Prüfliste

- Fragen zur **Funktionssicherheit:**
  - Rechnerischer Sicherheitsnachweis?
  - Chemisch/physikalische Beanspruchungen?
  - Brand- und Explosionsschutz?
  - Antriebsenergien? Notausschalter?
  - Betriebsmittel und anfallende Umsetzungsstoffe gefährlich?
  - Steuervorgang? Versehentliches Bedienen?
  - Bewegliche Maschinenteile? Gefährdung?
  - Instandhaltung? Wartungsplan?
  - Technische/persönliche Schutzeinrichtungen?
  - Abnahme und Überwachung? Überprüfbarkeit?
- Fragen zur **Gestaltungssicherheit:**
  - Gestaltung von Arbeitsmitteln? Gratbildung?
  - Steuerstand? Physisch/psychisch dem Arbeitnehmer angepasst?
  - Transport? Gewichtsangabe? Hilfsmittel?
  - Instandhaltungsarbeiten gut durchführbar?
- Fragen zur **Emissionssicherheit:**
  - Lärm? Beurteilungspegel $\geq$ 85 dB (A)?
  - Klima, gefährliche Stoffe, Erschütterungen und Schwingungen oder radioaktive Stoffe? Sind Arbeitnehmer und Anlieger dagegen ausreichend geschützt?
- **Sicherheitsgerechtes technisches Umfeld:**
  - Anforderungen an die Umgebung?
  - Geh- und Verkehrswege? Rettungswege?
- Fragen zum **Gefahrenbewusstsein:**
  - Kennzeichnung von Gefahren?
  - Anweisungen und Vorschriften? Wer ist verantwortlich?
  - Schulung und Belehrung? Ist sicherheitsgerechtes Verhalten vorhanden?
- **Verringerung der Unfallfolgen:**
  - Erste Hilfe? Ersthelfer? Transport? Arzt?

Gefährliche Stoffe am Arbeitsplatz   TRGS 900[1]

Begriff	Erläuterung	Beispiele
MAK-Werte	**M**aximale **A**rbeitsplatz-**K**onzentration: Definition und Wertebeispiele s. S. 420ff; werden jährlich in der TRGS 900 (DFG [2]) aktualisiert	S. S. 420 und 421 Allg. Feinstaub: 6 mg/m^3
TRK-Werte	**T**echnische **R**icht-**K**onzentration: Konzentration eines gefährlichen Stoffes in der Luft, die nach dem Stand der Technik erreicht werden kann und die als Anhalt für die Schutzmaßnahmen und die messtechnische Überwachung am Arbeitsplatz heranzuziehen ist. TRK werden nur für solche gefährlichen krebserzeugenden oder krebsverdächtigen Stoffe benannt, für die z. Z. keine MAK-Werte aufgestellt werden können.	Antimontrioxid: 0,1 mg/m^3 Asbest: 250 000 Fasern/m^3 Benzol: 5 ml/m^3 ; 16 mg/m^3 Be und Be-Verb.: 0,002 mg/m^3 Chrom(IV)-Verb.[3] : 0,1mg/m^3 Dieselmotor-Emis.: 0,6 mg/m^3 Nickel u. Ni-Verb.: 0,5 mg/m^3

BAT-Werte	**B**iologischer **A**rbeitsstoff-**T**oleranz-Wert:
	Der BAT-Wert ist die beim Menschen höchstzulässige Menge eines Arbeitsstoffes, die die Gesundheit der Beschäftigten auch nicht bei regelmäßigem Einfluss beeinträchtigt. Die BAT-Werte können als Konzentrationen, Bildungs- oder Ausscheidungsrate (Menge/Zeiteinheit) definiert sein.
		Aluminium: 200 µg/l (Wert im Harn nach Schichtende)
		Blei: 700 µg/l (im Blut)
		      300 µg/l (Frauen < 45 J.)
		Hg: 50 µg/l (im Blut)
		     200 µg/l (im Harn)

EKA	**E**xpositionsäquivalente für **k**rebserzeugende **A**rbeitsstoffe: Beziehung zwischen der Stoffkonzentration in der Luft am Arbeitsplatz und der Stoffkonzentration im biologischen Material. Es zeigt die innere Belastung bei ausschließlich inhalativer Aufnahme an.	Nickel Nickel in Luft im Harn 100 µg/m^3 15 µg/l 300 µg/m^3 30 µg/l 500 µg/m^3 45 µg/l

Krebserzeugende Arbeitsstoffe

Kateg.	Erläuterung		Beispiele
A	Eindeutig als krebserzeugend ausgewiesene Arbeitsstoffe:		
	A 1	Stoffe, die beim Menschen bösartige Geschwüste verursachen können	Buchen-; Eichenholzstaub; Asbest; Benzol; Nickel etc.
	A 2	Stoffe, die sich bislang nur im Tierversuch eindeutig als krebserzeugend erwiesen haben	Beryllium und Be-Verb.; Cadmium und Cd-Verb. etc.
B	Stoffe mit begründetem Verdacht auf krebserzeugendes Potenzial		Kühlschmierstoffe; Bitumen; Künstliche Mineralfasern <1µm

[1] TRGS Technische Regeln für Gefahrstoffe. [2] DFG Deutsche Forschungsgesellschaft, Bonn.
[3] Für das Lichtbogenhandschweißen: TRK = 0,2 mg/m^3.

MAK-Werte (Stand 3/96) TRGS 900

Der MAK-Wert (**m**aximale **A**rbeitsplatz-**K**onzentration) ist die höchstzulässige Konzentration (Durchschnittswert) eines Arbeitsstoffes in der Luft am Arbeitsplatz, die bei täglich ca. 8-stündiger Exposition die Gesundheit der Beschäftigten nicht beeinträchtigt oder unangemessen belästigt (Angaben in mg Arbeitsstoff je m^3 Luft).

Stoff	Formel	MAK-Werte ml/m^3 (ppm)	MAK-Werte mg/m^3	Spitzenbegrenzung	Gefahrbuchst.	R-Sätze (s. S. 423)	S-Sätze (s. S. 422)
Acetaldehyd (Ethanal)	H_3C-CHO	50	90	I	F+, Xn	12; 40; 36/37	16; 33; 36/37
Aceton	H_3C-CO-CH_3	500	1200	II_B	F	11	9; 16; 23; 33
Aluminium (Staub)	Al		6 [1]	II_B	F	15; 17	7/8; 43
Ammoniak (wasserfrei)	NH_3	50	35	I	T	10; 23	7/9; 16; 38
Antimon	Sb		0,5 [2]	III			
Arsenwasserstoff	AsH_3	0,05	0,2	II_B	T	23/25; 45	1/2; 20/21; 28; 44
Bariumverbindungen			0,5 [2]	II_A	Xn, (O)	20/22; (8; 9)	27; 28; (13)
Benzol, im Abgas	C_6H_6	2,5	8	VI	F, T	45; 11; 48	53; 16; 29; 44
Benzol, im übrigen	C_6H_6	1	3,2	VI		23/24/25	
Blei	Pb		0,1 [2]	III			
Bleitetraethyl	$Pb(C_2H_5)_4$	0,01	0,075	II_A	T	26/27/28; 33	13; 26; 36/37; 45
Boroxid	B_2O_3		15 [2]	II_B			
Brom	Br_2	0,1	0,7	I	C	26; 35	7/9; 26
Butan	C_4H_{10}	1000	2350	IV	F	13	9; 16; 33
Butanol	C_4H_9OH	100	300	II_A	Xn	10; 20	16
Carbonylchlorid	$COCl_2$	0,1	0,4	II_A	T	26	7/9; 24/25; 45
Chlor	Cl_2	0,5	1,5	I	T	23/24/25	2; 13; 44
Chlorbenzol	C_6H_5Cl	50	230	II_A	Xn	10; 20	24/25
Chlorwasserstoff	HCl	5	7	I	C	35; 37	7/9; 26; 44
Cyanwasserstoff	HCN	10	11	II_A	F, T	12; 26/27/28	7/9; 13; 16; 45
DDT			1 [2]	III	T	25; 40;48	22; 36/37; 44
Dichlordifluormethan	F_2CCl_2	1000	5000	IV			
Dichlorfluormethan	$FCHCl_2$	10	45	II_A			
1,1-Dichlorethan	H_3C-$CHCl_2$	100	400	II_A	F, Xn	12; 20	7; 16; 29; 33
Dimethylether	H_3C-O-CH_3	1000	1910	IV	F	13	9; 16; 33
Eisenoxide	FeO; Fe_2O_3		6 [1]	IV			
Essigsäure (>90 %)	H_3C-COOH	10	25	I	C	34; (10; 35)	2; 23; 26
Ethanol	H_3C-CH_2OH	1000	1900	IV	F	11	7; 16
Ferrovanadium			1 [2]	–			
Fluor	F_2	0,1	0,2	I	T	7; 26; 35	7/9; 36; 45
Fluoride			2,5 [2]	I			
Fluorwasserstoff	HF	3	2	I	T, C	26/27/28; 35	7/9; 26; 36/37;45
Formaldehyd (1...5 %)	HCHO	0,5	0,6	I	Xn	40; 43	23; 37
Graphit			6 [1]	IV			
Iod	I_2	0,1	1	I	Xn	20/21	23; 25
Kieselsäure, amorphe	SiO_2		4 [2]	IV			
Kohlenstoffdioxid	CO_2	5000	9000	IV			
Kohlenstoffdisulfid	CS_2	10	30	II_A	F,T	12; 26	27; 29; 33; 43;45
Kohlenstoffmonoxid	CO	30	33	II_A	F, T	12; 23	7; 16
Kupfer (Staub)	Cu		1 [2]	II_A			
Magnesiumoxid	MgO		6 [1]	IV			
Mangan	Mn		5 [2]	III			
Methanol	H_3COH	200	260	II_A	F, T	11; 23/25	2; 7; 16; 24
Molybdänverb., löslich			5 [2]	III			
Naphthalin	$C_{10}H_8$	10	50	–			
Natriumhydroxid	NaOH		2 [2]	I	C	35	2; 26; 37/39
Nicotin	$C_{10}H_{14}N_2$	0,07	0,5	II_A	T	25; 26/27	28;36/37/39;42;45

[1] Gemessen als Feinstaub; [2] gemessen als Gesamtstaub.

© Verlag Gehlen

MAK-Werte (Fortsetzung, Stand 3/96) — TRGS 900

Stoff	Formel	MAK-Werte ml/m³ (ppm)	MAK-Werte mg/m³	Spitzenbegrenzung	Gefahrbuchst.	R-Sätze (s. S. 423)	S-Sätze (s. S. 422)
Octan	C_8H_{18}	500	2350	II_A	F	11	9; 16; 29; 33
Ozon	O_3	0,1	0,2	I			
Phenol	C_6H_6O	5	19	I	T	24/25; 34	2; 28; 44
Platinverbindungen			0,002[2)]	–			
Polyvinylchlorid [3)]	$-(CH_2CHCC)-_n$		5 [1)]	IV			
Propan	$H_3C-CH_2-CH_3$	1000	1800	IV	F	13	9; 16; 33
2-Propanol	$(H_3C)_2CHOH$	400	980	II_A	F	11	7; 16
Quarz [4)]	SiO_2		0,15 [1)]	IV			
Quarzhaltiger Feinstaub			4 [1)]	IV			
Quecksilber	Hg	0,01	0,1	III	T	23; 33	7; 44
Org. Hg-Verbindungen			0,01 [2)]	III	T	26/27/28; 33	2; 13; 28; 36; 45
Salpetersäure (>70 %)	HNO_3	2	5	I	O, C	8; 35	23; 26; 36
Schwefeldioxid	SO_2	2	5	I	T	23; 36/37	7/9; 44
Schwefelsäure (>15 %)	H_2SO_4		1 [2)]	I	C	35	2; 26; 30
Schwefelwasserstoff	H_2S	10	15	V	F, T	13; 26	7/9; 25; 45
Selenverbindungen			0,1 [2)]	III	T	23/25; 33	20/21; 28; 44
Silber	Ag		0,01 [2)]	III			
Siliciumcarbid	SiC		4 [1)]	IV			
Stickstoffdioxid	NO_2	5	9	I	T	26; 37	7/9; 26; 45
Talk	$Mg_3(OH)_2Si_4O_{10}$		2 [1)]	–			
Tantal	Ta		5 [2)]	III			
Tellur und Verbindungen	Te		0,1 [2)]	II_B			
Terpentinöl		100	560	I	Xn	10; 20/21/22	2
Titandioxid	TiO_2		6 [1)]	–			
Toluol	$C_6H_5-CH_3$	100	300	II_B	F, Xn	11; 20	16; 25; 29; 33
Trichlorfluormethan	$FCCl_3$	1000	5600	IV			
1,1,2-Trichlor-1,2,2-trifluorethan	$ClCF_2-CCl_2F$	500	3800	IV			
Uranverbindungen			0,25 [2)]	III	T	26/28; 33	20/21; 45
Vanadiumpentoxid	V_2O_5		0,05 [1)]	II_B	Xn	20	22
Vinylacetat	$C_4O_2H_6$	10	35	I	F	11	16; 23; 29; 33
Wasserstoffperoxid	H_2O_2	1	1,4	I	O, C	8; 34	3; 28; 36/39
Xylol (Flammp. <21 °C)	$C_6H_4-(CH_3)_2$	100	440	II_A	F, Xn	11; 20/21; 38	16; 25; 29
Yttrium	Yt		5 [2)]	III			
Zinkoxid-Rauch	ZnO		5 [1)]	III			
Anorg. Zinnverbindg.			2 [2)]	II_A			
Org. Zinnverbindungen			0,1 [2)]	II_A			
Zirkonverbindungen			5 [2)]	III			

Kategorien der Spitzenkonzentrationen

Kategorie Nr.	Stoffart	Kurzzeitwert Höhe	Kurzzeitwert Dauer	Häufigkeit je Schicht
I	Lokal reizende Stoffe	2 · MAK	5 min, Momentanwert	8
II	Resorptiv wirksame Stoffe (Wirkungseintritt < 2h)			
II_A	Halbwertszeit < 2h	2 · MAK	30 min, Mittelwert	4
II_B	Halbwertszeit 2h...Schichtlänge	5 · MAK	30 min, Mittelwert	2
III	Resorptiv wirksame Stoffe (Wirkungseintritt > 2h) Halbwertszeit > Schichtlänge	10 · MAK	30 min, Mittelwert	1
IV	sehr geringes Wirkungspotenzial	2 · MAK	60 min, Momentanwert	3
V	geruchsintensive Stoffe	2 · MAK	10 min, Momentanwert	4

[1)] Gemessen als Feinstaub; [2)] gemessen als Gesamtstaub; [3)] für $n = 500...2000$; [4)] Cristobalit, Tridymit.

© Verlag Gehlen

Sicherheitsratschläge S-Sätze — GefStoffV[1]

Satz	Erläuterung	Satz	Erläuterung
S 1	Unter Verschluss aufbewahren	S 33	Maßnahmen gegen elektrostatische Aufladung treffen
S 2	Darf nicht in die Hände von Kindern gelangen	S 34	Schlag und Reibung vermeiden
S 3	Kühl aufbewahren	S 35	Abfälle und Behälter müssen in gesicherter Weise beseitigt werden
S 4	Von Wohnplätzen fernhalten		
S 5	Unter... aufbewahren (geeignete Flüssigkeit vom Hersteller anzugeben)	S 36	Bei der Arbeit geeignete Schutzkleidung tragen
S 6	Unter ... aufbewahren (inertes Gas vom Hersteller anzugeben)	S 37	Geeignete Schutzhandschuhe tragen
		S 38	Bei unzureichender Belüftung Atemschutzgerät anlegen
S 7	Behälter dicht geschlossen halten		
S 8	Behälter trocken halten	S 39	Schutzbrille/Gesichtsschutz tragen
S 9	Behälter an gut gelüftetem Ort aufbewahren	S 40	Fußboden und verunreinigter Gegenstände mit ... reinigen
S 12	Behälter nicht gasdicht verschließen		
S 13	Von Nahrungsmitteln, Getränken und Futtermitteln fernhalten	S 41	Explosions- und Brandgase nicht einatmen
		S 42	Beim Räuchern/Versprühen geeignetes Atemschutzgerät anlegen [3]
S 14	Von ... fernhalten (inkompatible Substanzen sind vom Hersteller anzugeben)	S 43	Zum Löschen ... [2] verwenden (wenn Wasser die Gefahr erhöht, anfügen: Kein Wasser verwenden)
S 15	Vor Hitze schützen		
S 16	Von Zündquellen fernhalten - Nicht rauchen		
S 17	Von brennbaren Stoffen fernhalten	S 44	Bei Unwohlsein ärztlichen Rat einholen (wenn möglich, dieses Etikett vorzeigen)
S 18	Behälter mit Vorsicht öffnen und handhaben		
S 20	Bei der Arbeit nicht essen und trinken	S 45	Bei Unfall/Unwohlsein sofort Arzt zuziehen (wenn möglich, dieses Etikett vorzeigen)
S 21	Bei der Arbeit nicht rauchen		
S 22	Staub nicht einatmen	S 46	Bei Verschlucken sofort ärztlichen Rat einholen und Verpackung/Etikett vorzeigen
S 23	Gas/Rauch/Dampf/Aerosol nicht einatmen [3]		
S 24	Berührung mit der Haut vermeiden	S 47	Nicht bei Temperaturen über ... °C aufbewahren [2]
S 25	Berührung mit den Augen vermeiden		
S 26	Bei Berührung mit den Augen gründlich mit Wasser abspülen und Arzt konsultieren	S 48	Feucht halten mit ... [2]
		S 49	Nur im Orginalbehälter aufbewahren
S 27	Beschmutzte, getränkte Kleidung sofort ausziehen	S 50	Nicht mischen mit ... [2]
		S 51	Nur in gut gelüfteten Bereichen verwenden
S 28	Bei Berührung mit der Haut sofort abwaschen mit viel ... [2]	S 52	Nicht großflächig für Wohn- und Aufenthaltsräume zu verwenden
S 29	Nicht in die Kanalisation gelangen lassen	S 53	Exposition vermeiden – vor Gebrauch besondere Anweisungen einholen
S 30	Niemals Wasser zugießen		

[1] Gefahrstoffverordnung.
[2] Vom Hersteller anzugeben.
[3] Geeignete Bezeichnung(en) vom Hersteller anzugeben.

Beseitigungsratschläge E-Sätze — GefStoffV[1]

Satz	Erläuterung	Satz	Erläuterung
E 1	Verdünnen, in den Ausguss geben	E 10	In gekennzeichneten Glasbehältern „Organische Abfälle" sammeln, dann E 8
E 2	Neutralisieren, in den Ausguss geben		
E 3	In den Hausmüll geben (gegebenenfalls in Kunststoffbeutel, Stäube)	E 11	Als Hydroxid fällen (pH 8), Niederschlag nach E 8 entsorgen
E 4	Als Sulfid fällen	E 12	Nicht in die Kanalisation gelangen lassen
E 5	Mit Calciumionen fällen, dann E 1 oder E 3	E 13	Aus der Lösung mit unedlerem Metall (z. B. Eisen) als Metall abscheiden
E 6	Nicht in den Hausmüll geben		
E 7	Nicht in den Müll geben, der in einer Verbrennungsanlage verbrannt wird, nach E 8 verfahren	E 14	Für Recycling geeignet (Recyclingsunternehmen zuführen)
		E 15	Mit Wasser vorsichtig umsetzen, evtl. freiwerdende Gase verbrennen oder absorbieren oder stark verdünnt ableiten
E 8	Der Sondermüllbeseitigung zuführen (Adresse bei Kreis- oder Stadtverwaltung erfragen)		
		E 16	Entsprechend den „Beseitigungsratschlägen für besondere Stoffe" beseitigen
E 9	In kleinsten Portionen im Freien verbrennen		

© Verlag Gehlen

Kennzeichnung gefährlicher Stoffe · R-Sätze

Gefahrensymbole zur Kennzeichnung gefährlicher Stoffe — GefStoffV[1)]

Symbol	Explosionsgefährlich	Brandfördernd	Leicht entzündlich	Hochentzündlich	Ätzend
Kennbuchstabe	E	O	F	F+	C
Hinweise auf R-Sätze	R2 R3	R8 R9 R11	R11 R12 R13 R15 R17	R12	R34 R35

Symbol	Giftig	Sehr giftig	Gesundheitsschädlich	Reizend	Umweltgefährlich
Kennbuchstabe	T	T+	Xn	Xi	N
Hinweise auf R-Sätze	R23 R24 R25 R39 R48	R26 R27 R28 R39	R20 R21 R22 R40 R42 R48	R26 R37 R38 R41 R43	

R-Sätze – Bezeichnung der besonderen Gefahren — GefStoffV[1)]

R-Sätze sind standardisierte Hinweise für den Umgang mit gefährlichen Stoffen.

Satz	Erläuterung	Satz	Erläuterung
R 1	In trockenem Zustand explosionsgefährlich	R 23	Giftig beim Einatmen
R 2	Durch Schlag, Reibung, Feuer oder andere Zündquellen explosionsgefährlich	R 24	Giftig bei Berührung mit der Haut
		R 25	Giftig beim Verschlucken
R 3	Durch Schlag, Reibung, Feuer oder andere Zündquellen besonders explosionsgefährlich	R 26	Sehr giftig beim Einatmen
		R 27	Sehr giftig bei Berührung mit der Haut
R 4	Bildet hochempfindliche explosionsgefährliche Metallverbindungen	R 28	Sehr giftig beim Verschlucken
		R 29	Entwickelt bei Berührung mit Wasser giftige Gase
R 5	Beim Erwärmen explosionsfähig	R 30	Kann bei Gebrauch leicht entzündlich werden
R 6	Mit und ohne Luft explosionsfähig	R 31	Entwickelt bei Berührung mit Säure giftige Gase
R 7	Kann Brand verursachen		
R 8	Feuergefahr bei Berührung mit brennbaren Stoffen	R 32	Entwickelt bei Berührung mit Säure sehr giftige Gase
R 9	Explosionsgefahr bei Mischung mit brennbaren Stoffen	R 33	Gefahr kumulativer Wirkungen
R 10	Entzündlich	R 34	Verursacht Ätzungen
R 11	Leicht entzündlich	R 35	Verursacht schwere Ätzungen
R 12	Hochentzündlich	R 36	Reizt die Augen
R 13	Hochentzündliches Flüssiggas	R 37	Reizt die Atmungsorgane
R 14	Reagiert heftig auf Wasser	R 38	Reizt die Haut
R 15	Reagiert mit Wasser unter Bildung leichtentzündlicher Gase	R 39	Ernste Gefahr irreversiblen Schadens
		R 40	Irreversibler Schaden möglich
R 16	Explosionsgefährlich in Mischung mit brandfördernden Stoffen	R 41	Gefahr ernster Augenschäden
		R 42	Sensibilisierung durch Einatmen möglich
R 17	Selbstentzündlich an der Luft	R 43	Sensibilisierung durch Hautkontakt möglich
R 18	Bei Gebrauch Bildung explosionsfähiger/leicht entzündlicher Dampf-Luftgemische möglich	R 44	Explosionsgefahr bei Erhitzen unter Einschluss
		R 45	Kann Krebs erzeugen
R 19	Kann explosionsfähige Peroxide bilden	R 46	Kann vererbbare Schäden verursachen
R 20	Gesundheitsschädlich beim Einatmen	R 47	Kann Missbildungen verursachen
R 21	Gesundheits. bei Berührung mit der Haut	R 48	Gefahr ernster Gesundheitsschäden bei längerer Exposition
R 22	Gesundheitsschädlich beim Verschlucken		

[1)] Gefahrstoffverordnung

© Verlag Gehlen

Sicherheitszeichen (Auswahl) — DIN 4844, VBG 125[1)]

Verbotszeichen

|  Rauchen verboten |  Feuer, offenes Licht u. Rauchen verboten |  Für Fußgänger verboten |  Mit Wasser löschen verboten |  Zutritt für Unbefugte verboten |

Gebotszeichen

|  Fußgänger |  Augenschutz tragen |  Schutzhelm tragen |  Gehörschutz tragen |  Atemschutz tragen |

Warnzeichen

|  Warnung vor feuergefährlichen Stoffen |  Warnung vor Flurförderzeugen |  Warnung vor ätzenden Stoffen |  Warnung vor giftigen Stoffen |  Warnung vor schwebender Last |

Rettungszeichen

|  Richtungsangabe für Erste Hilfe |  Erste Hilfe |  Rettungsweg durch Ausgang |  Rettungsweg rechts Treppe aufwärts | 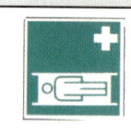 Krankentrage |

[1)] Vorschriften der Berufsgenossenschaften; DIN 40008, DIN 23330, DIN 4066, DIN 18024, DIN 4067

Kennzeichnung von Rohrleitungen nach dem Durchflussstoff — DIN 2403

RAL-Farbe	Durchflussstoff	Gruppe	Farben
RAL 6018	Wasser	1	Grün
RAL 3000	Wasserdampf	2	Rot
RAL 7001	Luft	3	Grau
RAL 1021	Brennbare Gase	4	Gelb oder Gelb mit Zusatzfarbe Rot
RAL 9005	Nichtbrennbare Gase	5	Schwarz oder Gelb mit Zusatzfarbe Schwarz
RAL 2003	Säuren	6	Orange
RAL 4001	Laugen	7	Violett
RAL 8001	Brennbare Flüssigkeiten	8	Braun oder Braun mit Zusatzfarbe Rot
RAL 9005	Nichtbrennbare Flüssigkeiten	9	Schwarz oder Braun mit Zusatzfarbe Schwarz
RAL 5015	Sauerstoff	0	Blau

Beispiele für die Kennzeichnung von Rohrleitungen (Pfeil gibt die Durchflussrichtung an):

Trinkwasser · Sauerstoff · Azetylen

© Verlag Gehlen

Entsorgung von Stoffen – Abfallarten — AbfBestV

Nach dem Abfallgesetz § 1a ff gelten folgende Grundsätze:
Abfälle sind zu vermeiden, z. B. durch reststoffarme Verfahren oder Rücknahme von Reststoffen
Abfälle sind zu verwerten, z. B. durch Recycling-Verfahren
Abfälle sind zu entsorgen, ohne dass das Wohl der Allgemeinheit beeinträchtigt wird.
Prinzipiell soll die Rückgabe der Abfälle an den Lieferanten der jeweiligen Stoffe erfolgen. Eine Übergabe der Abfälle an ein Entsorgungsunternehmen darf nur erfolgen, wenn behördliche Transport- und Entsorgungsgenehmigungen vorliegen. Nachfolgend werden Entsorgungshinweise gegeben.

Entsorgung von Kühlschmierstoffen aus der Metallbearbeitung

Bezeichnung	Beispiele	Abf.-Nr.[1]	Entsorgung[2]
Nichtwassermischbare Kühlschmierstoffe	unbrauchbare Bohr-, Schneid- und Schleiföle	54 109	SAV, CPB
	synthetische Kühl- u. Schmierstoffe (mineralölverunreinigt)	54 401	SAV, (CPB)
	Hon- und Läppöle	54 404	SAV, CPB
	Pflanzenöle, z. B. Rapsöl	12 102	(HVM), SAV
Wassermischbare Kühlschmierstoffe	Bohr-, Schneid-, Schleiföle; unbrauchbare Konzentrate	54 109	SAV, CPB
	synthetische Kühl- u. Schmierstoffe (mineralölfrei)	54 401	SAV, (CPB)
Wassergemischte Kühlschmierstoffe	Bohr- und Schleifemulsionen, Emulsionsgemische; Verdampfungsrückstände aus Behandlungsanlagen	54 402	SAV, CPB
Sonstige Abfälle	Hon- und Läppschlämme	54 708	SAV, CPB
	ölhaltiger Schleifschlamm	54 710	SAV, SAD

Weitere besonders überwachungsbedürftige Abfälle

Abfallart (Auswahl)	Beispiele für Herkunft des Abfalls	Abf.-Nr.[1]	Entsorgung[2]
Holzsägemehl, ölgetränkt oder mit schädlichen Verunreinigungen	Holzimprägnierungsanlagen, Aufsaugen von Mineralölen	17211	(HVM), SAV
Zellstofftücher mit schädlichen, organischen Verunreinigungen	Putztücher	18712	(HVM), SAV
Eisenmetallbehälter mit schädlichen Restinhalten	Dosen mit Klebern, Farbresten, Rostentfernern oder anderem	35106	SAV, SAD
Nickel-Cadmium-Akkumulatoren	Akkumulatoren aus Geräten	35323	(SAD), UTD
Quecksilber, quecksilberhaltige Rückstände	Leuchtstoffröhren, Thermometer, Quecksilberdampflampen	35326	CPB, (SAD), UTD
Trafoöle, Wärmeträgeröle, Hydrauliköle	Transformatoren, Heizungsanlagen, Hydrauliksysteme	54106	SAV
Verbrennungsmotoren- und Getriebeöle	Altöl aus Motoren und Getrieben, Kompressoröle	54112	(CPB), SAV
Fettabfälle	Kraftfahrzeugwerkstätten, Getriebebau	54202	SAV
Feste fett- und ölverschmutzte Betriebsmittel	Putzlappen, fett- oder ölverschmutzte Pinsel, Öl- und Fettbehälter	54209	(HMV), SAV
Kompressorkondensate	Luft- und Gasverdichter	54405	CPB, SAV
Wachsemulsionen	Entwachsen von Neuteilen	54406	CPB, SAV
Ionenaustauscherharze mit schädlichen Verunreinigungen	Galvanotechnik, Harz für Erodiermaschinen	57125	SAV, SAD
Kunststoffbehältnisse mit Restinhalten	Altöle, Reinigungsmittel	57127	SAV, SAD

[1] Abfallschlüsselnummer nach der Abfallbestimmungsverordnung vom 3. April 1990.
[2] Entsorger:
  CPB Chemisch/physikalische, biologische Behandlungsanlage
  HMV Hausmüllverbrennungsanlage
  SAD Oberirdische Deponie für besonders überwachungsbedürftige Abfälle
  SAV Verbrennungsanlage für besonders überwachungsbedürftige Abfälle
  UTD Untertagedeponie für besonders überwachungsbedürftige Abfälle

Für die in Klammern gesetzten Angaben ist die Entsorgung der Abfälle nur bedingt möglich.

© Verlag Gehlen

Erste Hilfe bei Unfällen

Notfallmeldung

Notruf 112

- Was ist geschehen? ⇒ Kurze Unfallbeschreibung
- Wo ist es geschehen? ⇒ Angabe des Unfallortes
- Wie viele Verletzte? ⇒ Zahl der Verletzten
- Welche Art von Verletzungen? ⇒ Lebensbedrohliche Verletzungen besonders schildern
- Wer meldet? ⇒ Eigenen Name nennen

Unfallsituation

Verletzten fortschleifen

- Erkennen ⇒ Was ist geschehen?
- Überlegen ⇒ Welche Gefahr droht?
- Handeln ⇒ Unter Berücksichtigung der Situation handeln
- Ruhe bewahren ⇒ Sicher auftreten, beruhigenden Einfluss nehmen

Bei Bewusstlosigkeit

Stabile Seitenlage

- Erkennen ⇒ Bewusstloser ist nicht ansprechbar
- Überlegen ⇒ Atemstillstand oder verlegte Atemwege?
- Handeln ⇒ Atem und Puls kontrollieren, Seitenlage
  ⇒ bei Atemstillstand: Atemspende

Bei bedrohlichen Blutungen

Druckverband anlegen

- Erkennen ⇒ Stark blutende Wunden
- Überlegen ⇒ Gefahr durch Schock oder Verbluten
- Handeln ⇒ Stelle hochhalten, abdrücken, Druckverband anlegen, notfalls Abbinden

Bei Schock

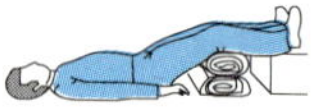

Schocklage

- Erkennen ⇒ Fahle Blässe, kalte Haut, Frieren, Schweiß auf der Stirn oder auffallende Unruhe
- Überlegen ⇒ Gefahr von Tod infolge Schock möglich
- Handeln ⇒ Schockbekämpfung: Schocklage herstellen (Beine hochlagern), Verletzten wärmen, für Ruhe sorgen

Maßnahmen bei Knochenbrüchen

Ruhigstellung erwirken

- Erkennen ⇒ Bei starken Schmerzen, die sich bei Bewegung verschlimmern, abnormale Stellungen
- Überlegen ⇒ Schmerzen verschlimmern den Gesamtzustand
- Handeln ⇒ Schmerzlinderung durch Ruhigstellung, für bequeme Lage bis zum Transport durch Fachpersonal sorgen

Maßnahmen bei Verbrennungen und Verätzungen

Wenn möglich mit viel kaltem Wasser spülen, Augenspülungen, Notduschen

© Verlag Gehlen

Verzeichnis technischer Regeln (Auswahl)

DIN	Seite	DIN	Seite	DIN	Seite
5-10 : 1986-12	379	405-1 : 1975-11	153, 156	804 : 1977-03	287
6-1 : 1986-12	382 f.	405-2 : 1981-10	153	824 : 1981-03	374
10 : 1994-02	165	406-10 : 1992-12	388	835 : 1995-02	173
13-1 : 1986-12	153, 155	406-11 : 1992-12	387 ff.	842-1 : 1984-03	277
13-2...11 : 1986-12	153	E 406-12 : 1994-06	408 ff.	842-2 : 1990-01	277
13-12 : 1988-10	156	407-1 : 1959-07	407	844-1 : 1969-04	277
13-13 : 1983-10	154	432 : 1983-11	182	844-2 : 1990-04	277
13-14 : 1982-08	154	433 : 1990-03	180	845-1 : 1981-06	277
13-19 : 1986-12	155	434 : 1990-04	181	845-2 : 1990-04	277
14-1...4 : 1987-02	153	435 : 1989-12	181	861-1 : 1980-01	243
74-1 : 1980-12	178, 398	461 : 1973-03	378	862 : 1988-12	247
74-2/3 : 1991-05	398	462 : 1973-09	177	863-1 : 1983-10	247
76 : 1983-12	179, 398	471 : 1981-09	192	878 : 1983-10	247
93 : 1974-07	182	472 : 1981-09	193	884-1 : 1981-06	277
94 : 1983-09	191	475 : 1984-01	165	884-2 : 1990-05	277
99 : 1996-01	221	476 : 1991-02	374	885-1 : 1981-06	277
103-1...4 : 1977-04	153, 157	508 : 1997-01	218	885-2 : 1990-05	277
103-5...8 : 1972-10	153	509 : 1966-08	179	912 : 1983-12	170
115 : 1973-09	208	E 509 : 1996-06	399	913 : 1980-12	174
116 : 1971-12	208	513-1...3 : 1985-04	153, 157	914 : 1980-12	174
124 : 1993-05	183	580 : 1972-03	176	915 : 1980-12	174
125 : 1990-03	180	582 : 1971-04	176	916 : 1980-12	174
126 : 1990-03	180	603 : 1981-10	174	923 : 1986-09	223
128 : 1994-10	181	604 : 1981-10	174	929 : 1987-09	177
137 : 1994-05	181	609 : 1995-02	169	935-1 : 1987-10	176
158 : 1986-08	153, 158	617 : 1993-01	203	938 : 1995-02	173
172 : 1992-11	217	623 : 1993-05	201	939 : 1995-02	173
173 : 1992-11	217 f.	625 : 1989-04	200	962 : 1990-09	164
174 : 1969-06	130	628 : 1993-12	201	974-1/2 : 1991-05	178
176 : 1972-02	129	630 : 1993-11	202	979 : 1987-10	176
177 : 1988-11	131	635 : 1987-08	203	982 : 1987-05	176
178 : 1969-06	129	650 : 1989-10	218	985 : 1987-05	176
179 : 1992-11	217	660 : 1993-05	183	988 : 1990-03	189
201 : 1990-05	385	661 : 1993-05	183	1013-1 : 1976-11	129
228 : 1987-05	216	668 : 1981-10	129	1014-1 : 1978-07	129
250 : 1972-07	390	670 : 1981-10	129	1017-1 : 1967-04	130
302 : 1993-05	183	671 : 1981-10	129	1022 : 1963-10	138
319 : 1978-12	221	705 : 1979-10	191	1024 : 1982-03	136
323-1 : 1974-08	388	711 : 1988-02	202	1025-1 : 1995-05	132
332-1 : 1986-04	190	720 : 1979-02	203	1025-2 : 1995-11	134
332-2 : 1983-05	190	748 : 1970-01	189	1025-3 : 1994-03	135
332-4 : 1990-06	190	780-1 : 1977-05	213	1025-4 : 1994-03	134
332-8 : 1979-09	190	780-2 : 1977-05	215	1025-5 : 1994-03	132 f.
332-10 : 1983-12	399	787 : 1991-05	219	1026 : 1963-10	131

© Verlag Gehlen

Verzeichnis technischer Regeln (Auswahl)

DIN	Seite	DIN	Seite	DIN	Seite
1027 : 1963-10	133	1784 : 1981-04	144	5520 : 1991-03	260
1028 : 1994-03	138	1784-3 : 1970-06	144	6303 : 1986-11	220
1029 : 1994-03	137	1786 : 1980-05	150	6310 : 1991-05	223
1304 : 1994-03	11	1795 : 1987-02	145, 147	6311 : 1992-11	220
1412 : 1966-12	274	1804 : 1971-03	177	6319 : 1991-09	219
1414 : 1977-10	274	1816 : 1971-03	177	6320 : 1971-02	219
1441 : 1974-07	180	1836 : 1984-01	273	6321 : 1973-12	223
1445 : 1977-02	188	1850-3 : 1990-06	204	6323 : 1980-07	218
1448 : 1970-01	189	E 1850-5 : 1990-08	205	6330 : 1991-08	175
1479 : 1975-09	177	E 1850-6 : 1990-08	205	6331 : 1991-08	175
1480 : 1975-09	177	1912-1 : 1976-06	290 f.	6332 : 1993-08	220
1511 : 1978-04	253	1912-2 Bbl 1 : 1977-12	290 f.	6335 : 1996-01	222
1587 : 1987-06	175	2076 : 1984-12	131	6336 : 1996-01	222
1623-2 : 1986-02	81	2080 : 1978-12	216	6337 : 1996-01	221
1626 : 1984-10	80	2093 : 1992-01	199	6372 : 1972-05	219
1628 : 1984-10	80	2098 : 1968-10	198	6376 : 1972-09	223
1629 : 1984-10	80	2211 : 1984-03	209	6771-2 : 1987-02	375
1651 : 1988-04	76, 90	2215 : 1975-03	209	6773-2 : 1977-05	416
1681 : 1985-06	87	2217 : 1973-02	209	6773-3 : 1976-11	416
1683-1 : 1983-10	231	2258 : 1986-09	241	6773-4 : 1977-05	416
1685-1 : 1980-10	230	2391 : 1994-09	140	6773-5 : 1977-05	416
1686-1 : 1980-10	230	2403 : 1984-03	424	6776 : 1976-04	374
1691 Bbl 1 : 1985-05	85	2440 : 1978-06	139	6784 : 1982-02	396
1692 : 1982-01	86	2448 : 1981-02	139	6792 : 1993-05	184
1693 Bbl 1 : 1973-10	85	2458 : 1981-02	139	6797 : 1988-07	182
1693-2 : 1973-10	85	2510-1 : 1974-09	153	6798 : 1988-07	182
1694 Bbl 1 : 1981-09	86	2510-2...8 : 1971-08	153	6799 : 1981-09	192
1695 Bbl 1 : 1981-09	87	2999-1 : 1983-07	153, 159	6881 : 1956-02	195
1700 : 1954-07	94	3404 : 1988-01	207	6883 : 1956-02	195
1719 : 1986-01	104	3410 : 1974-12	207	6884 : 1956-02	195
1732-1 : 1988-06	298	3411 : 1972-10	207	6885 : 1968-08	194
1733-1 : 1988-06	298	3760 : 1996-09	206	6886 : 1967-12	195
1741 : 1974-05	104	3858 : 1988-01	153	6887 : 1968-04	195
1742 : 1971-07	104	4766-1/2 : 1981-03	240	6888 : 1956-08	194
1743-2 : 1978-04	104	4844 : 1980-05	424	6889 : 1956-02	195
1751 : 1973-06	148	4982 : 1980-10	268	6912 : 1985-05	170
1754-2 : 1969-08	150	4983 : 1987-06	268	6914 : 1989-10	169
1755-3 : 1969-08	149	4987-1/2 : 1987-03	267	6915 : 1989-10	176
1756 : 1969-07	148	5412 : 1982-06	202	6916 : 1989-10	180
1759 : 1974-06	149	5418 : 1993-02	179	6917 : 1989-10	181
1761 : 1969-07	148	5419 : 1959-09	206	6918 : 1990-04	181
1763 : 1969-07	148	5471 : 1974-08	196	6923 : 1983-06	177
1771 : 1981-09	145 f.	5472 : 1980-12	196	6926 : 1983-11	177
1782 : 1969-07	148	5481 : 1952-01	197	6935 Bbl 1 : 1975-10	258 f.

© Verlag Gehlen

Verzeichnis technischer Regeln (Auswahl)

DIN	Seite	DIN	Seite	DIN	Seite
6935 Bbl 2 : 1983-02	258 f.	16980 : 1987-05	152	40719-6 : 1992-02	153
7154-1/2 : 1966-08	235	17006 : 1949-10	84	40900-1...13 : 1988-03	47, 327
7155-1/2 : 1966-8	237	V 17006-100 : 1993-11	70 ff.	46433 Aw 3 : 1959-11	149
7157 : 1966-01	239	17007-1 : 1959-04	74	50100 : 1978-02	122
7162 : 1965-12	244	17007-4 : 1963-07	94	50101 : 1979-09	121
7168 : 1991-04	233	17111 : 1987-04	78, 89	50106 : 1978-12	121
7337 : 1991-08	184	17120 : 1984-06	80	50111 : 1987-09	121
7346 : 1978-11	188	17173 : 1985-02	139	50133 : 1985-02	123
7500 : 1995-08	173	17175 : 1979-05	139	50150 : 1976-12	124
7513 : 1995-09	172	17182 : 1992-05	87, 91	50960-2 : 1986-02	409
7516 : 1995-09	172	17210 : 1986-09	76, 89	51385 : 1991-06	116
7708 : 1980-12; 1993-11	115	17212 : 1972-08	78, 89	51502 : 1990-08	117
7721-1/2 : 1989-06	210 f.	17221 : 1988-12	78	51511 : 1985-08	118
7753 : 1988-01	209	17223-1 : 1984-12	79	51519 : 1976-07	118
7968 : 1989-10	169	17350 : 1980-10	82, 92	54111 : 1988-05	125
7984 : 1985-05	170	17440 : 1985-07	83, 91	54119 : 1981-08	125
7991 : 1986-01	171	17445 : 1984-11	87, 91	54130 : 1974-04	125
7993 : 1970-04	193	17745 : 1975-01	103	54140 : 1986-01	125
8062 : 1988-11	151	17750 : 1983-02	103	54152 : 1992-01	125
8187 : 1996-03	212	17860 : 1990-11	103	55003-3 : 1981-08	350
8196 : 1987-03	212	17865 : 1990-11	103	55350-11 : 1995-08	252
8511-1 : 1985-07	308	17869 : 1992-06	103	59051 : 1981-08	136
8513-1 : 1979-10	307	E 17933-30 : 1995-11	99 ff., 149	59410 : 1974-05	141
8551-4 : 1976-11	293	E 17933-31 : 1995-11	100	59411 : 1978-07	142
8554-1 : 1986-05	295	E 17933-70 : 1995-08	101	59750 : 1974-06	148
8570-1 : 1987-10	291	E 17933-90 : 1995-08	102	59752 : 1973-11	148
9713 : 1981-09	145 f.	19225 : 1981-12	346	66000 : 1985-11	334
9714 : 1981-09	145, 147	19226-1...6 : 1994-02	321	66001 : 1983-12	63
9715 : 1982-08	98	19227-1/2 : 1993-10	322	66003 : 1974-06	62
9812 : 1981-12	224	20400 : 1990-01	153	66025-1/2 : 1983-01	354
9819 : 1981-12	225	24900-10 : 1987-11	347	66217 : 1975-12	352
9859 : 1995-08	225	30910-1...6 : 1990-10	107 f.	66261 : 1985-11	64
9861 : 1992-07	225	32711 : 1979-03	197	69100-1 : 1988-07	282
16901 : 1982-11	232	40050-9 : 1993-05	58	69111 : 1972-06	282
16942 : 1966-11	152	40430 : 1971-02	153	71412 : 1987-11	207
DIN EN	Seite	DIN EN	Seite	DIN EN	Seite
439 : 1995-05	295 f.	611-1 : 1995-09	104	E 1706 : 1995-02	96 f.
440 : 1994-11	296 f.	754-3...6 : 1996-01	143, 145	E 1753 : 1995-03	98
485-2 : 1995-03	95	E 755-2 : 1993-03	95	E 1754 : 1995-03	98
485-3/4 : 1994-01	144 f.	755-3...6 : 1995-09	143, 145	E 1774 : 1995-04	104
499 : 1995-01	303 ff.	941 : 1995-09	144 f.	E 1780 : 1995-04	96
515 : 1993-12	95	E 988 : 1993-04	104	10002-1 : 1991-04	120
573 : 1994-12	95	1173 : 1995-12	99	10003 : 1995-01	123
576 : 1995-09	97	1412 : 1995-12	99	10025 : 1994-03	75

© Verlag Gehlen

Verzeichnis technischer Regeln (Auswahl)

DIN EN	Seite	DIN EN	Seite	DIN EN	Seite
10027-1/2 : 1992-09	70 ff.	22341 : 1992-10	188	28736 : 1992-10	186
10028-1/2 : 1993-04	80	22553 : 1994-08	294, 404	28737 : 1992-10	186
10029 : 1991-10	128	24014 : 1992-02	168	28738 : 1992-10	180
10045 : 1991-04	122	24016 : 1992-02	168	28740 . 1992-10	187
10083-1/2 : 1991-10	77, 90	24017 : 1992-02	168	28741 : 1992-10	187
10109 : 1995-01	124	24018 : 1992-02	168	28742 : 1992-10	187
10113-1 : 1993-04	79	24032 : 1992-02	175	28743 : 1992-10	187
10130 : 1991-10	81	24033 : 1991-12	175	28744 : 1992-10	187
10131 : 1992-01	128	24035 : 1992-02	175	28745 : 1992-10	187
10147 : 1995-08	128	24063 : 1992-09	290	28746 : 1992-10	187
10204 : 1995-08	249	24766 : 1992-10	174	28747 : 1992-10	187
10209 : 1996-05	81	27434 : 1992-10	174	28752 : 1993-08	187
10213-1/2 : 1996-01	87, 91	27435 : 1992-10	174	28765 : 1992-02	168
20273 : 1992-02	164	27436 : 1992-10	174	28839 : 1991-12	162
20898-1 : 1992-04	161, 164	28673 : 1992-02	175	29453 : 1994-02	306
20898-2 : 1994-02	161, 164	28674 : 1992-02	175	29454-1 : 1994-02	308
22338 : 1992-10	185	28675 : 1992-02	175	29692 : 1994-04	293
22339 : 1992-10	186	28676 : 1992-02	168	60893 : 1996-03	114
22340 : 1992-10	188	28734 : 1992-10	186	61131-1...3 : 1996-04	340
DIN EN ISO	**Seite**	**DIN EN ISO**	**Seite**	**DIN EN ISO**	**Seite**
1207 : 1981-09	171	7047 : 1990-08	171	9002 : 1994-08	250
2009 : 1990-08	171	8402 : 1995-08	251	9003 : 1994-08	250
2010 : 1990-08	171	9000-1 : 1994-08	250	9004-1 : 1994-08	250
7046 : 1990-08	171	9001 : 1994-08	250		
DIN ISO	**Seite**	**DIN ISO**	**Seite**	**DIN ISO**	**Seite**
14 : 1986-12	196	2768-1/2 : 1991-06	233	E 5845 : 1993-02	406
228-1 : 1994-12	159	2859-1...3 : 1993-04	252	6410 : 1982-08	397
286-1/2 : 1990-11	226	3040 : 1991-09	410	6433 : 1982-09	376
513 : 1992-06	108 f.	3098-2 : 1987-08	10	6691 : 1990-10	105
E 898-6 : 1993-06	161	4379 : 1995-10	204	6743 : 1991-06	118
E 1101 : 1995-08	411 ff.	4381 : 1992-11	105	7049 : 1990-08	172
1219-1 : 1996-03	328	4382 : 1992-11	106	7050 : 1990-08	172
1302 : 1993-12	414 f.	4383 : 1992-11	106	7051 : 1990-08	172
1481 : 1990-08	172	5261 : 1983-02	405, 407	E 10209-1 : 1990-08	376
1482 : 1990-08	172	5455 : 1979-12	394	E 11947-1 : 1995-04	380 f.
1483 : 1990-08	172	E 5456-2 : 1992-06	380	E 11947-2 : 1995-04	384
2162-1 : 1994-08	403	E 5456-3 : 1992-06	379	E 11947-3 : 1995-04	385
2203 : 1976-02	400	E 5456-4 : 1992-06	379	E 12011-1 : 1994-08	377
DIN VDE	**Seite**	**VDI/VDE**	**Seite**	**VDI/VDE/DGO**	**Seite**
0100-400 : 1996-02	54	E 2627-1 : 1994-01	248	2618-1 : 1991-01	248
VDI	**Seite**	**VDI**	**Seite**	**VDI**	**Seite**
2003 : 1976-01	287	2230 : 1986-07	160 ff	3368 : 1982-05	262
2229 : 1979-06	309 f.	3035 : 1987-07	117		

Stichwortverzeichnis

A
Abfallentsorgung 425
Abfallschlüsselnummern 425
Abgeleitete SI-Einheiten 7 ff.
Ablaufplanung 311
Ablaufsteuerung 325
Abmaße 226 ff., 408
Abnahmeprüfprotokoll 249
Abnahmeprüfzeugnis 249
Abscherung 32, 34
Abschreibung 320
Absoluter Druck 39
Abtragen 285, 318
Abwicklung 383, 386
Acetalpolymerisate POM 112
Acrylnitril ABS 112
Addition 12
– von Kräften 28
Adressbuchstaben 354
AECMA-Legierung 96
Aiken-Code 61
Akkordrichtsatz 320
Aktivität radioaktiver Substanz 10
Allgemeintoleranzen 408
– für Gussrohteile 230 f.
– für Kunststoff-Formteile 232
– für Längen, Rundungshalbmesser, Fasen, Winkel, Form und Lage 233 f.
Alphabet, griechisches 10
Aluminium 95 ff.
– Bänder 144
– Bleche 144
– Gusslegierungen 96 f.
– Knetlegierungen 95
– Legierungen für Luft- und Raumfahrt 96
– Profile 146 f.
– Rein- und Reinstaluminium 97
– Rohre 145, 147
– Stangen 143
– Wärmebehandlung aushärtbarer Legierungen 97
Aminoplaste 115
Ampere 7, 9, 50
Analoge Steuerung 325
Anlassfarben 93
Annahmestichprobenplan 252
Anodische Oxidation 127
Anpasser 323
Anreißmaße bei Profilen 131 f.
Anschaffungswert 320
Anschlüsse 324
Ansichten 380 ff.
Anweisungsliste (AWL) 338, 342
Arbeit
– elektrische 9, 51
– mechanische 9, 31
Arbeitsplanung 311

Arbeitsplatzkosten 320
Arbeitsschutz 418 f.
Arbeitsumwelt 417
Arbeitsvorbereitung 311
Arithmetischer Mittenrauhwert 240, 415
Arithmetische Reihe 16
ASCII-Code 59, 62
Asynchrone Steuerung 325
Aufbereiter 333
Auflagebolzen 223
Auflagekraft 35
Auflösen von Klammern 13
Aufnahmebolzen 223
Aufnehmer 323
Auftragszeiten 312, 320
Auftriebskraft 28
Aufweitversuch 119
Aufwendungen 318
Ausführungszeit 312
Ausgaben 318
Ausgeber 324
Ausgleichsteilen 279
Ausgleichswert beim
  Biegen 258
Ausklammern 13
Ausnutzungsgrad beim Scherschneiden 261
Austenit 88
Austenitische Stähle 83
Austenitischer Stahlguss 87
Austenitisches Gusseisen 86
Automatenstähle 76
– Wärmebehandlung 90
Axial-Rillenkugellager 202
Axiale Flächenmomente 36
Axiale Widerstandsmomente 36
Axonometrie 379

B
BASIC 66
Basiseinheiten 7
Basisschutz 54
BAT-Werte 419
Baustähle 75
BCD-Code 59, 61
BDE 68
Beanspruchungsarten 34 ff.
Bearbeitungsspuren 414
Bearbeitungszugaben für Gussrohteile 253
Bearbeitungszyklen 356
Bedarfsplanung 311
Bediengeräte 324
Belastungsfälle 32
Belegungszeiten für Betriebsmittel 313
Bemaßungsregeln 394
Bequerel 10
Beschleunigung 8, 29

Beschleunigungskraft 28
Beschriftung 374
Beseitigungsratschläge,
  E-Sätze 422
Betätigungsarten, elektrotechnische Schaltzeichen 327
Betätigungseinrichtungen der
  Fluidtechnik 331 ff.
Betriebsmittelhauptnutzungszeit
  314 ff.
Betriebsmittelplanung 311
Betriebssystem 59, 65
Bewegungen 29
Bezeichnung für Stähle 70 f.
Bezugsbemaßung 395
Bezugskennzeichnung 411 f.
Bezugsmaß 393
Bezugspunkte im Koordinatensystem 353
Biegung 35, 258 ff.
– Belastungsfälle 35
– Festigkeit 32, 121
– Grenze 32
– Linie 383
– Moment 35, 121
– Probe 119
– Radien 259
– Rückfederung 260
– Spannung 32
– Versuch 121
– Zuschnittlänge 258
Bildzeichen für
  EMSR-Technik 322 ff.
Bildzeichen für Werkzeugmaschinen 347 ff.
Binäre Steuerung 325
Bindemittel für Schleifkörper
  110
Biologischer Arbeitsstoff-
  Toleranz-Wert BAT 419
bit 59
Bleche
– aus Al und Al-Legierungen
  144
– aus Cu und Cu-Legierungen
  148
– aus Stahl 128
Blechschrauben 172
Blei 104
Bleidruckgusslegierung 104
Blindniete 184
Bogenmaß 391
Bohrbuchsen 217
Bohren
– Betriebsmittelhauptnutzungs-
  zeit 314
– Kräfte 265
– Schnittleistung 265
– Schnittwerte 274
– Zeitspanungsvolumen 265

© Verlag Gehlen

Stichwortverzeichnis

Bohrer, Geometrie 274
– Typen 274
Bolzen 185, 188
Bördelprobe 119
Boyl-Mariotte, Gesetz von 40
Brennschneiden 300
Bronze 100
Brucheinschnürung 120
Bruchrechnen 13
Bruchstauchung 121
Bruchverhalten der metallischen Werkstoffe 119
Bruchzähigkeit 122
Buchsen für Gleitlager 204 f.
Bundbohrbuchsen 217
Byte 59

C

CAA 68
CAD 68
CAE 68
CAI 68
CAM 68
CAQ 68
CAR 68
CAT 68
Celluloseacetat 112
Celluloseacetobutirat 112
Celsius 10
CEN-Legierung 96
CIM 68
CNC 68
CNC-Programmierung 353 ff.
Code 59, 61
Computertechnik 59 ff.
Cosinus 21
Cosinussatz 22
Cotangens 21
CT-Probe 122
Cycloolefine-Copolymer 112

D

D-Regler 346
Darstellung in Ansichten 380 ff.
Darstellungsarten 378 ff.
Datenflusspläne 63
Dauerbruch 119
Dauerfestigkeit 122
Dauerschwingfestigkeit 122
Dauerschwingversuch 122
Dehngrenze 32, 120
Dehnung 120
Dezimale Teile und Vielfache von SI-Einheiten 7
Dezimalsystem 61
Diagonalkreuz 382, 390, 401
Diagramm 376, 378
Dichte 8, 26, 44 ff.
Dimetrie 379
Disjunktion 334

Division 12
DOS-Hilfsprogramme 65
Drahterodieren, Richtwerte 285
Drehen
– Betriebsmittelhauptnutzungszeit 315
– Kräfte 265
– Schnittleistung 265
– Schnittwerte 270 f.
– Zeitspanungsvolumen 265
Drehmeißel
– Bezeichnung 268
– Geometrie 269
– Winkel 272
Drehmoment 8, 29 f.
Drehstrom 54
Drehstrommotoren 48 f.
Drehzahl 8
Drehzahldiagramm 288
Drehzahlen 289
Drehzyklen 356
Dreieckberechnung 17, 20 ff.
Dreieckschaltung 54
Dreipunkt-Regler 346
Dreisatzrechnen 16
Druck 8
– Beanspruchung 32, 34
– Behälterstähle 80
– Federn 198, 403
– Festigkeit 32, 121
– Flüssigkeiten und Gase 40
– Gasflaschen 292
– Stücke 220
– Ventile 331
– Versuch 121
Druckfedern 198
– Linie 373
– Senkungen 178, 398
– Verbindungen 397, 406
Duktiler Bruch 119
Durchbiegung 35
Durchdringungen 386
Durchgangslöcher 164
Durchmesserzeichen 390
Durchstrahlungsprüfung mit Röntgenstrahlen 125
Duromere 111, 113
Duroplaste 111, 113
Dynamische Belastung 32

E

E-Sätze 422
EAN-Code 61
EBCDI-Code 61
Ebene, schiefe 30
Ebener Winkel 7
Edelstähle, Definition 69
Eindringverfahren 125
Einheiten 7 ff.

Einheitsbohrung, Grenzabmaße 235 f.
Einheitskreis, Winkelfunktionen am 21
Einheitswelle, Grenzabmaße 237 f.
Einnahmen 318
Einphasenwechselspannungen 54
Einsatzstähle 76
– Wärmebehandlung 89
Einseitiger Hebel 29
Einspannzapfen 225
Einzelheit 382
Eisen und Stahl, Einteilung 69
Eisen-Kohlenstoff-Diagramm 88
EKA 419
Elastizitätsmodul 35
– Bestimmung 120
Elastomere 111
Elektrische Arbeit 51
Elektrische Bauelemente, Schaltzeichen 47
Elektrische Betätigung 332
Elektrische Energie 51
Elektrische Leitfähigkeit 97, 102
Elektrische Stromstärke 7, 9, 11
Elektrischer Schlag, Schutz gegen 54
Elektrischer Stromkreis 51 f.
Elektrochemische Spannungsreihe der Metalle 126
Elektroinstallation, Schaltzeichen 49
Elektromechanische Antriebe, Schaltzeichen 327
Elektrotechnische Grundgrößen 50
Elemente
– Periodensystem der 43
– Stoffwerte chemischer 44
Ellipse 19, 372
Emaillieren 127
EMSR-Technik, Allgemeine Bildzeichen 322 ff.
Endformate 374
Energie
– elektrische 51
– kinetische 31
– potientielle 31
Energieerhaltungssatz 31
Energieflussbild 401
Energiekosten 320
Energiequellen, Symbole Fluidtechnik 329
Energieumformung, Symbole Fluidtechnik 328
Epoxidharz EP 113 f.

© Verlag Gehlen

Stichwortverzeichnis 433

Erholungszeit 312
Erichsen-Tiefung 121
Erosionskorrosion 126
Erste Hilfe 55, 426
Erträge 318
Erweitern von Brüchen 13
Erweiterte Zuschlagskalkulation 319
Euklid, Lehrsatz des 20
Europäische Artikelnummerierung 61
Eutektikum 88
Eutektoid 88
Evolvente 373
Exklusiv-ODER 339
Exzess-3-Code 61

F
Fächerscheiben 182
Farbanstriche von Modellen 254
Farbkennzeichnung elektrischer Leiter 51
Fasen 396
Faserrichtung 383
Federarten 194, 403
Federkraft 28
Federringe 181
Federscheiben 181
Federstahldraht 79, 131
Federstähle 78
Fehlerschutz 54
Fehlerstromschutzeinrichtungen 56
Feilprobe 119
Feinbleche 128
Feingewinde 156
Feinkornbaustähle 79
Feinzeiger, zulässige Abweichungen 248
Ferrit 88
Ferritische Stähle 83
Ferritischer Stahlguss 87
Fertigungskosten 319 ff.
Fertigungsmaße 394
Fertigungsplanung 311
Fertigungssteuerung 311
Feste Rolle 30
Festigkeitsbegriffe 32
Festigkeitskennwerte ausgewählter Werkstoffe 33
Festigkeitsklassen
– Muttern 161 f.
– Schrauben 161
Festigkeitszahl 94
Festschmierstoffe 117
Feststoffe, Stoffwerte 45
FI-Schutzschalter 56
Filzringe 206
Filzstreifen 206

Flächen berechnen 17 ff.
Flächenausdehnung 41
Flächenkorrosion 126
Flächenmomente
– axiale 2. Grades 36
– polare 2. Grades 37
Flächenpressung 34
Flächenschwerpunkte 27
Flachkeile 195
Flachkopfschrauben 218, 223
Flachrundschrauben
 mit Vierkantansatz 174
Flachschmiernippel 207
Flachstahl 130
Flaschenzug 30
Fliehkraft 29
Fluidtechnik 328 ff.
Flüssigkeiten, Stoffwerte 46
Flussmittel zum Löten 308
Formate 374
Formatieren 59
Formelzeichen 11
Formschrägen bei Modellen 253
Formtoleranzen 233 f., 411 ff.
Fräsen
– Betriebsmittelhauptnutzungszeit 316
– Kräfte 266
– Schnittleistung 266
– Schnittwerte 277 f.
– Zeitspanungsvolumen 266
Fräswerkzeuge 277
Fräszyklen 356
Freimaßtoleranz 408
Freistiche 179, 398 f.
Funkenprobe 93, 119
Funktionsbaustein-Sprache 340, 345
Funktionsbildzeichen NC-Werkzeugmaschinen 350 ff.
Funktionsmaße 394
Funktionsplan 336 ff.
Füße mit Gewindezapfen 219

G
Galvanisieren 127
Gase, Stoffwerte 46
Gasflaschen 292
Gasgleichungen 40
Gasschmelzschweißen
– Betriebsstoffe, Gase 292
– Mengenberechnung 292
– Richtwerte 297
– Schweißstäbe 295
Gay-Lussac, Gesetz von 40
Gefährliche Körperströme 55
Geldakkord 320
Gemeinkosten 319 ff.
Generatoren, Schaltzeichen 48 f.

Geometrie am Bohrer 274
– am Drehmeißel 269
Geometrische Reihe 16
Geradlinige Bewegung 29
Gerätesicherungen 56
Geschwindigkeiten 29
Gesenkschmiedeteile 98
Gestreckte Länge 258, 383
Getriebeplan 401
Gewichtskraft 28
Gewinde 153 ff.
– Ausläufe 179, 398
– Bemaßung 389
– Bezeichnung 154
– Bohren, Betriebsmittelhauptnutzungszeit 314
– Bohren, Schnittwerte 276
– Darstellung 397
– Freistiche 179, 398
– Furchende Schrauben 173
– Schneidschrauben 172
– Stifte 174
– Stifte mit Druckzapfen 220
– Toleranzen 154
– Übersicht 153
Gießkräfte 255
Gießtemperaturen für Al-Gusslegierungen 97
Gießverfahren 96, 98, 102
Gleiches Verhältnis 16
Gleichungsrechnen 15
Gleitlager 105 f.
– aus thermoplastischen Kunststoffen 105
– aus Verbundwerkstoffen 106
Gleitreibung 28
Gleitschichten 106
Glühbehandlung 97
Glühfarben 93
Grad, ebener Winkel 7
Grafische Sprachen 343 ff.
Grafische Symbole
– Fluidtechnik 328 ff.
– Längenprüftechnik 241 ff.
Graphit 117
Gratnaht 383
Gray-Code 61
Grenzabmaße 226 ff.
Grenzmaße 226, 409
– Schwingspielzahl 122
Grenzspannungen 32 f.
Grenzziehverhältnis 121, 257
Griechisches Alphabet 10
Größenbeiwert bei Kerbwirkung 38
Grundbeanspruchungsarten 32
Grundbildzeichen NC-Werkzeugmaschinen 350
Grundkonstruktionen 368 ff.
Grundrechnen 12

© Verlag Gehlen

Grundstähle, Definition 69
Grundtoleranzen 227
Grundzeit 312
Gusseisen, Bezeichnung 84
– mit Kugelgraphit 85
– mit Lamellengraphit 83 f.
Gütezeichen für Kunststoffe 113

H
Haftreibung 28
Halbhohlniete 184
Halbleiterbauelemente 48
Halbmesserangabe 390
Halbrundniete 183
Halbschnitt 384
Halbzeuge
– aus Al und Al-Legierungen 143 ff.
– aus Cu und Cu-Legierungen 148 ff.
– aus Kunststoffen 151 f.
– aus Stahl 128 ff.
Harnstoffformaldehyd 113
Härte
– Angaben 416
– Schleifkörper 282
Härten von Stahl 88
Härteprüfung 123 f.
Härtewerte im Vergleich 124
Hartlote 307
Hartmetalle 109
Harze für Schichtpressstoffe 114
Hauptnutzungszeit 314 ff.
Hebelgesetze 29
Heizwert von Brennstoffen 42
Herstellkosten 320
Hexadezimalsystem 61
Hilfsmaß 393
Hinweislinie 392
Hobeln
– Betriebsmittelhauptnutzungszeit 314
Hobeln
– Schnittwerte 280
Hochformat 381
Höchstmaß 226, 409
Höchstspiel 234
Höchstübermaß 234
Höhenmaß 392
Höhensatz 20
Hohlkeile 195
Hohlprofile 141 f., 145, 148
Hohlzylinder 24
Honen 284
Hookesches Gesetz 120
Hydraulischer Druck 39
– hydraulische Leistung 39
– hydraulische Übersetzung 39
Hydrobehälter 333
Hyperbel 373

I
I-Regler 346
I-Träger 132 ff.
Identität 335
Implikation 335
Indirektes Teilen 279
Industrieschmierstoffe 118
Informationsmaß 393
Inhibition 335
Inkreis 369
Instandhaltungskosten 320
IP-Schutzarten 58
ISO-Grenzabmaße 228 f.
ISO-Grundtoleranzen 227
ISO-Maßtoleranzfeldlagen 226
ISO-Passsysteme 234 ff.
ISO-Viskositätsklassifikation 118
Isobare, isochore, isotherme Zustandsänderung 40
Isometrie 379
IT-Netz 57

K
Kabinett-Projektion 379
Kalkulation 319 ff.
Kaltarbeitsstähle 82
– Wärmebehandlung 92
– Versprödung 122
Kantenformen 396
Kathete, Kathetensatz 20 ff.
Kavalier-Projektion 379
Kavitationskorrosion 126
Kegel
– Volumen, Oberfläche 23
– Drehen 272
– Griffe 221
– Pfannen 219
– Rollenlager 203
– Schmiernippel 207
– Stifte 186
– Stumpf, Volumen, Oberfläche 23
– Verjüngung 391, 410
Kegliges Gewinde 158 f.
Kehrwert bilden 15
Keil 30
– Arten 195
– Naben 196
– Riemenverbindungen 401
– Riemenscheiben 209 f.
– Wellen 196
– Winkel 261
Kelvin 10
Kennzeichnung
– gefährlicher Stoffe 423
– von Rohrleitungen 424
Kerbnägel 187
Kerbschlagarbeit 122
– Probe 122

– Versuch nach Charpy 122
– Zähigkeit 122
Kerbspannung 38
Kerbstifte 187
Kerbverzahnungen 197
Kerbwirkungszahl 38
Kettenmaße 395, 410
Kettenräder 212
Kilogramm 8
Kinetische Energie 31
Kirchhoffsche Gesetze 52
Klammerrechnen 13
Klangprobe 119
Kleben von Metallen 309 f.
Klebstoffe 309
Klemmhalter 268
Knickung
– Beanspruchung auf 35
– Knickspannung, -festigkeit 32
Knotenpunktsatz 52
Kompakt-Zugversuch 122
Konjunktion (UND-Verknüpfung) 334
Kontakte, elektrotechnische Schaltzeichen 327
Kontaktkorrosion 126
Kontaktplan (KOP) 340, 343 ff.
Koordinatenbemaßung 395
Koordinatensystem/-achsen
 CNC-Maschinen 352
Koordinatensysteme 378
Körper berechnen 22 f.
Korrosion der Metalle 126
Korrosionsschutz 127
Korrosionsverhalten 127
Kosinussatz 22
Kosten 318 ff.
Kräfte 28
Kräfte beim Gießen 255
Kraftwandler 29
Krebserzeugende Arbeitsstoffe 419
Kreis 18
Kreisabschnitt 18 f.
Kreisanschlüsse 371
Kreisförmige Bewegung 29
Kreisring 19
Kreisringausschnitt 19
Kreisteilungen 392
Kreuzgriffe 222
Kreuzlochmuttern 177
Kronenmuttern 176
Kugel 24, 389
Kugelabschnitt 24
Kugelausschnitt 25
Kugeldurchdringung 25
Kugelgriffe 221
Kugelknöpfe 221
Kugelscheiben 219
Kühlschmierstoffe 116 f.

© Verlag Gehlen

Kunststoffe 111 ff.
– Formteile, Allgemeintoleranzen 232
– Formmassen 115
– Richtwerte beim Spanen 286 f.
– Verstärkte Kunststoffe 114
Kupfer 99
– Legierungen zum Schmieden 101
– Zustandsbezeichnungen 99
– Gusslegierungen 102
– Knetlegierungen 99 ff.
– Halbzeuge 148 ff.
Kupplungen 208
Kurvenkonstruktionen 372 ff.
Kürzen von Brüchen 13
Kurzzeichen der Nichteisenmetalle 94

L
Lagebestimmung an CNC-Maschinen 352
Lagermetalle 105 f.
Lagerschichten 106
Lagetoleranzen 233 f., 411 ff.
Länge 7, 11
Längenänderung durch Temperatur 41
Längenausdehnungskoeffizient 44 f.
Längenbezogene Masse 8, 11
Längenmaßtoleranzen, Grundbegriffe 226
Langlochbemaßung 392
Laserstrahlschneiden 300
Lastspielzahl 122
Lauftoleranzen 413
Ledeburit 88
Legierungen 94
Legierungselemente für Stähle 73
Lehren 247
Lehrenmaße 244
Leistung
– elektrische 52, 54
– mechanische 31
– betriebliche 318
Leiterfarbkennzeichnung 51
Leiterwerkstoffe 50
Leitungen
– elektrische Schaltzeichen 47
– elektrische, höchstzulässige Dauerbelastungen 51
– Leitungsverbindung 324, 329
Leitungsschutzsicherungen 56
Leserichtung 387
Lichtbogenschweißen
– Richtwerte 304
– Stabelektroden 301 f.

Lichtkante 382
Lichtstärke 7, 10 f.
Linienarten 377
Linienbreiten 377
Linienschwerpunkte, Lage 27
Linksgewinde 154, 164
Lochabstände 392, 402, 410
Löcher 406 f.
Lochfraß 126
Lochkreis 392
Logische Verknüpfungen 335
Lose Rolle 30
Lote 306 f.
Lötnaht 294
– Darstellung 294
– Symbole 294
– Bemaßung 404

M
M-Funktionen (Zusatzfunktionen) 357 ff.
Magnesium 98
Magnetinduktive Prüfung 125
Magnetisierungsprobe 119
Magnetpulverprüfung 125
MAK-Werte 419 ff.
Makromoleküle 111
Martensitische Stähle 83
Maschinenkosten 320
Maschinennullpunkt 353
Maschinenstundensatz 320
Masse 7, 8, 26
Masse-Ermittlung
– bei Blechen 128, 144
– bei Rohren 140, 147, 150 f.
– bei Ronden 144
– bei Stangen 130, 143
Massivgleitlager 106
Maß
– Abweichungen 408 ff.
– Anordnung 394
– Auswahl 394
– Bezugsebene 394
– Bezugskante 394
– Bezugssysteme 394
– Buchstaben 392
– Einheiten 7 ff.
– Einheitenangabe 389
– Eintragung 387, 394
– Hilfslinien 387
– Kette 395, 410
– Linien 387
– Linienbegrenzungen 387
– Pfeil 387
– Stäbe 394
– Toleranzen 408 ff.
– Toleranzfeld 226
– Zahl 387
– Zahlergänzungen 388 ff.
Materialdicke 389

Materialkosten 319 ff.
Materialplanung 311
Mathematische Zeichen 11
Maximale Arbeitsplatzkonzentrationen MAK 419 ff.
Mechanische Arbeit 31
Mechanische Leistung 31
Mechanische Bauteile und Betätigungen, Symbole Fluidtechnik 331
Mehrgliedriges Verhältnis 16
Mehrphasenwechselspannungen 54
Melaminformaldehyd MF 113 ff.
Mengeneinheit 312
Mess-/Anzeigegeräte, Symbole Fluidtechnik 333
Messbare Merkmale, Qualitätsregelkarten 252
Messfehler 226
Messgeräte, Symbole Längenprüftechnik 242
Messgeräte, elektrische Schaltzeichen 48
Messgrößen EMSR-Technik 322
Messräume 248
Messschieber, Fehlergrenzen 247
Messschrauben, zulässige Abweichungen 247
Messstäbe, zulässige Abweichungen, Einsatz 243
Messstellenkennzeichnung 393, 416
Messuhren, zulässige Abweichungen 247
Metallbaukonstruktionen 405
Meter 7
Metrische Kegel 216
Metrisches ISO-Gewinde 155 f.
Metrisches ISO-Trapezgewinde 158
Mindesteinschraubtiefe 162
Mindestmaß 226, 234, 409
Mindestspiel 234
Mindestübermaß 234
Mindestwerte Innenrundungen (Stahlguß) 253
Mindestzugfestigkeit 94
Mischbruch 119
Mitnehmerverbindungen 402
Mittelwertkarte 252
Modell
– Farbanstriche 254
– Formschrägen 253
– zulässige Maßabweichungen 254
Modulreihen 213, 215
Molybdändisulfid MoS_2 117

Morsekegel 216
Motoren, Schaltzeichen 48
Motorschutzschalter 56
MS-DOS 60, 65
Multiplikation 12 ff.
Muskelkraftbetätigung, Symbole Fluidtechnik 331
Muttern
– Bezeichnung 164
– Festigkeitseigenschaften 161 f.
– Übersicht 167

N
Nadellager 203
Nahtlose Präzisionsstahlrohre 140
NAND-Verknüpfung 334 ff.
Näpfchenprobe 121
Nasenkeile 195, 402
NC-Technik 354 ff.
NE-Metalle 94 ff.
– Halbzeuge 143 ff.
Negation (NICHT-Verknüpfung) 334 ff.
Neigungen 382, 391
Nennspannung 120
Nettoverkaufspreis 319
Nichtrostende Stähle 83
– Wärmebehandlung 91
Nickel 103
Nickelknetlegierung 103
Niete 183 f.
Nietverbindung 402, 406 f.
Nitrierstähle 78
– Wärmebehandlung 89
Nomogramm 376, 378
NOR-Verknüpfung 334 ff.
Normalkeilriemen 209
Normzahlreihen 388
Nulllinie 226
Nuten
– für Keile 195
– für Passfedern 194
– für Scheibenfedern 194
Nutensteine 218
Nutmuttern 177

O
Oberes Grenzabmaß 226 ff.
Oberflächen
– auf Bändern und Blechen 81
– Angaben 414 ff.
– Behandlung 127
– Beiwert 38
– beim Drehen 269
– beim Honen 284
– Beschaffenheit 414
– Beschichtung 393, 409, 414
– Härten 416

– Rauheit 240, 415
– Symbole 414 f.
– Zusatzangabe 414
ODER-Verknüpfung 334 ff.
Ohmsches Gesetz 50
Oktalsystem 61
Öler 207
Orthographische Darstellungen 380
Ortstoleranz 413

P
Parabel 372
Parallelbemaßung 395
Parallele 368
Parallelendmaße, zulässige Abweichungen 343
Parallelogramm 17
Parallelschaltung von Stromquellen/Widerständen 53
PASCAL 67
Passfedern 194
– Nut 392
– Verbindung 402
Passscheiben 189
Passungen 234, 408
Passungsauswahl 239
– Systeme (Passsysteme) 234 ff.
PD-Regler 346
PI-Regler 346
PID-Regler 346
P-Regler 346
Pendelkugellager 202
Pendelrollenlager 203
Penetrierverfahren 125
Periodensystem der Elemente 43
Perlit 88
Personalplanung 312
Pfeilmethode 380
Phenolformaldehyd PF 113 ff.
Phenoplaste 115
Planometrische Projektion 379
Plasmaschneiden 300
Plastomere 111
Plattieren 127
Pneumatik, Schaltpläne der Fluidtechnik 328 ff.
Polyaddition 111
Polyalkylenterephthalat 105
Polyamid PA 105, 112
Polybutylen PB 112
Polybutylenterephthalat PBT 112
Polycarbonat PC 112
Polyester 111 ff.
Polyethylen PE 105, 112
Polyethylenterephthalat PET 112

Polygonprofile 197
Polyimid PI 105, 112
Polyisobutylen PIB 112
Polykondensation 111
Polymere 111
Polymerisation 111
Polymerisationsgrad 111
Polymethylmethacrylat 112
Polyoxymethylen POM 105, 111 f.
Polyphenylensulfid PPS 112
Polypropylen PP 112, 152
Polystyrol PS 112 f.
Polystyrolacrylnitril SAN 113
Polytetrafluorethylen PTFE 105, 112, 117
Polyurethan PUR 113
Polyvinylchlorid PVC 113, 151 f.
Polyvinylidenfluorid PVDF 113
Positionsnummern 375 f., 395
Potentielle Energie 31
Potenzrechnen (Potenzieren) 14
Prägungen 383
Prämienlohn 320
Primärelemente und -batterien 51
Prisma 22
Profile aus Al-Legierungen 146 f.
Profilschnitt 384
Programmablaufpläne 63
Programmieren von CNC-Maschinen 354 ff.
Programmiersprachen 66 f.
– für SPM 340 ff.
Projektionsmethoden 380
Promillerechnen 17
Proportionalitätsstab 120
Proportionen 15
Prozentrechnen 17
Prüfanweisungen zur Prüfmittelüberwachung 248
Prüfbescheinigungen 249
Prüfmaße 393 f.
Pumpen, Symbole Fluidtechnik 328
PVC-Halbzeuge 151 f.
Pyramide, Pyramidenstumpf 23
Pythagoras, Lehrsatz des 20

Q
Quadrat 17
Quadratzeichen 390
Qualitätsmanagement, -systeme 250
Qualitätsregelkarten für messbare Merkmale 252
Qualitätssicherung und Statistik, Begriffe 252

© Verlag Gehlen

Stichwortverzeichnis

Qualitätssicherung/-management, Begriffe 251
Qualitätsstähle, Definition 69
Querformat 381
Querschnitt 384
Quetschgrenze 32, 121

R

R-Sätze 423
Rad, getriebenes, treibendes 30
Räderwinde 30
Radial-Wellendichtringe 206
Radius 390
Radizieren 14
Randbreite 262
Rändel 383
Rändelmuttern 220
Rauheitsklassen 415
Rauheitssymbole 414 f.
Rautiefe 240, 415
Rechenregeln der Schaltalgebra 334
Rechnen mit Reihen 16
Rechnungswesen 318
Rechteck 17, 391
REFA 312 ff.
Referenzpunkt 353
Regelungstechnik, Grundbegriffe, Regler 321, 346
Regler/Steuergeräte, Bildzeichen 323
Reiben, Betriebsmittelhauptnutzungszeit 314
Reiben, Schnittwerte 276
Reibungskraft 28
Reibungszahlen 28
Reihenschaltung von Stromquellen, Widerständen 52
Rhombus 17
Richtungstoleranz 413
Riffelungen 383
Rillenkugellager 201
Ringmuttern 176
Ringschrauben 176
Rohmaß 393
Rohre
– aus Aluminium 147
– aus Kupfer 149 f.
– aus Stahl 80 f., 139 ff.
Rolle, feste, lose 30
Rollenketten 212
Rollreibung 28
Rückfederung beim Biegen 260
Rückführung, Symbole Fluidtechnik 332
Runddraht-Sprengringe 193
Rundgewinde 156 f.
Rundstahl 129
Rundungshalbmesser 390
Rüstzeit 312

S

S-Sätze 422
SAE-Viskositätsklassifikation 118
Sägen
– Kräfte 266
– Schnittleistung 266
– Schnittwerte 280
Sägengewinde 157
Säulengestelle 224 f.
Schalenkupplungen 208
Schaltalgebra 334
Schalter, elektrotechnische Schaltzeichen 327
Schaltverhalten, elektrotechnische Schaltzeichen 327
Schaltzeichen, elektrotechnische 47 ff.
Scheiben 180 f.
– für U-Träger und I-Träger 181
– mit Lappen, mit Außennase 182
Scheibenfedern 194
Scheibenkupplungen 208
Scherfestigkeit 32, 121
– ausgewählter Werkstoffe 262
Scherschneiden, Werkstoffausnutzung 261
Scherspannung 32, 121
Scherversuch 121
Schichtpressstoffe 114
Schichtwerkstoffe 114 f.
Schiefe Ebene 30
Schleifen
– Betriebsmittelhauptnutzungszeit 317
– Schnittwerte 281
Schleifkörper 282 f.
Schleifmittel 110
Schlüsselweiten 165, 389
Schmalkeilriemen 209
Schmelztauchen 127
Schmelztemperatur 44 ff.
Schmelzwärmemenge 42
Schmelzwärme, spezifische 44 f.
Schmiedeprobe 119
Schmiedeteil 383
Schmierfette 117
Schmiernippel 207
Schmierstoffe 118
Schnapper 223
Schneckentrieb 215
Schneidarbeit 263
Schneidkeramik 110
Schneidkraft 263
Schneidplattenmaße 262
Schneidspalt, Richtwerte 262
Schneidstempel 225
– Lage Einspannzapfen 263
– Maße 262

Schneidstoffe 108
Schnellarbeitsstähle 82
– Wärmebehandlung 92
Schnitt
– Bezeichnung 384
– Darstellung 384
– Ebene 384
– Fläche 385
– Fläche, spezifische 266
– Kraft, spezifische 264
– Linien 384
– Pfeile 384
– Verlauf 384
Schraffur 385
Schrägkugellager 201
Schrauben
– Abschätzung der erforderlichen Abmessung 161 f.
– Anziehdrehmomente 163
– Durchgangslöcher 164
– Einschraubtiefe 162
– Festigkeitsklassen 161
– Kraftwandlung 30
– Übersetzung 30
– Übersicht 166
– Vorspannkräfte 163
Schriftfeld 375
Schriftformen 374
Schriftgrößen 374
Schubmodul 35
Schutz
– durch Abschalten 56
– durch nichtleitende Räume 57
– durch Potentialausgleich 57
– gegen elektrischen Schlag 54
Schutzartenkennzeichnung 58
Schutzgasschweißen 295 ff.
Schutzisolierung 57
Schutzklassen elektrischer Betriebsmittel 55
Schutzkleinspannung 58
Schutzmaßnahmen 56 f.
Schutztrennung 57
Schweißen
– Allgemeintoleranzen 291
– Elektrodenbedarf 305
– Gasverbrauch 292
– Kennzahlen 290
– Nahtvorbereitung 293
– Positionen 290 f.
– Stabelektroden 301 f.
Schweißnaht
– Arten, Darstellung und Symbole 294
– Bemaßung 404
Schwerpunkte für Linien 27
– für Flächen 27
Schwindmaß für Al-Gusslegierungen 97
Schwindrichtmaße 253

© Verlag Gehlen

Schwingungsrisskorrosion 126
Sechskant
– Hutmuttern 175
– Passschrauben 169
– Schweißmuttern 177
Sechskantmuttern 175
– für Stahlkonstruktionen 176
– mit Flansch 177
– mit Klemmteil 176
Sechskantschrauben 168 f.
Sechskantstahl 129
Sedizimalsystem 61
Seilwinde 30
Seitenschneiderbreite 261
Selbstkosten je Erzeugniseinheit 319 f.
Senken, Betriebsmittelhauptnutzungszeit 314
Senkerodieren, Richtwerte 285
Senkniete 183
Senkrechte 368
Senkschrauben 171
Senkschrauben mit Nase 174
Senkungen 178, 398
Sensoren, elektrotechnische Schaltzeichen 327
SI-Einheiten 7 ff.
Sicherheitskennzeichen 424
Sicherheitsratschläge 422
Sicherheitszahlen 33
Sicherungen, elektrische Schaltzeichen 47
Sicherungsringe
– für Bohrungen 193
– für Wellen 192
Sicherungsscheiben für Wellen 192
Sichtprüfung 119
Siedetemperatur 44 ff.
Signale, Bildzeichen 324
Sintermetalle 107 f.
Sinus 21
Sinusförmige Wechselspannung 53
Sinussatz 22
Spaltkorrosion 126
Spannriegel 223
Spannstifte 187 f.
Spannung, elektrische 50
Spannung, zulässige 33
Spannungsarmglühen 88
Spannungsarten 32
Spannungsreihe, elektrotechnische 126
Spannungsrisskorrosion 126
Spannungsverhältnis 122
Sperrventile, Symbole Fluidtechnik 330

Spezifische Schmelzwärme 44 f.
Spezifische Wärmekapazität 44 ff.
Spezifischer Widerstand 50
Spielpassung 234, 239
Spieltoleranzfelder 235 ff.
Spirale 373
Splinte 191
Sprödbruch 119
SPS (Speicherprogrammierte Steuerungen) 60, 338 ff.
Stabstahl 129 f.
Stahlblech 128
Stahldraht 131
Stähle
– für Flamm- und Induktionshärten 78, 89
– Bezeichnungssysteme 70 f.
– Normung 74
– Nummernsystem 72
Stahlguss 87
– Wärmebehandlung 91
Stahlhohlprofile 141 f.
– Konstruktionen 407
– Rohre 139 f.
Stahlprofile 131 ff.
Stauchgrenze 32
Stauferbüchsen 207
Steckbohrbuchsen 217
Steg- und Randbreiten 261
Steilkegelschäfte 216
Stellgeräte, Bildzeichen 324
Stellringe 191
Sterngriffe 222
Sternschaltung 54
Steuerungen 325 f.
Steuerungstechnik 321
Stifte, Übersicht 185
Stiftschrauben 173
Stiftverbindung 402
Stirnräder 213 f.
– mit Geradverzahnung 213
– mit Schrägverzahnung 214
Stoffmenge 7, 10
Stoffwerte
– chemischer Elemente 44
– von Feststoffen, Flüssigkeiten, Gasen 45 f.
Stoßen, Betriebsmittelhauptnutzungszeit 314
– Richtwerte 280
Strangguss 102
Streckenteilung 368
Streckgrenze 32, 120
Strichcode 61
Stromquellen, Primär-, Sekundärelemente und -batterien 51
Stromstärke, elektrische 50

Stromventile, Symbole Fluidtechnik 330
Struktogramme nach Nassi-Shneiderman 64
Struktur der Arbeitsvorbereitung 311
Stückkosten 320
Stücklistenarten 375 f.
Stützscheiben 189
Subtraktion 12
Symbole, elektrotechnische 47 f.
Synchronriemen 211
Synchronriemenscheiben 210 f.

T

T-Nuten 218
T-Nutenmuttern 218
T-Nutenschrauben 219
T-Stahl 136
T-Träger, Doppel- 132 ff.
Tangens 21
Tangenssatz 22
Tangente 370
Tätigkeitszeit 312
Technische Elastizitätsgrenze 120
Technische Richtkonzentration am Arbeitsplatz TRK 419
Technologischer Biegeversuch 121
Teilansicht 381
Teilen mit Teilkopf 279
Teilschnitt 384
Teilungen 392, 410
Teilweiser Schutz (gegen elektrischen Schlag) 56
Teller-Tassenbruch 119
Tellerfedern 199, 403
Temperatur 41
Temperguss 86
Textsprachen 340 ff.
theoretisches Maß 393
Thermodynamische Temperatur, SI 7, 10 f.
Thermoplaste 111 ff.
Tiefenangabe 392
Tiefungsversuch 121
Tiefziehen 256 f.
Tiefziehkraft 257
Tiefziehverhältnis 257 f.
Tiefziehversuch 121
Titan 103
– Wärmebehandlung 103
– Gusslegierung 103
Titanzink 104
TN-Netz 57
Toleranz vom Gewinde 154
Toleranzangaben 408 ff.
Toleranzeigenschaften 412 f.

© Verlag Gehlen

Stichwortverzeichnis 439

Toleranzen 226 ff.
– für Kunststoff-Formteile 232
Toleranzfelder, Spiel-, Übergangs-, Übermaß- 235 ff.
Toleranzfeldlagen (Maß-), allgemein, ISO 226
Toleranzrahmen 411
Toleranzzone 411 f.
Torsion(s), -festigkeit, -Schwellfestigkeit, -Wechselfestigkeit, -spannung 32
Torsion, Beanspruchung auf 35
Transformator 53
Transformatoren, elektrotechnische Schaltzeichen 49
Trapez 17
Trapezgewinde 157 f.
Trennungsbruch 119
Tribologisches System 105
Trigonometrische (Winkel-) Funktionen 21 f.
TRK-Werte 419
TT-Netz 57

U

U-Normalprobe 122
U-Stahl 131
Übergang(s), -bedingungen (Funktionsplan) 336 ff.
Übergangs-Toleranzfelder 235 ff.
Übergangsfunktion (Regler) 346
Übergangspassung 234, 239
Übermaß-Toleranzfelder 235 ff.
Übermaßpassung 234, 239
Überstromschutzeinrichtungen 56
Überzüge 409, 414
Ultraschallprüfung 125
Umformen von Blech 256 f.
Umformvermögen 121
Umgekehrtes Verhältnis (Dreisatzrechnen) 16
Umkreis 369
Umstellen von Gleichungen 15
Umwandeln von Brüchen 14
Umweltrecht, Gesetze 417
Unbeeinflussbare Hauptnutzungszeit 314 ff.
UND-Verknüpfungen 334 ff.
unmaßstäbliche Maße 387
Unregelmäßiges Vieleck, Fläche 18
Unteres Grenzabmaß 226 ff.
Unterscheidungsmerkmale für Steuerungen 325

V

V-Normalprobe 122
variable Maße 392

Ventile, Symbole Fluidtechnik 330 ff.
Verbinder, elektrische Schaltzeichen 47
Verbindungsgesetz 334
Verbrauchsmittel 51 ff.
Verbrennungswärmemenge 42
Verbundgleitlager 105 f.
Verdampfungs- bzw. Schmelzwärme 42
Verdrehung (Torsion), Beanspruchung auf 35
Verformungsbruch 119
Vergleich Adressbuchstaben CNC-Maschinen 360
Vergleich von Steuerungen 326
Vergleich Wegbedingungen CNC-Maschinen 361 ff.
Vergleich Zusatzfunktionen CNC-Maschinen 365 ff.
Vergleichsglied 321
Vergüten 88
Vergütungsstähle 77
– Wärmebehandlung 90
Verkaufspreis 319
Vertauschungsgesetz 334
Verteilungsgesetz 334
Verteilzeiten 312 ff.
Verzahnungen 211 ff., 400
Verzweigter Stromkreis 52 ff.
Vieleck 18, 370
Vierkante für Werkzeuge 165
Vierkantprisma 22
Vollschnitt 384
Volt 9, 11
Volumenausdehnung,
– schrumpfung 41
Vorbehandlung beim Metallkleben 309
Vorsatz, -zeichen SI 7
Vorsteckscheiben 219
Vorzeichen (Regeln) 12

W

Wälzlager 200 ff., 401
– Bezeichnungen 200
– Einbaumaße 179
Walzrichtung 383
Warmarbeitsstähle 82
– Wärmebehandlung 92
Warmausgelagert 96, 98
Wärme 41
Wärmebehandlung
– Angaben 416
– aushärtbare Aluminiumlegierungen 97
– Automatenstähle 90
– Einsatzstähle 89
– Nichtrostende Stähle 91

– Nitrierstähle 89
– Stähle zum Flammhärten 89
– Verfahren 88
– Vergütungsstähle 90
– Werkzeugstähle 92
Wärmebehandlungsangaben 416
Wärmedurchgang 42
Wärmekapazität, spezifische 44 ff.
Wärmeleitfähigkeit 44 ff., 97
Wärmeleitung 42
Wärmemenge, Wärmezufuhr 41
Wartezeit 312
Wasserstoffversprödung 126
Wechselfestigkeit 122
Wechselräder beim Teilen 279
Wechselstrom, Leistungen 53
Wegbedingungen (G) 355
Wegeventile, Symbole Fluidtechnik 330
Weichblei 104
Weichlote 306
Weichmagnetische Nickel-Eisenlegierung 103
Wellen, Grenzabmaße 229
Wellenenden 189
Wendeschneidplatten 267
Werksbescheinigung 249
Werksprüfzeugnis 249
Werkstattprüfung 119
Werkstoffgruppen der Nichteisenmetalle 94
Werkstoffkennzeichnung durch Schraffur 385
Werkstoffnummern 74
– der Nichteisenmetalle 94
Werkstoffprüfung 119 ff.
Werkstoffzuordnung
– zum Al-Halbzeug 145
– zum Cu-Halbzeug 148
Werkstückdicke 389
Werkstückkanten 396
Werkstück-Koordinatensystem 352
Werkstücknullpunkt 353
Werkszeugnis 249
Werkzeug-Anwendungsgruppen 273
Werkzeugaufnahmepunkt 353
Werkzeugeinstellpunkt 353
Werkzeug-Koordinatensystem 352
Werkzeugstähle 82
– Wärmebehandlung 92
Werkzeugwechselpunkt 353
White-Code 61
Whitworth-Gewinde 159
– Rohrgewinde 159

© Verlag Gehlen

Widerstand, elektrischer 50
– spezifischer 50
Widerstandsmoment 121
Widerstandsmomente
– von Alu-Profilen 145 ff.
– von Stahlhohlprofilen 141 f.
– von Stahlprofilen 131 ff.
– axiale, polare 36 f.
Wiederbeschaffungswert 320
Winkelfunktionen 21 ff.
Winkelgeschwindigkeit 29
Winkelhalbierung 369
Winkelmaße 389, 409
Winkelstahl 137 f.
Wirbelstromprüfung 125
Wirkleistung 53 f.
Wirkungsgrad 31
Wirkverbindungen 336
Wöhler-Kurve 122
Würfel 22
Wurzelrechnen (Radizieren) 14

Z
Z-Stahl 133
Zahlensysteme 61
Zahnräder 213 f., 400 f.
Zahnscheiben 182
Zeichen, mathematische 11
Zeichensätze 61 f.
Zeichnungsarten 376
Zeichnungsbegriffe 376
Zeit 7 f., 11
Zeitakkord 320
Zeitlohn 320
Zeitplanung 311 ff.
Zeitschwingfestigkeit 122
Zeitspanungsvolumen
– Bohren 265
– Drehen 265
– Fräsen 266
Zentralprojektion 379
Zentrierbohrungen 190, 399
Zerspanbarkeitsprobe 119
Zerspanungsgruppen für Hartmetalle 109
Zerstörungsfreie Werkstoffprüfung 125
Ziehverhältnis 257 f.
Zink 104
Zinn 104
– Druckgusslegierung 104
Zinsrechnen 17
Zipfelbildung 121
Zug
– Beanspruchung 32, 34
– Federn 403
– Festigkeit 32, 120
Zugversuch 120
Zulässige Abweichungen
– bei Feinzeigern, Messschiebern, Messschrauben 247 f.
– bei Messstäben, Parallelendmaßen 243
Zulässige Spannung 33
Zuordnungsliste 326 ff.
Zusammengesetzte Körper 25
Zusatzfunktionen (M)
– bei CNC-Maschinen 356 ff.
– Vergleich CNC-Maschinen 365 ff.
Zusätzliche Achsen bei CNC-Maschinen 353
Zusatzschutz gegen elektrischen Schlag 46, 54
Zuschlagskalkulation 319
Zuschnittdurchmesser beim Tiefziehen 256
Zuschnittlänge beim Biegen 258
Zustandsänderung von Gasen 40
Zuwachsbemaßung 395
Zweipunktregler 346
Zyklen bei CNC-Maschinen 356
Zykloide 373
Zylinder 24
Zylinder, Symbole Fluidtechnik 328
Zylinderrollenlager 202
Zylinderschrauben 170 f.
Zylinderstifte 185 f., 402